超超临界二次再热机组热力设备及系统

国电科学技术研究院 组编

中国电力出版社
CHINA ELECTRIC POWER PRESS

内 容 提 要

目前，我国已有数台超超临界二次再热机组正式投产，全国还有大量的超超临界二次再热机组正在建设和筹建中，为了总结、提高、积累机组的设计、运行、调试、性能试验方面的经验，同时培训火电技术人员尽快掌握超超临界二次再热机组发电技术，国电科学技术研究院结合工程实践，汇集了国内已经投产的超超临界二次再热机组的有关技术资料，组织编写了《超超临界二次再热机组热力设备及系统》。

本书包括锅炉篇和汽轮机篇，共十六章。本书内容翔实丰富、信息量大，可供超超临界二次再热机组锅炉、汽轮机专业安装调试、运行维护等岗位生产、管理人员工作学习参考，也可作为岗位培训及高校师生学习用书。

图书在版编目（CIP）数据

超超临界二次再热机组热力设备及系统/国电科学技术研究院组编. —北京：中国电力出版社，2019.1

ISBN 978－7－5198－1509－7

Ⅰ. ①超…　Ⅱ. ①国…　Ⅲ. ①超临界-超临界机组-火力发电-发电机组-热力系统-性能　Ⅳ. ①TM621.3

中国版本图书馆 CIP 数据核字（2017）第 304578 号

出版发行：中国电力出版社
地　　址：北京市东城区北京站西街 19 号（邮政编码 100005）
网　　址：http：//www.cepp.sgcc.com.cn
责任编辑：孙　芳
责任校对：黄　蓓　郝军燕
装帧设计：王英磊　赵姗姗
责任印制：蔺义舟

印　　刷：北京雁林吉兆印刷有限公司
版　　次：2019 年 1 月第一版
印　　次：2019 年 1 月北京第一次印刷
开　　本：787 毫米×1092 毫米　16 开本
印　　张：23.75
字　　数：581 千字
印　　数：0001—2000 册
定　　价：128.00 元

前　言

目前，我国已有超超临界二次再热机组正式投产，全国还有大量的1000MW级超超临界二次再热机组正在建设和筹建中。为了总结、提高、积累机组的设计、运行、调试、性能试验方面的经验，同时培训火电技术人员尽快掌握超超临界二次再热机组发电技术，国电科学技术研究院结合工程实践，汇集了国内已经投产的超超临界二次再热机组的有关技术资料，组织编写了《超超临界二次再热机组热力设备及系统》一书。

全书内容翔实丰富、信息量大，可供超超临界二次再热机组锅炉、汽轮机专业安装调试、运行维护等岗位生产、管理人员工作学习参考，也可作为岗位培训及高校师生参考。

本书旨在通过对国内已投产一次与二次再热机组以及不同类型二次再热机组设备及系统之间的分析比较，力求反映我国超超临界二次再热机组的发展状况和最新技术特点，为从事超超临界二次再热机组的有关技术人员提供参考，促进我国二次再热技术的发展。本书重点涵盖了超超临界二次再热机组设计参数、设备及系统、运动操作与调整、系统调试、性能试验等方面内容。

本书包括锅炉篇和汽轮机篇，共分十六章，由李永生、马晓峰担任主编。其中，绪论由李永生编写，第一章由黄启龙编写，第二章、第三章由陈国庆编写，第四章、第五章由王爱英编写，第六章由朱旭初编写，第七章第一、四、五节由李朝兵编写，第七章第二、三节和第八章由白冬波编写，第九章、第十章由马晓峰编写，第十一~十三章由何欣荣编写，第十四章由田阳编写，第十五章由林加伍编写，第十六章由徐星编写。

在编写过程中，本书参照和引用了最新的二次再热有关文献。在此谨向本书所引用文献的全体作者致以衷心的感谢！

限于作者的能力水平，加之时间仓促，难免会出现问题和不足，恳请读者批评指正。

编者

2019年1月

目 录

第二篇　汽轮机篇

绪　　论

中国是以煤电为主的国家，煤电在电力生产中的主导地位在较长一段时间内无法改变。发展高效率超超临界燃煤机组是高效清洁燃煤发电的方向，对我国建设节约环保型社会具有重要意义。

中国超超临界火电机组发展最快，截至2016年底仅1000MW超超临界机组就已建成投产90余台，是世界上数量最多的国家之一。目前，中国27MPa，600℃/600℃等级一次再热超超临界发电技术已经逐步成熟，运行性能先进，发电效率达到45%以上，处于世界领先水平。在此基础上为了进一步提高火电机组发电效率、降低煤耗，需要进一步提高机组蒸汽参数，而材料的高温性能成为关键制约因素。现有材料（主要包括HR3C、超级304H、P91和P92）条件限制继续大幅提高蒸汽参数，特别是蒸汽温度。如果要进一步提高参数，只能采用镍基合金材料，但目前发展更高参数火电机组所需要的镍基合金材料并不具备商业化的条件。

在现有一次再热超超临界发电技术基础上采用二次再热技术，原蒸汽参数基本不变或适当提高，可以不需要更换新材料，仍采用现有成熟金属材料，可进一步提高循环效率3%左右，是目前技术条件下提高火力机组热效率的合理途径。

但采用二次再热技术，在提高发电机组循环热效率的同时，也带来系统设计的复杂性，使投资增加，运行复杂。20世纪60~90年代火电厂燃料成本便宜，二次再热技术由于其效率提高带来燃料耗量降低的优势不足以抵消投资成本的增加。因此，世界上大多数二次再热机组都在20世纪六七十年代投运，八九十年代投运的二次再热机组明显减少，21世纪内除中国外再没有二次再热机组建造和投运。据不完全统计（见表0-1），全世界至少有52台二次再热超临界机组投入运行，其中德国共投运11台二次再热超临界机组，美国共投运23台二次再热超临界机组，日本共投运13台二次再热超临界机组，丹麦投运2台二次再热超超临界机组。其中，丹麦的Nordjylland电厂3号机组采用二次再热、深海水冷却等技术，是当时世界上机组效率（发电效率47%）最高的燃煤发电机组。从投产机组参数分析，二次再热机组基本不采用亚临界机组，绝大多数是超临界机组，二次再热技术更适用于主蒸汽压力达到27MPa以上的超超临界机组。

目前国内随着燃料成本及环保压力的不断上升，二次再热技术重新得到关注。东方电气集团、哈尔滨电气集团、上海电气集团三大火电设备制造商均有在建二次再热机组项目，已投产二次再热机组6台，目前已有9个电厂、18台机组在建。

国内已投产的二次再热机组6台中，1000MW超超临界机组4台，660MW超超临界机组2台。包括：华能安源电厂1号、2号660MW超超临界二次再热机组，采用了哈尔滨电气集团制造的锅炉，东方电气集团制造的汽轮机和发电机；国电泰州发电公司二期3号、4号

表 0-1　世界上投运的二次再热超（超）临界机组

机组	出力（MW）	蒸汽参数		投运时间
		压力（MPa）	温度（℃）	
德国许尔斯化工厂Ⅱ电厂1号	88	31	600/565/565	1956
德国弗兰肯电厂	100	28.5	525/535/535	1960
德国汉堡电厂	150	28.5	545/545/545	1962
德国格贝尔斯多尔夫Ⅱ电厂	100	25	520/530/530	1962
德国曼海姆电厂5、6号	200	27.5	530/540/530	1968
德国魏德尔电厂4号	180	25	540/540/540	1965
德国弗兰肯Ⅱ电厂1、2号	220	28.5	535/545/545	1967
德国曼海姆电厂7号	475	24.5	530/540/540	1984
美国布里德电厂1号	500	25.0	565/565/565	1960
美国爱迪斯顿电厂2号	325	24.5	565/565/565	1960
美国赫德森电厂1号	420	25.0	538/552/565	1964
美国丹纳司河电厂4号	600	25.0	538/552/565	1964
美国查克岬电厂1、2号	355	25.0	538/565/538	1965
美国瓦加纳电厂3号	315	25.0	538/538/538	1966
美国卡丁奴尔电厂1号	620	25.0	538/552/565	1966
美国海恩斯电厂5、6号	330	25.0	538/552/565	1967
美国穆金古姆河电厂6号	615	24.6	538/552/566	1968
美国赫德森电厂3号	620	25.0	538/552/566	1968
美国布拉通岬电厂6号	650	24.6	538/552/566	1969
美国大赛迪电厂2号	835	26.0	543/552/566	1969
美国美国电气电厂	800	24.6	538/552/566	1970
美国密苏利电厂1、2号	835	26.0	543/552/566	1970
美国约翰·爱蒙斯电厂1、2号	835	26.0	543/552/566	1971
日本海南电厂1、2号	450	25.5	543/554/568	1970
日本高砂电厂1、2号	450	25.5	541/554/568	1971
日本海南电厂3、4号	600	24.6	538/554/568	1972
日本新官津电厂1、2号	450	24.6	538/552/566	1973
日本姬路第二电厂5、6号	600	24.6	538/552/566	1973
日本川越（Kawagoe）电厂1、2号	700	31.0	566/566/566	1989
丹麦 Skærbæk 电厂3号	415	29.0	582/582/582	1997
丹麦 Nordjylland 电厂3号	385	29.0	582/582/582	1998
中国华能安源电厂1、2号	660	29.2	600℃/620℃/620℃	2015
中国国电泰州电厂3、4号	1000	30.0	600℃/610℃/610℃	2015
中国华能莱芜电厂6、7号	1000	30.0	600℃/620℃/620℃	2016

1000MW 超超临界二次再热机组，选用上海电气集团生产的塔式锅炉、汽轮机和发电机；华能莱芜发电公司 6 号、7 号 1000MW 超超临界二次再热机组，选用哈尔滨电气集团制造的塔式锅炉，上海电气集团生产的汽轮机和发电机。

目前，国内百万超超临界一次再热机组纯凝工况供电煤耗率的先进水平约 272g/(kW·h)。从设计指标看，超超临界二次再热机组的设计指标已全面超过一次再热机组。同等级的百万超超临界机组中，二次再热机组设计供电煤耗率比一次再热先进机组降低约 6g/(kW·h)，设计发电效率比常规一次再热机组超过 2 个百分点；性能试验结果表明，超超临界二次再热百万机组性能试验供电煤耗率比常规一次再热百万机组低约 8g/(kW·h)。根据 2016 年机组运行统计，国电泰州二次再热 1000MW 机组运行供电煤耗 272. 0g/(kW·h)；华能莱芜二次再热 1000MW 机组运行供电煤耗 271. 2g/(kW·h)；华能安源二次再热 660MW 机组运行供电煤耗 282. 8g/(kW·h)。二次再热机组运行供电煤耗率比同型一次再热机组平均值降低约 10g/(kW·h)，充分说明了超超临界二次再热机组性能的先进性。

第一节　超临界一次再热机组的发展状况

为进一步降低能耗和减少污染物排放，改善环境，在材料工业发展的支持下，各国的超（超）临界机组都在朝着更高参数的技术方向发展。

一、美国大容量超（超）临界发电机组的发展现状

20 世纪 90 年代以来，美国高效火电机组的发展较为缓慢。现在美国没有任何投运的超过 600℃ 的超超临界机组，唯一的 AEP Turk 电厂 25MPa/601℃/610℃ 超超临界机组正在建造。目前美国拥有 9 台世界上单机容量最大的 1300MW 超临界双轴机组，见表 0-2。这些机组均为 20 世纪 70~90 年代初投入运行的，虽然机组容量为目前世界最大，但是技术水平与目前世界先进的高效火电水平有较大差距。

表 0-2　　美国现役单机容量最大的 1300MW 超临界双轴机组

<table>
<tr><th>电站</th><th>锅炉制造商</th><th>锅炉蒸发量（t/h）</th><th>汽轮机制造商</th><th>运行方式</th><th>主蒸汽压力（MPa）</th><th>主/再热蒸汽温度（℃）</th><th>投运时间（年）</th></tr>
<tr><td>坎伯兰郡 1 号</td><td rowspan="9">B&W</td><td>4535</td><td rowspan="9">ABB</td><td rowspan="9">定压</td><td rowspan="8">24. 2</td><td rowspan="9">538/538</td><td>1972</td></tr>
<tr><td>坎伯兰郡 2 号</td><td>4535</td><td>1973</td></tr>
<tr><td>阿莫斯 3 号</td><td>4433</td><td>1973. 10</td></tr>
<tr><td>加文 1 号</td><td>4433</td><td>1974</td></tr>
<tr><td>加文 2 号</td><td>4433</td><td>1975</td></tr>
<tr><td>登山者 1 号</td><td>4433</td><td>1980. 9</td></tr>
<tr><td>罗克波特 1 号</td><td>4433</td><td>1984</td></tr>
<tr><td>罗克波特 2 号</td><td>4433</td><td>1989</td></tr>
<tr><td>齐默</td><td>4433</td><td>25. 4</td><td>1991. 03</td></tr>
</table>

美国发电机组的技术发展重点在于燃煤电厂燃料利用率和环境指数的提高。1999 年美国能源部（DOE）提出了火电新技术发展的 Vision21 计划。Vision21 计划包括目前正在发展的低污染燃烧技术，煤气化技术，高效率炉膛和换热器技术，先进燃气轮机，燃料合成技

术，超临界和系统合成技术。Vision 21 计划的目标见表 0-3。

表 0-3　　Vision 21 计划的目标

项目	内容
效率	煤炭作为基本燃料的机组效率为 55%～60%（HHV）；天然气作为基本燃料的机组效率为 75%（LHV）
效率	热/电联产的效率为 85%以上
燃料利用率	从煤炭中生产氢气或液态燃料的电站燃料利用率为 75%
环境影响	氮、硫氧化物，微粒的排放接近于零；二氧化碳的排放减少 40%～50%，如果配备碳捕捉装置的话，二氧化碳的排放为零

二、欧洲大容量超超临界发电机组的发展现状

2011 年以前，欧洲投运的容量 1000MW 以上的超超临界机组为 NIEDERAUSSEM-#K 机组，机组容量 1025MW，主蒸汽压力 26.5MPa，主/再热蒸汽温度 576℃/599℃，此机组为德国实施火电优化设计计划（简称“BoA”计划）第一期的依托工程。

在总结吸收 NIEDERAUSSEM-K 号机组的经验基础上，进行了进一步的改进和优化，第二期“BoA”计划的依托工程为 Neurath-F、G 号机组，容量增加到 1100MW，主蒸汽和再热蒸汽参数提高到 600℃和 605℃，电厂供电效率达到 43%，更低的污染物排放。同时，新建机组开始实施在现有材料基础上，主蒸汽压力进一步提高，再热蒸汽温度提升到 620℃的方案。

另外，丹麦的 Nordjylland 电厂 3 号机组虽然机组容量不大，但是采用了二次再热，深海水冷却等技术，是目前世界上机组效率最高的燃煤电厂之一。

据不完全统计 2005 年后欧洲开工建设的 1000MW 以上机组有 7 台，其中，3 台机组的再热汽温提高为 619℃，1 台机组的再热汽温提高为 620℃，见表 1-5。目前日本已经投运一台 600℃/620℃等级的机组（新矶子 2 号机组），德国和意大利也正在建设以 600℃/620℃等级为主（见表 0-4）的超超临界机组。其中，德国的 Datteln 4 号于 2011 年投运，容量为 1100MW。

表 0-4　　国外正在建设的 1000MW 及以上超超临界机组

电厂与机组	锅炉供应商	汽机供应商	所属公司	投运时间	参数
					MW/MPa/℃/℃
橘湾 1 号	石川岛	东芝	J-Power	2001.7	1050/25/600/610
橘湾 2 号	BHK 日立	三菱	J-Power	2001	1050/25/600/610
新矶子 1 号	石川岛		J-Power	2002.4	600/24.1/600/610
新矶子 2 号	石川岛	日立	J-Power	2009.7	600/25/600/620
Torre Nord 2/3/4（意）	Hitachi；Ansaldo	MHI	ENEL	2009.3 2009.9 2010.1	660/… /600/610
Westfalen			RWE		800/… /600/610
Ensdorf			RWE		800/… /600/620

续表

电厂与机组	锅炉供应商	汽机供应商	所属公司	投运时间	参数
					MW/MPa/℃/℃
Walsum 10		Hitachi	Steag	2010	750/29. 0/600/620
Herne			Steag		750/… /600/620
Boxberg R		Hitachi	Vattenfall	2010	670/31. 5/600/610
Moorburg A/B			Vattenfall		820/30. 5/600/610
RDK 8	ALSTOM		EnBW	2011	912/27. 5/600/620
Datteln 4 号			(1100MW)	2011	1100/27. 5/600/620
Wilhelmshaven			E. ON	~2017	550/35/700/720

三、国内的发展状况

我国超超临界技术的应用起步较晚，但发展速度迅猛。据不完全统计，至 2016 年底全国已建成投产的机组多达 96 台。中国已是世界上 1000MW 超超临界机组发展最快、数量最多、容量最大和运行性能最先进的国家之一。

我国东方电气集团、哈电集团现有超超临界机组汽轮机进口参数为 25MPa、600℃/600℃，相应锅炉的设计参数为 26. 25MPa、605/603℃。上海电气集团超超临界机组汽轮机进口参数选用 26. 25~27MPa、600℃/600℃的方案，相配套的锅炉其主蒸汽压力为 27. 5~28. 35MPa。国产 1000MW 超超临界锅炉和汽轮机数据见表 0-5 和表 0-6。1000MW 超超临界机组投产统计见表 0-7 和表 0-8（按省）。

表 0-5　　国内制造的 1000MW 超超临界锅炉的炉型

项目	哈锅	上锅		东锅、北京巴威
锅炉炉型	Π 型	Π 型	塔式炉	Π 型炉
燃烧方式	单炉膛八角切圆燃烧	单炉膛八角切圆燃烧	单炉膛四角切圆燃烧	单炉膛前后墙对冲燃烧
技术来源	CE-MHI	ALSTOM（CE）	ALSTOM（EVT）	Babcok

表 0-6　　国内制造的 1000MW 超超临界汽轮机参数

项目	哈尔滨汽轮机厂	上海汽轮机厂	东方汽轮机厂
进汽参数	25MPa，600℃/600℃	26. 25~27MPa，600℃/600℃	25MPa，600℃/600℃
型式	冲动式，四缸四排汽	反动式，四缸四排汽	冲动式，四缸四排汽
转子支承方式	双支承（共 8 个）	N+1 支承（共 5 个）	双支承（共 8 个）
技术支持/技术来源	日本东芝	德国西门子/西门子“HMN”型	日本日立/GE 技术

表 0-7　　1000MW 超超临界机组投产统计

投产时间（年）	投产机组（台）	累计（台）
2006	3	3
2007	4	7

续表

投产时间（年）	投产机组（台）	累计（台）
2008	4	11
2009	9	20
2010	13	33
2011	13	46
2012	12	58
2013	5	63
2014	7	70
2015	12	82（截至 2015 年 09 月 18 日）

表 0-8　　1000MW 超超临界机组投产统计（按省）

省（市、区）	投产台数	省（市、区）	投产台数
江苏	17	天津	2
浙江	15	辽宁	2
广东	14	宁夏	2
河南	6	广西	2
上海	4	福建	2
山东	4	新疆	2
安徽	5	重庆	2
湖北	3	合计	82

目前，1000MW 超超临界机组的最高发电效率达到 45%，处于世界先进水平之列。

此外，还有一批机组正在建设之中。

第二节　二次再热机组发展状况

根据《国家中长期科学和技术发展规划纲要（2006—2020 年）》(以下简称《纲要》），在提高发电机组的效率，降低大型火电机组污染物的排放量方面，还有巨大的空间，在 700℃高效发电技术目前还不能实际应用的前提下，采用在业已成熟的二次再热技术是最佳的选择之一。

通常为了提高大型发电机组循环热效率，广泛采用中间再热循环。从锅炉过热器出来的主蒸汽在汽轮机高压缸做功后，送到再热器中再加热以提高温度，然后送入汽轮机中压缸继续膨胀做功，称为一次中间再热循环，可相对提高循环效率 4%～5%。在中压缸后再次将排汽送回锅炉加热，称为两次中间再热循环，可再相对提高循环效率 2%～3%。增加再热循环可以提高循环效率，但在提高热效率提高的同时，也会带来系统设计的复杂性，使投资增加，运行复杂。因此，在国内目前运行的机组实际再热次数很少超过两次。

世界第一台二次再热的机组于1957年在美国投产，而中国的第一台二次再热机组来自华能集团江西安源电厂，于2015年6月27日建成投产。三个月后即2015年9月25日17时58分国电泰州电厂二期工程3号机组通过168h连续满负荷试运行，国电集团建成投产世界首台百万千瓦超超临界二次再热燃煤发电机组。

国外关于二次再热技术的研究总体上来讲起步比国内的要早很多，最早大概在20世纪40年代。而涵盖的机型也是五花八门，机组容量从125MW到700MW均有涉及，且燃煤、燃油及燃汽机组均有投运。

美国是最早发展超超临界二次再热火电机组的国家之一，早在1957年美国Philo电厂就投运了第一台超超临界二次再热机组，容量为125MW，进汽参数为31MPa/621℃/566℃/566℃。1959年，Eddystone电厂1号机投产，机组容量为325MW，蒸汽压力为34.3MPa，蒸汽温度为649℃/565℃/565℃。还有容量为580MW的机组，蒸汽参数为24.1MPa/538℃/552℃/566℃的Tanners Creek电厂。投运的二次再热机组的总台数约25台。

日本最典型的二次再热机组是川越电厂运行的两台700MW的超超临界机组和姬路电厂投运的一台600MW的超临界机组，其蒸汽参数分别为32.9MPa/571℃/569℃/569℃、25.5MPa/541℃/554℃/548℃。投运的二次再热机组的总台数约为11台。

1979年德国曼海姆电厂7号机投运了一台蒸汽参数为25.5MPa/530℃/540℃/530℃的二次再热机组。供电和供热容量均为465MW。截至2015年6月，丹麦的二次再热发电技术是世界上最先进的，其Nordjylland电厂机组净发电效率为47%。蒸汽参数为29.0MPa/582℃/580℃/580℃，循环水来自大西洋的低温海水，是效率高的原因之一。另外，还有Skaerbaek电厂机组的蒸汽参数与此基本一致。

虽然国际上大多数二次再热机组都在20世纪六七十年代投运，八九十年代投运的二次再热机组明显减少，但是由于二次再热机组比相同条件下的一次再热机组热效率将提高2%左右，随着燃料成本及环保压力的不断上升，国际上又重新开始对二次再热机组的研发。目前，我国和世界发达国家正在开发的二次再热机组技术不是20世纪技术的翻版，而是在机组参数、机组容量、系统优化等方面都有了很大的突破。

在现有成熟材料技术的基础上，采用二次再热技术并进行针对性地热力系统的优化将能使火电机组的效率得到大幅度提高，同时进一步提高机组的参数和容量，建设二次再热超超临界大容量机组，可以在目前600℃等级一次再热超超临界机组基础上大幅度将发电热效率提高约2个百分点，同时大幅度降低温室气体和污染物排放。

目前国内东方电气集团、哈尔滨电气集团、上海电气集团这三大火电设备制造商均有在建二次再热超超临界大容量机组项目。

表0-8中列举了中国国内自2015年6月以来陆续投产的二次再热机组，共六台。自此，中国掀起了二次再热机组的建设热潮。

表0-8　国内近一年投产的二次再热机组情况

机组	投产日期	等级（MW）	项目业主	设备厂商
江西安源电厂1号机	2015年6月27	660	华能	哈尔滨锅炉厂、东方汽轮机厂、东方电机厂
江西安源电厂2号机	2015年8月24	660	华能	哈尔滨锅炉厂、东方汽轮机厂、东方电机厂

续表

机组	投产日期	等级（MW）	项目业主	设备厂商
江苏泰州电厂 3 号机	2015 年 9 月 25	1000	国电	上海电气
江苏泰州电厂 4 号机	2016 年 1 月 13	1000	国电	上海电气
山东莱芜电厂 6 号机	2015 年 12 月 23	1000	华能	哈尔滨锅炉厂、上海汽轮机厂、上海电机厂
山东莱芜电厂 7 号机	2016 年 11 月 28	1000	华能	哈尔滨锅炉厂、上海汽轮机厂、上海电机厂

国内已经进行招投标而仍然在建的二次再热电厂或机组有：广东大唐国际雷州电厂 2 台 1000MW 机组工程、华电集团句容发电厂 2 台 1000MW 机组工程、江西赣能丰城发电厂三期 2 台 1000MW 机组工程、神华国华集团广西北海电厂 2 台 1000MW 机组工程、华电集团莱州电厂 2 台 1000MW 机组工程、广东粤电惠来发电厂 2 台 1000MW 机组工程、深圳能源集团河源发电厂 2 台 1000MW 机组工程、国电蚌埠发电厂 2 台 660MW 机组工程、国电宿迁发电厂 2 台 660MW 机组工程，共 9 大电厂，18 台机组。如果包含已经建成的，将共有 12 个电厂，24 台机组。

第一篇

锅 炉 篇

第一章

二次再热锅炉总体概况

一、SG-2710/33.03-M7050 锅炉概况

（一）锅炉主要性能数据

SG-2710/33.03-M7050 锅炉为上海锅炉厂生产的 2710t/h 超超临界参数变压运行螺旋管圈直流炉，单炉膛塔式布置、四角切向燃烧、摆动喷嘴调温、平衡通风、全钢架悬吊结构、露天布置、采用机械刮板捞渣机固态排渣的锅炉。锅炉燃用神华煤。炉后尾部烟道出口有 2 台 SCR 脱硝反应装置，下部各布置 1 台转子直径为 ϕ17286 的三分仓容克式空气预热器。锅炉制粉系统采用中速磨冷一次风机直吹式制粉系统，每台锅炉配置 6 台中速磨煤机，BMCR 工况时，5 台投运，1 台备用。

1. 主要设计参数（见表 1-1）

表 1-1　　BMCR 工况及额定工况主要参数

名称	单位	BMCR	BRL
过热蒸汽流量	t/h	2710	2630
过热器出口蒸汽压力	MPa（g）	33.03	32.19
过热器出口蒸汽温度	℃	605	605
一次再热蒸汽流量	t/h	2517	2426
一次再热器进口蒸汽压力	MPa（g）	11.39	11.00
一次再热器出口蒸汽压力	MPa（g）	11.17	10.78
一次再热器进口蒸汽温度	℃	429	428
一次再热器出口蒸汽温度	℃	613	613
二次再热蒸汽流量	t/h	2161	2088
二次再热器进口蒸汽压力	MPa（g）	3.56	3.44
二次再热器出口蒸汽压力	MPa（g）	3.30	3.19
二次再热器进口蒸汽温度	℃	432	433
二次再热器出口蒸汽温度	℃	613	613
省煤器进口给水温度	℃	314	314

2. 煤质分析资料（见表1-2）

表1-2 煤质分析资料

项目		单位	设计煤种（神华煤）	校核煤种1（满世混）	校核煤种2（东北煤）
全水分 M_t		%	15.55	17.5	26
工业分析	水分 M_{ad}	%	8.43	9.99	11.08
	灰分 A_{ar}	%	8.8	12.58（+10）	14.1
	挥发分 V_{ar}	%	—	—	—
	固定碳 FC_{ar}	%	—	—	—
干燥无灰基挥发分		%	34.73	33.56	37.68
热量	发热量 $Q_{gr,d}$	MJ/kg	—	—	—
	发热量 $Q_{net,ar}$	MJ/kg	23.44	20.7	18.1
元素分析	碳 C_{ar}	%	61.7	55.24	48.38
	氢 H_{ar}	%	3.67	3.34	3.01
	氮 N_{ar}	%	1.12	0.68	0.65
	氧 O_{ar}	%	8.56	9.46	7.23
	全硫 $S_{t,ar}$	%	0.6	1.2	0.63
灰熔点	变形温度DT	℃	1.15×10^3	1.11×10^3	1.16×10^3
	软化温度ST	℃	1.19×10^3	1.14×10^3	1.17×10^3
	流动温度FT	℃	1.23×10^3	1.19×10^3	1.2×10^3
可磨性指数HGI		—	55	55	62
冲刷磨损指数 K		—	0.84	1.0	1.3
灰分分析	二氧化硅 SiO_2	%	30.57	48.01	51.14
	三氧化二铁 Fe_2O_3	%	16.24	11.07	10.27
	三氧化二铝 Al_2O_3	%	13.11	17.02	18.14
	氧化钙 CaO	%	23.54	10.75	8.17
	氧化镁 MgO	%	1.01	1.86	2.04
	氧化钛 TiO_2	%	0.47	0.72	0.72
	氧化钾 K_2O	%	0.78	1.5	1.46
	氧化钠 Na_2O	%	0.92	1.1	0.82
	二氧化锰 MnO_2	%	0.43	0.068	0.051
	煤中游离二氧硅	%	1.71	2.62	3.14
	三氧化硫 SO_3	%	10.31	7.18	6.7

（二）锅炉总体布置

锅炉为超超临界压力参数变压运行螺旋管圈直流锅炉，单炉膛塔式布置形式、二次再热、四角切圆燃烧、平衡通风、固态排渣、全钢悬吊构造、露天布置。

锅炉燃用设计煤种为神华煤。中速磨正压直吹式制粉系统，5台磨运行带锅炉BMCR工况，1台磨备用。炉后尾部布置两台转子直径为 $\phi17286$ 的三分仓容克式空气预热器。锅炉总体布置见图 1－1。炉膛宽度 21480mm，炉膛深度 21480mm，水冷壁下集箱标高为 7500mm，炉顶管中心标高为 122000mm。大板梁顶标高 131900mm。

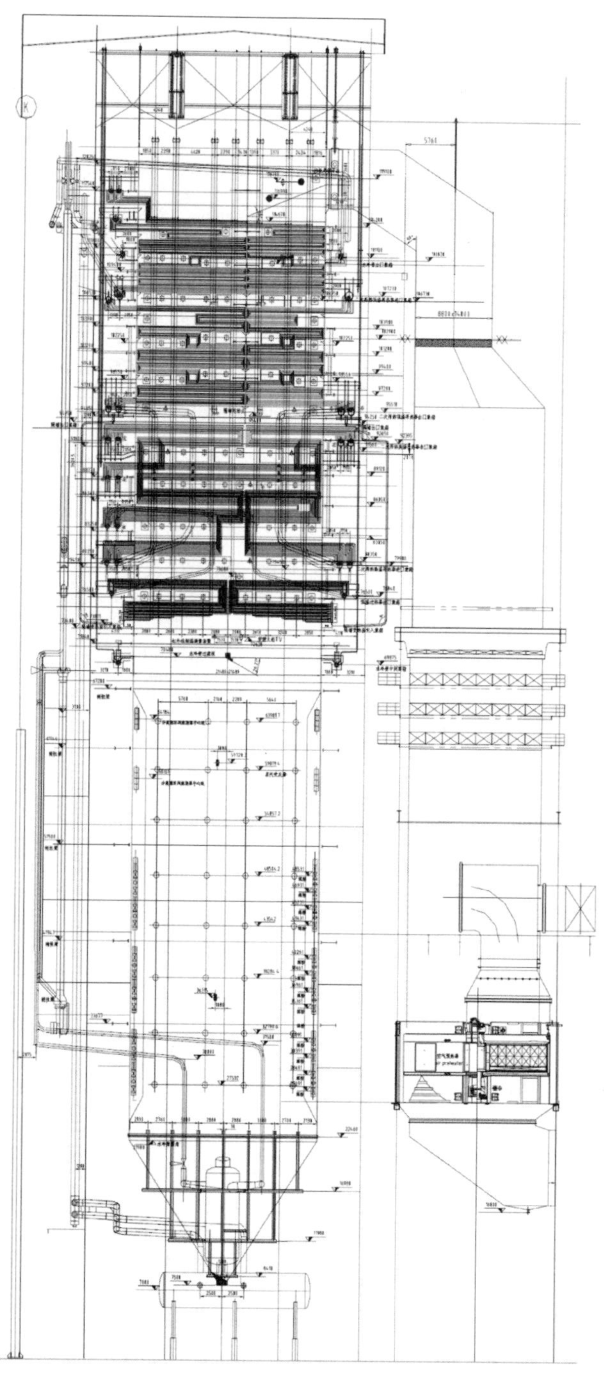

图 1－1　锅炉总体布置示意图

锅炉炉前，沿着炉宽在垂直方向上布置6只ϕ610×90mm的汽水分离器，每个分离器进出口分别与水冷壁出口、低温过热器进口，下部与贮水箱相连接。当机组启动，锅炉负荷低于最低直流负荷30%BMCR时，蒸发受热面出口的介质流经水冷壁出口汇合集箱后由四根管道送入汽水分离器进行汽水分离，蒸汽通过分离器上部管接头进入两个分配器后引出一级过热器，而饱和水则通过每个分离器筒身下方1根内径为236mm的连接管道，共6根连接管道进入1只610mm×90mm贮水箱中，贮水箱上设有水位控制。贮水箱下方分二路引出，一路疏水由循环泵回到省煤器系统中，另一路接至大气扩容器，通过集水箱连接到冷凝器或机组循环水系统中。

炉膛由管子膜式壁组成，水冷壁采用螺旋管加垂直管的布置方式。从炉膛冷灰斗进口集箱标高7500mm到标高70480mm处炉膛四周采用螺旋管圈，在此上方为垂直管圈，垂直管圈分为两部分，下部垂直管圈选用管子规格为ϕ38，节距为60mm；Y形式的两根垂直管合并成为一根管的上部垂直管圈，管子规格为ϕ44.5，节距为120mm。

锅炉上部沿着烟气流动方向依次分别布置有低温过热器、高温再热器低温段、高温过热器、高温再热器高温段、低温再热器、省煤器。

锅炉上部的炉内受热面全部为水平布置，穿墙结构为金属全密封形式。所有受热面能够完全疏水干净。

锅炉出口的前部、左右两侧和炉顶部分也是由管子膜式壁构成，但是这些地方的管子内部是空的，没有流体介质。

除了水冷壁集箱之外，所有集箱都布置在锅炉上部的前后墙部位上。

炉前集箱包括有低温过热器出口集箱、一次再热高温再热器进/出口集箱、高温过热器的进/出口集箱，一次再热低温再热器进/出口集箱、省煤器进/出口集箱。炉后集箱包括有低温过热器出口集箱、二次再热高温再热器进/出口集箱、高温过热器的进/出口集箱，二次再热低温再热器进/出口集箱。这些炉前/后的集箱一端由悬吊管支承；另一端支在炉前/后墙水冷壁之上。

锅炉燃烧系统按配中速磨正压直吹式制粉系统设计，配置6台磨煤机，每台磨煤机引出4根煤粉管道到炉膛四角，炉外安装煤粉分配装置，每根管道通过煤粉分配器分成两根管道分别与两个相邻的一次风喷嘴相连，共计48只直流式燃烧器分12层布置于炉膛下部四角（每两个煤粉喷嘴为一层），在炉膛中呈四角切圆方式燃烧。

过热器汽温通过煤水比调节和两级喷水来控制。再热器汽温采用燃烧器摆动调节，低温再热器进口连接管道上设置事故喷水，低温再热器出口连接管道设置有微量喷水作为辅助调节。

锅炉炉膛底部出渣采用带式干除渣机装置固态出渣。

锅炉设有膨胀中心及零位保证系统，垂直高度的零点在大板梁顶部，水平零点位置在锅炉中心线。在锅炉高度方向设有四层导向装置，以控制锅炉受热面水平方向的膨胀和传递锅炉水平载荷。锅炉上部出口后连接有脱硝装置进口烟道，这个烟道从上向下流动，该单烟道的垂直载荷直接支吊在炉顶钢架平面上。脱硝装置出口烟道在空气预热器上部分成二路烟道经过各自的关闭挡板，进入二台ϕ17286三分仓容克式空气预热器。

锅炉上部出口后连接有脱硝装置进口烟道，这个烟道从上向下流动，该单烟道的垂直载荷直接支吊在炉顶钢架平面上。脱硝装置出口烟道在空气预热器上部分成二路烟道经过各自的关闭挡板，进入二台 ϕ17286 三分仓容克式空气预热器。

本锅炉采用中速磨正压直吹式制粉系统，配置 6 台中速磨煤机，燃烧器四角布置，切圆燃烧方式。整台锅炉沿着高度方向燃烧器分成四组，最上一组燃烧器是分离式燃烬风，分有六层风室；接下来三组是煤粉燃烧器，每组有 4 层煤粉喷嘴，共有 48 只燃烧器喷嘴。最上排燃烧器喷口中心线标高 48531mm，一级过热器屏底距最上排燃烧器喷口 26509mm，最下排燃烧器喷口中心标高 27091mm，冷灰斗转角距最下排燃烧器喷口 5111mm，三组煤粉燃烧器上，每组燃烧器风箱设有二层进退式简单机械雾化油枪，六层燃油喷嘴，24 支油枪。

锅炉钢结构（不包括锅炉屋顶结构）的宽为 52.76m、深度为 61.9m、高度为 131.90m（大板梁顶标高），共分 11 个自然段，主要包括：炉顶钢架、炉顶支撑、受压件支吊钢架、各层刚性平面和平台、扶梯以及其他设备所需的支吊结构。

第一层标高自 0.0~13.0m，第二层自 13.0~26.0m，第三层自 26.0~42.8m，第四层自 42.8~53.5m，第五层自 53.5~68.0m，第六层自 68.0~79.0m，第七层自 79.0~93.6m，第八层自 93.6~101.5m，第九层自 101.5~109.7m，第十层自 109.7~123.95，第十一层自 123.95~锅炉 131.90m 炉顶钢架。刚性平面有 13.0、26.0、34.5、42.8、53.5、68.0、79.0、93.6、101.5、109.7、116.2m 和炉顶钢架共 12 层，它由水平梁、支撑等构件组成，是维持锅炉钢结构稳定的主要组成部分。

锅炉设置了膨胀中心，锅炉垂直方向上的膨胀零点设在大板梁顶部，锅炉深度和宽度方向上的膨胀零点设在炉膛中心。

锅炉四周设有绕带式刚性梁，以承受炉膛内部正、负两个方向的压力，整个锅炉高度布置了四层刚性梁导向装置，第一层在 22460mm 标高，第二层在 51500mm 标高，第三层在 75810mm（左右侧墙）和 73400mm（前后墙）标高，第四层在 103900mm 标高。

锅炉吹灰器有蒸汽吹灰器和双介质吹灰器两种形式。蒸汽吹灰器：炉膛部分布置有 128 台墙式吹灰器，锅炉上部区域内布置 106 台长行程伸缩式吹灰器和 4 台半伸缩式吹灰器，每台预热器烟气进/出口端各布置一只伸缩式双介质吹灰器。运行时所有吹灰器均实现 DCS 程序控制。

过热器出口高压旁路采用 100%旁路，一次再热出口中压旁路按 30%旁路，二次再热出口低压旁路的容量按 65%旁路。取消过热器安全阀和 PCV 阀，一次再热器按设置 100%容量安全门设计，二次再热器按设置 100%容量安全门设计。安全阀型式为弹簧式安全门。

锅炉启动旁路系统设置了循环泵，该泵布置在炉前 36500mm 标高上。

大气式扩容器和集水箱，3 号锅炉布置在锅炉右侧；4 号锅炉布置在锅炉左侧。

锅炉在省煤器出口烟道中同步设置 SCR 脱硝设备。

此外，锅炉还配有炉膛火焰电视摄像装置、双烟道隔板监视电视摄像装置、炉管泄漏自动报警装置及红外线烟温测量装置等设备装置。

（三）锅炉特点

SG-2710/33.03-M7050 锅炉是上海锅炉厂有限公司在大量 1000MW 超超临界一次再热塔式锅炉成熟的设计、制造技术基础上，结合上海锅炉厂有限公司燃用烟煤的经验，根据超超临界二次再热机组参数要求、锅炉燃煤的特点和用户的一些特殊要求自行开发、自主创新的新产品。在已经设计和安装燃用各种各样燃料的基础上优化设计本锅炉，并且具有很高的可用率。该锅炉具有以下特点：

（1）锅炉系统简单；

（2）锅炉具有很强的自疏水能力，具备优异的备用和快速启动特点；

（3）均匀的过热器、再热器烟气温度分布；

（4）均匀的对流受热面烟气流场分布；

（5）采用单炉膛单切圆的燃烧方式，在所有工况下，水冷壁出口温度分布均匀；

（6）采用高级复合空气分级低 NO_x 燃烧系统；

（7）过热器采用煤水比加两级八点喷水，再热器采用燃烧器摆动、低负荷过量空气系数调节、省煤器出口烟气挡板调节和在再热器进口装设事故紧急喷水和两级再热器中间装设微量喷水；

（8）无水力侧偏差，过热器、再热器蒸汽温度分布均匀；

（9）过热器、再热器受热面材料选取留有较大的裕度；

（10）受热面布置下部宽松，无堵灰；

（11）运行过程中锅炉能自由膨胀；

（12）悬吊结构规则，支撑结构简单；

（13）受热面磨损小。

二、HG-2752/32.87/10.61/3.26-YM1 锅炉概况

（一）锅炉主要性能数据

HG-2752/32.87/10.61/3.26-YM1 锅炉是哈尔滨锅炉厂有限责任公司生产的 1000MW 等级二次再热超超临界参数变压运行直流锅炉，采用塔式布置、单炉膛、水平浓淡燃烧器低 NO_x 分级送风燃烧系统、角式切圆燃烧方式，炉膛采用螺旋管圈和垂直膜式水冷壁、带再循环泵的启动系统、二次中间再热。过热蒸汽调温方式以煤水比为主，同时设置二级八点喷水减温器；再热蒸汽主要采用分隔烟道调温挡板和烟气再循环调温，同时燃烧器的摆动对再热蒸汽温度也有一定的调节作用，在高低温再热器连接管道上还设置有事故喷水减温器。锅炉采用平衡通风、露天布置、固态排渣、全钢构架、全悬吊结构，燃用烟煤。

1. 主要设计参数（见表 1-3）

表 1-3　　**BMCR 工况及额定工况主要参数**

序号	项目	单位	BMCR	BRL
1	过热蒸汽流量	t/h	2752	2623.4
2	过热蒸汽压力	MPa（g）	32.87	31.98
3	过热蒸汽温度	℃	605	605
4	一次再热蒸汽流量	t/h	2412.4	2341.8
5	一次再热器进口蒸汽压力	MPa（g）	11.012	10.691
6	一次再热器出口蒸汽压力	MPa（g）	10.612	10.302
7	一次再热器进口蒸汽温度	℃	424.0	424.0
8	一次再热器出口蒸汽温度	℃	623.0	623.0
9	二次再热蒸汽流量	t/h	2093.4	2028.8
10	二次再热器进口蒸汽压力	MPa（g）	3.449	3.336
11	二次再热器出口蒸汽压力	MPa（g）	3.259	3.152

续表

序号	项目	单位	BMCR	BRL
12	二次再热器进口蒸汽温度	℃	440.9	440.7
13	二次再热器出口蒸汽温度	℃	623	623
14	给水压力	MPa（g）	36.77	35.76
15	给水温度	℃	329.3	327.2

2. 煤质分析资料

设计煤种为菏泽新汶混煤。远期可能燃用神华煤（校核煤 1）和校核煤 2。煤质分析资料见表 1-4。

表 1-4　煤质分析资料

检测项目	符号	单位	设计煤（C-09-116）	校核煤 1（C-09-117）	校核煤 2
全水分	M_t	%	7.0	14	8
空气干燥基水分	M_{ad}	%	4.07	8.49	1.52
收到基灰分	A_{ar}	%	23.07	11	30.89
干燥无灰基挥发分	V_{daf}	%	37.90	36.44	30.01
收到基碳	C_{ar}	%	56.20	60.33	49.72
收到基氢	H_{ar}	%	3.50	3.62	3.2
收到基氮	N_{ar}	%	0.97	0.69	0.86
收到基氧	O_{ar}	%	8.05	9.95	5.58
全硫	$S_{t,ar}$	%	1.21	0.41	1.75
收到基高位发热量	$Q_{gr,v,ar}$	MJ/kg	22.25		
收到基低位发热量	$Q_{net,v,ar}$	MJ/kg	21.37	22.76	19.32
煤中游离二氧化硅	SiO_2（F）	%	3.98		
煤中氟	F_{ar}	μg/g	40		
煤中氯	Cl_{ar}	%	0.027		
哈氏可磨指数	HGI	—	58	56	62
煤灰熔融特征温度/变形温度	DT	$\times10^3$℃	1.32	1.13	1.2
煤灰熔融特征温度/软化温度	ST	$\times10^3$℃	1.38	1.16	1.25
煤灰熔融特征温度/半球温度	HT	$\times10^3$℃	1.40		
煤灰熔融特征温度/流动温度	FT	$\times10^3$℃	1.42	1.21	1.31
煤灰中二氧化硅	SiO_2	%	47.82	36.71	49.75
煤灰中三氧化二铝	Al_2O_3	%	26.86	13.99	31.76
煤灰中三氧化二铁	Fe_2O_3	%	10.87	13.85	10.16
煤灰中氧化钙	CaO	%	5.69	22.92	2.25

续表

检测项目	符号	单位	设计煤（C-09-116）	校核煤1（C-09-117）	校核煤2
煤灰中氧化镁	MgO	%	1.09	1.28	0.71
煤灰中氧化钠	Na_2O	%	0.35	1.23	0.4
煤灰中氧化钾	K_2O	%	1.30	0.72	1.4
煤灰中二氧化钛	TiO_2	%	1.12		1.14
煤灰中三氧化硫	SO_3	%	3.95	9.3	1.88
煤灰中二氧化锰	MnO_2	%	0.035		
冲刷磨损指数	K_e		3.0		4.0

（二）锅炉总体布置

超超临界参数变压运行螺旋管圈直流炉，单炉膛、二次中间再热、采用四角切圆燃烧方式、平衡通风、固态排渣、全钢悬吊结构布置燃煤塔式锅炉。炉膛采用螺旋管圈和垂直膜式水冷壁、带再循环泵的启动系统。

锅炉总体布置如图 1-2 所示。

启动系统为内置式带再循环泵系统。锅炉炉前沿宽度方向布置 4 只汽水分离器，进出口分别与水冷壁和低温过热器相连接。在启动阶段，分离出的水通过水连通管与立式分离器贮水箱相连，而分离出来的蒸汽则送往分隔墙入口集箱。分离器贮水箱中的水经疏水管排入再循环泵的入口管道，作为再循环工质与给水混合后流经省煤器—水冷壁系统，进行工质回收。

在锅炉启动期间，再循环泵和给水泵始终保持相当于锅炉最低直流负荷流量（30%BMCR）的工质流经给水管—省煤器—水冷壁系统，启动初期锅炉保持 5%BMCR 给水流量，随锅炉出力达到 5%BMCR，贮水箱水位调节阀全部关闭，锅炉的蒸发量随着给水量的增加而增加，分离器贮水箱的水位逐渐降低，再循环泵出口管道上的再循环调节阀逐步关小，当锅炉达到最小直流负荷（30%BMCR），再循环调节阀全部关闭，此时，锅炉的给水量等于锅炉的蒸发量，启动系统解列，锅炉从二相介质的再循环模式运行（即湿态运行）转为单相介质的直流运行（即干态运行）。

过热器采用三级布置，即屏式过热器（一过）、二级过热器、末级过热器（三级）；高压再热器为二级，即低温再热器（一级）→末级再热器（二级）。低压再热器为二级，即低温再热器（一级）→末级再热器（二级）。其中高压低温再热器和低压低温再热器分别布置在炉膛出口烟窗下游的分隔烟道的前、后竖井中，均为逆流布置。

过热器采用煤/水比作为主要汽温调节手段，并配合二级八点喷水作为主汽温度的细调节，喷水减温每级左右四点布置以消除各级过热器的左右吸热和汽温偏差。再热汽温以烟气调节挡板和烟气再循环为主要调温手段，同时在一、二级再热器之间的连接管上装有事故喷水装置。摆动燃烧器仅作为辅助的调节手段。

水从省煤器出口集箱经外部两根连接管合并为一根下降管被引入位于炉膛灰斗下部的水冷壁下集箱，然后沿炉膛向上依次经过冷灰斗、螺旋水冷壁，经位于炉膛中部的混合过渡集箱后进入上部垂直水冷壁。汽水混合物或蒸汽由水冷壁出口集箱经连接管进入汽水分离器。

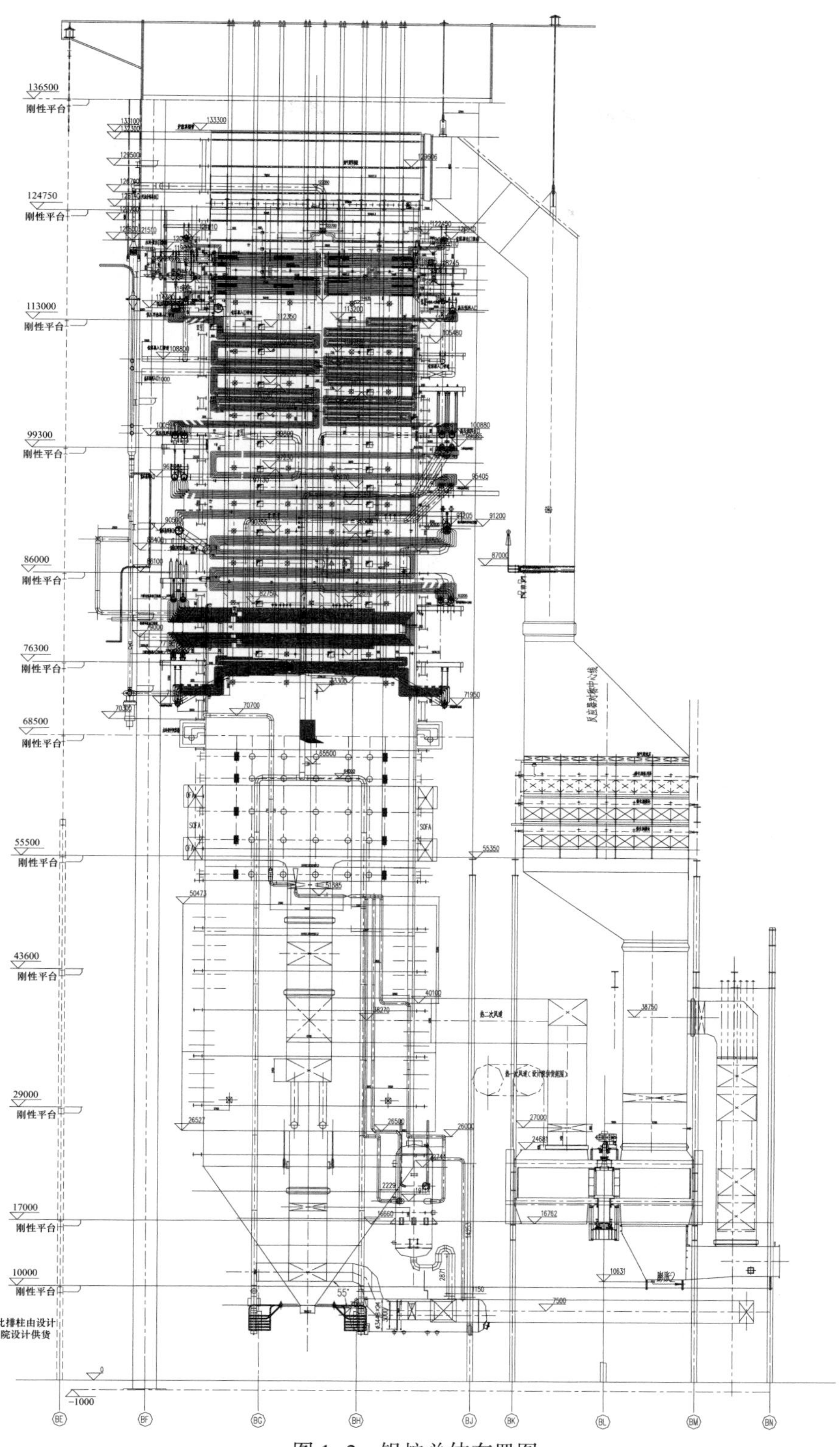
136500
刚性平台
124750
刚性平台
113000
刚性平台
99300
刚性平台
86000
刚性平台
76300
刚性平台
68500
刚性平台
55500
刚性平台
43600
刚性平台
29000
刚性平台
17000
刚性平台
10000
刚性平台
此排柱由设计院设计供货
−1000
BE
BF
BG
BH
BJ
BK
BL
BM
BN

图 1-2　锅炉总体布置图

当锅炉在本生点以下的负荷以再循环方式运行时，被汽水分离器分离出的水流入贮水箱，由再循环泵重新打入省煤器入口集箱进行再循环。锅炉在本生点以上负荷运行时，处于一次直流运行状态。

烟气流程如下：来自送风机的冷风被送入四分仓式空气预热器，经加热后，与送入炉膛的风和粉进行燃烧，产生热烟气，热烟气向上依次经一级过热器、三级过热器、高压末级再热器、低压末级再热器、二级过热器、前竖井低压一级再热器和后竖井高压一级再热器、前后竖井省煤器，进行辐射、对流换热后到达省煤器出口烟道，烟气再向下流经垂直烟道、SCR 进入空气预热器和旁路省煤器设备，最后在空气预热器出口烟道混合后离开锅炉，排往电气除尘器和引风机。在电除尘后设置烟气再循环烟道，部分烟气通过烟气再循环风机引入炉膛实行对再热汽温的控制。

制粉系统采用中速磨正压直吹式系统，每炉配 6 台磨煤机。每台磨对应两层 8 只燃烧器。燃烧器为低 NO_x 的水平浓淡型并配有分级送风系统，以进一步降低 NO_x 生成量。

每台锅炉配有两台半模式、双密封、四分仓回转式空气预热器，立式布置，烟气与空气以逆流方式换热，预热器型号为 35-VI（Q）-2600-QMR。

除渣系统采用风冷式（干式）排渣机连续除渣方案。

（三）锅炉特点

（1）一次汽温调节采用煤水比和二级八点喷水，再热汽温调节采用成熟可靠的调节挡板加烟气再循环的组合方式，燃烧器摆动作为辅助的调温手段，有效实现三级高温受热面的汽温调节，保证锅炉运行稳定、可靠、高效。

（2）根据本工程燃用煤种的特点，在锅炉设计中重点考虑防止炉内及对流受热面结渣问题，同时对低负荷稳燃、高效燃烧、防止水冷壁高温腐蚀、低 NO_x 排放及汽温调节等方面的问题给予关注。对煤种变化和煤质变差趋势的适应能力、负荷调节能力等方面采取了切实有效的措施。在炉膛设计时采用了较大的炉膛断面，较高的炉膛高度和较大的炉膛容积，以获得较低的炉膛容积热负荷和适宜的炉膛出口烟温。

（3）采用适应性较强的螺旋管圈和垂直管圈水冷壁系统，能保证在变压运行的四个阶段即超临界直流、近临界直流、亚临界直流和启动阶段中控制金属壁温、控制高干度蒸干（DRO）、防止低干度高热负荷区的膜态沸腾（DNB）以及水动力的稳定性等。

（4）启动系统采用再循环泵模式，有利于加速启动速度，保证启动阶段运行的可靠性、经济性。

（5）过热器采用三级布置，以辐射特性为主，兼具对流特性型，更加适合采用煤水比和两级喷水减温控制汽温的调温方式。

（6）再热器为纯对流受热面，高压末级再热器和低压末级再热器布置在炉膛出口烟窗的下游，高压低温再热器和低压低温再热器分别布置于烟温水平适中的前后烟道内，更加适合调节挡板和烟气再循环调节二次再热汽温的完美组合型式。

（7）省煤器采用 H 型鳍片省煤器，装设阻流板、防磨盖板等措施，可有效减少受热面的磨损。

（8）与空气预热器并联的旁路烟道内布置低温省煤器，更有效降低排烟温度。烟气从脱硝出口通过挡板进行流量调节，烟气分别进入空气预热器和旁路高低温省煤器，并在预热器出口进行混合，混合烟气维持在 110~115℃较理想的温度水平。

三、HG-1938/32.45/605/623/623-YM1 锅炉概况

（一）锅炉主要性能数据

HG-1938/32.45/605/623/623-YM1 锅炉是哈尔滨锅炉厂有限责任公司生产的 600MW 等级二次再热超超临界参数变压运行直流锅炉，采用单炉膛、切圆燃烧方式、平衡通风、固态排渣、全钢悬吊结构、露天布置燃煤 Π 型锅炉。

1. 主要设计参数（见表 1-5）

表 1-5　主要设计参数

名称	单位	负荷工况			
		BMCR	TRL	75%THA	高压加热器全切
主蒸汽流量	t/h	1938	1881.52	1263.44	1436.84
主蒸汽出口压力	MPa（g）	32.45	32.36	22.32	31.76
主蒸汽出口温度	℃	605	605	605	605
给水压力	MPa（g）	35.95	35.68	24.96	33.34
给水温度	℃	331.4	329	303.7	180.9
分离器出口压力	MPa（g）	33.95	33.78	23.32	32.48
分离器温度	℃	462	461	417	438
高压再热蒸汽流量	t/h	1695.07	1642.42	1134.23	1423.35
高压再热蒸汽出口压力	MPa（g）	11.34	10.97	7.65	10.04
高压再热蒸汽出口温度	℃	623	623	623	623
高压再热蒸汽进口压力	MPa（g）	11.71	11.33	7.9	10.34
高压再热蒸汽进口温度	℃	432.8	430.3	436.3	442.9
低压再热蒸汽流量	t/h	1443.49	1392.25	985.71	1417.41
低压再热蒸汽出口压力	MPa（g）	3.553	3.413	2.41	3.558
低压再热蒸汽出口温度	℃	623	623	623	623
低压再热蒸汽进口压力	MPa（g）	3.743	3.597	2.541	3.744
低压再热蒸汽进口温度	℃	444.1	443.4	448.5	464.2
空气预热器进口烟气温度	℃	386	383	362	330
排烟温度（修正前）	℃	127	127	122	115
排烟温度（修正后）	℃	124	123	118	110
预热器进口风温（一次风）	℃	30	30	30	30
预热器进口风温（二次风）	℃	23	23	23	23
预热器出口一次风温	℃	350	348	330	295
预热器出口二次风温	℃	362	359	339	306
总燃煤量	t/h	298.10	290.98	209.65	280.12
未燃尽碳损失	%	0.7	0.7	0.9	0.7
锅炉计算效率（按低位发热值）	%	93.97	93.99	93.94	95.31
锅炉保证效率（按低位发热值）	%		93.80		
效率计算环境温度	℃		20		

续表

名称	单位	负荷工况			
		BMCR	TRL	75%THA	高压加热器全切
过量空气系数	—	1.20	1.20	1.22	1.20
炉膛截面热负荷	MW/m^2	4.461	4.354	3.131	4.192
炉膛容积热负荷	kW/m^3	77.94	76.08	54.7	73.24
燃烧器区域热负荷	MW/m^2	1.503	1.466	1.052	1.404
过热蒸汽压降	MPa	1.50			
高压再热蒸汽压降	MPa	0.37			
低压再热蒸汽压降	MPa	0.19			
省煤器阻力（含静压差）	MPa	0.20			
水冷壁系统阻力	MPa	1.80			

2. 煤质分析资料（见表 1-6）

表 1-6　煤质分析资料

项目		符号	单位	设计煤	校核煤 1	校核煤 2
工业分析	全水分	M_t	%	8.5	11	6.4
	空气干燥基水分	M_{ad}	%	0.82	0.85	1.05
	收到基灰分	A_{ar}	%	33.13	37.38	29.13
	干燥无灰基挥发分	V_{daf}	%	27.49	22.87	32.75
元素分析	收到基碳	C_{ar}	%	48.98	44.23	53.27
	收到基氢	H_{ar}	%	2.8	2.5	3.21
	收到基氮	N_{ar}	%	0.69	0.7	0.67
	收到基氧	O_{ar}	%	5.28	3.55	6.79
	全硫	$S_{t,ar}$	%	0.62	0.64	0.53
收到基高位发热量		$Q_{gr,v,ar}$	MJ/kg	19.41	17.46	21.32
收到基低位发热量		$Q_{net,v,ar}$	MJ/kg	18.64	16.69	20.51
哈氏可磨指数		HGI	—	79	84	70
灰熔点	变形温度	DT	$\times10^3$℃	1.38	1.4	1.34
	软化温度	ST	$\times10^3$℃	1.42	>1.50	1.38
	半球温度	HT	$\times10^3$℃	1.44	>1.50	1.39
	流动温度	FT	$\times10^3$℃	1.48	>1.50	1.4
灰成分	煤灰中二氧化硅	SiO_2	%	62.09	62.27	62.21
	煤灰中三氧化二铝	Al_2O_3	%	22.16	23.58	23.1
	煤灰中三氧化二铁	Fe_2O_3	%	5.35	4.4	5.78
	煤灰中氧化钙	CaO	%	2.44	1.12	3.62
	煤灰中氧化镁	MgO	%	1.05	1.4	0.8
	煤灰中氧化钠	Na_2O	%	0.32	0.32	0.36

续表

项目		符号	单位	设计煤	校核煤 1	校核煤 2
灰成分	煤灰中氧化钾	K_2O	%	3.64	4.9	1
	煤灰中二氧化钛	TiO_2	%	1.43	0.69	1.6
	煤灰中三氧化硫	SO_3	%	0.55	0.4	1.45
	煤灰中二氧化锰	MnO_2	%	0.02	0.01	0.036
煤中游离二氧化硅		SiO_2 (F)	%	6	5.98	5.68
煤的冲刷磨损指数		K_e		3.1	2.8	4.9

（二）锅炉总体布置

炉膛采用全膜式垂直水冷壁。

炉膛上部沿烟气流程依次分别布置有分隔屏过热器、后屏过热器、末级过热器、高压高温再热器、低压高温再热器、尾部烟道受热面（分别为前烟井高压低温再热器和省煤器、后烟井低压低温再热器和省煤器）。

在分烟道底部设置了烟气调节挡板装置，用来分配烟气量，以保持控制负荷范围内的再热蒸汽出口温度。烟气通过调节挡板后又汇集在一起经两个尾部烟道引入左右各一的烟气脱硝装置，经脱硝装置降低 NO_x 后引入两台三分仓回转式空气预热器。在 SCR 烟道入口布置有再循环烟气抽烟口，左右两根抽烟管道引入烟气再循环风机入口混合烟道，经扩容降尘后由三运一备的烟气再循环风机将烟气从燃烧器底部送入炉膛。

锅炉总体示意图如图 1-3 所示。

（三）锅炉特点

（1）锅炉中、下部水冷壁采用垂直水冷壁，热负荷较高的区域布置内螺纹管，在上、下炉膛之间加装水冷壁中间混合器及混合集箱，以减少水冷壁沿各墙宽的工质温度和管子壁温的偏差，水冷壁入口段采用三级三叉管结构，节流孔圈装设在直径为 ϕ54mm 的下联箱出口管接头处，加大节流孔径，提高调节流量能力，通过控制各回路的工质流量的方法来控制各回路管子的吸热和温度偏差。

（2）根据水动力计算分析及炉膛水冷壁壁温情况，自最上层燃烧器以上热负荷比较高的区域炉膛水冷壁采用 12Cr1MoVG 材料，燃烧器下方热负荷比较低的区域炉膛水冷壁采用 15CrMoG 材料；而且把汽水分离器布置于顶棚、包墙系统的出口，这种设计和布置可以使整个水冷壁系统包括顶棚包墙管系统采用低合金钢，也使工地安装焊接简化，对保证产品运行安全和安装质量有利。

（3）为降低过热器阻力，过热器在顶棚和尾部烟道包墙系统采用二种旁路系统，第一个旁路系统是顶棚管路系统，只有前水冷壁出口和侧水冷壁出口的工质流经顶棚管；第二个旁路为包墙管系统的旁路，即由顶棚出口集箱出来的蒸汽大部分送往包墙管系统，另有小部分蒸汽不经过包墙系统而直接用连接管送往后包墙出口集箱。在包墙旁路管道上设置有电动闸阀，在超临界压力以上运行时将包墙旁路打开以减少顶棚包墙系统阻力。

（4）在过热器喷水系统还设有一旁路系统，其作用是在锅炉直流负荷以上，由于暖管流量造成贮水箱内水位升高时可将水直接打入过热器减温水系统，喷入过热器，在需要时控制贮水箱水位。

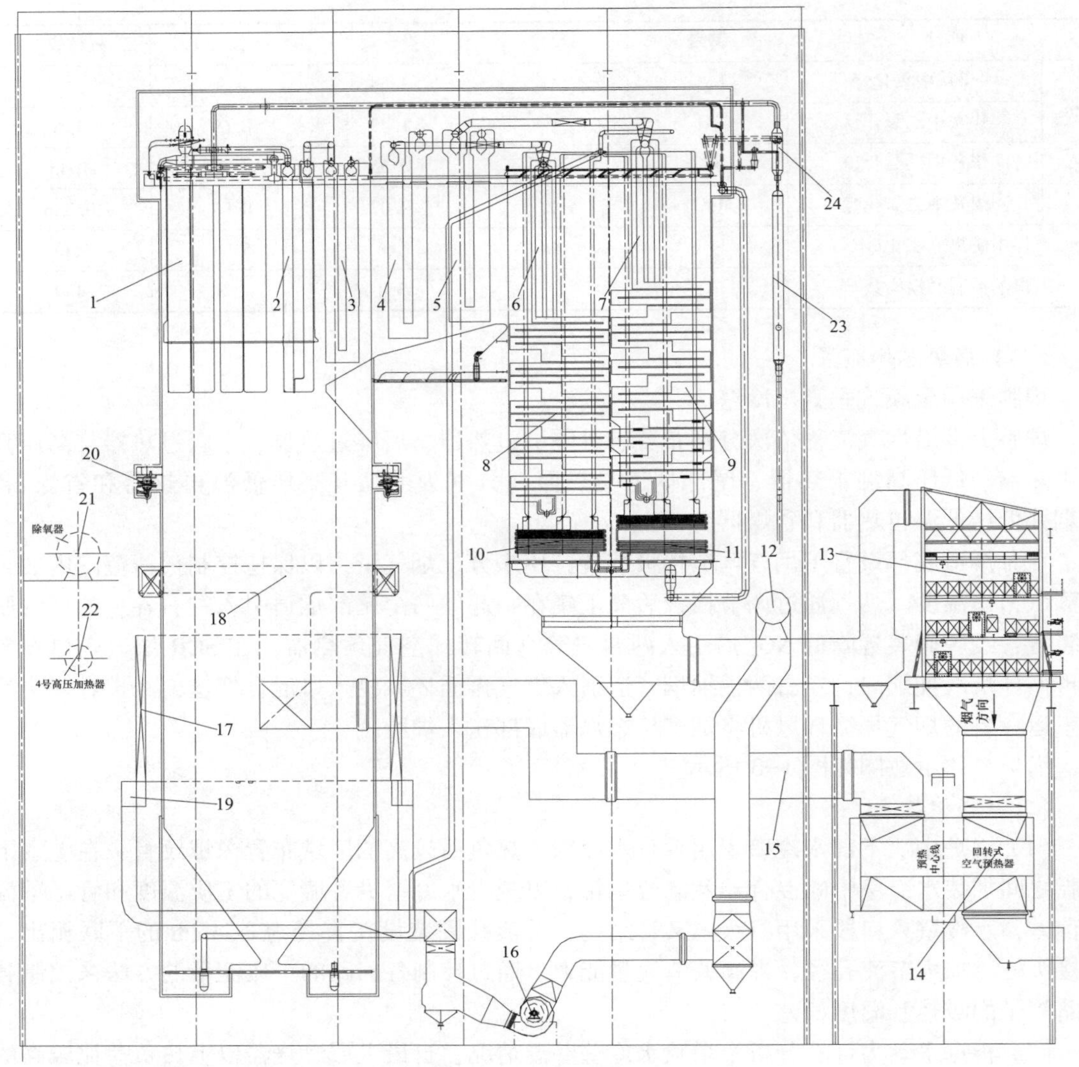

图 1-3　锅炉总体示意图

1—分隔屏过热器；2—后屏过热器；3—末级过热器；4—高压高温再热器；5—低压高温再热器；6—高压低温立式再热器；7—低压低温立式再热器；8—高压低温水平再热器；9—低压低温水平再热器；10—高压再热器侧省煤器；11—低压再热器侧省煤器；12—再循环烟道；13—SCR 脱硝装置；14—空气预热器；15—热二次风道；16—烟气再循环风机；17—燃烧器及风箱；18—燃烧器 SOFA 风喷口；19—烟气再循环喷口；20—中间混合器及混合集箱；21—除氧器；22—4 号高压加热器；23—贮水箱；24—分离器

（5）过热器系统正常喷水水源来自省煤器出口的水，这样可减少喷水减温器在喷水点的温度蒸汽温度与减温水温差，能够有效地防止温差太大引起的减温器喷嘴和减温器套筒热应力。

（6）低压低温再热器在最下两组采用 H 型低温再热器，增加低温再热器的换热面，以提高低温再热器的吸热，有利于低压侧再热器达到额定汽温。

（7）尾部烟道高低压再热器下方均布置有省煤器，省煤器为 H 型鳍片管，传热效率高，受热面管组布置紧凑，烟气侧和工质侧流动阻力小，耐磨损，防堵灰，部件的使用寿命长。

（8）再热器系统调温方式采用烟气再循环，烟气采用内循环布置方式，即烟气从脱硝入口烟道取出，通过烟气再循环风机引入炉膛下部烟气再循环喷口管屏。这种布置方式不会增加脱硝装置、空气预热器及尾部设计的烟气量，经济性比较好。

第二章

锅炉汽水系统

第一节 省 煤 器

一、省煤器的类型及特点

省煤器布置在烟气温度较低的锅炉尾部，利用尾部烟气余热加热锅炉给水。它由进、出口联箱和许多并列的蛇形管组成。其主要作用有：降低锅炉排烟温度，提高锅炉热效率，节省燃料；给水先在省煤器中吸热后进入蒸发受热面，降低了在蒸发受热面中的吸热量，这样用低温传热元件代替部分高温传热元件，降低了锅炉成本；对于汽包锅炉，提高进入汽包的水温，减小汽包壁和给水之间的温差，进而使汽包热应力下降，提高汽包寿命；对于直流形式的超超临界炉，改善了汽水分离器的工作条件。

省煤器按结构形式分为光管式、鳍片式、膜式、横向肋片管式。结构如图 2-1 所示。

鳍片式省煤器是在光管直段部分的外表面上下各焊一条扁钢以增加烟气侧的换热面积，增强传热效果。鳍片有矩形鳍片和梯形鳍片，使用扁钢替代部分钢管，可降低设备成本。膜式省煤器是在光管直段部分焊接连续的扁钢条，厚度为 2~3mm。除增强换热、降低成本外，膜式省煤器的磨损减轻，运行可靠，相比鳍片式省煤器更易于吹灰。横向肋片式省煤器是在光管外表面上焊接横向肋片。此种类型的省煤器传热面积增加最多，传热效果最好，但积灰问题也最为严重。

因钢管式省煤器的传热性能好、强度高、抗冲击，重量体积优、可靠性高、价格低廉等优点，在大容量、高参数锅炉中被广泛应用。高压以上锅炉均采用非沸腾式省煤器，即出口水未达到饱和状态，约 380kJ/kg 的欠焓，避免省煤器中发生气化，保证水冷壁入口水流量分配均匀，同时把水的部分加热过程转移到水冷器中，可防止因炉膛温度和炉膛出口烟温过高导致炉内及炉膛出口受热面结焦。

大型锅炉省煤器多采用悬吊结构。进、出口联箱置于烟道内，一是消除了因省煤器管穿墙引起的漏风，二是联箱可用来悬吊省煤器管。一般出口联箱引出管即悬吊管，用省煤器出口给水冷却，可靠性高。但因在烟道内，使得联箱的检修工作不便开展。

二、典型二次再热锅炉省煤器介绍

（一）系统流程

上海锅炉厂 1000MW 等级二次再热锅炉给水由炉前单路流经主止回阀和电动主闸阀后，分左右两侧进入省煤器进口集箱，随后流经省煤器管组被加热后于省煤器出口集箱汇合。省煤器出口集箱后两侧管道在炉前汇集成一根下降管从上至下将水引入到水冷壁底部进口集箱。锅炉给水的电动主闸阀之后的管道上，布置有一个锅炉启动旁路管道接口。此外，锅炉

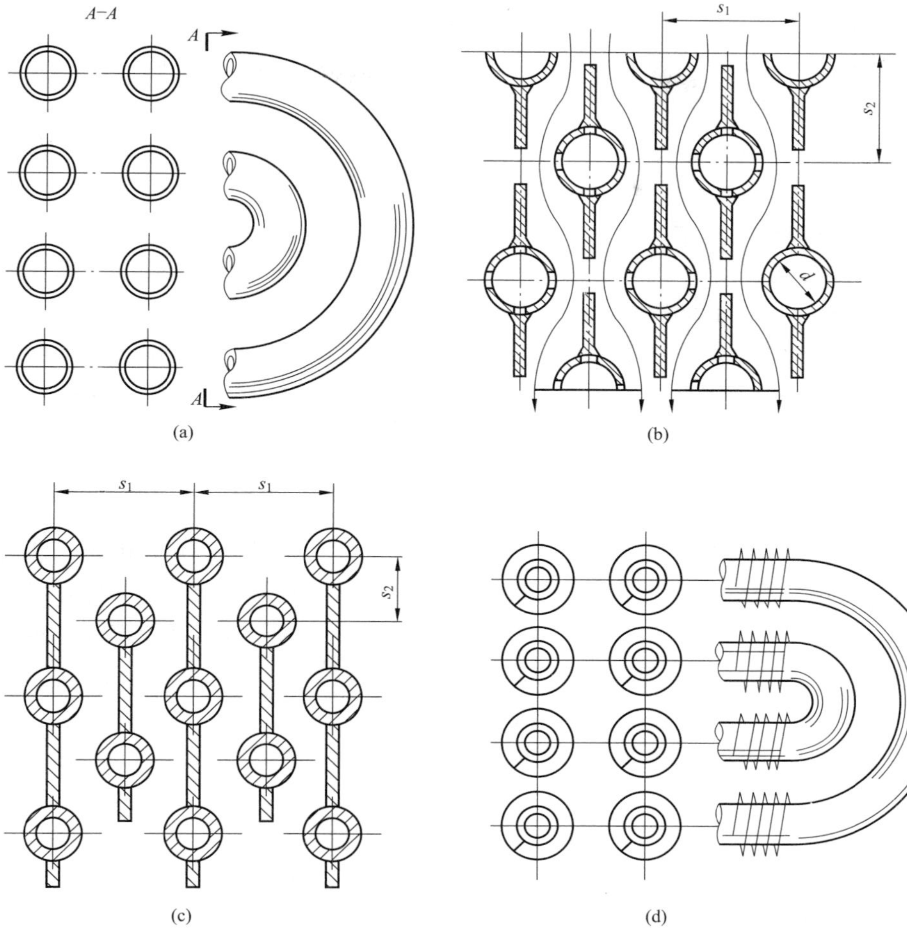

(a)　(b)　(c)　(d)

图 2-1　省煤器结构图

（a）光管式省煤器；（b）鳍片式省煤器；（c）膜式省煤器；（d）横向肋片管式省煤器

给水管道上还布置有过热蒸汽喷水接口，100%高压旁路喷水接口。给水系统流程如图 2-2 所示。

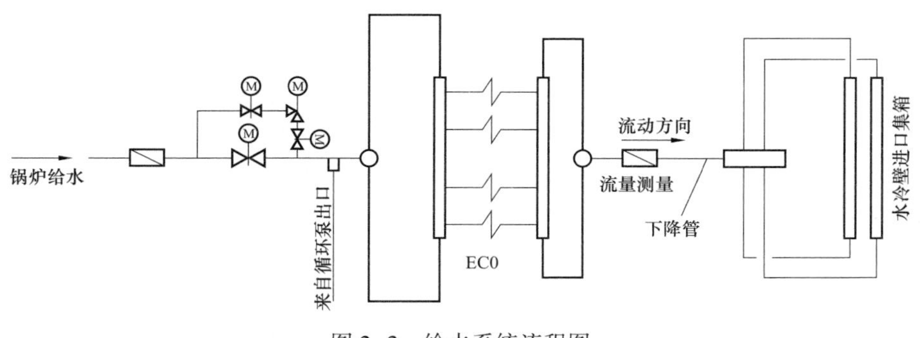

图 2-2　给水系统流程图

哈尔滨锅炉厂 1000MW 等级二次再热锅炉主给水管道在省煤器入口处通过三通变为两根水平横向布置的管道，给水经管道的两端向上由两侧进入省煤器入口集箱，流经省煤器管组后进入省煤器出口集箱。省煤器出口集箱后两根连接管合并为一根下降管将水引入位于炉膛灰斗下部的水冷壁下集箱。

哈尔滨锅炉厂 660MW 等级二次再热锅炉给水由管道送入省煤器入口集箱，前后级省煤器向上各形成两排吊挂管，悬挂前后竖井中所有对流受热面，省煤器出口集箱引出 2 根连接管将水向下引到水冷壁入口集箱上方两只混合分配器。

（二）省煤器结构布置

1. SG-2710/33. 03-M7050 锅炉

省煤器受热面位于锅炉上部第一烟道出口处，分别于前烟道和后烟道并联布置。省煤器进口集箱布置在上面，省煤器出口集箱在下面，水自上而下流动。沿着炉膛宽度方向从左到右布置有 178 排管屏，每片管屏是 8 根套，其中 4 根套在前烟道，4 根套在后烟道，省煤器受热面管子规格 $\phi42\times8$mm，材料 SA210-C。省煤器进口集箱为 1 根，管径规格为 $\phi559\times100$mm；省煤器出口集箱为 1 根，管径规格为 $\phi559\times110$mm，材料均为 SA106-C。

省煤器出口管道在标高 111100mm 处 2 根合并成 1 根，在锅炉冷灰斗底部 1 根合分成 4 根，分左右两侧进入前后墙底部水冷壁进口集箱。2 根在炉顶部分的管径为 $\phi533\times85$mm，材料为 SA106-C；下降管部分的管径为 $\phi711\times110$mm，材料为 SA106-C；4 根在锅炉底部的管径为 $\phi406\times65$mm，材料为 12Cr1MoVG。由于锅炉宽度较宽，沿着宽度方向在省煤器受热面上设置了 6 片防震隔板，上下级的防震隔板错开布置。

图 2-3 所示为 SG-2710/33. 03-M7050 锅炉省煤器。

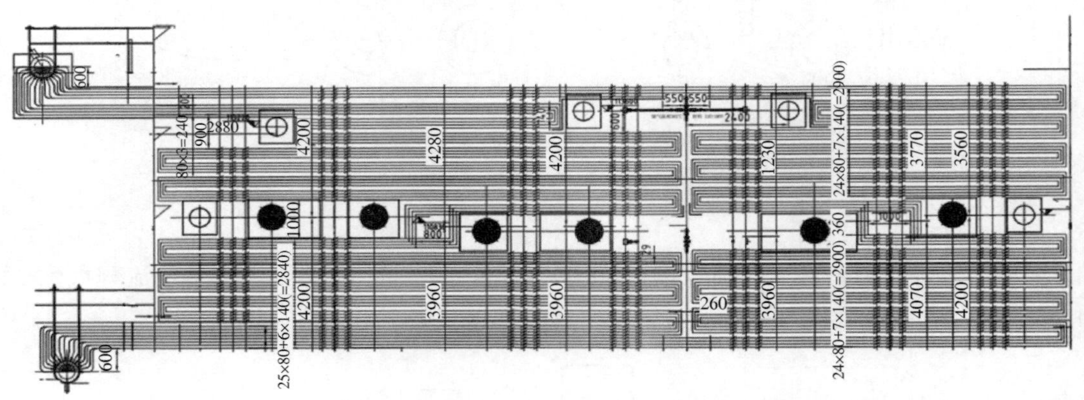

图 2-3　SG-2710/33. 03-M7050 锅炉省煤器

2. HG-2752/32. 87/10. 61/3. 26-YM1 锅炉

省煤器顺列布置于上炉膛最上部的前后竖井内，水与烟气以顺流方式换热。省煤器采用 4 根管圈绕制而成，分上下两组布置，管组间留有足够的空间，便于检修、清扫。省煤器管屏采用 H 型鳍片式，材质 SA-210C，横向节距 115mm，共 192 排。此型式省煤器应用于华能莱芜发电有限公司，如图 2-4 所示。

该省煤器设计出口温度与上锅相近（约 353℃），但该省煤器设计入口温度 330℃ 与上锅（314℃）相比明显较高，故该省煤器换热量小。同时，该省煤器水容量 259m^3 明显高于同容

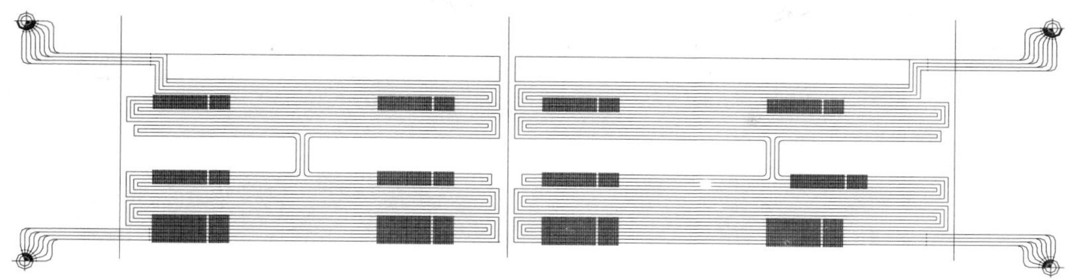

图 2-4　省煤器布置图

量等级的上锅省煤器 181m³，故该省煤器使用更多钢材，造价更高。由此可以看出，此省煤器换热量小却使用了更多的钢材，这是因为它选择了顺流换热，传热温压较小，不同于上锅采用的逆流换热。由于省煤器为低温受热面，受热面金属工作条件尚可，推荐采用逆流换热方式，其经济性更佳。

3. HG-1938/32、45/605/623/623-YM1 锅炉

省煤器顺列布置在尾部竖井的前、后分竖井的下部，水与烟气以逆流方式换热。省煤器采用 H 型双肋片管，肋片间节距均为 25mm，基管直径为 ϕ44. 5×7. 0mm，材质为 SA-210C；肋片尺寸为 3mm×100mm×195mm，材质为酸洗碳钢板。管屏纵向节距为 100mm，横向节距为 104mm，横向排数为 178 排。前后级省煤器向上各形成两排吊挂管，悬挂前后竖井中所有对流受热面，悬挂管材质为 SA210C，节距为 267mm。省煤器进口管道为 ϕ559×70mm，材质为 WB36；省煤器入口集箱为 ϕ356×65mm，材质为 WB36；省煤器中间集箱为 ϕ219×50mm，材质为 SA106C；省煤器出口集箱置于锅炉顶棚之上，采用 ϕ457×75mm 的规格，材质为 WB36；2 根省煤器出口管道为 ϕ457×70mm。

省煤器采用梳形板结构方式来支吊省煤器，通过省煤器出口集箱下部安装梳形板吊挂省煤器管束，高、低压省煤器均安装有三排梳形板吊挂。两组省煤器连接出口集箱的管束，均加装瓦形防磨罩，其材料为 1Cr6Si2Mo，厚度为 3mm；两组省煤器的最上排均加装梳形防磨罩，其材料为 SUS304，厚度为 1. 5mm。省煤器管组与烟道前后墙及两侧墙间均布置烟气阻流隔板，隔板材料为 12Cr1MoV，厚度为 6mm。

省煤器的参数对比见表 2-1。

表 2-1　省煤器的参数对比

项目	单位	SG-2710/33. 03 -M7050 锅炉	HG-2752/32. 87/ 10. 61/3. 26-YM1 锅炉	HG-1938/32. 45/ 605/623/633-YM1 锅炉
设计压力 （BMCR）	MPa	38. 8	43. 49	37. 2
工作压力 （BMCR）	MPa	37	38. 84	35. 8
设计进口温度 （BMCR）	℃	314	330	318. 7
设计出口温度 （BMCR）	℃	353	356	353

续表

项目	单位	SG-2710/33.03-M7050锅炉			HG-2752/32.87/10.61/3.26-YM1锅炉			HG-1938/32.45/605/623/633-YM1锅炉		
省煤器总水容积	m^3	181			259			90		
省煤器总压降	MPa	0.079			0.25			0.2		
排列方式		—			顺列			顺列		
换热方式		逆流			顺流			逆流		
项目		规格（mm）	材质	数量（根）	规格（mm）	材质	数量（根）	规格（mm）	材质	数量（根）
省煤器进口管道		—	—	—	—	—	—	φ559×70	WB36	
省煤器管		φ42×8	SA210-C	8×178	φ51×7.5	SA-210C	6×192	φ44.5×7.0	SA-210C	552
省煤器进口集箱		φ559×100	SA106-C	1	—	—	2	φ356×65	WB36	1
省煤器中间集箱		—	—	—	—	—	—	φ219×50	SA106C	2
省煤器出口集箱		φ559×110	SA106-C	1	—	—	2	φ457×75	WB36	1
省煤器出口管道（炉顶）		φ533×85	SA106-C	2	—	—	2	φ457×70	—	2
省煤器出口管道（下降管）		φ711×110	SA106-C	1	—	—	1	—	—	—
省煤器出口管道（炉底）		φ406×65	12Cr1MoVG	4	—	—	—	—	—	—

第二节 水 冷 壁

水冷壁一般布置在炉膛四周内壁，紧贴炉墙连续排列，由水冷壁管、上下联箱、下降管等组成。水冷壁主要吸收炉膛火焰和高温烟气的辐射热，使管内工质受热产生蒸汽。同时降低炉膛出口烟温，使其低于软化温度，防止炉膛和受热面结焦。

一、水冷壁结构形式

水冷壁结构主要有光管式、销钉式、膜式、内螺纹管。

（一）光管水冷壁

光管水冷壁由内外壁均光滑的无缝钢管组成，小容量，中低压锅炉多采用光管式水冷壁。

（二）销钉式水冷壁

销钉式水冷壁又称刺管式水冷壁。针对燃用劣质难燃煤粉的锅炉，为了提高着火区域温度、帮助煤粉着火、稳定燃烧，同时减小燃料对该区域水冷壁管的磨损，常常用耐火材料将燃烧器周围的水冷壁覆盖起来，形成卫燃带。一般是按照要求在光管表面焊上一定长度的销钉，利用销钉可以牢固地在水冷壁上敷设耐火涂料，用以构成卫燃带。

（三）膜式水冷壁

膜式水冷壁是将轧制鳍片管（或扁钢与光管）相互焊接在一起组成整块管屏。他气密性好；管屏外侧仅需敷以较薄的保温材料，炉膛高温烟气与炉墙不直接接触，有利于防止结渣；管屏可在制造厂成片预制，便于工地安装。大容量锅炉多采用膜式水冷壁。

（四）内螺纹管

内螺纹管水冷壁是在管子内壁开出单头或多头螺旋形槽道的管子。工质在内螺纹管内流动时，发生强烈扰动，使汽水混合物中的水压向管壁，并迫使汽泡脱离壁面被水带走，从而破坏汽膜的形成，防止出现沸腾换热恶化，使水冷壁管壁温度下降。超临界和超超临界压力锅炉的下辐射区水冷壁多采用内螺纹管。水冷壁结构形式如图 2-5 所示。

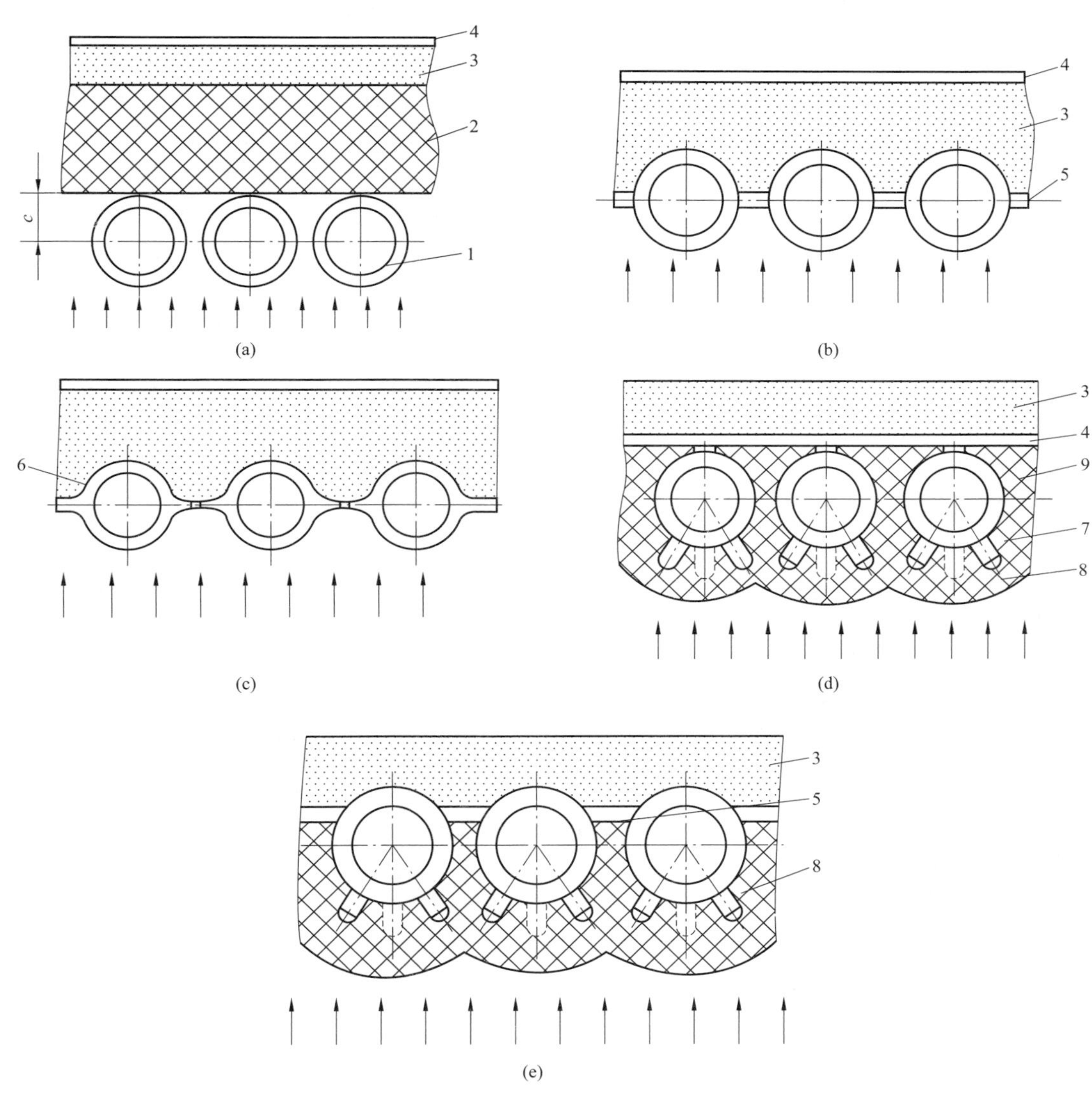

图 2-5　水冷壁结构形式

（a）光管水冷壁；（b）焊接鳍片的膜式水冷壁；（c）轧制鳍片的膜式水冷壁；（d）带销钉的水冷壁；（e）带销钉的膜式水冷壁

1—管子；2—耐火材料；3—绝热材料；4—炉皮；5—扁钢；6—轧制鳍片管；7—销钉；8—耐火填料；9—铬矿砂材料

二、二次再热锅炉水冷壁特点

（一）水冷壁布置形式

水冷壁主要有下部螺旋管圈加上部垂直管段和一次垂直上升两种布置形式。螺旋管圈水冷壁每根管子都经过炉膛的四周及燃烧器区域，可保持所有管子吸热均匀。螺旋管的倾斜角度可以改变，可以在合理范围内任意选择管子根数。因此，水冷壁管内质量流速的选择有较强的灵活性。以上均为水冷壁的安全性提供了有力的保障。同样，基于以上特性，水冷壁的传热和流量分配、工质出口温度等不会受到燃烧器和磨煤机切换等工况的影响，对于煤种变化、炉膛结渣、机组负荷变化等引起的吸热量变化有良好的适应性。但管内质量流速大，使炉膛水冷壁系统的压降大，流动阻力大，增加了给水泵的功率消耗。复杂的灰斗和水冷套结构、中间混合集箱这个过渡段的存在都使得螺旋管圈水冷壁的设计制造安装的时间成本和费用成本更高，现场对接焊缝的数量约为垂直管圈的 4 倍。

相反，一次垂直上升水冷壁因可自身悬吊、支撑系统简单、无中间混合集箱等制造安装工作量较小，与螺旋管圈相比有明显优势。但垂直管圈在炉膛四角部分和燃烧器区域吸热量差异较大，因此需要在管子入口安装节流圈调节流量。对于四角切圆燃烧炉，水冷壁管吸热偏差大，不同负荷下炉膛热负荷差异也很大，使得节流圈的现场调配工作非常困难；节流圈长时间运行会结垢导致流量分配发生变化，故需要定期对其进行维护，这都大大增加了水冷壁的安装使用成本。当发生煤质变化、炉膛结渣、负荷变化等工况时，仅依靠节流圈难以保证水冷壁出口温度均匀，安全可靠性低、适应性差。

由上可知，螺旋管圈和一次垂直上升管屏水冷壁各有其优缺点。目前，超超临界机组锅炉水冷壁更多采用下部螺旋管圈加上部垂直管屏型式。

（二）水冷壁材质

二次再热机组相比于一次再热机组，主蒸汽流量明显降低，水冷壁入口水温提高，出口压力提高，容易在炉膛内的水冷壁中形成沸腾，造成水冷壁过热，从而影响锅炉的安全运行，因此对水冷壁的材料提出了更高的要求。用于水冷壁的材质主要有 15CrMoG、12Cr1MoVG、SA-213 T23、SA-213 T24、SA-213 T91、SA-213 T92。但其中 SA-213 T91、SA-213 T92 理论能满足水冷壁工作条件，目前已将其列为水冷壁备选材料进行相关试验研究，但尚没有应用实例；SA-213 T23 在应用中因无法保证焊接质量致使水冷壁组件普遍出现了裂纹；SA-213 T24 水冷壁在高参数运行中同样出现了大量的裂纹和泄漏，致使机组降低参数运行，影响机组安全性和经济性。因此目前水冷壁材料主要使用 15CrMoG、12Cr1MoVG。

三、典型二次再热锅炉水冷壁

（一）SG-2710/33.03-M7050 锅炉水冷壁

1. 系统流程及水冷壁结构

水冷壁采用下部螺旋管圈加上部垂直管圈的布置形式，螺旋管圈分为灰斗部分和螺旋管上部，垂直管圈分为垂直管下部和垂直管上部。

省煤器出口联箱出来的水经过下降管再由 4 根水冷壁进口引入管进入 2 根水冷壁进口集箱，再进入下部螺旋管圈。螺旋管圈的管子有 716 根，倾斜角度为 26.2103°，在标高 70480mm 处，螺旋管圈通过炉外中间过渡集箱转换成垂直管圈，从冷灰斗拐点算至螺旋管圈出口，螺旋管圈共绕了约 1.2 圈。冷灰斗螺旋管圈管径为 $\phi38.0\times7$mm，材料为

12Cr1MoVG，节距 53mm。水冷壁下部螺旋管圈管径为 ϕ38.0×7mm，节距为 53mm，材料为 12Cr1MoVG，水冷壁上部螺旋管圈管径为 ϕ38×8.5mm，节距 53mm，材料为 12Cr1MoVG。螺旋段水冷壁经水冷壁过渡连接管引至水冷壁中间集箱，经中间集箱混合后再由连接管引出，形成垂直段水冷壁，两者间通过管锻件结构来连接并完成炉墙的密封。下部垂直管圈管径为 ϕ38×8.5mm，材料为 12Cr1MoVG，节距为 60mm，共有 1432 根；上部垂直管圈管径为 ϕ44.5×9.0mm，材料为 12Cr1MoVG，节距为 120mm，共有 716 根。上部和下部垂直管圈的连接直接由三通过渡连接，上部和下部垂直管圈的根数刚好相差一倍。

上部垂直管圈分前后左右四面墙引出到四根水冷壁出口集箱上，然后每根集箱 2 根管道引出，共 8 根管道引到水冷壁出口分配器，水冷壁出口分配器有四根，水冷壁出口分配器出来的介质再引至 6 根汽水分离器，到每只汽水分离器共是 4 根管道，直接与汽水分离器连接的管道总共 24 根。汽水分离器的出口分成两路，蒸汽和炉水分别送到过热器和锅炉启动旁路系统。

2. 水冷壁支撑

螺旋管圈的四周管屏的受力由从上到下的吊带承担，每面墙有 7 条吊带，每条分成 2 块连接板，通过中间过渡段连接水冷壁吊带，将螺旋管圈水冷壁重量传递到水冷壁垂直管圈上。水冷壁垂直管圈上部通过三通盲管将载荷传递到无任何工作介质的管子膜式壁，这些管子的两端都是封闭、不流通的。有工作介质的一端流向水冷壁出口集箱，通过连接管道送到汽水分离器。水冷壁四面墙通过炉顶吊杆装置悬吊在钢架大梁上，每根吊杆都有叠形弹簧装置，使得水冷壁四周悬吊受力均衡，每台叠形弹簧装置的受力都是相同的。叠形弹簧装置共 150 台。

螺旋管悬吊和垂直管连接悬吊，如图 2-6、图 2-7 所示，水冷壁参数对比见表 2-2。

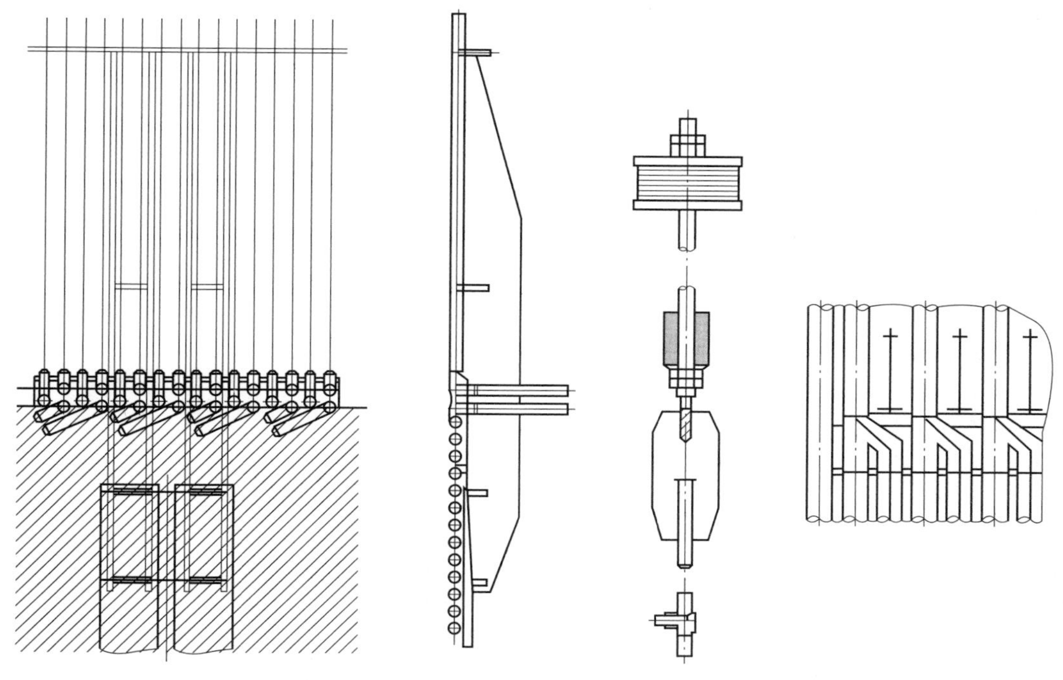

图 2-6 螺旋管悬吊示意图

图 2-7 垂直管连接悬吊示意图

表 2-2 水冷壁参数对比

项目	SG-2710/33.03-M7050 锅炉			HG-2152/32.87/10.61/3.26-YM1 锅炉			HG-1938/32.45/605/623/623-YM1 锅炉		
形式	螺旋管圈+垂直管圈			螺旋管圈+垂直管圈			一次垂直上升		
	数量（根）	规格（mm）	材质	数量（根）	规格（mm）	材质	数量（根）	规格（mm）	材质
水冷壁螺旋管	716	ϕ38.0×7/ ϕ38.0×8.5	12Cr1MoVG	704	ϕ38×8	15CrMoG/ 12Cr1MoVG	—	—	—
水冷壁垂直管（下部）	1432	ϕ38.0×8.5	12Cr1MoVG	1408	ϕ31.8×8	12Cr1MoVG	1664	ϕ28.6×6.6	15CrMoG/ 12Cr1MoVG
水冷壁垂直管（上部）	716	ϕ44.5×9	12Cr1MoVG	704	ϕ51×12.5	12Cr1MoVG			
水冷壁进口集箱	2	ϕ406×70	12Cr1MoVG	2	—	—	4	ϕ219	SA-106C
水冷壁中间集箱	4	ϕ219×50	12Cr1MoVG	4	—	—	4（中间入口集箱）	ϕ273×65	15CrMoG
							4（一级混合器）	ϕ765×150	
							4（二级混合集箱）	ϕ273×65	
水冷壁出口集箱	4	ϕ324×60	12Cr1MoVG	4	—	—	4	—	—

（二）HG-2752/32.87/10.61/3.26-YM1 锅炉水冷壁

水冷壁布置与汽水流程和上锅相似，省煤器出口的水经下降管进入水冷壁入口集箱，再进入下炉膛螺旋管圈。锅炉水冷壁共有704根管子盘旋上升进入布置于炉膛上部的中间混合集箱进行混合，通过每引入中间混合集箱一根螺旋管而引出两根垂直管的方式形成节距为57.5mm的垂直水冷壁进入上炉膛，工质垂直向上流动，垂直水冷壁在进入二级过热器区域前，采用三叉管的方式，二根并一根，使水冷壁的节距增为115mm，再向上进入位于省煤器区域的水冷壁出口集箱，由每面墙出口集箱端部引出2根导管引往四只分配集箱，通过这些引出管与各分配集箱间的交叉连接以消除水冷壁各墙之间工质出口温度的偏差，由分配集箱引出8根连接管将水冷壁出口工质再送往四只汽水分离器进行汽水分离，在每只分配集箱引往汽水分离器的连接管的布置上再作第二次左右交叉，从而使进入分离器和一级过热器的工质温度更加均匀。

螺旋管圈管径为 $\phi38\times8$mm，节距53mm，水冷壁管倾角24.99°，材质为15CrMoG/12Cr1MoVG，自冷灰斗拐点到中间集箱的圈数1.52。三叉管前上炉膛垂直水冷壁管径 $\phi38\times9$mm，节距57.5mm，材质为12Cr1MoVG。三叉管后上炉膛垂直水冷壁管径 $\phi51\times12.5$mm，节距115mm，材质为12Cr1MoVG。

布置在主燃烧器和燃尽风区域的螺旋管圈水冷壁属中部水冷壁，根据燃烧器的分组形式，要形成燃烧器喷口管屏和燃尽风喷口管屏，同时也要满足燃烧器的吊挂要求。水冷壁燃烧器喷口管屏按照燃烧器开口分为三部分，依次为位于主燃烧器上方燃尽风SOFA喷口管屏、主燃烧器上组喷口管屏、主燃烧器下组喷口管屏。

省煤器系统、水冷壁系统流程如图2-8所示。中间混合集箱结构示意如图2-9所示。

过热器、再热器和省煤器进出口集箱的吊挂均采用水冷壁悬吊管和炉膛刚性梁进行固定，炉膛前侧墙中间混合集箱引出4根 $\phi57\times12$mm，材料为12Cr1MoVG水冷壁悬吊管，在一级过热器入口区域变径为 $\phi219\times50$mm，材料为12Cr1MoVG的吊挂管，在标高为117560mm附近采用T形三通引入前水冷壁出口集箱，无工质部分的水冷壁管充当吊杆的作用。锅炉右侧水冷壁中间混合集箱引出4根 $\phi57\times12$mm，材料为12Cr1MoVG水冷壁悬吊管，在一级过热器入口区域变径为 $\phi219\times50$mm，材料为12Cr1MoVG的吊挂管，引至标高117560mm附近采用T形三通引入前水冷壁出口集箱，无工质部分的水冷壁管充当吊杆的作用。后侧和左侧水冷壁悬吊管布置方式与前水冷壁和右水冷壁悬吊管布置方式相同。

（三）HG-1938/32.45/605/623/623-YM1 水冷壁

1. 系统流程及水冷壁结构

水冷壁为一次垂直上升式，采用熔焊膜式壁。省煤器出口水经2根连接管引入水冷壁入口集箱上方两只混合分配器（外径 $\phi711$、材料为SA-106C），再用连接管分别将水送入各水冷壁的入口集箱（外径为 $\phi219$、材料为SA-106C）。随后沿炉膛向上依次经过冷灰斗（角度55°）、锅炉下部垂直炉膛和位于炉膛中部的中间混合集箱后然后进入上炉膛前、后、两侧墙水冷壁。其中前墙水冷壁和两侧水冷壁上集箱出来的工质引往顶棚入口混合器，再进入顶棚管入口集箱经顶棚管进入布置于后竖井外的顶棚管出口集箱，前部顶棚管280根经分叉管过渡到140根后部顶棚管。

为了降低顶棚包墙系统阻力以及保证复杂的后水冷壁回路的可靠性，进入上炉膛后水冷壁的工质采用了二次旁路，第一次旁路是后水冷壁的工质不经顶棚而流经折焰角和水平烟道

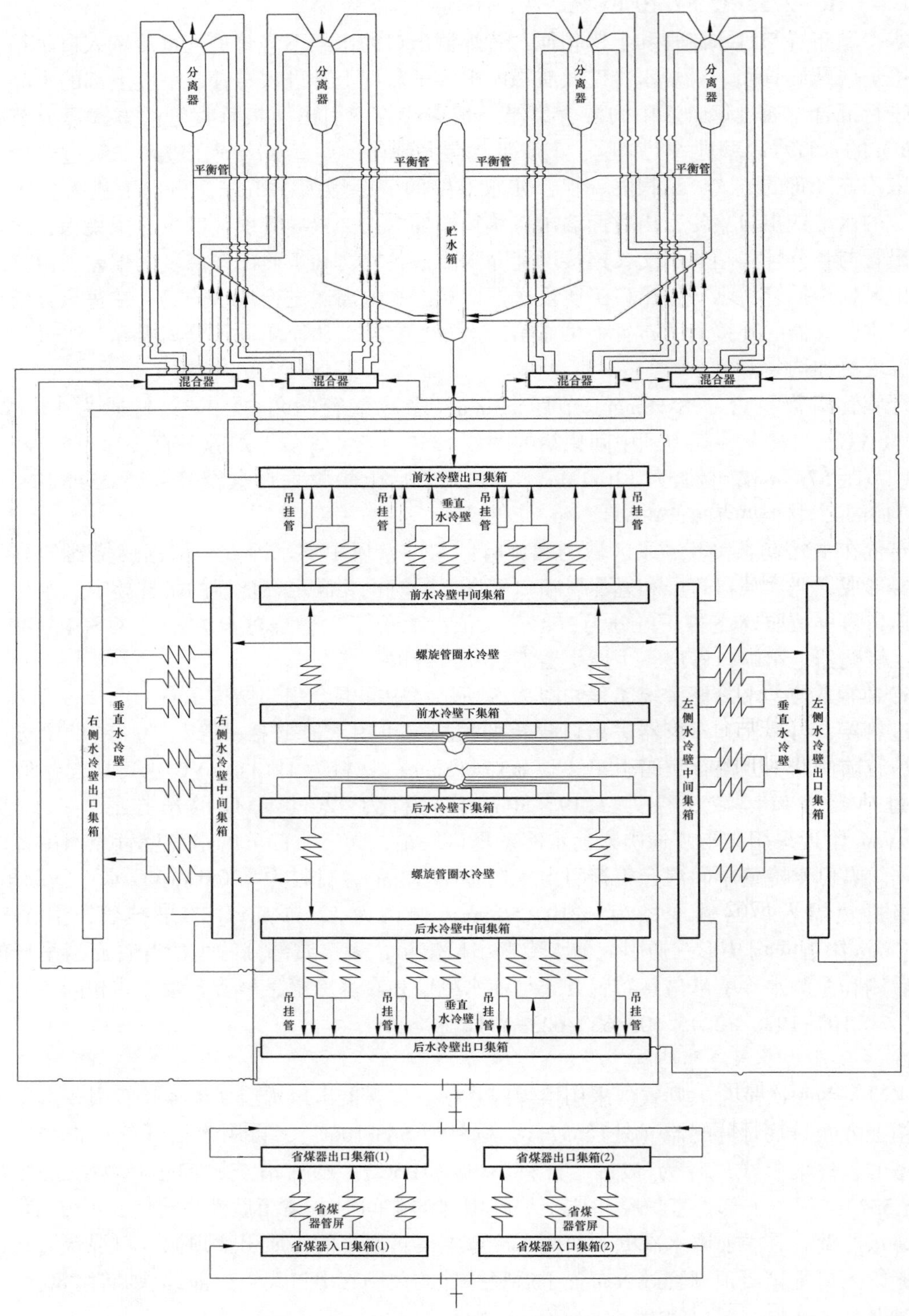

图 2-8　省煤器系统、水冷壁系统流程图

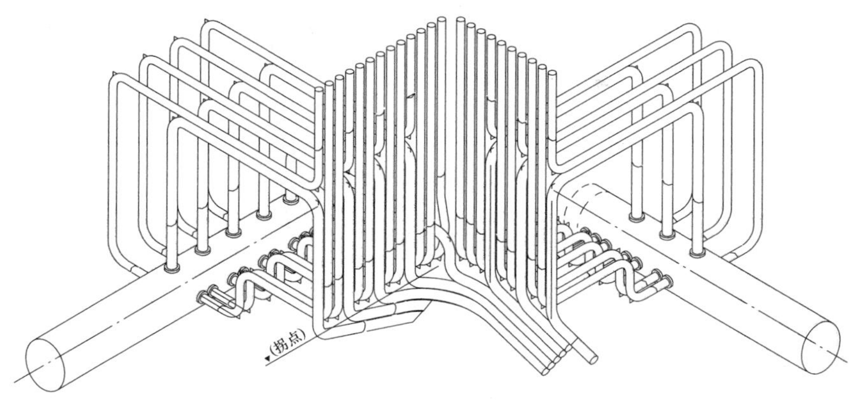

图 2-9　中间混合集箱结构示意图

斜面坡进入后水冷壁出口集箱，再通过汇集装置分别送往后水冷壁吊挂管和水平烟道两侧包墙管，由后水冷壁吊挂管出口集箱引出 8 根 ϕ159×30mm 和水平烟道两侧包墙出口集箱引出 12 根 ϕ159×35mm 共 20 根材质为 12Cr1MoVG 的顶棚旁路管送往顶棚出口集箱。在顶棚管出口集箱分成两路，一路由顶棚管出口集箱引出两根大直径连接管将工质送往布置在尾部竖井烟道下面的两只汇集集箱，通过连接管将大部分工质送往前、后、两侧包墙管及中间分隔墙。所有包墙管上集箱出来的工质全部用连接管引至后包墙管出口集箱，然后用 4 根 ϕ406×55mm 的大直径连接管引至布置于锅炉后部的两只汽水分离器，由分离器顶部引出的蒸汽送往一级过热器进口集箱，进入过热器系统；另一路即第二次旁路，用 2 根 ϕ219×45 的包墙旁路管直接送往后包墙管出口集箱与后烟道包墙系统汇合后全部引入汽水分离器，在包墙旁路管上装有电动闸阀，在超临界压力以上运行时将包墙旁路打开以减少顶棚包墙系统阻力。所有包墙管均采用上升流动，因此对防止低负荷和启动时水动力不稳定性有利。

上下炉膛之间装设 4 类炉膛中间混合集箱以消除下炉膛工质吸热与温度的偏差：4 个（前后墙和两侧墙各一个）ϕ273×65mm，15CrMoG 的炉膛中间入口集箱；4 个（前后墙和两侧墙各一个）ϕ762×150mm，15CrMoG 的炉膛一级混合器；80 根（前后墙和两侧墙各 20 根）ϕ89×20mm，15CrMoG 的炉膛二级混合集箱入口管道；4 个（前后墙和两侧墙各一个）ϕ273×65mm，15CrMoG 的炉膛二级混合集箱。

水冷壁管共有 1664 根，前后墙各 420 根，两侧墙各 412 根，均为 ϕ28. 6×6. 6mm（最小壁厚）四头螺纹管，管材均为 15CrMoG、12CrMoVG，节距为 44. 5mm，管子间加焊的扁钢宽为 15. 9mm，厚度 6mm，材质 15CrMo、12CrMoV。包墙管管间扁钢厚为 6mm，分隔墙扁钢厚为 8mm，扁钢材质均为 15CrMo，表 2-3 为水冷壁包墙系统材料使用情况。

表 2-3　　水冷壁包墙系统材料使用情况

名称	规格（mm）	节距（mm）	根数（根）	材质
冷灰斗区域水冷壁				
前墙	ϕ28. 6×6. 6（光管）（MWT）	44. 5	420	15CrMoG
两侧墙	ϕ28. 6×6. 6（光管）（MWT）	44. 5	2×412	15CrMoG
后墙	ϕ28. 6×6. 6（光管）（MWT）	44. 5	420	15CrMoG
冷灰斗到燃烧器上方				

续表

名称	规格（mm）	节距（mm）	根数（根）	材质
前墙	ϕ28.6×6.6（内螺纹）（MWT）	44.5	420	15CrMoG
两侧墙	ϕ28.6×6.6（内螺纹）（MWT）	44.5	2×412	15CrMoG
后墙	ϕ28.6×6.6（内螺纹）（MWT）	44.5	420	15CrMoG
燃烧器上方到屏底				
前墙	ϕ28.6×6.6（内螺纹）（MWT）	44.5	420	12Cr1MoVG
两侧墙	ϕ28.6×6.6（内螺纹）（MWT）	44.5	2×412	12Cr1MoVG
后墙（含部分折烟角）	ϕ28.6×6.6（内螺纹）（MWT）	44.5	420	12Cr1MoVG
屏底到水冷壁出口				
前墙	ϕ28.6×6.6（光管）（MWT）	44.5	420	12Cr1MoVG
两侧墙	ϕ28.6×6.6（光管）（MWT）	44.5	2×412	12Cr1MoVG
折烟角	ϕ28.6×6.6（内螺纹）（MWT）	44.5	420	12Cr1MoVG
水平烟道底包墙	ϕ28.6×6.6（光管）（MWT）	44.5	420	12Cr1MoVG
水平烟道侧墙	ϕ89.0×9.5（光管）（AWT）	89.0	2×134	12Cr1MoVG
后水吊挂管	ϕ51.0×11.5（光管）（MWT）	267.0	69	12Cr1MoVG
顶棚包墙系统				
后部顶棚管	ϕ54×11.0（AWT）	133.5	140	15CrMoG
前部顶棚管	ϕ44.5×9.5（AWT）	66.75	280	15CrMoG
尾部烟道前包墙（下部）	ϕ38×10.0（AWT）	133.5	140	15CrMoG
尾部烟道前包墙（上部）	ϕ42×9.5（AWT）	267	70	15CrMoG
尾部烟道后包墙管	ϕ38×12.5（AWT）	133.5	139	15CrMoG
尾部烟道两侧包墙管	ϕ38×10.0（AWT）	111.25	2×161	15CrMoG
尾部烟道分隔墙（下部）	ϕ32×8.0（AWT）	100.125	186	15CrMoG
尾部烟道分隔墙（上部）	ϕ38×10.0（AWT）	200.25	93	15CrMoG

注 MWT 表示最小壁厚，AWT 表示平均壁厚。

图 2-10 和图 2-11 为省煤器系统、水冷壁系统流程和水循环系统。

2. 水冷壁节流孔圈布置

水冷壁下集箱采用 ϕ219 的小直径集箱，并将节流孔圈移到水冷壁集箱外面的水冷壁管入口段，由于小直径水冷壁管直接装设节流孔圈调节流量的能力有限，因此通过三次三叉管过渡的方法与 ϕ28.6 的水冷壁管相接，这样节流孔圈的孔径允许采用较大的节流范围，可以保证孔圈有足够的节流能力，按照水平方向各墙的热负荷分配和结构特点，调节各回路水冷壁管中的流量，以保证水冷壁出口工质温度的均匀性，并防止个别受热强烈和结构复杂的回路与管段产生 DNB 和出现壁温不可控制的干涸（DRO）现象。另外，这种三叉管过渡方式，将水冷壁入口管段直径加大、根数减少的方法，使装设节流孔圈的管段直径达到 ϕ54，使其节流孔径加大，便于调试和检修，而且可以采用较细的水冷壁下集箱，简化了结构。侧墙三叉管布置结构如图 2-12 所示。

前墙、后墙各有 56 根 ϕ54 的水冷壁管子，通过三叉管第一次过渡到 105 根 ϕ42 的管子，从 ϕ42 的管子第二次过渡到 210 根 ϕ32 的管子，从 ϕ32 的管子第三次过渡到 420 根 ϕ28.6×6.6mm 的水冷壁管子（燃烧器区域为 1 根变 4 根，其他区域为 1 根变 8 根）；两侧墙底部各

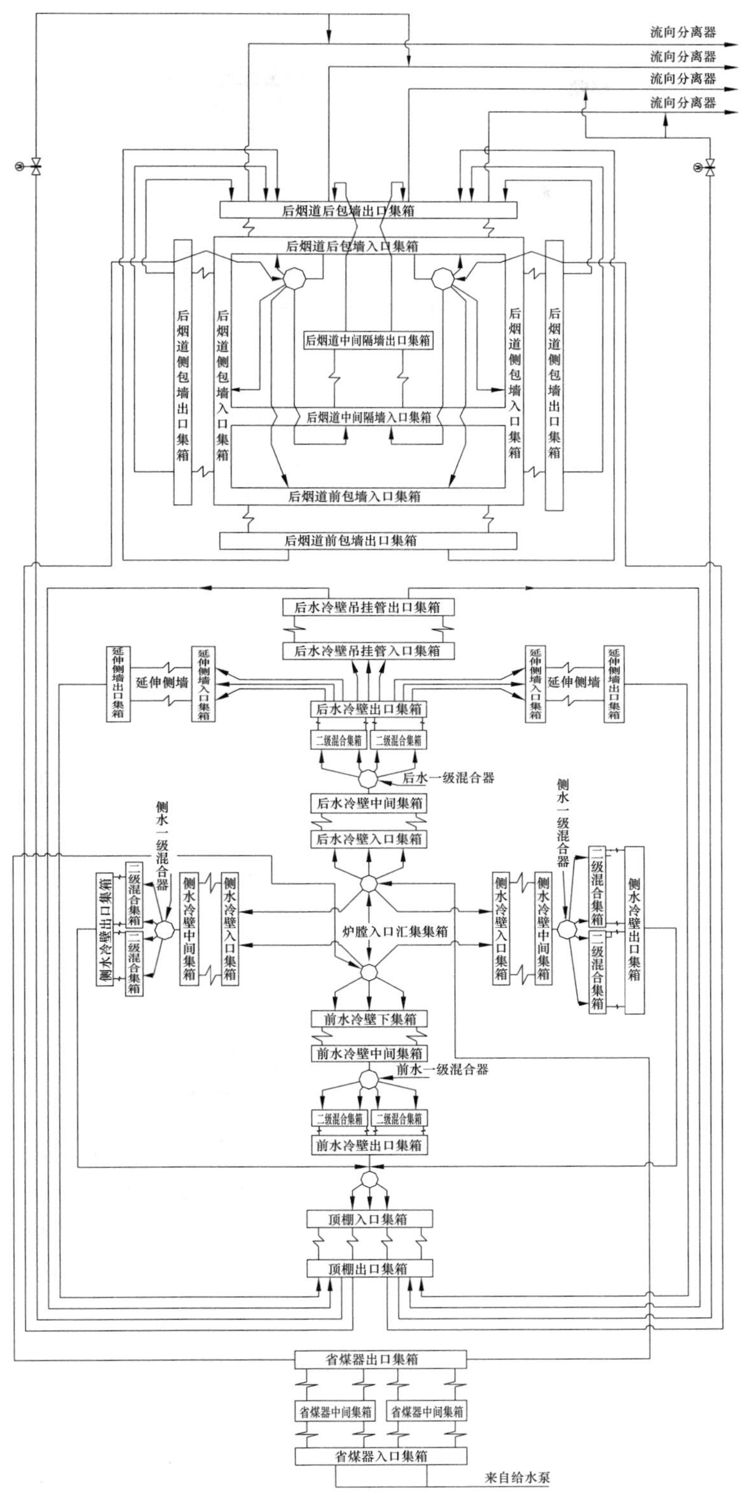

图 2-10　省煤器、水冷壁系统流程

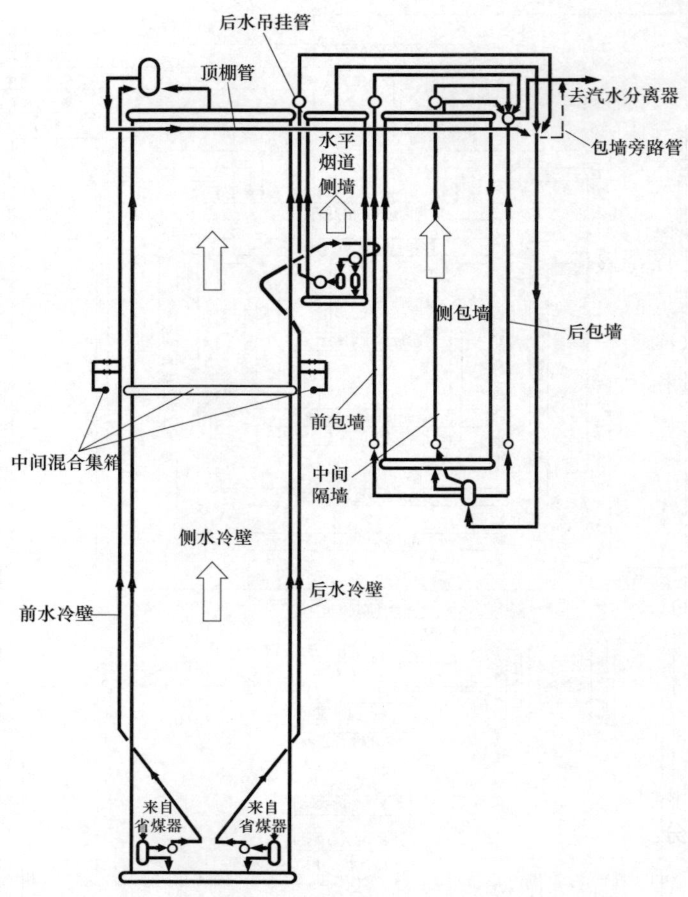

图 2-11 水循环系统

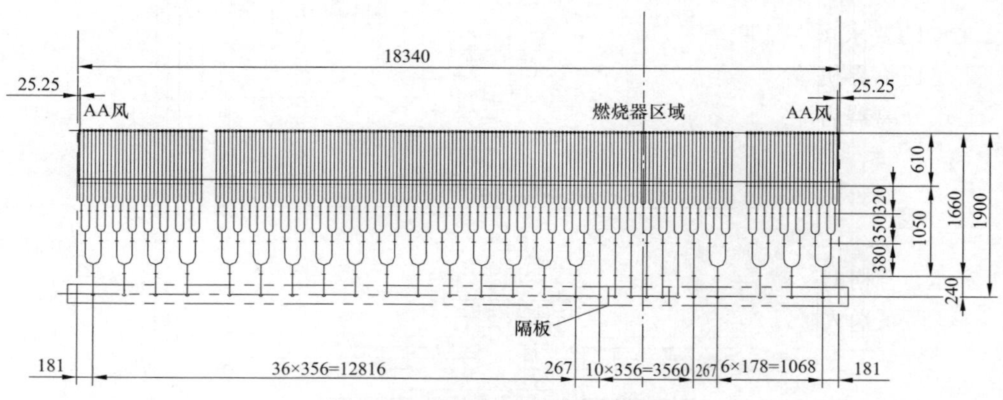

图 2-12 侧墙三叉管布置结构图

有 55 根 $\phi54$ 的水冷壁管子，通过三叉管第一次过渡到 103 根 $\phi42$ 的管子，从 $\phi42$ 的管子第二次过渡到 206 根 $\phi32$ 的管子，从 $\phi32$ 的管子第三次过渡到 412 根 $\phi28.6\times6.6$mm 的水冷壁管子（燃烧器区域为 1 根变 4 根，其他区域为 1 根变 8 根）。

第三节 锅炉启动系统

对于采用直流运行方式的二次再热超超临界锅炉而言，水冷壁内的工质流量与锅炉负荷成正比变化，当锅炉负荷升高时、质量流速升高，当锅炉负荷降低时、质量流速也随之降低。但当水冷壁内的工质流量降低到维持水循环安全性的最低流量时就不再随着锅炉负荷的降低而降低，而是保持最低质量流量不变，以保证水循环的安全性。设置启动系统的主要目的就是在锅炉启动、低负荷运行及停炉过程中，通过启动系统建立并维持炉膛内的最小流量，以保护炉膛水冷壁，同时满足机组启动及低负荷运行的要求。

锅炉给水流量和负荷关系如图 2-13 所示。

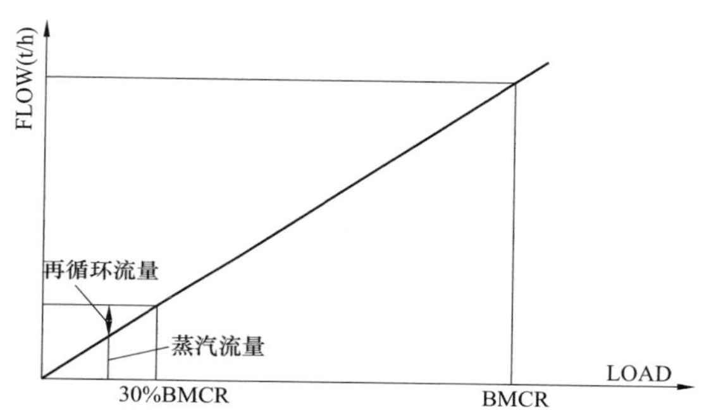

图 2-13 锅炉给水流量和负荷的关系示意图

一、启动系统分类

启动系统按分为内置式分离器启动系统和外置式分离器启动系统两类。内置式分离器在启动后不从系统中切除而是串联在锅炉汽水流程内，它的工作参数（压力和温度）要求比较高，但控制阀门可以简化。外置式分离器在锅炉启动完毕后与系统分开，工作参数（压力和温度）的要求可以比较低，但系统复杂，控制阀门要求较高，维修工作量大。目前，二次再热超超临界机组采用内置式分离器启动系统。

内置式分离器启动系统由于疏水回收系统不同，基本可分为循环泵式、扩容器式和热交换器式三种。

（一）循环泵式启动系统

按再循环泵在系统中与给水泵的连接方式，可分为串联和并联两种型式。锅炉启动期间，当炉水不合格时，通过分离器底部的排放管路接至扩容器，直接排放。当水质合格时，炉水由再循环泵送入给水管路的启动系统。通过再循环泵的出口调节阀维持水冷壁的最低质量流速，这样可最大限度地减少给水流量，降低给水系统功耗，同时回收工质和热量。这种启动系统具有以下特点：

（1）在启动过程中回收更多的工质和热量。启动过程中水冷壁的最低流量为 30% BMCR，因此锅炉的燃烧率为加热 30%BMCR 的流量达到饱和温度并产生相应负荷下的过热蒸汽。如果采用不带循环泵的简易系统，则由分离器分离下来的饱和水经再循环泵打回到给水管道，与给水混合重新进入到省煤器-水冷壁系统进行再循环，这部分流量在省煤器——水冷壁系统中作再循环，而不会导致工质和热量的损失，只有在水清洗阶段因水质不合格才排往大气扩容系统。

(2) 能节约冲洗水量。采用再循环泵，可以采用较少的补水与再循环流量混合得到足够的冲洗水流量，获得较高的水速，以达到冲洗的目的，因此与不带循环泵的简易系统相比，节省了补水量。

(3) 在锅炉启动初期，渡过汽水膨胀期后，由于采用了再循环泵，锅炉不需排水，节省了工质与热量。

(4) 循环泵的压头可以保证启动期间水冷壁系统水动力的稳定性和较小的温度偏差。

(5) 对于经常启停的机组，采用再循环泵可避免在热态或极热态启动时因进水温度较低而造成对水冷壁系统的热冲击而降低锅炉寿命。

(6) 在启动过程中主汽温度容易得到控制。在锅炉启动时，进入省煤器的给水有一部分是由温度较高的再循环流量组成，给水温度高，进入水冷壁的工质温度也相应提高，炉膛吸热量减少，炉膛的热输入也相应减少，此时虽然过热蒸汽流量很低，但由于炉膛的输入热量较少，故过热蒸汽温度容易得到控制，并与汽机入口要求相匹配。

(二) 扩容式启动系统

扩容式启动系统是将分离器分离下来的饱和水流到扩容器回收箱。在机组启动水质不合格时，将水放入地沟；水质合格时，分离器分离下来的饱和水将被排入除氧器或冷凝器。一方面可以回收工质，另一方面也可用来加热除氧器水回收热量。这种启动系统简单，投资少，运行方便，维修量小，但是在负荷极低时，这部分饱和水流量将接近 30% BMCR 的流量，除氧器和冷凝器不可能接收如此多的工质和热量，只有排入大气扩容器，造成大量工质的损失。

大气扩容式启动系统如图 2-14 所示。

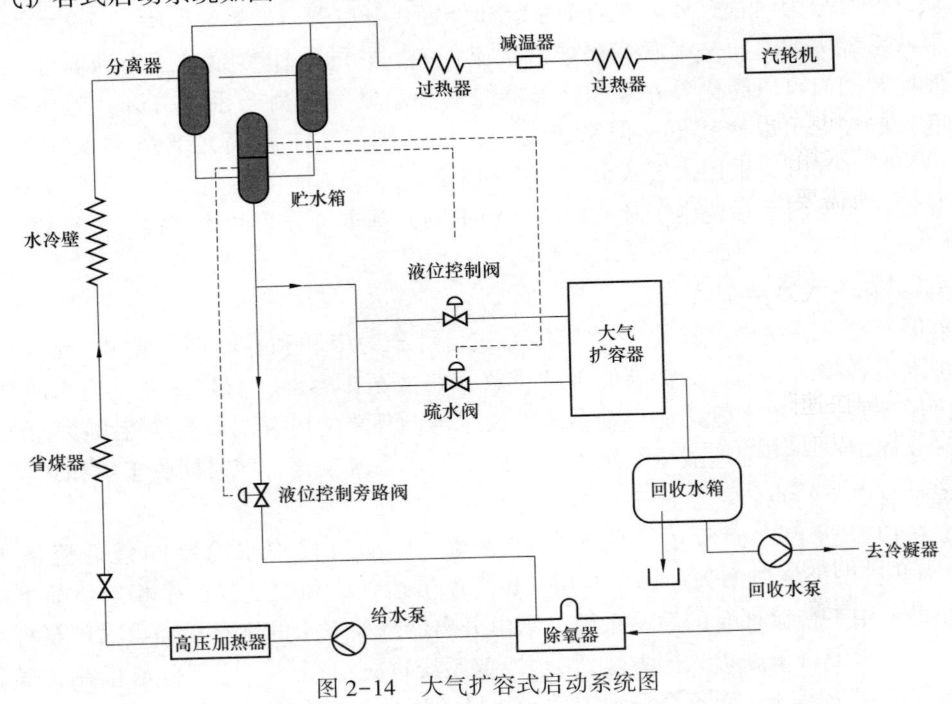

图 2-14　大气扩容式启动系统图

（三）疏水热交换器式启动系统

启动系统主要由启动分离器、启动疏水热交换器、疏水箱等组成。与扩容式启动系统类似，但此系统中增设了热交换器，用疏水加热锅炉给水。故投资较高，且水系统阻力比带启动再循环泵的系统大。

二、典型二次再热锅炉启动系统

（一）SG-2710/33.03-M7050 锅炉启动系统

上海锅炉厂二次再热锅炉启动旁路系统采用了内置式汽水分离器，带启动再循环泵，再循环泵和给水泵并联布置，还布置有大气式扩容器和集水箱等设备的简单疏水系统。

1. 系统流程

炉水启动循环提供了锅炉启动和低负荷时所需的最小流量，选用的循环泵能提供锅炉冷态和热态启动时所需的体积流量。最低直流负荷（30%BMCR）即根据炉膛水冷壁足够被冷却所需要的量来确定的，即使当过热器通过的蒸汽量小于此数值时，炉膛水冷壁的质量流速也不能低于此数值。

当机组启动，锅炉负荷低于最低直流负荷 30%BMCR 时，蒸发受热面出口的介质流经水冷壁出口集箱后由 4 根管道送入汽水分离器，分离器通过离心作用把汽和水进行分离，蒸汽通过分离器上部管接头进入两个分配器后引出至一级过热器，而饱和水则通过 6 个分离器筒身下方各 1 根，共 6 根连接管道进入 1 只贮水箱中，贮水箱通过水位控制器来维持一定的储水量。贮水箱下方分二路引出，一路疏水进入启动循环泵，通过泵提高压力来克服系统的流动阻力和循环泵控制阀的压降，从控制阀出来的水汇合给水后通过省煤器，再进入炉膛水冷壁，另一路经过大气扩容器进入集水箱，集水箱之后一路到地沟，第二路经疏水泵排到凝汽器。当机组冷态、热态清洗时，根据不同的水质情况，可通过疏水扩容系统来分别操作；另外大气式扩容器进口管道上还设置了两个液动调节阀，当机组启动汽水膨胀时，可通过开启该调节阀来控制贮水箱的水位。

2. 设计特点

（1）分离器和贮水箱采用分离布置形式，这样可使汽水分离功能和水位控制功能两者相互分开。通常贮水箱布置靠近炉顶，这样可以提供循环泵在任何工况下（包括冷态启动和热态再启动）所需要的净正吸入压头。贮水箱的较高的位置同样也提供了在锅炉初始启动阶段汽水膨胀时疏水所需要的静压头。

（2）启动系统设计时考虑当再循环泵解列时，通过疏水系统也能满足机组的正常启动，故整个疏水回路中管道、阀门、大气扩容器、集水箱、疏水泵均按 100%启动流量来设计。

（3）在锅炉快速降负荷时，为保证循环泵进口不产生汽化，还有一路由给水泵出口引入的冷却水管路。以饱和温度的差值高低为控制点，差值低时开启，差值高时关闭。

（4）由于循环泵采用并联方式，当锅炉负荷接近直流负荷时，至启动循环泵的流量逐渐接近零，为保护启动循环泵，需要设置最小流量回路。当循环回路的炉水流经循环泵的流量小于循环泵允许的最小流量时，启用这个最小流量回路，让此流量回流到再循环泵。该回路上设有流量测量装置。启动系统流程如图 2-15 所示。

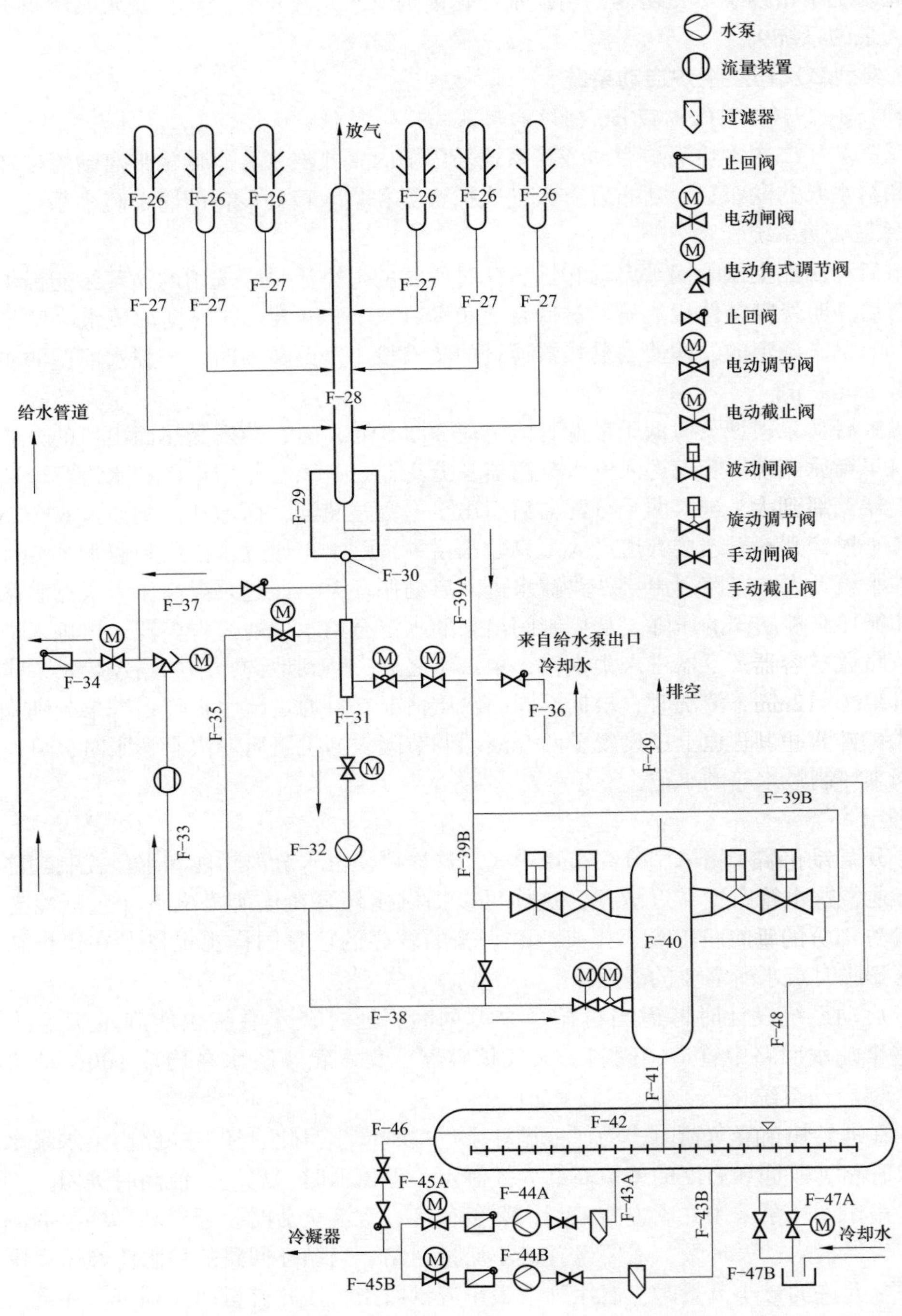

图 2-15 启动系统流程图

3. *启动系统组成*

（1）启动旁路管道及循环泵。

启动系统中六台 ϕ610×90mm、材料为 SA335-P91 的汽水分离器和一台 ϕ610×90mm、材料为 SA335-P91 的贮水箱分开布置。汽水分离器和贮水箱之间由 6 根 ϕ356×60mm，材料为 12Cr1MoVG 管道连接。循环泵前管道 ϕ559×90mm，材料为 SA106-C，循环泵后管道 ϕ508×80mm，材料为 SA106-C，这一路管道上主要布置有循环泵、流量计、电动调节阀、电动闸阀和止回阀。循环泵允许最小流量为 300m^3/h。整个锅炉运行期间循环泵之前的电动闸阀始终是开启的。

（2）辅助系统管路。

再循环回路上最小流量旁路是用来保护循环泵的，管道尺寸为 ϕ219×40mm，材料为 SA106-C。随着启动后蒸汽流量的增加，回到再循环泵的疏水不断地减少，当疏水流量减至再循环泵最小流量时，需投运该回路。另有一路来自给水泵出口的冷却水管路，其尺寸为 ϕ114×23mm，材料为 SA106-C，该管路上配置有电动调节阀、电动截止阀和止回阀，也是用来保护循环泵，使得泵的进口温度始终低于饱和温度。

（3）贮水箱疏水管路。

贮水箱后到大气式扩容器的疏水管路，其主路管道 ϕ559×90mm，材料为 SA106-C，进入大气式扩容器时分成二路，管道 ϕ406×65mm，材料为 SA106-C，二路各设有液动闸阀和液动调节阀。

（4）大气扩容器、集水箱。

大气式扩容器尺寸为 ϕ3560×30mm，直段长度 L=7620mm，材料为 Q345R，其向上排汽管道 ϕ1260×12mm，材料为 20。锅炉所有的疏水全部接通到大气式扩容器，包括放气时用的集水槽疏水也排放至该容器。大气式扩容器下部连通到集水箱，集水箱口径为 ϕ3560×30mm，材料为 Q345R，直段长度 L=15320mm。

（5）热备用管路。

锅炉启动旁路系统中，还设有一个热备用管路系统，管路口径 ϕ73×14mm，材料为 SA106-C，这个管路是在启动旁路系统切除，锅炉进入直流运行后投运暖管之用，热备用管路可将三部分的垂直管段加热，其中二路为循环泵系统管道，第三路是到大气式扩容器的管道，在热备用管路上配有电动控制阀门通到大气式扩容器。

（二）HG-2752/32.87/10.61/3.26-YM1 锅炉启动系统

哈尔滨锅炉厂 1000MW 等级二次再热锅炉启动系统为内置式带再循环泵系统，系统流程与上锅启动系统相似。锅炉炉前沿宽度方向布置 4 只 ϕ864×125mm 的汽水分离器，进出口分别与水冷壁和低温过热器相连接。在启动阶段，分离器的底端轴向布置有一根出口导管将分离出的水通过水连通管与 ϕ864×125mm 的立式贮水箱相连，贮水箱水位通过水位控制阀的控制，而在分离器的上端轴向也布置有 1 根出口导管将分离出来的蒸汽则送往分隔墙入口集箱。贮水箱中的水经疏水管排入再循环泵的入口管道，作为再循环工质与给水混合后流经省煤器—水冷壁系统，进行工质回收。

贮水箱布置在 4 只分离器的中间即锅炉对称中心线上，悬吊于锅炉顶部框架上，下部装有导向装置，以防其晃动。水连通管的引入标高必须位于最低水位段的顶点，分离器与贮水箱间的汽侧连通管必须略高于贮水箱汽侧水位测点，这样可以消除各分离器排水管间因压降差异造成水位不平衡。从而保证所有分离器和贮水箱液面上的局部压力和水位的平衡，并使分离器的水位始终处于水位调节阀和再循环泵出口调节阀的可控范围内。为了避免分离器与贮水箱间的水位波动，要选择较大直径的连通管，使管内保持较低的流速，同时也增加了分离器贮水箱的附加水容积。启动系统还留有一定的备用高度，以补偿各分离器与贮水箱之间由于管道压差引起的水位差，避免到过热器系统的蒸汽带水。

在锅炉启动期间，再循环泵和给水泵始终保持相当于锅炉最低直流负荷流量（30%BMCR）的工质流经给水管—省煤器—水冷壁系统，启动初期锅炉保持5%BMCR给水流量，随锅炉出力达到5%BMCR，贮水箱水位调节阀全部关闭，锅炉的蒸发量随着给水量的增加而增加，分离器贮水箱的水位逐渐降低，再循环泵出口管道上的再循环调节阀逐步关小，当锅炉达到最小直流负荷（30%BMCR），再循环调节阀全部关闭，此时，锅炉的给水量等于锅炉的蒸发量，启动系统解列，锅炉从二相介质的再循环模式运行（即湿态运行）转为单相介质的直流运行（即干态运行）。

分离器与贮水箱之间水位平衡和启动系统简图如图2-16和图2-17所示。

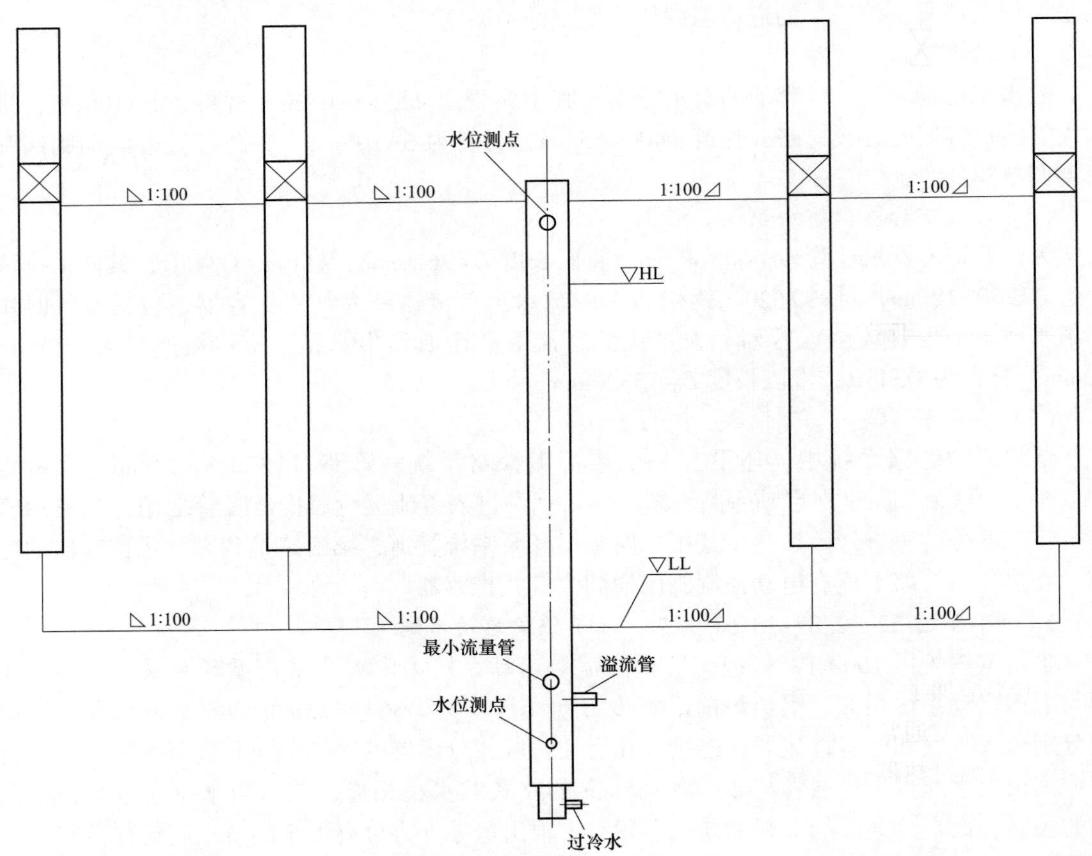

图2-16　分离器与贮水箱之间水位平衡

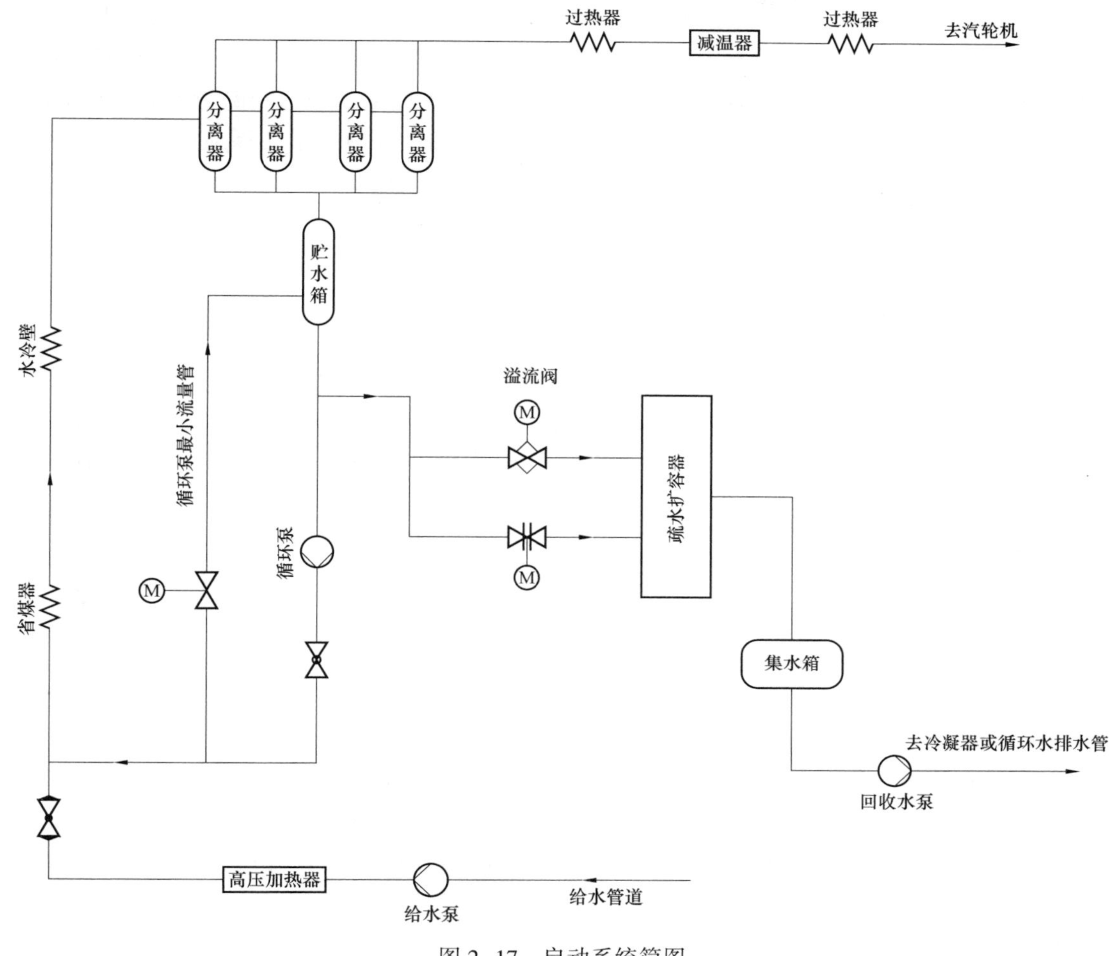

图 2-17 启动系统简图

第四节 过热蒸汽系统

一、过热器受热面布置特点

常规一次再热超超临界锅炉一次汽吸热比例为 80%，再热汽吸热比例为 20%。二次再热锅炉由于增加了二次再热系统，一次汽吸热比例下降，但常规一次再热和二次再热超超临界锅炉主汽温度通常均为 600℃。

由于高温过热器管壁温度将超过 650℃，为避免壁温过高引起氧化铍腐蚀，高温过热器一般布置在炉膛出口半辐射区此类烟温较低的区域。通常炉膛上部还需要布置一定的全辐射过热器受热面以加强换热效果从而使主汽温度达到设计值。全辐射受热面一般为蒸汽温度较低的屏式过热器，以确保处于高烟温区域的过热器受热面壁温安全。

二、典型二次再热过热蒸汽系统流程及结构

（一）SG-2710/33. 03-M7050 锅炉

上海锅炉厂 1000MW 等级二次再热锅炉锅炉过热器系统分为两级，第一级为吊挂管、

隔墙和低温过热器，第二级为高温过热器。介质经汽水分离器出口的 4 根蒸汽管道引入 2 根低温过热器进口集箱，第一路经由炉内吊挂管从上到下引到炉膛出口处的低温过热器，第二路经双烟道隔墙及其出口分配母管引到炉膛出口处的低温过热器，进入第一级过热器出口集箱。低温过热器布置在炉膛出口断面前，主要吸收炉膛内的辐射热量。高温过热器布置在高温再热器冷段和热段之间，吸收部分辐射热量和部分对流热量。低温过热器和高温过热器均为顺流布置。

过热器系统流程见图 2-18。

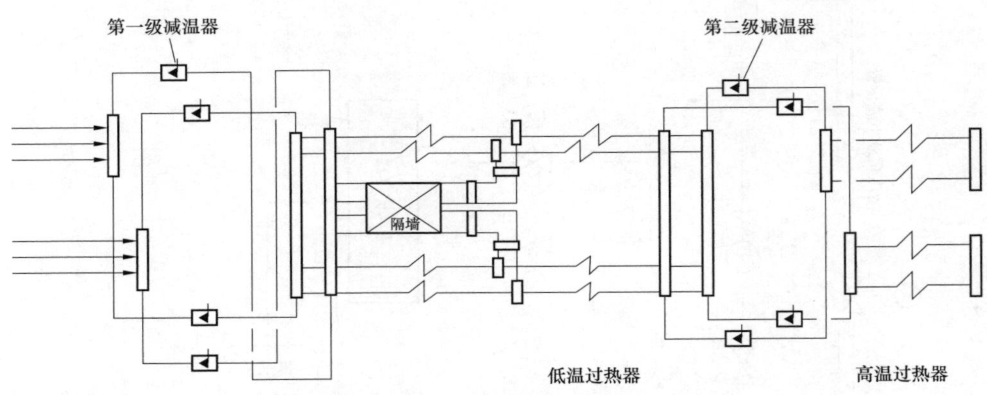

图 2-18 过热器系统流程图

低温过热器进口集箱分为 89 片管屏，共 800 根管子。这些管子中有 89×7 根作为吊挂管支吊省煤器，低温再热器，高温再热器，高温过热器，低温过热器本身等受热面；其余 177 根加鳍片形成隔墙，在标高 106750mm 处 177 根 ϕ44. 5×9mm 隔墙管通过三通和四通（在锅炉中心线处）分成 355 根 ϕ35×8mm 隔墙管；该 355 根隔墙管在 94250mm 处进入隔墙出口汇合集箱，通过隔墙出口连接管道及其分配母管引入低温过热器辐射屏。低温过热器辐射屏前后沿炉膛横向各 22 排管屏，每片屏 18 根管套。低温过热器出口集箱分别布置在前/后墙之上。

从隔墙出口汇合集箱（前）引出 1 根 ϕ42×7. 5mm 的管子进入炉膛作为一次再热高温再热器的流体冷却定位管，出炉膛后进入低温过热器出口集箱（前）。从隔墙出口汇合集箱（后）引出 2 根 ϕ42×7. 5mm 的管子进入炉膛作为二次再热高温再热器的流体冷却定位管，出炉膛后进入低温过热器出口集箱（后）。

低温过热器进口集箱及炉内吊挂管如图 2-19 所示。

分配器进口连接管道管径为 ϕ356×60mm，材料为 12Cr1MoVG，数量是 6。分配器管径为 ϕ457×85mm，材料为 12Cr1MoVG，数量是 2 根。低温过热器进口管道管径为 ϕ406×70mm，材料为 12Cr1MoVG，数量是 4 根。每一根进口管道都设置了第一级过热蒸汽喷水减温器。第一级过热蒸汽喷水减温器规格为 ϕ406×70mm，材料为 12Cr1MoVG，数量是 4 根。低温过热器进口集箱规格为 ϕ406×80mm，材料为 12Cr1MoVG，数量是 2 根。低温过热器出口集箱为 ϕ406×70mm，材料为 SA335-P91，数量是 2 根。

低温过热器、出口集箱、低温过热器中间混合集箱如图 2-20 所示。

低温过热器出口的四根连接管道引入到二个高温过热器进口集箱，低温过热器到高温过

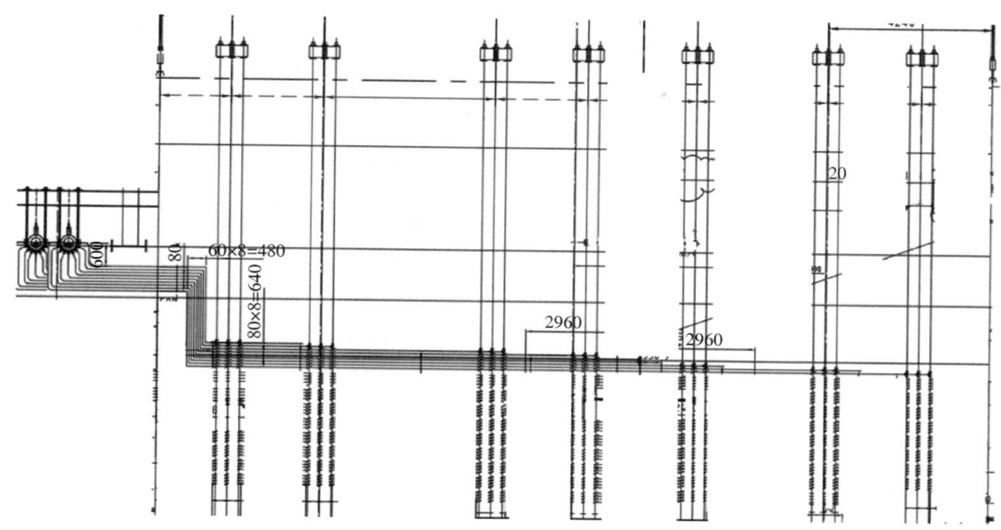

图 2-19 低温过热器进口集箱及炉内吊挂管

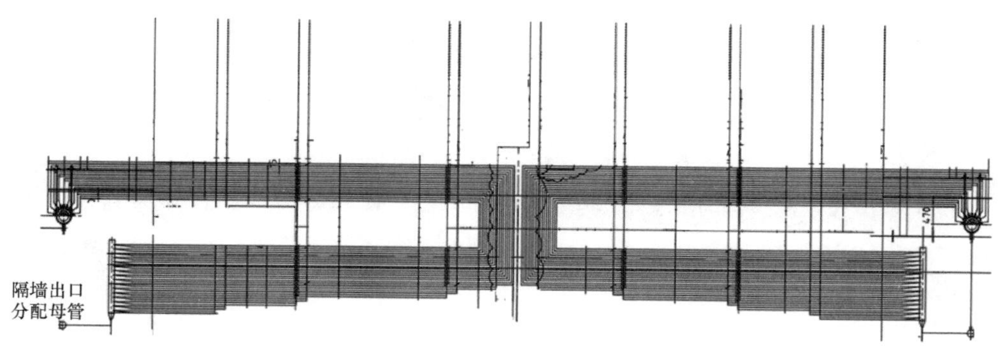

图 2-20 低温过热器、出口集箱、低温过热器中间混合集箱

热器的连接管道当中，每一根连接管道都设置了第二级过热蒸汽喷水减温器。高温过热器位于一次高温再热器、二次高温再热器的冷段与热段之间，其下管组第 2 流程水平管段与一次高温再热器、二次高温再热器部分管段重叠。高温过热器分为上管组和下管组，下管组由 44 片屏组成，每片屏 20 根管；上管组由 88 片屏组成，每片屏 10 根管。下管组的第 1~10 管、第 11~20 管到上管组后分成了两片屏。其中下管组的第 1 屏第 1~10 管到上管组成为第 2 屏（双号屏）的第 1~10 管；下管组的第 1 屏第 11~20 管到上管组成为第 1 屏（单号屏）的第 1~10 管，后面以此类推。蒸汽从下管组流向上管组与烟气顺流。

低温过热器出口连接管道（包括第二级过热蒸汽喷水减温器）规格为 $\phi406\times65$mm，材料为 SA335-P91，数量是 4 根。高温过热器进口集箱规格为 $\phi406\times75$mm，材料为 SA335-P91，数量是 2 根，高温过热器出口集箱规格为 $\phi461\times108.2$mm，材料为 SA335-P92，数量是 2 根。高温过热器出口管道上配有具有安全功能的 100%高压旁路阀门。

高温过热器和高温受热面简图如图 2-21 和图 2-22 所示。

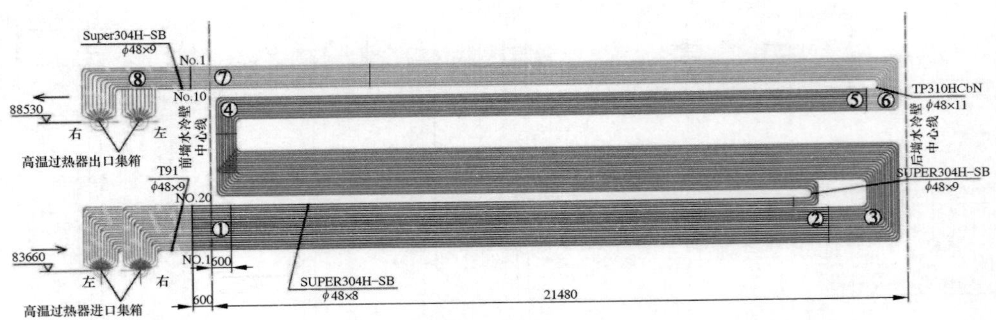

图 2-21 高温过热器

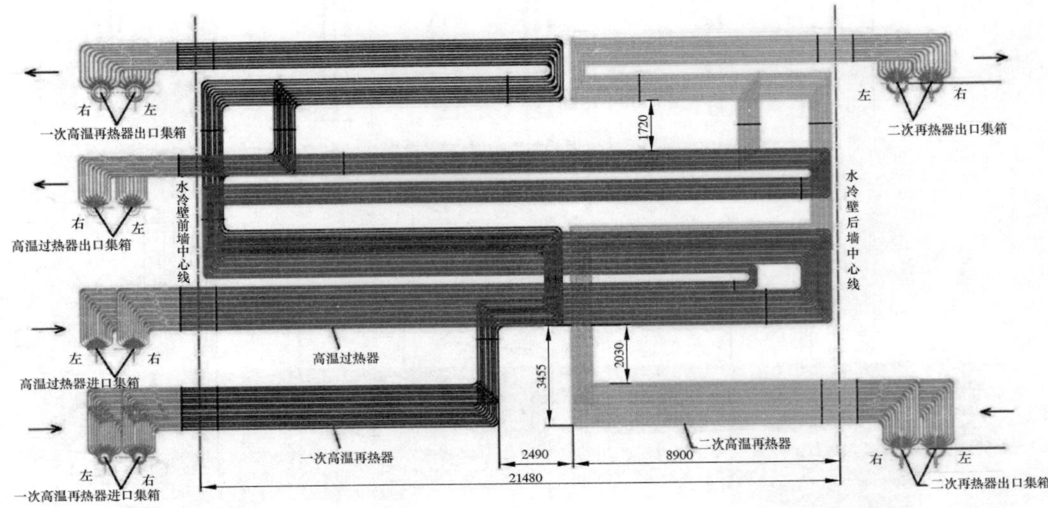

图 2-22 高温受热面

(二) HG-2752/32.87/10.61/3.26-YM1 锅炉

过热器系统采用三级布置。一级过热器由吊挂管和屏式受热面组成。经四只汽水分离器顶部引出规格为 φ660×95mm 的连接管引出的蒸汽进入吊挂管及中间隔墙入口集箱，从入口集箱引出过热器吊挂管，吊挂管从炉前到炉后按 9 列、每列 96 排分布，从上至下吊挂各级水平受热面，并在炉膛出口形成一级过热器的屏式受热面。屏式受热面沿炉宽方向布置 24 片，每片管组间节距为 920mm，材质采用 TP347HFG、Super304H。过热器系统如图 2-23 所示。

经一级过热器加热后，蒸汽经 4 根连接管和一级喷水减温器进入二级中温过热器。二级过热器布置在低压末级再热器和低/高压再热器冷段之间，沿炉宽方向布置有 192 片管组，管组间距为 115mm。每片管组由 6 根并联管绕制而成，材质为 T91。从二级过热器出口集箱引出的蒸汽，经 4 根左右交叉的连接管及二级喷水减温器，进入末级过热器。

末级过热器布置在一级过热器与高压末级再热器之间，沿炉宽方向布置 24 片管组，管组间距为 920mm。主要材质为 TP347HFG、Super304H、HR3C，布置在炉外的进、出口管段采用的材质为 T91 和 T92。蒸汽在末级过热器中加热到额定参数后，经出口集箱和主蒸汽导管进入汽轮机。

锅炉受热面的布置及汽水系统如图 2-24 所示。

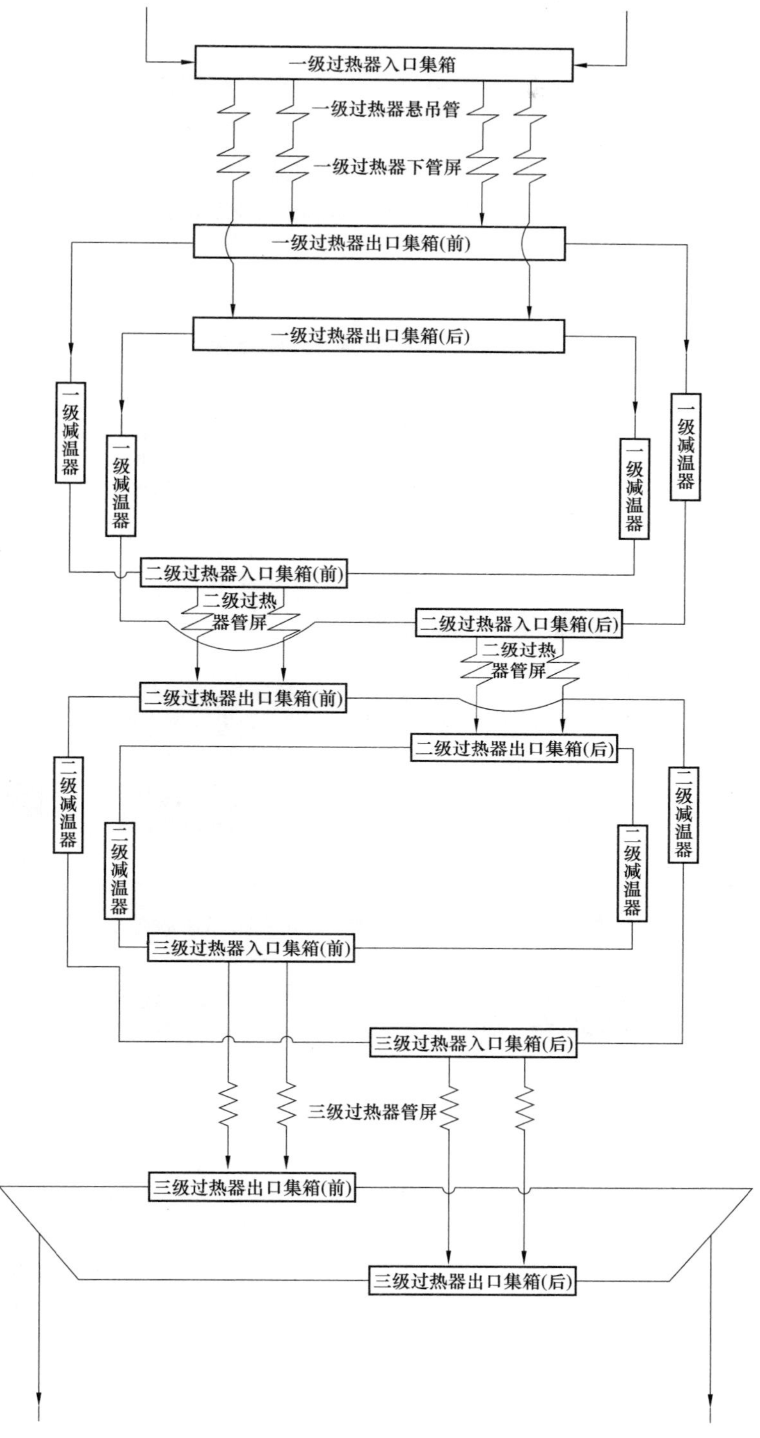
一级过热器入口集箱
一级过热器悬吊管
一级过热器下管屏
一级过热器出口集箱(前)
一级过热器出口集箱(后)
一级减温器
一级减温器
一级减温器
一级减温器
二级过热器入口集箱(前)
二级过热器管屏
二级过热器入口集箱(后)
二级过热器管屏
二级过热器出口集箱(前)
二级过热器出口集箱(后)
二级减温器
二级减温器
二级减温器
二级减温器
三级过热器入口集箱(前)
三级过热器入口集箱(后)
三级过热器管屏
三级过热器出口集箱(前)
三级过热器出口集箱(后)

图 2-23　过热器系统图

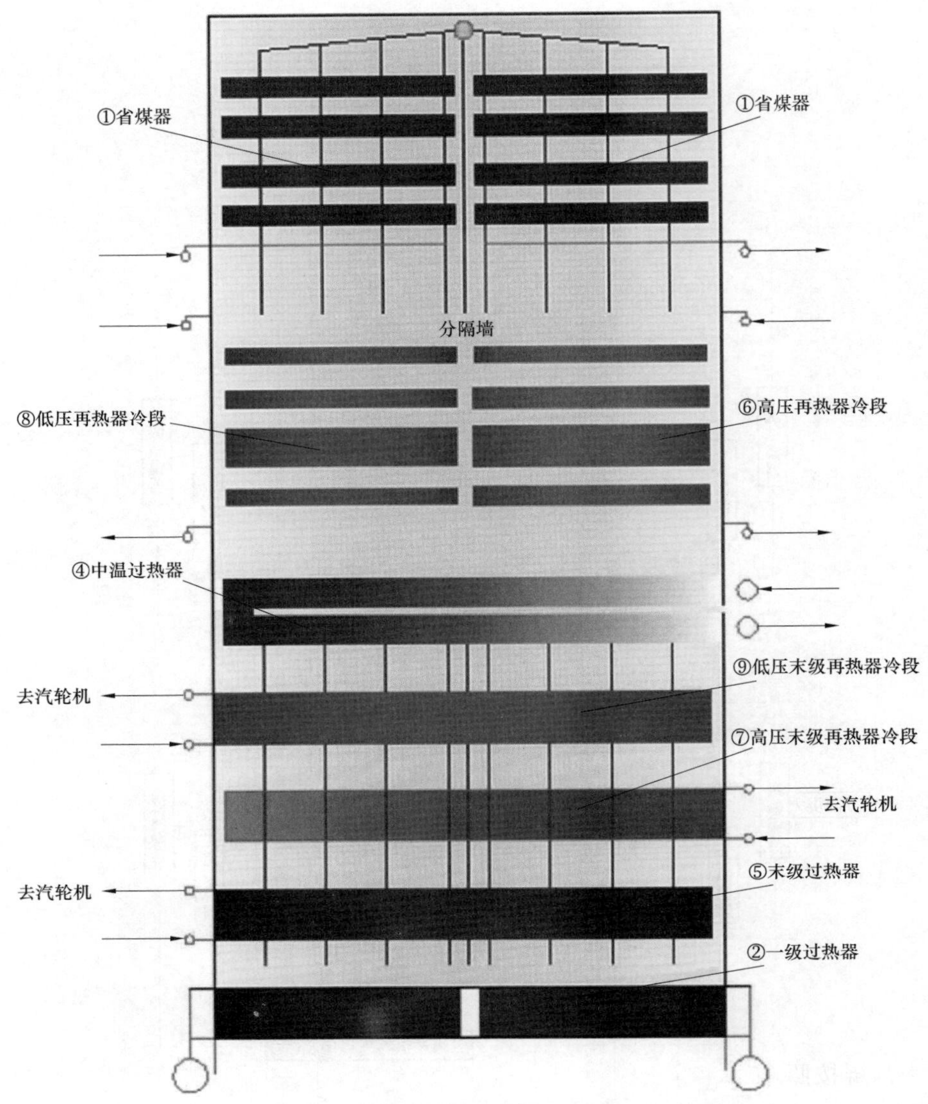

图 2-24 锅炉受热面的布置及汽水系统图

（三）HG-1938/32.45/605/623/623-YM1 锅炉

过热器系统按蒸汽流程分为分隔屏过热器、后屏过热器、末级过热器三级。其中分隔屏布置在炉膛上部，后屏过热器布置在分隔屏过热器后，两者均为全辐射受热面，主要吸收炉膛内的辐射热量，末级过热器布置在折焰角上部，炉膛后墙水冷壁吊挂管之前，受热面靠对流传热吸收热量，所有受热面采用顺流布置。每两级过热器之间均布置有减温器，过热器系统总共设两级四点减温器来保证在所有负荷变化范围内对汽温控制要求。具体工质流程如图 2-25所示。

蒸汽由两只汽水分离器顶部引出的二根蒸汽连接管（ϕ457×80mm，12Cr1MoVG）送入位于炉膛上方，前墙水冷壁和后屏过热器之间的分隔屏区域，沿炉膛宽度方向布置 8 大片，管屏分别以 1664mm、3×2136mm、2670mm、3×2136mm、1664mm 的横向节距沿整个炉膛宽

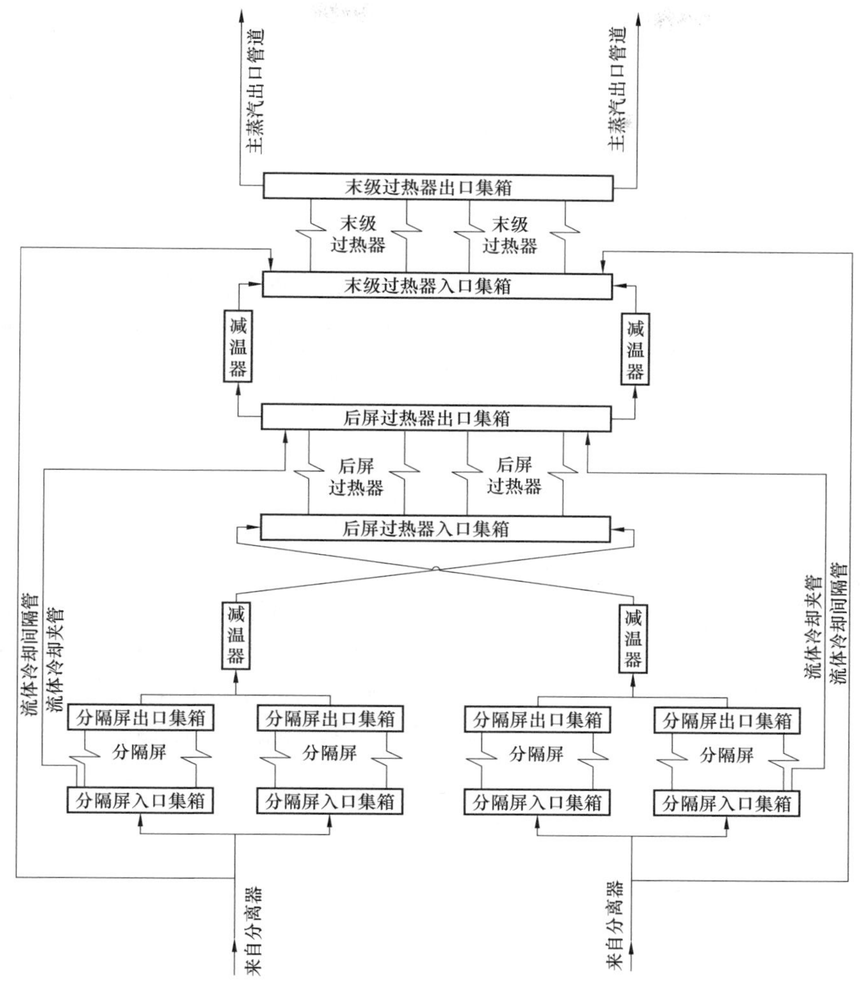

图 2-25 过热器系统流程图

度布置。每大片屏按照 4 小片屏布置，每个小屏由 16 根管子组成，最外圈管子管径为 $\phi60$，纵向节距为 66.5mm，其余管子均为 $\phi54$，纵向节距为 63.5mm。炉内主要材料为 T91 和 TP347HFG。

后屏过热器为悬吊管屏，沿炉宽方向布置 34 片，横向节距为 534mm，每片屏由 15 根管子组成，管屏最外圈管子管径为 $\phi57$，纵向节距为 63.5mm，其余管子均为 $\phi51$，纵向节距为 60.5mm，炉内主要材料为 TP347HFG、Super 304H SB 和 HR3C。

末级过热器采用悬吊管屏，沿炉宽方向布置 39 片，横向节距为 467.25mm，每片屏由 19 根管子组成，管屏最外圈管子管径为 $\phi60$，纵向节距为 65mm，其余管子均为 $\phi51$，纵向节距为 60.5mm，炉内主要材料为 TP347HFG、Super 304H SB 和 HR3C。末过出口集箱为 $\phi660\times160$mm，材质为 SA335P92。末过出口集箱引出两根主汽管道将蒸汽送往汽轮机高压缸，主汽管道为 $\phi457\times105$mm，材质为 SA335P92。

（四）小结

上海锅炉厂和哈尔滨锅炉厂过热器各级受热面间均采用大口径管和交叉布置，使蒸汽充分混合，减少烟气导致的汽水侧热偏差；进、出口集箱之间的所有连接管道均为端部引入、引出方式，保证沿炉宽方向蒸汽在受热面管屏均匀分配；采用双集箱形式，最大程度上消除烟气侧偏差，保证运行可靠性；选择可靠成熟的受热面材料，确保安全可靠。不同于上海锅炉厂过热器受热面分两级布置，哈尔滨锅炉厂过热器受热面为三级布置，这样单级焓增小，同屏偏差小，工质侧受热更均匀。

过热器参数对比见表 2-4。

三、过热蒸汽调温

精确并稳定地控制主蒸汽温度对最大限度地提高蒸汽循环效率非常重要，超超临界直流炉汽温控制方法分为烟气侧和蒸汽侧两类。烟气侧是通过改变炉膛内辐射受热面和对流受热面的吸热量比例或改变流经受热面的烟气量来调节汽温，通常包括烟气再循环、烟气挡板、调节燃烧火焰中心位置等手段。对于直流锅炉，过热汽温变化的基本原因是煤水比的变化，当给水量保持不变，如果减少燃料量，加热段和蒸发段将增加，从而使过热段减少，过热器出口汽温降低。要维持原本的过热蒸汽温度，就必须增加燃料量或降低给水量。即保持煤水比不变，可维持过热器出口汽温基本不变，这是直流锅炉最直接的调节手段。蒸汽侧是通过改变蒸汽的焓值来调节汽温，通常包括喷水减温器、面式减温器、汽—汽热交换器等手段。在实际运行过程中，由于燃料变化等多因素，燃料量的控制不可能非常稳定，因此需要进一步采用喷水减温对过热汽温进行进一步细调。二次再热超超临界锅炉过热汽温通常采用成熟的煤水比和二级喷水减温调节方式进行调节，两级喷水通常分别布置于屏式过热器和高温过热器入口来调节屏过进口和高过进口的汽温，从而调节过热器出口汽温。

四、典型二次再热锅炉过热蒸汽调温方式

（一）SG-2710/33.03-M7050 锅炉

过热蒸汽温度通过煤水比加二级喷水减温调节。主蒸汽温度基本上取决于水/燃料比率。同时，过热器喷水控制也应用于过渡状态（例如在负荷变化期间），因为其响应要比水/燃料比率的控制快得多。第一级喷水减温器布置在低温过热器入口管道上；第二级喷水减温器布置在低温过热器和高温过热器之间连接管道上。过热蒸汽喷水源来自省煤器进口的给水管道上，经过喷水总管后分左右二路支管，分别经过各自的喷水管路后进入一、二级过热减温器，每台减温器进口管路前布置有测量流量装置。两级减温器喷水总量按 2%过热蒸汽流量，总设计能力按 2%BMCR 流量。

第一级过热蒸汽减温器共 4 台，规格为 ϕ406×70mm，材料为 12Cr1MoVG；第二级过热蒸汽减温器也有 4 台，规格为 ϕ406×65mm，材料为 SA335-P91。每台减温器设有内套筒和一个喷水管件，喷水管件上设有 2 个雾化喷嘴，喷水量由电动调节阀控制。过热蒸汽减温器示意图如图 2-26 所示。

（二）HG-2752/32.87/10.61/3.26-YM1 锅炉

过热蒸汽主要采用煤/水比来调节温度，以两级八点喷水辅助，实现快速变负荷速度、变工况调节灵敏。每级减温器均为 2 只，每级喷水量均为 3%BMCR。一级喷水减温器装在分隔屏过热器和后屏过热器之间的连接管道上，外径为 ϕ508，最小壁厚为 80mm，材料为 SA-335P91，长度为 3.048m，如图 2-27 所示；二级喷水减温器装在后屏过热器和末级过热器之间的管道上，外径为 ϕ610，壁厚为 110mm，材料为 SA-335P91，长度为 3.048m，如图 2-28所示。

表 2-4 过热器参数对比

项目	单位	SG-2710/33.03-M7050 锅炉			HG-2752/32.87/10.61/3.26-YM1 锅炉			HG-1938/32.45/605/623/623-YM1 锅炉	
1. 低温过热器									
		规格		材料	规格		材料	规格	材料
吊挂管	mm	—		—	ϕ51×9/10		T91	—	
隔墙管	mm	上部 ϕ44.5×9		12Cr1MoVG	ϕ57×9.5		12Cr1MoVG	—	
	mm	下部 ϕ35×8							
低温过热器屏管		ϕ42×7.5		Super 304H	ϕ51×9/9.5		TP347HFG、Super 304H	外圈 ϕ60×9.5~10.5 其余 ϕ54×9~11	T91、TP347HFG
		混合过热器前	混合过热器后	炉内吊挂管	中间隔墙管	吊挂管	屏管	外圈	其余
节距（横向/纵向）	mm	960/60	960/60	—	115	230/79	920/66.5	1664/66.5	2136、2670/63.5
管子数量	根	22×14	22×18	89×7	195	96×7	24×2×14	64×8	
进口烟温	℃	1242		—	1184	1184	1184	1311	
出口烟温	℃	1166		—	607	375	1254	1161	
蒸汽进口温度	℃	479		475	—			455	
蒸汽出口温度	℃	533		479	475	498	529	501	
2. 二级过热器									
管子规格	mm	—			ϕ51×10.5	ϕ51×9.5~10.5		外圈 ϕ57×7	其余 ϕ51×7.5~8
节距（横向/纵向）	mm	—			115/100	230/100		534/63.5	534/60.5
材质		—			T91	T91 TP347HFG Super 304H		TP347HFG Super 304H SB HR3C	
进口烟温	℃	—			756			1161	
出口烟温	℃	—			607			972	
出口工质温度	℃	—			538	566		568	
并联管数	根	—			192×6	96×12		34×15	

续表

项目	单位	SG-2710/33.03-M7050 锅炉		HG-2752/32.87/10.61/3.26-YM1 锅炉	HG-1938/32.45/605/623/623-YM1 锅炉	
3. 末级过热器						
管子规格（外径×壁厚）	mm	下管组 ϕ48×9	上管组 ϕ48×11	ϕ51×10~11.5	外圈 ϕ60	其余 ϕ51×8
炉内受热管材质		Super 304H SB	HR3C	TP347HFG、Super 304H、HR3C	TP347HFG、Super 304H SB、HR3C	
管屏	排	44	88	26	39	
每片屏套管数	根	20	10	24	19	
蒸汽流量	t/h	2710		2752	1896.3	
蒸汽进口压力	MPa	33.79		33.47	32.98	
蒸汽出口压力	MPa	33.03		32.87	32.45	
蒸汽出口温度	℃	605		605	605	
进口烟温	℃	1074		1016	972	
出口烟温	℃	885		1184	918	
烟气流速	m/s	9.3		9.0	10.2	
最高计算工质温度	℃	630.7		620	613	
最高金属壁温	℃	646.2		643	590/637/642	
材质适用温度界限	℃	654.9		700/730	700/700/730	

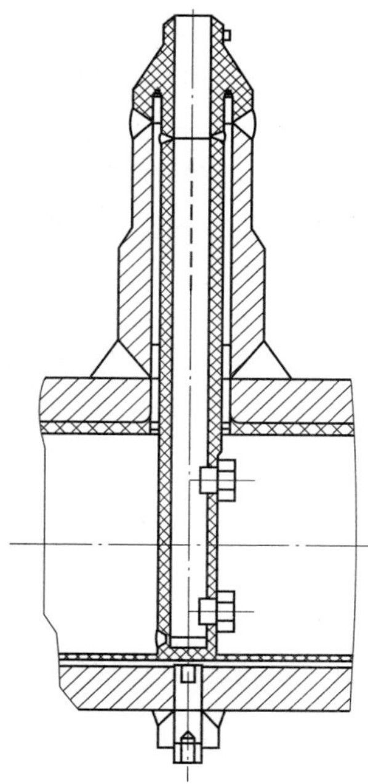

图 2-26 过热蒸汽减温器示意图

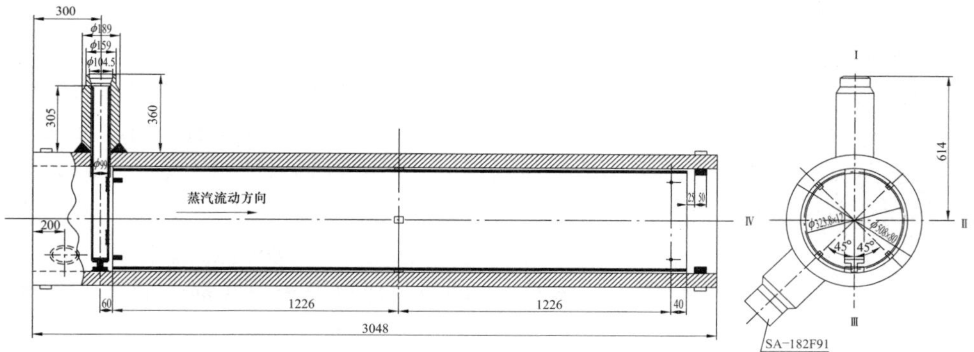

图 2-27 过热器减温器（一级）

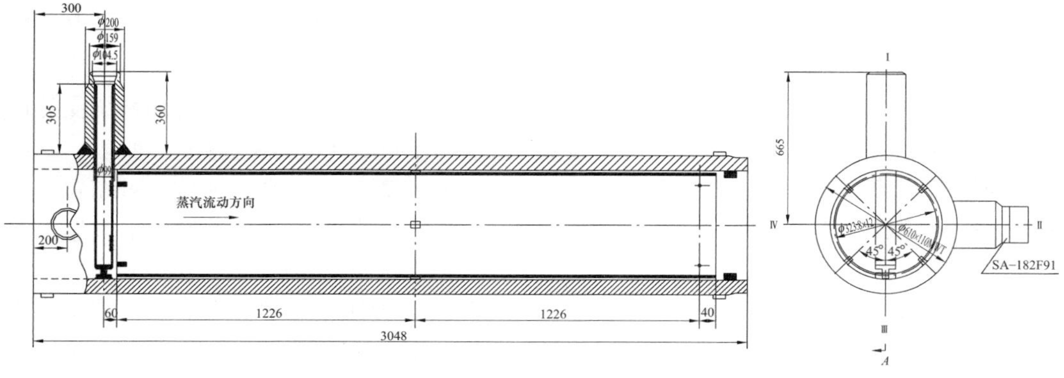

图 2-28 过热器减温器（二级）

（三）HG-1938/32.45/605/623/623-YM1 锅炉

过热器系统的汽温调节采用燃料/给水比和两级四点喷水减温。在分隔屏至后屏过热器，后屏过热器至末级过热器之间的连接管上均装有喷水减温装置。减温水引自省煤器入口，同一级减温设有左右两个喷水点，两侧减温管路分别用单独的调节阀调节喷水量，消除左右侧汽温偏差。一级过热器喷水的控制对象为二级过热器出口温度，二级过热器喷水控制对象为三级过热器出口温度（即主蒸汽温度），管道中混合喷水后出口蒸汽温度必须高于运行压力下的蒸汽饱和温度。在主燃料跳闸或蒸汽闭锁或锅炉负荷低（燃料量指令低）这种情况下，喷水调节阀被强制关闭，以限制对减温器下游热影响的可能性。减温器结构与哈尔滨锅炉厂百万等级二次再热锅炉过热减温器相同。

第五节　再热蒸汽系统

一、再热器特点

再热蒸汽出口温度与过热蒸汽出口温度相同甚至更高，但再热蒸汽压力较低，与管壁之间的对流放热系数小，对管壁冷却效果差。为避免再热器管壁超温，应尽量将其布置在烟气温度较低的区域。

虽然再热蒸汽质量流量较过热蒸汽低，但由于再热蒸汽压力低、温度高、比体积大等特点，再热蒸汽的体积流量比过热蒸汽大得多，因此再热蒸汽管道尺寸比过热蒸汽管道大。

二、二次再热锅炉再热器特点

二次再热锅炉由于增加了二次再热系统，过热蒸汽与再热蒸汽的吸热比例为72%：28%左右，其中一次再热系统与二次再热系统的吸热比例为16%：12%左右。由此可见，二次再热锅炉的过热蒸汽和再热蒸汽的吸热比例与同容量的一次再热锅炉相比发生了较大变化，锅炉各级受热面的吸热比例、受热面积应根据吸热情况作相应调整。二次再热锅炉的蒸汽参数一般采用：过热蒸汽出口蒸汽温度600℃、一次再热蒸汽/二次再热蒸汽出口蒸汽温度为623℃。为达到一次再热蒸汽所需要的16%左右的吸热比例要求，在锅炉的高烟温区域需要布置一定的一次再热器的受热面。

因为二次再热系统的吸热比例占整个锅炉吸热的12%左右，二次再热系统受热面可采用低温再热器加上高温再热器的两级布置，能很好地达到其吸热比例及控制二次再热系统阻力的要求。为满足二次再热机组汽轮机排汽参数的要求，二次再热系统的蒸汽压力一般在3MPa左右，二次再热系统的蒸汽压力低、体积大，使得二次再热系统受热面中的蒸汽质量流速很难提高。正是由于二次再热系统受热面蒸汽质量流速较低，对二次再热系统受热面管的冷却能力有限，同时为进一步提升汽轮机效率采用了约623℃的蒸汽温度。所以，二次再热系统受热面尤其是高温受热面尽量不布置在辐射或半辐射烟温较高的区域，可布置在高温过热器后边的纯对流传热区域，使二次再热蒸汽能达到参数的同时也能控制二次高温再热器受热面壁温安全可靠。

其中低温再热器通常采用逆流布置，这样可获得较大温压，传热效果好，从而可减少受热面，节省金属用量。但高温再热器若同样采用逆流布置，则受热面工质出口处的工作条件较差，处于烟气和工质温度都是最高的部位，容易造成受热面金属超温。故高温过热器通常采用顺流布置方式，此种布置方式获得的温压较逆流小，故受热面要比逆流多耗些金属。但工质温度最高的出口处于烟气温度在本受热面中最低的部位，工作条件比逆流要好，受热面金属温度较低比较安全。

三、典型二次再热锅炉再热蒸汽系统

（一）SG-2710/33.03-M7050 锅炉

上锅二次再热锅炉高压再热器系统和低压再热器系统均由低温再热器和高温再热器两级组成，各级受热面之间利用集中的大管道连接。汽轮机超高压缸排汽和高压缸排汽分别分成左右两路管道进入高压、低压低温再热器进口集箱。高压、低压低温再热器分别布置在炉膛上部高温再热器和省煤器之间的前、后烟道，横向共有 178 片管屏，每片屏是 6 根套管，受热面沿宽度方向设置了 6 片防震隔板，上下级受热面的防震隔板错开布置。高压、低压低温再热器进口集箱上设有锅炉吹灰用的蒸汽汽源抽头管座，进口管道上设有再热事故喷水减温器。高压、低压低温再热器逆流布置，受热面对流换热。

工质分别通过高压、低压低温再热器出口四根管道经再热蒸汽微量喷水减温器进入到高压、低压高温再热器进口集箱。高压高温再热器分为冷段部分和热段部分，冷段部分布置在低温过热器和高温过热器之间前烟道，热段部分布置在高温过热器和低温再热器之间前烟道，中间部分与高温过热器交叉重叠。沿烟道宽度进口有 44 片屏，每片屏 20 根管子，经过第一流程后每屏第 1~10 管和第 11~20 管分别变成了一片屏，即沿烟道宽度变成了 88 片屏，每片屏 10 根管子。其中冷段进口第一流程的第 1 屏第 1~10 管到热段出口成为第 2 屏（双号屏）的第 1~10 管；冷段进口第一流程的第 1 屏第 11~20 管到热段出口成为第 1 屏（单号屏）的第 1~10 管，后面以此类推。低压高温再热器位于后烟道，与高压高温过热器对称布置，同样分为冷段和热段，只是所占据的烟道深度比高压高温过热器小。高压、低压高温再热器顺流布置，受热面特性表现为冷段辐射，热段对流。

高压低温再热器进口集箱规格为 $\phi660\times65$mm，材料为 12Cr1MoVG，数量 1 根。高压低温再热器出口集箱规格为 $\phi631.4\times106.2$mm，材料为 SA335-P91，数量为 2 根。高压低温再热器管横向节距为 120mm，材料采用 T91 和 12Cr1MoVG。高压高温再热器进口集箱规格为 $\phi457\times55$mm，材料为 SA335-P91，数量 2 根，如图 2-29 所示。高压高温再热器出口集箱规格为 $\phi631.4\times106.2$mm，材料为 SA335-P92，数量为 2 根。高压高温再热器管冷段横向节距为 480mm，选用 Super 304H，热段横向节距为 240mm，选用 Super 304H 和 HR3C。如图 2-30所示。

低压低温再热器进口集箱规格为 $\phi914\times35$mm，材料为 12Cr1MoVG，数量 1 根。低压低温再热器出口集箱规格为 $\phi711\times30$mm，材料为 SA335-P91，数量为 2 根。低压低温再热器管横向节距为 120mm，材料采用 T91、12Cr1MoVG 和 15CrMoG，如图 2-31 所示。低压高温再热器进口集箱规格为 $\phi610\times30$mm，材料为 12Cr1MoVG，数量 2 根。低压高温再热器出口集箱规格为 $\phi711\times55$mm，材料为 SA335-P92，数量为 2 根。低压高温再热器管冷段横向节距为 480mm，选用 Super 304H 和 HR3C，热段横向节距为 240mm，选用 Super 304H 和 HR3C，如图 2-32 所示。

（二）HG-2752/32.87/10.61/3.26-YM1 锅炉

哈尔滨锅炉厂再热器高、低压受热面与上海锅炉厂再热器受热面相同，均分为两级受热面。即高压低温再热器和高压高温再热器；低压低温再热器和低压高温再热器，如图 2-33 所示。

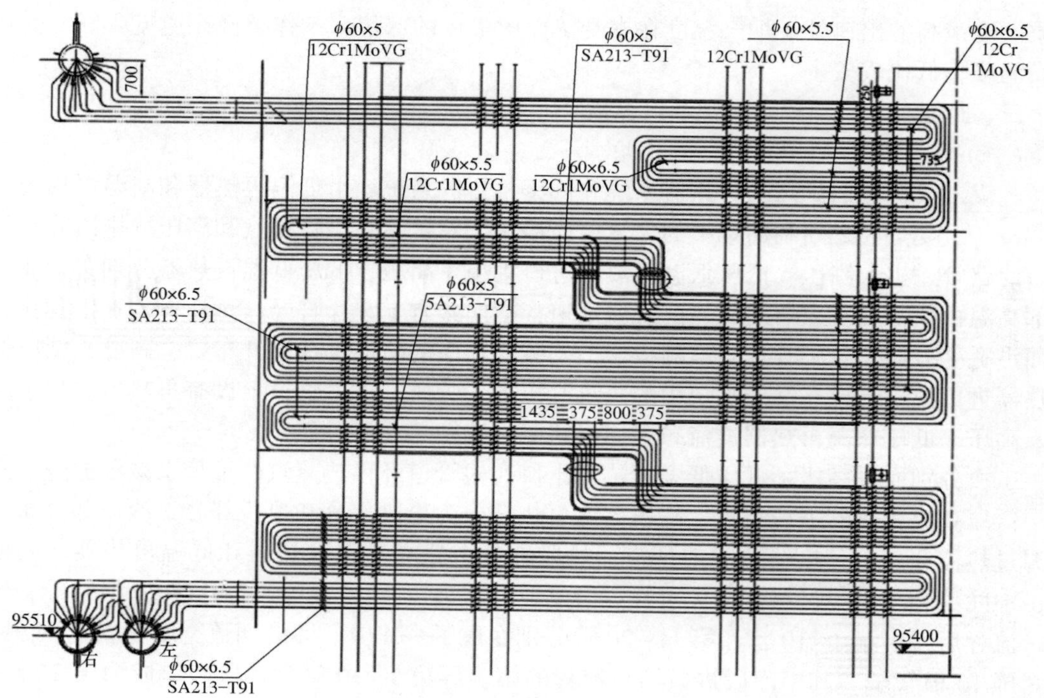

图 2-29 高压低温再热器

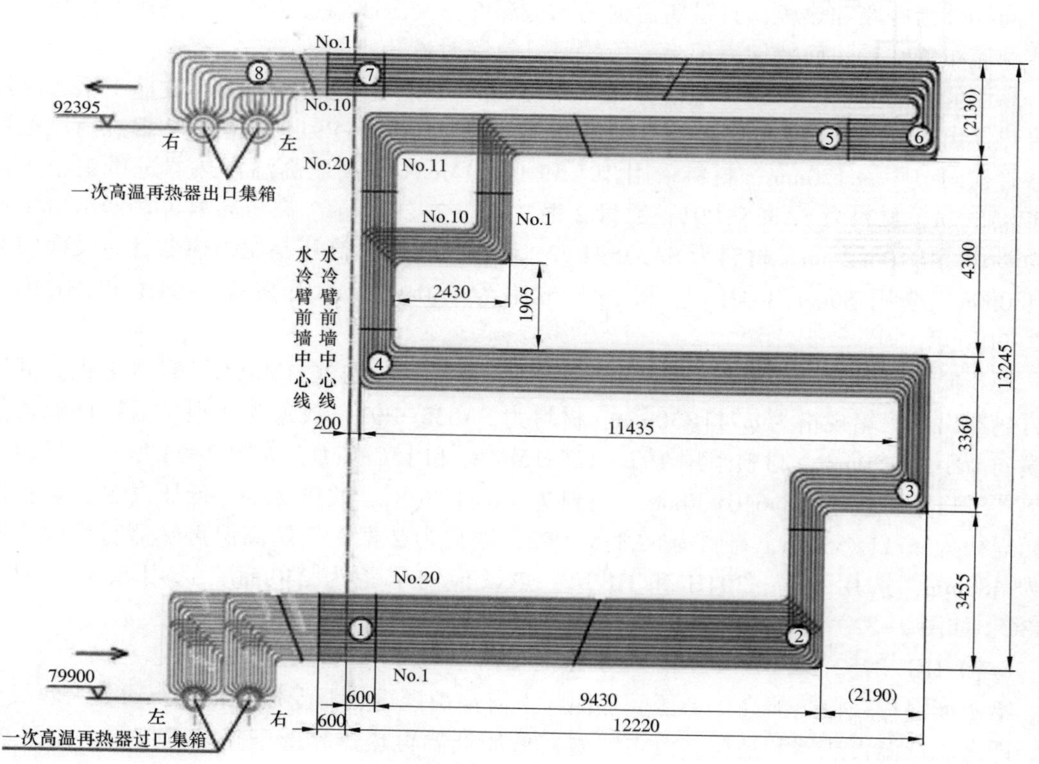

图 2-30 高压高温再热器

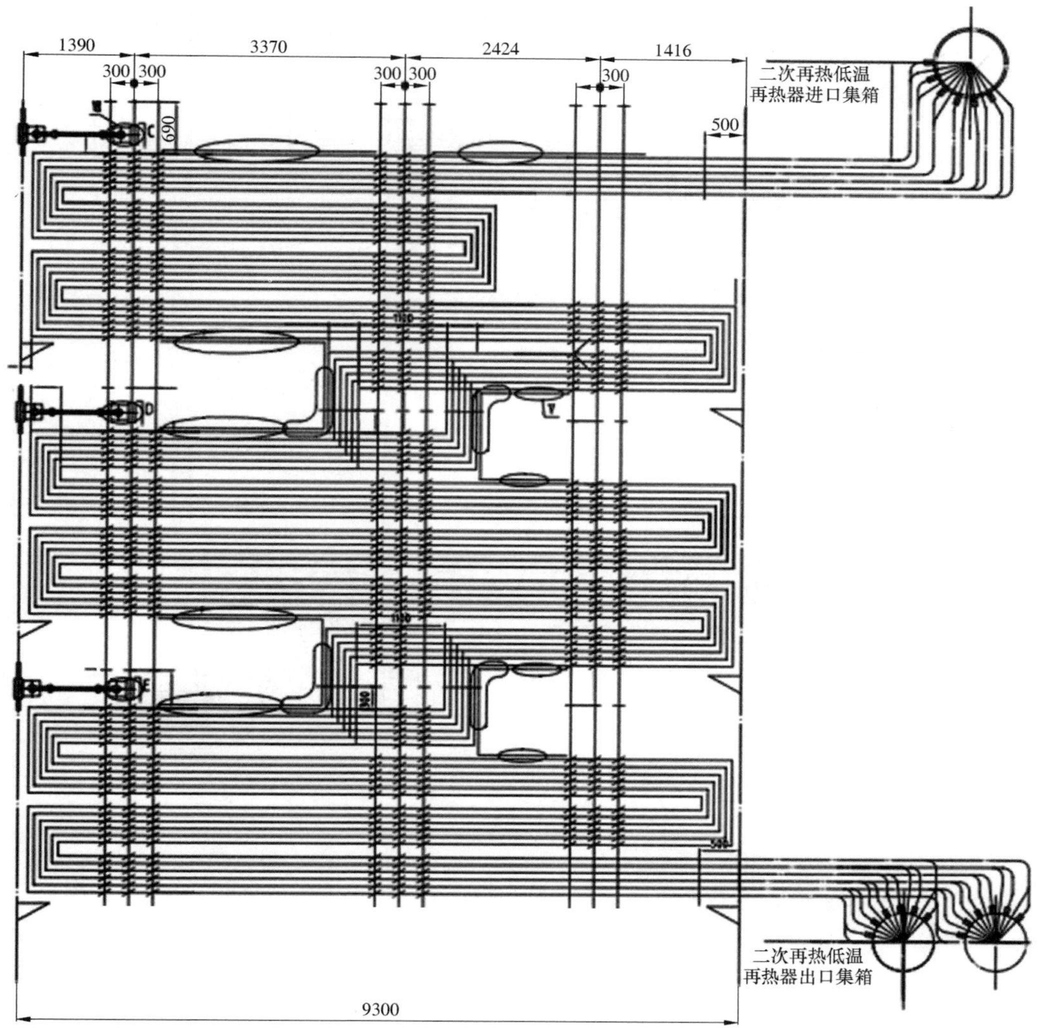

图 2-31　低压低温再热器

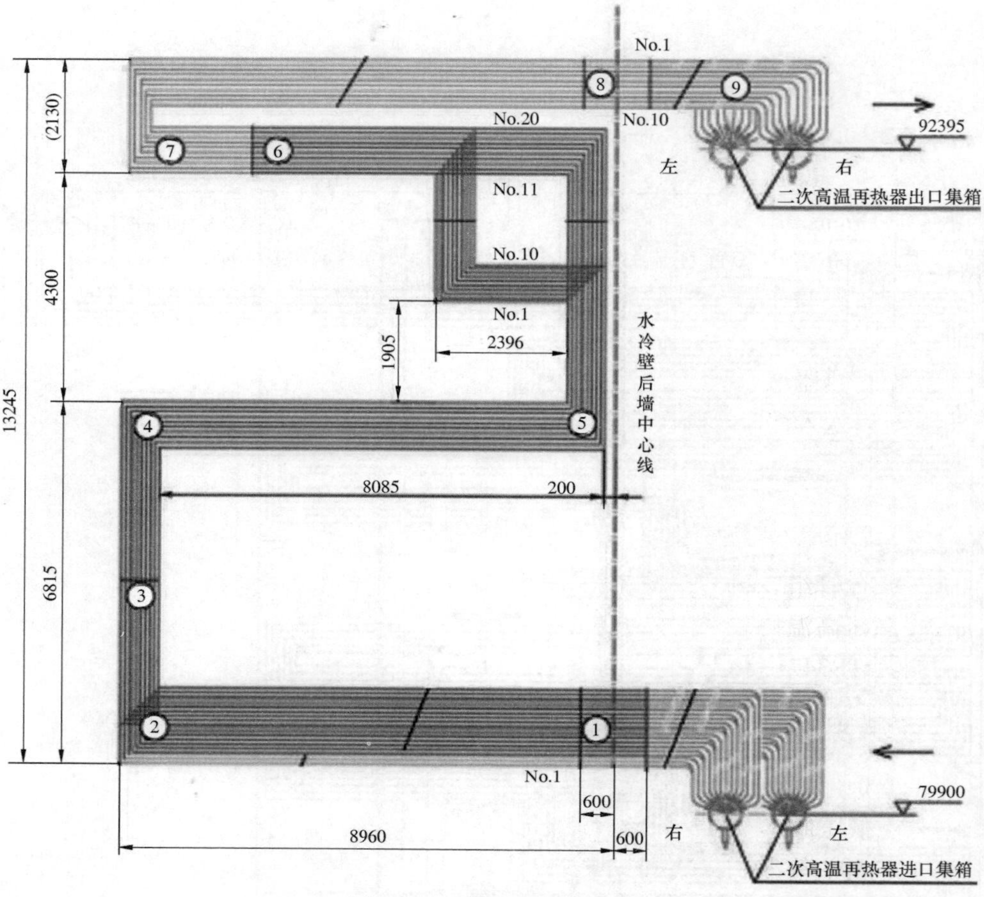

No.1
No.10
No.20
No.11
No.10
No.1
92395
左
右
二次高温再热器出口集箱
2396
1905
(2130)
4300
13245
6815
8085
200
水冷壁后墙中心线
No.1
600
79900
8960
600
右
左
二次高温再热器进口集箱

图 2-32　低压高温再热器

一级再热器入口集箱
一级再热器管屏
一级再热器管屏
一级再热器出口集箱(后)
一级再热器出口集箱(前)
减温器
减温器
减温器
减温器
二级再热器入口集箱(后)
二级再热器管屏
二级再热器入口集箱(前)
二级再热器管屏
二级再热器出口集箱

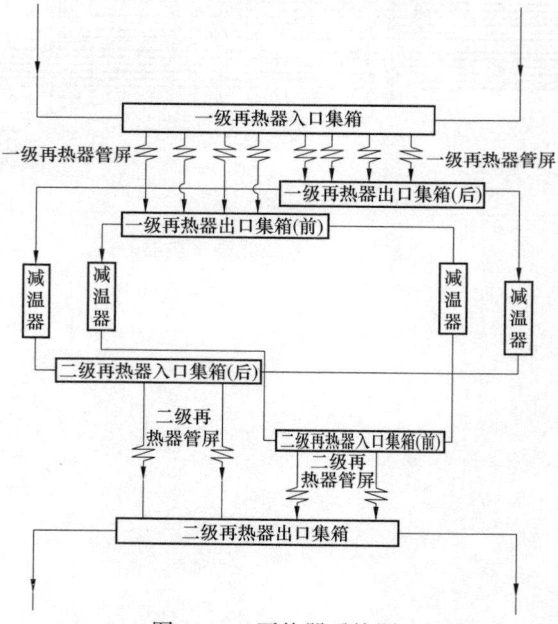

图 2-33　再热器系统图

由汽轮机超高压缸来的排汽经两根导管进入位于二级过热器下游后烟道中的高压低温再热器入口集箱，经过低温再热器后，由低温再热器出口集箱各引出两根连接管，将蒸汽引入高温再热器入口集箱。随之经过高压高温再热器和高压高温再热器出口集箱后，由出口集箱引出的两根再热导管将再热汽送往汽轮机高压缸。高压高温再热器出口集箱为SA355P92材料，热段再热蒸汽导管采用SA335P92。高压低温再热器共有192片管组，横向节距为115mm，每片管组有6根并联管，材质分别为T91和12Cr1MoVG。高压高温再热器采用顺流布置，布置在末级过热器下游，沿炉宽排列48片，横向节距为460mm，采用的材料为TP347HFG、Super304H、HR3C，受热面的进口管接头采用T91，出口管接头采用T92。

低压低温再热器与高压低温再热器对称布置于双烟道的前烟道中，由汽轮机高压缸来的排汽用两根导管送入低压低温再热器入口集箱，经过低温再热器后，由低温再热器出口集箱各引出两根连接管，将蒸汽引入高温再热器入口集箱。随之经过高压高温再热器和高压高温再热器出口集箱后，由出口集箱引出的两根再热导管将再热汽送往汽机中压缸。低压高温再热器出口集箱为SA355P92材料，热段再热蒸汽导管采用SA335P92。低压低温再热器共有192片管组，横向节距为115mm，材质分别为T91和12Cr1MoVG。低压高温再热器布置在高压高温再热器和二级过热器之间，沿炉宽排列96片，横向节距为230mm，采用的材料为TP347HFG、Super304H、HR3C，受热面的进口管接头采用T91，出口管接头采用T92。

（三）HG-1938/32.45/605/623/623-YM1锅炉

哈尔滨锅炉厂660MW等级二次再热锅炉再热器受热面同样分为高压低温再热器、高压高温再热器、低压低温再热器和低压高温再热器。但不同于塔式炉布置的上海锅炉厂和哈尔滨锅炉厂1000MW等级二次再热锅炉的受热面均为水平布置，Π型布置的哈尔滨锅炉厂660MW等级二次再热锅炉高、低压低温再热器受热面又分为水平低温再热器和立式低温再热器。

高压高温再热器布置水平烟道上部，后水吊挂管与低压高温再热器之间，高压低温再热器布置在尾部烟道前烟井，为对流受热面。系统流程如图2-34所示。由汽机高压缸来的排汽用两根ϕ559×45mm（SA-335P12）的导管送入高压水平低温再热器入口集箱（ϕ457×55mm，15CrMoG），水平低温再热器共140片，每片由6根管子组成，节距为133.5mm，分下一、下二、中一、中二、上组，材质依次为15CrMoG、12Cr1MoVG和T91，水平低温再热器出口端与立式低温再热器相接，立式低温再热器共有70片，节距为267mm，材质为TP347HFG，由立式低温再热器出口集箱（ϕ610×65mm，SA335P91）引出两根ϕ559×55mm（SA335P91）的连接管，该连接管上布置有再热器事故减温器，经过减温后将蒸汽引入高温再热器入口集箱（ϕ457×60mm，材质为SA355-P91），高温再热器蛇形管共68片，每片由13根管组成，横向节距为267mm，其材质为TP347HFG、Super 304H SB和HR3C。高温再热器出口集箱为ϕ610×90mm，材质为SA355P92，由高温再热器出口集箱引出的2根导管将再热汽送往汽机中压缸，热段再热蒸汽导管采用ϕ610×75mm，材质为SA335P92。

低压高温再热器布置水平烟道上部，高压高温再热器与前包墙对流管束之间，低压低温再热器布置在尾部烟道后烟井，为对流受热面。系统流程与高压再热器系统流程相同，如图2-35所示。由汽轮机中压缸来的排汽用两根ϕ813×30mm（SA-335P12）的导管送入低压

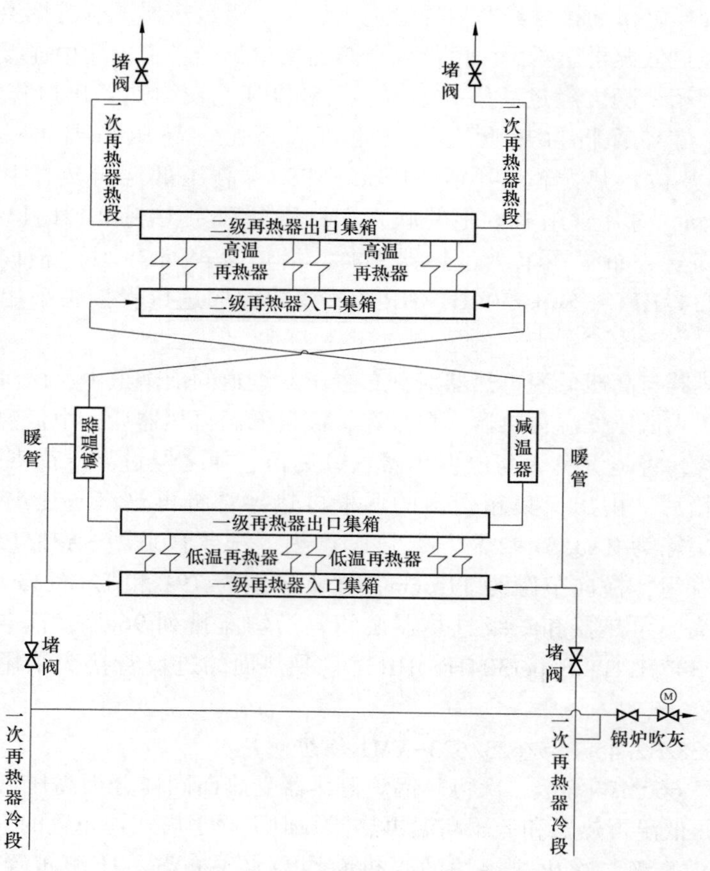

图 2-34 高压再热器系统流程图

注：高压再热器即一次再热器。

水平低温再热器入口集箱（ϕ660×40mm，15CrMoG），水平低温再热器共 140 片，每片由 7 根管子组成，节距为 133.5mm，管子规格为 ϕ63.5，分下一、下二、中一、中二、上一、上二组，材质依次为 15CrMoG、12Cr1MoVG 和 T91，平均壁厚为 4.5mm，水平低温再热器出口端与立式低温再热器相接，立式低温再热器共有 70 片，节距为 267mm，管径为 63.5mm，材质为 TP347HFG，壁厚为 4.5mm，由立式低温再热器出口集箱（ϕ697×55mm，SA335P91）引出两根 ϕ610×40mm（SA335P91）的连接管，该连接管上布置有再热器事故减温器，经过减温后将蒸汽引入高温再热器入口集箱（ϕ610×55mm，材质为 SA355-P91），高温再热器蛇形管共 68 片，每片由 13 根管组成，横向节距为 267mm，其材质为 TP347HFG、Super 304H SB 和 HR3C。高温再热器出口集箱为 ϕ711×65mm，材质为 SA355P92，由高温再热器出口集箱引出的 2 根导管将再热汽送往汽轮机低压缸，热段再热蒸汽导管采用 ϕ813×40mm，材质为 SA335P92。另外考虑到尾部布置空间及受热面传热情况，低压再热器下两组采用 H 型肋片管，肋片间节距均为 35mm，基管直径为 ϕ63.5×4.5mm，材质为 15CrMoG；肋片尺寸为 3mm×110mm×190mm，材质 15CrM。

（四）小结

二次再热锅炉两级再热器之间采用混合集箱和大管道交叉连接，有效消除上级受热面的

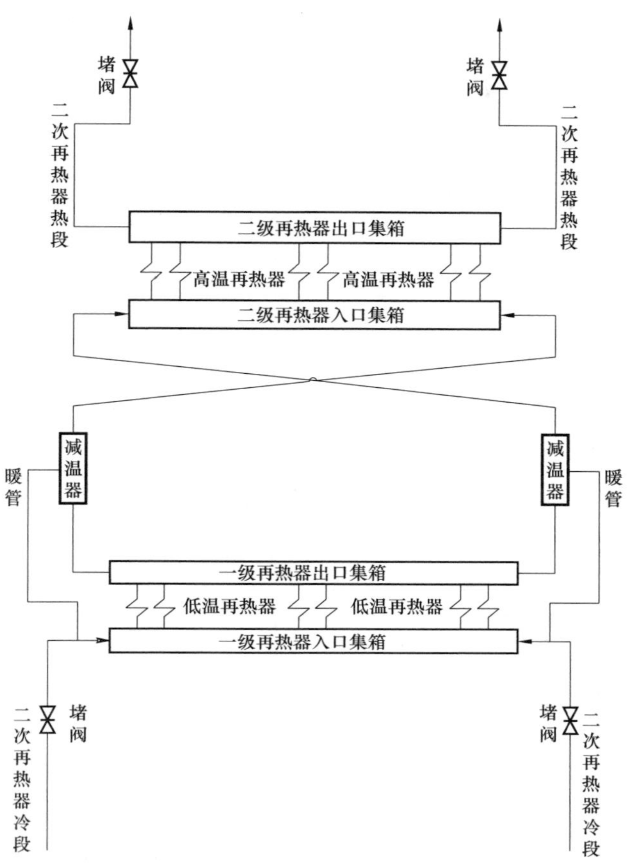

图 2-35 低压再热器系统流程图

注：低压再热器即二次再热器。

热力偏差，保证高温受热面入口工质流量和温度均匀；进、出口集箱之间采用端部引入、引出方式，保证沿炉宽方向蒸汽均匀分配到各管屏；末级再热器出口段最高金属壁温高于650℃，使用 HR3C 保证了高温受热面在恶劣工作条件下的安全性。

上海锅炉厂 1000MW 二次再热锅炉高温再热器分为热段和冷段，冷段为辐射受热面，热段为对流受热面，冷段前移的布置加强了再热器吸收辐射热的能力，提高了再热蒸汽的汽温，也解决了高温受热面的安全性，经济型和可靠性的问题。哈尔滨锅炉厂 1000MW 二次再热锅炉再热器为纯对流受热面，保证良好的调温特性和较大的调温幅度。两家再热器均采用双集箱结构以最大限度减少热力偏差。同时，高、低压再热器并列布置于烟道水平方向的两侧，高、低压再热蒸汽的温度变化趋势大致相同，这样对称的将再热器布置在同一高度上，只要合理地分配两次再热器宽度的比例，就可以从不同温度的烟气中逐级吸收热量，较好地控制两次再热的温压基本一致，保证各级受热面工质出口温度大致相同，省去较多设计布置中的不便。

二次再热锅炉再热器参数对比见表 2-5。

表 2-5　二次再热锅炉再热器参数对比

项目	单位	SG-2710/33.03-M7050 锅炉				HG-2752/32.87/10.61/3.26-YM1 锅炉				HG-1938/32.45/605/623/623-YM1 锅炉			
		高压再热器		低压再热器		高压再热器		低压再热器		高压再热器		低压再热器	
1. 低温再热器													
		规格（mm）	材料	规格（mm）	材料	规格（mm）		材料		规格（mm）/材料			
										水平	立式	水平	立式
低温再热器管		φ76×5.5	12Cr1MoVG	φ76.0×4	15CrMoG								
		φ57×5.0	12Cr1MoVG	φ57.0×4	15CrMoG		12Cr1 MoVG		12Cr1 MoVG	φ51×5.5 12Cr1MoVG 15CrMoG			
		φ60×5.5	12Cr1MoVG	φ60.0×4	15CrMoG								
		φ60×5.0	T91	φ60.0×4	12Cr1MoVG	φ57×5		φ60×4			φ51×5 TP347HFG	φ63.5×4.5 T91 12Cr1MoVG 15CrMoG	φ63.5×4.5 TP347HFG
		φ60×6.5	T91	φ60.0×4	T91								
		φ57×6.0	T91	φ57.0×4	T91		T91		T91	φ57×10 T91			
		φ60×5.0	T91	φ60.0×4	T91								
节距（横向/纵向）	mm	120/95		120/95		115/100		115/100		133.5/90	267/110	133.5/90	267/110
管屏数	片	178		178		192		192		140	70	140	70
每片屏套管数	根	6		6		6		9		6	12	7	14
低温再热器进口集箱		φ660×65	12Cr1 MoVG	φ914×35	12Cr1 MoVG	—		—		φ457×55 15CrMoG	—	φ660×40 15CrMoG	—
低温再热器出口集箱		φ631.4×106.2	SA335-P91	φ711×30	SA335-P91	—		—		—	φ610×65 SA335P91	—	φ697×55 SA335P91
蒸汽进口温度	℃	429		432		414		446		424.5	541	435.6	548
蒸汽出口温度	℃	519		523		505		518		541	554	548	557
进口烟温	℃	767		767		607		607		732	755	691	712
出口烟温	℃	503		506		430		455		488	743	483	697

续表

项目	单位	SG-2710/33.03-M7050锅炉						HG-2752/32.87/10.61/3.26-YM1锅炉				HG-1938/32.45/605/623/623-YM1锅炉			
		高压再热器			低压再热器			高压再热器		低压再热器		高压再热器		低压再热器	
2. 高温再热器															
			规格（mm）	材料		规格（mm）	材料	规格（mm）	材料	规格（mm）	材料	规格（mm）	材料	规格（mm）	材料
高温再热器管		冷段	φ60×6.5	Super 304H SB	冷段	φ60×4（外三圈）	HR3C（外三圈）	φ57×5.5~7.0	TP347HFG	φ63×（4~4.5）	TP347HFG	φ51×5 φ57×6.5/7	TP347HFG	φ76.2×4.5	TP347HFG
						φ60×4	Super 304H-SB		Super 304H		Super 304H		Super 304H SB		Super 304H SB
		热段	φ60×6.5	Super 304H SB	热段	φ60×4	Super 304H-SB		HR3C		HR3C		HR3C		HR3C
			φ60×8	HR3C		φ60×4	HR3C								
			冷段	热段		冷段	热段	—		—		—		—	
节距（横向/纵向）	mm		480/75	240/110		480/75	240/110	460/100		230/100		267/110		267/115	
管屏	排		44	88		44	88	48		96		68		68	
每片屏套管数	根		20	10		20	10	30		15		13		13	
蒸汽流量	t/h		2517			2161		2519		2178		1661		1410	
蒸汽进口压力	MPa		11.3			3.43		10.73		3.4		11.165		3.387	
蒸汽出口压力	MPa		11.17			3.3		10.59		3.32		11.045		3.327	
蒸汽进口温度	℃		519	574		523	575	505		518		554		557	
蒸汽出口温度	℃		575	613		575	613	623		623		623		623	
进口烟温	℃		1166	878		1166	878	1016		871		912		831	
出口烟温	℃		1080	773		1080	773	871		756		838		768	
烟气流速	m/s		9.5	8.9		9.2	8.5	9.1		9.8		12.1		12.5	
最高计算工质温度	℃		639.1			649.5		634		635		630		630	
最高金属壁温	℃		660			659		665		665		629/636/653		629/636/653	
材质适用温度界限	℃		700/730			700/730		700/700/730		700/700/730		700/700/730		700/700/730	
低温再热器出口连接管道			φ610×55	12Cr1MoVG		φ660×30	12Cr1MoVG	—		—		φ559×55	SA335P91	φ610×40	SA335P91
高温再热器进口集箱			φ457×55	SA335-P91		φ610×30	12Cr1MoVG	—		—		φ457×60	SA355-P91	φ610×55	SA355-P91
高温再热器出口集箱			φ631.4×106.2	A335-P92		φ711×55	SA335-P92	SA355P92		SA355P92		φ610×90	SA355P92	φ711×65	SA355P92

四、再热蒸汽调温

二次再热机组使锅炉增加一级再热循环，与一次再热锅炉相比，再热级数增加使锅炉受热面布置趋于复杂，汽温控制的复杂性和难度也增加。二次再热锅炉存在的最大安全隐患即是锅炉调峰运行时，各处的蒸汽温度会存在与设计值差距较大的现象。合理的汽温调节方式，尤其是对两级再热汽温的合理调节是机组安全性、经济性、可靠性的有力保证。目前，大型电站锅炉再热器调温手段主要有以下几种：摆动燃烧器、尾部烟气挡板调节、烟气再循环、喷水减温。

（一）燃烧器摆动

对于切圆燃烧锅炉，可以在炉膛上部布置一部分再热器辐射受热面，通过摆动燃烧器来调节再热汽温，调温的反应速度较快。低负荷时向上摆动燃烧器，减少炉膛吸热、提高炉膛出口烟温，使高温再热器热汽温度升高。但由于直流锅炉水冷壁的吸热特性，燃烧器向上摆动时，过热汽温呈下降趋势。此时，可通过加大燃煤量（或提高过量空气系数）来提升过热汽温。

（二）尾部烟气挡板调节

烟气挡板调温作为再热器调温的主要手段广泛应用于大容量锅炉中。他是通过调节烟道内的烟气份额来调节再热汽温，可以实现零喷水，机组热效率高，设备简单安全，控制灵活。但在二次再热机组中，两级再热汽温应能单独进行调节。按双烟道的布置，采用挡板调温只能调节其中一级再热器的温度。另外，一级再热汽温只能依靠布置受热面积的多少来控制，而在负荷变化或煤质变化时受热面积无法调节，使汽温要么过高要么过低，不利于安全同时也不经济。故不可作为单独的调节手段。

（三）烟气再循环

用再循环风机从锅炉尾部低温烟道中抽出一部分烟气送回至炉子底部，可以改变锅炉各受热面的吸热分配，从而达到调节汽温的目的。再循环烟气送入炉内的地点应远离燃烧中心，以免影响燃料的燃烧。再循环烟气量常以再循环风机抽出的烟气量对抽气点后的烟气流量百分比表示。由于低温再循环烟气的掺入，炉内整体温度水平降低，炉内辐射吸热量随之减少。在一般情况下，炉膛出口的烟温变化不大，但随着烟气流量的增加，过热器、再热器、省煤器等对流受热面的吸热量增大。由于炉膛出口附近的高温对流受热面的烟气流量增加，传热系数增大，传热温压变化不大，其后的受热面，传热系数和传热温压均增加，故受热面距离炉膛出口越远，吸热量增加越多。因此，采用烟气再循环调节再热气温时，应将再热器受热面后移，而不宜布置在炉膛出口处。烟气再循环方式理论上可以实现减温和升温双向调节，所以采用烟气再循环应该是有很好的调节再热汽温的作用和效果。但由于循环烟气温度高、飞灰磨损比较严重，再循环风机等设备选型困难、可靠性较低，投资和维护成本较高，再循环风机的可靠性较差。因此，在二次再热燃煤机组锅炉中，如果采用烟气再循环来作为主要调节再热汽温的手段，首先要解决烟气再循环的再循环风机的飞灰磨损问题，提高温再热器循环风机的可靠性。

再循环烟气抽取位置示意图如图 2-36 所示。

再循环烟气的抽取位置有三种方案：电除尘器后、预热器入口、引风机或增压风机出口。三种方案各有优缺点：

当烟气再循环抽取点在除尘器出口时，抽取的烟气经过除尘，灰含量较少，对于再循环风机和再循环管道的磨损较小，可靠性高。但再循环烟气量会流经脱硝系统、预热器和除尘

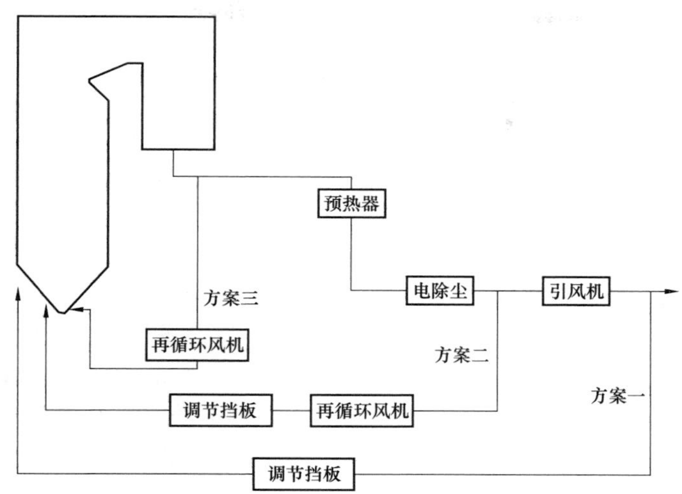

图 2-36　再循环烟气抽取位置示意图

器，使这些设备的流通烟气量增加，增加设备成本；同时再循环风机压头较高，电耗较高，增加运行成本。

当烟气再循环抽取点在省煤器出口时，抽取的烟气温度高，对于燃烧系统的影响较小，再循环烟气量不会流经预热器、脱硝装置、除尘器，因流通烟气流量减少，可降低这些设备的选型，再循环风机压头较低，电耗较低，可减少运行成本。运行时电耗较小。但再循环风机的工作环境较差，需要选用耐高温、耐磨损的风机，成本较高。由于再循环风机磨损不可避免，需定期进行维护，维护费用较高。

当烟气再循环抽取点在引风机出口时，抽取的烟气经过除尘，灰含量较少，对于再循环风机和再循环管道的磨损较小，可靠性高。但是通过引风机的烟气量增加，使引风机成本增加，尤其是使电耗大大增加，带来运行成本的增加。因压头及再循环烟气量匹配及控制原因，再循环风机的选型存在困难，再循环风机的调节也存在困难。

（四）喷水减温

再热器减温水一般都来自给水泵的抽头，减温器设置在低温再热器的进口或出口。当温度超过设计值时，自动喷水进行减温。喷水减温只能减温，不能升温，同时再热器喷水影响整个机组循环效率，降低电厂的经济性。因此，在大容量机组中，喷水一般不用来作为再热汽温调节的主要手段，仅作为微调或者事故减温用。在二次再热机组中，仍沿用这种理念，用喷水减温作为辅助调节手段，即在事故工况、机组启停阶段、变负荷阶段，自动投入减温水系统，辅助其他调节手段来调节再热汽温。在稳定负荷时，通过其他调节手段做到不喷水。

五、典型二次再热锅炉再热汽温调节

（一）SG-2710/33.03-M7050 锅炉

由于高、低压再热器的蒸汽进出口温度是比较接近的，高、低压再热器受热面面积的比例与高、低压再热吸热量比例也基本一致的，所以高、低压再热器受热面并列布置的形式可保证两次再热器吸热量随负荷变化的趋势是基本相同的。通过燃烧器的摆动调节燃烧中心的高度，进而改变炉膛出口的烟气温度，影响高温再热器的吸热量，从而调节再热蒸汽出口温度。由于高、低压再热器都设置了一部分吸收辐射热的受热面，火焰中心的变化对再热汽温的影响显著，可保证高、低压再热器在较大负荷范围内达到额定汽温，在较低负荷也具有良好再热汽温的特点。同时选用烟气挡板调温方式，通过挡板开度控制进入前后分隔烟道中的烟气份额，改变高、低压再热器间的吸热分配比例来达到调节高、低压再热器出口温度平衡的目的。当负荷变化时，首先调整燃烧器摆角，低负荷时辅以过量空气系数调节，将两次再热中的一次再热出口温度调至额定参数，再通过挡板调节将两次再热中出口温度高侧的汽温降低出口温度低侧的汽温提高，最终达到设定值。

另外，在再热器的管道上配置喷水减温防止超温情况的发生和有效控制左右侧的蒸汽温度偏差。低温再热器和高温再热器之间布置四点微量喷水减温，低温再热器进口布置两点喷水减温，在正常运行工况下喷水减温不投入运行，仅在紧急事故工况下运行。每台减温器进口管路前布置有测量流量装置和过滤器。

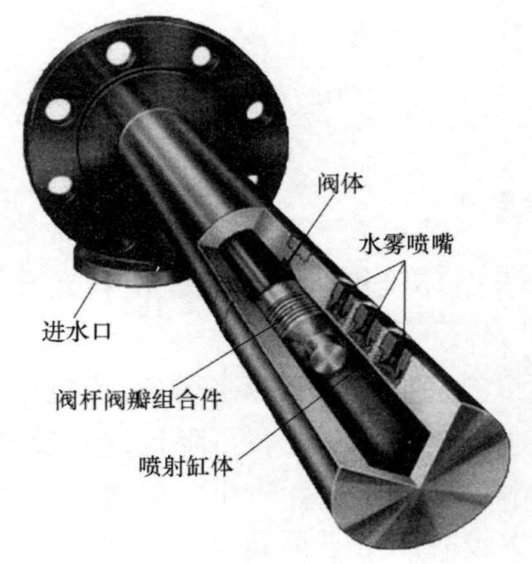

图 2-37 再热蒸汽减温喷水杆件图

高压再热蒸汽事故喷水减温器共 2 台，规格为 ϕ580×80mm，材料为 SA335-P22；高压再热蒸汽微量减温器共 4 台，规格为 ϕ610×55mm，材料为 12Cr1MoVG。低压再热蒸汽事故喷水减温器共 2 台，规格为 ϕ914×30mm，材料为 SA335-P22；低压再热蒸汽微量减温器共 4 台，规格为 ϕ660×30mm，材料为 12Cr1MoVG。再热蒸汽减温器的喷嘴杆件与电动调节阀是组合在一体的，如图 2-37 所示。一体化喷水减温器的特点是根据不同的喷水流量来开启喷嘴数量，即流量小，投入喷嘴少；反之当流量大时，投入喷嘴就多。其优点是无论在大流量还是小流量时，始终有一个好的喷水雾化效果。为防止水滴飞溅在管道上，再热蒸汽减温器中仍设计了内套筒。

（二）HG-2752/32. 87/10. 61/3. 26-YM1 锅炉

HG-2752/32. 87/10. 61/3. 26-YM1 1000MW 等级二次再热锅炉高低压再热器受热面均为对流式受热面，不同于上锅的再热蒸汽调温方式。再热蒸汽温度主要通过烟气再循环和烟气挡板来控制。烟气再循环是通过控制烟气再循环风机入口挡板的开度来控制高压再热器和低压再热器总的吸热量。烟气挡板调节高压低温再热器和低压低温再热器的吸热量的分配。二者各自都有调节挡板，两组低温再热器的分配挡板动作方向相反，最小开度为 10%，目的是防止烟尘腐蚀挡板的金属材料。燃烧器摆动是蒸汽调节的辅助手段，燃烧器喷嘴的成组上下摆动可以改变火焰长度从而改变烟气温度。根据锅炉负荷大小对燃烧器摆角进行开环控制，不考虑再热蒸汽温度的反馈控制。喷水减温作为事故状态和变负荷状态下的调节手段，在负荷稳定时，无须喷水减温。当负荷变化时，由于烟气分配挡板和烟气再循环风机控制的响应存在大滞后，控制效果达不到要求，这时就需要喷水减温作为再热汽温控制的补充。

高、低压再热器系统分别设置事故喷水减温器，在两级再热器之间设置 4 只喷水减温器。喷水减温器布置在两级再热器之间具有调温灵敏、热惰性小的优点，可精细控制再热器出口的蒸汽温度。高压再热器系统减温器的内径为 ϕ508，壁厚为 30mm，材料为 SA-335P91；低压再热器系统减温器的内径为 ϕ660，壁厚为 30mm，材料为 12Cr1MoVG。

（三）HG-1938/32.45/605/623/623-YM1 锅炉

同为哈尔滨锅炉厂二次再热锅炉，660MW 等级再热汽温控制方式与 1000MW 等级相似，高低压再热器的调温以烟气再循环为主，即在不同负荷下采用不同的烟气再循环率，来增加烟气携带的热量，根据炉内受热面布置情况，烟气再循环主要对于布置在水平烟道的高低压高温对流再热器和尾部烟道的高低压对流再热器换热产生影响，再循环烟气量增强了高温再热器和低温再热器的换热，从而提高了再热蒸汽温度；再热蒸汽发生超温时减少再循环烟气量降低对流受热面的汽温。

通过双烟道出口烟气挡板调节进行烟气流量分配来进行高低压再热器之间的热量分配，保证在一定负荷范围内达到额定蒸汽温度，实现再热汽温调节。烟气调温挡板为水平布置，手段可靠，调节灵活。尾部烟气挡板主要为协调高低压再热蒸汽温度达到额定值，对低温再热器受热面吸热产生影响。高压再热器侧挡板与低压再热器侧挡板的开度之和应始终保持为100%，以保证总烟气流量分配的可控性。高压再热器侧挡板与低压再热器侧挡板的开度是联锁对应的，即低压再热器侧挡板开度增加，高压再热器侧挡板的开度减小。反之，低压再热器侧挡板开度减小，高压再热器侧挡板的开度增加。

燃烧器摆动控制为辅助调节手段。喷水减温用作事故减温，在锅炉负荷快速变化时，可用作精确快速地控制汽温，管道中混合喷水后出口蒸汽温度必须高于运行压力下的蒸汽饱和温度。当锅炉负荷稳定后再热器喷水量应当恢复到零。再热汽温控制范围从 50%～100%BMCR。在主燃料跳闸、蒸汽闭锁或锅炉负荷低（燃料量指令低）时，再热器喷水调节阀被强制关闭，以限制对减温器下游的热影响的可能性。事故喷水喷水减温器分别设置在高低压再热器的两级再热器之间，其中高压再热器系统减温器的规格为 ϕ559，壁厚为 55mm，材料为 SA-335P91，减温器长度为 3.30m；低压再热器系统减温器的规格为 ϕ610，壁厚为 40mm，材料为 SA-335P91，减温器长度为 3.30m。喷水减温器布置在两级再热器之间具有调温灵敏、热惰性小的优点，可精细控制再热器出口的蒸汽温度。减温器如图 2-38 和图 2-39 所示。

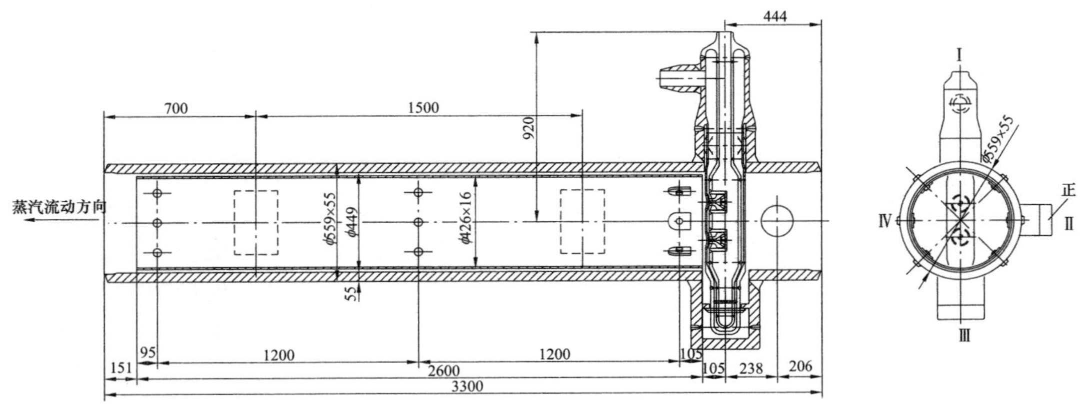

图 2-38 高压再热器减温器

高低压再热系统减温水取自给水泵中间抽头，减温水温度在 200℃左右，而喷水点的蒸汽温度在 560℃左右，因此再热器减温器均布置有减温器暖管。暖管均取自再热器入口管道，正常运行时有一定的高温工质流经减温器的套筒及喷嘴，延长减温器的整体寿命。

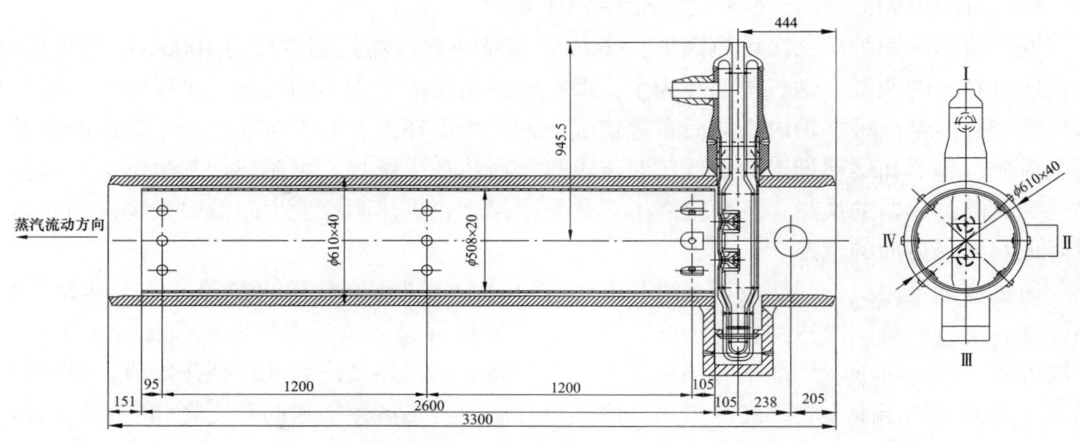

图 2-39　低压再热器减温器

第六节　低温省煤器

一、概述

锅炉排烟热损失是火力发电厂中主要的热损失之一，一般为 5%~12%，占锅炉热损失的 60%~70%。影响排烟热损失的主要因素是排烟温度，一般情况下，排烟温度每增加 10℃，排烟热损失增加 0.6%~1.0%，相应增加煤耗 1.2~2.4g/(kW·h)。采用排烟余热利用系统降低排烟温度，能大幅提高电厂的经济性，是提高机组热效率的重要途径之一。前苏联、德国、日本均有大容量机组采用烟气余热回收利用系统的运行业绩。前苏联、德国多采用烟气冷却器方案，利用凝结水降低烟温；日本则采用以水为传热媒介的分体烟气-烟气换热器，即循环冷却水在布置于除尘器上游的烟气降温换热器中吸热后，再将热量传递给布置在脱硫吸收塔出口的烟气升温换热器中的低温烟气。国内很多电厂在锅炉尾部烟道加装低温省煤器，可以达到深度回收烟气余热、增加发电量、降低煤耗、节省脱硫水耗、保护除尘器和烟囱的目的。

由于低温省煤器的传热温差低，因此换热面积较大，占地空间也较大，可以采用受热面优化设计方法来缩小低温省煤器的外形尺寸，缓解布置上的困难。如采用鳍片管代替光管，增加换热面积，可以大大减少管排的数量。但在加装低温省煤器时，仍需合理考虑其在锅炉现场烟道的布置位置。低温省煤器根据与空预器的连接方式分为串联和并联两种形式。

二、串联式低温省煤器

汽轮机热力系统中的凝结水在低温省煤器内吸收排烟热量，降低排烟温度，自身被加热、升高温度后再返回汽轮机低压加热器系统，代替部分低压加热器的作用，是汽轮机热力系统的一个组成部分。低温省煤器将节省部分汽轮机的回热抽汽，在汽轮机进汽量不变的情况下，节省的抽汽从抽汽口返回汽轮机继续膨胀做功，因此，在发电量不变的情况下，可节约机组的能耗。

（一）布置方式

串联式低温省煤器通常有 3 种布置方式：除尘器前，吸收塔前和两级布置。

1. 除尘器前

因低温省煤器处于电除尘器前，在高尘区工作，因此低温省煤器应考虑飞灰对管壁的磨损影响。同时，因为经过低温省煤器后的烟气温度已经接近烟气的酸露点温度，除尘器、烟道、引风机均可能存在腐蚀风险。

另一方面，低温省煤器布置在除尘器的进口，电除尘器进口的烟气温度下降，烟气中的飞灰比电阻将会下降。由于进入除尘器的烟气体积流量将减小，烟气流速将下降，所以除尘器的除尘效率将有所提高。同时，烟道、引风机等的容量也相应减少，降低厂用电，但烟气系统阻力有所增加，总体而言，增加了厂用电。

2. 吸收塔前

烟气经过除尘器后，低温省煤器处于低尘区工作，因此飞灰对管壁的磨损程度减弱。由于烟气中的碱性颗粒几乎被除尘器捕捉，其出口烟气的带有酸腐蚀性。但是低温省煤器布置在除尘器、引风机之后，吸收塔之前，由于吸收塔内本来就是个酸性环境，塔内进行了防腐处理，所以烟气并不会对此设备造成腐蚀，避免了腐蚀的风险。此时只需考虑对低温省煤器的低温段材料和低温省煤器与吸收塔之间的烟道进行防腐。

与布置在除尘器前相比，此布置方案无法利用烟气温度降低带来的提高电气除尘器效率、减少引风机功率；同时，低温省煤器离主机较远，用于降低烟气温度的凝结水管较长，凝结水泵需克服的管道阻力相对较高。

3. 两级布置

将低温省煤器分为两级，第一级布置在除尘器的进口，第二级布置在吸收塔的进口。这种布置方式结合了前两种的优点：只需保证第一级低温省煤器出口烟气温度高于烟气的酸露点温度并保留一定的安全裕量即可避免对其下游设备除尘器、引风机、烟道的腐蚀，同时可提高除尘器效率，降低引风机功率。

（二）典型实例

HG-2752/32.87/10.61/3.26-YM1 锅炉低温省煤器为两级低温省煤器，本节对此系统进行介绍。

1. 结构布置

低温省煤器的水侧进、出口与汽机凝结水系统连接，为凝结水系统管路的一部分，凝结水由 8 号低压加热器进口引出，经过两级低温省煤器加热后回 8 号低压加热器进口。低温省煤器受热面全部采用 H 型鳍片管。第一级低温省煤器顺列布置在电除尘器入口，沿烟气流向分成前后两组，管组的换热管的材料为 20G、鳍片的材料为 Q345 钢，与烟道接口处的纵截面为 9.0m×9.0m。两组换热管壁厚度 4mm（≥4mm），鳍片的厚度为 2mm（≥2mm），鳍片高度 100mm×95mm，考虑到防磨要求，前三（三流程）或四（双流程）排管道要求壁厚≥6mm。换热管的腐蚀速率小于 0.2mm/年，使用寿命大于 10 年，腐蚀裕量 2mm（但不应小于 2mm）。烟气流速为 10.64m/s（BMCR 工况，设受热面时流速，需小于 12m/s），底部支撑框架的顶标高约为 16.47m。

第二级低温省煤器顺列水平布置在吸收塔入口，换热管、鳍片的材料为 ND 钢，与烟道接口处的纵截面尺寸为 16m（宽）×12m（高）。管壁厚度 4mm（≥4mm），鳍片的厚度为 1.5mm（≥1.5mm），鳍片高度 100mm×95mm。换热管的腐蚀速率小于 0.2mm/年，使用寿命大于 10 年，腐蚀裕量 2mm（不应小于 2mm）。考虑到防腐蚀要求，第二级低温省煤器后三（三流程）或四（双流程）排管道要求壁厚大于或等于 5mm。烟气流速为 12.07m/s（BMCR 工况，设受热面时流速），底部支撑框架的顶标高约为 9.2m。

低温省煤器烟道内部的管排无对接焊口，弯头和集箱均布置在烟道外。焊口尽量在制造厂内完成，现场只负责烟道及主凝水管道的焊接工作。水管与烟道的密封采用焊接式密封。

2. 设计参数

对于第一级低温省煤器，由于校核煤种 1 的烟气酸露点温度较高，燃用校核煤种 1 时，第一级低温省煤器停止运行，烟气可安全通过。对于设计煤种及校核煤种 2，在所有工况下，应保证出口烟气温度大于或等于 105℃，按此原则初步估算，第一级低温省煤器在 75%THA～100%BMCR 负荷下运行，低于 75%THA 负荷，第一级低温省煤器停止运行。对于第二级低温省煤器，在所有工况下，应保证出口烟气温度大于或等于 80℃，按此原则初步估算，第二级低温省煤器在 50%THA～100%BMCR 负荷下运行，低于 50%THA 负荷，第二级低温省煤器停止运行。对于设计煤种，在 100%BMCR 工况下，第二级低温省煤器出口处烟气温度大于或等于 80℃，水侧出口温度大于或等于 96.4℃。

低温省煤器 BMCR 工况参数见表 2-6。

表 2-6　　低温省煤器 BMCR 工况参数

序号	项目	单位	第一级低温省煤器	第二级低温省煤器
1	型号		HD-H431	HD-H432
2	入口烟气量（实际湿烟气，标准状态）	m^3/s	402.8	855.1
3	入口烟气量（实际湿烟气）	kg/s	531.1	1125.8
4	过剩空气系数		1.27	1.35
5	总换热面积	m^2	13465.7	30410
6	换热管型式		H 型鳍片管	H 型鳍片管
7	管径/壁厚	mm	38/4	38/4
8	鳍片高度/鳍片厚度	mm	100/2	100/1.5
9	鳍片节矩	mm	20	13.5
10	鳍片宽度/鳍片间隙	mm	95/5	95/5
11	换热管重量	t	181	308
12	低温省煤器总水容积	t	9	19
13	设备总重量	t	244	416
14	传热量	kW	8704	18664
15	低温省煤器进口烟气温度	℃	118	114
16	低温省煤器出口烟气温度	℃	110	98
17	烟气侧压力损失（投用一年后）	Pa	172/200	279/350
18	低温省煤器进水温度	℃	92.4	83.4
19	低温省煤器出水温度	℃	96.6	92.4
20	低温省煤器进水流量	kg/s	495.107	495.107

续表

序号	项目	单位	第一级低温省煤器	第二级低温省煤器
21	水侧压力损失	bar	0.62	0.69
22	烟道进出口尺寸	mm	9000×9000	12000×16000
23	低温省煤器厚度尺寸（沿烟气流向方向）	mm	3000	3000
24	烟气流速	m/s	10.64	12.07
25	低温省煤器并联管组数		16	12
26	传热管材料		20G+Q345	ND 钢
27	传热管运行最低壁温	℃	97	88
28	清洗吹扫方式		蒸汽吹灰	声波吹灰
29	吹扫介质参数	℃	320~380	/
		MPa	0.8~1.3	0.3~0.8
30	吹扫介质量	t/h	3~5	1.14~2.28
31	吹扫时间	min/次	5	10
32	冲洗水量	m^3/h	6	6

根据以上原则设计的低温省煤器满足以下要求：在 50%THA~100%BMCR 范围内，均能长期安全稳定运行，在 0~50%THA 范围内，烟气流通时，保证低温省煤器在停运状态下的安全性；整体使用寿命不小于 30 年，设备年运行小时数为 7800h，正常使用条件下传热管组使用至少 48000h 无泄漏；在一个大修期内（6 年）烟气侧整体压降不大于 600Pa（运行时一级 172Pa、二级 279Pa），但最大不大于 600Pa；水侧整体压降不大于 0.131MPa（一级 0.062MPa、二级 0.069MPa），但最大不允许超过 3MPa。

3. 吹灰

第一级低温省煤器每台布置 4 台蒸汽/水双介质半伸缩式吹灰器，共 8 台吹灰器布置于顶部烟道上。吹扫介质为辅助蒸汽（辅助蒸汽压力为 0.8~1.3MPa、温度为 320~380℃），应充分考虑吹灰器的疏水。当全套 FGD 装置停运时可以用水进行彻底清洗。

第二级低温省煤器共 8 台吹声波吹灰器布置于侧部烟道上，各自吹灰器配备有操作平台。声波吹灰器采用压缩空气（压力为 0.3~0.8MPa）。吹灰器行程范围内的换热面需考虑布置防磨瓦片。

三、并联式低温省煤器

（一）技术特点

由于串联式低温省煤器是利用空预器后排烟加热凝结水，这部分能级较低，凝结水最多被加热至 150℃左右。近年来，一部分电厂采用了与空气预热器并联布置的低温省煤器。在原锅炉尾部空气预热器之前的主烟道上设置一个旁路烟道，把原本全部流经空气预热器的高温烟气分出一部分至旁路烟道，即把原本的在空气预热器中的部分烟气热量转移到旁路烟道中。因此，低温省煤器也叫旁路省煤器。旁路烟道上设置高压、低压两级省煤器回收转移烟气热量，与汽轮机回热系统相结合，旁路烟道的出口烟气温度与空气预热器的出口烟气温度相同。旁路省煤器中用于加热锅炉给水、凝结水的高温烟气能级远高于串联式低温省煤器的烟气，系统的余热利用能级也显著提高。

(二) 典型实例

哈尔滨锅炉厂1000MW等级二次再热锅炉设置预热器旁路烟道，并在其内装设旁路省煤器，采用高压省煤器和低压省煤器两级进行换热以降低排烟温度，同时提高机组效率。高压省煤器与低压省煤器串联布置。

高压旁路省煤器布置在烟气入口段，水源取自给水泵出口、4号高压加热器之前，经高能级的烟气余热加热后回至给水管路，与主给水管路并联。

低压旁路省煤器布置在烟气出口段，水源按7号低压加热器与8号低压加热器之间引入，由高压旁路省煤器出口烟气加热后流向除氧器，与凝结水管路并联。由于加热用烟气为高压旁路省煤器出口烟气，因此低温旁路省煤器是将旁路转移的热量进一步回收利用。同时此烟气温度仍远高于空气预热器的出口温度，所以回收余热的能级依然较串联式低温省煤器高。

高低压旁路省煤器布置如图2-40所示。

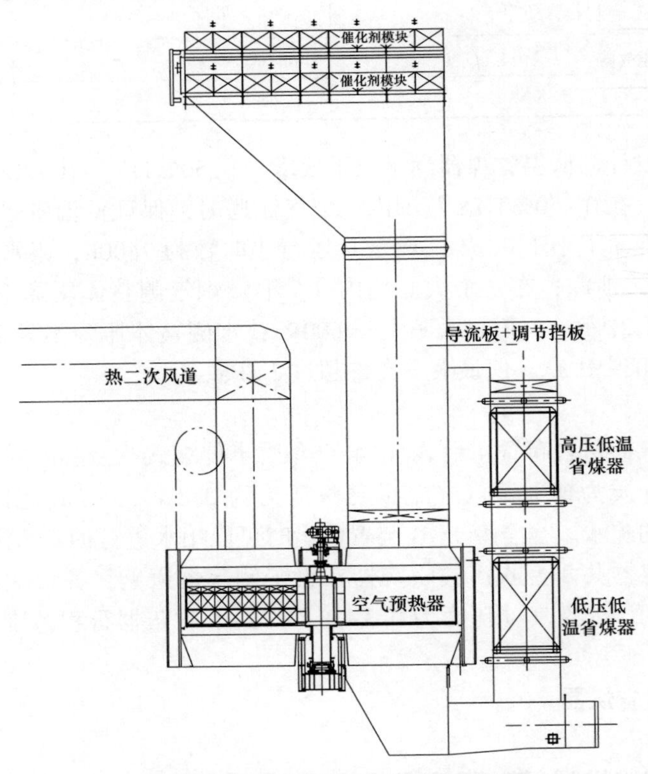

图2-40 高低压旁路省煤器布置简图

高压省煤器和低压省煤器均以逆流换热，采用H型鳍片管，其中高压省煤器规格为ϕ44.5×8.5mm、材质为SA-210C、低压省煤器规格为ϕ38.0×4mm、材质为耐腐蚀ND钢。换热器均采用了小集箱结构，每8根换热管共用1个进口小集箱、共用1个出口小集箱，各进、出口小集箱，与进出口管道（大集箱）的连接管之间设有阀门，且每级换热器进出口均设有压力检测点。当换热器长时间运行，出现腐蚀泄漏时，可以逐一关掉各小集箱的进、出口阀门，进行泄漏排查。同时，高、低压旁路省煤器入口设置调节挡板，用于调节预热器侧和旁路省煤器烟气量比例以控制锅炉出口排烟温度。

当高压旁路省煤器关闭时，如不关闭旁路烟道且继续投运旁路低压省煤器时，低压省煤器内工质会发生汽化现象，所以为避免汽化，旁路低压省煤器必须关闭，并且关闭旁路烟道。

旁路高低压省煤器系统及冷风加热系统如图 2-41 所示。

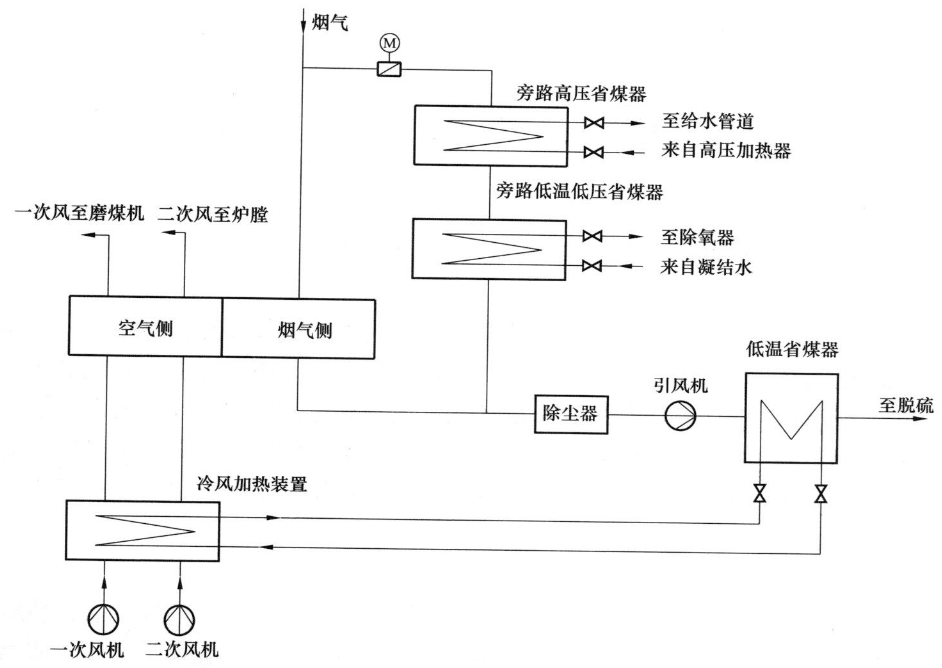

图 2-41　旁路高低压省煤器系统及冷风加热系统图

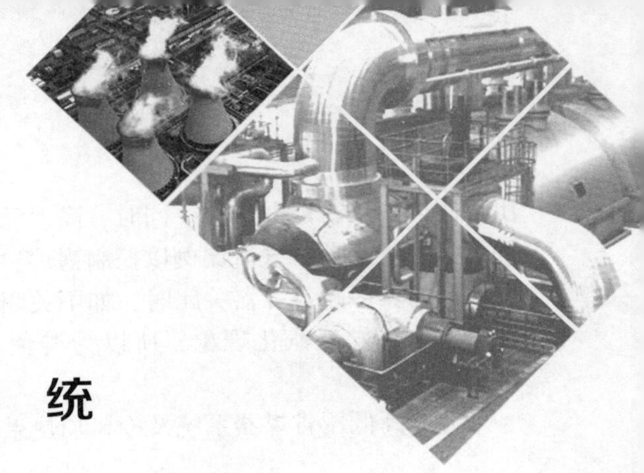

第三章

燃 烧 系 统

第一节 燃 烧 理 论

一、煤粉的燃烧过程

煤粉的燃烧主要包括着火准备、燃烧和燃尽三个阶段。

（一）着火准备阶段

着火准备阶段是吸热阶段。煤粉气流喷入炉内后被不断烟气加热，温度逐渐升高。煤粉吸热后水分蒸发，然后干燥的煤粉进行热分解并析出挥发分。挥发分析出的数量和成分取决于煤的特性、加热温度和速度。着火前煤粉只发生缓慢氧化，氧浓度和飞灰含碳量的变化不大。一般认为，从煤粉中析出的挥发分先着火燃烧。挥发分燃烧放出的热量又加热炭粒。炭粒温度迅速升高，当炭粒加热至一定温度并有氧补充到炭粒表面时，炭粒着火燃烧。燃烧器出口附近的区域是着火区，着火区很短。

（二）燃烧阶段

燃烧阶段是一个强烈的放热阶段。煤粉颗粒的着火燃烧，首先从局部开始，然后迅速扩展到整个表面。煤粉气流一旦着火燃烧，可燃质与氧发生高速的燃烧化学反应、放出大量的热量，放热量大于周围水冷壁的吸热量，烟气温度迅速升高达到最大值，氧浓度及飞灰含碳量则急剧下降。因此在整个燃烧过程中，关键在于焦炭中碳的燃烧，这是因为：一方面焦炭燃烧时间最长，很大程度上决定了整个煤粉颗粒的燃烧时间；另一方面焦炭中的碳又是煤粉中可燃质的主要成分；此外焦炭中碳是热量的主要来源，并决定其他阶段的强烈程度。与燃烧器出口处于同一水平的炉膛中部以及稍高的区域是燃烧区，燃烧区并不长。

（三）燃尽阶段

燃尽阶段是燃烧过程的继续。煤粉经过燃烧后，炭粒变小，表面形成灰壳，大部分可燃物已经燃尽，只剩少量未燃尽炭继续燃烧。在燃尽阶段中，氧浓度相应减少，气流的扰动减弱，燃烧速度明显下降。燃烧放热量小于水冷壁吸热量，烟温逐渐降低，因此燃尽阶段占整个燃烧阶段的时间最长。高于燃烧区直至炉膛出口的区域是燃烬区，燃尽区较长。

二、影响煤粉气流着火与燃烧的因素

影响煤粉气流着火与燃烧的因素很多，主要是三个方面，分别为燃料因素、设备结构因素和运行因素（见图 3–1）。

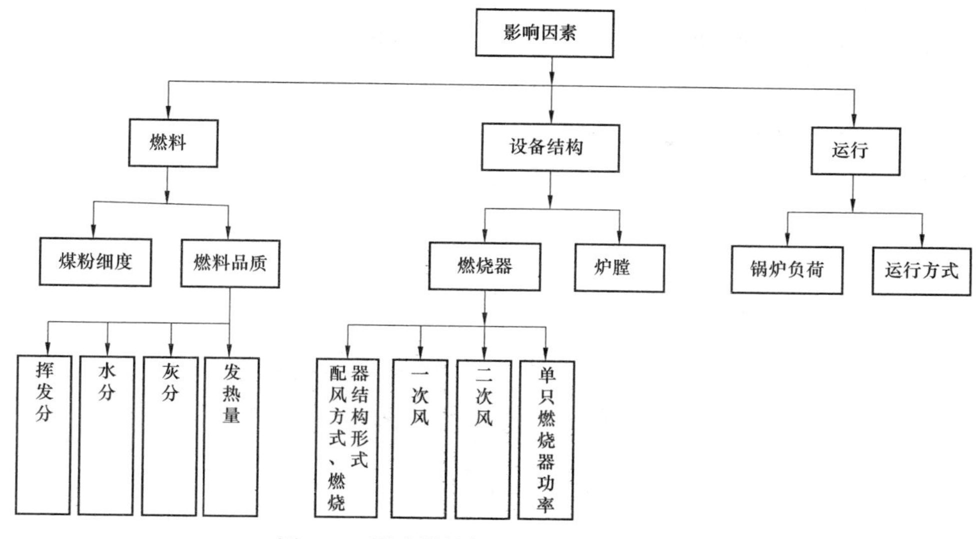

图 3-1　影响煤粉气流着火与燃烧的因素

（一）燃料性质

燃料性质中挥发分对着火过程影响最大。挥发分低的煤着火温度高，煤粉进入炉膛后加热到着火温度所需的热量较多，达到着火的时间也较长，着火点离开燃烧器喷口也较远，挥发分高的煤着火则较容易，这时应注意着火不要太早，以免造成结渣或烧坏燃烧器。

水分大的煤，加热煤粉气流的一部分热量用于水分的蒸发和过热，使炉内的温度水平降低，进而使煤粉气流卷吸的烟气温度及火焰对煤粉气流的辐射热也降低，不利于着火和燃烧。另一方面，煤粉内部水分蒸发后可使煤粉颗粒内部的反应表面积增加，从而提高着火能力和燃烧速度。

灰分多的煤发热量低，致使燃煤量加大，着火热增加。同时灰分在着火燃烧过程中吸热，使炉内温度水平降低，同样使煤粉气流着火推迟。因此灰分高的煤着火困难，着火稳定性差，而且燃烧时，灰会对焦炭核的燃烬起到阻碍作用。

挥发分和着火温度的关系如图 3-2 所示。

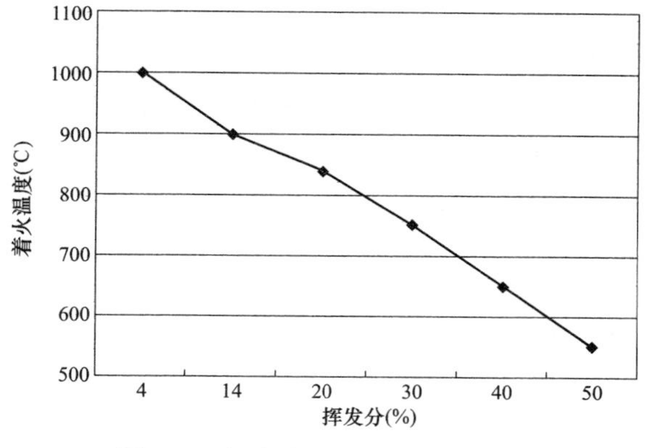

图 3-2　挥发分和着火温度的关系

(二) 煤粉细度

煤粉越细，着火就越容易。这是因为在同样的煤粉质量浓度下，煤粉越细，进行燃烧的表面积越大，而煤粉本身的热阻却越小，因而加热煤粉至着火温度所需要的时间就越短，燃烧也越完全。故降低难燃的低挥发分煤的煤粉细度可加速其着火。

不同粒径下煤粉的升温曲线如图 3-3 所示。

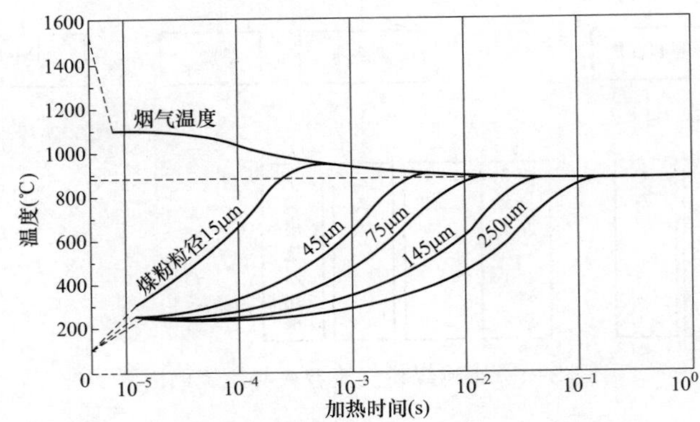

图 3-3　不同粒径下煤粉的升温曲线

(三) 空气量

供应足够而又适量的空气是燃烧完全的必要条件。实际送入的空气量要比理论空气量多。燃料燃烧时实际供给每公斤燃料的空气量与理论空气量之比称为过量空气系数 α。直接影响燃烧的过量空气系数，用炉膛出口的过量空气系数 α_1''表示。一般煤粉炉运行时要控制 $\alpha_1''=1.15\sim1.25$。α_1''过高、过低对锅炉燃烧效率和热效率都是不利的。如果 α_1''过低，供应的空气量不足，不完全燃烧热损失 q_3、q_4必然增大；同时烟囱黑烟、炉渣和飞灰含碳量要增大；火焰不稳定；而且炭黑和碳粒将玷污、堵塞对流烟道受热面和空气预热器。如果 α_1''过大，在一定范围内可使 q_3、q_4降低，但却增大排烟热损失 q_2。如果 α_1''再进一步增大，不但使 q_2增大，而且使炉温下降，燃烧速度减慢，提高炉内烟气流速，缩短燃料在炉内停留时间，会增大 q_3、q_4。因此，锅炉应在最佳空气过量系数 α_1''下运行。

(四) 一次风

一次风速、风温、风量对着火过程均有影响。一次风速过高，则通过单位截面积的一次风量增大，降低煤粉气流加热速度，使着火推迟，致使着火距离拉长而影响整个燃烧过程；一次风速过低，会造成一次风管堵塞，而且由于着火提前，还可能烧坏燃烧器。

合理的一次风温，可以提高煤粉气流的初温，减少煤粉气流达到着火温度所需要的着火热，从而缩短了着火时间。故通常采用热一次风输送煤粉，即热风送粉系统。

一次风量过大，会使炉膛温度降低，对着火和燃烧不利。一次风量太小，会使着火阶段部分挥发会和细粉燃烧得不到足够的氧气而燃烧不完全。同时，一次风量需满足输送煤粉的要求，否则会造成煤粉堵塞。故一次风量以满足挥发分的燃烧为原则。一次风量的大小通常用一次风率来表示，一次风率是指一次风量占送入炉膛总风量的比例。一次风率的大小应根据燃煤的挥发分而定。

(五) 单只燃烧器热功率

燃烧器出口截面积愈大，煤粉气流着火时离开喷口距离就愈远，着火就拉长了。从这一点来看采用尺寸较小的小功率燃烧器代替大功率燃烧器是合理的。这是因为小尺寸燃烧器既增加了煤粉气流着火的表面积，同时也缩短了着火扩展到整个气流截面所需要的时间。

（六）炉膛温度

炉温高，着火快，燃烧过程也进行得快，燃烧过程也容易趋于完全燃烧。但炉温不能过分地提高，因为过高的炉温会引起炉膛水冷壁的结渣和膜态沸腾。所以锅炉的炉温应控制在中温区域即1500℃左右。保持足够高的炉温取决于燃料性质，空气温度，炉膛容积热强度和炉断面热强度等。

（七）燃烧时间

煤粉在炉内停留的时间，是从煤粉从燃烧器出口一直到炉膛出口这段行程所经历的时间。在这段行程中煤粉完成从着火、燃烧至燃尽，才能燃烧完全。

煤粉在炉内的停留时间主要取决于炉膛容量和单位时间内炉膛内产生的烟气量。因此炉膛容积热强度 q_V 是一个可以反映煤粉在炉内停留时间的一个重要参数。由 q_V 可以决定炉膛容积，炉膛容积是保证燃烧时间的一个重要条件，但从保证火焰行程方面，还必须考虑炉膛的形状，即考虑炉膛断面热强度 q_F。

（八）锅炉负荷

锅炉负荷的变化将会引起炉膛温度的变化，从而影响煤粉的着火和着火的稳定性。锅炉负荷降低时，送进炉内的燃料消耗量相应减少，水冷壁的吸热量虽然也减少一些，但是减少的幅度却较小，相对于每公斤燃料来说，水冷壁的吸热量却反而增加了，致使炉膛平均烟温降低，燃烧器区域的烟温也将降低。因而锅炉负荷降低，对煤粉气流的着火是不利的。当锅炉负荷降到一定程度时，就将危及着火的稳定性，甚至引起熄火。因此，着火稳定性条件常常限制了煤粉锅炉负荷的调节范围。

（九）燃烧器结构

煤粉燃烧是多相燃烧，其燃烧反应主要在煤粉表面进行。要做到完全燃烧，除保证足够高的炉温和供应合适的空气量外，还必须使煤粉和空气充分扰动、混合，及时提供煤粉燃烧所需要的空气。要做到煤粉和空气良好扰动混合，就要求良好的燃烧器结构特性。二次风混入一次风的时间要合适。混入早，等于加大了一次风量，使着火推迟；过迟混入，则使煤粉气流着火燃烧后缺氧，所以二次风应着火后及时混入。二次风混入一次风的量也要适当。混入量过多，会使火焰温度降低，影响燃烧速度，甚至造成熄火。因此，既要保证燃烧不缺氧，又不降低火焰温度，合理地送入二次风，才能使煤粉迅速而完全燃烧。二次风速一般大于一次风速，才能使空气与煤粉充分混合。但是二次风速过高，会使一、二次风提前混合，影响着火。

第二节 燃 烧 设 备

二次再热锅炉的燃烧设备应满足以下要求：①有良好的调节性能和较大的调节范围，可满足锅炉负荷和燃煤特性变化时的需要；②送入炉内的燃料量和空气量是可控的，在炉内形成良好的空气动力场，使燃料迅速稳定着火；③及时输送空气与燃料适时混合，使燃料在炉内完全燃烧；④燃烧稳定安全可靠；⑤NO_x 生成量满足要求。

燃烧设备包括煤粉燃烧器、炉膛等。其中煤粉燃烧器是煤粉燃烧设备的主要组成部分，二次风和携带煤粉的一次风都经过燃烧器进入炉膛，并使煤粉在炉内很好地着火和燃烧。燃烧器的性能对燃烧的稳定性和经济性都有很大影响。煤粉气流与燃烧空气通过燃烧器进入炉膛内，流量、流速、方向等所有流动和燃烧过程的特性，在很大程度上取决于燃烧器，炉膛只是提供燃烧过程所需的空间。燃烧器按照出口气流特征主要分为直流燃烧器和煤粉燃烧器两大类。

一、直流燃烧器

（一）直流射流特性

直流燃烧器出口由一组圆形、矩形或多边的喷口组成。煤粉气流从燃烧器喷口以直流射流形式射入炉膛，周围静止的气流被卷吸到射流中随射流一起运动。在这个过程中，射流沿流动方向的宽度逐渐加大，流量增加，而速度逐渐衰减。当速度衰减到一定程度时，该截面与喷口间的距离被称为射程。射程与喷口尺寸和射流初速度有关，当喷口尺寸越大、初速度越高，则初始动量越大，射程越长。因此相较于小喷口，将其合并起来集中布置大喷口，可以增加射流在周围烟气中的贯穿能力。射流易受到炉内各种因素的扰动而发生偏移。动量越大，射流抗偏移的能力越强，即刚性越强。

（二）燃烧器形式

直流燃烧器根据一、二次风喷口的布置可分为均等配风和分级配风两种型式。

均等配风直流燃烧器的一、二次风喷口交替间隔排列，相邻喷口的间距较小。这样有利于煤粉着火后及时与相邻二次风口射出的二次风混合，为其燃烧提供需要的空气。这种配风方式适用于容易着火的煤，如烟煤、挥发分较高的贫煤、褐煤等。

分级配风直流燃烧器将几个一次风口集中布置在一起，二次风分级分阶段的送入燃烧的煤粉气流中，一、二次风喷口中心间距较大。一次风集中布置使得着火区保持较高的煤粉浓度，着火热降低，燃烧放热集中，着火区保持高温燃烧状态。但这样一次风喷嘴为高温区，易烧损变形。为防止燃烧器损坏，一次风喷口的周围或中间通常增设一股二次风，即周界风和夹心风，同样可以增强煤粉气流刚性，防止气流偏斜，增大卷吸高温烟气的能力。一、二次风喷口间距大这样一、二次风混合推迟。这种配风方式适用于燃烧着火比较困难的煤，如挥发分较低的贫煤、无烟煤、劣质烟煤等，推迟了煤粉气流与二次风的混合，防止因一、二次风混合过早引起火焰温度降低进而造成着火不稳定。在煤粉气流着火后先送入一部分二次风，待其全部着火后将其余的二次风高速的分批喷入炉膛，使着火的煤粉与二次风充分混合，加强气流扰动提高扩散速度，促进煤粉的燃烧和燃尽过程。

直流燃烧器配风型式如图 3-4 所示。

（三）四角切圆燃烧方式

二次再热超超临界锅炉直流燃烧器通常布置在炉膛四角或接近四角的区域，四个燃烧器的几何轴线与炉膛中心的一个或两个假想圆相切，形成炉内四角布置切圆燃烧。煤粉气流虽是直流射流，但由于四股气流在炉膛中心位置以切圆形式汇合，因此形成旋转火焰，在炉膛内形成自下而上的旋涡状气流。主要特点如下：

（1）燃料从喷嘴喷出，受上游高温烟气加热很快着火，激烈燃烧的射流末尾又冲撞下游邻角的燃料射流，四角射流相互碰撞加热，从而形成稳定燃烧的旋转上升火焰。下一层旋转上升火焰，可促进上一层的燃烧强化和火焰稳定；上一层的旋转气流同时加强对下层火焰的扰动，这种角与角和层与层之间的相互掺混扰动，使炉膛内发生整体的强烈的热量和质量交

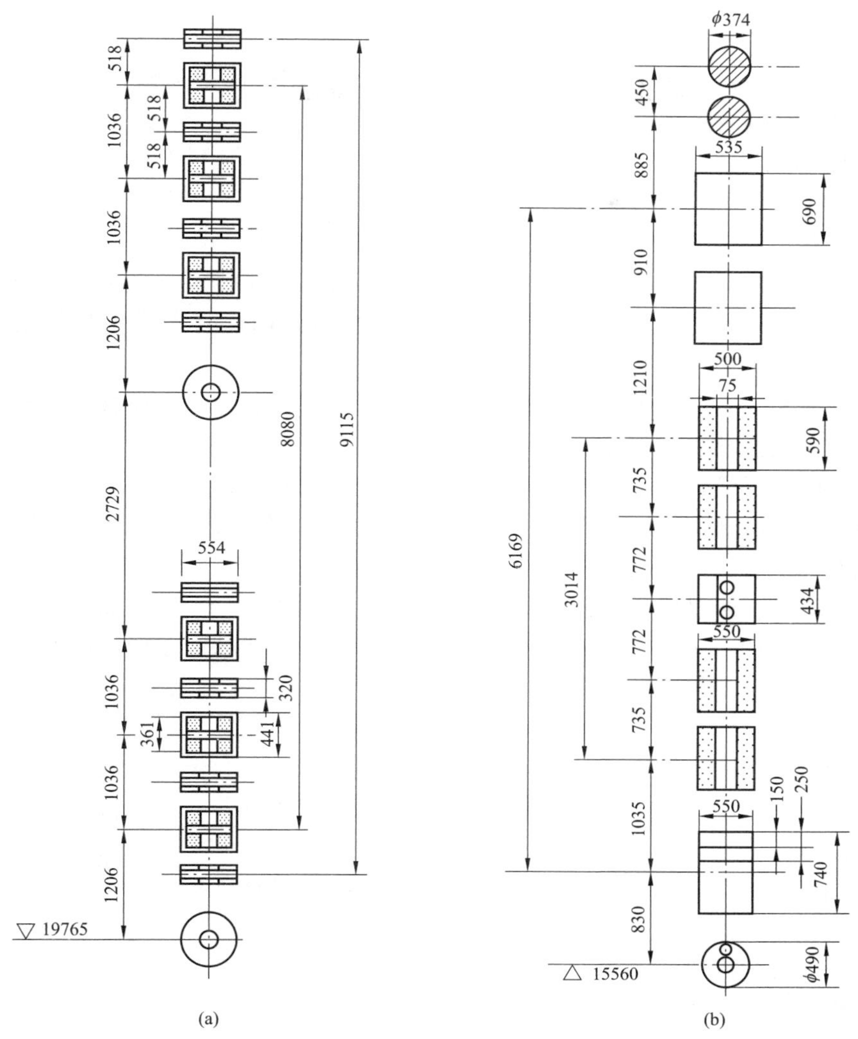

图 3-4　直流燃烧器配风型式

（a）均等配风；（b）分级配风

换，保证了煤粉的着火稳定性。

（2）由于切向燃烧独特的空气动力结构，燃料进入炉内沿切向动态旋转上升，一般经1.5~2.5圈后流出炉膛。炉膛烟气充满度高，能最高效利用炉膛容积，因此在炉内的停留时间较墙式燃烧方式长，为炭粒燃尽创造了良好条件。另外，切向燃烧的各股射流组合成一个旋转气流，混合强烈，能适应各股风量分配的不均匀性，具有适度的抗干扰作用，对燃料和空气的精确分配要求不高。同时火球的旋转使进入炉膛的煤粉和空气在整个炉膛中被彻底混合，有利于燃尽。

（3）与相同尺寸的墙式燃烧炉膛相比，切向燃烧圆柱形旋转上升的火焰居于炉膛中部，炉膛充满度好，燃烧热力偏差影响较小，对水冷壁的放热较均匀，烟气的尖峰热流及平均温度较低，有利于防止炉膛结渣，特别是防止低灰熔点的燃煤结渣。

(4) 对切向燃烧来说，它的燃料和空气喷嘴都能上下一致摆动，通过调整火焰中心来影响炉膛吸热量，从而实现对蒸汽温度的控制。

(5) 由于炉内气流的旋转，部分灰受到离心力的作用被冲刷和贴到水冷壁上，造成结渣，在燃用高灰分煤时还用引起水冷壁管磨损等问题。

二、旋流燃烧器

(一) 旋流射流方法及特性

旋流燃烧器出口由圆形喷口组成，一次风和二次风通过同一圆形燃烧器被圆环分隔的内外通道分别进入炉内，燃烧器中装有各种型式的旋流器。煤粉气流或二次风通过旋流器时，发生旋转，从喷口射出后即形成旋转射流。旋流燃烧器出口的二次风为旋转射流，而煤粉气流可为直流射流也可为旋转射流。

与直流射流相比，旋转燃烧器射流除具有轴向速度、径相速度外还有切向速度。这使气流在轴向和切向的扰动能力加强，但射程变短。气流旋转使得喷口处射流中心部分形成低压区，吸引附近的烟气沿轴向反向流动，即在喷口附近区域形成回流区，称内回流区。旋转气流的外围也形成回流区，成外回流区。两个回流区卷吸周围高温烟气。由于旋流燃烧器的煤粉气流外围有一层旋流二次风，外回流区卷吸的烟气优先加热二次风，内回流区卷吸的烟气直接加热煤粉气流，所以内回流区的高温烟气是稳定煤粉着火的关键。同时由于旋转射流的射程短，煤粉气流和二次风在初期因强烈扰动混合较好，但很快衰减使后期混合差。因此旋流燃烧器适用于质量中等以上的烟煤。

(二) 布置方式

旋流燃烧器采用墙式布置，其中多为前后墙对冲燃烧。这种燃烧方式使烟气分布和烟温在炉膛宽度方向上比较均匀，高温受热面区域沿炉膛宽度方向热量也比较均匀，高温受热面的可靠性较高。

为减少相邻燃烧器射流间的互相干扰，应使相邻燃烧器间保持一定的距离供火焰在炉膛内扩散。与直流燃烧器相比，旋转燃烧器气流冲刷水冷壁几率低。墙边部燃烧器也应与侧墙保持距离，防止火焰刷墙。因此，旋流燃烧器结渣特性优于直流燃烧器。

三、典型二次再热炉低 NO_x 燃烧技术

(一) 高级复合空气分级低 NO_x 切向燃烧技术

上海锅炉厂 1000MW 等级超超临界二次再热锅炉采用高级复合空气分级低 NO_x 切向燃烧技术，起源于 ALSTOM 公司的低 NO_x 切向燃烧技术。

1. 燃烧器整体布置

燃烧器风箱分为独立的 5 组。下面 3 组是主燃烧器风箱，各组风箱有分别有 4 层煤粉喷嘴，3 组共 12 层快速着火煤粉喷嘴，在煤粉喷嘴四周布置有周界风。每台磨煤机对应相邻 2 层煤粉喷嘴，2 层喷嘴之间布置有 1 层燃油辅助风喷嘴，并在其上方布置了 1 个组合喷嘴，其中预置水平偏角的辅助风喷嘴和直吹风喷嘴各占约 50% 出口流通面积。

系统采用 6 台中速磨煤机，容量的选择使得在任何负荷情况下至少有一台磨煤机处于备用状态。每台磨煤机对应提供 2 层燃烧器所需的煤粉。磨煤机出口的 4 根煤粉管道在燃烧器前通过一个 1 分为 2 的煤粉均分器，分成 8 根煤粉管道，进入 4 个角燃烧器的 2 层煤粉喷嘴中。

所有的一次风/煤粉喷嘴指向炉膛中心，就是假想切圆直径为零；二次风中的所有偏置辅助风采用一个顺时针的偏角，这些偏置辅助风就是启旋二次风；而部分二次风（FF）以及低位燃尽风（BAGP）和高位燃尽风（UAGP）需要通过水平摆动调整实验确定一个逆时针的偏角，这些二次风就是消旋二次风；以上共同构成了对冲同心正反切圆燃烧系统。在主风箱上部布置有两级燃尽风（AGP）燃烧器，分别为低位燃尽风（BAGP）燃烧器以及高位燃尽风（UAGP）燃烧器，两组燃尽风均为分 4 层布置，共 8 层可水平摆动的燃尽风喷嘴。连同煤粉喷嘴的周界风，每个角组主燃烧器以及两级燃尽风燃烧器共有二次风挡板 38 组，由 32 组电动执行器（其中周界风每两组共用一套）单独控制操作。为满足锅炉汽温调节的需要，主燃烧器喷嘴采用摆动结构，每组燃烧器由连杆组成一个摆动系统，由一台电动执行器集中带动作上下摆动。每组 AGP 燃烧器同样由一台电动执行器集中带动作上下摆动。上述电动执行器均采用进口产品，其特点是结构紧凑，控制简单，能适应频繁调节。在燃烧器二次风室中配置了 6 层共 24 支轻油枪，采用简单机械雾化方式，燃油容量按 20% MCR 负荷设计。点火装置采用高能电火花点火器。燃烧器采用水冷套结构。

对冲同心正反切圆燃烧系统如图 3-5 所示。

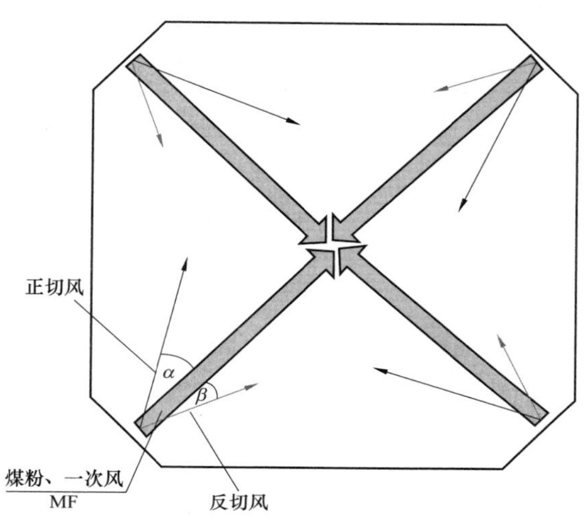

图 3-5　对冲同心正反切圆燃烧系统示意图

燃烧器的主要设计参数见表 3-1。

表 3-1　燃烧器主要设计参数

序号	项目	单位	数值
1	单只煤粉喷嘴输入热	kJ/h	201.8＊106
2	二次风速度	m/s	59.5
3	二次风温度	℃	357
4	二次风率	%	73.36
	其中　燃尽风	%	40
	周界风	%	13.5
	其他二次风	%	19.86
5	一次风速度（喷口速度）	m/s	26.5
6	一次风温度	℃	78
7	一次风率	%	22.64
8	燃烧器一次风阻力	kPa	0.5
9	燃烧器二次风阻力	kPa	1
10	相邻煤粉喷嘴中心距	mm	1600/1700

煤粉燃烧器及 AGP 燃烧器如图 3-6 和图 3-7 所示。

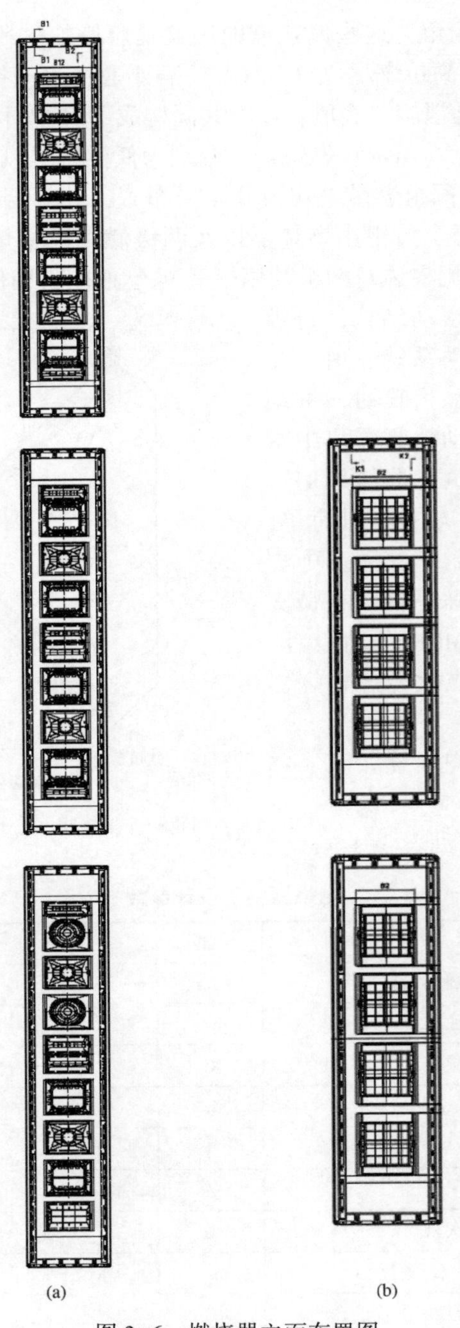

图 3-6 燃烧器立面布置图

(a) 主煤粉燃烧器；(b) AGP 燃烧器

2. 技术特点

根据燃料和燃烧条件不同，NO_x 生成机制分为热力型、快速型和燃料型三种，其中燃料型NO_x 占总 NO_x 量的 75%。高级复合空气分级低 NO_x 切向燃烧系统的主要任务就是控制燃料中挥发分氮转化成 NO_x，其主要方法是建立早期着火和使用控制氧量的燃料/空气分级燃

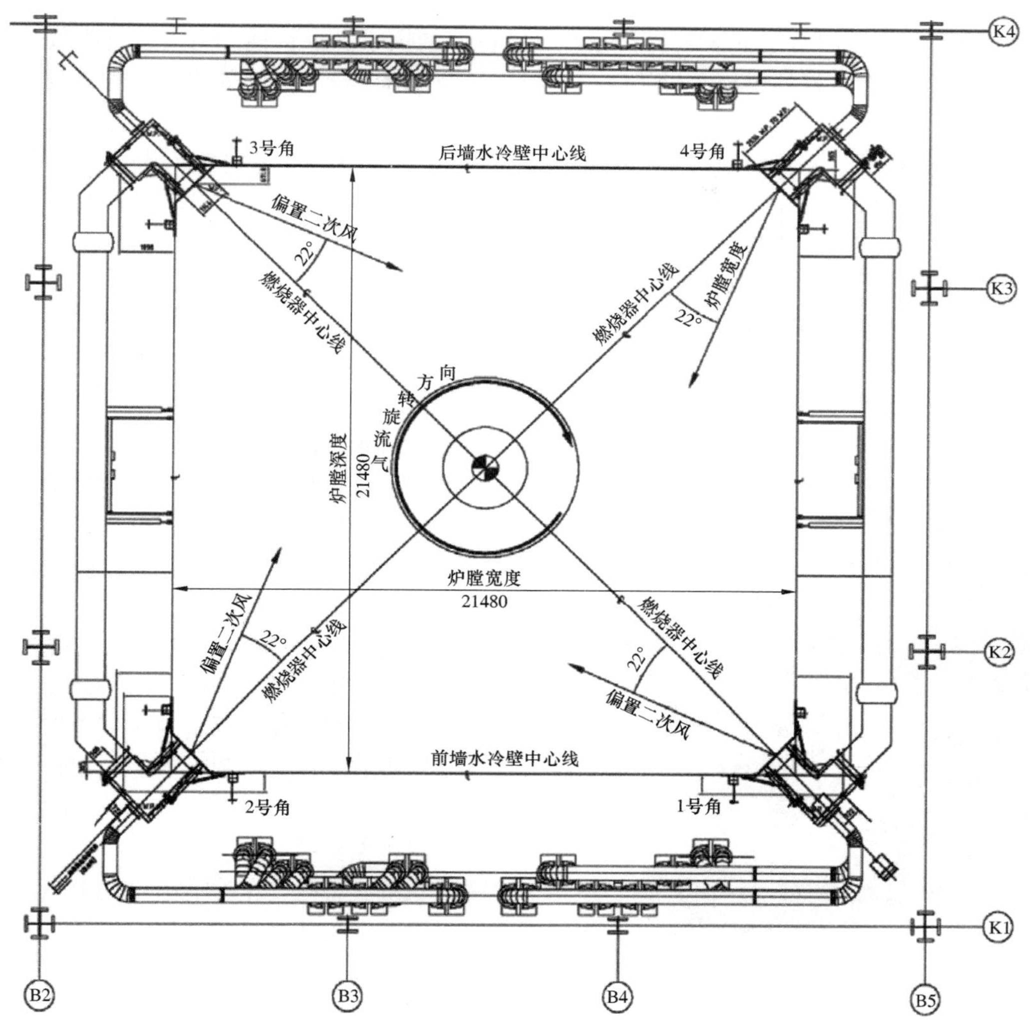

图 3-7 煤粉燃烧器平面布置图

烧技术。采用此项技术可使燃煤时 NO_x 生成量降低 40%~50%。高级复合空气分级低 NO_x 切向燃烧系统在降低 NO_x 排放的同时，着重考虑提高锅炉不投油低负荷稳燃能力和燃烧效率。通过技术的不断更新，低 NO_x 切向燃烧系统在防止炉内结渣、高温腐蚀和降低炉膛出口烟温偏差等方面，同样具有独特的效果。

（1）燃烧特点。

高级复合空气分级低 NO_x 切向燃烧系统在降低 NO_x 排放的同时，着重考虑提高锅炉不投油低负荷稳燃能力和燃烧效率。通过技术的不断更新，该燃烧系统在防止炉内结渣、高温腐蚀和降低炉膛出口烟温偏差等方面同样具有独特的效果。

1）高级复合空气分级低 NO_x 燃烧系统具有优异的不投油低负荷稳燃能力。高级复合空气分级低 NO_x 燃烧系统设计的理念之一是建立煤粉早期着。快速着火煤粉喷嘴能大大提高锅炉的低负荷稳燃能力，同时具有很强的煤种适应性。根据设计、校核煤种的着火特性，选用快速着火煤粉喷嘴，在煤种允许的变化范围内可以确保煤粉及时着火、稳燃，燃烧器状态良好，并不被烧坏。

2）高级复合空气分级低 NO_x 燃烧系统具有良好的煤粉燃尽特性。高级复合空气分级低 NO_x 燃烧系统具有良好的煤粉燃尽特性。煤粉的早期着火提高了燃烧效率。高级复合空气分级低 NO_x 燃烧系统通过在炉膛的不同高度布置 BAGP 和 UAGP，将炉膛分成三个相对独立的部分：初始燃烧区，NO_x 还原区和燃料燃尽区。在每个区域的过量空气系数由三个因素控制：总的 AGP 风量，BAGP 和 UAGP 风量的分配以及总的过量空气系数。这种改进的空气分级方法通过优化每个区域的过量空气系数，在有效降低 NO_x 排放的同时能最大限度地提高燃烧效率。采用可水平摆动的 BAGP 以及 UAGP 设计，能有效调整两级燃尽风和烟气的混合过程，降低飞灰含碳量和一氧化碳（CO）含量。另外在下组主燃烧器最下部采用比较大的风量的端部风喷嘴设计，通入部分空气，以降低大渣含碳量。这样的设计对 NO_x 的控制没有不利影响。

3）高级复合空气分级低 NO_x 燃烧系统能有效防止炉内结渣和高温腐蚀。高级复合空气分级低 NO_x 燃烧系统采用预置水平偏角的辅助风喷嘴设计，把火球裹在炉膛中心区域，而燃烧区域上部及四周的水冷壁附近形成富空气区，能有效防止炉内沾污、结渣和高温腐蚀。

4）高级复合空气分级低 NO_x 燃烧系统降低炉膛出口烟温偏差方面独特效果。采用可水平摆动调节的高位和低位燃尽风喷嘴设计，调整减小切向燃煤机组炉膛出口气流的残余旋转，达到降低炉膛出口烟温偏差的目的。

（2）快速着火煤粉喷嘴。

快速着火煤粉喷嘴通过在喷嘴出口的上下两端布置稳燃齿，使挥发份在富燃料的气氛下快速着火，保持火焰稳定，从而有效降低 NO_x 的生成，延长焦炭的燃烧时间，如图 3-8 所示。

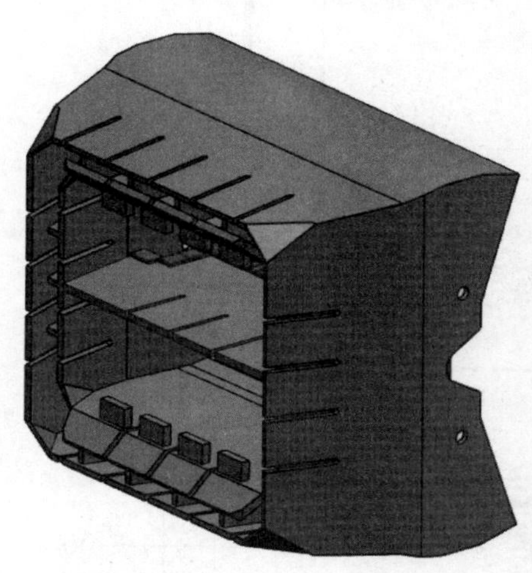

图 3-8 快速着火煤粉喷嘴示意图

（3）对冲同心正反切圆燃烧系统。

采用对冲同心正反切圆燃烧系统，部分二次风气流在水平方向分级，在始燃烧阶段推迟了空气和煤粉的混合，NO_x 形成量少。由于一次风煤粉气流被偏转的二次风气流裹在炉膛中央，形成富燃料区，在燃烧区域及上部四周水冷壁附近则形成富空气区，这样的空气动力场组成减少了灰渣在水冷壁上的沉积，并使灰渣疏松，减少了墙式吹灰器的使用频率，提高了下部炉膛的吸热量。水冷壁附近氧量的提高也降低了水冷壁的高温腐蚀倾向。

（4）端部风喷嘴。

在每组主燃烧器上部和下部均设计有端部二次风，端部二次风可以保证两组主燃烧器自成一个完整的整体，有效的调整两组主燃烧器的燃烧配风，同时尽量的包裹相临层的煤粉火焰，防止煤粉火焰刷墙，以及由此引起的结焦和高温腐蚀。下组主燃烧器的最下部的端部二次风采用增大的二次风风量设计，通入比较多的下部空气，以降低大渣含碳量。

（5）采用可水平摆动调节的高位燃尽风和低位燃尽风。

炉膛出口烟温偏差是炉膛内的流场造成的。通过对目前运行的燃煤机组烟气温度和速度数据分析发现，在炉膛垂直出口断面处的烟气流速对烟温偏差的影响要比烟温的影响大得多。因此，烟温偏差是一个空气动力现象。炉膛出口烟温偏差与旋流指数之间存在着联系。该旋流指数代表着燃烧产物烟气离开炉膛出口截面时的切向动量与轴向动量之比（较高的旋流指数意味着较快的旋流速度）。偏差值可以通过一系列手段减小，诸如减小气流入射角，布置低位燃尽风喷嘴和高位燃尽风喷嘴，燃尽风反切一定角度，以及增加从燃烧器区域至炉膛出口的距离等，使进入燃烧器上部区域气流的旋转强度得到减弱乃至被消除。图 3-9 表示了可水平调整摆角的喷嘴设计，摆角可水平调整+25°～-25°。高位燃尽风和低位燃尽风的水平调整对燃烧效率也有影响，要通过燃烧调整得到一个最佳的角度。

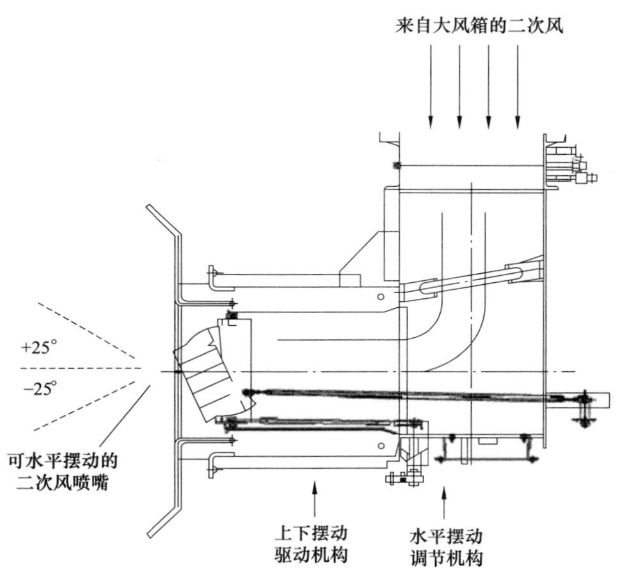

图 3-9 可水平调整摆角的喷嘴

高位及低位燃尽风喷嘴如图 3-10 所示。

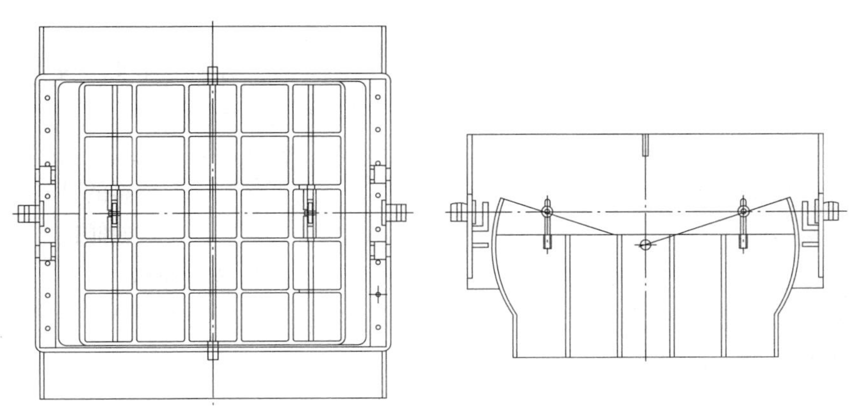

图 3-10 高位及低位燃尽风喷嘴

（6）燃烧器灵活的投入方式（见表 3-2）。

表 3-2 燃烧器灵活的投入方式

运行方式	锅炉负荷 MCR
6 台磨煤机运行	80%~100%
5 台磨煤机运行	60%~100%
4 台磨煤机运行	45%~80%
3 台磨煤机运行	35%~60%
2 台磨煤机运行（等离子运行）	10%~40%
油枪运行	0~25%

（7）防止炉内结渣以及高温腐蚀。

燃烧系统采用以下多种措施防止炉内结渣及高温腐蚀：对冲同心正反切圆燃烧系统设计，煤粉/一次风对冲布置，燃烧切圆控制尽量小，防止煤粉气流冲刷水冷壁形成高温造渣氛围；部分辅助风以较大的偏置角送入炉膛，同时保证有较高穿透力的流速，提高燃烧区域内水冷壁壁面的含氧量；12 层煤粉喷嘴分 3 组布置，较大的燃烧器各层一次风间距，降低了燃烧器区域壁面热负荷；两级燃尽风的布置优化炉膛燃烧区域的空气动力场，使火焰在垂直方向相对拉伸，更有效地降低了燃烧器区域壁面热负荷，防止燃烧区域温度过高；采用快速着火喷嘴，使风量较多粉量较少的气流控制在靠近水冷壁面的燃烧器外侧，这样与偏置辅助风共同形成了“风包粉”的平面流场，可以有效地防止炉内结渣和高温腐蚀。

3. 燃烧器结构

（1）箱壳。

箱壳的作用主要是将燃烧器的各个喷嘴固定在需要的位置，并将来自大风箱的二次风通过喷嘴送入炉膛。同时，箱壳也是喷嘴摆动传动系统的基座。整个燃烧器与锅炉的连接是通过箱壳与水冷套的连接来实现的，由于水冷壁管温度与箱壳内的热风温度不等，尤其是在升炉和停炉过程中各自的温度变化差异较大，在箱壳与水冷壁之间会产生相对位移，为了避免应力过大，造成水管和箱壳损坏，只有连接法兰中部的螺栓是完全紧固的，上部与下部的连接螺栓均保留有 1/4~1/2 圈的松弛，燃烧器法兰上这部分螺孔又做成长圆孔，允许箱壳与水冷套之间有一定的胀差。为了防止二次风在箱壳中流动时产生过大的涡流，二次风室装有两块导流板，使喷嘴出口处的风量趋于均匀和稳定。为了便于维修人员进入箱壳检查，箱壳各风室的侧面均设置了检查门盖。箱壳是薄壳结构，壳板厚度仅 10mm，为了具有足够的刚性，在风室之间设置了斜拉撑。箱壳的变形对燃烧器的正常工作影响很大，运行过程中应予以足够的关注，经常检查。

（2）煤粉风室。

如前所述，燃烧设备采用快速着火煤粉喷嘴结构，它由喷管与喷嘴两部分组成，同处于燃烧器箱壳的煤粉风室中。煤粉喷嘴用销轴与煤粉喷管装成一体，故更换喷嘴必须将整个煤粉喷管从燃烧器箱壳中抽出才能进行。

图 3-11 为一次风室示意图。

（3）二次风室及喷嘴摆动系统。

除了主燃烧器由煤粉风室外和二次风室组成，每组主燃烧器布置有 2 层油枪。主燃烧器喷嘴由内外传动机构传动，传动机构又由外部垂直连杆连成一个摆动系统，由一台直行程电

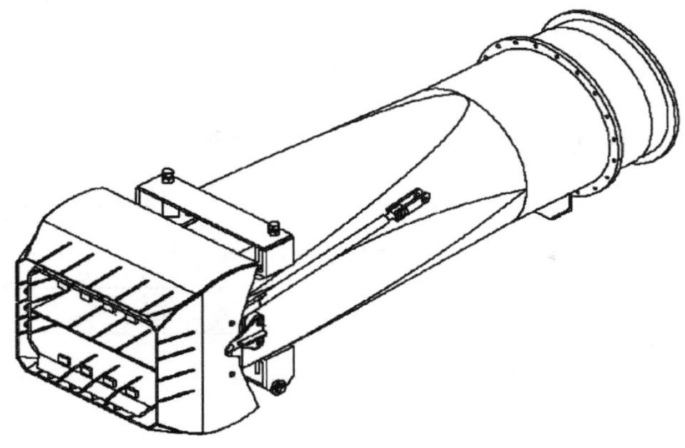

图 3-11　一次风室

动执行器统一操纵作同步摆动，二次风喷嘴的摆动范围可达 30°，煤粉喷嘴的摆动范围为 ±20°。二次风喷嘴包含直吹二次风喷嘴、偏置二次风喷嘴以及燃尽风喷嘴，如图 3-12 和图 3-13所示。

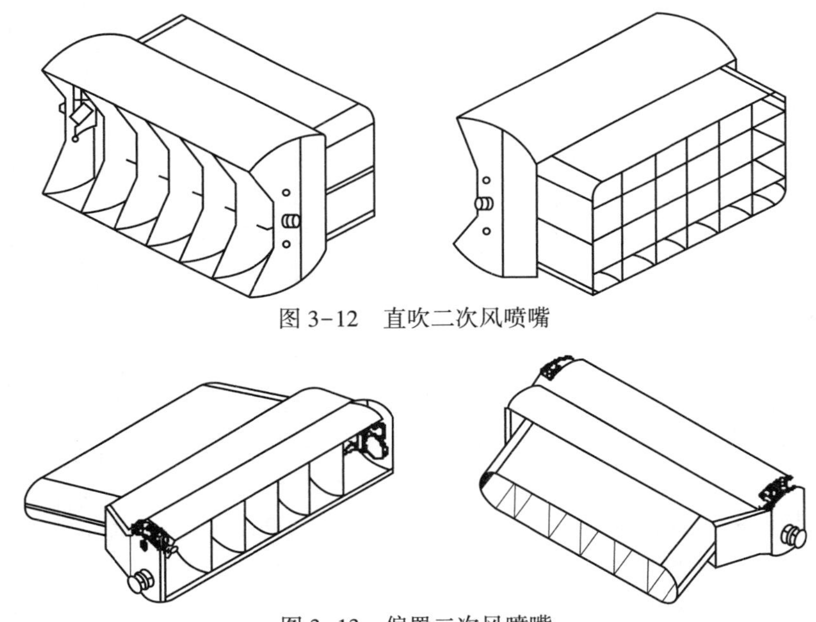

图 3-12　直吹二次风喷嘴

图 3-13　偏置二次风喷嘴

（4）二次风挡板及控制。

燃烧器每层风室均配有相应的二次风门挡板。每角主燃烧器配有 30 只风门挡板，相应配有 24 只电动执行机构，其中对应每台磨煤机的 2 层煤粉风室的燃料风由一只执行机构，通过连杆进行控制。每角 AGP 燃烧器配有 8 只风门挡板，相应配有 8 只执行机构，这样每台锅炉共配有 128 只执行机构，按照机炉协调控制系统（CCS）和炉膛安全监视系统（FSSS）的指令进行操作，在一般情况下，同一层四组燃烧器的风门挡板应同步动作。

各层二次风门挡板用来调节总的二次风量在每层风室中的分配，以保证良好的燃烧工况和指标。

二次风门挡板的控制原则见表3-3~表3-5。

表3-3 **AGP风量与锅炉负荷关系**

AGP风量（kg/s）	0	20	45	353
锅炉负荷（%）	0	40	50	100

表3-4 **燃料风挡板开度与给煤机给煤量关系**

燃料风挡板开度	5%	95%
给煤机给煤量	0	100%

表3-5 **二次风门挡板开度与锅炉负荷关系**

二次风门挡板开度	10%	90%
锅炉负荷	0	100%

这些挡板的开度控制需要通过燃烧调整试验来最终确定。当风门全关时，挡板结构仍留有5%左右的流通空隙，这是为了避免挡板全关时燃烧器喷嘴过热而被烧坏，所以是正常的保护措施，不应被视为“设计缺陷”而人为地将其堵去。二次风挡板动作是否正常，直接关系到锅炉能否正常运行，因此锅炉安装完毕或每次检修之后，应将炉膛两侧的大风箱内部清理干净，不允许留有碎铁杂物，以免吹入挡板和喷嘴处，造成卡涩。此外，应检查挡板的实际开度与外部指示是否一致，动作是否灵活。如挡板动作失灵，应先将电动执行器解开，分别检查是执行器的问题，还是挡板本身卡涩，从而采取不同的对策。在锅炉两侧布置有燃烧器连接风道（大风箱），风速较低，保证四角风量分配的均匀性。AGP燃烧器由单独的连接风道供风，在连接风道上共设计布置有AGP风量测量装置，便于控制调节AGP风量。

（5）护板及护板框架。

燃烧器在检修门孔处和一次风室连接法兰处安装了外护板及护板框架，便于将来工地检修时拆卸。在燃烧器箱壳上，除了侧边的检查门盖外，还有后部与一次风喷管及油燃烧器装置相连的内护板，都用螺栓盖在箱壳开孔处。检查门盖的保温层，用螺栓装在护板框架上，在打开检查门盖或拆卸内护板前，须先将其外护板及保温层拆下。检查门盖及内护板与箱壳壁板之间具有相同的温度，不存在胀差的问题；由于外护板的温度接近环境温度，故它与其框架的结构必须考虑与燃烧器箱壳之间的胀差。燃烧器的检修维护必须记住这一点，避免因胀差得不到补偿而损害设备。

（6）燃烧器喷嘴水平摆动调节。

上组主燃烧器部分喷嘴及高位和低位燃尽风喷嘴的水平摆动调节上组主燃烧器FF层喷嘴可水平调整摆角，摆角可水平调整+25°~-25°。燃尽风喷嘴可水平调整摆角，摆角可水平调整+25°~-25°。

当1号、3号水平调整机构调节摇臂从0位向“+”方向转动时，也就是向炉内方向推出时，表示燃尽风喷嘴与燃烧器的安装中心线的夹角由0°逐步增加，而且增加的方向与火球旋转方向相反，反之则相反。

当2号、4号水平调整机构调节摇当调节摇臂从0位向“+”方向转动时，也就是向炉外方向拉出时，表示燃尽风喷嘴与燃烧器安装中心线的夹角由0°逐步增加，而且增加的方向与火球旋转方向相同，反之则相反。

（二）PM 燃烧器

哈尔滨锅炉厂 1000MW 等级超超临界二次再热锅炉采用 PM 燃烧器，由日本三菱公司设计开发，是污染最小型燃烧器。

1. 燃烧器整体布置

锅炉采用四角切圆燃烧大风箱结构全摆动燃烧器，整个燃烧器与水冷壁固定连接，并随水冷壁一起向下膨胀，燃烧器共 4 组，布置于水冷壁四个角上。主燃烧器风箱分成独立的两组，每组风箱有 6 层煤粉喷嘴，燃烧器共设有 12 层煤粉喷口，每台磨煤机对应相邻的两层煤粉喷嘴，在这两层煤粉喷口之间布置一只油燃烧器，共 24 只油燃烧器。不同层煤粉喷嘴之间还布置有二次风，在下组主燃烧器底部布置有可手动调节的两层再循环烟气喷嘴。锅炉采用等离子点火方式，满足锅炉冷态点火及维持低负荷稳燃不投油的要求。油枪作为备用点火和助燃设备，油系统容量按 15%BMCR 设计，共 24 只油枪，单只油枪出力为 1200kg/h，油枪采用简单机械雾化方式。

在燃烧器高度方向上，考虑到下组燃烧器底部布置有两层烟气再循环喷口，并且根据燃烧器可摆动的特点，当燃烧器向下摆动时，保证火焰充满空间和煤粉燃烧空间，从燃烧器下排一次风口中心线到冷灰斗拐角处留有较大的距离 6840mm，为了保证煤粉的充分燃烧，从燃烧器最上层一次风口中心线到分隔屏下沿设计有较大的燃尽高度 25800mm。

主燃烧器采用水平浓淡煤粉燃烧器+偏置周界风，每只煤粉喷嘴出口处设有带波纹形的稳燃钝体，在燃烧器出口附近形成了局部分级燃烧，控制 NO_x 的生成，同时为低负荷稳燃提供了保证。在主燃烧器的上方为 OFA 喷嘴，在距上层煤粉喷嘴上方约 9.32m 处有两组各四层分离燃尽风喷嘴（SOFA），角式布置，它的作用是补充燃料后期燃烧所需要的空气，同时既有垂直分级又有水平分级燃烧达到降低炉内温度水平，抑制 NO_x 的生成，此分级燃尽风与 OFA 风一起构成低 NO_x 燃烧系统。与常规燃烧器相比，PM 燃烧器可使 NO_x 生成量降低约 60%，如图 3-14 所示。燃烧器设计参数见表 3-6。

2. 技术特点

（1）气流浓淡分离。

燃烧器在一次风进入喷嘴前采取措施，使风粉混合物利用惯性分成浓煤粉气流和淡煤粉气流，分别进入对应的喷嘴。煤粉气流的浓淡分离使得浓侧煤粉位于喷口中心处于富燃料燃烧，此位置的氧含量少而煤粉浓度高，有利于燃料中挥发分的快速析出。同时由于氧量偏低从而抑制 NO_x 生成。由于燃烧器出口多级扩散器的存在，较大幅度的推迟了二次风的混合，增大了烟气在挥发份燃烧区的停留时间，也就是增加了还原反应时间，使更多的燃料 N 被还原成 N_2，在燃烧器出口附近形成了局部分级燃烧，NO_x 的生成量也会减少，浓淡燃烧器使浓淡两侧化学当量比都处于低 NO_x 区域，其最终降低了 NO_x 的生成。

（2）偏置周界风。

偏置周界风对防止结焦有两方面好处：一是提高燃烧器出口射流的“刚性”，减少射流的偏斜倾向；二是偏置周界风具有风屏保护作用，能提高炉膛水冷壁处氧化性气氛，而氧化性气氛使得煤灰粒子的软化温度相对升高，进一步弱化了结焦倾向，有利于防止结焦。

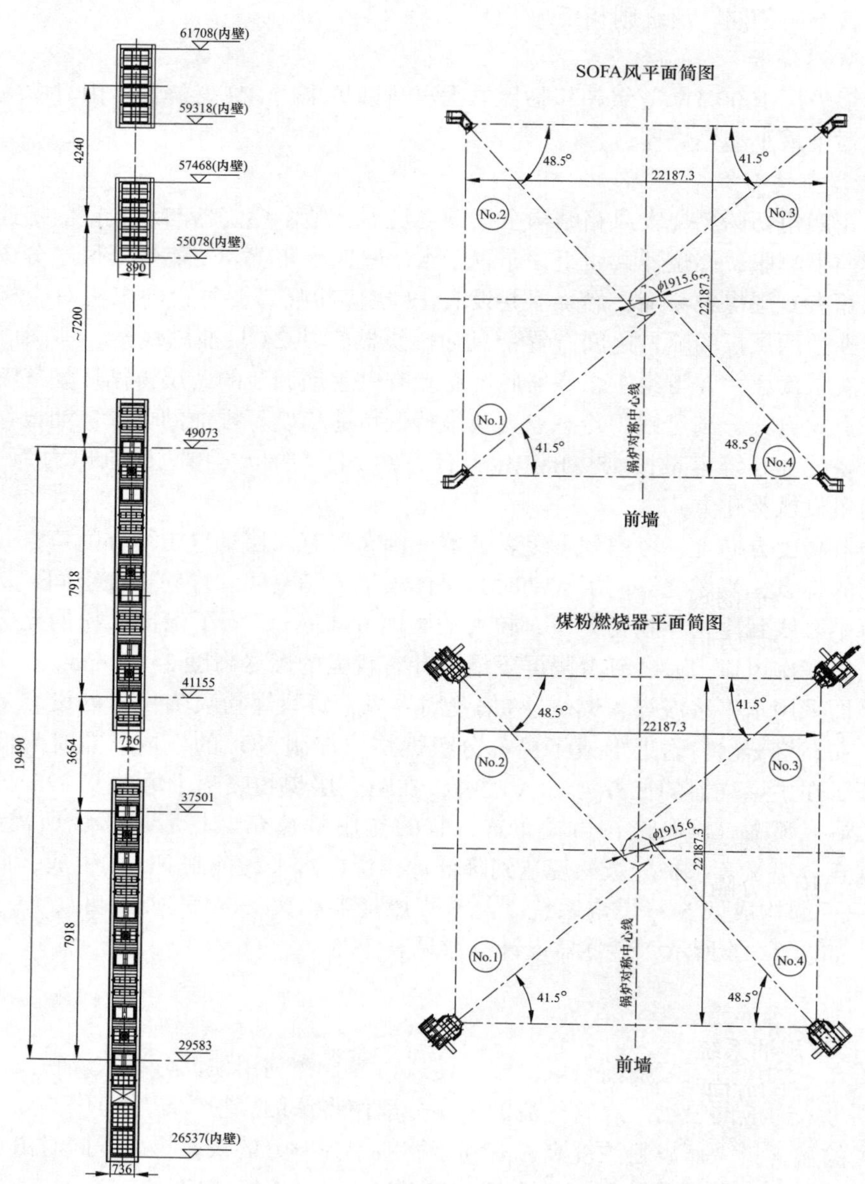

图 3-14　燃烧器布置简图

表 3-6

燃烧器设计参数

名称	单位	参数
一次风温	℃	75
二次风温	℃	347
一次风速	m/s	28
二次风速	m/s	48

续表

名称	单位	参数
一次风率	%	22.1
二次风率	%	42.9
OFA 风率	%	~30
漏风（炉膛+干除渣）	%	5
燃烧器切圆	mm	ϕ1915
上下一次风喷嘴中心距（mm）	mm	19490
最上排燃烧器中心线到下组 SOFA 中心距离	mm	约 7200
上下两组 SOFA 燃烧器中心距离	mm	4240

（3）大风箱结构。

大风箱结构保证了四角配风均匀，使四角燃烧器出口风量均等，四角动量均等，保证了燃烧旋转火焰在炉内的理想位置和同心度。大风箱结构也可以保证二次风出口的均匀，能正确引导一次风沿设计方向进入炉内。

（三）MPM 燃烧器

MPM 燃烧器是哈尔滨锅炉厂在 PM 燃烧器的基础上开发的，MPM 燃烧器煤粉分布呈现出中心浓，外围淡的整体趋势。句容电厂二次再热燃烧设备采用 MPM 燃烧器+SOFA 燃烧技术。

1. 燃烧器整体布置

燃烧器采用无分隔墙的八角双火焰中心切圆燃烧方式。全摆动式燃烧器，共设十二层一次风喷口，十四层辅助风室，一层紧凑型燃尽风室（CCOFA），两层底部烟气再循环风室和八层分离式燃尽风室。采用 MPM 燃烧器+SOFA 燃烧降低炉内 NO_x 的生成；二次风挡板采用非平衡式，整个燃烧器同水冷壁固定连接，并随水冷壁一起向下膨胀。锅炉采用两层富氧微油点火+6 层常规油系统，满足锅炉冷态点火及维持低负荷稳燃的要求。

在燃烧器高度方向上，根据所燃煤种的特点，考虑到避免下游燃烧器一次风冲刷冷灰斗，并保证火焰充满空间和煤粉燃烧空间，从燃烧器下排一次风口中心线到冷灰斗拐角处留有较大的距离 6.84m。为了保证煤粉的充分燃尽及防止炉膛上部高温受热面挂焦，从燃烧器最上层一次风口中心线到分割屏下沿设计有较大的燃尽高度 25.8m。如图 3-15 所示。

2. 技术特点

（1）工作原理。

MPM 燃烧器是利用燃烧器喷口交错布置的小钝体的分离作用将煤粉气流分成中心浓、外围淡，然后再进入炉膛燃烧，浓相煤粉浓度高所需着火热少，利于着火和稳燃；淡相补充后期所需的空气，利于煤粉的燃尽。因为 MPM 燃烧器的浓淡分离偏离 NO_x 生成量高的化学当量燃烧区降低 NO_x 的生成；增大了浓相挥发份从燃料中释放出来的速率，以获得最大的挥发物生成量；在燃烧的初始阶段除了提供适量的氧以供稳定燃烧所需以外，尽量维持一个较低氧量水平的区域，最大限度地减少 NO_x 生成；与 PM 燃烧器相比，MPM 燃烧器中心浓外围淡配以合理的二次风布置的特点，保证了在燃烧初期的着火面更小，有利于降低前期燃

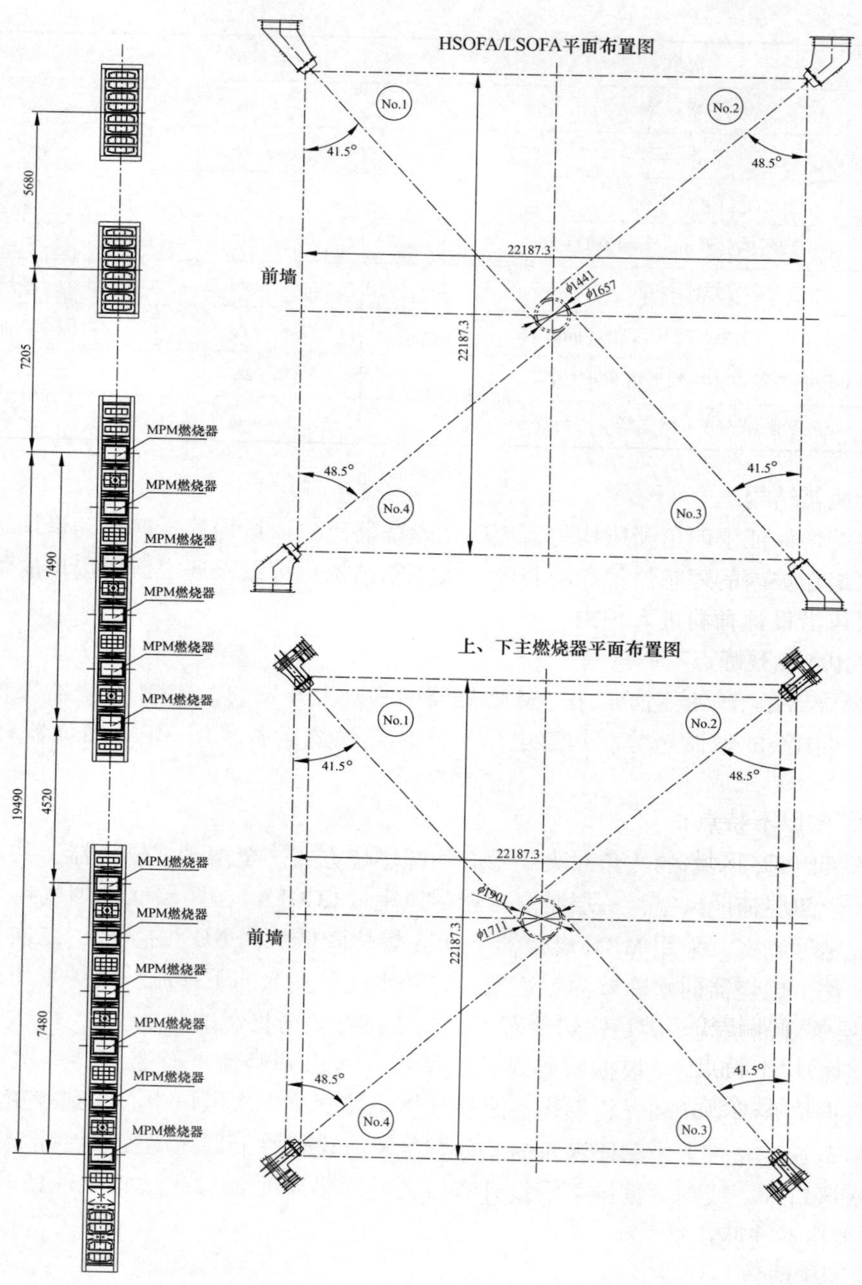

图 3-15 燃烧器整体布置

烧的生成的热力型 NO_x；控制和优化燃料富集区域的温度和燃料在此区域的驻留时间，最大限度地减少 NO_x 生成；增加煤焦粒子在燃料富集区域的驻留时间，以减少煤焦粒子中氮氧化物释出形成 NO_x 的可能；及时补充燃尽所需要的其余的风量，以确保充分燃尽，所以它作为一种新型高效低氮燃烧器，能满足现有的及将来日益严格的低 NO_x 排放量的需要。同时，MPM 燃烧器能够适应不同煤种的要求。

同时 MPM 燃烧器的设计已考虑耐磨、耐温，并且机械结构上较为简单、可靠，以提供较长的使用寿命和长期连续运行的能力，简化燃烧调整和运行操作，一旦试运行期间的燃烧调整工作结束，即使运行煤质在一个较宽的范围内波动，燃烧器的设置也不需要进行任何调整，同样能获得最佳的运行性能。

（2）燃烧方式。

燃烧器采用无分隔墙的八角双火焰中心切圆燃烧。该燃烧方式是将整个炉膛作为两个大燃烧器组织燃烧，因此对每只燃烧器的风量、粉量的控制不需严格，并且操作简单；锅炉负荷变化时，燃烧器按层切换，使炉膛各水平截面热负荷分布均匀，保证水循环安全可靠；对煤种适应性强；由于炉膛内气流旋转强烈，与煤粉颗粒混合好，且延长了煤粉颗粒在炉内流动路程，有利于煤粉的燃烬；相对于墙式、对冲燃烧方式，具有 NO_x 排放低，不易结渣，燃烧效率高、煤种适应性强等诸多优点特点。

（3）性能保证措施。

1）防止炉内结渣。

采用周界风及选取合适的一次风速增加气流刚性、合理拉开布置、炉内假想切圆直径适宜等燃烧器的这些特点都被用于防止炉内结渣。

2）着火及低负荷稳燃。

燃烧器的以下特点有利于着火及低负荷稳燃：合理的燃烧器单只喷嘴热功率；采用 MPM 煤粉燃烧器，在低负荷时仍可保持浓相有足够的煤粉浓度，以确保煤粉稳定着火；合理的配风为煤粉着火创造了有利条件。

3）降低 NO_x 生成。

燃烧器的以下特点有利于降低 NO_x 生成量：采用 MPM 煤粉燃烧器使浓、淡两相化学当量比均处于低 NO_x 区域；燃烧器上部设高位燃尽风喷嘴，实现分级送风；燃烧器拉大上下一次风喷嘴中心距可降低炉内温度水平，减少 NO_x 生成量；燃烧器采用均等配风，无燃烧强烈区段，燃烧区的热力状态均衡，无燃烧温度尖峰区域，抑制 NO_x 的生成量；较小的单只喷嘴热功率，使炉膛温度场分布均匀，有利于防止热力 NO_x 的生成。

4）减少烟温偏差的措施。

燃烧器的以下特点有利于减少烟温偏差：控制炉内旋流数在偏弱水平；适宜的假想切圆直径以减弱烟气残余旋转；上部附加二次风（SOFA 风）可以水平摆动，形成反切气流，以减弱烟气残余旋转；燃烧器高度方向适当拉开；八角配风均匀防止火焰偏斜；由于八角布置双切圆的旋转方向相反，炉膛出口烟气沿炉膛宽度方向旋向相反，相互叠加抵消，使炉膛出口烟温偏差大大降低，有利于锅炉安全运行。

3. 燃烧器结构

（1）二次风门挡板。

燃烧器每层风室均配有相应的二次风门挡板。每角主燃烧器配有 27 只风门挡板，相应配有 27 只二次风门执行机构；每角主燃烧器下部配有两层烟气再循环风室，相应配有 2 只风门执行机构；每角分离燃尽风燃烧器共两组，上、下组每角各配有 4 只风门挡板，相应各配有 4 只风门执行机构，这样每台锅炉共配有 148 只风门执行机构。

各层二次风门挡板用来调节总的二次风量在每层风室中的分配，以保证良好的燃烧工况和指标。其中煤粉风室挡板用来控制周界风量，以调节一次风气流着火点，通常是相应层给粉机转速的函数。辅助风室挡板用来控制风箱-炉膛压差。紧凑燃尽风和分离燃尽风风室挡板的开度是锅炉负荷的函数，主要用于控制 NO_x 的排放。这些挡板的开度控制需要通过燃烧调整试验来最终确定。

（2）摆动机构。

燃烧器通过摆动执行器调节燃烧器各层喷嘴摆角，以此来改变火焰中心的位置，调节炉膛内各辐射受热面吸热量，从而调节再热器、过热器的温度。摆动燃烧器能否正常摆动，对机组的正常、稳定运行起着一定的作用，因此燃烧器应从设计、制造、存储安装等方面确保其正常的摆动。燃烧器喷嘴摆动机构示意图如图 3-16 所示。

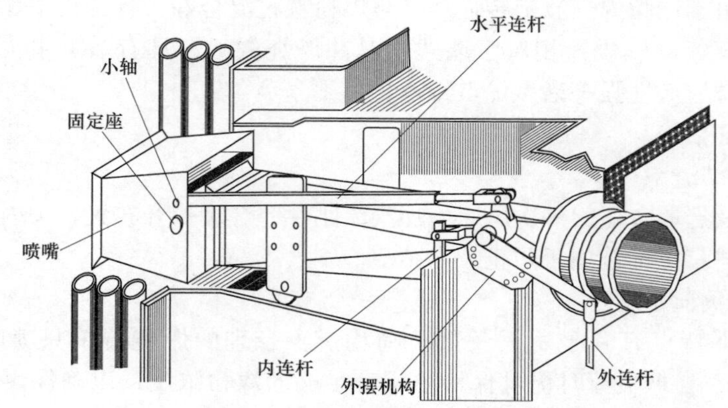

图 3-16　燃烧器喷嘴摆动机构示意图

每角燃烧器的摆动喷嘴除 LSOFA 风室和 HSOFA 七个喷嘴的水平摆动由手动驱动外，其余喷嘴均由摆动气缸驱动作整体上下摆动。位于炉膛八角的煤粉燃烧器按协调控制系统给定的控制信号做同步上下摆动。摆动气缸通过外部连杆机构、曲拐式摆动机构，内部连杆和水平连杆驱动喷嘴，绕固定于燃烧器风箱连接角钢上的轴承座上、下摆动。

在设计上应根据应力分析调整喷嘴与隔板的间隙以利摆动；曲柄连杆为 U 型夹式双向对称受力，内连杆为 T 型钢增加刚度，防止弯曲变形；增加外摆机构、减少内摆机构的数量，煤粉风室屏板、喷嘴支板加厚，水平和外摆连杆局部加粗，增加结构刚性。

（3）燃烧器材质。

燃烧器材质的选择主要是一次风（煤粉）燃烧器材质的选择。此燃烧系统采用大风箱结构、摆动煤粉燃烧器，燃烧器风箱内部有风速较高、温度较低的二次风进行保护，因此燃烧器本体风箱采用 Q235-A 普通碳钢板即可。煤粉燃烧器主要由两部分组成，靠近炉膛的部分称为煤粉喷口，靠近煤粉管道部分称为煤粉喷嘴体。本燃烧器喷口材质为 ZG30Cr22Ni7Si2NRe 耐高温耐磨的铸钢材料。这种材料被广泛应用在 300～1000MW 等级的亚临界、超临界、超超临界锅炉上，经过多年的运行经验，无论是烟煤、贫煤还是褐煤，这种材质都能满足耐高温耐磨的要求；煤粉喷嘴体的作用主要是进行浓淡分离并运输煤粉到一次风喷口，然后从一次风喷嘴喷入炉膛进行燃烧，因为燃烧器风箱内部有风速较高，温度较低的二次风进行保护，所以煤粉喷嘴体的外壳部分也采用 Q235-A 碳钢材料，同时为了防磨，煤粉喷嘴体的内部采用耐磨的陶瓷材料。

燃烧器与相应切角的水冷壁管屏组装成一体的。燃烧器本身又同燃烧器区域的刚性梁连为一体，燃烧器风箱的部分风室隔板作为燃烧器区域刚性梁的角部连接结构，使燃烧器区域水冷壁的防爆能力大为加强，每只燃烧器通过与水冷壁相连接的螺栓，以及燃烧器前部和挡板风箱处的水平铰链式拉杆与炉膛水冷壁连为一体，整个燃烧器的荷重全部由水冷壁承担，燃烧器本身不设另外的吊挂装置。为了满足角部连接的要求及燃烧器整体的稳定性，燃烧器的上部梁、下部梁和部分风室隔板选用了强度较高的低合金板 Q345-A。

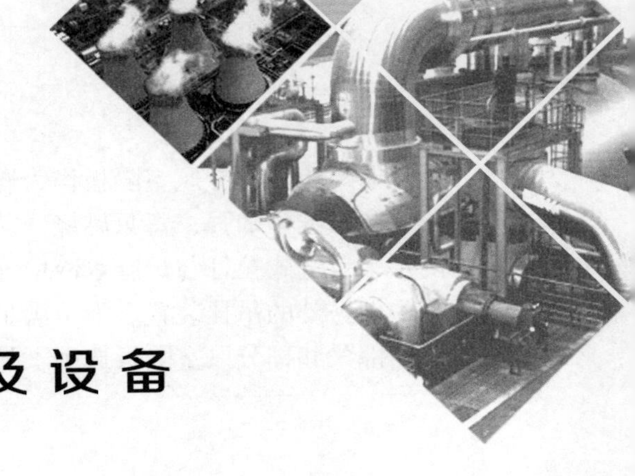

第四章

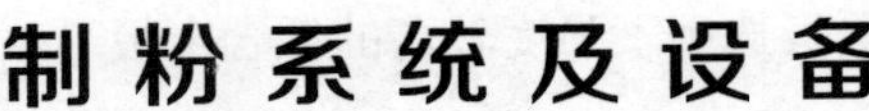

制粉系统及设备

第一节 概　　述

一、制粉系统分类

制粉系统是锅炉设备的重要组成部分，他用于安全可靠和经济性地制备和向锅炉输送合格的煤粉。制粉系统可分为中间储仓式和直吹式两种。中间储仓式制粉系统是将磨煤机磨好的合格煤粉储存在煤粉仓中，然后根据锅炉负荷需要将煤粉从煤粉仓中经过给粉机送入炉膛燃烧。直吹式制粉系统不设煤粉仓，磨煤机磨成的煤粉直接送入炉膛中燃烧，因此磨煤机出粉量即锅炉的燃料消耗量。

（一）中间储仓式制粉系统

中储式制粉系统适用于单进单出钢球磨煤机。这种制粉系统制粉尤其是低负荷工况电耗高，系统复杂，占地面积大，初投资大，运行费用高，而且不适用于 V_{daf} 为 27%～37% 的烟煤，因为这种烟煤挥发分含量高，中储系统安全性差，各环节积粉处有自燃爆炸的危险。

（二）直吹式制粉系统

单进单出钢球磨煤机由于在低负荷或变负荷下运行不经济，因此不适用于直吹式制粉系统。直吹式制粉系统通常配中速磨煤机、双进双出球磨机。

配中速磨煤机的制粉系统根据风机的布置位置分为负压和正压两种形式。当风机在磨煤机之后，整个系统处于负压状态，一方面煤粉需经过风机导致其磨损严重，维护费用高，同时增加电耗，降低风机效率，可靠性差；另一方面由于负压运行，制粉系统漏风大，冷空气随一次风进入炉膛降低锅炉效率。这种制粉系统的优点在于不会漏粉，工作环境好。当风机布置于磨煤机之前，整个系统处于正压状态，故不存在漏风问题，同时风机无磨损问题，由此可见正压直吹式制粉系统较负压直吹式制粉系统更可靠、更经济。但是存在漏粉的问题，通常通过布置密封风机解决。正压直吹式制粉系统又分为热一次风机系统和冷一次风机系统。热一次风机是从空预器出口抽取热风作为一次风送入磨煤机，而冷一次风机是布置于空预器前。很明显，冷一次风机输送冷空气，气体体积小，电耗低；可从一次风机出口引出高压风作为密封风替代密封风机；进入磨煤机的干燥剂温度不受热一次风机的工作条件限制。

中速磨煤机直吹式制粉系统如图 4-1 所示。

双进双出球磨机适用于高灰分煤及低挥发分无烟煤，负荷越低，煤粉停留时间加长，制备煤粉越细，有利于着火燃烧。

二次再热超超临界机组以配置中速磨煤机冷一次风机正压直吹式制粉系统居多，本章将

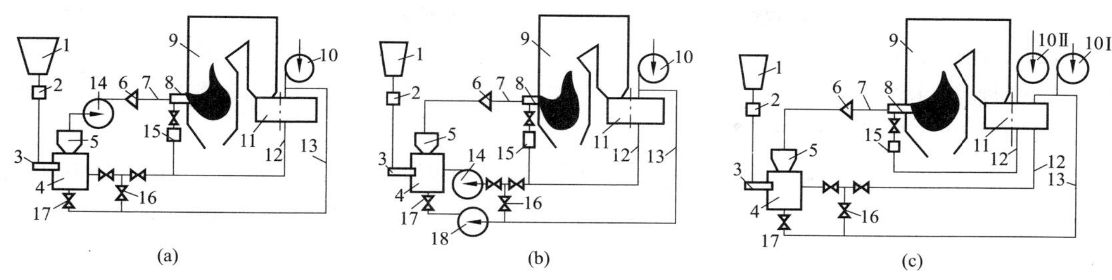

图 4-1 中速磨煤机直吹式制粉系统

(a) 负压系统；(b) 带热一次风机的正压系统；(c) 带冷一次风机的正压系统

1—原煤仓；2—煤称；3—给煤机；4—磨煤机；5—粗粉分离器；6—煤粉分配器；7——次风管；8—燃烧器；9—锅炉；10、10Ⅰ——次风机；10Ⅱ—送风机；11—空气预热器；12—热风道；13—冷风道；14—热一次风机；15—二次风箱；16—调温冷风门；17—密封冷风门；18—密封风机

重点介绍。

二、典型正压直吹式制粉系统

SG-2710/33.03-M7050 超超临界二次再热锅炉采用冷一次风机正压直吹式制粉系统，每台炉配 6 台 ZGM133G 型中速磨煤机和 CS2036-HP 型电子称重式皮带给煤机，5 台投运，1 台备用。磨制设计煤种时，5 台磨运行能满足锅炉 BMCR 工况下约 110%出力的要求，1 台备用。设计煤种为神华煤，校核煤种 1 为满世混煤，校核煤种 2 为东北煤。对于设计煤种煤粉细度为 $R_{90}=15.00\%$、校核煤种 1 煤粉细度为 $R_{90}=18.38\%$、校核煤种 2 煤粉细度为 $R_{90}=23\%$。对于设计煤种燃烧器入口一次风温为 78℃、校核煤种 1 燃烧器入口一次风温为 78℃、校核煤种 2 燃烧器入口一次风温为 60℃。均匀性指数 $n=1.0\sim1.1$。

系统的空气流程为：一次风用作输送和干燥煤粉用，由一次风机从大气中抽吸而来，送入三分仓预热器的一次风分隔仓，加热后通过热一次风道进入磨煤机，在进预热器前有一部分冷风旁通空气预热器，两路一次风各自汇集到冷、热风总管后，再从总管上分别引出 6 根冷热风支管，冷、热一次风通过隔离挡板和调节挡板，混合至适当温度、适当的流量的一次风送到各磨煤机，作为干燥和输送煤粉的介质。一次风量是根据预先设定的风煤比，由热一次风调节挡板进行控制。一次风温度则根据磨煤机出口温度通过冷一次风调节挡板进行调节。二次风的作用是强化燃烧和控制 NO_x 生成量，从大气吸入的空气通过送风机进入预热器的二次风分隔仓，加热后经热二次风道进入大风箱，为了在低负荷和冬季运行时，能提高空气预热器进口风温，在热二次风道上还设置热风再循环风接口。燃烧器上方四角各有一组分离式燃尽风风室，每组风室有 6 层喷嘴。

系统的制粉流程为：经破碎的原煤从原煤仓下来经过一个电动闸板门后，进入给煤机，在给煤机内，随着给煤机皮带的转动，煤从原煤仓落煤管的一端输送到磨煤机进煤管的一端，并在给煤机皮带上进行称重。煤从给煤机出来后，经过一个电动隔离闸板门后，从磨煤机中心落煤管进入磨煤机，由于磨碗转动的离心力，原煤被甩进磨辊和衬瓦之间，经过研磨的干燥煤粉，被一次风带到磨煤机上部的旋转分离器，经过分离合格的细粉随气流通过分离器出口的 4 根煤粉管进入到炉膛四角，炉外安装煤粉分配装置，每根管道通过煤粉分配器分成两根管道分别相应的煤粉喷燃器，进入炉膛燃烧。共计 48 只直流式燃烧器分 12 层布置于炉膛下部四角（每两个煤粉喷嘴为一层），在炉膛中呈四角切圆方式燃烧。不合格的粗粉经分离器内筒掉入磨碗进行重新研磨。煤中的煤矸石等不易磨碎的杂质，因其颗粒大、质量重而从气流中掉入到磨煤机底部的一次风室中，通过磨煤机刮板排入到石子煤斗，待石子煤斗满后，人工排放至石子煤箱运走。

由于制粉系统采用正压运行，此系统设置了共用的密封风系统，每台炉配两台100%容量的密封风机，一用一备。密封风机吸风取自一次风机出口。单台出力能保证所有磨煤机（磨辊、齿形密封、液压拉杆处）、给煤机及冷热一次风插板门和调节门运行时的密封风量的要求。

第二节 给 煤 机

给煤机作为制粉系统的重要辅机，主要用于根据磨煤机或锅炉负荷的需要调节给煤量，并把原煤均匀连续地送入磨煤机。给煤机主要有刮板式、电磁振动式、电子秤重皮带式等型式。其中电子秤重皮带式给煤机为二次再热机组锅炉的主要选择，主要是因为这种型式的给煤机先进可靠性：皮带转速测定装置先进、称重机构精确度高、过载保护可靠、检测装置完整。SG-2710/33.03-M7050锅炉即采用上海发电设备成套设计研究院生产的电子称重式皮带给煤机，本节以此为例进行介绍。

一、设计特点

在制粉系统中，每台磨煤机配置1台给煤机，安装于煤仓间17.0m给煤机平台上。每台给煤机出力调节范围为12~120t/h，计量精度为±0.25%，控制精度为±0.5%。给煤机能根据锅炉燃烧控制系统的要求，无级、快速、准确调节给煤机出力，使实际给煤量与锅炉负荷相匹配。给煤机壳体、进出口闸板门、进出口落煤管、可调连接器均为耐压设计，耐压等级0.35MPa（g）。给煤机及进出口采用防堵设计，与煤流接触的所有部件材质均采用不锈钢。机体上设置观察窗，内有隔爆式照明灯，以便观察设备的运行情况，且观察窗配有雨刷式清扫装置。给煤机具备断煤、堵煤及给煤不足等监测报警功能，下机体设有清扫装置。当给煤机发生堵煤故障时，具有反转卸煤功能。密封风均匀可调，能有效防止磨煤机内的热风粉返上，同时避免吹落胶带上的给煤。给煤机技术参数见表4-1。

表4-1 给煤机技术参数

序号	项目	单位	内容
1	给煤机型号		CS2036-HP
2	出力范围	t/h	12~120
3	给煤距离（给煤机进、出煤口中心线距离）	mm	2400
4	进口落煤管长度/管径/壁厚	mm/mm/mm	1000/916/10
5	出口落煤管长度/管径/壁厚	mm/mm/mm	5/736/10
6	进煤口法兰内径（进口煤闸门内径尺寸）	mm	ϕ920
7	出煤口法兰内径（出口煤闸门内径尺寸）	mm	ϕ736

续表

序号	项目	单位	内容
8	主驱动电机型号		CS044112B
	功率	kW	5.5
	电源		380V，三相 50Hz
9	清扫链电机型号		CS044212S
	功率	kW	0.55
	电源		380V，三相 50Hz
10	机体密封		
	密封风压（与磨煤机入口压差）	Pa	>500
	密封风量（标准状态）	m^3/min	18

二、结构特点

给煤机主要由机座，给料皮带机构，链式清理刮板机构，称重机构，堵煤、断煤信号装置，润滑，密封风系统，电气管路及微机控制柜等组成，如图 4-2 所示。

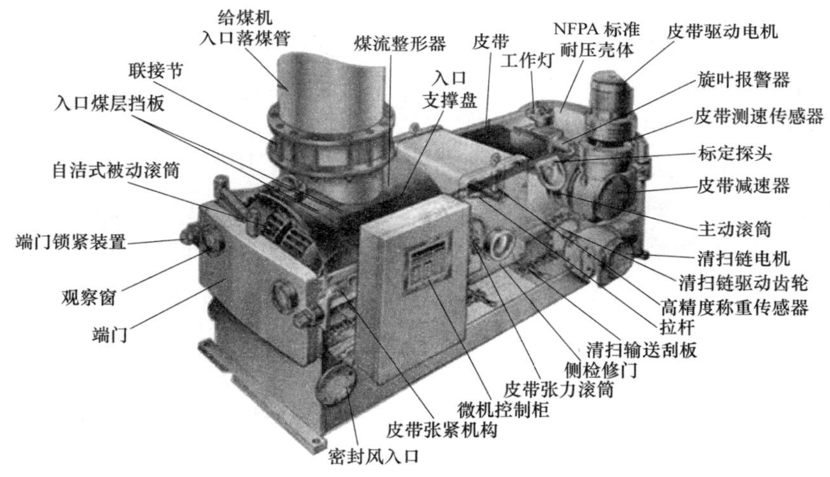

图 4-2　电子称重式给煤机

（一）机座

机座由机体，进料口和排料端门体，侧门和照明灯等组成。机体为一密封的焊接壳体，能承受 0.34MPa 的爆炸压力。机体的进料口使煤进入机器后能在皮带上引成一定截面的煤流，所有能与煤接触的部分，均采用不锈钢制成。进料口、排料端门体用螺钉紧密压紧于机体上，以保持密封。门体可以选择向左或向右开启。在所有门体上，均设有观察窗，在窗内装有喷头及手动刮板，当窗孔内侧积有煤灰时，可以通过喷头用压缩空气或手动刮板予以清除。同时机器内部装有密封结构的照明灯，供观察运行情况时照明使用。

（二）给料皮带机构

给料皮带机构由变频电动机、减速机、皮带驱动滚筒，张紧滚筒，张力滚筒，皮带支撑板（或托辊）以及给料胶带等组成。给料胶带有边缘，并在内侧中间有凸筋，各滚筒中有相应的凹槽，使胶带能很好地导向。在驱动滚筒端，装有皮带外侧清洁刮板，以刮除粘结于胶带外表的煤。胶带中部安装的张力滚筒，使胶带保持恒定的张力得到最佳的称量效果，胶带的张力，随着温度和湿度的变化而有所改变，应该经常注意观察，利用张紧拉杆来调节胶带的张力。在机座侧门内，装有指示板，张力滚筒的中心，应调整在指示板的中心刻线。给料皮带机构的驱动电动机采用特制的变频调速电动机（含测速装置），通过变频控制器，组成具有自动调节功能的交流无级调速装置，它能在较宽广的范围内，进行平滑无级调速。给料皮带减速机为专用减速器（亦可采用通用减速器）采用圆柱齿轮及蜗轮两极减速，蜗轮蜗杆采用油浴润滑，齿轮则通过减速箱内的摆线油泵，使润滑油通过蜗杆轴孔后进行淋润，蜗轮轴端通过柱销联轴器带动皮带驱动滚筒。

（三）链式清理刮板机构

在给煤机工作时，胶带上黏结的煤通过皮带清洁刮板刮落，胶带内侧如有黏结煤灰，则通过自洁式张紧滚筒后由滚筒端排除，密封风的存在，也会使煤灰产生，这些煤灰堆积在机体底部，如不及时清除，可能引起自燃。链式清理刮板供清理给煤机机体内底部积煤用。刮板链条由电动机通过减速机带动链轮拖动。带翼的链条，将煤灰刮至给煤机出口排出。链式清理刮板同步给料皮带的运转而连续运行。采用这种运行方式，可以使机体内积煤最少。同时，连续清理可以减少给煤率误差。连续的运转，也可以防止链销黏结和生锈。清理刮板机构驱动电动机采用精确的电子式电流继电器进行过载保护，当清理刮板机构过载时，在电流继电器作用下最后切断电动机供电电源，使减速机停止转动。

（四）称重机构

称重机构位于给煤机进料口与驱动滚筒之间，3 个称重托棍其中一对固定于机体上构成称重跨距平台，另外一个称重托棍，悬挂于一对负荷传感器上，胶带上煤重由负荷传感器送出讯号。经标定的负荷传感器的输出讯号，表示单位长度上煤的重量，而测速发电机输出的频率信号，则表示为胶带的速度，微机控制系统把这两者综合，得到机器的给煤率。在负荷传感器及称重托辊的下方，装有称重校准块挂钩。机器工作时，对于校准块外挂式，应取下校准块，当需要定度时，手动将校准块悬挂在负荷传感器上，检查重量讯号是否正确；对于校准块内挂式，校准块支承在称重臂和偏心盘上而与称重辊脱开，需要定度时，转动校重杆手柄使偏心盘转动，称重校准块即悬挂在负荷传感器上，检查重量讯号是否准确。

（五）断煤、堵煤信号装置

断煤信号装置安装在胶带上方，当胶带上无煤时，由于信号装置上挡板的摆动，使信号装置轴上的凸轮触动限位开关从而控制皮带驱动电机，或起动煤仓振动器，或者返向控制室表示胶带上无煤，断煤信号也可提供停止给煤量累计以及防止在胶带上有煤的情况下定度给煤机。堵煤信号装置安装在给煤机出口处，其结构与断煤信号装置相同，当煤流堵塞至排出口时，限位开关发出信号，并停止给煤机。堵煤信号及断煤信号如图 4-3 所示。

（六）润滑

机器的润滑除减速机采用润滑油浸油润滑外，其余润滑均采用润滑脂。机器内部的润滑靠软管接至机体外，不需打开机器门体即可进行润滑。

（七）密封风系统

在正压运行系统中，给煤机需要通过密封空气来防止磨煤机热风通过排料口回入给煤

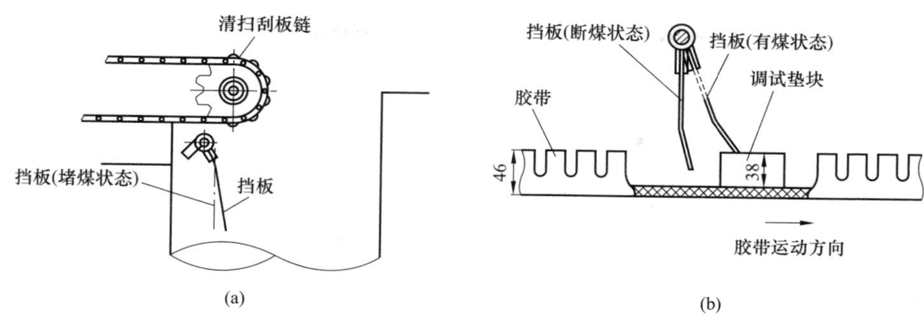

图 4-3 堵煤信号及断煤信号

(a) 堵煤信号装置 (LSFD) 调整; (b) 有煤信号装置 (LSFB) 调整

机。密封空气的进口位于给煤机机体进口处的下方，法兰式接口供用户接入密封空气用。密封空气压力为磨煤机进口压力加上 60~245Pa 的压力，所需密封空气量则为通过进料落煤管由煤斗部分的空气泄漏量，加上形成给煤机和磨煤机进口间的压力差所需的空气量。给煤机本身密封可靠，可以认为无泄漏。在给煤机机体进口处附近，装有内螺纹接口，可以在此接上压力表来测定机内的压力数值，在不接压力表时则以螺塞密封。密封空气压力过低会导致热风从磨煤机回入给煤机内，这样，煤灰将容易积滞在门框或其他凸出部分，从而引起自燃。密封空气压力过高和风量过大，又会将煤粒从胶带上吹落，从而使称量精度下降，并增加清理刮板的负荷，同时密封空气量过大也容易使皮带张紧辊筒内侧积煤引起皮带损坏。因此应适当调整密封空气的压力。

(八) 电气管路及微机控制柜

电气接管采用软管装置，电缆线在软管内进入机体，并保持机体的密封。微机控制柜装在机器本体上，在柜内装有电源开关，可以切断机器电源。微机控制柜内除装有微机控制系统必需的微机控制板、电源板、信号转换板，变频控制器外，还装有变压器、熔断器与继电器等。微机控制柜柜门表面，装置着微机显示器键盘以及开关 SSC 和 FLS。

第三节 磨 煤 机

一、磨煤机分类

磨煤机根据转动速度主要分为 3 类，即转动速度为 15~25r/min 的是低速磨煤机，转动速度为 50~300r/min 的是中速磨煤机，转动速度为 750~1500r/min 的是高速磨煤机。

(一) 低速磨煤机

常见的低速磨煤机有单进单出钢球磨煤机和双进双出钢球磨煤机。二者的工作原理基本相同：电动机经过减速箱带动筒体旋转，将钢球带到一定的高度后落下，通过钢球对煤的撞击及钢球与护甲之间的研磨、碾压将原煤磨成煤粉。板之间的研压将煤磨碎。二者的区别在于：①在结构上，双进双出球磨机两端均有转动的螺旋输送器，一般球磨机则没有。②从风粉混合物的流向来看，双进双出球磨机在正常运行时，磨煤机两端同时进煤，同时出粉，且进煤出粉在同一侧；而一般球磨机只是从一端进煤，在另一端出粉。③在出力相同（近）时，一般球磨机比较大，占地也大。④一般情况下，在出力相同（近）时，一般球磨机电动机容量大些，单位磨煤电耗也较高。⑤双进双出球磨机的热风、原煤分别从磨煤机的端部进入，在磨煤机内混合，而一般球磨机的热风、原煤是在磨煤机入口的落煤管内混合的。⑥从送粉管的布置上看（尤其是对于大容量锅炉），由于双进双出球磨机从磨煤机两个端部出粉，而一般球磨机只从一个端部出粉，前者一台磨比后者多一倍出粉。因此，无论是从煤粉分配上，还是从管道的阻力平衡上，双进双出球磨机比一般球磨机在布置上都更有利，因此使用更为广泛。

（二）中速磨煤机

常用的中速磨煤机有 HP 型碗式中速磨煤机和 MPS 型辊式中速磨煤机。

HP 型磨煤机作为 RP 的取代产品，是 ABB-CE 公司于 20 世纪 80 年代开发，并由上海重型机器厂于 1989 年引进相关技术。MPS 型磨煤机是德国 DBW 公司于 20 世纪 50 年代开发，并由沈阳重型机器厂和北京电力设备总厂分别于 1985 年引进相关技术，其中北京电力设备总厂在 MPS 的基础上开发出了自己的 ZGM 系列产品。随后长春发电设备总厂也于 2003 年引进了 MPS 相关技术。

HP 型磨煤机和 MPS 型磨煤机都是靠磨辊和磨碗衬板间的挤压来破碎原煤。磨煤机采用变加载，磨煤机的出力大小可自动、随时随地进调整，特别是机组调峰时能够避免磨煤机频繁启动，运行操作方便，利于延长耐磨件寿命，可节能 20%；运行可靠性相对于钢球磨煤机较差，运行维护工作量较大；传动装置采用行星齿轮减速机，此减速机具有体积小、质量轻、承载能力大、效率高、工作平稳等特点；磨辊与磨碗衬板无直接金属接触，可空载启停，启动力矩小，停机时磨碗中的存煤便于清除干净；磨煤机的出力由给煤机和一次风量控制，对锅护负荷响应速度较慢；风煤比较高，低负荷时煤粉细度不宜控制，对锅炉稳燃不利。满负荷时，风煤比为 2 左右，低负荷时，风煤比更高。另外，风煤比高，使一次风系统阻力加大，增加了一次风机的能耗；对煤种的适用性，两种磨煤机基本相同。适用低磨蚀性（冲刷磨损指数 $K_e<5$），低灰分，中高挥发分，水分小于 25%、HGI 大于 40 的烟煤、次烟煤和贫煤，对煤中三块（木块、石块和铁块）比较敏感，容易磨损。不适合磨制高硬度，高水分和低挥发分煤种。

二者的不同之处在于：①磨辊和磨盘形状不同。HP 型磨的磨辊为滚锥型，结构体积小，耐磨材料体积也小，磨辊使用寿命较短；而 MPS 磨的磨辊为滚轮型，磨辊直径大，结构体积大，耐磨材料体积也大，磨辊可以翻辊使用，寿命较长。HP 型磨煤机结构相对简单，机器的体积较小，机体振动较大，本体的阻力小，石子煤排量较小；MPS 型磨煤机结构相对复杂，机器的体积较大，机体振动较小，本体阻力大，石子煤排量较大。②自动变加载装置不同。HP 型磨煤机采用外置式弹簧加载装置，结构简单，维修方成本低；MPS 型磨煤机采用液压蓄能器变加载技术。HP 型磨煤机磨辊可翻出检修，使磨辊更换可以直接在机器上进行，减少停机时间；MPS 型磨煤机磨辊也可吊出检修，但检修时间相对较长。

（三）高速磨煤机

常见的高速磨煤机为风扇式磨煤机。它是利用高速转动的冲击板击碎原煤后将其抛到蜗壳护甲上，煤粒与护甲之间以及煤粒相互之间的撞击使煤粒形成煤粉。由于转速较高，冲击板和护板磨损严重，磨出的煤粉较粗，因此不适于磨制硬煤。不同于中速磨煤机对干燥剂温度设限不高于 400℃，风扇磨煤机干燥剂温度可以更高，通常使用炉烟配合热风作为干燥剂，因此风扇磨煤机干燥能力更强，可磨制高水分煤。风扇磨煤机通常用于磨制高水分褐煤。

目前，二次再热超超临界锅炉以中速磨煤机居多，本节以 SG-2710/33.03-M7050 锅炉采用的 ZGM133G 磨煤机为例进行介绍。

二、工作原理和技术参数

（一）工作原理

磨煤机工作原理如图 4-4 所示。

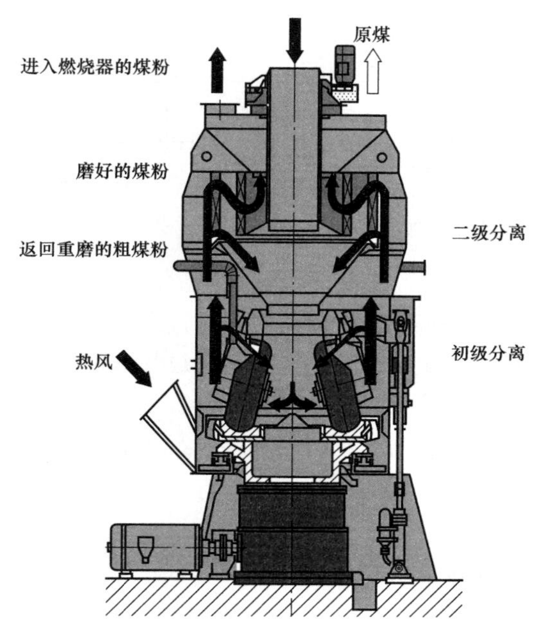

图 4-4 磨煤机工作原理图

SG-2710/33.03-M7050 锅炉采用磨煤机型号为 ZGM133G，由北京电力设备总厂生产，是中速辊盘式磨煤机，其碾磨部分是由转动的磨环和三个沿磨环滚动的固定且可自转的磨辊组成。需粉磨的原煤从磨机的中央落煤管落到磨环上，旋转磨环借助于离心力将原煤运动至碾磨滚道上，通过磨辊进行碾磨。三个磨辊沿圆周方向均布于磨盘滚道上，碾磨力则由液压加载系统产生，通过静定的三点系统，碾磨力均匀作用至三个磨辊上，这个力是经磨环、磨辊、压架、拉杆、传动盘、齿轮箱、液压缸后通过底板传至基础（见图 4-5）。原煤的碾磨和干燥同时进行，一次风（热风）通过喷嘴环均匀进入磨环周围，将经过碾磨从磨环上切向甩出的煤粉混合物烘干并输送至磨机上部的分离器，在分离器中进行分离，粗粉被分离出来返回磨环重磨，合格的细粉被一次风带出分离器。

难以粉碎且一次风吹不起的较重石子煤、黄铁矿、铁块等通过喷嘴环落到一次风室，被刮板刮进排渣箱，由人工（或由自动排渣装置排走）定期清理，清除渣料的过程在磨运行期间也能进行。

磨煤机排渣系统如图 4-6 所示。

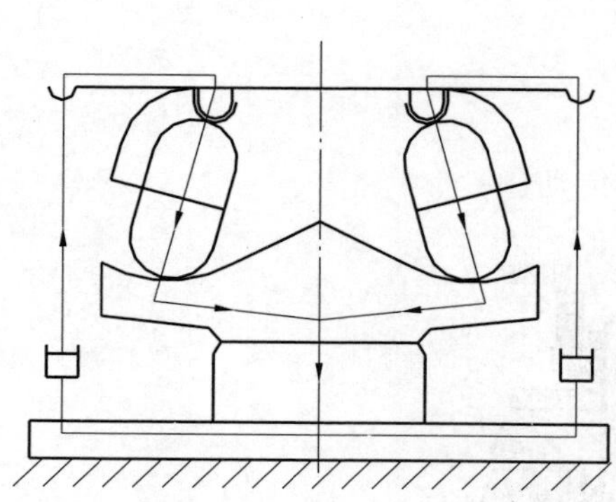

图 4-5 磨煤机研磨示意图

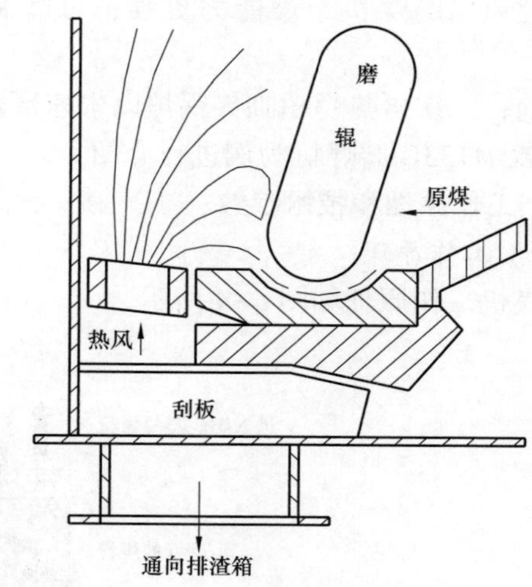

图 4-6 磨煤机排渣系统示意图

磨煤机采用液压变加载，通过改变高压油站比例溢流阀压力大小，变更蓄能器和油缸的油压来改变加载力的大小。齿轮箱配套的稀油站用来过滤、冷却齿轮箱内的齿轮油，以确保齿轮箱内部件的良好润滑状态。配套的液压油泵站通过加载油缸既可对磨煤机施行加载又可实现磨煤机启停开空车。每台锅炉配有二台密封风机，一台运行、一台备用。驱动电机为鼠笼型异步电动机，维修磨煤机时在电动机的尾部连接盘车装置。

（二）技术参数

1. 煤种范围

（1）煤种：烟煤，无烟煤，烟煤和无烟煤混合煤；

（2）发热量：16~31MJ/kg；

（3）表面水分：<18%；

（4）可磨性系数：HGI=40~80（哈氏）；

（5）可燃质挥发分：25%~40%；

（6）原煤颗粒：0~50mm；

（7）煤粉细度：R_{90}=15%~40%（静态分离器）、2%~12%（旋转分离器）。

2. 磨煤机技术数据

（1）标准研磨出力：95.8t（R_{90}=20%，HGI=50，M_t=10%）；

（2）额定功率：844kW；

（3）电动机功率：1000kW；

（4）电动机电压：6000V；

（5）电动机转速：992r/min；

（6）电动机旋转方向：逆时针（正对电机输入轴）；

（7）磨煤机磨盘转速：22.3r/min；

（8）磨煤机旋转方向：顺时针（俯视）；

（9）通风阻力：≤7150Pa；

（10）入磨一次风量：41.5kg/s；

（11）磨煤机磨煤电耗量：≤12kWh/t（100%磨煤机出力）。

三、磨煤机主要结构

（一）机座

机座主要由机座本体、排渣箱组成，内部容纳齿轮箱，上部带有机座密封装置。机座密封装置由密封环壳体、炭精密封环和弹簧等组成。整个装置通过密封环壳体安装在机座顶板上。密封环壳体、炭精密封环和传动盘形成密封风室，由密封空气入口向内供气。炭精密封环内部由两圈石墨密封环组成，靠弹簧箍紧在传动盘上形成浮动式密封，以防止安装和运行中轴的偏心所引起的损坏。采用石墨材料制成的密封环，具有密封效果好、耐磨损等优点。此外，采用石墨密封环有利于现场维修更换，在一定范围内有自动补偿磨损的作用。

机座主要承受磨煤机上部机壳和分离器等大型部件的重量和磨煤机工作中通过机壳导向装置传到机壳上的水平方向的扭转动载荷。

（二）排渣箱

排渣箱包括液压滑板落渣门和排渣箱体。排渣箱入口和出口各装有一落渣门，入口液动落渣门装在机座上，用于控制一次风室与排渣箱之间石子煤排放口的隔绝。出口落渣门与排渣箱体紧固在一起，用来控制石子煤向石子煤排运斗的排出。两套落渣门组成一组，根据现场情况实行手动排渣动作，两落渣门动作应一开一关。液压落渣门通过来自液压油站的高压油源提供动力，并通过安装在其上的行程开关将落渣门的位置传递给中控室。

石子煤由人工定期打开排渣门清理排渣箱。清理的间隔时间应根据运行情况来决定，正常运行时石子煤很少，石子煤较多主要出现在以下情况：磨煤机启动后；紧急停磨；煤质较差；运行后期磨辊、衬瓦、喷嘴磨损严重；运行时磨出力增加过快，一次风量偏少（即风煤比失调）。运行初期应间隔半小时检查一次排渣箱，但每次启磨和停磨时必须检查或清理排渣箱，正常运行时应1~2h检查一次排渣箱。对于由于喷嘴喉口磨损引起的石子煤增多，应及时更换磨损部件。

（三）传动盘及刮板装置

传动盘与减速机采用刚性连接，用来传递扭矩，它装在减速机的输出传动法兰上，通过30条M48的螺栓和输出传动法兰紧固，上部装有磨盘。磨运行时，减速机的输出力矩通过输出传动法兰和传动盘接触面间的摩擦力传递给传动盘，传动盘通过上部三个传动销带动磨盘转动。传动盘除了传递扭矩外，同时承受上部的加载力和部件重量，并通过减速机的推力瓦把力传递给减速机机体和磨煤机基础。传动盘上对称装有两个刮板装置，随传动盘转动。刮板和一次风室底部正常间隙是6~10mm，当刮板磨损后，间隙变大，可通过刮板的紧固螺栓调整此间隙。

（四）磨环及喷嘴环

磨环及喷嘴环由旋转部分和静止部分组成，旋转部分包括磨环托盘、衬板、锥形罩等组成，这些部件在传动盘的带动下转动。喷嘴叶片与磨环托盘通过螺栓连接成一体，跟随磨盘旋转。静止部分为喷嘴静环固定在机壳上。旋转部分与静止部分的间隙是5mm。衬板嵌在磨环托盘内，通过楔形螺栓紧固。锥形盖板的作用是把从落煤管落下的煤均匀布到磨盘上，并可防止水和煤漏到传动盘下面的空间内。

（五）磨辊装置

磨辊装置由辊架、辊轴、辊套、辊芯、轴承、油封等组成。磨辊位于磨盘和压架之间，倾斜15°，由压架定位。使用过程中辊套是单侧磨损，磨损达一定深度后可翻身使用，以合理利用材料。磨辊是在较高温度下运行，其内腔的油温较高（可达120℃），为保证轴承良好使用，润滑采用高黏度、高黏度指数、高温稳定性良好的合成烃SHC高温轴承齿轮油，每个磨辊注油40L，油密封由两道油封完成，第一道油封密封外部环境，第二道油封密封内部润滑油，两道油封之间填有耐温较高的润滑脂，用来润滑第一道油封的唇口。

磨辊内有两个轴承，一为单列圆柱滚子轴承，一为双列调心圆柱滚子轴承，两个轴承分别承受磨辊的径向力和轴向力。辊架的作用是把通过铰轴的加载力传给磨辊，它通过磨辊密封风管与密封风系统连接，密封风通过辊架内腔流向磨辊的油封外部和辊架间的空气密封环，在此形成清洁的环形密封，防止煤粉进入而损坏油封，同时又有降低磨辊温度的作用。在辊架处的辊轴端部装有呼吸器，使密封风管和内部油腔相通，消除不同温度和不同压力下产生的不良影响，以保证油腔内的正常气压和良好环境。

（六）机壳

机壳由机壳本体、防磨保护板、导向装置、热风口、拉杆密封、检修大门、各种检查门及机壳密封管路等组成。

机壳下部和机座焊在一起，上部通过螺栓和分离器连接。机壳内表面装有防磨板用以防止煤粉对机壳内壁的冲刷。机壳下部与机座顶板及传动盘、旋转喷嘴环一起构成一次风室。机壳上部三个凸出部位中装有压架导向装置，用于压架的垂直导向和限制压架随磨辊转动，以及压架对三个磨辊轴交汇之几何中心的控制。机壳上有机壳人孔门（工作人员入磨检修）、三个磨辊检查门（磨辊加油及安放检测元件）和两个一次风室检查门（检修刮板组件和事故排渣）。

拉杆从机壳穿出处有拉杆密封装置，保证煤粉不外泄的同时拉杆又可以自由地上下移动；一次风口是用于煤粉干燥和输送的一次风的进口；一次风口上有消防气体进口，在正常启停磨煤机或紧急停磨煤机时，必须通过消防气体管路向磨煤机内喷入消防气体，以防止煤粉在磨煤机内自燃或爆炸。

（七）分离器

旋转分离器为动静组合式，主要包括分离器壳体、静止百叶窗、转子、落煤管、驱动部、回粉锥、密封风管等部件，从研磨区送来的气粉混合物进入分离器，首先通过静止百叶窗，产生一定的切向速度，大的颗粒由于质量较大，直接回到回粉锥返回研磨区，其余煤粉气流在曳引力带动下，进入转子部分，通过调节转子的转速，使合格煤粉颗粒的离心力和气流的曳引力平衡，而不合格的颗粒在离心力的作用下返回研磨区重磨，旋转分离器电机转速设计保证在500~1500r/min时，煤粉的细度在R_{90}为3%~35%可调；驱动部是由变频器带动电动机传动的，通过齿轮、回转支撑带动中心空心轴，从而带动转子转动。

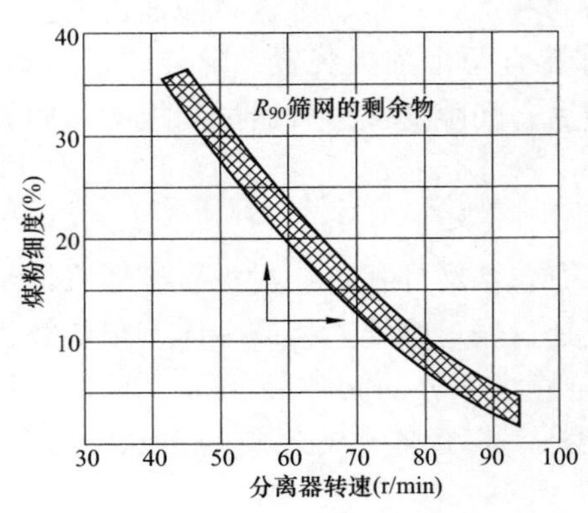

图4-7 分离特性曲线

分离特性曲线如图4-7所示。

（八）密封风系统

磨煤机在运行时，磨内部与外部存在压力差，为防止煤粉外漏和污染磨辊内部油腔，磨煤机设有密封风系统。启动时密封风与一次风的压差值必须大于2kPa，运行时密封风与一次风的压差值不得低于1.5kPa。来自密封风机的密封风分四路到达磨辊密封、拉杆密封、机座密封和分离器密封部位。机座密封是为防止一次风从转动的传动盘处泄漏；磨辊密封除保证运行的正常风量外，当停磨以后应保持一定时间密封风，以防止停磨后飞扬的煤粉对磨辊油封产生不良影响；拉杆密封主要是防止关节轴承和密封环之间积粉；分离器密封是为了防止一次风携带煤粉进入分离器齿轮箱。密封管路上设有橡胶伸缩节，以减少磨煤机振动对外的传递。到机座密封、拉杆密封和分离器密封管路上装有蝶阀，用于分配风量。到磨辊的密封风由分离器外部环形风管进入磨煤机，在内部又通过磨辊密封风管进入辊架，以保证磨辊摆动和窜动时输入密封风。

第五章

锅炉风烟系统及设备

第一节　概　　述

锅炉风烟系统是指连续不断地给锅炉燃料燃烧提供所需的空气量，并按燃烧的要求分配风量送到炉膛，在炉膛内为煤、油的燃烧提供充足的氧量，同时使燃烧生成的含尘烟气流经各受热面和烟气净化装置后，最终由烟囱排至大气。

二次再热超超临界机组锅炉风烟系统通常采用平衡通风，即利用一次风机、送风机和引风机来克服气流在流通过程中的各项阻力。一次风机和送风机主要用来克服空气预热器、煤粉设备和燃烧设备等风道设备的系统阻力；引风机主要用来克服受热面管束（过热器、再热器、省煤器、脱硝装置、空气预热器、低温省煤器、电除尘器、吸收塔等烟道）的系统阻力，并使炉膛出口处保持一定的负压。平衡通风不仅使炉膛和风道的漏风量不会太大，而且保证了较高的经济性，又能防止炉内高温烟气外冒，对运行人员的安全和锅炉房的环境均有一定的好处。

二次再热锅炉风烟系统通常可分为一次风系统、二次风系统和烟气系统。

一、一次风系统

一次风系统的作用是用来输送和干燥煤粉，并供给燃料燃烧所需的空气。其主要流程为：环境空气经一次风机提压后分成两路，一路进入磨煤机前的冷一次风管，另一路经空气预热器的一次风分仓，加热后进入磨煤机前的热一次风管。热风和冷风进入磨煤机前混合，通过在冷一次风和热一次风管出口处设置电动调节挡板和气动快关门来控制冷热风的风量，保证磨煤机总的风量要求和出口温度。混合后的一次风携带合格的煤粉流经煤粉管道进入炉膛燃烧。

一次风机的流量取决于燃烧系统所需的一次风量和空气预热器的漏风量。密封风机的流量虽然由一次风提供，但是最终进入磨煤机构成一次风的部分。一次风的压头取决于风道、空气预热器、挡板、磨煤机的流动阻力和煤粉流所需的压头。其压头是随风量的变化而变化，因此可以通过调节动叶的倾角来维持风道一次风的压力，适应不同负荷的变化。因热一次风经过空气预热器，压头比冷一次风的压头低，故冷一次风的挡板压降要大于热一次风挡板的压降。

二、二次风系统

二次风系统的作用是供给燃料燃烧所需的氧气。其主要流程为：环境由送风机提压后，经冷二次风道进入空气预热器的二次风分仓中预热。加热后的二次风经热二次风总管分配到燃烧器风箱后，被分成多股空气流，分别经过煤粉风室、油风室、二次风室和燃烧器上方的燃烬风风室进入锅炉炉膛。在燃烧器风箱内流向各个喷嘴的通道上设有调节挡板，用以完成各股风量的分配和各层喷嘴的投停。另外，从空气预热器的出口二次风道引出一路作为二次风的再循环热风。二次风再循环入口布置在消声器和二次风机之间，其作用是用来提高进入空气预热器的二次风的风温，从而提高空气预热器的冷端温度，防止空气预热器冷端的低温腐蚀。

送风机的流量取决于锅炉的负荷，出口压头决定于在给定流量下流经空气预热器、风道、二次风箱和燃烧器的压降，两者通过风机的叶片角与二次风箱的挡板进行控制。

三、烟气系统

烟气系统的作用是将燃料燃烧生成的烟气经各受热面和烟气净化装置后连续并及时地排至大气，以维持锅炉正常运行。锅炉采用平衡通风，出口保持一定的负压，负压是通过送风机、一次风机和引风机的流量间调节建立。

引风机的进口压力与锅炉负荷、烟道通流阻力有关。其流量决定于炉内燃烧产物的容积及炉膛出口后所有漏入的空气量。其压头应与烟气流经各受热面、烟道、除尘器和挡板所克服的阻力相等。引风机的进出口有电动挡板，满足任一台风机停运检修的需要。

空气预热器出口有各自独立的通道与电除尘器相连接，电除尘的两室出口与引风机连接，电除尘出口烟道之间还装有联络烟道，设有一联络挡板。

第二节 送风机、一次风机和引风机

一、风机分类

风机可以分为轴流式和离心式两种形式。离心式风机结构简单、运行可靠、效率高、制造成本低、噪声低。但叶轮材料在采用高强度合金钢后仍然常因焊接问题引起叶片断裂损坏，由于受材料的制约，其机体尺寸已达到极限。显然，离心式风机不适用于大容量的二次再热超超临界机组。

气体沿轴向流入叶片通道，当叶轮在原动机推动下旋转时，旋转的叶片给绕流气体一个轴向推力，使气体能量增加并沿轴向排出，这种风机被称为轴流式风机。轴流式风机根据调节方式分为静叶可调式和动叶可调式。静叶可调是改变入口导流叶片的方向，使风机出口气流方向改变，实现风量、风压的调节。在高负荷运行时，风机效率与动叶可调风机相近，但在低负荷运行时风机效率低于动叶可调风机。但静叶可调风机转子外沿的线速度较低，对入口含尘量的适应性比动叶可调轴流风机要好，含尘量一般在 $400mg/m^3$（标准状态）以下。同时，静叶可调轴流风机的结构简单，维护量少。最主要的易磨件后导叶为可拆卸式，更换方便。

动叶可调轴流风机是通过改变动叶的安装角，实现风量、风压的调节。风机的等效率运行区宽，所以风机在最高效率区的上下都有相当大的调节范围。当风机变负荷尤其是低负荷运行时，它的经济性就显示出来了。但是，动叶可调轴流风机是通过液压调节油站、调节臂、液压缸及叶片调节机构等带动动叶转动的，因此结构复杂，制造费用较高，维护费用高，而且叶片磨损比较严重。

二次再热超超临界锅炉通常采用轴流式风机，下面以泰州电厂为重点进行介绍。

二、典型实例

（一）技术参数

SG-2710/33.03-M7050 锅炉配送风机、一次风机、引风机各 2 台，均为动叶可调轴流风机，由上海鼓风机厂生产。送风机的质量流量裕量5%，压头裕量15%，另加温度裕量。由于在实际的运行过程中，一次风机的风量及风压受煤质变化及磨煤机运行数量的影响，波动的范围较大，因此一次风机的风量及风压裕量也不能过小。综合考虑以上因素，一次风机风量裕量30%、另加温度裕量（按夏季室外大气温度38℃计算），压头裕量25%。引风机风量裕量10%、另加温度裕量15℃，压头裕量20%。对比一次再热超超临界锅炉送风机风量的质量流量裕量10%、压头裕量30%、另加温度裕量，一次风机风量裕量40%、压头裕量30%、另加温度裕量，引风机风量裕量17%、温度裕量10℃、压头裕量32%，二次再热锅炉风机设计选型裕量已明显降低。另附莱芜电厂同容量等级锅炉所配风机参数。见表5-1~表5-5。

表 5-1　　配套送风机技术数据

项目	单位	SG-2710/33.03-M7050 锅炉	HG-2752/32.87/10.61/3.26-YM1 锅炉
风机型号		FAF28-14-1	FAF26.6-16-1
叶轮直径	mm	1412	2660
叶轮级数	级	1	1
叶片数	片	14	16
叶片材料		HF-1	HF-1
液压缸径和行程		ϕ336/H100MET	336/100
叶片调节范围	(°)	-40~+15	-40~+10

表 5-2　　配套送风机 TB 性能数据

项目	单位	SG-2710/33.03-M7050 锅炉	HG-2752/32.87/10.61/3.26-YM1 锅炉
风量	m^3/s	355.55	336.4
风机总压升	Pa	5024	5698
进口温度	℃	43	30
效率	%	86.99	88.04
转速	r/min	990	990
轴功率	kW	2018	2133
电机功率	kW	2150	2240

表 5-3　　配套一次风机技术数据

项目	单位	SG-2710/33.03-M7050 锅炉	HG-2752/32.87/10.61/3.26-YM1 锅炉
风机型号		PAF20-14.6-2	PAF18.3-13.3-2
风机内径	mm	1996	1830
叶轮直径	mm	1460	1334
叶轮级数	级	2	2
叶型		NA24	NA26
叶片数	片	44	52
叶片材料		HF-1	HF-1

续表

项目	单位	SG-2710/33.03-M7050 锅炉	HG-2752/32.87/10.61/3.26-YM1 锅炉
叶片和叶柄的连接		高强度螺栓	高强度螺栓
液压缸径和行程		ϕ336/H50MET	ϕ336/H50MET
叶片调节范围	(°)	50	45

表 5-4 **配套一次风机 TB 性能数据**

项目	单位	SG-2710/33.03-M7050 锅炉	HG-2752/32.87/10.61/3.26-YM1 锅炉
风量	m^3/s	144.25	125.6
风机总压升	Pa	19614	17418
进口温度	℃	38	30
效率	%	87.37	86
转速	r/min	1490	1490
轴功率	kW	3036	2222.1
电机功率	kW	3800	2650

表 5-5 **配套引风机 BMCR 技术数据**

项目	单位	SG-2710/33.03-M7050 锅炉	HG-2752/32.87/10.61/3.26-YM1 锅炉
型号		SAF38.5-21.1-2	SAF38.5-21.1-2
型式		动叶可调轴流式	双级静叶可调轴流式
风量	m^3/s	644	607.8
全压升	Pa	7826	8969
进口温度	℃	118	110
出口温度	℃	128	120
风机效率	%	89.00	89
风机轴功率	kW	5507	5924
风机转速	r/min	745	745
轮毂直径	mm	2114	2114
叶轮级数		2	2
叶片数	片	36	40
叶片材料		HF-1	15MnV
液压缸径和行程	mm	ϕ400/H125MET	415/100
叶片调节范围	(°)	-40~+10	-40~+10

(二) 风机结构

轴流式风机主要由以下部件组成：进口消音器、进口膨胀节、进口风箱、机壳、转子、扩压器、联轴器及其保护罩、调节装置及执行机构、液压及润滑供油装置和测量仪表、风机出口膨胀节、进、出口配对法兰。如图 5-1 所示。送风机采用挠性联轴承器，用两个刚挠性半联轴器和一个中间轴相连接，即在电动机与风机之间装有一段中间轴，在它们的连接处装有数片弹簧片，其具有尺寸小，自动对中，适应性强的特点。主轴、轴承箱和动叶调节的液压缸全部位于风机的芯筒内。每台风机均有扩压器，使离开叶片的空气流更加均匀。风机机壳两端设置了挠性连接件（围带），风机的进气箱的进口和扩压器的出口分别设置了进、排气膨胀节。每台送风机有润滑液压油系统。风机的旋转方向为顺气流方向看逆时针。

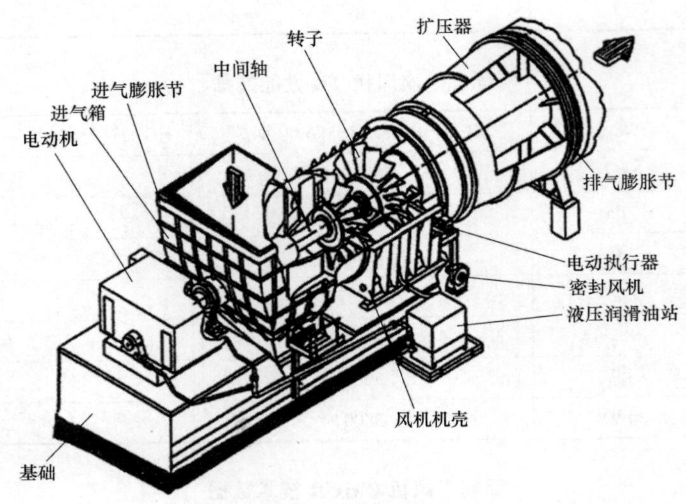

图 5-1　轴流式风机结构图

1. 转子

风机转子由叶轮、叶片、整体式轴承箱和液压调节装置组成。主轴和滚动轴承同置于一球铁箱体内，此箱体同心地安装在风机下半机壳中并用螺栓固定。在主轴的两端各装一个滚柱轴承用以承受径向力，为了承受轴向力，在近联轴器端装有一个向心推力球轴承，承担逆气流方向的轴向力。轴承的润滑借助于轴承箱体内的油池和外置的液压润滑联合油站。当轴承箱油位超过最高油位时，润滑油将通过回油管流回油站。叶轮为焊接结构，重量比较轻，惯性矩也小。叶片和叶柄等组装件的离心力通过平面推力球轴承传递至叶轮的支承环上。叶轮组装件在出厂前已进行多次动平衡。风机运行时，通过液压调节装置，可调节叶片的安装角度并保持在这一角度上。叶片装在叶柄的外端，叶片的安装角可以通过装在叶柄末端的调节杆和滑块进行调节并使其保持在一定位置上。调节杆和滑块由液压调节装置通过推盘推动。推盘由推盘和调节环组成并和叶片液压调节装置用螺钉连接。

2. 中间轴和联轴器

风机转子通过风机侧的半联轴器 a、电机侧的半联轴器 b 和中间轴与驱动电机连接。刚挠性联轴器是一种真正的平衡联轴器，能够平衡安装和运行时误差（轴挠度和轴向变形等），它的装配和其他联轴器一样并不困难，如要符合它所要求的使用寿命，校正必须非常正确。刚挠性联轴器没有零件受到摩擦和磨损，此弹性联轴器的联轴节是紧固的，正确公差的弹簧片是有特种高级弹簧钢制成。弹簧片成对地配置可使连接机械在三个方向上自由移动，这种 RIGIFLE 联轴器无须保养，不用润滑。运行温度在 150℃ 以下不会发生故障。

3. 钢结构件

风机机壳是钢板焊接结构。风机机壳具有水平中分面，上半可以拆卸，便于叶轮的装拆和维修。叶轮装在主轴的轴端上，主轴承箱通过高强度螺钉与风机机壳下半相连，并通过法兰的内孔保证中心对中。此法兰为一加厚的刚性环，它将力（由叶轮产生的径向力和轴向力）通过风机底脚可靠地传递至基础，在机壳出口部分为整流导叶环，固定式的整流导叶焊接在它的通道内。整流导叶和机壳以垂直法兰用螺栓连接。进气箱为钢板焊接结构，它装置在风机机壳的进气侧。在进气箱中的中间轴放置于中间轴罩内。电动机一侧的半联轴器，用联轴器罩防护。带整流体的扩压器为钢板焊接结构，它布置在风机机壳的排气侧。

4. 挠性连接（围带）

为防止风机机壳的振动和噪声传递至进气箱和扩压器以至管道，因此进气箱和扩压器通过挠性连接（围带）同风机机壳相连接。另外在进气箱的进气端和扩压器的排气端均设有挠性膨胀节与管道相连，用以阻隔风机与管道的振动相互传递。

第三节　空气预热器

一、空气预热器分类

空气预热器作为锅炉尾部受热面，是利用尾部烟气热量来加热燃烧所需空气。目前大容量锅炉通常采用回转式空气预热器，它缓慢地载着传热元件旋转，传热元件从烟气侧的热烟气中吸取热量，通过转子的连续转动，把已加热传热元件中的热量，不断地传递给空气侧进来的冷空气，从而加热空气。

二次再热超超临界锅炉采用的回转式空气预热器中，有三分仓和四分仓空气预热器之分。三分仓空气预热器有一个烟气通道，少量高压一次风和大量低压二次风各一个通道。一次风仓加热一次风机供应的用于煤粉干燥和输送的一次风，二次风仓加热送风机供应的用于煤粉燃烧的二次风。通常三分仓空气预热器烟气仓、一次风仓、二次风仓所占圆周角分别为165、50、100，另外3个密封区各占15。

四分仓空气预热器与三分仓空气预热器结构基本相同，只是增加了一个二次风仓。图5-2为典型三分仓与四分仓空气预热器布置示意图，使一次风仓布置于两个二次风仓之间而与烟气仓分开。这样可有效地降低风仓间压差，减少因一次风压高产生的向烟气侧的漏风，因此四分仓空气预热器可用于一次风压非常高的场合。

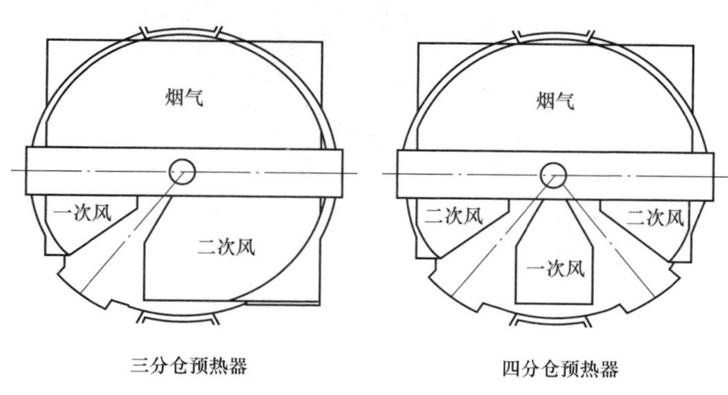

图5-2　三分仓、四分仓空气预热器布置示意图

二、典型实例

（一）技术参数

SG-2710/33.03-M7050 锅炉和 HG-2752/32.87/10.61/3.26-YM1 锅炉分别配备 2 台三分仓和四分仓空气预热器，技术参数见表 5-6。

表 5-6　　　　　　　　　　　　　　空气预热器技术参数

项目	单位	SG-2710/33.03-M7050 锅炉	HG-2752/32.87/10.61/3.26-YM1 锅炉
型式		三分仓	四分仓
型号		34.5VI（T）-2600（106"）SMRC	35-VI（Q）-2600-QMR
制造厂		上海锅炉厂预热器	哈尔滨锅炉厂预热器
空气预热器转子转速	r/min		0.933
空气预热器驱动电动机型式		MZQA-Y225M-4B3	1LE0001-2BC23-3FB4
空气预热器驱动电动机转速	r/min	1480	980
空气预热器驱动电动机铭牌功率	kW	45	30
空气预热器辅助马达型式		EF108	1LE0001-2BC23-3FB4
空气预热器辅助马达功率	kW	15	30

（二）空气预热器主要构件

由于四分仓空气预热器与三分仓空气预热器结构基本相同，本节以三分仓空气预热器为例对主要构件进行介绍。上锅配 2 台转子直径为 ϕ17286 的三分仓容克式空气预热器，它是由上下连接板、刚性环、转子、传热元件、三向密封、外壳、主支座、副支座、传动装置、上下轴承和附件等组成。它的允许瞬间进口温度不超过 450℃，最大连续运行进口温度不超过 430℃。

回转式空气预热器立体图及轴测分解图，如图 5-3 和图 5-4 所示。

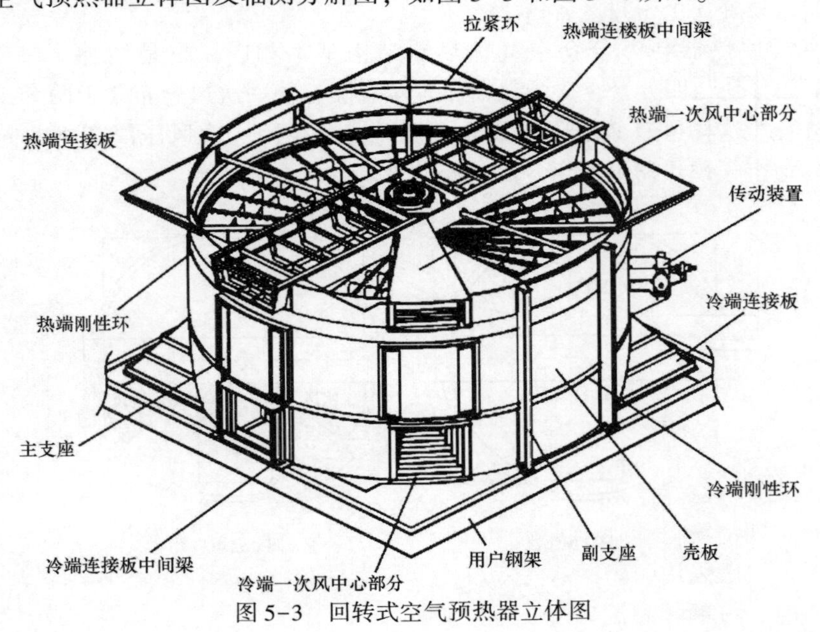

图 5-3　回转式空气预热器立体图

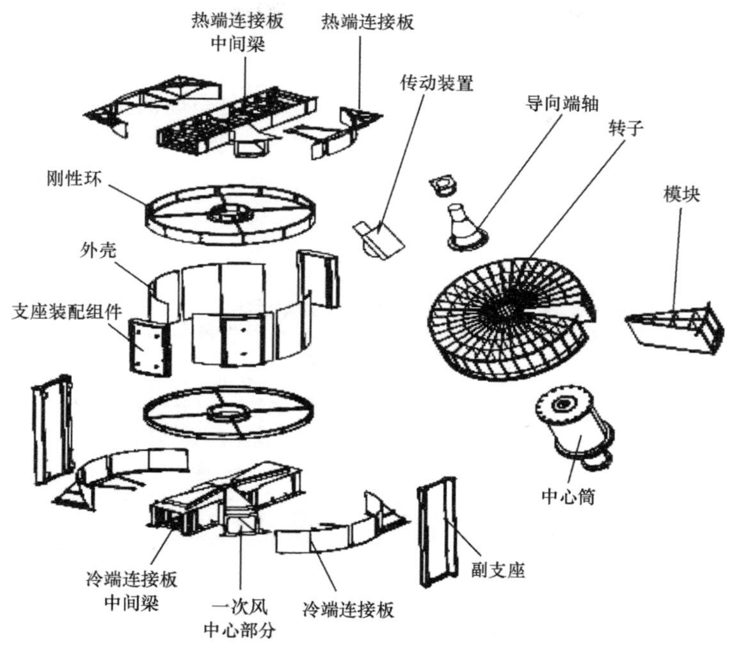

图 5-4　回转式空气预热器轴测分解图

1. 传热元件

传热元件是成千上万件、经过特殊加工的高效率的传热波形金属薄板，是热交换的主要构件。它紧密地排列在篮子框架中，篮子框架以两层或更多层叠放在转子的格仓中。一般分三层，由下至上分别命名为冷段层、热段中间层和热段层。

传热元件布置如图 5-5 所示。

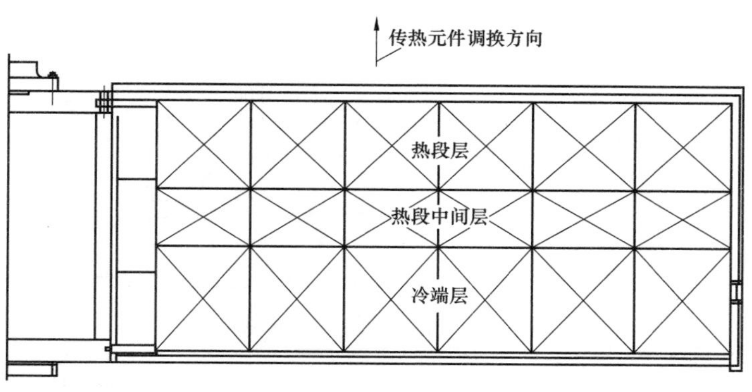

图 5-5　传热元件布置图

由于预热器的传热元件布置紧密，工质通道狭窄，所以，在传热元件上易积灰，甚至堵塞工质通道，致使烟空气流动阻力增加，传热效率降低，从而影响预热器的正常工作。故必须经常吹灰和定期清洗。相比较而言，冷段元件比热段元件更易积灰或粘连化学物质，所以，对冷段元件一般采用耐腐蚀材料或镀搪瓷。当冷端传热元件的一端钢板厚度减薄至原厚度的三分之一时，可翻转篮子框架，与相邻对称格仓内的对应篮子框架交换倒置使用，可以延长传热元件的使用寿命。

2. 转子轴承

空气预热器的转子轴承，由上部的导向轴承（双列向心球面滚子轴承，如图 5-6 所示）和下部的支承轴承（推力轴承，如图 5-7 所示）组成。其中导向轴承主要承载来自转子的烟空气压差和阻力产生的倾覆力矩；支承轴承主要承载转子、传热元件等重量，以及烟空气压差和阻力产生的倾覆力矩。

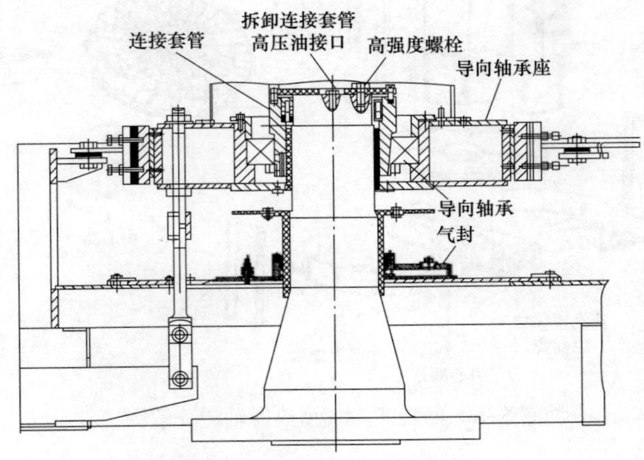

图 5-6 空气预热器导向轴承

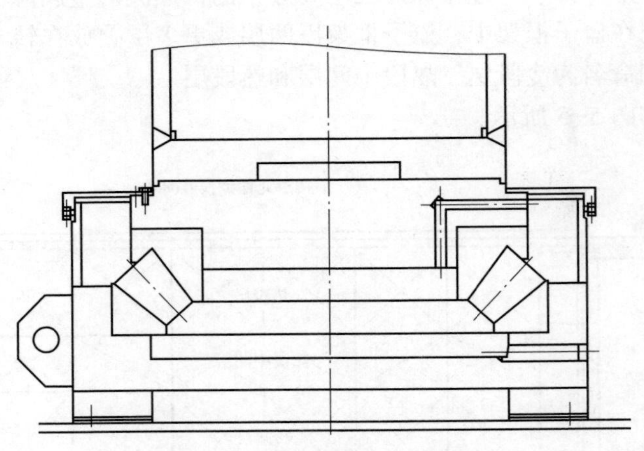

图 5-7 空气预热器支撑轴承

轴承的使用寿命，如排除轴承自身的质量因素外，最主要的因素是润滑油的黏度及其清洁度的问题。一旦润滑油的黏度选择正确，润滑油的清洁度将是影响轴承使用寿命的最主要的因素。尤其是支承轴承，对润滑油的清洁度要求更高。实践经验也告诉我们，支承轴承的损坏，往往是润滑油的不清洁引起的（包括异物进入），由于轴承安装环境往往是露天和有粉尘，所以，现场安装、检修人员务必做好防尘、防雨和防异物进入轴承座的工作。另外，对轴承产生损伤的原因是焊接电流通过轴承的滑动面，由于电蚀会对轴承的滑动面产生损伤，所以，现场安装、检修人员务必采取措施，杜绝焊接电流流经轴承的可能。

3. 传动装置

空气预热器的传动装置是驱动转子转动的组件，由主、辅电动机，气马达、磁力耦合器、减速箱、传动齿轮、支架等零件组成。如图 5-8、图 5-9 所示。其工作过程为：由主电动机通过磁力耦合器将动力传至减速箱，然后依靠减速箱低速输出轴端的大齿轮与装在转子外圆壳板上的围带销相互啮合，使转子得以转动。转子的转速随预热器大小而异，转速一般为 1~4r/min，过高的转速对传热无益，相反会因转子的旋转使带入烟气侧的空气量会增加，亦即预热器的漏风增大。其中减速箱有顺时针转向和逆时针转向之分，分别用于转子顺时针布置预热器和转子逆时针布置预热器上。

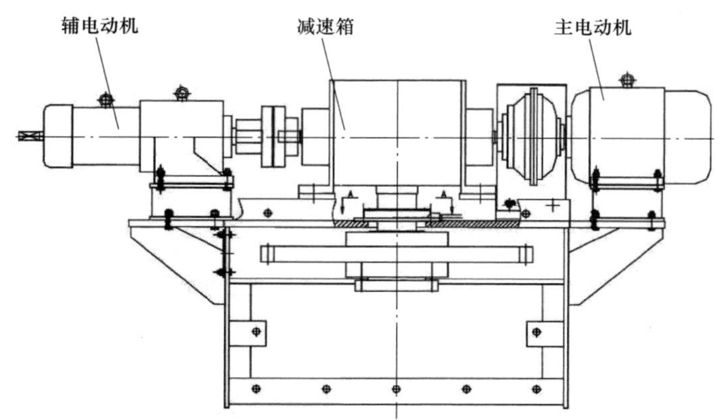

图 5-8　传动装置正视图

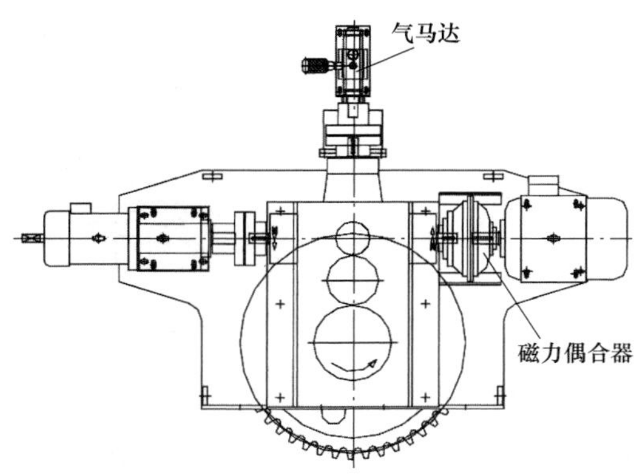

图 5-9　传动装置俯视图

4. 密封装置

空气预热器的漏风分直接漏风和携带漏风两种。直接漏风就是由于烟空气压差引起的空气向烟气的泄漏。携带漏风是回转式空气预热器所固有的漏风，它是由于旋转的转子经过空气侧，再转到烟气侧，由转子的空腔携带空气而造成的，这部分漏风是不可克服的。因此，降低空气预热器漏风即降低直接漏风，主要途径是通过密封装置减小密封间隙、空洞或压差。

密封装置包括径向密封、轴向密封、环向密封或旁路密封、转子中心筒密封和静密封。

(1) 在预热器的热端和冷端，都设置了径向密封片，这些密封片都固定在转子的径向隔板上，被设定了距离扇形板密封面的预留间隙。这些密封预留间隙将使空气预热器在运行过程中保持最小的间隙。

(2) 空气预热器设置了轴向密封片。这些轴向密封片固定在从热端到冷端转子外缘的径向隔板上。可调轴向密封板装于主支座板的内侧，与扇形板外侧端相齐平，从热端延伸到冷端，基本上以密封片和轴向密封板之间的规定间隙来设定轴向密封板。在运行期间，转子的热变形减少这个间隙到最小值。

(3) 空气预热器除轴向密封外，还装设固定的旁路密封。旁路密封片固定在热端和冷端连接板的旁路密封角钢上，限制气流通过转子和转子外壳之间的空间而旁通转子。基本上设定这些密封片可使预热器在整个运行期间和热端密封角钢，冷端转子法兰保持最小间隙。

(4) 此外，空气预热器还设置了转子中心筒密封和静密封。中心筒密封片固定在转子中心筒热端和冷端的端板圆周上，与环形密封盘或密封盖的凸缘之间设定在规定间隙上运转。静密封片和补隙片来弥补孔洞，有助于减少漏风。

空气预热器密封装置布置如图 5-10 所示。

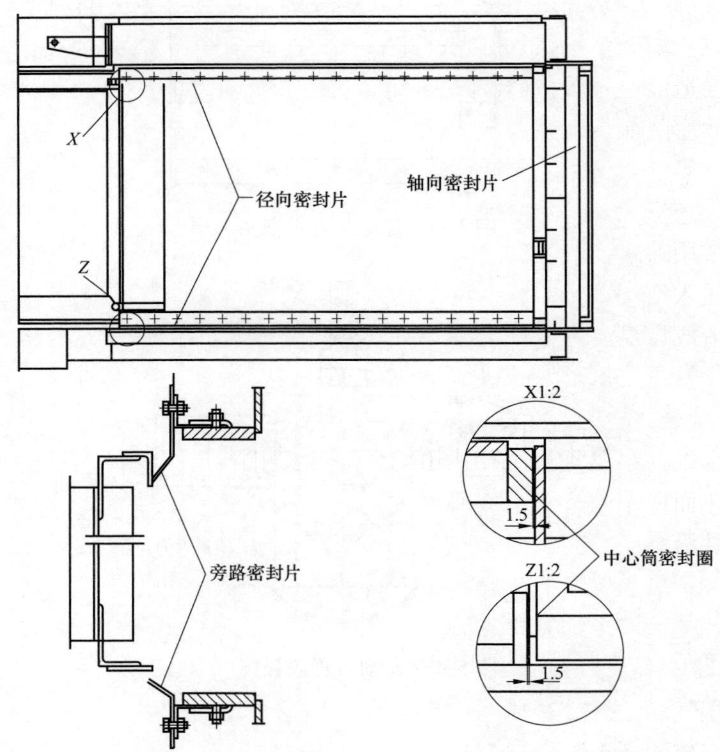

图 5-10　空气预热器密封装置布置示意图

5. 油循环系统

油循环系统是为冷却和净化支承轴承和导向轴承的润滑油而设置的系统。整个系统是由稀油站、管道以及阀门等组成，而稀油站又由油泵、网片式油滤器、列管式冷却器、安全阀、单向阀、双金属温度计和压力表等组成。该系统自身不带油箱，投运时由油泵将预热器轴承座内的润滑油吸出，经过过滤器和冷却器，再将润滑油送回轴承座内而完成循环。油循环系统中的主要构件三螺杆泵，其输送油液的最大运动黏度为378mm²/s。如果输送的油液黏度超过最大值，就可能损坏油泵。

此外，空气预热器还配置有火灾监测消防及清洗系统、吹灰装置、润滑及控制等设备。

三、低温腐蚀及防止

常压下水蒸气的露点在50℃左右，故一般不易在受热面上结露。当燃用含硫燃料时，硫燃烧后形成二氧化硫，其中一部分会进一步氧化成三氧化硫，三氧化硫与烟气中水蒸气结合成为硫酸蒸汽。酸露点比水露点要高得多，烟气中三氧化硫含量愈多，酸露点就愈高，酸露点可达140~160℃或更高。烟气中三氧化硫本身对受热面金属的工作影响不大，但当它在壁温低于酸露点的受热面上凝结下来时，就会对受热面金属产生严重腐蚀作用。

由于空气预热器布置在锅炉尾部，属低温受热面，烟气进入空气预热器后易发生低温腐蚀，尤其是空气预热器的低温段（冷端）。低温受热面上凝结的液态硫酸，不仅会腐蚀金属，而且还会黏结烟气中的灰粒子，使其沉积在潮湿的受热面上，严重时将造成烟气通道堵灰。如果除尘器进口烟温低到酸露点时。也会造成除尘器堵灰。腐蚀和堵灰往往是相互促进的。堵灰使传热减弱，受热面金属壁温降低，这势必会加速腐蚀过程，预热器受热面腐蚀泄漏后，将导致漏风。漏风使烟温进一步降低，从而加速腐蚀和堵灰过程的进展，以致形成恶性循环。严重的会造成空气预热器波纹板穿孔，空气大量漏至烟气中，致使送风不足，炉内燃烧恶化，锅炉效率降低，烟道阻力增大，严重影响锅炉的经济运行。为预防和减轻空气预热器出口端的低温腐蚀和堵灰，常采用下列措施：

1. 提高空气预热器受热面的壁温

提高壁温最常用的方法是提高入口空气温度，采用暖风器或热风再循环。把冷空气温度适当提高后，再送入空气预热器。这种方法行之有效，因而得到了广泛应用，但会使预热器传热温差变差，造成排烟温度上升。因此，最后使锅炉效率会有所降低，暖风器疏水管道故障率高，维护工作量大。

2. 冷端受热面采用耐腐蚀材料

采用回转式空气预热器本身就是一个减轻腐蚀的措施，因为在相同的烟温和空气温度下，其烟气侧受热面壁温较管式空气预热器高，这对减轻低温腐蚀有好处；同时回转式空气预热器的传热元件沿高度方向都分为三段，即热段、中间段、冷段，冷段最易受低温腐蚀。从结构上将冷端和不易受腐蚀的热段和中间段分开的目的在于简化传热元件的检修工作，降低维修费用，当冷端的波形板被腐蚀后，只需更换冷端的蓄热板。另外，为了增加冷端蓄热板的抗腐蚀性常采用耐腐蚀的低合金钢制成，而且较厚，一般在1.2mm。另外，在回转式空气预热器中，烟气和空气交替冲刷受热面。当烟气流过受热面时，若壁面温度低于烟气露点，受热面上将有硫酸凝结，引起低温腐蚀。但当空气流过受热面时，因空气中没有硫酸蒸汽，且空气中水蒸气的分压力低，则凝结在受热面上的硫酸将蒸发。因此当空气流经受热面时，硫酸的凝结量不增加，反而减少，从而降低腐蚀。

3. 采用降低酸露点和抑制腐蚀的添加剂

将添加剂——粉末状的白云石混入燃料中，或直接吹入炉膛，或吹入过热器后的烟道中，它会与烟气中的SO_2和H_2SO_4发生作用而生成$CaSO_4$或$MgSO_4$，从而能降低烟气中的或H_2SO_4的分压力，降低酸露点，减轻腐蚀。

4. 燃料脱硫

燃料中的黄铁硫可以在燃料进入制粉系统前利用其重力与煤粉不同而分离出来，但不能完全分离出，而且有机硫很难出去。

5. 运行中防止低温腐蚀的措施

（1）采用低氧燃烧。可以将烟气中 SO_3 大量降低，烟气露点下降，腐蚀速度减小，但是化学未完全燃烧有增加，但是排烟损失减少，锅炉效率稍有增加。

（2）控制炉膛燃烧温度水平，减少 SO_3 的生成量。

（3）定期吹灰，利于清除积灰，又利于防止低温腐蚀。

（4）定期冲洗。如空气预热器冷段积灰，可以用碱性水冲洗受热面清除积灰。冲洗后一般可以恢复至原先的排烟温度，而且腐蚀减轻。

（5）避免和减少尾部受热面漏风。因漏风，受热面温度降低，腐蚀加速。特别是空气预热器漏风，漏风处温度大量下降，导致严重的低温腐蚀。

第六章

锅 炉 运 行

第一节 锅 炉 启 动

锅炉由静止状态变成运行状态的过程称为锅炉启动。二次再热锅炉的启动与一次再热锅炉启动基本相同。下面着重以上锅二次再热锅炉启动为例，对二次再热锅炉的启动进行介绍。

一、锅炉启动状态划分

锅炉的启动方式按照锅炉启动前的冷热状态划分，可分为冷态启动和热态启动两种，也可把锅炉启动分为冷态、温态、热态和极热态启动等多种启动方式。所谓冷态启动，是指锅炉没有表压，其温度和环境温度相近情况下的启动；温态、热态和极热态启动是指锅炉还保持有一定的表压，温度高于环境温度情况下的启动。

一般情况，锅炉厂以停机时间的长短对锅炉的启动状态进行大致的划分，表 6-1 为 3 种锅炉的启动划分表。

表 6-1　　锅炉启动状态划分表

状态	SG-2710/33.03-M7050	HG-2752/32.87/10.61/3.26-YM1	HG-1938/32.45/605/623/623-YM1
冷态启动	停机超过 72h	长期停机	长期停机
温态启动	停机 72h 内	停机 56h 内	停机 32h 内
热态启动	停机 10h 内	停机 8h 内	停机 8h 内
极热态启动	停机 1h 内	停机 2h 内	停机 1h 内

二、SG-2710/33.03-M7050 锅炉启动

锅炉启动步骤主要分为启动前准备、锅炉上水及冷态冲洗、锅炉点火、热态冲洗、锅炉升温升压及汽轮机冲转并网带初负荷、锅炉转直流运行至带 1000MW 运行等步骤进行。

（一）冷态启动

1. 启动前的准备

启动前的准备主要分为以下几部分。

（1）现场环境的确认。

启动前，应对锅炉内外进行检查和清理；清理所有受压部件内的异物；清理所有可能影响锅炉正常膨胀的格栅、管路和电力管路；应对现场人员进行清理，关闭所有人孔；现场人员应严格控制。

检查消防、照明、通信等应具备锅炉启动条件。

（2）各系统状态的确认。

检查压缩空气系统、闭式水系统，工业水系统，化学水系统，燃油系统，辅汽系统，输煤系统，脱硫、脱硝、除尘系统，除灰、渣系统，风烟系统，吹灰系统，火检系统，制粉系统和汽水系统等做好锅炉启动前准备。包括系统设备状态、阀门及热工仪表状态的确认。

（3）锅炉所有的热工联锁保护经过检验确认。

锅炉启动前，对所有的热工联锁保护进行检验，并对其投入情况进行确认。

（4）锅炉启动所需人员及操作票的确认。

锅炉启动前，准备好锅炉启动期间所需的工作人员、相关操作票、记录表及相关工器具。

2. 锅炉上水及冷态清洗

（1）炉前上水。

1）锅炉上水前，给水系统应先进行循环清洗，清洗流程为：凝汽器→低压加热器→除氧器；

2）当除氧器出口水质的含铁量小于200μg/L时，锅炉满足上水条件；

3）检查除氧器水温105～120℃，以10%BMCR水量向锅炉上水，锅炉给水与锅炉金属温度的温差不许超过111℃。

（2）冷态冲洗。

锅炉冷态清洗过程分为开式清洗和循环清洗两个阶段：

1）冷态开式清洗阶段。

当贮水箱出口水质Fe含量大于500μg/L，锅炉进行冷态开式清洗，推荐清洗流量为25%～30%BMCR，为了保证清洗效果可变流量清洗。

冷态开式清洗流程：凝汽器→低压加热器→除氧器→高压加热器→省煤器→水冷壁→分离器→贮水箱→扩容器→排放。

当贮水箱出口水质Fe含量小于100μg/L、SiO_2含量小于100μg/L时，冷态开式清洗结束。

2）冷态循环清洗阶段。

冷态开式清洗结束后，启动锅炉疏水泵，投入凝结水精处理，改善水质，锅炉进行冷态循环清洗。推荐清洗流量为25%～30%BMCR，为了保证清洗效果可变流量清洗。

冷态循环清洗流程：凝汽器→凝结水精处理→低压加热器→除氧器→高压加热器→省煤器→水冷壁→分离器→贮水箱→扩容器→凝汽器。

当贮水箱出口水质Fe含量小于100μg/L、SiO_2含量小于50μg/L时，锅炉冷态循环清洗结束。

3. 锅炉点火

（1）启动烟风系统。

按顺序启动空气预热器，引、送风机。炉膛负压控制在-100Pa左右，投入负压自动控制，投入相关的联锁。

（2）燃油泄漏试验。

1）进行炉前燃油系统启动前检查，确认所有油枪进油手动隔离阀开启，进、回油流量计及燃油调节阀前、后隔离阀开启，旁路阀关闭；调整炉前燃油压力至正常。

2）燃油泄漏试验条件

① 锅炉 MFT 继电器已跳闸；

② OFT 已跳闸；

③ 进油母管燃油关断阀已关；

④ 所有油角阀关闭；

⑤ 回油母管燃油关断阀已关；

⑥ 所有火检显示无火。

3）燃油泄漏试验步骤。

打开进油母管燃油关断阀，打开燃油调节阀，打开燃油蓄能电磁阀，充油，等待油母管压力达到 3.5MPa。

关闭进油母管燃油关断阀，若 180s 内母管压力下降值小于 0.1MPa，则回油母管燃油关断阀及油角阀泄漏试验通过；否则认为回油母管燃油关断阀及油角阀有泄漏，燃油泄漏试验失败。

回油母管燃油关断阀及油角阀泄漏试验通过后，打开回油母管燃油关断阀，9s 后关闭此阀。

若 180s 内进油母管燃油关断阀后压力上升值小于 0.1MPa，则认为进油母管燃油关断阀泄漏试验通过；否则认为进油母管燃油关断阀泄漏，泄漏试验失败。

（3）锅炉炉膛吹扫。

1）炉膛吹扫条件。

一次吹扫条件如下：

① MFT 条件不存在；

② 至少 1 台送风机运行且其出口挡板开；

③ 至少 1 台引风机运行且其入口、出口挡板开；

④ 至少 1 台空气预热器在运行，且其二次风出口挡板开且空预器烟气入口挡板开；

⑤ 所有火检探头均探测不到火焰；

⑥ 进油母管燃油关断阀，回油母管燃油关断阀关闭，所有油角阀关闭；

⑦ 所有磨煤机停且其出口门全部关闭；

⑧ 所有给煤机停；

⑨ 所有一次风机全停；

⑩ 油母管泄漏试验已经完成；

⑪ 等离子均未拉弧。

二次吹扫条件如下：

① 炉膛风量大于 30%；

② 炉膛风量小于 40%；

③ 二次风挡板均在吹扫位；

④ 燃烧器喷嘴在水平位置；

⑤ 炉膛压力正常（-300Pa<炉膛压力值<300Pa）

⑥ 任一火检冷却风机运行且火检冷却风压大于 5kPa；

⑦ 燃尽风风门挡板均关；

⑧ 仪用气压力不低。

2）炉膛吹扫。

当一次及二次吹扫条件全部满足后，吹扫计时器开始计时，吹扫至少5min。吹扫过程中如果任何二次吹扫允许条件被破坏，吹扫计时器复位、同时“吹扫中断”指示灯点亮，待二次吹扫条件恢复后，吹扫过程就会自动重新开始吹扫计时；如果一次吹扫允许条件被破坏后则吹扫失败、逻辑退出吹扫模式。此时需要操作员重新发指令来启动炉膛吹扫程序。

（4）点火前各系统的检查。

1）汽轮机系统。

① 确认汽轮机在跳闸状态，超高、高、中压主汽门、调门在关闭状态，汽轮机盘车投运正常。

② 汽轮机超高压缸排汽逆止阀关闭，超高压缸通风阀投自动（处于关闭状态）。

③ 汽轮机高压缸排汽逆止阀1、高压缸排汽逆止阀2关闭，高压缸通风阀投自动（处于关闭状态）。

④ 辅汽系统及轴封运行正常。

⑤ 确认汽轮机侧相关疏水一、二次阀全部开启。

⑥ 确认循环水系统投运正常。

⑦ 检查汽轮机缸体膨胀正常。

2）锅炉系统。

① 确认锅炉冷态清洗结束，省煤器进口水质合格，贮水箱水位正常。

② 确认锅炉相关疏水放气阀开启。

③ 建立炉前油循环，油压3MPa左右。

④ 确认炉膛压力正常。

⑤ 确认高、中、低压旁路控制投自动，旁路减温水投自动。

⑥ 省煤器进口维持不小于30%BMCR的给水流量。

⑦ 确认辅汽至空气预热器吹灰器投运正常。

⑧ 确认炉膛烟温测量装置投运正常。

⑨ 确认等离子系统设备运行正常。

（5）锅炉点火。

锅炉启动点火可以采用两种方式：油枪点火启动和等离子点火启动。本着节省燃油的目的，优先采用等离子点火启动。

1）等离子点火启动。

① 启动一次风机、密封风机。

② 投入磨煤机B暖风器进行暖磨。

③ 投入B层等离子，并投入等离子模式。

④ 当B磨煤机出口温度达到80℃时，启动B磨煤机、B给煤机，给煤量28t/h，铺煤2min后，磨煤机降磨辊并适当提高给煤量，着火稳定后煤量稳定至30~35t/h。

⑤ 监视磨煤机出口温度、压力、进出口差压、振动等参数，必要时对给煤量、入口风量进行适当的调整，确保制粉系统运行正常、稳定。

⑥ 密切注意锅炉燃烧情况及炉膛压力变化，确认火检正常。注意升温、升压率符合启

动曲线，控制汽水分离器进口工质升温率小于 4.5℃/min，压力上升速率小于 0.12MPa/min。

2）油枪点火启动。

① 确认燃油系统正常。

② 维持 30%BMCR 风量以上。

③ 对角投入 B 层油枪。

④ 注意升温、升压率符合启动曲线，控制汽水分离器进口工质升温率小于 4.5℃/min，压力上升速率小于 0.12MPa/min。

⑤ 根据升温、升压速率，相继投入 C 层或 A 层油枪。

⑥ 待预热器出口二次风温大于 150℃，启动一次风机、密封风机，准备投入煤粉。

4. 热态冲洗

锅炉点火后，当水冷壁出口水温达到 150~170℃时，注意控制燃料量，维持温度不变，锅炉开始进行热态清洗。热态清洗同样分为热态开式清洗和热态循环清洗。

（1）锅炉热态开式清洗。

当贮水箱出口水质 Fe 含量大于 500μg/L、SiO_2含量大于 100μg/L 时，进行热态开式清洗，为了保证清洗效果可变温清洗。

（2）锅炉热态循环清洗。

当贮水箱出口水质 Fe 含量小于 100μg/L、SiO_2含量小于 50μg/L 时，进行热态循环清洗，为了保证清洗效果可变温清洗。

（3）当贮水箱出口水质 Fe 含量小于 50μg/L、SiO_2含量小于 30μg/L 时，热态清洗结束，锅炉可以继续升温升压。

5. 锅炉升温、升压及汽轮机冲转并网带初负荷

（1）当过热器出口压力升至 0.2MPa，关闭各放气阀，并检查严密不漏。

（2）当过热器出口压力升至 12MPa，确认关闭过热、一次再热及二次再热炉侧疏水阀。

（3）锅炉继续升温升压至汽机冲转参数：主蒸汽压力为 12MPa，一次再热蒸汽压力为 3.0~3.5MPa，二次再热蒸汽压力为 0.8~1.0MPa，主蒸汽/再热蒸汽温度为 400℃/380℃。

（4）待蒸汽品质合格后（主蒸汽品质合格指标：$SiO_2 \leqslant 30$μg/kg、Fe≤50μg/kg、$Na^+ \leqslant$ 20μg/kg、$Cu^+ \leqslant 15$μg/kg、阳极电导率≤0.5μS/cm），汽轮机冲转至 3000r/min，并网带初负荷。

（5）当 B 磨煤量至 60t/h 左右时，投入第二套制粉系统。

6. 锅炉转直流运行至带 1000MW 运行

（1）逐步增加负荷，随着汽轮机调门开大，负荷上升，高、中、低压旁路自动关小，直至全关。

（2）当机组负荷 280MW 左右时，保持给水量不变，逐步增加燃料量，待分离器出口过热度达 10℃以上，锅炉转为直流运行。

（3）锅炉转直流运行后，继续增加燃料量，直至 1000MW 运行。燃料投入顺序：A 层油→B层油→C 层油→B 层煤/A 层煤→C 层煤/A 层煤→D 层煤→E 层煤→F 层煤。

（4）锅炉升负荷过程中，严格按照锅炉冷态启动曲线控制升温、升压速率。各阶段最大升温升压速率见表 6-2。

表 6-2　　升温升压速率

冷态启动		
升温率（℃/min）	<400	<4.5
	>400	<1.28
升压率（MPa/min）	<8	<0.12
	>8	<0.128

（二）温态、热态、极热态启动

根据启动时的温度状态，从低到高，依次分为温态、热态和极热态启动，即锅炉经过较短时间的停运之后的重新启动，启动时的工作内容与冷态启动基本相同，只是燃料投入率，升温、升压的速率较冷态时快些。

机组升负荷速率根据当时机组状态确定，具体见表 6-3。

表 6-3　　升负荷速率

负荷段（MW）	冷态（MW/min）	温态（MW/min）	热态（MW/min）	极热态（MW/min）
150~200	5	5	10	10
200~300	5	5	5	5
300~500	5	10	10	10
500~1000	10	20	20	20

（1）冷态启动时，最初负荷变化率为 5MW/min，500MW 以上时可以加大到 10MW/min。

（2）温态启动时，最初负荷变化率为 5MW/min，300MW 以上时可以加大到 10MW/min，500MW 以上时可以加大到 20MW/min。

（3）热态和极热态启动时，最初负荷变化率为 10MW/min，500MW 以上时可以加大到 20MW/min。

（4）不论哪种启动方式，在 200~350MW 负荷区间，干、湿态转换过程中，尽量保持 5MW/min 负荷变化率，确保平稳过渡。

三、锅炉启动过程操作注意事项

（1）锅炉在油枪投用过程中应进行现场观察油枪着火情况，发现燃烧不良反应及时处理，防止由于雾化不良使尾部受热面污染等事故发生。同时对炉前油系统亦应加强检查，防止轻油泄漏而引起火灾事故的发生。

（2）在升温升压过程中，经常监视启动分离器和过热器以及再热器出口联箱的金属温度，如发现金属温度超限，应停止增加燃料量，延长升温升压的时间。

（3）在升温升压过程中应加强对各受热面金属温度的监视，注意控制启动分离器出口汽温、调节减温水和燃烧器摆角，控制主蒸汽温度和再热器蒸汽温度在设定值范围内。

（4）机组启动燃油期间应加强空气预热器吹灰。锅炉启动过程中，应加强对空气预热器热点检测的监视，发现报警应及时到现场检查，并应坚持每班对空气预热器的吹灰工作，防止空气预热器堵灰等事故的发生。

（5）锅炉转入纯直流运行后启动系统集水箱水位逐渐降低，此时应将凝汽器管道上阀门置于闭锁状态，防止由启动系统泄漏空气导致凝汽器真空降低而影响机组的正常运行。

（6）在锅炉启动分离器入口汽温第一次达到饱和温度和第三层油枪投入运行时，锅炉有汽水膨胀过程，此时应注意贮水箱水位控制防止超限。

（7）锅炉在湿态与干态转换区域运行时，应尽量缩短其运行时间，并应注意保持燃料控制与贮水箱水位的稳定，严格按升压曲线控制汽压的稳定，以防止锅炉受热面金属温度的波动。

（8）在冷态冲洗、热态冲洗、升温升压各个过程中严格控制汽水品质，品质不合格不得进入下一阶段。

（9）在整个启动过程中，严格控制汽温、汽压的上升速度，不得出现大幅波动。

（10）在升压开始阶段，监视炉膛出口烟温应缓慢上升，烟气温度升高速度不超过2℃/min，严格控制炉膛出口的烟温探针在任何时候都不超过540℃。

（11）启第二台磨之前尽量不投减温水，若必须使用减温水，应手动操作，尽量使用一级减温水，少用二级减温水（关注减温器后温度变化率），控制每级减温水使用量不超过当时蒸汽流量（给水流量）的3%，每级减温水后温度大于饱和温度20℃，使用时应提前操作，每次操作幅度不大于3%（注意减温水压力与蒸汽压差），两次间隔大于5min，避免出现大幅开关减温水调门和流量突变，防止汽温、金属壁温剧烈波动，造成氧化皮脱落。

（12）锅炉紧急停炉后启动时，先将启动磨的相邻层油枪投入，再启动一次风机进行通风，严禁使用多台磨进行同时通风，以免大量煤粉进入锅炉发生爆燃。

（13）湿态转干态运行才操作与给水旁路切主路不要交叉进行，以免给水流量波动对汽温造成大幅波动，影响机组的安全运行。

第二节　锅炉运行的控制与调整

一、锅炉运行的监视和调整

锅炉运行的监视和调整，必须保证各参数在允许的范围内变动，并应充分利用和发挥计算机程控及自动调节装置，以利于运行工况的稳定和进一步提高调节质量，当计算机程控及自动装置投运时，进行人员应加强对各工况参数的监视，并应经常进行过程参数变化情况的分析，发现某程控或自动装置不正常时，应立即将其切至手动，维持运行工况正常，并应立即通知有关人员，尽快处理，恢复运行。

锅炉运行调整的任务：

（1）保持锅炉的蒸发量能满足机组负荷的要求；

（2）调节各参数在允许范围内变动；

（3）保持炉内燃烧工况良好；

（4）保持合格的炉水及蒸汽品质；

（5）确保机组安全运行；

（6）及时调整锅炉运行工况，提高锅炉效率，尽量维持各参数在最佳工况下运行。

二、锅炉的燃烧调整

（一）锅炉燃烧调整的目的

锅炉燃烧工况的好坏，不但直接影响锅炉本身的运行工况和参数变化，而且对整个机组运行的安全、经济和环保均有着极大的影响，因此无论正常运行或是启停过程，均应合理组织燃烧工况稳定、良好。

(1) 首先满足电负荷所需要的蒸汽流量，并将参数稳定在规定范围。

(2) 保证锅炉运行安全可靠。

1) 保证锅炉燃烧火焰的充满度及均匀性，不发生火焰偏斜；

2) 防止尾部二次燃烧；

3) 减小水平烟道的烟温偏差；

4) 防止高温腐蚀；

5) 减少结焦、结渣，防止燃烧器烧损；

6) 防止水冷壁、过热器、再热器局部受热面超温；

7) 防止锅炉超压。

防止空气预热器堵塞。

(3) 尽量减少不完全燃烧热损失，以提高锅炉运行的经济性。

1) 通过燃烧调整，调整各参数在最优范围内，减少各种损失，提高锅炉效率；锅炉效率每提高1%，整个机组效率约提高0.3%~0.4%，煤耗可下降约3g/(kW·h)。

(4) 最大限度减少 NO_x，SO_x 及粉尘排放量，保证其在环保指标要求范围内。

(二) 燃烧调整

(1) 对锅炉燃烧调整前，首先确保送入炉膛的煤粉细度合适。

1) 在不同的磨煤机分离器转速下，通过采集磨煤机出口各一次粉管的煤粉样，混合、筛分后得出煤粉细度，最终得出分离器电机转速与煤粉细度的对应关系。

2) 通过改变磨煤机分离器转速，实现煤粉细度的变化。在不同的分离器转速下对锅炉热效率等性能参数进行测试，根据结果确定最佳煤粉细度。

(2) 锅炉启动前确保燃烧器安装到位，各层、各角挡板开度与就地实际位置保持一致。

(3) 锅炉运行时，应了解燃煤，以便根据燃料特性，及时调整运行工况。正常运行时运行人员应经常对燃烧系统的运行情况进行全面检查，发现燃烧不良时应及时调整。

(4) 锅炉燃烧时应具有金黄色火，燃油时火焰白亮，火焰应均匀地充满炉膛，不冲刷水冷壁及屏式过热器，同一标高燃烧的火焰中心应处于同一高度。燃料的着火点应适中，距离太近易引起燃烧器周围结焦烧坏喷嘴；距离太远，又会使火焰中心上移，使炉膛上部结焦，严重时还将会使燃烧不稳。

(5) 正常运行时，应维持炉膛负压在-50~-100Pa。

(6) 锅炉运行时，应尽量减少各部位漏风，各门、孔应关闭严密，发现漏风处应及时堵塞。

(7) 炉膛出口氧量应进行实际测量标定，炉膛出口氧量的大小应根据不同的燃料特性和负荷来决定，最佳氧量应经过不同负荷下的变氧量试验结果来进行调整。当燃用灰熔点低时，为防止炉膛结焦，可适当提高炉膛出口氧量。

(8) 为确保锅炉经济运行，应维持合格的煤粉细度，定期对飞灰、炉渣等取样分析，进行比较，及时进行燃烧调整分离器转速、加载力，并对煤粉进行取样化验。

(9) 锅炉进行燃烧调整或增加负荷时，除了保证汽温、汽压正常外，还应使启动分离器出口温度维持在正常值范围内。尤其在启停磨煤机过程中，应充分考虑煤粉从磨煤机到热量充分释放的反应时间，提前做好调整。

(10) 当锅炉由于各种原因造成燃烧不稳时，应及时投入油枪或者等离子设备稳定燃烧，并查明原因，及时消除燃烧不稳的因素。若锅炉发生熄火时，应立即停止向炉膛供给燃料，避免扑灭而引起锅炉爆燃。

（11）锅炉 NO_x 的调节，主要通过调节二次风、偏置风、燃烬风风量降低 NO_x。另可通过适当降低运行氧量、尽量选用下层磨煤机运行、增加下层煤粉煤量配比等方式辅助。

第三节 汽 温 调 节

提高锅炉蒸汽温度和压力是提高火力发电厂循环热效率最有效的方法之一，特别是蒸汽温度对效率的影响更为显著。维持稳定的汽温调节是保证机组安全和经济运行所需要的。汽温过高会使金属应力下降，将影响机组的安全运行；而汽温下降则会使机组的循环热效率下降。因此，合理选择调温措施，是大型火电厂锅炉的重要技术。

锅炉在运行中经常会受到各种因素的影响而使汽温偏离额定值，这些因素都会直接或间接的改变燃料在炉膛燃烧时，所释放的辐射热量与炉膛出口对流热量的比例，从而引起过热蒸汽温度和再热蒸汽温度的变化。这些因素往往会同时发生作用，使得锅炉在运行中汽温不断发生变化。汽温调节的目的就是采取一定的措施，使锅炉过热汽温和再热汽温保持在规定范围内。

二次再热锅炉，比传统一次再热锅炉多一级再热器，主蒸汽、一次再热蒸汽和二次再热蒸汽出口温度互相影响，使得二次再热锅炉的汽温调节复杂化，尤其是一、二次再热蒸汽汽温的调节更为复杂，已成为二次再热锅炉设计及运行控制的技术难题。

一、过热汽温调节

（一）过热汽温影响因素

1. 煤水比

直流锅炉过热蒸汽出口焓 h''_{gr} 的表达式为

$$h''_{gr}=h_{gs}+\frac{BQ_r\eta(1-r_{zr})}{G} \tag{6-1}$$

式中 h''_{gr}——过热器出口蒸汽焓，kJ/kg；

h_{gs}——给水焓，kJ/kg；

B、G——燃料量、给水量，kg/kg；

Q_r——锅炉输入热量，kJ/kg；

η——锅炉效率，%。

r_{zr}——再热器吸热比例。

由式（6-1）可以看出，若 h_{gs}、Q、η 保持不变，煤水比 B/G 保持一定，则过热蒸汽温度基本能保持稳定；反之，煤水比 B/G 变化，即燃料量与给水量不相匹配时，过热汽温波动是比较剧烈的。

因此，在直流锅炉中，煤水比是最基本的调温手段。但在实际运行中，要精确保证煤水比是不现实的，所以仅仅依靠煤水比来调节过热汽温，是不能保证汽温的稳定的。一般来说，在汽温调节中，将煤水比作为过热汽温的粗调手段。

2. 过量空气系数

过量空气系数主要是通过对再热器吸热份额的变化而影响过热汽温。在燃料量和煤水比不变的情况下，当过量空气系数增加时，炉内平均温度水平降低，炉膛内辐射热量减少，对流再热器的吸热量因烟气量的增大而增加，辐射式再热器的吸热量基本不变，因此再热器相对吸热量增大，由式（6-1）可知，在燃料量和煤水比不变的情况下，当过量空气系数增加时，过热器出口汽温降低。因此，要维持稳定的过热汽温，需适当调整煤水比。

3. 给水温度

正常运行状态下，给水温度保持相对稳定，给水温度变化一般发生在高压加热器故障停运时，给水温度降低，由式（6-1）可知，在燃料量和煤水比不变的情况下，锅炉的加热段将延长，过热段缩短，中间点温度降低，过热汽温会随之降低，负荷也会降低。因此一般高压加热器退出运行时，应适当减少给水流量，重新调整水煤比使得过热汽温保持稳定。

4. 火焰中心高度

火焰中心高度的影响类似于过量空气系数。在燃料量和煤水比不变的情况下，当火焰中心高度升高时，炉膛出口烟温上升，再热器相对吸热量增加，所以过热蒸汽吸热减少，过热汽温降低。适当调整煤水比可以使得过热汽温保持稳定。火焰中心高度对再热汽温的影响更加显著，因此火焰中心高度不作为过热汽温的主要调节手段。

5. 煤种

随着大容量锅炉对煤种适应性的增强，电厂用煤不再是单一的固定煤种，当煤种发生变化时，会对烟气与工质间的换热特性产生影响，使辐射换热和对流换热的比例发生变化。其中影响较大的是水分、挥发分和灰分。煤中水分、灰分变大，挥发分减小，都会导致燃料着火晚，燃烧和燃尽过程延迟，使得火焰中心高度上移。发热量降低，当煤水比不变时，使得锅炉输入热量减少，过热汽温降低。

因此，当煤种变化时，应适当调整水煤比，保持中间点温度的稳定，进而维持过热汽温的稳定。

6. 喷水减温

减温水量是引起超临界直流锅炉主汽温变化的主要因素之一。减温水量增加时，由于减温水的焓值较低，导致最初阶段，主汽温快速降低，但减温水是引自进入锅炉的总给水量，锅炉的总给水量并未发生变化，所以最终主汽温还会回到初始的水平．减温水量突然减少时，主汽温先快速上升，最终回到初始的水平。减温水量的变化实质上是调整锅炉主给水在水冷壁和过热器之间的分配比例，无论减温水量如何变化，进入锅炉的总给水量没变，燃水比没变，所以稳态的锅炉出口过热汽温也不会改变。但是喷水减温反应速度快，能够快速地将过热汽温调整到合理范围内，可以实现比较精确的调节，而且对于一些较大的扰动能够大幅度、快速度地进行调整。

因此，喷水减温依然是直流锅炉稳定过热汽温的重要调节方式。

7. 受热面积灰及结渣

在燃料量和煤水比不变的情况下：炉膛水冷壁结渣时，过热汽温有所降低；过热器结渣或积灰时，过热器汽温下降明显。

因此根据过热汽温的实际情况，选择性地进行吹灰，对汽温有一定影响，但不能作为调节汽温的主要手段。

总之，对于直流锅炉而言，煤水比、过量空气系数、给水温度、火焰中心高度及煤种变化给汽温带来的影响，均可以通过调整煤水比来保持过热汽温的稳定，再通过喷水减温来实现过热汽温的精确调整。

（二）过热汽温调节方法

二次再热锅炉的过热汽温调节方法，与常规直流锅炉的调节方法相同，通过调整煤水比来保持过热汽温的稳定，再通过喷水减温来实现过热汽温的精确调整。

锅炉工质从进入锅炉开始，要经过水冷壁、各级过热器等多处受热面，过热蒸汽温度对燃料量和给水量的变化有很大的滞后。针对这一特点，国内外很多学者专家提出了“中间点温度”的概念。所谓中间点温度是指在水冷壁和末级过热器之间选择的某一测点的某一物理量，通常选取汽水分离器出口汽温。中间点温度可以直接反映出燃料量和给水量的匹配程度以及过热汽温的变化趋势，以中间点温度作为被控参数来调节煤水比，可以克服这种大滞后的现象。

虽然煤水比可以保证主汽温达到一定的稳态值，中间点温度的引入可以克服大滞后现象。但是，对于一些扰动对主汽温的快速影响，仍需要一种反应速度快、调节幅度大的调节手段，因此，喷水减温依然是超临界直流锅炉稳定主汽温的重要调节方式。

因此，二次再热锅炉过热汽温调节的基本思想为：紧扣中间点温度，煤水比粗调，减温水细调。

二、再热汽温调节

（一）再热汽温影响因素

1. 煤水比

二次再热锅炉一、二次再热蒸汽出口焓 h_{zr1}、h_{zr2} 的表达式为

$$h''_{zr1} = h'_{zr1} + \frac{BQ_r\eta r_{zr1}}{k_1 G} \tag{6-2}$$

$$h''_{zr2} = h'_{zr2} + \frac{BQ_r\eta r_{zr2}}{k_2 G} \tag{6-3}$$

式中 h''_{zr1}、h''_{zr2}——一次、二次再热器出口蒸汽焓，kJ/kg；

h'_{zr1}、h'_{zr2}——再热器进口蒸汽焓，kJ/kg；

B、G——燃料量、给水量，kg/kg；

Q_r——锅炉输入热量，kJ/kg；

η——锅炉效率，%；

r_{zr1}、r_{zr2}——一次、二次再热器吸热比例；

k_1、k_2——一次、二次再热蒸汽流量所占总流量的份额。

由上式可以看出，在其他参数保持不变的情况下，煤水比 B/G 增加时，再热汽温会升高，反之则降低。煤水比的变化对再热汽温的影响比对过热汽温的影响微弱很多。

2. 过量空气系数

过量空气系数增加时，烟气量增加，以对流受热面为主的再热器吸热量增加，再热汽温有所升高；反之则降低。

3. 给水温度

给水温度降低时，若需保持锅炉负荷不变，则需增加燃料，已补充引给水温度降低而减少的热量，因此以对流受热面为主的再热器吸热量增加，再热汽温有所升高。正常运行状态下，给水温度相对比较稳定，一般不作为调节汽温的手段。

4. 火焰中心高度

火焰中心高度的变化对再热汽温有显著的影响，是调节再热汽温很有效的手段之一。当火焰中心高度升高时，炉膛出口烟温显著升高，以对流受热面为主的再热器吸热量增加，再热汽温升高；反之则降低。

5. 煤种变化

煤种的变化直接影响了炉膛内的着火和燃烧，引起火焰中心高度的变化，从而影响到再热汽温的变化。

6. 受热面积灰及结渣

炉膛水冷壁结渣时，炉膛吸热减少，炉膛出口烟温增加，再热汽温升高；再热器结渣或积灰时，再热器汽温下降。

7. 喷水减温

喷水减温是通过采用冷却水直接冷却蒸汽达到减温目的，因调节灵敏、精细，一般作为蒸汽温度的细调节措施。如果大量使用喷水减温，会导致喷水点前的受热面流量减少，温度急剧上升将影响水冷壁和蒸汽管道的安全运行，而且大量的低温减温水还会对过热的管道造成冷态冲刷，减少金属管道的使用寿命。此外，喷入再热器中的减温水还将转化为蒸汽进入效率更低的缸做功，降低了机组的热效率，因此不宜大量使用。

8. 运行压力

当过热蒸汽压力降低时，在过热器汽温不变的情况下，过热蒸汽的焓增大，超高压缸排汽温度上升，一次再热器入口温度升高，一次再热器出口蒸汽温度升高，高压缸排汽温度上升，二次再热器入口温度升高，二次再热器出口蒸汽温度也随之升高。

（二）再热汽温调节方法

再热器汽温的调节方法分为烟气侧和蒸汽侧两大类。烟气侧调温主要是通过烟气挡板调节、改变火焰中心高度、烟气再循环等方法改变烟气对蒸汽的传热量，进而改变蒸汽温度；蒸汽侧调温主要是通过喷水减温、蒸汽旁路、汽-汽热交换等方法直接改变蒸汽的焓值来调节蒸汽温度。目前在二次再热锅炉中，再热蒸汽温度调节的主要方式为改变火焰中心高度、烟气挡板调节、烟气再循环和喷水减温等。

1. 改变火焰中心高度

改变火焰中心高度可以改变锅炉沿宽度方向的最高放热区，从而改变锅炉出口烟温，达到调节汽温的目的。能够改变火焰中心高度的因素众多，如煤种、二次风配风等，然而最有效而常用的方法是采用摆动式燃烧器改变火焰中心高度。

摆动式燃烧器常用于四角布置、切向燃烧的锅炉，燃烧器上下摆动20°~30°，炉膛出口烟温变化为110~140℃，调温幅度达40~60℃，调温效果显著，因此，摆动式燃烧器为再热汽温调节的最直接、有效的方式。

燃烧器摆动调节特点明显，灵敏度高、惯性小，但对于低熔点燃料，为防止结焦，其调温幅度受到限制。另外，运行过程中，燃烧器摆动必须加强保养，以免燃烧器摆动不灵活，甚至无法摆动，非但不能正常调节汽温，而且部分燃烧器长期处于异常位置运行，对锅炉运行的安全性造成影响。

2. 烟气挡板调节

烟气挡板是通过改变烟气流量调节再热汽温，即改变低温再热器烟道中的烟气份额，改变其吸热比例进行调节。用烟气挡板调节再热汽温，结构简单、操作方便，不受煤种变化影响、不对炉内燃烧造成影响。配合对冲燃烧方式可使锅炉控制负荷范围更宽广，但调温延迟较大，有时挡板容易产生热变形，使调温的准确性变差。

3. 烟气再循环

烟气再循环（Flue Gas Recirculation，FGR）技术的基本原理是将机组省煤器出口烟道中一部分烟气，通过再循环风机送入炉膛，从而改善炉膛烟气混合情况，通过锅炉运行工况下烟气量的变化，增加受热面的传热进行汽温调节。根据炉内受热面布置情况，烟气再循环主要对于布置在水平烟道的高低压高温对流再热器和尾部烟道的高低压对流再热器换热产生影响，再循环烟气量增加增强了高温再热器和低温再热器的换热，从而提高了再热蒸汽温度；再热蒸汽发生超温时减少再循环烟气量降低对流受热面的汽温。烟气再循环示意图如图 6-1 所示。

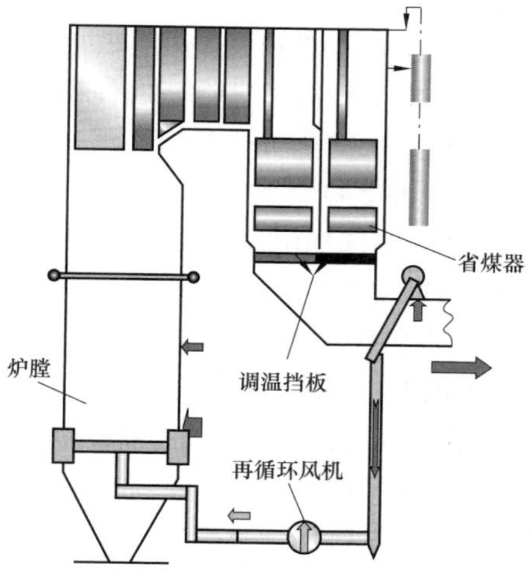

图 6-1　烟气再循环示意图

4. 喷水减温

喷水减温又叫事故喷水减温，正如上文所诉，喷水减温不宜大量使用。

三、典型二次再热机组调温方式的介绍

主要选择当前已投产的 HG-1938/32.45/605/623/623-YM1 锅炉、HG-2752/32.87/10.61/3.26-YM1 锅炉及 SG-2710/33.03-M7050 锅炉的调温方式进行介绍。过热汽温均采用煤水比粗调+减温水细调的调节方式，再热汽温的调节有所不同。下面主要对其再热汽温的调节方式进行分析介绍。

（一）HG-1938/32.45/605/623/623-YM1 锅炉及 HG-2752/32.87/10.61/3.26-YM1 锅炉

其再热汽温调节方法基本一致，通过下列方式实现：

1. 烟气再循环控制

调节烟气再循环风机风量，改变一次再热器和二次再热器系统总的吸热量，从而起到调整一次、二次再热器汽温的目的。对烟气再循环风量进行调整试验，得到各负荷下烟气再循环风量对一次、二次再热器汽温的影响规律，同时结合锅炉的燃烧情况来确定合适的再循环风量。

HG-1938/32.45/605/623/623-YM1 锅炉与 HG-2752/32.87/10.61/3.26-YM1 锅炉均采用此方法作为再热汽温调节的主要手段之一，不同的是，HG-1938/32.45/605/623/623-YM1 抽烟口在省煤器出口、SCR 入口烟道，左右两根抽烟管道引入烟气再循环风机入口混合烟道，经扩容降尘后由三运一备的烟气再循环风机将烟气从燃烧器底部送入炉膛；HG-2752/32.87/10.61/3.26-YM1 抽烟口位置取自引风机出口，采用 2 台风机，单台风机选型采用 60%烟气再循环量，2 台风机选型采用共 120%烟气再循环量，引入炉膛下部烟气再循环喷口管屏，避免了烟气中灰粒子对烟再风机的磨损。

烟气再循环在机组负荷高于 30%额定负荷时允许投运，当高低压再热汽温均低时，应开大再循环风机入口挡板；当高低压再热汽温均高时，应关小再循环风机入口挡板。

2. 尾部烟道出口烟气分配挡板控制

锅炉尾部采用双烟道，根据再热汽温的需要，调节省煤器出口烟道的烟气挡板来改变流过高压低温再热器和低压低温再热器的烟气量分配，从而实现再热汽温调节。烟气调温挡板为水平布置，手段可靠，调节灵活。

当高压再热器和低压再热器出口温度偏差大时，及时调整烟气挡板的开度。若高压再热汽温高，应关小高压再热器烟气挡板开度，开大低压再热器烟气挡板开度；若高压再热汽温低，则应开大高压再热器烟气挡板开度，关小低压再热器烟气挡板开度。

3. 燃烧器摆动控制

提供与锅炉负荷成比例的并按其函数关系编制好的控制或者在煤种等边界条件发生变化的时候编著好控制曲线，不采用再热蒸汽温度的反馈控制方式。

4. 再热器喷水控制

再热器喷水调节阀只是在烟气再循环、高压再热器和低压再热器烟道调节挡板不能有效控制再热器出口温度时打开。同时管道中混合喷水后出口蒸汽温度必须高于运行压力下的蒸汽饱和温度。喷水减温用作事故减温，在锅炉负荷快速变化时，可用作精确快速地控制汽温。当锅炉负荷稳定后再热器喷水量应当恢复到零。再热汽温控制范围为50%BMCR~100%BMCR。

总的来说，再热汽温调节以烟气挡板和烟气再循环为主要调温手段，摆动燃烧器调温作为调整的辅助手段，喷水减温仅用于事故减温。再热蒸汽温度的调节是在满足主汽温度达到额定值的情况下，四种方式综合应用，通过多次迭代无限接近达到额定值。

（二）SG-2710/33.03-M7050 锅炉

再热汽温调节采用燃烧器摆动+烟气挡板调节作为再热蒸汽温度的调节手段，喷水减温作为事故情况下的紧急调温手段。一次再热汽温在50%~100%BMCR、二次再热汽温在65%~100%BMCR负荷范围内，达到额定值。

一、二次高再都设置了一部分吸收辐射热的受热面，火焰中心的变化对再热汽温的影响显著，通过燃烧器上下摆动调节燃烧中心的高度，可保证一、二次再热器在较大负荷范围内达到额定汽温。

通过挡板开度控制进入前后分隔烟道中的烟气份额，改变一、二次再热器间的吸热比例来达到调节一、二次再热器出口温度平衡的目的。一、二次再热器的蒸汽进出口温度比较接近，一、二次再热器受热面的吸热面积及吸热量比例基本一致，一、二次再热器受热面并列布置的形式可保证两次再热器吸收热量随负荷变化的趋势基本相同。通过摆动燃烧器对火焰中心的调整，保证一、二次再热器出口汽温基本达到额定值，两者间本就不大的吸热量差异再通过尾部烟气挡板的调整达到平衡。

总的来说，负荷变化时，首先调整燃烧器摆角，低负荷时辅以过量空气系数调节，将两次再热中的一次再热出口温度调至额定参数，再通过挡板调节将两次再热中出口温度高侧的汽温降低，出口温度低侧的汽温提高，最终达到设定值。各受热面布置图如图6-2所示，各受热面吸热比例如图6-3所示。

四、再热器汽温调节方面存在的问题

超超临界二次再热机组较一次再热机组多增加一级再热器，汽轮机增加一级循环做功，在相同蒸汽压力温度条件下，二次再热机组的热效率将提高2%左右。在超超临界机组参数条件下，即为主蒸汽压力均大于31MPa，主蒸汽温度高于600℃，机组热耗率降低0.13%~

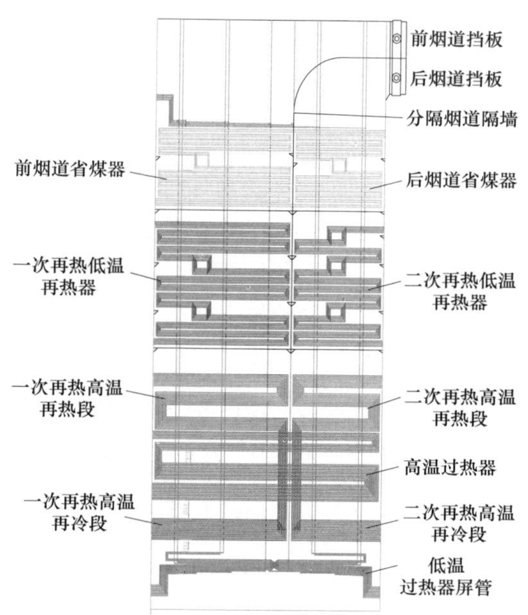

图 6-2　各受热面布置图

0.15%，主蒸汽温度每提高 10℃，机组热耗率降低 0.25%~0.3%，再热汽温升高 10℃，机组热耗率降低 0.15%~0.2%，若采用二次再热，热耗率将进一步降低 1.5%左右（见图 6-4），同时，在相同蒸汽参数下，二次再热机组比一次再热机组 CO_2 减排约 3.6%。因此，二次再热是一种可行的节能降耗、清洁环保的火力发电技术（见图 6-5）。

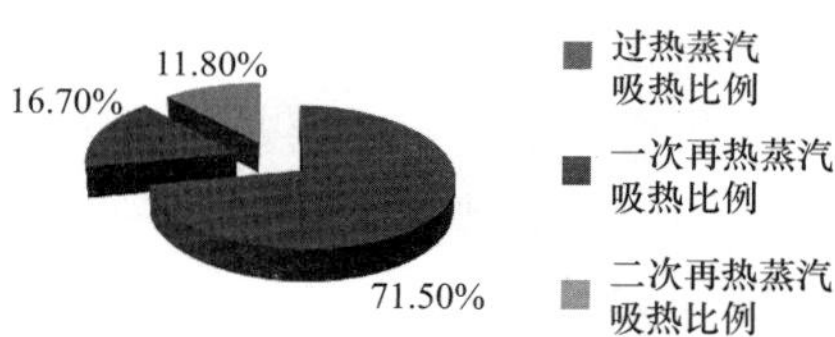

图 6-3　各受热面吸热比例

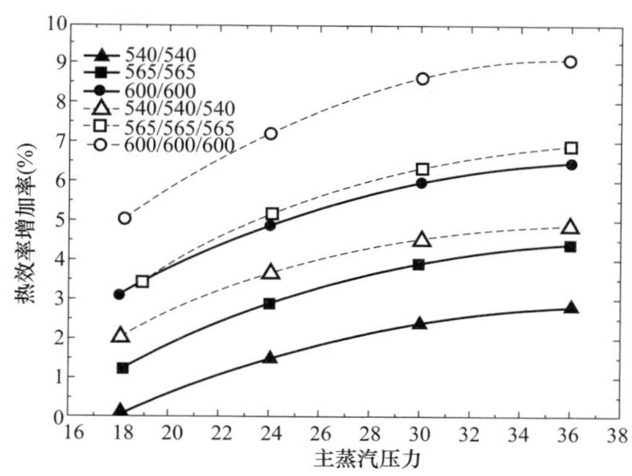

图 6-4　蒸汽参数对机组热效率的影响

二次再热机组在提高了机组热效率的同时，由于水冷壁、过热器及两级再热器吸热分配与实际汽温不能完全匹配，导致汽温调节成为难点，目前还无法从根本上避免汽温控

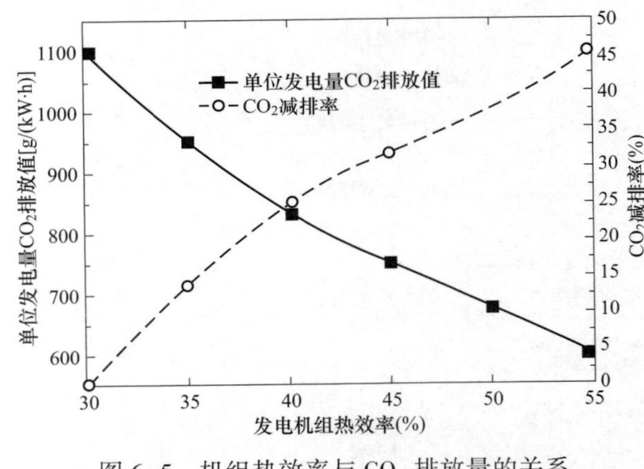

图 6-5 机组热效率与 CO_2 排放量的关系

制问题，只能通过热力系统参数调整来达到调节汽温的目的。二次再热机组锅炉的最大变化在受热面布置方面，以 SG-2710/33.03-M7050 上锅塔式炉为例，锅炉上部沿着烟气流动方向依次分别布置有低温过热器、高温再热器低温段、高温过热器、高温再热器高温段、低温再热器、省煤器。主再热蒸汽吸热比例和常规一次再热机组相比由原来的 82/18 变为了 72/28，相对应再热器吸热比例增加明显，所以再热器汽温调节能力显得尤为重要。

影响再热器汽温的因素主要分为烟气侧和蒸汽侧两个方面。目前一次再热机组蒸汽汽温调节采用烟气挡板和事故喷水减温方式，从实际经济性角度出发，减温方式主要考虑烟气侧的调温方式。目前，上锅采用双烟道烟气挡板（分隔烟道）+摆动燃烧器的方式用于调节调节再热器汽温。哈尔滨锅炉厂在烟道挡板+摆动燃烧器方式基础上增加了烟气再循环系统用于汽温调节。从投产实践上看，80%~100%负荷，主、再热汽温均能达到设计值，中、低负荷下再热汽温较设计值偏低。

二次再热锅炉提高再热汽温的方式从两方面看，一是增加炉膛出口烟气焓，二是降低对流受热面所需吸热量：

增加炉膛出口烟气焓可通过提高炉膛出口烟温和炉膛出口烟气量来实现，炉膛出口烟温受制于煤灰的结渣特性，要杜绝受热面结渣；提高炉膛出口烟气量通过烟气再循环的方式。已投运机组的烟气再循环也存在一定的弊端，热烟气再循环耗能较大，且高温炉烟风机磨损难以解决；冷烟气再循环影响燃烧稳定性和煤粉燃尽性。另外，从热工控制角度来看，二次再热机组设计烟气再循环后，会导致调节惯性时间加大、阶数加大，这对机组的汽压和汽温控制难度加大，故设置有烟气再循环的二次再热机组水煤比控制难度较大。

降低对流受热面吸热量的措施有提高汽水分离器出口温度和把部分对流吸热量由辐射吸热来代替（即壁式再热器）。提高汽水分离器出口温度，受到材料限制，目前的压力下金属材料许用温度为500℃，汽水分离器出口温度达到480℃。壁式再热器的问题需要考虑到水冷壁的水冷动力和壁温偏差，实现起来较难，需进一步研究。

五、再热器汽温调节方式探讨

再热汽温的调节目前属于二次再热机组的关键技术，也处在无过多运行实践的阶段。由于再热器吸热比例的增加，其汽温调节受炉型、煤种、热负荷分布等影响较大。通过对相关设计资料及已投运机组的了解，基本可以从以下几个方面来调整再热器汽温。

（一）对于无烟气再循环系统的机组可考虑增设烟气再循环系统

增设烟气循环风机（见图 6-6），可以线性改变炉膛烟气流速及炉膛温度，从而改变锅炉辐射和对流吸热的比例，从而有效地调节汽温，同时，可以抑制 NO_x 的生成量。国外二次再热机组已有烟气再循环案例，国内 HG-2752/32.87/10.61/3.26-YM1 锅炉、HG-1938/32.45/605/623-YM1 锅炉也采用烟气再循环技术参与调节再热器汽温。但是要注意烟气再循环风机在高温、高粉尘、低烟气密度等综合作用下的运行安全，关注低炉膛温度下炉膛的运行安全。这些关键点还有待通过长时间的运行实践，来不断完善、丰富此项技术。

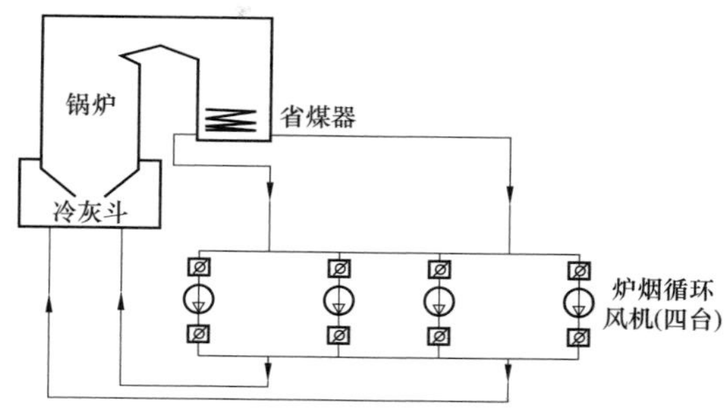

图 6-6 Π 型布置锅炉四台烟气循环风机系统图

（二）燃烧优化调整

锅炉燃烧调整的目的：①通过调整满足机组发电负荷要求及主汽各项参数要求；②合理调整燃烧防止锅炉灭火、爆燃和减少受热面热偏差，选择合理的炉膛负压防止炉膛变形；③通过配风在炉膛内形成合理的稳定场、动力场，使炉膛热负荷分配均匀，燃烧稳定；④选择合理的煤粉细度、氧量及排烟温度，充分提高燃烧的经济性；⑤通过调整减少 NO_x、粉尘和硫化物排放量。

对二次再热机组而言，推荐以常规调整为基础，着重强调再热器汽温调整以及防止汽温偏差方面的控制。

首先从制粉系统入手，做好煤量与分离器转速（煤粉细度）自动，结合磨煤机配风及磨煤机出口温度控制，使磨煤机运行更加的安全、经济，同时，在中、高负荷运行时，摸索磨煤机组合、上层磨煤量偏置量对汽温的影响，从燃料角度调整炉膛火焰中心，来达到控制汽温的目的。

其次从优化配风入手，重点掌握各负荷段氧量及一次风压特性，结合排烟温度、灰渣含碳、CO 分布测量、NO_x 在线 CEMS 等手段，了解各负荷段最佳运行氧量和一次风压，从配风角度控制好燃烧火焰中心。

最后，通过调整摆动燃烧器摆角动态控制火焰中心来调整汽温，同时，可以通过上部燃尽风或分离器燃尽风调整炉膛出口烟气偏差。对于切圆燃烧的锅炉，引起炉膛出口左右烟温偏差的主要原因是：炉膛出口存在由切圆燃烧引起的残余旋转，残余旋转与水平烟道中的后向运动叠加即造成了不对称的速度场、温度场、颗粒分布场，最终导致了炉膛出口过热器、再热器区域不对称的对流传热热流场，这是炉膛出口过热器、再热器区域烟气热偏差的主要原因。

（三）吹灰系统优化

从锅炉各受热面的吸热情况来看，水冷壁及过热器吸热比例较大，在二次再热机组上体现得尤为明显，而再热器系统主要受对流换热影响比较大，所以，适当减少炉膛及过热段的吹灰频率，增加再热器区域吹灰频率，改善吸热比例对比，从而改善汽温。通过此策略进行优化，可以提高再热汽温 5~10℃，其中，对 Π 型炉影响更加明显。

（四）锅炉整体设计的优化

为了确保锅炉运行中汽温达到设计值，还需要厂家从锅炉受热面布置、炉膛断面设计、烟气流程设计等方面来综合平衡热负荷，已达到合理控制汽温的目的。

受热面布置方面，可以适当前置部分再热器受热面，或增加部分再热器受热面，从结构

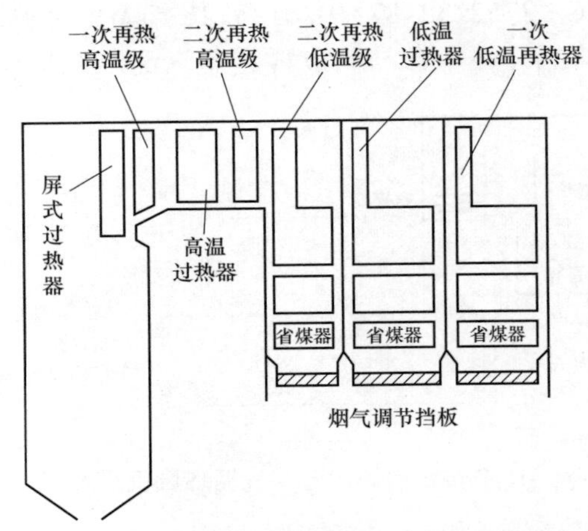

图 6-7　三烟道并列烟气挡板布置方式示意图

上提高再热器吸热量，也可以考虑水冷壁黑体喷涂技术，从根本上改变热负荷分布。

从炉膛烟气流程设计上进行优化，目前多数采用双烟道布置，将一次再热与二次再热系统由隔墙分隔开，实现通过调整烟气量调整烟温的目的。东方锅炉厂设计的二次再热锅炉为Π型炉，再热器汽温通过尾部三烟道平行烟气挡板调节（见图 6-7），由前、后隔墙将后烟井分成前、中、后三个平行烟道，前烟道内布置一次低温再热器和一次低再侧省煤器，中烟道内布置二次低温再热器和二次低再侧省煤器，后烟道内布置低过和低过侧省煤器。烟气挡板布置在省煤器后，这样对后烟道的烟气流调节精度将更好。

（五）加强锅炉重要附属设备的维护及运行管理

就汽温调节而言，摆动喷嘴的维护重要性大，且难度也大。基本上机组在 40% 负荷以上均可以通过向上调整摆动喷嘴来改变火焰中心，使再热器汽温有明显的改善。但是，在热态时摆动喷嘴易出现卡涩现象，造成四角摆动不同步，严重时还会出现减力销断裂现象，影响机组运行安全。一个方面，需要锅炉厂在设备设计上要提高稳定性，同时，在实际运行中，要加强摆动喷嘴执行机构的维护，在运行操作上，根据负荷或者定期进行摆角活动试验，确保摆角操作灵活。

烟气再循环风机由于长期在低气流密度、高温粉尘温度下运行，其磨损较大，应该考虑进行变频、降速改造，为设备的长期稳定运行提供保障。

目前，二次再热技术属于国内燃煤机组最先进的发电技术，设计、安装、调试、运行及优化改造等实践经验均在起步阶段。对于刚投运机组，还需要运行单位做好实际运行工作数据的积累，摸索机组特性。总结国内投产的超（超）临界机组运行经验，对机组参数影响最大、运行安全影响最大的还是炉型与煤种匹配，所以，燃料的稳定、掺烧技术的研究是做好锅炉运行的源头，必须加大此类投入，为机组安全运行打下基础。

第四节　锅炉的停止运行

锅炉的停止运行是指锅炉从运行状态逐渐快速地减少燃料，最终熄火的过程。锅炉停止过程的控制对设备的安全运行同样至关重要。停炉的方式可分为正常停炉和事故紧急停炉。锅炉停止程序所需的时间取决于是否需要进行紧急抢修。正常停炉一般指停炉至冷态或停炉至热备用。事故紧急停炉是指在运行中发生了危及人身或设备安全的情况，必须立即停炉，其目的是防止事故的发生或事故的扩大化。

二次再热锅炉的停止程序与常规一次再热锅炉基本相同。正常停炉程序主要分为降负荷、停止燃烧、降压冷却；事故紧急停炉，锅炉 MFT 保护自动动作或者操作员站手动 MFT。因此，这里只选择泰州电厂二次再热锅炉介绍正常停炉过程。

一、停炉前的准备

锅炉停运前要做好准备，根据机组停运的原因、时间和方式后方可进行各项准备工作：

（1）停炉前，应对锅炉设备进行一次全面检查，将所发现的缺陷详细记录，以供检修查考、处理。

（2）根据机组停运时间的长短，决定是否将煤仓烧空，并提前做好煤仓上煤的计划。

（3）停炉前在机组负荷大于 50% BMCR（500MW）时，应对各受热面进行一次全面吹灰。

（4）确认等离子系统正常备用。

（5）确认燃油系统运行正常，将所有油枪试点火一次。

（6）做好锅炉保养、检修等的准备工作。

二、锅炉的正常停炉

（一）锅炉降负荷

锅炉降负荷过程中，不仅要考虑蒸汽参数对汽轮机的影响，而且要注意锅炉各部件的降温和降压的速率。

1. 降负荷 1000MW 至 400MW

（1）接到锅炉减负荷命令，可手动降低锅炉负荷，按 F/A/E/D/C/B 顺序停用磨煤机，减负荷速度一般应控制在 0.5%BMCR/min。

（2）先将所有磨煤机负荷均降至 75%～80%，800MW 负荷停运第一套制粉系统，500MW 负荷停运第二套制粉系统。

（3）750MW 负荷，切除低温省煤器。

（4）500MW 负荷，确认本机辅汽汽源由二次低温再热蒸汽切换至邻机。将一台汽动给水泵汽源由五抽切至辅汽供汽。

（5）500MW 负荷，确认主蒸汽压力滑至 14.79MPa，锅炉应至少维持 15min 稳定运行，继续降负荷至 400MW。

（6）负荷 400MW，逐渐投入油枪运行，如 B 磨在运行状态则投入等离子。

（7）负荷 400MW，试烟温情况退出 SCR，并退出一台汽动给水泵运行。

（8）在减负荷过程中，应加强对风量、启动分离器出口工质温度，及主蒸汽温度的监视，若自动不灵，应及时用手动进行风量、煤水比及减温水的调整。同时应注意贮水箱水位的监视和控制。

2. 锅炉干态转湿态运行

（1）负荷 400MW，停运第三套制粉系统，解除机组协调至 TF 方式控制，逐渐降低锅炉热负荷，保留 B、C 磨煤机运行。

（2）负荷 350MW，稳定运行，主蒸汽压力降至 12.5 MPa。

（3）高、中、低旁路正常开启，减温水投入正常。机组定压运行，缓慢减少锅炉燃烧率，汽轮机负荷降低，注意高压旁路自动开大，维持主蒸汽压力 12MPa 左右。

（4）负荷 300MW，空气预热器吹灰汽源、除氧器汽源分别切至辅汽。

（5）负荷 300MW，将给水由主回路切换到给水旁路调节阀控制。

（6）缓慢减少燃料量，当汽水分离器出现水位，且持续上升后，表明锅炉在转入非直流运行，当分离器贮水箱水位大于 5m 后，启动锅炉启动循环泵。

（7）锅炉保留最后两层制粉系统运行直到汽轮机打闸，随着给煤量的减少，应严密监视该层燃烧器的运行情况。

（8）负荷150MW，撤出所有高、低压加热器运行，负荷150MW的工况运行时间尽量少于2h。

（二）停止燃烧

（1）锅炉继续减负荷，当机组负荷至0MW时，汽轮机停机。

（2）汽轮机停止运行后，将高压旁路压力设定解为手动，手动设定主蒸汽压力在12MPa左右，高压旁路开始调节主汽压力、中低旁则开始调节再热蒸汽压力。特别需要注意，必须保证高中旁阀后温度设定值高于冷再压力对应的蒸汽饱和温度，避免冷再带水。

（3）逐步减少磨煤机出力，将给煤机和磨煤机内存煤走空后停运。

（4）最后一套制粉系统停运后，手动MFT，确认MFT联锁动作正常，所有油枪油角阀、进油跳闸阀、回油快关阀关闭严密，炉膛无火，注意炉膛负压调节正常。

（5）关闭高、中、低压旁路。

（6）保持锅炉总风量大于30%BMCR，对炉膛吹扫5min后停运两组送、引风机，关闭风烟系统挡板，锅炉闷炉。

（7）控制分离器水位正常，维持锅炉循环泵运行1h左右，待水冷壁各沿程壁温呈下降趋势，停止锅炉循环泵运行。

（8）锅炉熄火后，应继续监视空预器、SCR反应器进、出口烟温，发现烟温不正常升高和炉膛压力不正常波动等现象时，应立即采取措施查找原因，避免发生尾部烟道二次燃烧。

（三）降压冷却

锅炉停止燃烧后，仍然要保证锅炉各部件的降温和降压速率，这样才能保证锅炉尽可能地均匀冷却，避免因热应力超限等引起锅炉设备的损坏。一般采用以下方式进行降压冷却。

1. 用旁路进行降压冷却

锅炉停止燃烧后，保持高、中、低压旁路一定开度，对锅炉主蒸汽、一次再热蒸汽、二次再热蒸汽系统进行降压，降压速率不大于0.3MPa/min，当压力降至1.2MPa时，关闭高低压旁路阀。分离器压力降至0.7~1.0MPa时，打开锅炉各疏水阀，锅炉热炉放水。

2. 自然通风冷却

一般停炉12h后，将引风机进、出口烟气挡板打开，利用炉膛正压及烟囱拔风进行自然通风冷却。

3. 强制通风冷却

锅炉停止燃烧后，若需要加速冷却，则在停炉24h后，可启动一台或二台引风机进行通风冷却，通过调节锅炉通风量控制锅炉冷却速度。在锅炉爆管，泄漏量较严重，炉膛压力无法维持的情况下，也可以采用此方法冷却。

第五节 锅 炉 保 养

锅炉在停用后，锅炉内部表面会附着一层薄水膜，空气会通过锅炉表面一些狭小裂缝进入炉内，空气中的氧溶解到锅炉水膜中，产生氧腐蚀化学反应，尤其当停用锅炉的管子内壁附着沉积物或水渣时，更会加快腐蚀速度。因此，在停炉期间采用一些恰当的保养方法，对防止锅炉产生化学腐蚀，确保锅炉能够安全、有效的运行，提高锅炉的寿命，具有重要的意义。

长期停（备）用锅炉内部保养以降低锅炉汽水系统管壁内部空气湿度、保持受热面干燥或在金属表面形成保护膜与空气隔绝以防止锅炉受热面和管道发生锈蚀、结垢，避免锅炉爆管等事故的发生。二次再热锅炉的保养与常规锅炉一样，现有的保养方法主要分为干态保养法和湿态保养法两大类。

一、锅炉停炉保养方法

锅炉的停炉后保养方法分为干态保养和湿态保养。

（一）干态保养

1. 热炉带压放水余热烘干法

锅炉熄灭后，迅速关闭各挡板和炉门，封闭炉膛，防止热量过快散失。当锅炉压力降至0.7~1.0MPa，开启相应疏放水门放水，当压力降至0.2MPa时开启炉顶部各系统空气门，迅速放尽锅内存水，同时采取自然通风法将锅内湿气排出，利用炉膛余热烘干受热面。

2. 负压余热烘干法

锅炉停运后，压力降至规定值0.7~1.0MPa，迅速放尽锅炉内存水，然后立即对系统抽真空，加速向锅内引入空气，排出锅内湿气，以提高烘干效果。

3. 充氮法

分为汽侧充氮和水汽两侧充氮。汽侧充氮是在锅炉停运后，蒸汽压力大于0.5MPa且保持正常水位时，先完成锅炉换水，在汽压降至0.5MPa时，充入氮气，然后在保持氮压的条件下，对炉内水进行氨–联氨处理。水汽两侧（或称整炉）充氮，是在汽压降至0.5MPa时充入氮气，并在保持氮压的条件下排尽炉水，维持氮压在规定值，防止空气进入。

4. 气相缓蚀剂法

锅炉停运后，利用热炉带压放水余热烘干法放尽锅炉内积水，使锅内空气湿度小于90%，汽化后的气相缓蚀剂［如$C_{13}H_{26}N_2O_2$、$(NH_4)_2CO_3$等］从锅炉底部定排集箱和省煤器专用管充入，使其自下而上逐渐充满整个锅炉，当锅内气相缓蚀剂含量达到控制标准（pH值大于9）时，停止充入气相缓蚀剂并迅速封闭锅炉。每周定期分析锅内气体pH值，如低于标准值应进行补气，维持炉管内气体pH值在要求范围内，以达到锅炉保养的目的。

（二）湿态保养

1. 氨水法与氨–联氨法

锅炉停运后，压力降至0MPa，放尽锅内存水，用除盐水配制氨的质量浓度为500~700mg/L的溶液（用软化水配制氨溶液，则氨的质量浓度应为1000mg/L），或联氨的质量浓度为200mg/L的氨–联氨溶液（用氨水调整pH为10~10.5），用加药泵经锅炉底部反上水系统逆行通过疏水门送入锅内，当送入的药液量约为过热器容积2倍时，再经省煤器放水门同时向锅内进药，直至充满锅炉。通过采取氮气封闭措施防止空气漏入。

2. 蒸汽压力法

锅炉停运后，关闭炉膛各挡板、炉门、各放水门和取样门，减少炉膛热量损失，对锅炉进行保温保压，当自然降压至0.5~1.0MPa时，重新用油枪升温升压。利用锅炉残余压力，防止空气漏入。

3. 给水压力法

锅炉停运后，压力降至0MPa，用给水泵向锅炉灌满除氧水，顶压保持锅炉压力在0.5~

1.0MPa，如果压力下降应启动给水泵顶压，以防止空气漏入。

（三）锅炉保养方法适用性

根据锅炉停运的时间长短，需选择合适的保养方法，具体见表6-4。

表6-4　锅炉保养方法适用性

项目	保养方法	适用状态	方法工艺要求	保养时间（天）
干态保养	热炉带压放水余热烘干法	临时检修、小修	炉膛有足够余热，系统严密，放水门空气门无缺	<7
	负压余热烘干法	大、小修	炉膛有足够余热，配备抽汽系统，系统严	<7
	充氮	冷备用	要配置充氮系统，氮气纯度应符合控制指标的要求，系统必须严密	>30
	气相缓蚀剂	冷备用	要配置热风气化充气系统，系统应严密，锅炉应基本干	>30
湿态保养	氨水	冷备用	要配置加药装	>30
	氨-联氨	冷备用	要配置加药系统和废液处理装置	>30
	蒸汽压力	热备用	锅炉必须保持一定的残余压	<7
	给水压力	冷热备用	锅炉必须保持一定的残余压力，溶解氧应符合给水标	<7

二、二次再热锅炉停炉后的保护规定及方式

（1）锅炉停用时间在3~5天内，对省煤器、水冷壁和启动分离器采取加药湿态保养法，对过热器、再热器部分采取余热烘干法保护。

（2）锅炉停时间大于5天以上，锅炉的省煤器、水冷壁、过热器、再热器等采取热炉放水余热烘干法、气相缓蚀剂法保护。

三、二次再热锅炉停炉后保护操作步骤

（1）锅炉熄火后，当启动分离器压力下降0.7~1.0MPa、启动分离器入口水温达到200℃左右时，停送、引风机，并关闭挡板，封闭炉膛，旁路关闭。

（2）迅速开启水冷壁、省煤器进口集箱放水门，带压将水排空。

（3）压力降至0.2MPa左右时，开启水冷壁、省煤器、过热器、再热器的排空气门，排除系统内的水蒸气，待系统压力跌至0MPa后开启高、中、低压旁路抽真空，将剩余湿汽排尽。

（4）待余热烘干后，从省煤器、水冷壁进口集箱疏水阀处通入加有气相缓蚀剂的压缩空气进行辅助保养。

四、冬季停炉后的防冻

（1）检查投入有关设备电加热或汽加热装置。

（2）备用锅炉的人孔门、检查孔及有关风门、挡板应关闭严密，防止冷风侵入。

（3）锅炉各辅助设备和系统的所有管道，均应保持管内介质流通，对无法流通的部分应将介质彻底放尽，以防冻结。

（4）停炉期间，应将锅炉所属管道内不流动的存水彻底放尽。

（5）冬季采用湿法保护的锅炉要注意防冻。

第七章

锅 炉 调 试

第一节 冷 态 试 验

一、概述

冷态试验是机组启动试运的重要阶段，通过冷态模化工况掌握锅炉风机、风门挡板调节特性，以及炉内动力场情况，为机组的整套启动热态运行及燃烧调整提供可靠的理论依据，初步确定锅炉燃烧系统的运行方式，从而保证锅炉着火稳定，使锅炉能够安全、经济运行。

当前已投产的二次再热机组多采用切圆燃烧方式，其特点是煤粉火焰行程长、炉内混合强烈、燃烧效率高、煤种适应性强，但是采用切圆燃烧方式的锅炉炉内燃烧特性、传热、流体流动状态等比较复杂，因此，非常有必要通过冷态测量、试验、调整等手段摸索没有燃烧升温状态下的炉内流动情况。

由于二次再热锅炉较一次再热受热面布置更为复杂，对其调温特性的了解将是冷态试验的重点，在冷态试验的中应补充调温特性方面的试验。

二、典型炉型冷态试验的工作条件、内容及方法

（一）冷态试验的条件

冷态试验属于机组分系统调试的一个重要节点，也是机组第一次多系统、多专业联合试运，重点需要具备如下条件：

(1) 试运涉及单位、部门人员准备到位，且组织明确。

(2) 风烟、制粉系统具备试运条件，同时，脱硫、脱硝、湿除等系统具备通风条件。

(3) 冷态试验所需要的脚手、平台已搭设完毕，并经验收合格；炉内试验平台及测量用临时系统已经安装完毕、可靠，照明良好。

(4) 燃烧器、一次风及二次风相关调节挡板已按照厂家要求安装完毕、调节灵活。

(5) 试运系统及设备内部清理完毕。

（二）冷态试验的工作内容

以上海锅炉厂二次再热机组为例，锅炉为塔式布置，采用切圆燃烧方式，冷态试验中主要工作内容如下：

(1) 冷态情况下，燃烧器调节灵活性检查，风烟系统严密性检查，风机出力及调节特性检查。

(2) 风烟系统主要测点准确性检查，如二次总风量、各层左右侧分风量。

(3) 一次风、二次风等风量测量装置标定。

(4) 磨煤机出口一次风速标定及调匀。

(5) 燃烧器二次风风门调节特性。

(6) 模化工况下，炉内切圆、贴壁风速测试。

(7) 炉膛出口消旋风正反切试验。掌握正反切角度对炉膛出口气流均布的影响。

(8) 了解锅炉燃烧系统及燃烧器的阻力特性。

(9) 双烟道挡板调节特性试验。

对于带烟气再循环调温方式的炉型来说，采用切圆燃烧方式，配有烟气再循环风。在冷态试验中，需要对再循环风量进行标定，同时，根据了解再循环风调节特性，为热态再热器调温作准备。如：HG-1938/32.45/605/623/623-YM1 锅炉为哈尔滨锅炉厂Π型布置。

(三) 试验方法

1. 制粉系统严密性检查

关闭制粉系统中所有人孔门、检修孔，关闭给煤机进出口插板门，启动两台一次风机，维持磨煤机入口+1000Pa 压力，检查人员就位后在一次风机入口施放烟幕弹检查制粉系统的严密性。

2. 风烟系统严密性检查

关闭锅炉风烟系统中的所有人孔门、观察孔、检修孔，投入炉底水封。开启送风机，维持炉膛压力+500Pa。各方检查人员就位后在送风机入口施放烟幕弹检查整个系统严密性，重点是吊装接口、膨胀节、人孔门、喷燃器检修孔、炉顶密封、过热器和再热器穿水冷壁处的严密性。在有条件的情况下，对引风机出口烟道严密性进行检查，防止热态运行中因烟气泄漏造成引风机本体外部及出口风道腐蚀。

3. 二次总风量及各角二次风量的标定

冷态下启动空预器、引风机、送风机，调整风机风压、系统风门开度，使送风机运行工况接近额定工况和75%额定工况下，用标准毕托管在二次风总风道所开测孔处按等截面网格法测量二次风风量，同时记录测量装置变送器差压值，通过计算得出测量装置的动压系数与流量系数。

各层各角二次风风量测量装置的标定与二次总风量的测量方法相同。

4. 磨煤机入口风量标定、出口风速标定及调匀

维持适当的炉膛负压，启动两台一次风机及一台密封风机，磨煤机内部通风，检查各测点准确性。通过调整一次风压，调节磨煤机入口冷、热风调节挡板开度，使磨入口风量在75%、85%、100%工况，进行测量。

采用出口风量标定入口风量的原则，利用标准毕托管按等面积圆环法对磨煤机出口一次风管进行测量，同时记下相应的变送器差压值读数及磨煤机入口测量装置变送器差压值。

通过计算得出磨煤机进口测量装置的流量系数、出口一次风速系数。

将最终系数整理后输入 DCS，根据在线风速对磨煤机出口煤粉管风速进行调匀。

5. 二次风挡板特性试验

维持炉膛负压在-50Pa，总风量在80%以上，二次风箱与炉膛差压在1kPa左右，调节二次挡板开度在0、25%、50%、75%、100%，对喷口风速进行测量，从而得出不同开度下的调节特性，并形成特性如图7-1所示。

6. 模化工况下空气动力场试验及贴壁风测量

根据炉内冷态模化原理，将一次风、二次风风速调整至冷态模化风速，在炉膛下一次风中心线平面和两炉膛中间部位设置测量网面（米字铁丝网面），用风速仪测量网面上各点的风速（每 500mm 一点，飘带长约 50mm），观察及测量炉内切圆位置及大小，并形成炉内切圆示意图，如图 7-2 所示。

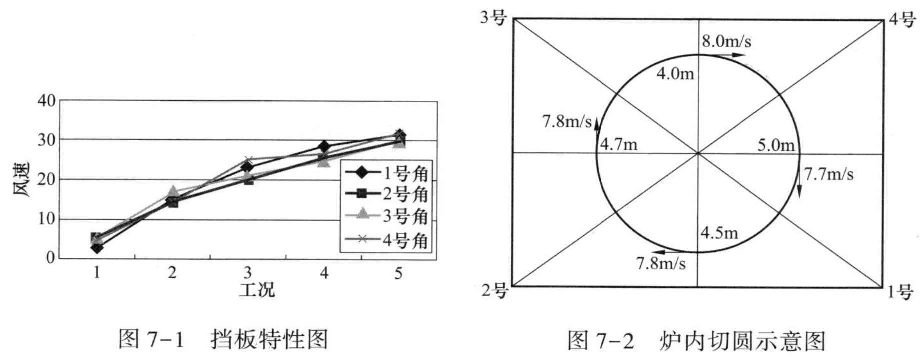

图 7-1 挡板特性图　　图 7-2 炉内切圆示意图

用长飘带分别置于各组燃烧器各层一次、二次风喷口中心处观察气流的运动轨迹，是否贴边。同时，测量模化工况下的贴壁风速，并形成炉内模化工况下贴壁风分布示意图，如图 7-3 所示。

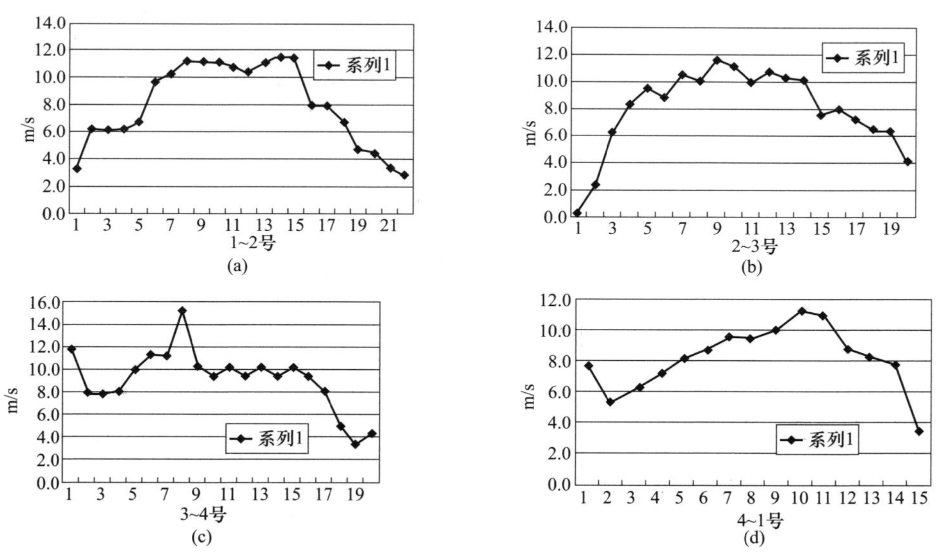

图 7-3 炉内模化工况下贴壁风分布示意图

7. 正反切工况测量

在模化工况下，调整正反切角度，对炉膛出口左右侧风速分布情况进行测量，了解正反切对炉膛出口气流分布的影响，如图 7-4 所示。

8. 双烟道挡板调节特性试验

烟气挡板的调节特性挡板的调节特性，关键在于挡板的流量特性和热力特性，根据常

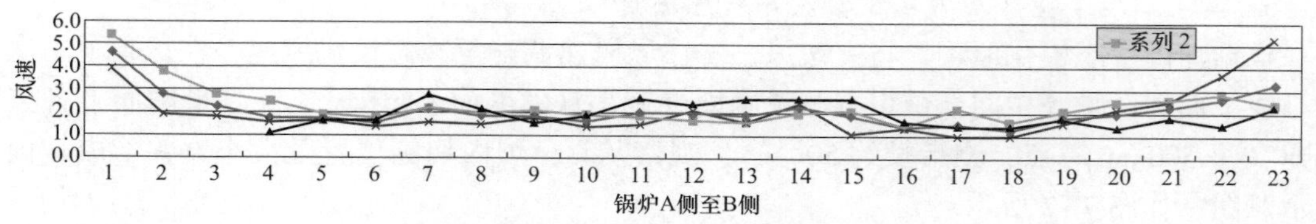

图 7-4 炉膛出口水平烟道气流分布图（0°切角）

规设计机组挡板特性，由图 7-5 可知，挡板开度在 10°~40°范围内，调节性能较好。在冷态试验中，选取 60%、80%、100%额定风量三个工况，对炉膛出口烟气挡板不同开度下炉膛出口截面风速分配特性进行测量，这样就可以掌握冷态情况下，烟气挡板的流量调节特性。

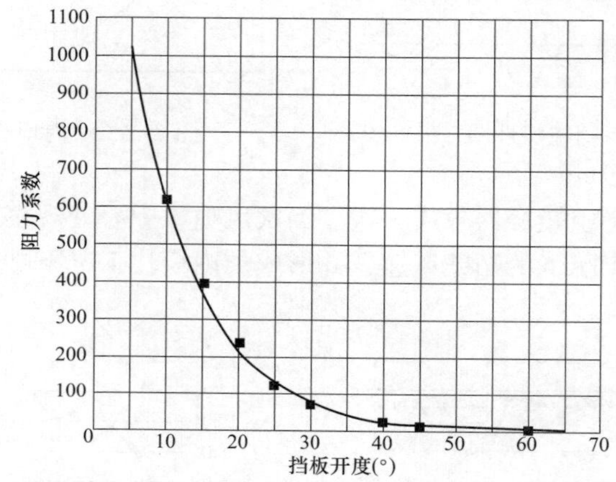

图 7-5 挡板阻力系数随挡板开度变化曲线

第二节 锅 炉 酸 洗

一、概述

化学清洗技术是利用化学清洗剂与金属表面的钙镁垢、铁锈、铜锈以及硅酸盐等垢层发生化学反应，生成可溶性物质而将垢层去除的一种技术。锅炉新安装完成或大修之后，在投运前须经过化学清洗，去除锅炉设备加工过程中形成的高温氧化物和存放、运输、安装过程中所产生的腐蚀产物、焊渣和泥沙污染物等。通过化学清洗保证热力设备内表面清洁，使锅炉启动时获得良好的水汽品质，确保机组顺利启动和安全运行。其根本目的在于延长设备的使用寿命，避免爆管等事故的发生，提高锅炉设备的换热效率以达到节约能源的目的。

二次再热机组与一次再热机组相比，锅炉热力系统更加复杂，水汽在受热面及系统中的流程更长，不良的水工况将对二次再热机组的效率和安全经济运行产生严重影响，因此进行充分全面的热力系统化学清洗显得尤为重要。目前国内化学清洗参照的最新技术标准为 DL/T 794—2012《火力发电厂锅炉化学清洗导则》，其中对机组的化学清洗进行了详细的规定及要求，并已在一次再热机组中已得到大量的实际应用，其中很多经验及方法可以在二次再热机组上推广应用，并进一步分析总结。

二、对机组化学清洗方法的分析

通常新建电厂的化学清洗包括碱洗和酸洗两种。碱洗的主要目的是去除金属表面的油脂性憎水物，避免炉管内的油脂类物质影响酸洗及后续的钝化膜质量。酸洗的主要目的是消除热力系统内在制造、运输、安装过程中产生的焊渣、氧化皮和腐蚀产物，并在金属表面形成良好的保护膜，保证机组启动期间的水质能够及时合格。

（一）化学清洗范围

国内新建机组化学水侧的清洗范围主要分为以下几种：①炉前系统碱洗+炉本体碱洗和酸洗；②炉前和炉本体都碱洗和酸洗；③炉前系统碱洗+炉本体酸洗。

目前，从国内新建超临界机组化学清洗范围的选择来看，以上三种方案均有应用，但考虑到二次再热机组大容量、高参数，机组对水汽品质的高要求，为减少机组启动初期冷热态水冲洗时间、除盐水的用量及废水排放量，使得启动期间水、汽品质的尽快合格，建议采用大范围碱洗和酸洗，炉前和炉本体全部进行碱洗和酸洗。同时为保证更好的系统清洁度，除对机组的凝汽器、凝结水管路、给水管路系统、高低压加热器水侧至少进行碱洗外，还应将低压加热器和高压加热器的汽侧、高压加热器汽侧及其疏水系统纳入碱洗范围。

对于过热器是否参加化学清洗，关键要参照锅炉整体炉型，对于塔式布置的锅炉，因过热器管道水平布置，管内无气塞的可能性，且酸洗沉积物容易排出，有条件时过热器适宜参加化学清洗；对于Π式布置的锅炉，因过热器受热屏管道垂直布置，管道内部有气塞可能且管内弯头处易发生腐蚀产物沉积堵塞问题，进行过热器化学清洗的弊大于利，可通过锅炉蒸汽吹管，带走过热器内的氧化皮等杂物，过热器的清洁度能够满足锅炉启动的需要。

对于再热器是否参加化学清洗，在DL/T 794—2012《火力发电厂锅炉化学清洗导则》中规定，再热器一般不进行化学清洗。原因有以下几点：第一，再热器管道材料一般为高合金钢，属于基本不会生锈的材料；第二，由于再热器的管道通流面积相对较大，且水容积也大，再热器内表面积与其水容积的比值偏小，百万千万机组再热器冲通流量要控制在3000t/h以上，管屏内的流速约为0.72m/s，一般的临时清洗泵难以满足再热器清洗的最低流速的要求，清洗时再热器完全处于浸泡或偏流状态；第三，再热器水容积较大，增加了化学清洗药品成本；第四，对于二次再热机组由于增加了一组再热器，系统更加复杂。因此，进行再热器化学清洗的必要性不大，两级再热器都可以依靠锅炉蒸汽吹管将再热器吹扫干净，满足锅炉启动的需要。

通过对近年超临界机组化学清洗不完全统计，在Π型锅炉机组中，因Π型炉的特殊结构特性，未有项目实施了对过热器及再热器的化学清洗。而在塔式炉机组中，目前，已知国电谏壁电厂一次再热机组13号锅炉对再热器进行了清洗，因清洗效果不佳，后续机组未再进行过再热器清洗。

（二）化学清洗介质及工艺

1. 碱洗介质选择

传统碱洗介质有碳酸钠、氢氧化钠、三聚磷酸钠、磷酸三钠、磷酸氢二钠或复合磷酸盐等，这些物质在碱洗后在系统中易于残留，从而在机组运行过程中在汽轮机通流部位产生聚积。通过不断实践改进，目前新建超超临界机组碱洗介质主要为：磷酸盐、除油剂和双氧水（H_2O_2）。清洗工艺如下：

（1）磷酸盐。

工艺参数：Na_3PO_4 为0.2%~0.5%，Na_2HPO_4 为0.1%~0.2%，温度为90~95℃，时间为8~24h。

工艺特点：操作简单，清洗温度较高，废液需中和处理。

（2）除油剂。

工艺参数：0.5%~1%，温度为55℃±5℃，时间为8~10h。

工艺特点：操作简单，需要加热，废液需中和处理。

（3）双氧水。

工艺参数：H_2O_2 为0.05%~0.1%，温度为常温，时间为循环3h，浸泡10h。

工艺特点：操作简单，不需要加热，废液可以直接排放。

收集部分国内新建超超临界机组碱洗介质的选择情况见表7-1。从表中可以看到磷酸盐、除油剂和双氧水（H_2O_2）皆有应用，但从工艺参数可知，H_2O_2 作为碱洗介质与磷酸盐和除油剂相比具有碱洗过程不需加热，常温即可清洗，同时可减少清洗期间盐类物质的引入，清洗后双氧水废液在环境温度下易于分解，碱洗后可直接排放等优点，因此，建议使用 H_2O_2 作为碱洗介质，对于二次再热机组同样适用。

表7-1　　超超临界机组碱洗介质选择统计

工程名称	机组容量（MW）	清洗介质
华润彭城电厂5号机组	1000	H_2O_2
华能沁北电厂1号机组	1000	H_2O_2
皖能铜陵电厂六期5号机组	1000	H_2O_2
大唐潮州电厂3号机组	1000	H_2O_2
华能海门电厂1、3号机组	1000	除油剂
华能玉环电厂1号机组	1000	除油剂
华能玉环电厂3号机组	1000	磷酸盐
华电芜湖电厂五期1号机组	660	磷酸盐
华能金陵电厂1、2号机组	1000	磷酸盐
国电谏壁电厂13号机组	1000	磷酸盐
江苏常熟电厂5、6号机组	1000	磷酸盐

2. 酸洗介质选择

锅炉酸洗介质主要包括盐酸、氢氟酸、乙二胺四乙酸、柠檬酸、EDTA、羟基乙酸、氨基磺酸以及混合酸等清洗技术。为了适应国内新建超超临界机组大容量、高参数的锅炉受热面合金钢等材质要求，对于超超临界机组的化学清洗主要采用EDTA、羟基乙酸和甲酸（称复合酸）、柠檬酸等有机酸介质，这些清洗介质具有溶解水垢络合能力强，除垢过程不会产生大量沉渣悬浮物，分子结构中不含有诱发金属材料应力腐蚀的敏感离子（如氯离子等卤素离子）等特点，能够适应奥氏体钢等多种锅炉材料的化学清洗，包括对锅炉过热器和再热器的化学清洗。

收集国内部分新建超超临界机组酸洗选择的介质情况见表7-2。

表7-2 超超临界机组酸洗介质选择统计

工程名称	机组容量（MW）	清洗介质
国华徐州电厂1、2号机组	1000	柠檬酸
华润彭城电厂5号机组	1000	柠檬酸
国电谏壁电厂13、14号机组	1000	柠檬酸
华能金陵电厂1、2号机组	1000	柠檬酸
华电句容电厂1、2号机组	1000	柠檬酸
漕泾发电厂1号机组	1000	柠檬酸
皖能铜陵电厂六期5号机组	1000	柠檬酸
国电泰州电厂1、2号机组	1000	EDTA（高温）
大唐潮州电厂3号机组	1000	EDTA（高温）
江苏南通电厂1、2号机组	1000	EDTA（1号低温、2号高温）
华能玉环电厂1、3号机组	1000	EDTA（高温）
华电芜湖电厂五期1号机组	660	EDTA（高温）
国信新海电厂1号机组	1000	复合酸
中电常熟电厂5、6号机组	1000	复合酸
华润贺州电厂2号机组	1000	复合酸
大唐许昌龙岗电厂4号机组	660	复合酸

从表7-2中可以看到EDTA、羟基乙酸和甲酸或柠檬酸（称复合酸）、柠檬酸等三种介质应用情况基本接近。各清洗介质和工艺特点分析如下：

（1）EDTA。

对铁垢、铜垢、钙镁垢的清除能力强，不宜清洗含硅量高的水垢；与柠檬酸和复合酸清洗相比省去了酸洗后的水冲洗、漂洗和钝化过程，清洗、钝化可一步完成，减少了漂洗和钝化药品，节约时间，减少了除盐水的用量和废液的排放量。

EDTA高温清洗工艺的参数：酸液浓度4%～10%，缓蚀剂0.3%～0.5%，温度120～140℃，pH8.5～9.5，清洗流速不小于0.3m/s；清洗时间12～24h。

高温清洗温度较高，需要锅炉点火及采用闭式系统；同时清洗废液处理较难，处理成本高。

EDTA低温清洗工艺参数：酸液浓度3%～8%，缓蚀剂0.3%～0.5%，温度85～95℃，pH4.5～5.5，清洗流速不小于0.3m/s；清洗时间12～24h。

（2）复合酸（羟基乙酸加甲酸或羟基乙酸加柠檬酸）。

羟基乙酸具有腐蚀性低、对钙镁垢层溶解能力强等优点，其清洗机理主要是依靠羟基乙酸与钙、镁等化合物作用较为剧烈，生成的钙、镁盐在水中的溶解度较大，因此羟基乙酸特别适宜钙、镁盐垢层的清洗。但当锈垢较多时，单一的羟基乙酸溶解速度较慢，效果不显著，因此往往与甲酸、柠檬酸按比例配合形成复合酸使用，复合酸可对各种铁垢均有较强的清除效果，尤其是受热面存在缺陷时可起到有效清洗缺陷表面的垢质，不促进缺陷发展的作用。同时具有腐蚀性低，水溶性高，清洗液组分中氯离子含量极低，清洗过程中不会产生有机酸铁沉降风险，清洗更加安全。同时羟基乙酸和甲酸都是液体，加药过程中不宜带入其他杂物，药品配制劳动强度低，清洗废液分子量小易于生物降解。但甲酸刺激性较大，操作及排放时应做好防护措施。

工艺参数：酸液浓度2%~4%，缓蚀剂0.2%~0.4%，清洗流速0.3~0.6m/s，温度要求85~95℃，通过辅汽加热可以达到，清洗时间8~10h。

（3）柠檬酸。

对常规铁垢具有较强的清除效果，但对加氧机组的垢清除效果不是很理想，当受热面存在腐蚀坑时对坑内的垢不能完全清洗干净。当清洗液中的铁离子浓度太大，pH 大于 4 时，可能生成柠檬酸铁的沉淀，废液处理较难，处理成本高。

工艺参数：酸液浓度2%~8%，缓蚀剂0.3%~0.4%，温度85~95℃，pH3.5~4.0。

清洗流速0.3~1m/s；清洗时间8~12h。

（三）其他几点需说明的问题

1. 带炉水泵机组的化学清洗

大型超临界直流机组锅炉启动系统分为带炉水泵和不带炉水泵两种形式，为减少机组热量损失，改善机组启动特性，近年来倾向于选择前者。国内已投产二次再热机组也都选用了带炉水泵形式的启动系统。在机组化学清洗阶段可选择炉水泵缓装，清洗时不投入以及清洗前调试结束，清洗时投入循环冲洗两种方案。对于二次再热机组的清洗，投入炉水泵参加化学清洗，第一，可以增加水冷壁清洗流速，加强清洗效果，第二，通过对炉水泵进出口管道进行彻底的清洗，可避免清洗死角的存在，为炉水泵后期的安全稳定运行消除隐患。但为保证炉水泵的安全、可靠，炉水泵酸洗投入期间需要采用安装临时注水泵等方式严格保证炉水泵注水的清洁度和注水压力。

2. 酸洗废液处理问题

目前国内新建超超临界机组的酸洗介质基本上以有机酸为主。需针对有机酸废液特点采用有针对性处理方法。

对于复合酸和柠檬酸的酸洗废水，一般可采用灰水稀释法，如果是全新基建电厂，酸洗时还没有现成灰渣，只能先排放至工业废水池贮存，等有灰渣后再进行处理，会造成废水贮存池长期被占用，且灰水稀释法处理过程中灰水和柠檬酸的配比较高，需要大量的灰水，处理时间很长，对后续工作可能产生影响。

对于复合酸、柠檬酸和EDTA的酸洗废水，还可采用氧化处理方法，一般先排至工业废水池然后再进行处理，但是其氧化处理工艺处理时间长，工艺较复杂，一般不适合采用此方法在全新基建现场处理。且在基建阶段机组酸洗时，工业废水处理系统往往没有完全安装和调试完毕，工业废水池一般仅仅具备储存功能，这样也造成废水贮存池长期被占用。

另外，如采用EDTA硫酸及碱回收处理方法，其工艺复杂，需要药品量大，实际在基建现场中基本没有应用。大多由具有资质的单位拖车直接装罐拖走进行回收。

对于燃煤电厂有机酸废水，较好地处理办法是经简单中和消泡处理后，排入煤场喷淋系统喷洒至燃煤层上，经燃煤吸收后，进炉膛燃烧，及焚烧法。

经过以上分析，对于超超临界二次再热机组化学清洗，为保证更好的系统清洁度，需要根据二次再热机组锅炉的实际情况，全面考虑化学清洗的范围，介质等各项问题，缜密制定化学清洗方案，可有效减少机组投产后锅炉受热面发生腐蚀，结垢甚至爆管的几率。

3. 酸洗后联箱手孔的检查

化学清洗工作为机组汽水系统首次带介质全面流通，系统安装过程中的遗留杂物及酸洗沉淀物等杂质，经过酸洗、大流量冲洗后，易在在集箱死角、水冷壁底部的节流圈附近死角沉积，为后期的锅炉超温、爆管埋下了隐患。因此酸洗后，应全面检查并清理省煤器入口集箱、水冷壁分配集箱、水冷壁入出口集箱等，特别是对于二次再热机组塔式锅炉，如过热器参加化学清洗，其进出口集箱也应进行全面检查。

三、典型二次再热机组化学清洗介绍

（一）SG-2710/33.03-M7050 锅炉

1. 清洗范围

（1）碱洗：凝汽器汽侧，除盐水精处理旁路、轴封加热器水侧及旁路、疏水冷却器水侧及旁路、10、9 号低压加热器水侧及旁路、低温省煤器水侧及旁路、8、7 号低压加热器汽侧/水侧及旁路，6 号低压加热器汽侧/水侧及旁路、1/2 除氧水箱、低压给水管道、给水再循环管道、4、3、2、1 号高压加热器（A/B 侧）汽侧、水侧及旁路、省煤器、水冷壁、启动分离器、过热器系统，水容积约 2200m^3。

（2）酸洗：疏水冷却器、低温省煤器水侧及管道、10、9、8、7、6 号低压加热器水侧及旁路、1/2 除氧水箱、4、3、2、1 号高压加热器（A/B 侧）水侧及旁路、给水管道、省煤器系统、水冷壁系统、启动分离器、过热器系统等。清洗水容积合计约为 1200m^3。

2. 清洗介质及工艺

（1）碱洗步骤：水冲洗→常温双氧水碱洗→水冲洗。

主要控制参数：清洗介质浓度 0.05%~0.1%（双氧水）、温度 20~30℃、循环清洗 3h，浸泡 10~12h；

（2）酸洗步骤：水冲洗→升温试加热→复合酸清洗→漂洗、EDTA 钝化。

主要控制参数：清洗介质采用羟基乙酸+甲酸（2∶1）；浓度 3%~5%复合酸、0.5%缓蚀剂、500mg/L 还原剂；清洗温度（85±5）℃。

漂洗溶液：0.3%~0.5%EDTA、0.05%缓蚀剂、pH8.0~9.0。

钝化溶液：0.1%复合二甲基酮肟，pH 为 9.5~10.0，温度为（85±5）℃。

3. 清洗步骤

（1）水冲洗。

按照各回路分别逐步完成：凝结水系统的水冲洗→高、低压加热器汽侧冲洗→高压给水系统的水冲洗→省煤器冲洗→炉本体的水冲洗→过热器的水冲洗及冲通试验。

通过水冲洗排放口水质目视清澈合格，同时通过观测受热面各温度测点的温度变化来判断各管道冲通的情况，若发现有管道不通，必须进行割管检查。

（2）清洗系统的水压试验。

关闭排放总门，用凝泵再循环控制系统压力 $p=1.5$MPa，检查整个清洗系统的严密性。对清洗系统中不参加清洗的仪表管道冲洗并进行有效隔离。

（3）碱洗。

凝汽器降低水位，将碱洗液加入系统，系统补水使凝汽器水位超过最上层钢管，启动分离器20～26m水位、凝汽器补水漫过不锈钢管10cm，按碱洗流程建立循环，调整循环流量$Q=800t/h$，启动炉水循环泵参与锅炉本体清洗。

（4）碱洗结束后水冲洗及人工清理。

碱洗结束后，开启排放门，将碱洗液排至机组排水槽至凝汽器低水位，停凝泵，利用静压将系统碱洗液排至机组排水槽。

凝汽器注水至高水位启动凝泵，按清洗流程进行冲洗，排放口在过热器出口，当凝汽器到低水位时，凝泵自循环，向凝汽器补水至高水位，继续进行系统水冲洗，重复数次，直至排放口排水清澈，水冲洗结束。

放空凝汽器底部余水对凝汽器热井及除氧器、凝结水泵入口滤网等进行人工清理。

（5）复合酸清洗。

1）循环试升温。

按清洗系统重新上水，控制除氧器水位至清洗水位。开辅助蒸汽暖管，投除氧器加热并缓慢试投2号高压加热器，观察除氧器水位的变化，检查系统的隔离及严密性。当系统温度到80～85℃时，停止除氧器加热，检查系统的严密情况。

2）复合酸清洗。

清洗药品通过临时清洗药箱进入系统，先将缓蚀剂、助溶剂加入系统，循环1h后，加入复合酸和适量还原剂。加药完毕后，进行循环清洗，观察启动分离器水位的变化，检查系统的严密性。注意监视系统温度变化，调整辅汽加热，保证整个清洗系统的温度在85～95℃。清洗过程中控制Fe^{3+}含量小于300mg/L，当复合酸浓度和Fe离子浓度稳定，监视管内部无残余垢，到达清洗终点。用冲洗水温的除盐水将酸液顶到排水槽，当排水出口pH为4.0～4.5、铁离子小于50mg/L时，冲洗结束，系统按酸洗回路建立循环。

3）漂洗和钝化。

冲洗完毕，切回系统循环，加热到65℃左右，添加漂洗缓蚀剂0.01%～0.03%，加漂洗剂漂洗进行循环漂洗1～2h。漂洗结束后，用$NH_3 \cdot H_2O$迅速调节pH=9.5～10左右，循环钝化8～10h，钝化温度维持85℃，钝化结束前通过水冷壁监视管检查钝化效果，钝化膜形成完整后彻底排放钝化废液。

4. 实际酸洗效果及废液处理

在酸洗清洗结束后对除氧器、给水管道、省煤器进口和炉本体清洗水冷壁监视管进行检查，被清洗金属表面洁净，无残留氧化物，并形成钢灰色钝化膜。实际通过测量腐蚀指示片金属腐蚀情况，平均腐蚀速度小于0.1g/（$m^2 \cdot h$），腐蚀总量小于1g/m^2即远远小于规范中金属平均腐蚀速度小于8g/（$m^2 \cdot h$），腐蚀总量小于80g/m^2的要求。

复合酸洗废液主要是有机物羟基乙酸和甲酸及金属离子，金属离子主要以铁离子为主，金属离子的去除以碱性条件下絮凝沉降过滤去除，有机物羟基乙酸和甲酸是一种易生物降解的有机酸，采用高效厌氧和好氧生物反应器经过生物细菌的降解反应除去。

（二）HG-2752/32.87/10.61/3.26-YM1锅炉

1. 清洗范围

（1）碱洗范围。

凝汽器汽侧、凝结水泵、精处理旁路、汽封蒸汽冷却器水侧，低压加热器水侧和汽侧及其旁路、高低压省煤器、除氧器给水箱、高压加热器水侧及其旁路、高压给水管道、省煤器系统、水冷壁系统、混合器、分离器、储水箱。

（2）酸洗范围。

高压加热器水侧及其旁路、高压省煤器、高压给水管道、省煤器系统、水冷壁系统、混合器、分离器、贮水箱。

2. 清洗介质及工艺

（1）碱洗步骤：水冲洗→常温双氧水碱洗→水冲洗。

碱洗介质浓度 0.05%~0.1% 的 H_2O_2；碱洗温度：常温；循环时间 3h，浸泡 10h；

（2）酸洗步骤：水冲洗→升温试加热→EDTA 低温清洗。

工艺参数：EDTA 酸液浓度 3%~8%，缓蚀剂 0.3%~0.5%，温度 85~95℃，pH4.5~5.5。

3. 清洗步骤

（1）水冲洗。

按系统清洗流程进行逐级冲洗，先凝汽器，再、低压加热器系统，然后除氧器，最后高压加热器系统，待前一级冲洗干净后再进行下级冲洗。高、低压加热器先冲洗旁路，然后冲洗主路。冲洗终点：出水基本澄清，无杂物。

（2）碱洗。

建立循环回路，启动上药泵，将 H_2O_2 经临时清洗系统加入凝汽器，清洗过程中，水位控制在凝汽器管束上层 100~150mm、除氧水箱水位 2/3，每小时取样检测 pH 值一次。

（3）碱洗后水冲洗。

碱洗后对系统进行水冲洗，冲洗终点：冲洗至出水检测不到过氧化氢、出口水质澄清。

（4）热力系统的 EDTA 清洗。

1）清洗系统升温试验。

2）EDTA 清洗。

建立清洗循环回路，清洗过程中，应严格监控温度、分离器和除氧水箱液位的变化情况，巡查清洗系统是否正常，如有泄漏，应及时采取补救措施。清洗期间，每小时检测一次清洗液中 EDTA 浓度、铁离子浓度、pH 值。

4. 实际酸洗效果及废液处理

酸洗后打开省煤器出水分配集箱、过渡段水冷壁联箱、水冷壁进口集箱手孔，目视检查集箱内表面，金属表面清洁，基本上无残留物和焊渣，无明显粗晶析出的过洗现象，清洗后的表面形成了良好的钝化保护膜，保护膜完整，无点蚀及二次生锈。

EDTA 清洗废液由拖车拖至具有资质的废水处理厂进行处理。

第三节　蒸　汽　吹　管

一、概述

在机组的建设过程中，锅炉吹管是使机组安全、高效投产必不可少的重要调试环节。通过吹管可以清除管道内在制造、运输、保管和施工工程中遗留的砂粒、石块、旋屑、氧化铁皮等各种杂物，防止后期机组运行中过热器、再热器管道堵塞爆管和汽机通流部分损伤，提高机组的安全性和经济性，并改善运行期间的蒸汽品质。与传统一次再热机组相比，二次再热机组由于增加了一组再热器（见图 7-6），蒸汽管道等系统更加复杂，吹管难度加大。

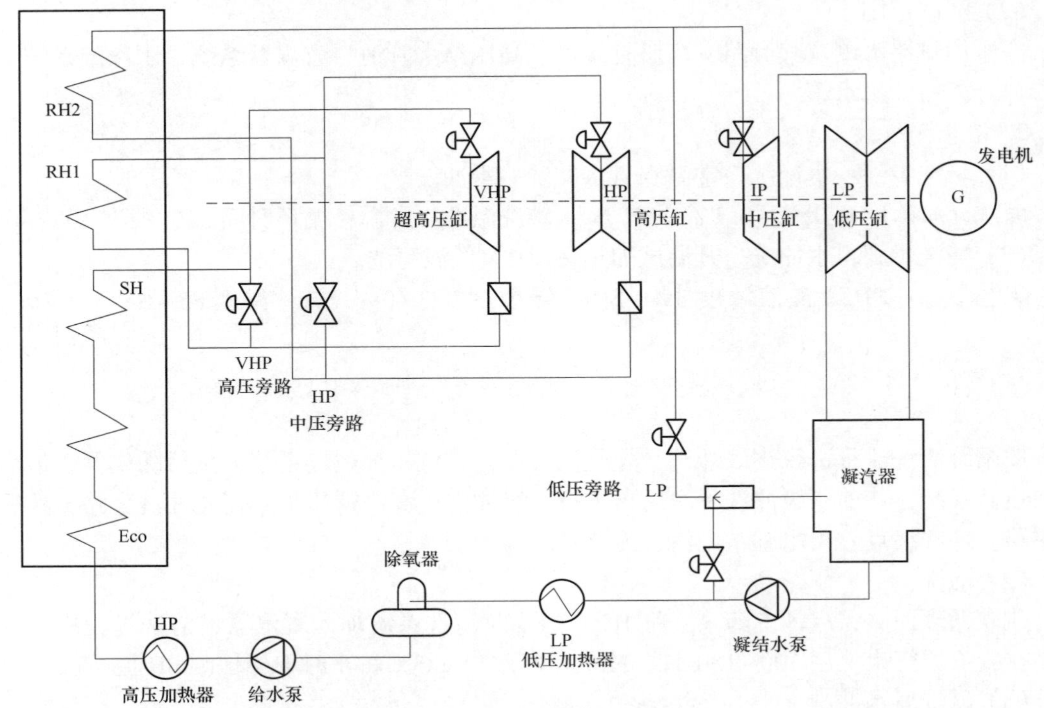

图 7-6 二次再热机组系统图

对于机组吹管，国内可以参照的技术标准主要有：DL 5190. 2—2012《电力建设施工技术规范 第 2 部分：锅炉机组》、DL/T 1269—2013《火力发电建设工程机组蒸汽吹管导则》以及 DL/T 852—2016《锅炉启动调试导则》等，其内容中主要规定了一次再热等传统机组的吹管系统设计、吹管方法等，基本没有涉及二次再热机组吹管的内容。因此，针对二次再热机组的吹管技术，国内尚无统一的规范性标准可循，基本上是在结合一次再热锅炉吹管经验及理论上进行实践。

二、对吹管方法及参数选择分析

对于一次再热机组而言，只有过热器及再热器两级蒸汽受热面，因此吹管方式可以根据机组系统特点和操作者的经验选取一阶段吹管或二阶段吹管两种吹管方式。一阶段吹管时，将锅炉过热器、再热器及相关蒸汽管道串联连接，吹扫时蒸汽一次性通过全部系统。二阶段吹管时，分两步对系统进行吹洗，第一步先吹洗锅炉过热器、主蒸汽管道；第二步将过热器、再热器恢复至串联形式，再进行全系统管道串联吹洗。

而二次再热机组与传统一次再热机组相比锅炉增加了二级再热器，蒸汽受热面由一次再热机组的 2 组增加到 3 组，吹管系统搭配及吹管方式可以有多种组合。下面分别对不同吹管系统组合方式，对吹管方案进行分析。

（一）一阶段串联吹管方式（流程：过热器→一次再热器→二次再热器）

该方式管道连接范围和顺序为：过热器→主蒸汽管道→(经汽轮机超高压主汽门及临时

管道)→临冲门→(集粒器)→一级低温再热蒸汽管道→一级再热器→一级高温再热蒸汽管道→(经汽轮机高压汽门及临时管道)→(集粒器)→二级低温再热蒸汽管道→二级再热器→二级高温再热蒸汽管道→(经汽轮机中压汽门及临时管道)→靶板装置→(消声器) 排至大气(见图 7-7)。

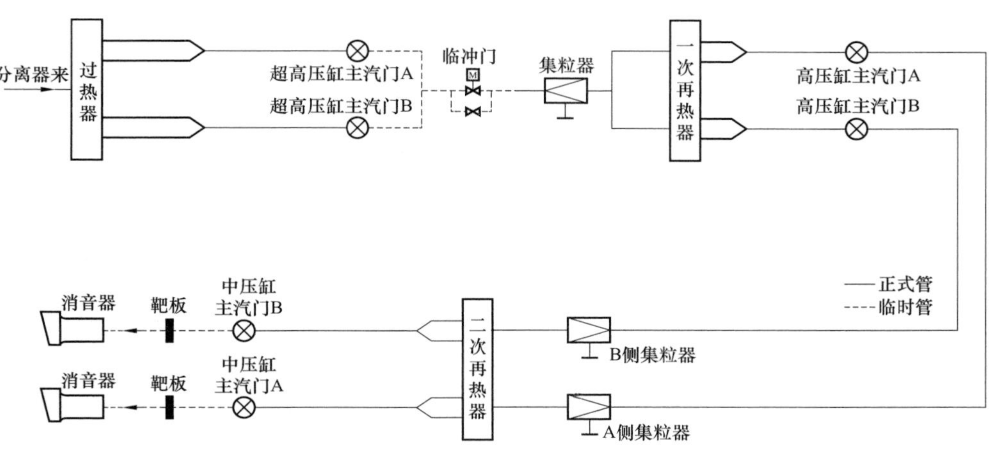

图 7-7　一阶段串联吹管系统图

该吹管方式在各种吹管方式中，系统布置最简单，临时管道安装工作量最小，整个吹管过程中不需要对临时管道进行蒸汽流向切换、焊接改动等工作，因此吹管过程中的停炉冷却时不需要临时管道冷却到常温，停炉时间大于 12h 即可。

在吹管方法上，串联吹管系统原则上采用降压和稳压两种方式都可以使用。在国内已投产 1000MW 一次再热塔式炉及 Π 型炉上，降压和稳压两种吹管方式也都已成功应用，吹管参数一般选择为降压吹管时分离器压力 8~9MPa，稳压吹管压力在 5.5~6.0MPa。对二次再热塔式炉机组与一次再热塔式炉机组进行比较，过热器因吸热比例降低，受热面减少，阻力降低，同时由于二级再热系统的加入，使得整个热力系统管道长度、弯头、阀门增加及系统参数升高，集粒器由 1 级增加到 2 级等因素叠加，总的结果是二次再热机组串联吹管时系统总阻力相比一次再热机组有所增大（见表 7-3 为上海锅炉厂 1000MW 两种塔式锅炉 BMCR 工况受热面阻力对比；表中以典型上海锅炉厂两种锅炉进行比较）。因此在采用降压吹管时，根据 DL/T 1269—2013《火力发电建设工程机组蒸汽吹管导则》中有关压差法吹管计算规定，临冲门全开时各段（过热器、一级再热器、二级再热器）压差与 BMCR 工况设计压差比应大于 1.4 倍初步计算，分离器压力要达到 9~10MPa，才能满足锅炉吹管系数要求，造成整个临时系统的设计压力将接近甚至超过（如考虑一定安全系数的情况下）吹管导则中有关压力选取规定，增大了临时系统设计及管材选取难度，加大了吹管过程控制的风险。

表 7-3　　上海锅炉厂 1000MW 塔式锅炉 BMCR 工况受热面阻力对比

机组类型 / 受热面阻力（MPa）	一次再热机组	二次再热机组
过热器	2.05	1.59
一次再热器	0.2	0.22

续表

受热面阻力（MPa） \ 机组类型	一次再热机组	二次再热机组
二次再热器	—	0.26
主汽管道	1.21	1.23
一级低温再热蒸汽管道	0.242	0.279
一级高温再热蒸汽管道	0.187	0.253
二级低温再热蒸汽管道	—	0.14
二级高温再热蒸汽管道	—	0.023
集粒器	0.1	0.2
其他因素增加（临时管道、主汽阀门等）	—	0.2
系统阻力和	3.989	4.395

对于稳压吹管，由于该系统通过临时管串联布置，可以保证在吹管时所有受热面管道有蒸汽流通冷却，防止高负荷时管道干烧超温，因此可以采用。特别对于大容量直流锅炉，因启动分离器容积小，蓄热少的特点，在吹管导则以及各锅炉制造厂等相关资料中，大部分首推稳压吹管方式，一般还需要增加临时补水管道，保证稳压吹管补水需要。稳压吹管方式结合以往1000MW锅炉吹管经验，初步选择的吹管压力为6.0~6.5MPa，蒸汽流量45%BMCR，吹管过程对吹管系数进行校核及进行必要调整。

可见该方式更适用于稳压吹管，或者以稳压为主、降压为辅的联合吹管方式，此时降压吹管作为稳压吹管的补充，压力选取在6~7MPa即可，主要目的为加强系统扰动，提前将系统内沉积的杂物及大颗粒初步冲净，更有利于提高吹管效果，减少吹管时间。

（二）两阶段吹管方式一

两阶段吹管流程：①过热器；②过热器→一次再热器→二次再热器。

该吹管方式分两个阶段，第一阶段流程为：过热器→主蒸汽管道→（经汽轮机超高压主汽门及临时管道）→临冲门→靶板装置→（消声器）排至大气。此阶段需要在一级再热器进口加装堵板装置，一级再热器与二级再热器等其他部位临时系统全部连接完毕。第二阶段流程同一阶段串联吹管方式，但是因过热器系统已经吹扫干净，因此可以取消过热器与一级再热器之间的集粒器。

该吹管方式特点为：①第一阶段吹管单独对过热器进行，系统阻力小，过热器可以获得更大的吹管系数，吹管效果好，与"一阶段串联吹管方式"相比，吹管压力可以大幅降低，分离器压力可初步选择6.5MPa，而且过热器杂质直接排出系统，不会进入下一级受热面；②在进行第二阶段吹管时，因过热器系统已经吹扫干净，只需保证一二级再热器吹管系数，虽然系统总阻力变大，但吹管压力选取与一阶段相同即可[6]，吹管两阶段压力总体比一阶段串联吹管压力选取低；③第二阶段时，因全系统串联，吹管时可以根据上阶段吹管效果以及系统准备情况，灵活选择进行稳压或降压进行吹管，确保吹管效果。

（三）两阶段吹管方式二

两阶段吹管流程：①过热器→一次再热器；②过热器→二次再热器。

该吹管方式分流程完成吹管，其中一个流程为：过热器→主蒸汽管道→（经汽轮机超高压主汽门及临时管道)→临冲门→(集粒器)→一级低温再热蒸汽管道→一级再热器→一级高温再热蒸汽管道→(经汽轮机高压汽门及临时管道)→靶板装置→(消声器)排至大气。此阶段需要在二级再热器进口加装堵板装置。另一流程为:过热器→主蒸汽管道→(经汽轮机超高压主汽门及临时管道)→临冲门→(集粒器)→二级低温再热蒸汽管道→二级再热器→二级高温再热蒸汽管道→(经汽轮机中压汽门及临时管道)→靶板装置→(消声器)排至大气。此阶段需要在一级再热器进口加装堵板装置。

该吹管方式特点为:①过热器分别与两级再热器连接进行吹扫,因系统总阻力降低,吹管压力选取可以比一阶段串联方式低,一级、二级再热器能得到较大的吹管系数;②在第一阶段过热器冲洗干净的基础上,第二阶段吹管时可以取消集粒器;③吹管参数及控制方式可以参照已有1000MW一次再热机组降压吹管成熟经验进行,大幅降低了吹管控制难度;④两阶段吹管过程中,一级、二级再热器分别为干烧状态,因此吹管全过程无法进行稳压吹管。

(四)三阶段吹管方式

三阶段吹管流程:①过热器;②过热器→一次再热器;③过热器→一次再热器→二次再热器。

该吹管方式分三个阶段对系统进行吹扫,各阶段逐次增加一组受热面。

其主要特点是:①吹管时每段吹扫干净再进行下一段受热面吹扫,可避免前一受热面杂物进入下一级受热面系统,洁净程度较好,且因此特点整个吹管系统中无须安装集粒器。②吹管压力可以选择相对较低,原因同“二阶段吹管方式一”。③该吹管过程复杂,中间需要对临时系统进行2次切换安装,吹管周期长、工作量大,前两阶段只能选择降压吹管方式。

(五)几种吹管方式对比

综合以上几种吹管方式对比见表7-4。

表7-4　吹管方式影响因素对比

吹管方式 \ 方法及影响因素	吹扫方法	效果	工期	吹管压力	临时系统安装工作量	综合排序
一阶段串联吹管方式	降压	差	短	高	小	4
	稳压或稳降结合	好	较长	低		2
两阶段吹管方式一	一阶段降压,二阶段降压或稳压	好	较短	低	较小	1
两阶段吹管方式二	降压	较好	较短	较低	较小	3
三阶段吹管方式	降压	好	长	低	大	5

通过以上几种主要吹管系统的分析对比,可知几种吹管方式各有优缺点,工艺上都能满足机组吹管要求。因此在选取吹管主系统布置方案的同时,需要根据不同系统特点充分考虑其他影响吹管质量、安全等问题,提前策划、综合选取,保证锅炉吹管工作顺利进行。

(六)其他几点需说明的问题

1. 炉膛出口温度控制

降压吹管时,在临冲门关闭无蒸汽流通或再热器管道短路完全干烧时,受热面内无法得到充分冷却，尤其是采用等离子、微油等节油点火技术的机组，锅炉吹管启动时直接投入煤粉，锅炉热负荷更大，为防止受热面金属超温损伤，需严格控制炉膛出口温度不超过500℃或按照制造厂家要求执行。

2. 疏水管道布置

由于吹管系统中各处运行压力不同，特别是在吹管点火初期及临冲门关闭时，主、再热系统压差大，如将各处疏水支管汇集到一路疏水母管，会造成低压系统内无法疏水甚至倒灌的情况发生，同时无法正确判断主、再热系统疏水完成情况，造成疏水完成的假象，进而发生吹管水击事故。

因此，对于二次再热机组吹管系统，三段不同压力的系统管路——主蒸汽、一级再热蒸汽、二级再热蒸汽管道，其疏水应分别单独接出排放。

3. 汽轮机主汽门临时吹管法兰校核

机组临冲系统需要经过汽轮机高、中压主汽门，利用汽轮机厂提供吹管专用主汽门连接法兰与临时管道进行连接，但由于是制造厂提供的设备，在临冲系统的设计、安装时相关单位容易忽略对该处法兰参数二次确认，而随着二次再热机组吹管参数的提高，为确保吹管过程中系统压力在设计范围内，需根据吹管方案确定的参数对连接法兰参数进行校核，特别是对临冲门前超高压缸主汽门的临时法兰参数的确认，如不能满足吹管要求，需要提出如更换等解决方案。

4. 旁路系统冲洗

汽轮机旁路采用高、中、低压三级串联旁路。其中高压旁路布置在锅炉侧，中低压旁路布置在汽轮机侧，分别分四路、两路、两路管道接入下一级系统，管道数量多，如这部分管道在吹管时冲洗，需要在临时系统中安装大量临时门，安装布置非常困难。但考虑到旁路管道长度短且多为垂直布置，可以采用在锅炉吹管时对其隔离，单独清理，机组首次启动时进行30%大负荷冲洗的方案，保证旁路系统清洁。

5. 吹管温度控制

在采用一阶段串联吹管方式时，蒸汽依次通过过热器、一级再热器、二级再热器，通过分析各级受热面的吸热比率可知，在保证吹管压力的前提下，如不采取适当的减温措施，势必造成二级再热器出口温度过高，临时系统管材超温的情况发生，因此有必要在各级受热面投入正式或临时减温系统，具体减温水投入量需要经计算得出。

三、典型二次再热机组吹管介绍

1. SG-2710/33.03-M7050锅炉吹管方案

SG-2710/33.03-M7050锅炉吹管，根据一次再热塔式锅炉吹管经验，以及锅炉蓄热能力偏小、两级再热器阻力较小等特点，吹管采用两阶段以降压吹管为主，稳压吹管为辅的方案。第一阶段降压单冲过热器，直至靶板考核合格；第二阶段一、二次再热器不分开单独吹管，而是过热器、一次再热器和二次再热器串联吹管，在二次再热器进口加装集粒器，直至靶板考核合格。最后进行一至两次稳压吹管，总的持续时间为2h。

吹管参数的选择根据锅炉分离器至汽轮机的各管道及各受热面的额定参数，临时管道的材质的要求，在保证吹管系数大于1的前提下，初步按照降压吹管时启动分离器压力控制在12MPa，启动分离器压力下降至10MPa时关临时控制门；稳压吹管分离器压力5.5~6MPa，主蒸汽温度通过过热器减温器减温至400℃以内，一次再热蒸汽温度通过一次再热器减温器减至450℃以内，二次再热蒸汽温度通过二次再热器减温器减至520℃以内。最终吹管参数根据试冲情况进行调整。

据吹管经验，改用过热器、一次再热器和二次再热器串联，在一次再热器进口和二次再热器进口分别加装集粒器，以蓄热降压吹管和稳压吹管相结合的方式。

降压吹管时启动分离器压力控制在11.0MPa，启动分离器压力下降至8.5MPa时关临时控制门；稳压吹管分离器压力6.0~6.5MPa，主蒸汽温度通过过热器减温器减温至420℃以内，一次再热蒸汽温度通过一次再热器减温器减至460℃以内，二次再热蒸汽温度通过二次再热器减温器减至520℃以内。

需要提出的是，为控制蒸汽温度在管道设计范围内，锅炉吹管前过热器及一、二次再热器减温水管路系统需要提前完成冲洗、调试工作，使得机组吹管时随时可以投入。

吹管过程中，首先按照吹管方案，点火后逐渐升温升压，完成了几次试吹，经过试吹后系统助力对吹管系数进行核算，最终确定降压吹管时汽水分离器压力控制在10.0MPa以内，汽水分离器压力下降至7.0MPa时开始关闭临冲门，过热器蒸汽温度小于450℃；稳压吹管时汽水分离器压力维持在7.0MPa左右，主蒸汽温度通过过热器减温器减至430℃以内，一次再热蒸汽温度通过减温器减至450℃以内，二次再热蒸汽温度通过减温器减至520℃以内。吹管过程中通过维持炉水循环泵连续运行，减少了锅炉降压冲管阶段排水量和热量的损失，有利于控制锅炉升温和升压速率，减少冲管时间和成本，锅炉在冷态清洗结束、热态清洗及初始升温升压过程中还投入了机组1号高压加热器、3号高压加热器，以提高给水温度。

第一阶段的过热器吹管，正式降压吹管次数共计40余次，期间停炉4次，有3次停炉冷却时间大于12h，符合最新吹管导则要求。第二阶段的蒸汽吹管中正式降压吹管30余次，稳压吹管2次，每次稳压有效时间均在1h。整个锅炉蒸汽吹管工作中，正式降压吹管共计70余次，稳压吹管共2阶段。在一、二两个阶段吹管中间停炉冷却、系统恢复等共用去4d时间，总吹管时间约13d。

降压吹管汽水分离器压力控制在9.5MPa开临吹门，汽水分离器压力下降至7.5MPa时关临时控制门；稳压冲管时控制汽水分离器压力在6.5MPa左右，可以保证吹管系数大于1要求。吹管共分三阶段完成，第一阶段采取降压吹管方式，第二阶段采取稳压吹管方式，第三阶段又采取降压吹管方式。整个蒸汽吹管工作中，降压吹管共计30余次，其余为稳压冲管多次。

吹管期间均发生多次临吹门卡涩的问题。

2. HG-2752/32.87/10.61/3.26-YM1锅炉吹管方案

HG-2752/32.87/10.61/3.26-YM1锅炉的蒸汽吹管均采用三阶段、降压吹管的方案进行。

第一阶段对过热器系统、主蒸汽管道进行吹洗并穿插进行过热器减温水管道反冲洗。第二阶段依次对过热器系统、主蒸汽管道、一次再热冷段管道、一次再热蒸汽系统、一次再热热段蒸汽管道进行吹洗，并穿插进行一次再热系统减温水反冲洗。第三阶段依次对热器系统、主蒸汽管道、一次再热冷段蒸汽管道、一次再热蒸汽系统、一次再热热段蒸汽管道、二次再热冷段蒸汽管道、二次再热蒸汽系统、二次再热热段蒸汽管道进行吹洗，并穿插进行二次再热系统减温水反冲洗。

需要在第一、第二阶段停炉冷却切换系统期间恢复调试完成热器减温水、一级再热器减温水系统，保证后续吹管时蒸汽温度控制使用。

按照吹管导则中有关降压吹管中受热面压降比大于1.4倍的有关规定，并适当考虑一定的余度，通过计算，吹管参数选择为：过热器系统及其管路吹洗时，启动分离器压力7.0~7.5MPa时开临吹门，启动分离器压力5.0~5.5MPa关临吹门。过热器、一次再热器系统及其管道吹洗时，启动分离器压力7.5~8.0MPa时开临吹门，启动分离器压力在5.5~6.0MPa时关临吹门。过热器、一次再热器、二次再热器系统及其管路吹洗时，启动分离器压力8.0~8.5MPa时开临吹门，启动分离器压力在6.1~6.5MPa关临吹门。

后期适当提高了吹管参数，具体为：过热器系统及其管路吹管时，启动分离器压力8.0MPa左右时开临吹门，吹管系数K1降至1.0时关临吹门。过热器、一次再热器系统及其管道吹管时，启动分离器压力8.2MPa左右时开临吹门，启动分离器压力在4.5~5.0MPa时关临吹门。过热器、一次再热器、二次再热器系统及其管路吹管时，启动分离器压力8.5MPa左右时开临吹门，启动分离器压力在5.0~5.5MPa关临吹门。

锅炉吹管严格按照三阶段吹管方案实施。锅炉首次点火锅炉热态冲洗合格后，继续升压，待启动分离器压力升至3.0、4.0MPa等压力时进行了数次试吹管，对吹管系统进行检查确认后，当汽水分离器压力升高至7.0MPa时开始，第一阶段第一次正式吹洗，本阶段总计吹洗90余次，其中正式有效吹洗80余次，试吹洗10余次，有效吹洗第80余次后打耙合格。期间共有3次停炉冷却，每次都大于12h，符合新版吹管导则要求。随后对锅炉过热器减温水汽侧进行反冲后停炉带压放水，系统冷却后，将吹管系统切换至过热器和一级再热器串联方式，过热器减温水系统投入备用。系统满足条件后进行第二阶段吹管，实际吹管压力为分离器压力达到7.6MPa。本阶段总计吹洗100余次，其中正式有效吹洗90余次，试吹洗10余次，有效吹洗第90余次后靶板检验合格，期间共有2次停炉冷却，每次都大于12h。随后对锅炉一级再热器减温水汽侧进行反冲后锅炉停炉带压放水系统冷却后，将吹管系统切换至过热器、一级再热器和二级再热器串联方式，再热器一级减温水投入备用。第三阶段吹管实际吹管压力为分离器压力8.1MPa。本阶段总计吹洗100余次，第90余次后靶板检验合格。

在整个吹管期间同时对高压旁路进行吹洗，在第三阶段吹管期间，对中压旁路进行了吹洗。整个吹管过程中，过热器、一级再热器、二级再热器吹管系数分别保持在1.0~1.6、1.6~3.0、1.0~2.2之间，满足吹管要求，保证了吹管效果。同时整个吹洗过程中燃烧稳定，炉膛出口烟温控制正常，吹管各阶段未发生干烧受热面超温现象，保证了设备的安全。

第四节 锅炉整套启动调试

一、概述

对于燃煤机组来说，整套启动包含锅炉、汽机、电气三大主机及其附属系统的联合启动，其中，还涉及热工保护的投退、化学汽水品质的监督等诸多工作，整个机组的启动从锅炉的上水冲洗开始，到锅炉投入主控投入协调控制结束，随后，机组将根据电网需要进行负荷调节。

二、二次再热锅炉启动主要阶段

（一）冷热态冲洗

机组冲管后，锅炉本体、炉前系统及各路疏水管路清洁程度与运行机组相比还有一定差距，需要通过冷、热态冲洗，使炉水及蒸汽品质达到运行要求。

锅炉冷态清洗过程分为开式清洗和循环清洗两个阶段：

冷态开式清洗阶段：一般在当分离器建立水位、锅炉保持一定补水量后，锅炉进行冷态开式清洗，此时，炉水温度一般在50~90℃，尽可能保持较高的水温，同时在保持一定给水温度的前提下，加以变流量扰动，这样清洗效果将更佳。冷态冲洗锅炉炉水排至排水槽或循环水，直至炉水水质达到Fe<500μg/L时，冷态开式清洗结束。根据实际冲洗情况，若冲洗过程中水质指标较差且铁含量持续升高，采取一、二次整炉放水操作，以改善炉水品质。

冷态循环清洗阶段：冷态开式清洗结束，水质指标符合要求，炉水排至凝汽器，投入精处理前置过滤器，进行冷态循环清洗，给水流量控制在25%~30%。配有炉水循环泵的机组则投入炉水循环泵，同时，保持5%~25%的补水量，进行循环冲洗。冲洗过程中，连续监控水质，直至锅炉排水水质达Fe<100μg/L，SiO_2<50μg/L。

对于新机首次启动，因新投入系统较多，且前期冲管连续运行时间短、参数低，所以，首次启动冷态冲洗时间较长，以二次再热百万机组为例，一般需要8~10h，用水量一般在6000t左右，若非首次启动，一般冷态冲洗需要3~4h，用水量一般在3000t左右，实际用水量还需看实际水质情况。

（二）锅炉点火及启动控制

以等离子点火为例，在炉膛吹扫完毕后，投入等离子暖风器，进行暖磨操作，首次点火暖磨一般需要保证在1h以上，持续暖磨达到2~3h为最佳。点火前保持磨煤机入口混合风温在150℃以上，磨煤机出口温度在70℃，以最小给煤量点火，同时保持总风量运行在最小风量，炉膛负压控制在-150~+50Pa。

点火成功后，注意烟温、壁温的变化，根据汽温、壁温的变化速率调整给煤量，保持汽温、壁温升速率在厂家要求范围之内，同时，做好炉本体膨胀记录。当汽水分离器汽压开始上升后，当分离器温度到190℃左右，压力在1.2~1.5MPa时，稳定燃烧，加强热态排放，直至炉水水质达Fe<50μg/L，SiO_2<30μg/L后，热态清洗结束，继续升参数。

当过热器、再热器汽压至0.8MPa后，开始进行蒸汽参数的化学分析，按汽机冲转要求进行监督。

当空气预热器出口一次热风温度达到180℃，且首台磨煤机给煤量达到50%负荷后，可以启动第二套制粉系统。一般汽机冲转阶段一台磨煤机可以满足冲转要求，但若冲转后即并网，或者机组热态、极热态启动的情况下，建议冲转前投入两套制粉系统。

（三）干湿态转换要领

二次再热超超临界机组与常规超超临界机组类似，转干态负荷在35%BMCR工况，通常在接近该负荷区分离器已经在干态状态运行，分离器有5℃以内过热度，分离器液位控制调阀接近关闭状态（带炉水循环泵的机组，循环泵出口流量渐渐与省煤器入口流量接近），为了确保锅炉的安全性一般推荐转干态区间需略高于设计工况，通常在40%~45%BMCR负荷完成转态过程。

根据调试实践经验，转干态前需要具备以下条件：

（1）至少两套制粉系统已经投运，并且运行稳定，转态过程一般也伴随着机组升负荷，需要保证有一定的负荷欲量；

（2）汽泵已投入运行且汽泵汽源稳定，给水自动已投入，汽轮机跟随运行方式已经投入；

（3）给水已切至主路，分离器过热度计算相关修正完成并投入；

（4）实际运行负荷已经达到35%BMCR左右；

（5）汽水品质已经满足运行要求；

（6）减温水具备投入条件。

三、锅炉整套启动调试过程中的试验

（一）升负荷各阶段的蒸汽严密性试验及安全门整定试验

蒸汽严密性的目的是，在设计工况下，对锅炉的全部汽水阀门及其附件进行严密性检查，以确保消除机组在整套启动期间的相关事故隐患。按照规范要求应该检查：锅炉的焊口、人孔、手孔和法兰等的严密性；锅炉附件和全部汽水阀门的严密性；锅炉范围内汽水管路的膨胀情况，以及其支座、吊杆、吊架和弹簧的受力、位移及伸缩是否正常，是否妨碍膨胀。特别要注意的是，需要升负荷过程中需要对汽水系统测点的检查，如：给水流量测点、取样点等。

过热器安全门安排在机组负荷80%~90%阶段校验（上锅塔式炉为大旁路设计，无过热器安全门）。再热器安全门整定可以选择在空负荷或者带负荷阶段进行，若选择在空负荷阶段进行，则需要通过机组高、中、低旁路控制再热器管道压力为安全门起座压力的80%左右。若选择在带负荷后整定，则在机组带负荷至再热器管道压力为安全门起座压力的80%左右（一般为机组负荷的90%左右）。

（二）燃烧初调整试验

二次再热机组锅炉燃烧初调整一般分为三个阶段，第一阶段重点是：维持点火初期的着火稳定。主要通过调整一次风温、煤粉细度、燃烧器二次风配风等方面的调整，来达到燃烧的稳定，同时，通过就地看火，工业电视以及锅炉壁温、烟温变化速率了解锅炉实际燃烧情况。

第二阶段重点是：机组升负荷阶段的负荷匹配调整。主要是通过多台磨煤机的投入，逐步进行制粉系统调整、一次风压调整、氧量调整，最后，进行过热度调整，进入机组协调控制阶段。

第三阶段重点是：满负荷工况优化调整。在这个阶段，主要是进行改变磨煤机组合、氧量、顶部燃尽风等方面的调整，同时，观察机组的壁温变化、汽温偏差情况、排烟温度、灰渣分析等结果，摸索机组的最佳运行方式。对于二次再热锅炉，还需要重点摸索燃烧器摆动、SOFA风配比对燃烧以及汽温的影响，了解再循环风量热态调整对再热器温的影响。

（三）低负荷稳燃试验

二次再热机组与多数超（超）临界对低负荷稳燃的要求一致，在设计煤种及煤粉细度在规定范围内，不投助燃最低稳燃负荷为30%BMCR。根据调试及运行经验，低负荷调整时，磨煤机投停遵循以下原则（以1000MW机组为例）：

（1）低负荷稳燃试验由高负荷向低负荷进行；

（2）锅炉负荷大于80%BMCR时，投入5台磨煤机运行；

（3）锅炉负荷为50%~80%BMCR时，投入4台磨煤机运行；

（4）锅炉负荷为30%~50%BMCR时，投入3台磨煤机运行（下层磨）；

（5）在推出助燃前，确保投运的磨煤机较大给煤量，以维持燃烧的稳定；

（6）按照间隔、对称的原则逐步推出助燃，同时，通过负压、汽温、工业电视画面等方面观察锅炉燃烧情况；

（7）通过就地观火孔，监视炉内结焦去情况，防止降负荷过程中有大焦掉落导致灭火；

（8）不投助燃工况下维持2h以上（上锅1000MW机组性能保证值在4h以上）；

（9）调试期间，低负荷稳燃试验尽量安排在机组常规试验考核正常后进行。

（四）主要辅机最大出力试验

辅机出力试验主要包括磨煤机、送风机、一次风机、引风机、汽动给水泵，其中，由于近年大型机组均进行了引增合一的优化设计，引风机欲量较大，热态情况下，可以根据实际情况进行试验。辅机最大出力试验的主要作用是了解单辅机的带负荷能力，同时，通过试验也可以掌握部分辅机投退过程中对机组的影响，为机组主要辅机异常处理及RB试验积累数据。

第五节　控制策略优化

一、概述

按照近年超（超）临界机组投产情况，投产后机组TF、CCS、AGC运行方式已经比较成熟，协调变负荷能力均能满足电网要求。对于二次再热机组来说，在常规超超临界机组成熟技术基础之上各个电厂也在寻求技术上的突破，主要围绕的重点是：提高自动化程度，提高机组适应能力，同时，针对特定系统制定了极具特色的设计。

二、优化实例

（一）SG-2710/33.03-M7050锅炉

机组APS功能的实现（全过程自动启动）。机组在主要子系统均设计采用“一键启动”方式，其中以给水全程自动控制较为有特色，以SG-2710/33.03-M7050锅炉为例，其主要控制策略如下：首先定义锅炉三种运行模式，停炉模式、湿态模式、直流模式。给水全程自动控制还设计三种模式之间的自动转换控制，按照机组启停顺序分为：停炉模式→湿态模式，湿态模式→直流模式，直流模式→湿态模式，湿态模式→停炉模式。

在停炉模式下，给水主控将调节水位至省煤器之上约23.5m处，在这阶段中，最终可通过361溢流阀把水输到疏水扩容器。在建立冷却状态所需的25%流量后，省煤器将等待清洗。在锅炉其余启动准备阶段，省煤器的子冷却系统仍然通过最小吹扫流量或更小一点的流量来保证。在此阶段中，再循环水流量约为5%最小再循环水流量（在水系统运行等待期间及锅炉循环启动过程中）。补水时，再循环水流量为20%，点火时再循环水流量为31%，假如循环泵停运，循环水控制阀打开，将使贮水箱水流出到省煤器/水冷壁系统。在循环水泵运行时，如水位下降低过5m处时，循环流量将减少（必要时将到0），这将能使贮水箱水位在保护值（2m）之上，保护循环水泵正常运行。若锅炉跳闸后的短时间内出现贮水箱压力异常升高，在控制压力减少的过程中，给水流量将调整过热器入口焓值在高限值，带部分负荷再循环模式在这个压力下不存在。

在湿态模式下，给水主控调节贮水箱水位在15m，水位低时自动增加给水流量，水位高时自动减少给水流量。当焓值上升时给水流量将由过热器入口焓值控制以增加额外的流量，它也将保证再循环系统有故障时通过多给的流量保持水冷壁最小流量。再循环流量将补充给水流量以使锅炉达到水冷壁所需最小流量。当水冷壁温度达到高二值，水冷壁最小流量设定值将增加（上限为10%，292t），因此再循环流量也相应增加。

在直流模式下，焓值控制将调节过热器入口焓，修正干态给水流量设定值；焓值修正控制将调节过热器喷水流量和一级过热器入口温度，修正过热器入口焓设定值。正常情况根据减温水流量修正焓值设定；锅炉负荷经函数生成减温水指令，实际的减温水流量低于指令，说明过热器出口温度偏低需要的减温水少，这样通过焓值修正控制增加过热器入口焓设定值，减少给水提高过热器出口温度，达到粗调；反之，减少过热器入口焓设定值，增加给水降低过热器出口温度。当水冷壁温度达到高一值，小选模块将切换至温度控制焓值修正控制器将焓值设定值减少，这样给水流量将增加。当水冷壁温度达到高二值，这时不经过修正控制器，快速减少焓值设定值，给水流量将快速增加。

除了在以上三种运行模式下实现自动控制，给水全程自动控制还设计三种模式之间的自动转换控制，按照机组启停顺序分为：停炉模式→湿态模式，湿态模式→直流模式，直流模式→湿态模式，湿态模式→停炉模式。以上模式间的切换除需要策略设计合理，在调试期间需要做大量的试验和整定工作才能使自动控制顺利实现。

（二）HG-1938/32.45/605/623/623-YM1

机组在全厂范围内采用现场总线技术，实现单元机组锅炉、汽轮发电机及辅助工艺系统、辅助车间系统、厂用电源系统的监视与控制。单元机组及辅助车间均采用基于现场总线技术的分散控制系统DCS完成监控，在现场设备层采用智能型现场总线仪表和控制设备。

在机组协调控制系统调试过程中，该机组采取并试用与常规机组不同的控制策略和方法有：

在锅炉主控指令中，原设计有机组一次调频分量指令，根据类似机组的运行经验，该指令对机组一次调频响应帮助有限，但对锅炉燃料、给水、送风量却带来较大扰动，影响机组运行稳定性，取消该一次调频分量指令，机组一次调频响应能力利用锅炉储能来完成，当主汽压力发生变化时，再通过改变锅炉燃烧率，校正锅炉负荷，稳定主汽压力。

常规机组为了实现定压、滑压方式的无扰切换过程，设计有滑压压力偏置功能，操作员可通过设定压力偏置来人为修改滑压设定值。该机组考虑到主蒸汽压力作为体现锅炉、汽机能量是否平衡的最重要的参数，应该严格按照锅炉额定参数运行，才能在保障机组变负荷能力的同时，尽量减少汽机节流损失，提高机组运行效率，对操作员使用压力偏置功能进行了闭锁。如果在运行中出现异常工况，需要改变压力设定值，操作员可以切换为定压模式，人为设定压力目标值。

常规机组运行在协调方式下，汽轮机主控以控制负荷为主，当主汽压力偏差过大时，汽机主控设计有机组压力拉回回路，协助锅炉调压，保证机组的安全运行。但在调整过程中发现，压力拉回回路对锅炉侧压力调节的帮助十分有限，但却直接影响了机组响应负荷的能力，所以该机组闭锁了此项功能。保留了防止主汽压力偏差过大的压力限制回路功能，当主汽压力大于设定值 1.2MPa 或小于设定值 1.5MPa 时，汽机主控协助锅炉调整压力，为了防止机组带额定负荷时主汽压力过高引起机组过负荷，设计中考虑了汽机最大负荷限制。

在直流锅炉控制中，水煤比的控制是维持锅炉稳定高效运行的基础控制系统，其也是主蒸汽温度的主要调节手段。目前国内超临界、超超临界机组水煤比的控制方式主要有以下两种形式：煤跟水控制方式和水跟煤控制方式。由于给水流量和燃料量对水煤比的响应特性是不一样的。给水流量的变化对水煤比的影响比较敏感，可以迅速控制水煤比的变化。燃料量对水煤比的影响比较滞后，往往需要等待一定时间才会引起水煤比的变化。这两种控制方式在超临界机组的控制上都有应用。

对于直流锅炉而言，当由锅炉主控确定给水流量后，水煤比的控制由燃料量调节，这种控制水煤比的方法简称为“煤跟水”。该方案优点是主汽压力稳定，但其缺点是中间点温度控制精度差，不利于锅炉过热汽温和壁温控制，尤其在直吹式制粉系统的锅炉中表现较为明显。

对于直流锅炉而言，当由锅炉主控确定燃料量后，水煤比的控制由给水流量调节，这种控制方法简称为“水跟煤”。该方案优点是中间点温度控制精度高，有利于锅炉过热汽温和壁温控制。其缺点是主汽压力控制效果相对较差。

二次再热机组设计有烟气再循环，烟气再循环量的变化对于锅炉水冷壁、省煤器、再热器、过热器温度都有影响。当烟气再循环流量变化时，对中间点温度会产生明显的影响。这种影响是一次再热超超临界机组所没有的。二次再热机组再热器、过热器、省煤器的布置比一次再热机组相比更加松散，其动态特性表现为惯性时间加大、阶数加大，这种情况对机组的压力、温度等控制难度加大。基于以上二次再热机组的特点，水煤比的控制难度相对较大。因此，沿用以往单一的“水跟煤”或“煤跟水”的控制策略，其控制精度达不到要求。因此，对于二次再热机组，采用水/煤复合调节的水煤比控制方案，其基本控制策略是当由锅炉需求确定了燃料量、给水流量后，中间点温度的差异分别由给水流量、燃料量共同进行调整。该控制方案分别克服了“水跟煤”和“煤跟水”的各自缺点，发挥其优势，这样当参数整定合适，其控制效果较好，能满足二次再热机组对于水煤比的控制要求。

为了灵活控制，水煤比控制设计有操作站，在特殊情况下，运行员可手动给定水煤比指令。在机组的实际调试过程中，调试单位根据机组实际的运行特点，对上述水煤比的控制方式进行了进一步的优化：将水煤比控制分为负荷稳定区间和变负荷区间两个阶段，在负荷稳定时，主要通过改变给水量来调节水煤比，通过快速调节合适的水煤配比，稳定锅炉汽温，由于稳态时各主要受控参数变化不大，主蒸汽压力也基本在有限范围内变化；在机组变负荷区间，锅炉燃烧率（燃料、给水、送风等）变化较剧烈，主要通过改变燃料量来调节水煤比，以减小对主汽压力的影响，保证机组负荷响应速度。

三、深度优化探索

（1）水煤比复合调节方案优化。考虑到二次再热机组水煤比控制难度较大，建议采用水/煤复合调节的水煤比控制方案，其基本控制策略是当由锅炉需求确定了燃料量、给水流量后，中间点温度的差异分别由给水流量、燃料量共同进行调整。该控制方案分别克服了“水跟煤”和“煤跟水”的各自缺点，发挥其优势，这样当参数整定合适，其控制效果较好，能满足二次再热机组对于水煤比的控制要求。

（2）过热度优化。机组协调控制参数的主要设置依据为汽机厂出的滑压曲线，从而形成了定滑定的运行框架，但是随着机组调峰的需要，实际机组在投入 AGC 运行后，当机组在50%～80%运行区间按照较高的速率进行调整时，容易导致汽温发生大幅波动，所以，做好过热度的优化将是保证机组运行参数匹配优良、维持机组长期稳定的重要手段。通过升、降负荷特性掌握各负荷段最佳过热度控制区间，精准量化机组协调中的过热度控制。

（3）氧量自动优化。锅炉燃烧的好坏直接影响机组的安全运行和汽压、汽温的稳定，在满足以上目标的前提下，优化氧量控制还可以保持机组的经济性，减少污染物的排放。为了保证中低负荷的再热器汽温，对于切圆燃烧机组来说必然会通过改变火焰中心的方式来调节汽温，同时，实际的烟气量也会相应地提升，所以，在煤种不变的情况下，各个负荷段下的氧量不仅影响机组的经济性，还将影响到机组的磨损情况及安全运行。在当前没有较多二次再热机组运行经验的大背景下，还需要通过运行、调整试验来总结此方面的经验。

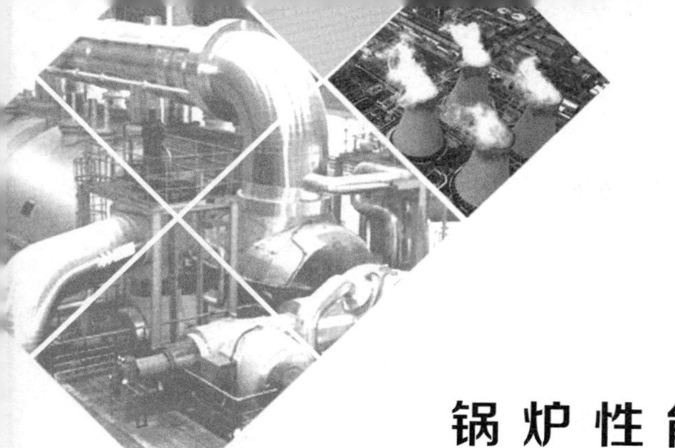

第八章

锅炉性能考核试验

一、锅炉设计性能

典型1000MW机组一次再热、二次再热锅炉性能参数见表8-1。

表8-1　　典型1000MW机组一次再热、二次再热锅炉性能参数

项　目	单位	一次再热		二次再热	
		SG-3040/27.46-M538锅炉	HG-2980/26.15-YM2锅炉	SG-2710/33.03-M7050锅炉	HG-2752/32.87/10.61/3.26-YM1锅炉
		上锅塔式	哈尔滨锅炉厂Ⅱ型	上锅塔式	哈尔滨锅炉厂塔式
主蒸汽流量	t/h	3040	2980	2710	2752
主蒸汽温度	℃	605	605	605	605
主蒸汽压力	MPa	27.46	26.15	33.0	32.87
一次再热蒸汽量	t/h	2540	2424	2517	2412.4
一次再热进口汽压	MPa	5.97	5.11	11.4	11.012
一次再热进口汽温	℃	373	353	429	424
一次再热出口汽压	MPa	5.77	4.85	11.2	10.612
一次再热出口汽温	℃	603	603	613	623
二次再热蒸汽量	t/h	—	—	2161	2093.4
二次再热进口压力	MPa	—	—	3.6	3.449
二次再热进口温度	℃	—	—	432	440.9
二次再热出口压力	MPa	—	—	3.6	3.259
二次再热出口温度	℃	—	—	613	623
省煤器出口水温	℃	332	325	348	348
省煤器出口水压	MPa	31.26		36.5	35.27
给水温度	℃	297	302	314	329.3
空气预热器出口（未修正）	℃	131	130	120	116
空气预热器出口（修正）	℃	127	125	117	113
干烟气热损失	%	4.62	4.57	4.20	3.68
空预器漏风率	%	6	6	4	4.5
氢燃烧及燃料中水分引起热损失	%	0.19	0.31	0.4	0.61
空气中水分热损失	%	0.11	0.07	0.06	0.06

续表

项　目	单位	一次再热		二次再热	
		SG-3040/27.46-M538 锅炉	HG-2980/26.15-YM2 锅炉	SG-2710/33.03-M7050 锅炉	HG-2752/32.87/10.61/3.26-YM1 锅炉
		上锅塔式	哈尔滨锅炉厂Ⅱ型	上锅塔式	哈尔滨锅炉厂塔式
未燃尽碳热损失	%	0.55	0.60	0.16	0.30
辐射及对流散热热损失	%	0.18	0.17	0.17	0.17
未计入热损失	%	0.30	0.30	0.25	0.30
总热损失	%	5.95	6.02	5.24	5.12
锅炉保证热效率		94.03	93.66	94.67	94.88

表 8-1 主要对一、二次再热锅炉典型设计参数进行比较，二次再热锅炉在主设计参数上选取高于一次再热机组，主蒸汽压力高 5~6MPa，再热汽温高 10~20℃，同时通过技术革新如采用柔性密封、漏风控制装置等，降低了空预器漏风率，特别是 HG-2752/32.87/10.61/3.26-YM1 锅炉采用了四分仓结构，空预器漏风率设计值达到了 4%。

可以看到，以上参数的变化通过汽机热耗、厂用电率等参数反映到电厂全厂热效率、供电煤耗等指标上，而对锅炉效率的提高主要是通过降低排烟温度 10℃左右的手段予以提高，与二次再热技术本身关系不大。

二、锅炉性能试验重要参数测量仪器与方法

（一）入炉原煤取样

原煤在给煤机入口处采样，每台磨煤机每 30h 1 次，每次采样约 2kg，置于密封容器内。一次试验结束后，混合缩分为 4 份，每份 2kg，其中 1 份供第三方进行元素分析、工业分析、发热量测定及可磨性分析，1 份供电厂进行工业分析和发热量测定，1 份留锅炉厂，1 份留备用。

（二）灰渣采样

飞灰在空气预热器出口（或电除尘入口）等速取样，试验结束后，飞灰混合缩分为 4 份，其中 1 份供第三方进行可燃物分析，1 份供电厂进行可燃物分析，1 份留锅炉厂，1 份备用。

炉渣在捞渣机采样，每 30h 1 次，每次不少于 2kg；试验结束后，炉渣混合缩分为 4 份，每份 2kg，其中 1 份供第三方进行可燃物分析，1 份供电厂进行可燃物分析，1 份留锅炉厂，1 份备用。

（三）烟气温度及成分

空气预热器入口烟气温度及成分测点布置在空气预热器入口烟道上，按等截面多点网格法布置，用 EIC 数据采集系统、K 型热电偶和烟气分析仪进行烟气温度和成分的采集测量。

空气预热器出口烟气温度及成份测点布置在空气预热器出口烟道上，按等截面多点网格法测量，用 EIC 数据采集系统、T 型热电偶和烟气分析仪进行烟气温度和成份的采集测量。

（四）空气湿度及大气压

环境温度、空气湿度利用干、湿球温度计在风机入口附近、无风、无太阳照射的地方进

行测量，每 30h 测量 1 次；大气压力用大气压表测量，每 30h 测量 1 次。

（五）辅助参数测量

利用 DCS 记录并打印以下参数，每 15h 打印一次，见表 8-2。

表 8-2　DCS 记录参数列表

序号	项目内容
1	过热蒸汽流量、压力、温度
2	一次再热蒸汽汽流量、压力、温度
3	二次再热蒸汽汽流量、压力、温度
4	给水流量、压力、温度
5	过热器、一再及二再减温水流量
6	空气预热器出、入口烟气温度、空气预热器入口一、二次风温度、空气预热器出口一、二次风温度
7	各磨煤机入口一次风量、各二次风箱风量及锅炉总风量
8	各给煤机给煤量

三、二次再热锅炉性能试验主要试验原理、计算及修正方法

锅炉效率根据热平衡原理，按照不同计算方法可以分为正平衡效率和反平衡效率，也叫输入-输出效率和热损失效率。反平衡效率计算是由总输入热量减去测量得到的各种没有被利用的热量损失得到的，因反平衡效率具有测量精度高、可有效分析构成效率降低的因素等正平衡不具备的优点，实际工作中得到了广泛的应用。

目前试验参照的主要标准有：我国标准 GB10184、美国标准 ASME PTC4 等。实际情况为，国内各主要锅炉生产商在签订合同及技术协议上普遍采用计算简便、符合我国使用习惯的按低位发热量计算的 ASME PTC4. 1 标准。

目前已经投产的二次再热项目锅炉性能参数同样延续以上情况。

二次再热锅炉试验的边界条件和基准温度的修正一般按照 ASME PTC4. 1 标准进行修正，这里不再赘述。这里主要介绍输入物理热量、排烟温度和一些热损失的修正方法。

（1）输入物理热量的修正。

用设计基准温度替代输入物理热中的试验基准温度，对“进入系统的干空气所携带的热量”、“燃料的物理显热”和“空气中水分携带的热量”进行物理热量的修正。

（2）排烟温度的修正。

$$t_{G15}\delta = \frac{t_{A8D}(t_{G14} - t_{G15}) + t_{G14}(t_{G15} - t_{A8})}{t_{G14} - t_{A8}} \tag{8-1}$$

式中　$t_{G15}\delta$——修正后排烟温度，℃；

t_{A8D}——设计空气预热器入口风温，℃；

t_{G14}——试验中空气预热器入口烟气温度，℃；

t_{G15}——试验中空气预热器出口烟气温度，℃；

t_{A8}——试验中空气预热器入口风温，℃。

（3）热损失修正。

用设计基准温度和修正后排烟温度分别替代热损失公式中实测的基准温度和实测的排烟

温度，对“干烟气热损失”进行修正。

用对应于设计基准温度的焓和相应于修正后排烟温度的焓，分别替代热损失公式中相应于试验基准温度的焓和相应于实测排烟温度的焓，对“燃料中水分引起的热损失”和“空气中水分引起的热损失”进行修正。

用设计煤种水分和氢的含量替代热损失计算公式中试验煤种水分和氢的含量，可实现当试验煤种改为设计煤种，水分和氢的含量变化时，对“燃料中水分引起的热损失”和“燃料中氢燃烧产生水分引起的热损失”进行修正。

用设计的空气中水分的含量替代热损失计算公式中试验空气中水分的含量，可实现当试验空气温度改为设计基准温度时，空气的水分含量发生变化时，对“空气中水分引起的热损失”进行修正。

四、二次再热锅炉性能结果

SG-2710/33.03-M7050 锅炉主要进行热效率性能试验、锅炉最大连续出力及空预器漏风率性能试验、锅炉额定出力性能试验、制粉系统出力及单耗性能试验、锅炉断弧最低稳燃试验。采用的试验标准为 ASME PTC4.1—1964《蒸汽锅炉性能试验规程》；ASME PTC4.3《空气预热器试验规程》。

THA 工况下，3 号锅炉修正后排烟温度分别为 112.1℃（设计排烟温度为 117℃）；锅炉效率分别为 94.79%，修正后锅炉效率分别为 94.78%（设计锅炉效率为 94.65%）；锅炉 NO_x 排放浓度分别为 155.2mg/m^3（标态干基，6%O_2，设计 NO_x 排放浓度为 200mg/m^3）。

BMCR 工况下，3 号锅炉最大连续蒸发量分别为 2746.25 t/h（设计最大连续蒸发量为 2710t/h）。BMCR 工况下，3 号锅炉 A、B 空气预热器漏风率分别为 4.25% 和 4.18%（设计空气预热器漏风率为 4.5%）。

最低稳燃出力工况下，3 号锅炉断弧最低稳燃负荷为 296.09MW，主蒸汽流量为 812t/h，设计最低稳燃负荷不大于 30%BMCR（813t/h）。

二次再热锅炉性能试验结果表明二次再热锅炉各项性能指标均达到或优于设计值。

五、锅炉性能试验需要注意的问题

二次再热机组烟气余热系统对经济性能有较大影响，受烟气余热能量和接入系统位置影响，不同部位的烟气余热系统对机组经济性影响不同。以上海汽轮机厂百万超超临界二次再热汽轮机为例，通过利用锅炉空预器之后的烟气加热 9 号低压加热器出口凝结水，提高凝结水温度，排挤前一级回热抽汽，使汽轮机热耗率降低 20~30kJ/kWh。如果锅炉烟气余热能量高，且分级加热汽轮机凝结水、给水，可使汽轮机热耗率进一步降低。

对于设计有低温省煤器、旁路省煤器等烟气余热回收系统机组的锅炉性能试验，开设的排烟温度、烟气成分测点应尽量靠近空预器出口。如 HG-2752/32.87/10.61/3.26-YM1 锅炉等测点在余热回收系统后部，试验前需要按照技术协议及热力计算书要求，切除该处余热回收系统。

六、二次再热锅炉优化试验

二次再热机组优化运行试验是以机组实际运行数据为基础，运用科学的方法确定机组安全、经济运行方式，提供科学、可靠的优化运行方案，提高二次再热机组运行经济性。

二次再热锅炉优化运行主要内容有传统机组常规的氧量调整、燃烧器组合方式调整、风压调整、变煤粉细度等试验，还有二次再热机组燃烧器摆角、再循环烟气量等特殊调整试验。试验计算方法及规范与常规机组试验方法一致，这里不再赘述。

对于燃烧器摆角、再循环烟气量的燃烧优化调整，主要可通过燃烧器摆动角度和再循环烟气量等影响因素组合成各种试验工况，在满足主、再热汽温等前提下，分析以上因素对锅炉飞灰含碳量、排烟温度等的影响，得到最优锅炉效率运行工况。

需要注意的是在进行燃烧优化调整时，除考虑锅炉自身效率外，最佳方案是将各种辅机电耗综合考虑，得到锅炉岛效率。

第二篇

汽 轮 机 篇

第九章

二次再热汽轮机总体概况

本章将以上海汽轮机厂生产的1000MW二次再热汽轮机和东方汽轮机厂生产的660MW二次再热汽轮机为例进行说明。

一、概述

采用二次再热技术，提高了热力循环的平均吸热温度，可以达到比一次再热更高的热力循环效率。提高朗肯循环效率近2%，可降低汽轮机热耗160kJ/kWh，折合降低发电煤耗6g/kWh。

1000MW二次再热超超临界汽轮发电机组。选用上海汽轮机厂引进的西门子汽轮机，型式为超超临界参数、二次中间再热、五缸四排汽、单背压、反动凝汽式汽轮机。型号N1000-31/600/610/610，设计额定主蒸汽压力31MPa、主蒸汽/一次/二次再热蒸汽温度600/610/610℃。汽轮发电机组设计额定输出功率为1000MW，TMCR工况主蒸汽流量2629t/h，热耗保证值7064kJ/kWh，发电煤耗256.28kg/kWh，最大出力VWO工况1074MW；末级叶片高度1146mm，工作转速3000r/min，从汽轮机向发电机看旋转方向为顺时针，润滑油管路为右侧布置，最大允许系统周波摆动范围47.5~51.5Hz。凝汽器采用单背压、双壳体、双流程、表面冷却式，上部与低压缸外缸直接焊接刚性连接，凝汽器底部支撑在基础轴承座上。凝汽器汽侧抽真空系统设置3台50%容量水环式真空泵，水侧预留水室真空泵位置。每台机组设置2台50%容量汽动给水泵，不设电动给水泵，前置泵采用小汽机同轴驱动，汽泵密封采用浮动环密封与机械密封相比提高了可靠性。凝结水系统采用100%容量的中压凝结水精处理系统，配备2×100%容量的凝结水泵，能变频/工频切换运行，变频装置采用一拖二方式。每台机组设置3台循环水泵，按单元制设计，取消两台机组联络管道及阀门。机组采用闭式冷却水系统，取消开式泵，闭式水热交换器采用管式闭冷器，按2×100%容量并联布置。

机组采用高、中、低压三级串联旁路系统，容量为100%BMCR高压旁路+中压旁路（启动容量）+低压旁路系统（启动容量）。四级高压加热器、一级除氧器和五级低压加热器、一台疏水冷却器组成十级回热系统，2、4号高压加热器分别设有外置蒸汽冷却器，8号低压加热器（按压力由高到低排列）设有疏水泵，低温省煤器水侧进口取自9号低压加热器出口，出口回到8号低压加热器入口。9、10号低压加热器的疏水分别进入位于10号低压加热器与汽封加热器之间的疏水冷却器。汽机二个低压缸排汽排入凝汽器，第五级抽汽用于除氧器加热、驱动给水泵汽轮机及厂用辅助蒸汽系统。给水泵汽轮机正常运行汽源采用汽轮机第五级抽汽，备用汽源采用三级抽汽，启动、调试及低负荷汽源采用辅助蒸汽。厂用辅助蒸汽汽源采用汽轮机五级抽汽，备用汽源采用汽轮机三级抽汽。汽轮机三抽预留100t/h供热能力。二抽和四抽预留25t/h供热能力。

机组自带快冷系统，系统简单，且不必另设场地布置快冷装置，停机后，当主调门处温度低于300℃时，使用凝汽器蒸汽侧的真空泵将冷却空气通过主汽门与调门之间的冷却空气注入口导入汽轮机内，按顺流方式流经通流各级叶片，此时轴封继续供汽。

二、二次再热机组主要性能数据

表9-1和表9-2分别为上海汽轮机厂二次再热1000MW机组和东方汽轮机厂二次再热660MW机组的主要性能参数。

表9-1　上海汽轮机厂二次再热1000MW机组主要性能参数

参数名称	单位	N1000-31/600/610/610机组		N1000-31/600/620/620机组	
		THA	TMCR	THA	TMCR
发电机端出力	MW	1000	1038.08	1000	1036.529
汽轮机总进汽量	t/h	2586.20	2629.53	2562.847	2671.819
主蒸汽压力	MPa	30.122	31	30	31.039
主蒸汽温度	℃	600	600	600	600
超高压排汽压力	MPa	10.667	11.267	10.604	11.009
超高压排汽温度	℃	425.6	430.3	426	425.8
一次再热蒸汽流量	t/h	2289.95	2425.85	2274.844	2365.297
高压缸进口压力	MPa	9.983	10.541	9.967	10.348
高压缸进口温度	℃	610	610	620	620
二次再热蒸汽流量	t/h	1983.31	2088.34	1963.022	2040.444
中压缸进口压力	MPa	3.055	3.214	3.048	3.159
中压缸进口温度	℃	610	610	620	620
排汽焓	kJ/kg	2397.4	2394.3	2409.8	2406.6
背压	kPa	4.5	4.5	4.8	4.8
最终给水温度	℃	324.3	315	324.8	327.5
低压排汽量	t/h	1369.24	1433.95	1365.444	1406.678
热耗	kJ/kWh	7070	7092	7064	7053

表9-2　N660-29.2/600/620/620机组的主要性能数据

参数名称	单位	THA	TMCR
发电机端出力	MW	660	706.338
汽轮机总进汽量	t/h	1732.100	1881.520
主蒸汽压力	MPa	29.2	31.00
主蒸汽温度	℃	600	600
超高压排汽压力	MPa	10.791	11.626
超高压排汽温度	℃	432.9	434.6
一次再热蒸汽流量	t/h	1526.044	1649.006
高压缸进口压力	MPa	10.143	10.929

续表

参数名称	单位	THA	TMCR
高压缸进口温度	℃	620	620
二次再热蒸汽流量	t/h	1309. 011	1408. 199
中压缸进口压力	MPa	3. 196	3. 432
中压缸进口温度	℃	620	620
排汽焓	kJ/kg	2404. 5	2393. 5
背压	kPa	4. 92	4. 92
最终给水温度	℃	323. 7	329. 1
低压排汽量	t/h	881. 581	925. 540
热耗	kJ/kWh	7187. 0	7181. 0

第十章

汽轮机本体及配汽系统

本章将首先对上海汽轮机厂二次再热机组和东方汽轮机厂二次再热机组的总体方面作一些简要介绍，然后再对汽轮机本体的主要部套进行具体的阐述和比较。

第一节　概　　述

一、N1000-31/600/610/610 二次再热汽轮机本体

上海汽轮机厂生产的超超临界、二次中间再热、单轴、五缸四排汽、双背压、反动凝汽式汽轮机。该型汽轮机的整个流通部分由五个汽缸组成，即一个超高压缸、一个高压缸、一个双流中压缸和两个双流低压缸。汽轮机五根转子分别由六个径向轴承来支承，除超高压转子由两个径向轴承支承外，其他转子均由单轴承支撑。六个轴承分别位于六个轴承座内，且直接支撑在基础上，不随机组膨胀移动，并能减少基础变形对轴承载荷及轴系对中的影响。其中 2 号轴承座内装有径向推力联合轴承，且机组的绝对死点和相对死点均在超高压缸、高压缸之间的 2 号轴承座上。发电机转子为双支点支撑，发电机和励磁机转子形成三支撑结构，包括发电机转子的整个轴系由 7 根转子（5 缸）、9 个轴承组成，整个汽轮机轴系总长约 36m，机组轴系全长约 54m，轴系总重约 330t。

整个通流部分由超高压、高压、中压和低压四部分组成，该汽轮机采用全周进汽方式，超高压缸进口设有两个高压主汽门、两个高压调节门，超高压缸排汽经过一次再热器再热后，通过高压缸进口的两个高压主汽门和两个高压调阀进入高压缸，高压缸排汽经过二次再热器再热后，通过中压缸进口的两个中压主汽门和两个中压调阀进入中压缸，中压缸排汽通过连通管进入两个低压缸继续做功后分别排入两个凝汽器。

二、N660-29.2/600/620/620 二次再热汽轮机本体

660MW 二次再热超超临界汽轮发电机组为东方汽轮机厂引进日立技术生产的超超临界、二次中间再热、四缸四排汽、双背压、冲动式，凝汽式汽轮机。该汽轮机的整个流通部分由四个汽缸组成，即一个超高压缸、一个高中压缸和两个双流低压缸。汽轮机四根转子分别由八个径向轴承来支承支撑。推力轴承设置在 2、3 号轴承之间，推力盘中心即整个汽轮机转子相对于汽缸的膨胀死点。发电机转子为双支点支撑，发电机和励磁机转子形成三支撑结构，包括发电机转子的整个轴系由 6 根转子（4 缸）、11 个轴承组成，整个汽轮机轴系总长约 36m。

整个通流部分由超高压、高压、中压和低压四部分组成。超高压缸进口设有两个高压主汽门、两个高压调节门，来自锅炉过热器的新蒸汽通过主蒸汽管上的主汽阀后，进入超高压调节阀，经 2 根超高压主汽管和装在超高压外缸的 2 个进汽管分别从上下方向进入超高压缸

内。超高压缸排汽经过一次再热器再热后，进入高压缸主汽阀、调节阀后，从高中压外缸下部的高压进汽管道进入高压缸通流部分，做功后由高中压缸前端下部的 2 个高压排汽口排出。蒸汽经过二次再热后，通过二次再热热段管道进入中压主汽阀、调节阀后，从高中压外缸中部上下半两侧进入中压通流部分。最终通过中压排汽口进入连通管通向低压缸继续做功后分别排入两个凝汽器。

第二节　静　体　部　分

一、概述

汽缸是汽轮机的外壳，其作用是将汽轮机的通流部分与大气隔开，以形成蒸汽的热能转换为机械能的封闭汽室。汽缸内装有喷嘴室、喷嘴（静叶）、隔板（静叶环）、隔板套（静叶持环）、汽封等部件。在汽缸外连接有进汽、排汽、回热抽汽等管道以及支承座架等。为了便于制造、安装和检修，汽缸一般沿水平中分面分为上、下两个半缸，两者通过水平法兰用螺栓装配紧固。另外为了合理利用材料以及加工、运输方便，汽缸也常以垂直结合面分为两或三段，各段通过法兰螺栓连接紧固。

由于汽轮机的型式、容量、蒸汽参数、是否采用中间再热及制造厂家的不同，汽缸的结构也有多种形式。例如，根据进汽参数的不同，可分为高压缸、中压缸和低压缸；按每个汽缸的内部层次可分为单层缸、双层缸和三层缸；按通流部分在汽缸内的布置方式可分为顺向布置、反向布置和对称分流布置；按汽缸形状可分为有水平接合面的或无水平接合面的和圆筒形、圆锥形、阶梯圆筒形或球形等等。

大容量中间再热式汽轮机一般采用多缸，汽缸数目取决于机组的容量和单个低压汽缸所能达到的通流能力。

汽缸本身的热膨胀和汽缸与转子之间的相对膨胀，是汽轮机设计、安装、调试时十分重要的问题。设计时应通过汽缸、转子的热膨胀计算，合理地选定汽缸的死点位置以及推力轴承（转子相对死点）的位置，并留足膨胀间隙。

汽轮机运行中，不允许汽缸内有任何积水，如果汽缸内有水，轻则造成汽缸温差增大，引起汽缸翘曲变形，动静部分摩碰；严重的积水会损坏汽轮机转子。因此，汽缸的疏水设施应有足够的通流面积，并避免无法疏水的洼窝结构等。汽缸还应备有防进水设施，防止水从任何与其连接的管道进入汽缸。

进入汽缸的蒸汽回路，对汽缸的热膨胀和热应力也有较大的影响，因此设计时应注意汽流回路的合理布置。如应设有用于内、外汽缸夹层加热的蒸汽通道，以便汽轮机启动时有足够的蒸汽量预热内、外缸，使汽缸的热膨胀较快地趋于均匀；配汽设计中，注意各喷嘴组的进汽次序和进汽量，使启动时汽缸得到均匀加热，避免将较低温度的抽汽从较高温度的汽缸区段引出等。

汽缸壁的厚度应均匀，避免厚度突变和因结构突变引起的刚度突变，尤其要避免径向刚度突变。因为结构突变和径向刚度突变，都会产生很大的局部应力和热应力，很容易导致汽缸产生裂纹。汽缸中分面法兰应尽量向汽缸中心线靠近，并使用窄法兰，减小中分面处的金属质量集中，使该处的截面尺寸接近于汽缸其他截面的尺寸。这样可以避免产生太大的应力（蒸汽压力所形成）和热应力（温差所形成），也能减小汽缸因变形不均匀而发生翘曲。

汽缸的进汽管道（或排汽/抽汽管道），不应集中于汽缸的某一区段，因为汽缸局部金属质量过分集中，可能使铸造过程的残余应力难以完全消除，造成热态情况下汽缸意外的变形。这种意外的热态变形将导致汽缸的翘曲，或汽缸中分面泄漏（尤其是内缸中分面泄漏最为麻烦），而且这种热态变形可能长期存在，在冷态时又检查不到，无法处理。

汽缸内部的喷嘴组和隔板，在将汽流的内能转换为动能的同时，受到汽流极大的反作用力矩，这种力矩将由支承或定位元件传递到内缸和外缸。因此，在设计汽缸的支承、定位零件时，要考虑到在各自的工作温度条件下，这些零件能够安全地承受这种力矩。在设计内外缸之间的支承和定位零件时，还应注意轴向推力对定位、支承零件的可能破坏。

汽缸的支承、定位、导向状况，对汽轮机组安全性也有较大影响。支承、定位、导向的设置，要注意到汽轮机运行中能够良好对中，各汽缸、转子、轴承的膨胀不会受到阻碍。汽缸由静止时的冷态到运行时的热态，纵向、横向、上下都发生膨胀，各定位、导向件的设置要保证纵向、横向膨胀不受阻碍且不影响对中。支承结构的设置，要保证上下膨胀不影响汽缸、转子、轴承的对中。对于高、中压缸，目前应用较多的支承方式是采用支承面与中分面重叠的上猫爪支承结构。

二、超高压缸

（一）N1000-31/600/610/610 二次再热汽轮机超高压缸

图 10-1 所示为 N1000-31/600/610/610 二次再热 1000MW 超超临界二次再热汽轮机超高压缸纵剖图。该高压缸采用单流、双层缸设计，包括超高压内缸和超高压外缸。外缸采用圆桶型结构，整个周向壁厚旋转对称，且无须局部加厚，避免了非对称变形和局部热应力，能够承受高温高压。分为进汽和排汽缸两部分，无水平中分面，通过圆周垂直中分面由螺栓连接。圆筒结构结合小直径转子可大幅度降低汽缸的应力。高压内缸为垂直纵向中分面结构，静叶片直接安装于内缸内壁。缸体进汽端位于发电机方向，排汽端位于机头。

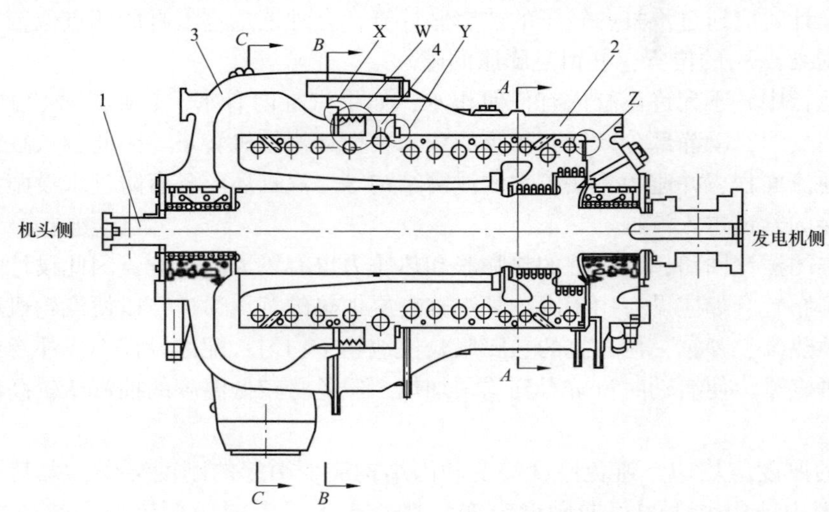

图 10-1 超高压缸纵剖图

1—高压转子；2—高压外缸进汽端；3—高压外缸排汽端；4—高压内缸

超高压缸排汽端下部设有两个排汽口用于超高压缸排汽，排汽口开有坡口并与排汽管道焊接。超高压缸设有内窥镜开口用于检查叶片，可以在不开缸时使用内窥镜检查进汽区域的叶片和末级叶片。

超高压内缸卡在超高压外缸进汽端的四个凹槽内并通过键配合与外缸保持对中（见图10-2）。这样内缸由外缸支撑并可以从固定点向径向和轴向自由膨胀，并且在热膨胀的过程中，内缸仍能与转子保持对中。超高压内缸的轴向固定点见图 10-3，此处结构由超高压内缸的一圈围带抵在超高压外缸进汽端凸肩上，作用在内缸上的轴向推力传递到螺纹环上并由它承受。并由此确定了超高压内缸相对超高压外缸的轴向膨胀死点。内缸的轴向力朝向排汽端，并通过螺纹环作用于外缸的进汽段，有利于减少外缸螺栓的作用力。

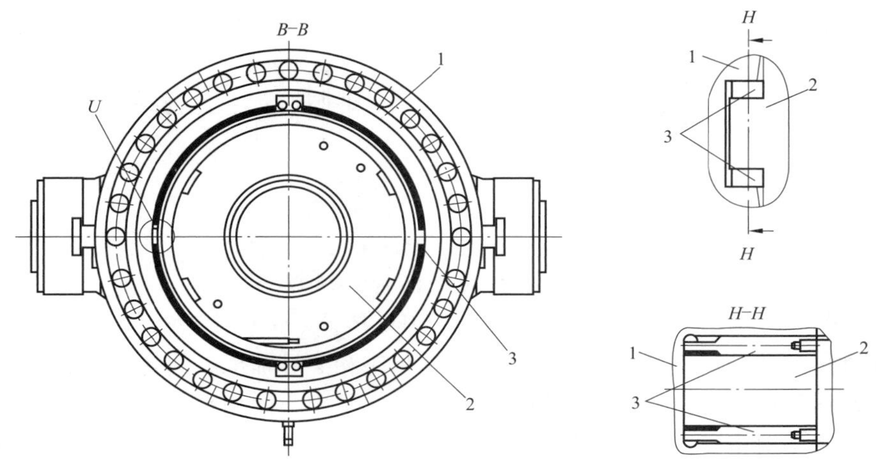

图 10-2　超高压缸横切面图

1—超高压外缸进汽端；2—超高压内缸；3—平行键（凹槽）

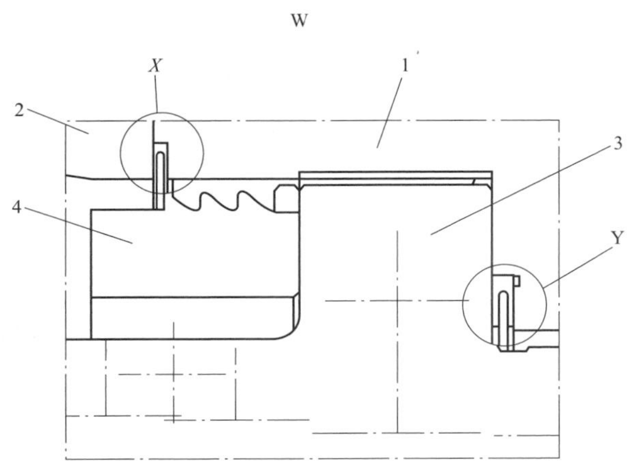

图 10-3　螺纹环与内缸凸缘

1—超高压外缸进汽端；2—超高压外缸排汽端；3—超高压内缸；4—螺纹环

为保证缸体效率，高压缸的各类静止部件之间、动静部件之间设置了不同种类的密封结构。密封部位主要包括内/外缸体自身的结合面、内/外缸体之间不同压力腔室的密封、外部进汽结构的密封、动静部件之间的密封等。

内缸本身的垂直中分面采用金属平面直接用螺栓螺母组件热紧的方式密封。外缸轴向中分面除采用金属平面加螺栓螺母组件热紧的方式外，在前后缸体结合面内侧还采用U形环密封（见图10-4）。内外缸进汽侧夹层与高压平衡活塞腔室之间采用I形密封，并对超高压缸径向限位能允许超高压内缸和超高压外缸之间自由地轴向移动。

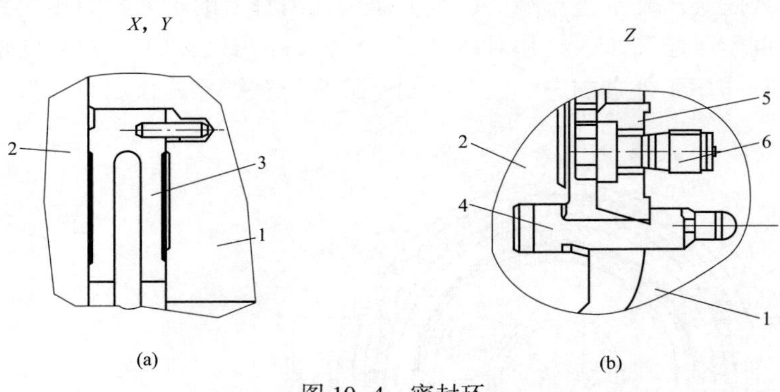

图10-4 密封环

（a）U形密封环；（b）内缸密封环

1—超高压外缸进汽端；2—超高压内缸；3—U形密封环，见详图W，X，Y；4—I型密封环；5—压紧环；6—螺钉

超高压外缸的前、后猫爪分别支撑在1号轴承座和2号轴承座的转子水平中心面上，由此确定了超高压缸的水平定位。猫爪支撑面与转子水平中心面相平，确保缸体受热膨胀时仍保持动静部分水平对中。缸体受热膨胀，猫爪可以在和支撑键组成一体的滑块上水平滑动。通过安装于轴承座上适当的压块压住汽缸猫爪来防止汽缸因蒸汽管道的作用力下上抬。调整垫片和猫爪之间的预留一定的热膨胀间隙。

超高压外缸的横向定位由汽缸导向装置来保证，导向装置由轴承座上的定位凸台和超高压外缸上的相应定位凹槽配合而成，二者之间配有垫片。这种结构允许外缸在轴承座定位凸台的导向下作轴向移动，并通过调整安装于凸台与凹槽间的垫片，确保左右精确对中。

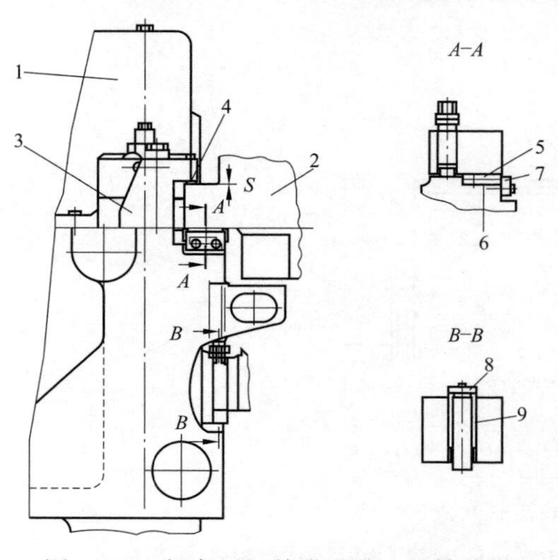

图10-5 超高压缸前猫爪及1号轴承座

1—1号轴承座；2—超高压缸；3—压块；4、5—滑块；6—支撑键；7—支撑块；8—压板；9—垫片

超高压外缸的轴向定位由高压外缸的进汽端的下伸凸台与2号轴承座上的凹台来确定（X点位置），两者之间配有推力键。由此确定了超高压外缸的轴向膨胀死点。超高压外缸以此点为死点，向机头方向膨胀。超高压缸前猫爪及1号轴承座如图10-5所示，超高压缸后猫爪及2号轴承座如图10-6所示。

超高压缸前后有两个端部汽封。它们在超高压外缸两端将汽缸内腔密封，使之与外部大气隔离。在进汽口前侧设有平衡活塞汽封，其

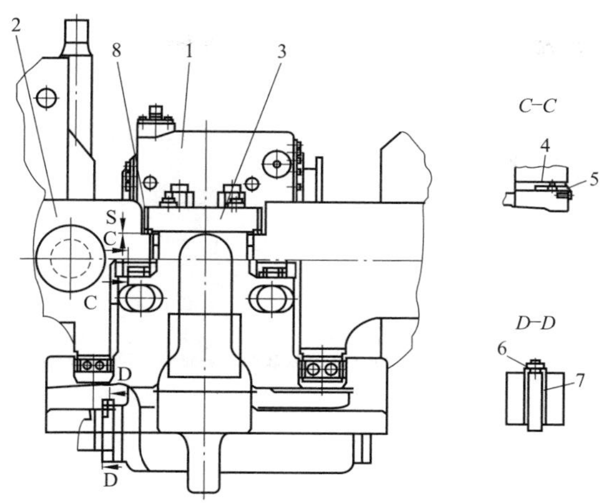

图 10-6　超高压缸后猫爪及 2 号轴承座

1—2 号轴承座；2—超高压缸；3—压块；4—滑块；5—支撑键；6—压板；7—垫片；8—滑片

前后压差所产生的力用于抵消超高压通流部分的轴向推力，平衡活塞汽封的有效直径符合平衡轴向推力的要求。

转子和汽缸之间的密封形式为蒸汽轴向通过的非接触式汽封，如图 10-7 所示。

在超高压缸排汽端［见图 10-8（a）］，使用平齿和斜齿汽封片，交错安装成平齿式汽封，汽封片镶嵌在转子和分段的汽封环上。

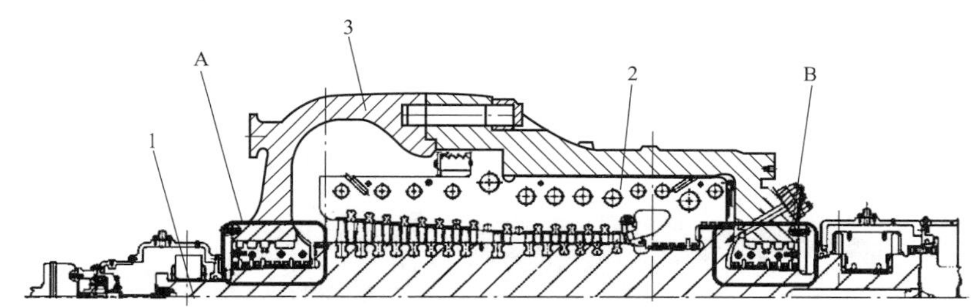

图 10-7　超高压缸汽封示意图

1—转子；2—超高压内缸；3—超高压外缸排汽端

在超高压缸进汽端［见图 10-8（b）］，使用平齿和高低齿的汽封片，交错安装在端部汽封和转子上，组成了迷宫式汽封。汽封片依次镶嵌在分段的汽封环和相对的转子上，从而有效地减少汽封漏汽。

汽轮机动静之间的密封通过将汽封片装入汽封环和转子（见图 10-7 和图 10-8）中来实现。

端部汽封和平衡活塞汽封内有很多蒸汽腔室。腔室 Q 的蒸汽穿过超高压内缸上的通孔进入超高压末级叶片后的排汽端，腔室 R 的漏汽引至高压缸排汽，腔室 S 的漏汽引至低压缸（联通管上的接口），腔室 V 的漏汽通过内缸上的开孔引至内外缸夹层腔室。轴封蒸汽母管与腔室 T 连通在机组启动时向轴封供汽，极少的漏汽仍能进入腔室 U 并被排至轴封冷却器。高压转子平衡活塞如图 10-9 所示。

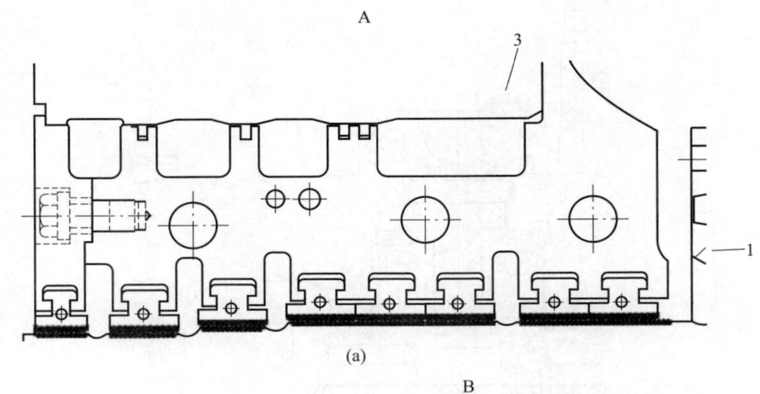

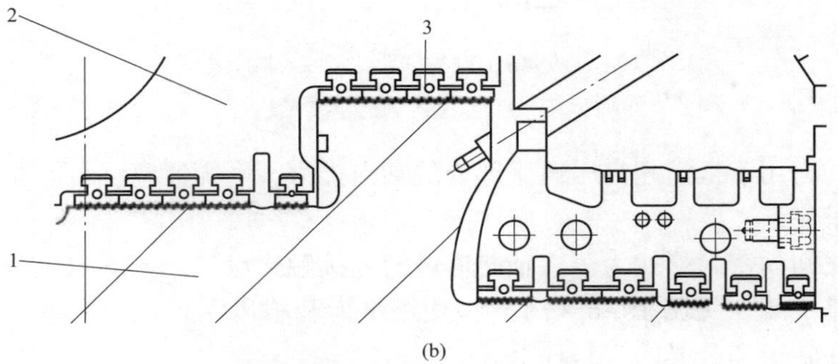

图 10-8　超高压缸汽封结构图

（a）超高压缸排汽端汽封（调阀端）；（b）超高压缸进汽端汽封（电机端）

1—超高压转子；2—超高压内缸；3—汽封环

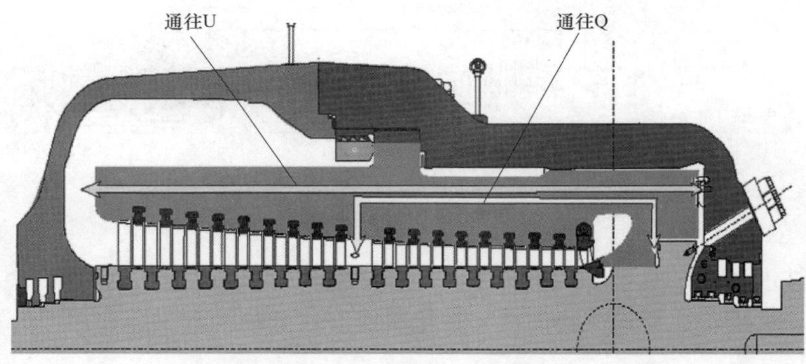

图 10-9　高压转子平衡活塞示意图

超高压内缸或静叶持环和转子上的叶片级约有 50% 反动度。叶片都由叶根部分，中间型线部分和叶顶围带部分组成，超高压隔板和动叶都为倒 T 型叶根。静叶和动叶依次插入超高压内缸或静叶持环及转子的叶根槽并使用填隙条填充定位。整圈装配最后一片动叶由锥销或螺钉锁紧。整圈叶片装配完毕之后，将围带整圈精车后和汽封片能配合成迷宫式汽封。如图 10-10 所示。

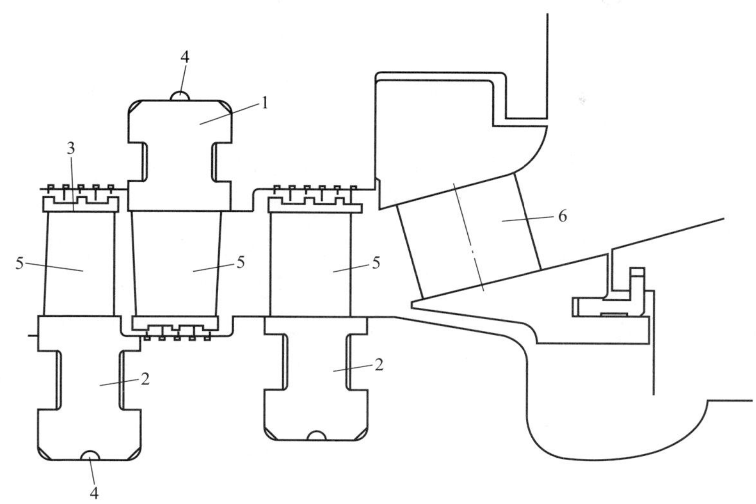

图 10-10 隔板和动叶布置图

1—超高压隔板 T 型叶根；2—超高压动叶 T 型叶根；3—围带；4—填隙条；5—中间型线部分；6—第一级斜置静叶

第一级为低反动度，大部分能量转换发生在斜置静叶中，因此在静叶出口可以有效地降低一定的温度。第一级静叶在两端都有支撑，防止了叶顶根部漏汽并能起到保护转子表面的作用。

为减少叶顶漏汽损失，在叶顶采用了迷宫式汽封，汽流在每一个汽封齿腔室都会产生适当的涡流。迷宫式汽封由叶片围带以及转子和内缸上镶嵌的汽封片组成。当机组运行不当导致动静摩擦时，这些汽封齿会轻微磨损掉而不会产生任何温升。在机组运行一段时间后(例如大修)，可以方便地更换汽封片并安装到要求的间隙。

（二）N660-29.2/600/620/620 二次再热汽轮机超高压缸

超高压缸为双层缸结构，其目的是为了减小内缸、外缸的应力和温度梯度。超高压外缸内装有超高压内缸、隔板、汽封等超高压部分静子部件，与转子一起构成了汽轮机的超高压通流部分。外缸材料为 ZG13Cr1Mo1V 铸件。超高压内缸为采用红套环密封的圆筒形汽缸，内缸使用 ZG12Cr9Mo1Co1NiVNbNB 材料。内缸外表面布置隔热罩，进汽区域加紧固螺栓。内缸中分面螺栓螺纹为“UN”螺纹，高温用双头螺柱，采用 10Cr11Co3W3NiMoVNb 材料，高温用带槽螺母，采用 2Cr11Mo1NiWVNbN 材料。

超高压进口按进汽管上下布置，进汽腔室采用变截面蜗壳切向进汽结构。由于二次再热超高压排汽压力较高，考虑外缸气密性，超高压排汽通过排汽管道直接排到一次再热冷段管道，汽缸末端封闭。

通流部分为反向流动。超高压进口按进汽管上下布置，上半进汽口采用法兰结构连接，下半进汽管道采用焊接结构，进汽腔室采用变截面蜗壳切向进汽结构。内缸下半设有排汽口，排汽不进入超高压内外缸夹层，采用单排汽管排汽方式，排汽管与外缸之间利用叠片式密封，能吸收内、外缸之间的胀差。超高压内外缸夹层与高压 3 级后排气管（二抽）连通。超高压排汽中部分作为一级抽汽，利用超高压排汽对超高压进口及高压进口进行冷却；中压进口及中压转子第一级叶轮的冷却蒸汽有两路：一路为超高压排汽，另一路为二抽汽。超高压部分共10级，第1~10级隔板全部装在超高压内缸里。

超高压外缸由下半缸中分面伸出的前后左右4个猫爪搭在前轴承箱和2号轴承箱的水平中分面上，称为下猫爪中分面支承结构。内缸由其下半中分面前后两端左右侧共4个猫爪搭在外缸下半近中分面处相应的凸台上，配准下面的垫片，可调整内缸中心高度，配准上面的垫片，在猫爪与外缸上半之间留下热膨胀间隙，在内缸前后两端的顶部和底部各装有1个纵向键，使汽缸在温度变化时，内外缸中心保持一致。

该型机组汽缸具有以下优点：①套环紧箍，汽缸气密性良好，可保证机组大修期内长久经济性；②隔热罩结构可减少对流，提高内缸外表面温度，防止温差过大引起变形；③模块可整体发货，整体安装，缩短现场安装周期和提高安装质量；④内缸采用套箍结构，不存在螺栓咬死问题，拆装方便；⑤汽缸可现场检修，无须返厂，检修周期短，可提高电厂经济效益。

该型机组超高压部分共10级，第1~10级隔板全部装在超高压内缸里。超高压第1级导叶在背弧出口喷涂C-Cr涂层防止SPE侵蚀。第1~10级静叶均为弯扭叶栅。

隔板汽封采用椭圆汽封，这样既可保证安全性又可减少汽封漏汽量。动叶采用自带冠结构，叶冠顶部设置了径向汽封，动叶根部设置了根部汽封。所有隔板的中分面都用螺栓紧固，以利于提高隔板整体刚性和中分面的汽密性。

高压隔板的材料和结构要素见表10-1。

表10-1　　高压隔板材料和结构要素

级次	1	2	3	4	5	6	7	8	9	10
安装部位	超高压内缸（ZG12Cr9Mo1Co1NiVNbNB）									
隔板材料	12Cr10Co3W2MoNiVNbNB			2Cr11Mo1NiWVNbN		2Cr11MoVNbN				
导叶材料	12Cr10Co3W2MoNiVNbNB					2Cr11Mo1VNbN				

超高压缸采用菌型叶根（见表10-2），自带围带加半圆阻尼块设计，2~3级叶根设计泄压孔。

表10-2　　超高压动叶材料

级次	1	2	3	4	5	6	7	8	9	10
材料	1Cr11Co3W3NiMoVNbNB				2Cr11Mo1VNbN					

三、高、中压缸

（一）N1000-31/600/610/610二次再热汽轮机高、中压缸

图10-11是上海汽轮机厂1000MW超超临界二次再热汽轮机高压缸结构。从图中可以看出，高压缸从水平中分面分为上下半，为双层缸结构。高压内缸为双流结构，并由高压外缸支撑。来自超高排的再热蒸汽进入高压缸两侧的高压主门和调门组件，再进入高压内缸第一级斜置静叶。在高压外缸下半的高压排汽口接高压排汽管道将蒸汽再次导入再热器。双流叶片的布置可以起到抵消轴向推力的作用，而切向涡流进汽有效降低了蒸汽进口处转子的表面温度。高压高温进汽仅限于内缸的进汽区域，而高压外缸只承受高压排汽的较低压力和较低温度，这样汽缸的法兰部分就可以设计得较小，且法兰区域的材料厚度等也可以减到最小，从而可避免因不平衡温升时引起法兰受热变形而导致故障，如机组启动和停车时。同

时，外缸中的压力也降低了内缸水平中分面法兰螺栓的荷载，内缸只要承受内外缸压差即可。

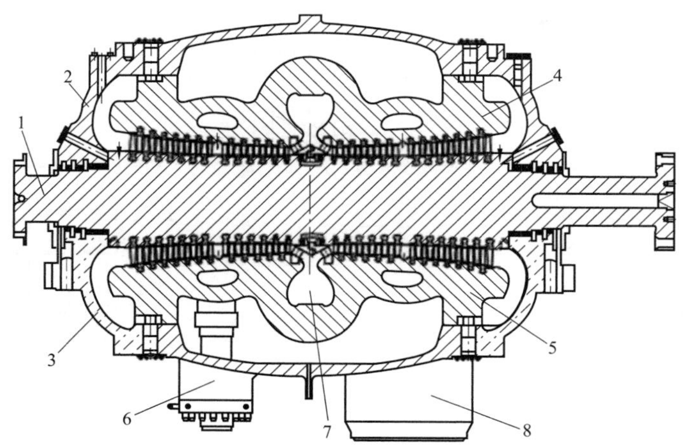

图 10-11 N1000-31/600/610/610 二次再热汽轮机高压缸结构

1—高压转子；2—高压外缸上半；3—高压外缸下半；4—高压内缸上半；5—高压内缸下半；6—2 号抽汽口；7—高压进汽口；8—高压排汽口

如图 10-12 所示，在水平中分面上，上半内缸由四个猫爪加上填片支撑在外缸下半法兰中分面上。在垂直方向上热膨胀只能从如上的支撑点开始。这确保高压内缸与转子保持同心。高压内缸下半四个猫爪安装入外缸下半部分的凹槽中。每个猫爪顶部都有填片，其上表面到外缸上半表面有间隙 S，这个间隙 S 限制了内缸抬升的距离。在高压内缸调阀端的水平法兰面上猫爪处装有调整垫片（调阀端见图 10-12D），轴向热膨胀就从这些点开始，这里对径向膨胀则不作限制，而电机端（电机端见图 10-12E）的猫爪可以自由热位移。在垂直面上高压内缸通过装于外缸上下半的四个带有偏心衬套的螺栓进行定位。这些带偏心衬套的螺栓起到导向作用，并与内缸凹槽接合。这样的布置保证了内缸的热位移，并通过调整偏心衬套在内缸安装时使内缸和转子对中。内缸对中后，偏心衬套通过上紧定位螺钉安装到位。以上设计保证了：在轴向上，内缸能够从相对死点开始自由膨胀；在径向各个方向上也能自由膨胀，并在这个过程中保持内缸与转子的同心。高压进汽口的设计应该避免任何对热胀位移的约束。

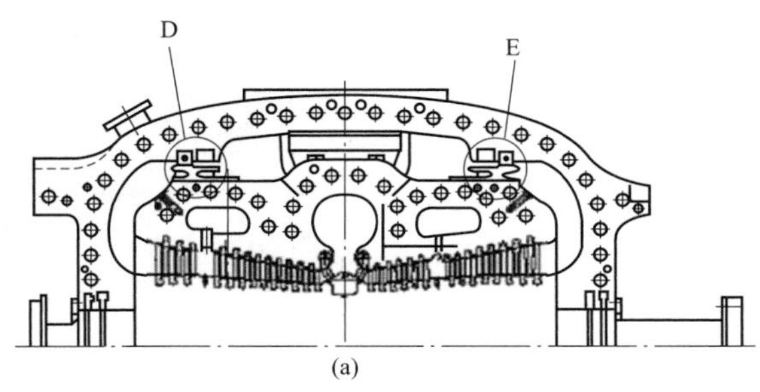

图 10-12 高压内缸支撑方式（一）

（a）高压缸水平中分面俯视图

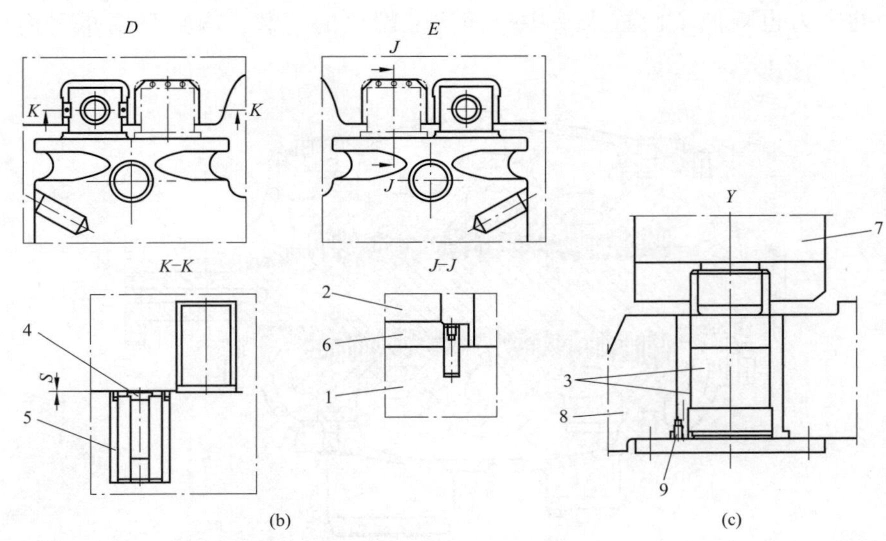

图 10-12 高压内缸支撑方式（二）

（b）高压内缸支撑方式；（c）高压内缸垂直方向支撑

1、8—高压外缸下半；2—高压内缸上半；3—偏心衬套和螺栓；4、6—填片；5—调整垫片；7—高压内缸下半；9—定位螺钉

同超高压缸类似，高压缸的密封包括：内/外缸体自身的结合面、外部进汽结构的密封、动静部件之间的密封等。内、外缸本身的水平中分面采用金属平面直接用螺栓螺母组件热紧的方式密封。进汽、抽汽管道的密封结构基本类似，与外缸采用法兰连接，密封面衬金属垫圈，管道与内缸采用 L 形密封环密封，密封环本身采用螺纹环限位在抽汽管顶部。L 形密封环允许管道与内缸之间发生一定的位移。

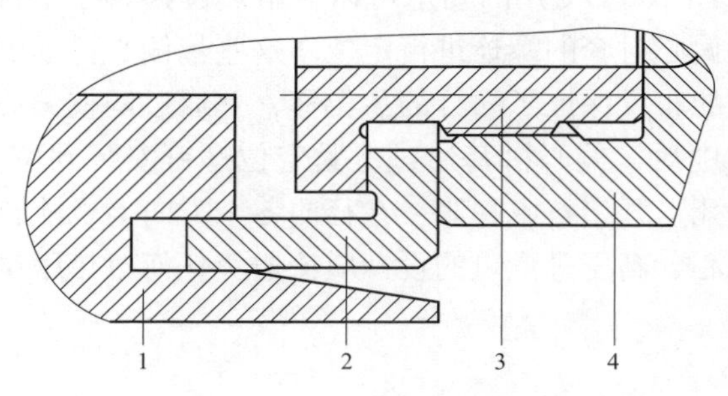

图 10-13 高压进汽口密封

1—高压内缸下半；2—L 形密封环；3—螺纹环；4—进汽扩散器

进汽插管和内缸之间由 L 形密封环连接。L 形环的短边插入螺纹环后部，同时另一边装入高压内缸的环形凹槽内（见图 10-13）。螺纹环的安装要求是要能够让 L 形密封环的短边在螺纹环和进汽插管之间自由的膨胀移动。L 形环内部的蒸汽压力压迫密封环顶住进汽插管的那一面，而起到自密封作用。高压内缸环形凹槽和 L 形环长边的配合公差尺寸经过仔细计算并加工，使得 L 形环长边也可自由滑动。

L 形密封环在其内侧蒸汽压力的作用下自由膨胀，这样其外侧面可以顶住相应槽的密封面而起到所需的密封作用。这样的布置能够在提供密封功能的同时，允许内缸在各个方向上自由膨胀移动。

高压缸的前后猫爪分别支撑在 2 号轴承座［见图 10-14（a）］和 3 号轴承座［见图 10-14（b）］的机组水平中心线上。这样，也确定了整个高压缸的位置和高度。在机组运行时缸体热膨胀，猫爪可以在和支撑键（6；14）组成一体的滑块（5；12）上水平滑动。通过将猫爪嵌入轴承座上安装的压块（4；10）中来限制缸体的顶起趋势，并应调整垫片（9；11）和猫爪之间的间隙值 S。

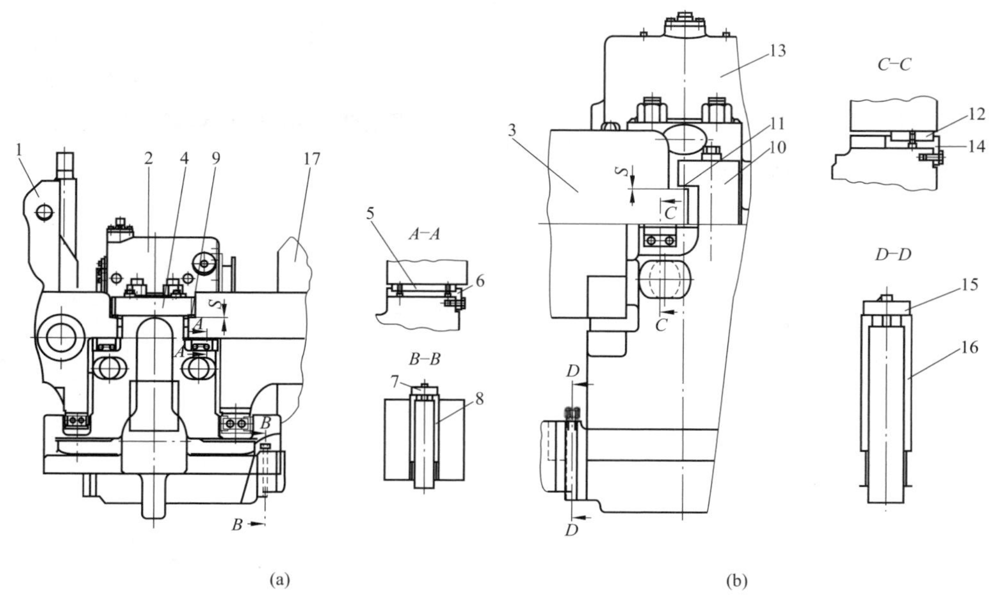

图 10-14　高压缸导向件和猫爪

（a）2 号轴承座；（b）3 号轴承座

1—超高压缸；2—2 号轴承座；3—高压缸；4—压块；5、12—滑块；6、14—支撑键；7、15—板；8、16—楔形调整垫片；9、11—垫片；10—挡块；13—3 号轴承座；17—高压缸猫爪

高压缸的横向定位由汽缸导向键（*B*–*B* 和 *D*–*D*）来保证，它包括轴承座上定位凸肩和外缸上的横向定位键槽。汽缸导向键的结构允许外缸凸肩在键槽（3）中轴向和垂直方向自由地膨胀，并通过调整楔形调整垫片（8；16）来保证缸体的精确对中。

高压缸的调阀端和电机端各有一个端部汽封，其作用是将汽缸内部的蒸汽在汽缸两端轴颈处与大气密封隔离。蒸汽轴向流过非接触式汽封片达到转子和汽缸之间的密封。因为高压缸运行参数较高，不同工况下动静差胀情况复杂，所以采用了平齿汽封。汽封片相对地镶嵌入高压转子和装于外缸上的汽封环中，并确保足够间隙在热膨胀时仍能自由移动。如图 10-15（a）所示。

在高压端部汽封中也有蒸汽腔室。轴封蒸汽母管与腔室 S 相连，通过汽封齿后仍有少量蒸汽漏至腔室 T，排至轴封冷却器。如图 10-15（b）所示。

高压隔板和动叶典型布置如图 10-16 所示。高压内缸和转子上的叶片级约有 50% 反动度。叶片都由叶根部分，中间型线部分（5）和叶顶围带部分（4）组成，高压隔板（1）和动叶都为倒 T 型叶根（2）或是双 T 型叶根（3）。隔板和动叶依次插入高压内缸及转子的叶根槽并使用填隙条（6）填充定位。整圈装配最后一片动叶由锥销或螺钉锁紧。整圈叶片装配完毕之后，将围带整圈精车后和汽封片能配合成迷宫式汽封。

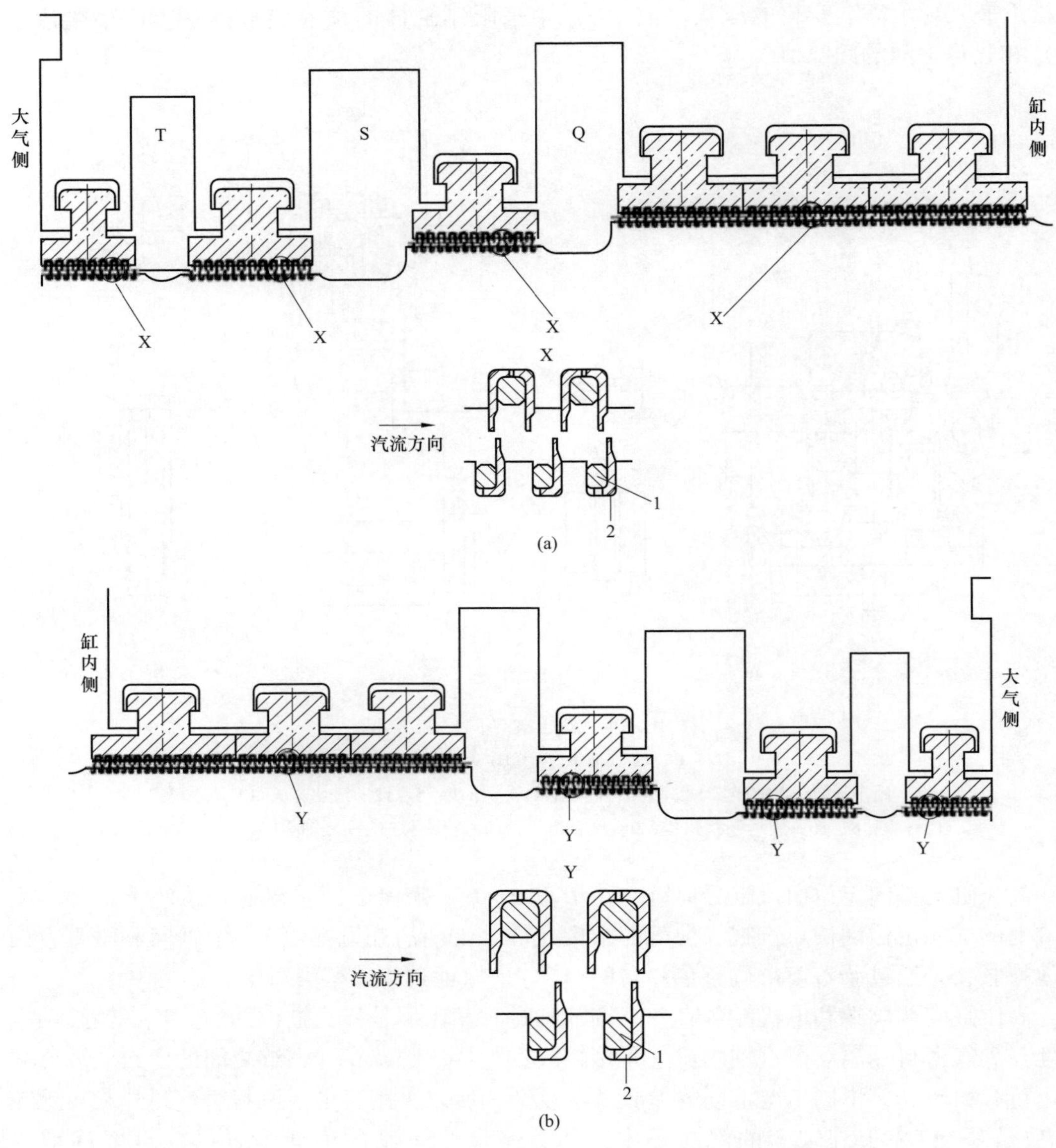

图 10-15 高压端部汽封

（a）高压端部汽封（调阀端）；（b）高压端部汽封（电机端）

1—塞紧条；2—汽封片

为减少叶顶漏汽在叶顶采用了迷宫式汽封，在每一个汽封齿后的腔室产生适当的涡流。迷宫式汽封由围带以及转子和内缸上镶嵌的汽封片组成。当机组运行不当导致动静摩擦时，这些汽封齿会轻微磨损掉而不会产生任何温升。在机组运行一段时间后（例如大修），可以方便地更换汽封片并安装到要求的间隙。

图 10-17 是上海汽轮机厂 1000MW 超超临界二次再热汽轮机中压缸结构。从图中可以

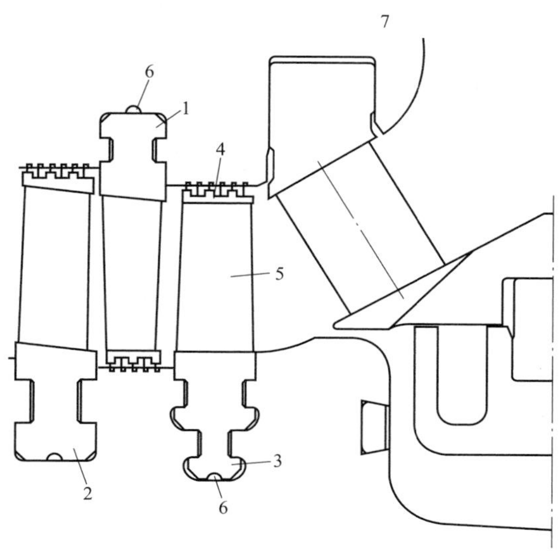

图 10-16 高压隔板和动叶典型布置图

1—高压隔板 T 形叶根；2—高压动叶 T 形叶根；3—高压动叶双 T 形叶极；4—围带；5—中间型线部分；6—填隙条；7—第一级斜置静叶

看出中压缸从水平中分面分为上下半，为三层缸结构。中压外内缸、内缸为双流结构，并由中压外缸支撑。来自高排的一次再热蒸汽进入中压缸两侧的中压阀门组件，再进入中压内缸

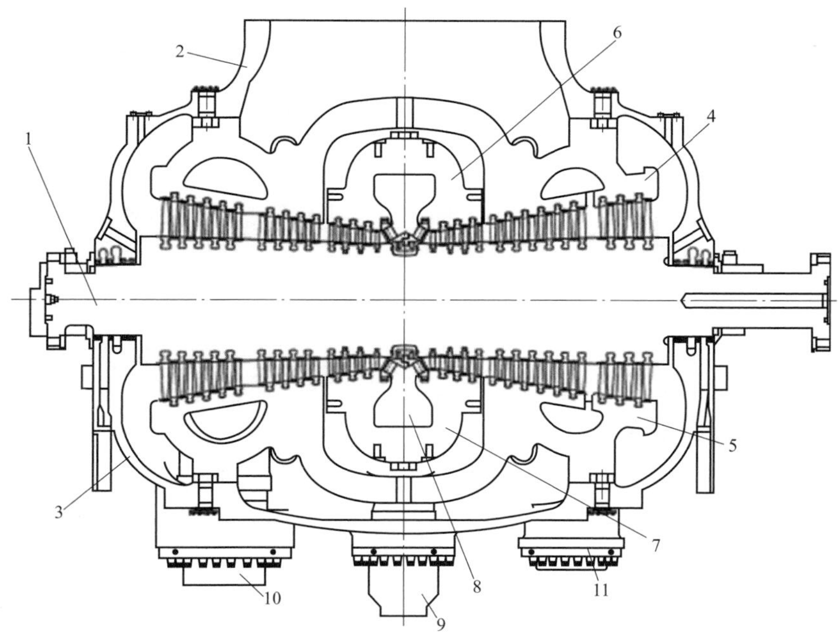

图 10-17 中压缸结构图

1—中压转子；2—中压外缸上半；3—中压外缸下半；4—中压外内缸上半；5—中压外内缸下半；6—中压内缸上半；7—中压内缸下半；8—中压进汽口；9—4 号抽汽口；10—5 号抽汽口；11—7 号抽汽口

第一级斜置静叶。在中压外缸上半的中压排汽口接有中低压连通管将蒸汽导入低压内缸。双流叶片的布置可以起到抵消轴向推力的作用，而切向涡流进汽有效降低了蒸汽进口处转子的表面温度。中压高温进汽仅限于内缸的进汽区域，而中压外缸只承受中压排汽的较低压力和较低温度，这样汽缸的法兰部分就可以设计得较小，且法兰区域的材料厚度等也可以减到最小，从而可避免因不平衡温升时引起法兰受热变形而导致故障，如机组启动和停车时。同时，外缸中的压力也降低了内缸水平中分面法兰螺栓的荷载，内缸只要承受内、外内缸压差即可。

如图 10-18 所示，在水平中分面上，上半外内缸由四个猫爪加上填片支撑在外缸下半法兰中分面上。在垂直方向上热膨胀只能从上支撑点开始。这确保中压外内缸与转子保持同心。中压外内缸下半四个猫爪安装入外缸下半部分的凹槽中。每个猫爪顶部都有填片，其上

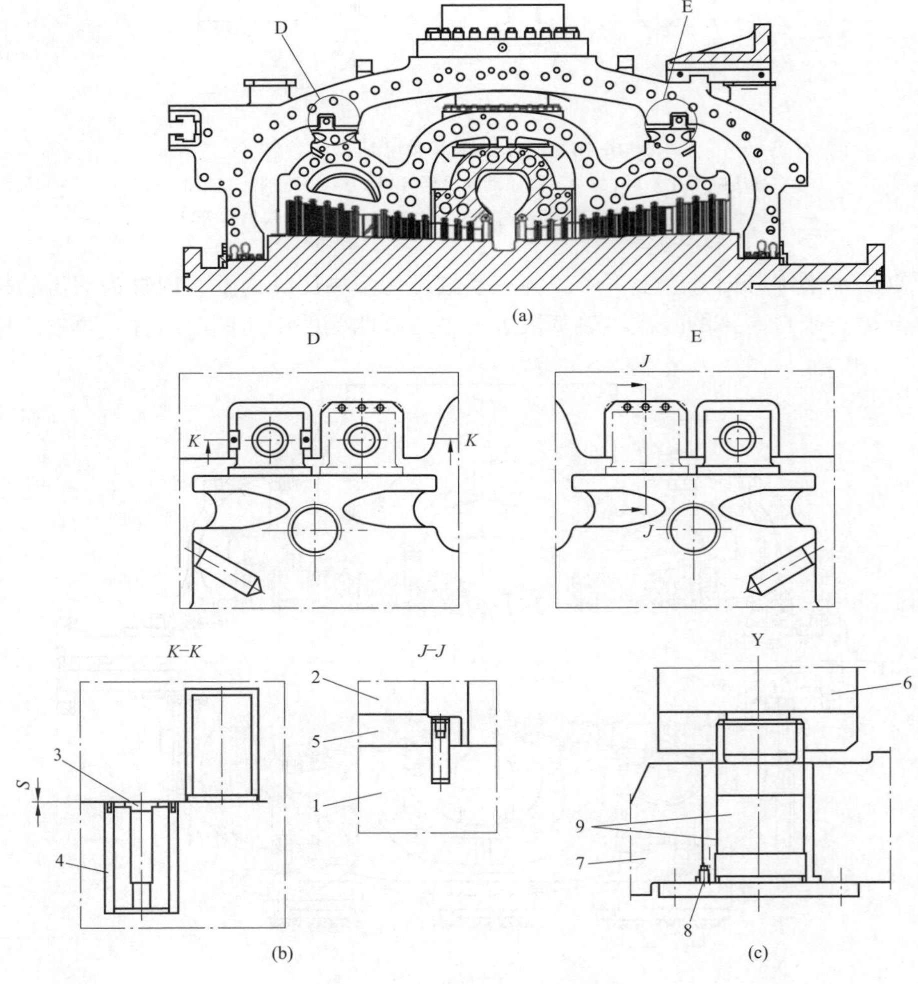

图 10-18　中压外内缸支撑

（a）中压缸水平中分面俯视图；（b）中压外内缸支撑方式；（c）中压外内缸垂直方向支撑

1—中压外缸下半；2—中压外内缸上半；3、5—填片；4—调整垫片；

6—中压外内缸下半；7—中压外缸下半；8—定位螺钉；9—偏心衬套和螺栓

表面到外缸上半表面有间隙 S，这个间隙 S 限制了外内缸抬升的距离。在中压外内缸调阀端的水平法兰面上猫爪处装有调整垫片（调阀端见图 10-18D），轴向热膨胀就从这些点开始，这里对径向膨胀则不作限制，而电机端（电机端见图 10-18E）的猫爪可以自由热位移。在垂直面上中压外内缸通过装于外缸上下半的四个带有偏心衬套的螺栓进行定位。这些带偏心衬套的螺栓起到导向作用，并与外内缸凹槽接合。这样的布置保证了外内缸的热位移，并通过调整偏心衬套在外内缸安装时使外内缸和转子对中。外内缸对中后，偏心衬套通过上紧定位螺钉安装到位。以上设计保证了在轴向上，外内缸能够从相对死点开始自由膨胀；在径向各个方向上也能自由膨胀，并在这个过程中保持外内缸与转子的同心。中压进汽口的设计应该避免任何对热胀位移的约束。

同高压缸类似，中压缸的密封包括：内/外缸体自身的结合面、外部进汽结构的密封、动静部件之间的密封等。内、外缸本身的水平中分面采用金属平面直接用螺栓螺母组件热紧的方式密封。进汽、抽汽管道的密封结构基本类似，与外缸采用法兰连接，密封面衬金属垫圈，管道与内缸采用 L 形密封环密封，密封环本身采用螺纹环限位在抽汽管顶部。L 形密封环允许管道与内缸之间发生一定的位移。

进汽插管和内缸之间由 L 形密封环连接。L 形环的短边插入螺纹环后部，同时另一边装入中压内缸的环型凹槽内。螺纹环的安装要求是要能够让 L 形密封环的短边在螺纹环和进汽插管之间自由的膨胀移动。L 形环内部的蒸汽压力压迫密封环抵住进汽插管的那一面，而起到自密封作用。中压内缸环型凹槽和 L 形环长边的配合公差尺寸经过仔细计算并加工，使得 L 形环长边也可自由滑动。L 形密封环在其内侧蒸汽压力的作用下自由膨胀，这样其外侧面可以抵住相应槽的密封面而起到所需的密封作用。这样的布置能够在提供密封功能的同时，允许内缸在各个方向上自由膨胀移动，如图 10-19 所示。

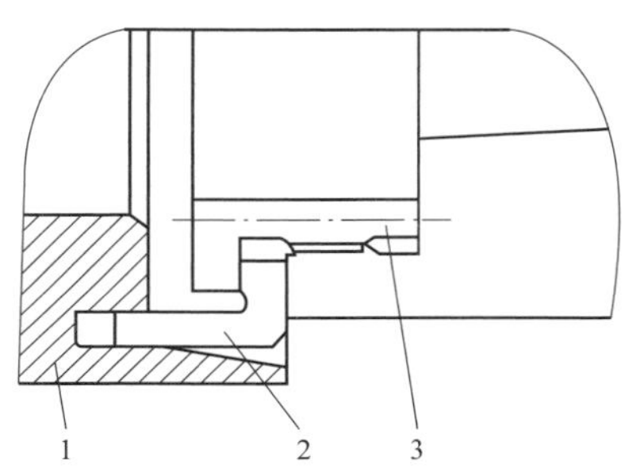

图 10-19　中压进汽口密封
1—中压外内缸下半；
2—L 形密封环；3—螺纹环

中压缸的前后猫爪分别支撑在 3 号轴承座［见图 10-20（a）］和 4 号轴承座［见图 10-20（b）］的机组水平中心线上。这样，也确定了整个中压缸的位置和高度。在机组运行时缸体热膨胀，猫爪可以在和支撑键组成一体的滑块上水平滑动。通过将猫爪嵌入轴承座上安装的压块中来限制缸体的顶起趋势，并应调整垫片和猫爪之间的间隙值 S。

中压缸的横向定位由汽缸导向键（B-B 和 D-D）来保证，它包括轴承座上定位凸肩和外缸上的横向定位键槽。汽缸导向键的结构允许外缸凸肩在键槽中轴向和垂直方向自由地膨胀，并通过调整楔形调整垫片来保证缸体的精确对中。

中压缸的调阀端和电机端各有一个端部汽封，其作用是将汽缸内部的蒸汽在汽缸两端轴颈处与大气密封隔离。蒸汽轴向流过非接触式汽封片达到转子和汽缸之间的密封。

因为中压缸累加了高压缸传递的差胀，动静差胀较大，所以采用了平齿汽封。汽封片相对地镶嵌入中压转子和装于外缸上的汽封环中，并确保足够间隙在热膨胀时仍能自由移动。

在中压端部汽封中也有蒸汽腔室。轴封供汽母管与腔室 S 相连，通过汽封齿后仍有少量蒸汽漏至腔室 T，排至轴封冷却器。中压端部汽封蒸汽腔室如图 10-21 所示。

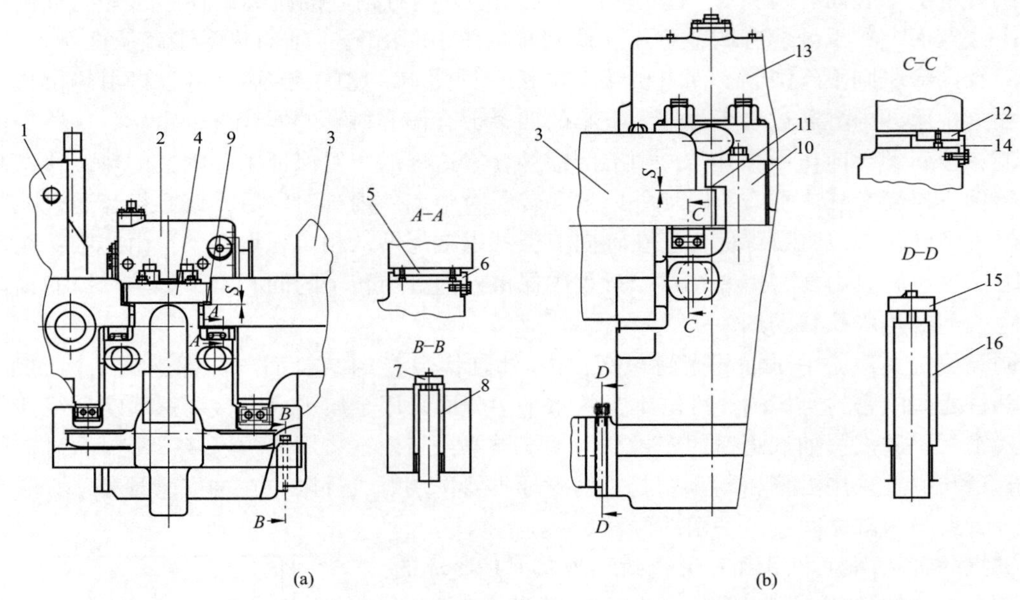

图 10-20　中压缸导向件和猫爪

(a) 3 号轴承座；(b) 4 号轴承座

1—高压缸；2—3 号轴承座；3—中压缸；4—压块；5—滑块；6—支撑键；7—板；8—调整垫片；9—垫片；10—挡块；11—垫片；12—滑块；13—4 号轴承座；14—支撑键；15—板；16—楔形调整垫片

中压内缸和转子上的叶片级约有 50%反动度。叶片都由叶根部分，中间型线部分和叶顶围带部分组成，中压隔板和动叶都为倒 T 形叶根或是双 T 形叶根。隔板和动叶依次插入中压内缸及转子的叶根槽并使用填隙条填充定位。整圈装配最后一片动叶由锥销或螺钉锁紧。整圈叶片装配完毕之后，将围带整圈精车后和汽封片能配合成迷宫式汽封。

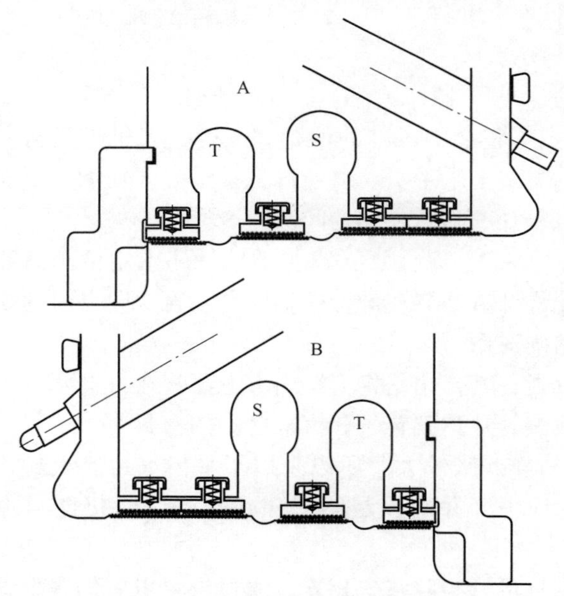

图 10-21　中压端部汽封蒸汽腔室

第一级为低反动度，大部分能量转换发生在斜置静叶中，因此在静叶出口的温度相对较低。第一级静叶在两端都有支撑，防止了叶顶漏汽并能起到保护转子表面的作用。

中压隔板和动叶典型布置如图 10-22 所示。

为减少叶顶漏汽在叶顶采用了迷宫式汽封，在每一个汽封齿后的腔室产生适当的涡流。迷宫式汽封由围带以及转子和内缸上镶嵌的汽封片组成。当机组运行不当导致动静摩擦时，这些汽封齿会轻微磨损掉而不会产生任何温升。在机组运行一段时间后（例如大修），可以方便地更换汽封片并安装到要求的间隙。

（二）N660-29.2/600/620/620 二次再热汽轮机高、中压缸

东方汽轮机厂设计的二次再热660MW机组高中压缸合缸，高中压外缸内装有高中压内缸、高压隔板套、中压隔板套、隔板、汽封等高中压部分静子部件，与转子一起构成了汽轮机的高中压通流部分。外缸材料为ZG13Cr1Mo1V铸件。外缸中部下方有2个高压进汽口与高压主汽管相连，高压部分有安装固定高中压内缸和高压隔板套的凸台和凸缘，前端下部有2个高压排汽口，下半第3级后有1个抽汽口（供JG2）。外缸中部上、下半左右侧各有1个中压进汽口，中压部分有安装中压隔板套的凸缘，下半中压第3级后有1个抽汽口（供JG4），中压第6级后有2个抽汽口供除氧器（CY）。外缸后端上部有1个中压排汽口。前后两端有安装高压和中压后汽封凹窝和相应的抽送汽管口。外缸高温螺栓采用2Cr11MoVNbN，高中压外缸中分面左右水平法兰螺栓全部采用GH螺纹。

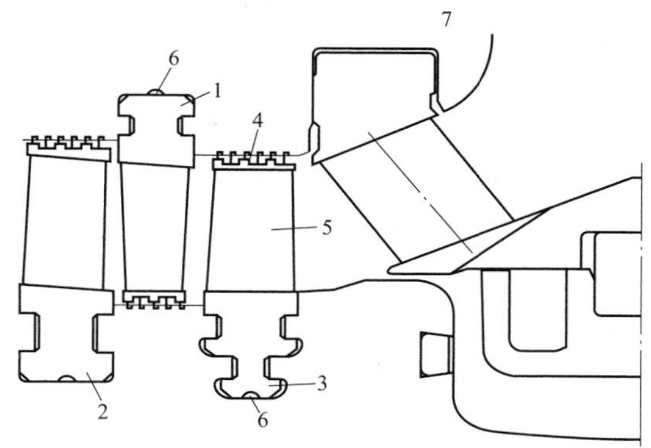

图10-22　中压隔板和动叶典型布置图
1—中压隔板T形叶根；2—中压动叶T形叶根；3—中压动叶双T形叶根；4—围带；5—中间型线部分；6—填隙条；7—第一级斜置静叶

高中压内缸新设计为整体结构，材料为ZG12Cr9Mo1Co1NiVNbNB。高中压内缸带高压3级和中压3级隔板，高压隔板套带3级隔板，中压隔板套带5级隔板。可利用高压排汽对中压转子第一级叶轮和中压进汽口进行冷却。内缸采用高温双头螺柱，材质采用1Cr11Co3W3NiMoVNbNB。汽封螺栓和销子采用12Cr10Co3W3MoNiVNbNB。内缸高压进汽室与中压进汽室间装有高中压间汽封，都采用高低齿尖齿式椭圆汽封。

通流部分反向布置，一次再热蒸汽及二次再热蒸汽进汽集中在高中压缸中部，以降低两端轴承温度及汽缸热应力。高中压缸为双层缸结构。外缸中部下方有2个高压进汽口与高压主汽管相连，高、中压进汽管两端靠密封圈与外缸联结，能吸收内、外缸及喷嘴间的胀差。前端下部有2个高压排汽口。外缸中部上、下半左右侧各有1个中压进汽口，外缸后端上部有1个中压排汽口。高中压内缸为整体结构，带高压3级和中压3级隔板，高压隔板套带3级隔板，中压隔板套带5级隔板。

高中压外缸由下半缸中分面伸出的前后左右4个猫爪搭在3号轴承箱和4号轴承箱的水平中分面上，称为下猫爪中分面支承结构。内缸由其下半中分面前后两端左右侧共4个猫爪搭在外缸下半近中分面处相应的凸台上，配准下面的垫片，可调整内缸中心高度，配准上面的垫片，在猫爪与外缸上半之间留下热膨胀间隙，在内缸前后两端的顶部和底部各装有1个纵向键，使汽缸在温度变化时，内外缸中心保持一致。

该型机组高压部分共6级，第1~3级在高压内缸中，第4~6级带在高压隔板套内。中压部分共8级，第1~3级带在高压内缸中，第4~8级带在中压隔板套内。

高压1~2级、中压1~2级为自带冠带大冠结构，导叶在背弧出口喷涂C-Cr涂层防止SPE侵蚀。高压3~6级、中压3~8级均为自带小冠结构。高压1~6级、中压1~8级静叶均

为弯扭叶栅。

隔板汽封采用椭圆汽封，这样既可保证安全性又可减少汽封漏汽量。动叶采用自带冠结构，叶冠顶部设置了径向汽封，动叶根部设置了根部汽封。所有隔板的中分面都用螺栓紧固，以利于提高隔板整体刚性和中分面的汽密性。

高压缸所有级次叶根采用枞树型叶根，自带围带加半圆阻尼块设计，中压缸所有级次采用枞树型叶根，1、2 级自带围带加半圆阻尼块设计，叶根采用楔形阻尼块，3~8 级采用围带成圈结构。

高压、中压动叶材料见表 10-3 和表 10-4。

表 10-3　　高压动叶材料

级次	1	2	3	4	5	6
材料	1Cr11Co3W3NiMoVNbNB			2Cr11Mo1VNbN		

表 10-4　　中压动叶材料

级次	1	2	3	4	5	6	7	8
材料	10Cr11Co3W3NiMoVNbNB			2Cr11Mo1VNbN		2Cr12NiMo1W1V		

隔板的材料和结构要素见表 10-5 和表 10-6。

表 10-5　　高压隔板材料和叶栅要素

级次	1	2	3	4	5	6
安装部位	高中压内缸			高压隔板套		
隔板材料	12Cr10Co3W2MoNiVNbNB		2Cr11Mo1NiWVNbN		2Cr11MoVNbN	
导叶材料	12Cr10Co3W2MoNiVNbNB				2Cr11Mo1VNbN	

表 10-6　　中压隔板材料和叶栅要素

级次	1	2	3	4	5	6	7	8
安装部位	高中压内缸			中压隔板套				
隔板材料	12Cr10Co3W2MoNiVNbNB		2Cr11Mo1NiWVNbN		2Cr11MoVNbN			
导叶材料	12Cr10Co3W2MoNiVNbNB				2Cr11Mo1VNbN			

四、低压缸

低压缸处于蒸汽从正压到负压的工作区域，排汽压力很低，蒸汽比容增加很大，因而，往往采用双缸反向对称布置的双分流结构，采用这种结构的主要优点有：能很好地平衡轴向推力，避免叶片过长，减小离心力，避免汽缸制造的过于庞大。

低压缸内每一级压降不大，但其做功能力超过高中压缸的任何一个压力级，所以，低压缸的结构应能保证机组安全的前提下多做功。低压缸排汽的压力非常低，因此低压缸的缸体特别庞大，并与凝汽器直接连接。

低压缸的纵向温差变化大，是整个机组中受温差变化最大的部分，为减小温差产热应力改善机组的膨胀条件，大机组都采用三层缸结构，具体的结构见图 10-23，第一层为安装通流部分组件的内缸，大都采用部件组合结构，隔板装于隔板套上。第二层为隔热层，由于低压缸进汽部分温度较高，外部排汽温度较低，因此都采用设置隔热板的方法，使得汽缸温差分散，温度剃度更加合理。第三层为外缸，用以引导排汽和支撑内缸各组件。有的设计厂家不把隔热板算作一层，因此，称低压缸为双层缸结构。

低压缸进汽管布置方式：一般情况下低压缸的进汽由导汽管自汽缸顶部垂直引入，穿过外缸进入内缸的环形空间，均布进入两个分流缸的通流部分做功，在低压缸的下部抽出一部分蒸汽供四级加热器用汽。低压缸的排汽经排汽管进入相应的凝汽器，排汽管和凝汽器之间采用挠性膨胀节，用于补偿设备和管件的膨胀。

一般情况下，低压缸都设计成径向扩压型排汽缸，低压缸这种设计的主要目的是：可使汽缸出口静压高于进口静压，使蒸汽的动能转化成压力能，减小末级叶片出口至冷凝器入口的压降，从而减少排汽损失，提高低压缸的效率。

（一）N1000-31/600/610/610 二次再热汽轮机低压缸

图 10-23 是 STC 的 1000MW 超超临界二次再热汽轮机低压缸结构。从图中可以看出低压缸为双层缸、双分流结构，外缸和内缸均为水平中分面结构。缸体由内/外缸、静叶持环和静叶组成。外缸、内缸均为焊接钢板结构。来自中压缸的蒸汽通过汽缸顶部的中低压连通管进入低压内缸。蒸汽从内缸的几个回热口抽出，通过抽汽管进入给水加热器或通过凝汽器颈壁到外面的管道。在中低压连通管和低压缸之间安装有膨胀节，用来吸收因为管道热膨胀

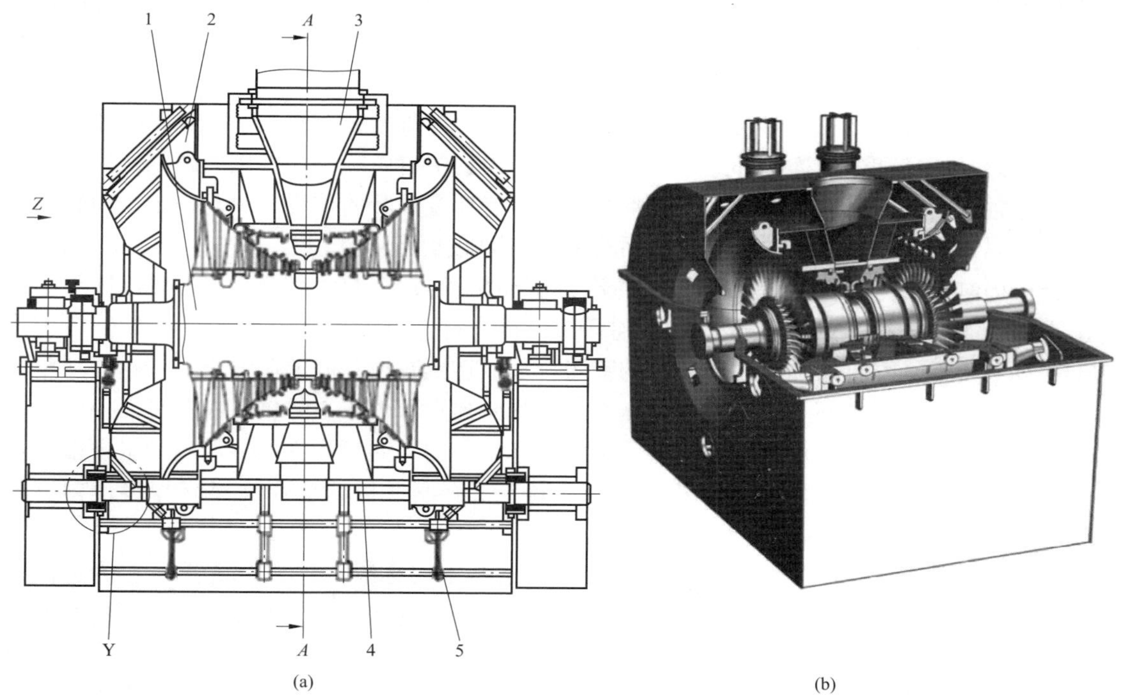

图 10-23 低压缸结构图

（a）低压缸剖面图；（b）实物图

1—低压转子；2—低压外缸上半部分；3—低压内缸上半部分；4—低压内缸下半部分；5—低压外缸下半部分

位移产生的变形。蒸汽通过内缸排汽导流环离开叶片级，汽流在排汽涡壳膨胀将排汽速度转化为压力以减少余速损失，蒸汽通过矩形的外缸排汽口进入下方的凝汽器。

低压内缸分为低压内缸中段和两个低压排气导流环。低压内缸中段采用球墨铸铁铸造，低压排气导流环为焊接式。在加工制造时，先对排汽导流环的蜗壳进行精加工再和低压内缸中段焊接，最后再进行整个低压内缸进行精加工。低压内缸的外表面衬有一层可拆卸的隔热钢板，以均衡其表面温度。

低压外缸分为低压外缸上半，低压外缸侧板，低压外缸前端板、后端板以及低压外缸支承钢架。因此一个低压外缸就被分为6大块，最后在现场拼焊完工。这种设计，不仅解决了因为低压外缸尺寸大而运输难的问题，也消除了由于汽缸分段带来的巨大的垂直中分面加工工作量和现场对中工作量。

在低压外上缸各装设有四个排大气隔膜阀，其膜片由二层金属膜片中间夹 TEFLON 膜片组成。当低压缸排汽压力大于 0.12MPa 时，膜片就会被拉断，泄去压力，防止低压缸因受压变形。

低压外缸的定位采用与对应的凝汽器直接焊接并由此支撑在凝汽器上的方式，所以低压外缸与凝汽器一起膨胀，低压外缸的膨胀死点在凝汽器的基座和导向装置上。低压外缸的横向位移的死点位于汽轮机中心线，凝汽器和其基础底板之间的中心导向装置，轴向位移的死点位于接近低压缸调阀端轴承座的凝汽器膨胀死点，垂直方向的膨胀的起点位于凝汽器的基础底板上的基座。为解决各部件的胀差与缸体密封的矛盾，外缸和轴承座之间的差胀通过在内缸猫爪处的汽缸补偿器、端部汽封处的轴封补偿器以及中低压连通管处的波纹管进行补偿。由于基础沉降引起的偏移可以通过在凝汽器下添加垫片调节。液压千斤顶置于凝汽器基础底板和凝汽器之间用以抬升凝汽器。

低压部分的支承结构设计独特。其前/后轴承座均为落地式，低压内缸为单层缸结构，内缸中的静叶持环和各种连接环经过对中定位，在内缸中自由热胀。低压内缸的四个猫爪水平支撑在轴承座的四只支承臂上，支撑整个内缸、持环及静叶的重量并由此确定了内缸的水平位置。猫爪和支承臂之间的滑动支承面均采用耐磨低摩擦合金。

低压内缸的轴向定位：低压内缸 B 的汽机侧猫爪通过穿过轴承座的一对推拉杆与中压外缸上的推力臂螺纹连接，低压内缸 A 同样通过推力杆与低压内缸 B 相连，这样使各内缸的膨胀得到传递，并且累加了中压外缸的膨胀，从而达到减小动静差胀的目的。这样从整体差胀设计来看，转子和高、中压缸、低压内缸的热胀死点都位于2号轴承座，见图 10-24。

内缸的横向定位：由焊接固定在前后轴承座基础上的导向臂顶部的突肩与内缸下端部伸出的导向臂的凹槽及配合键确定。安装时通过调节带有润滑板的垫片（15）厚度使内缸与轴承座精确对中。

每只内缸的静叶持环按设计分三段布置，结构基本对称。从进汽至排汽依次为进汽持环、中间持环、排汽段持环，在缸内对称布置。各持环均为水平中分面结构，持环的水平支承均采用下持环支承的方式，上持环中分面部位的突肩支承在下内缸，用压块限制向上位移（见图 10-25 中 H-H，J-J），上持环用中分面螺栓固定在下持环上（G-G），并用销子确保上下持环对中。

对于持环的轴向定位依靠其本身的突肩与内缸上的持环安装槽配合确定，并用销子加固（P，S，见图 10-25）。

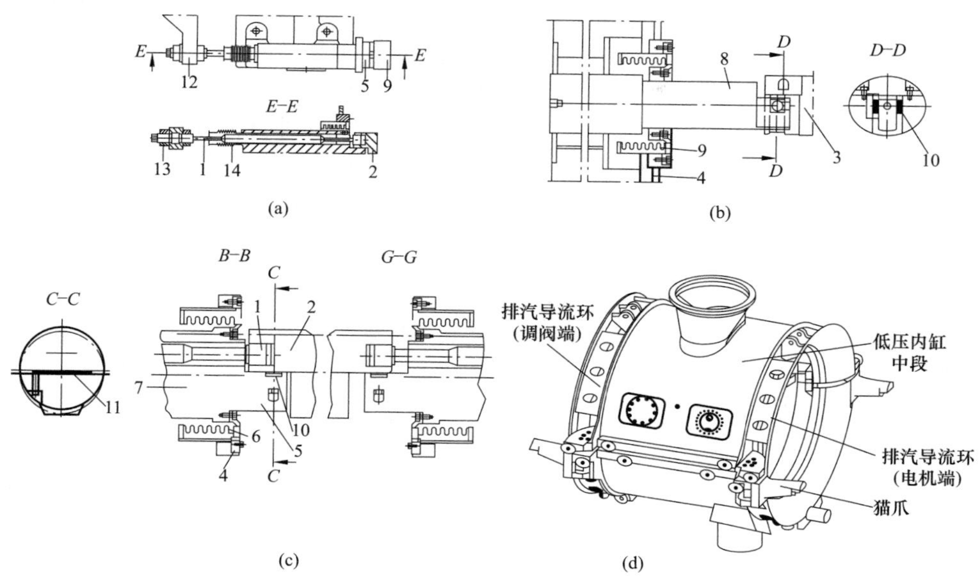

图 10-24 低压内缸示意图

(a) 汽缸推拉杆；(b) 内缸轴向导杆；(c) 低压内缸猫爪和汽缸补偿器；(d) 低压内缸外形图

1—推拉杆；2—低压内缸猫爪；3—低压内缸下半；4—低压外缸下半；

5—支撑座（在轴承座上）；6—汽缸补偿器；7—轴承座；8—导向销；

9—汽缸补偿；10—垫片；11—润滑板；12—前一汽缸；13—螺母；14—补偿器

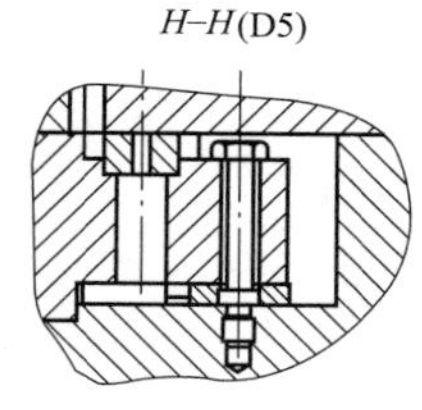

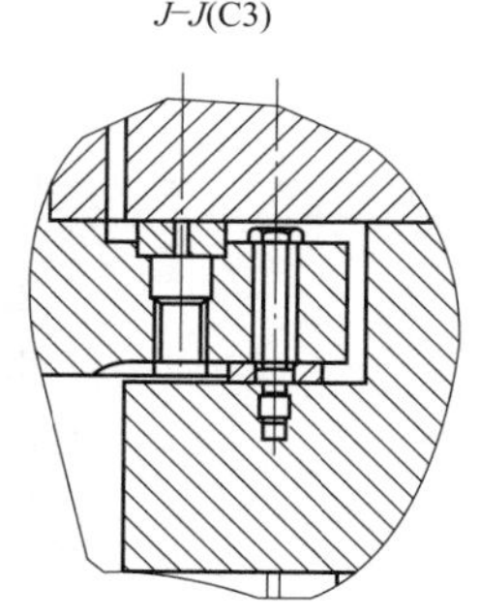

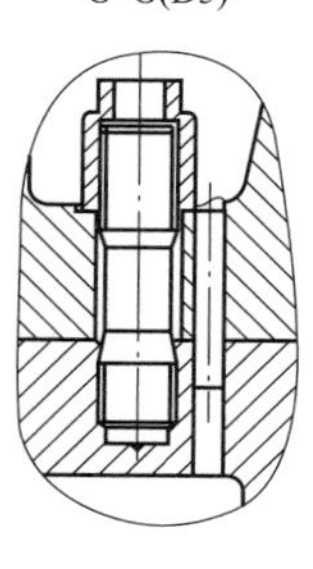

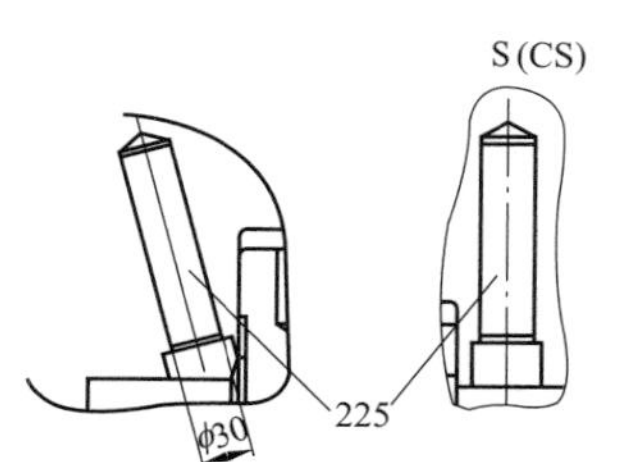

图 10-25 低压缸俯视图

对于低压外缸和低压内缸，其水平中分面采用螺栓紧固的方法。进汽部分的密封采用波纹膨胀节结构（见图 10-26）。连通管与低压内缸的进汽口法兰固定连接，中间夹有波纹膨胀节的法兰盘，波纹膨胀节的另一端与外缸焊接在一起。由此，波纹管将内外缸之间的真空区缸与外界大气隔离。内缸的进汽口将进汽与真空区隔离。内外缸体在进汽口部位的胀差由该波纹膨胀节吸收，中、低压缸之间的胀差依靠连通管中的波纹膨胀节吸收。对低压内缸进行支承或导向的外伸臂，以及缸体的推拉杆均需从轴承座穿过外缸体。这些点既需要密封同时应膨胀不同还存在相对位移。因此，均采用了波纹膨胀节密封结构。这些膨胀节的一端与外缸壳体固定、另一端与轴承座伸出的支承（导向）臂上的法兰固定，将真空区与外界隔离。由于推拉杆内置与支承臂并与内缸的猫爪螺纹连接，推拉杆本身处于真空区域，因此必须保证整套推拉杆装置所处区域的密封。为此，在推拉杆穿出 4 号轴承座的位置设置了波纹管密封，在 4 号轴承座推拉杆长度调整的腔室用密封条进行密封（见图 10-27）。推拉杆调整腔室密封如图 10-28 所示。

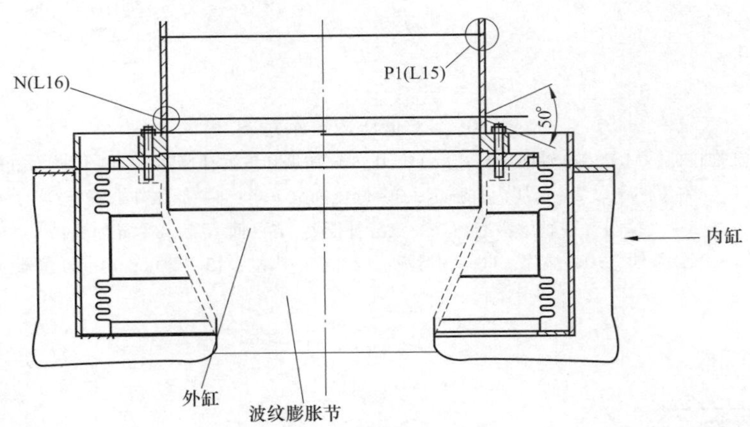

图 10-26 低压缸与连通管连接部位密封

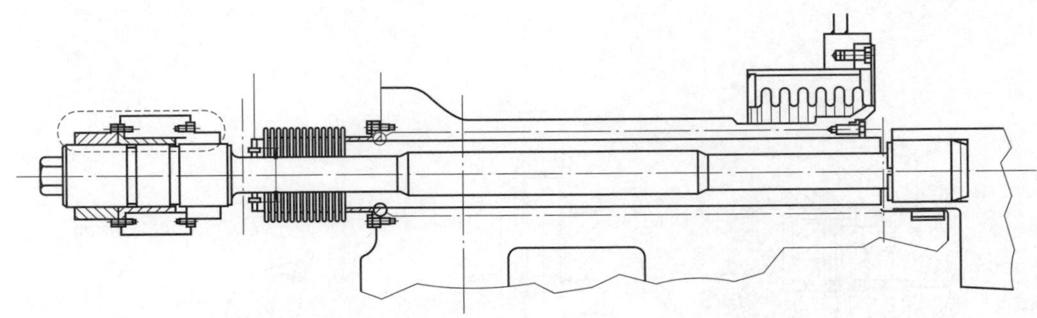

图 10-27 推拉杆位于 4 号轴承座端的密封

各持环主要依靠出汽侧的密封面在压差下与内缸对应的密封面贴住。中段持环，由于其中间设置有抽汽腔室，在其排汽侧还设置了密封环（见图 10-29）。密封环外缘嵌入内缸，内缘嵌入持环。密封环为水平中分结构，采用下半部分挂耳支承方式。底部用销钉固定防止转动。

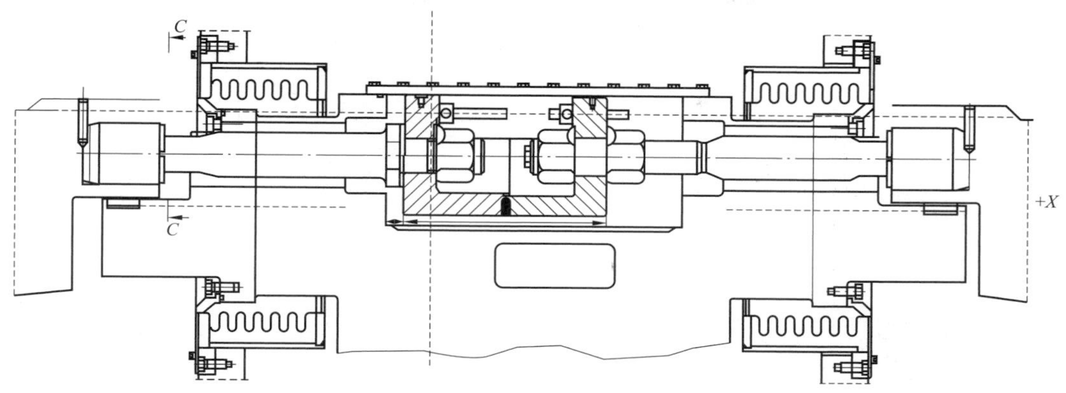

图 10-28　推拉杆调整腔室密封

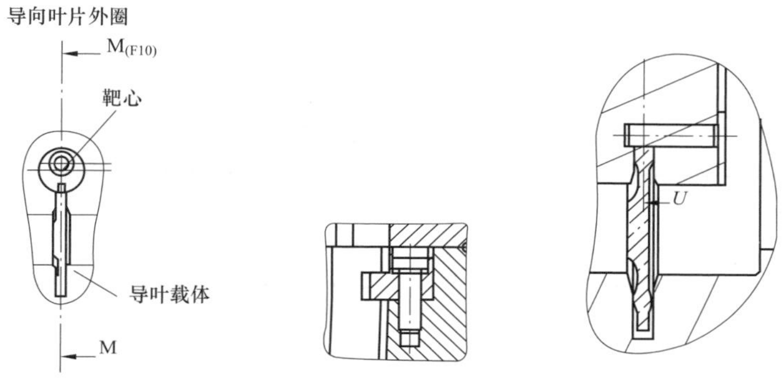

图 10-29　低压缸排汽侧密封环

低压外缸两端各安装有一个端部汽封。端部汽封安装于轴承座和外缸补偿器之间，用于在转子穿出外缸的部位将缸体内部的蒸汽与大气密封隔离。低压轴封设计成相对的平齿汽封。汽封片（见图 10-30）分别镶嵌入转子的环形汽封槽和端部汽封体的环形汽封槽内。在蒸汽通过由汽封齿组成的许多腔室时，压降转换为气流速度（动能），进入腔室后，由于涡流的作用将动能直接转化为热能，从而降低经过汽封齿的蒸汽压力，减少轴封漏汽。

蒸汽腔室：轴封部位也有相应的蒸汽腔室。在机组启动和运行时，轴封供汽进入腔室 Q 以阻止空气进入缸内相对真空区域。少量的泄漏蒸汽仍能通过汽封齿进入腔室 R 再排至轴封冷却器。

低压内缸或静叶持环以及转子上的反动式叶片级带有约 50% 反动度。叶片都由叶根部分，中间型线部分和叶顶围带部分组成。低压隔板为 L 形叶根，低压动叶为倒 T 形叶根。隔板和动叶依次相对插入低压内缸或静叶持环及转子的叶根槽中并使用填隙条填充定位。整圈装配最后一片动叶由锥销或螺钉锁紧。整圈叶片装配完毕之后，将围带整圈精车后和静子部件上的汽封片能配合成迷宫式汽封，如图 10-31 所示。

为了改善进汽汽道以及减少叶顶损失，在低压进汽的调阀侧和电机侧分别装有进汽导流环为水平中分面结构，分别用螺栓直接固定在中段持环进汽侧，其排汽端的凹槽与首级静叶围带上的突肩相配合。二侧导流环之间的密封采用平齿结构，二侧导流环在密封部位叠置，平齿相互交错形成迷宫。由于机头端和发电机端的导流环有叠置，因此导流环在解体时要先

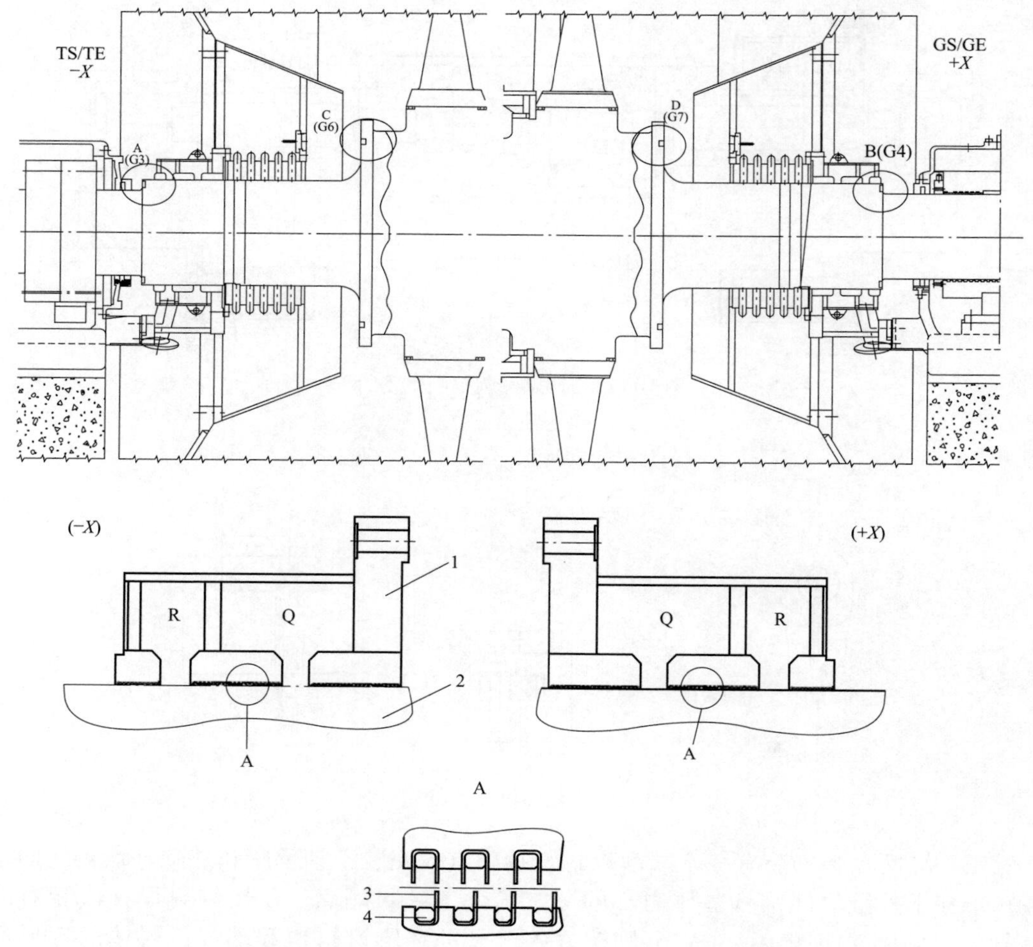

图 10-30 低压端部汽封纵剖图

1—低压轴封套；2—低压转子；3—汽封片；4—塞紧条

拆调阀端，安装时反之，以免损坏部件。

低压叶片包含六个反动级。低压隔板和动叶都设计有渐扩和扭转的型线来获得叶片不同区域合适的圆周速度。低压前四级隔板设计为 L 形叶根和整体围带。后两级隔板是通过将内环，静叶片和外环焊接到一起，在装入内缸下半中。装配完毕后内环形成一个完整的围带。

考虑到要防止末级叶片水滴侵蚀，末级叶片设计为空心静叶。末级空心静叶以两种方式防止水滴侵蚀：①空心静叶排水槽，将在空心静叶表面形成的水珠导入至凝汽器；②空心静叶加热，引热蒸汽加热空心静叶表面而起到使小水滴蒸发，防止在叶片表面形成大的水滴。

前四级低压动叶的叶片采用带有倒 T 形叶根和整体围带的轮鼓级设计。末两级动叶采用枞树型叶根，将叶片轴向插入转子并用塞紧条塞紧。这些叶片的轴向热位移受到了叶顶半高低汽封齿的限制。末级低压动叶为自由叶片。

为减少叶顶漏汽在叶顶采用了迷宫式汽封，在每一个汽封齿后的腔室产生适当的涡流。迷宫式汽封由围带以及转子和内缸上镶嵌的汽封片组成。当机组运行不当导致动静摩擦时，这些汽封齿会轻微磨损掉而不会产生任何温升。在机组运行一段时间后（例如大修），可以方便地更换汽封片并安装到要求的间隙。如图 10-32 所示。

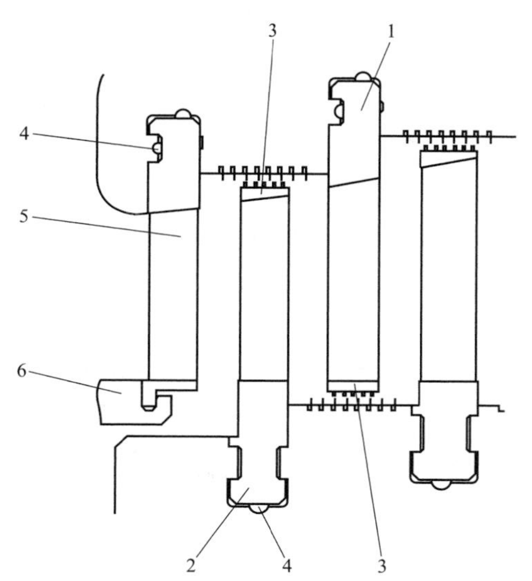

图 10-31　典型隔板和动叶布置

1—L 形叶根；2—T 形叶根；3—围带；4—填隙条；5—中间型线部分；6—进汽导流环

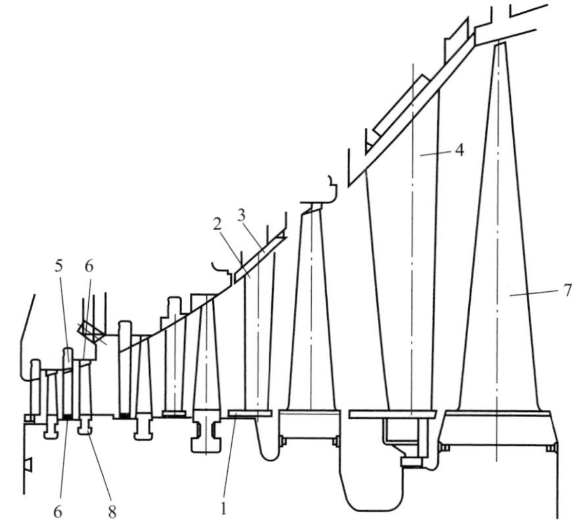

图 10-32　低压叶片，隔板和动叶布置

1—内环；2—静叶片；3—外环；4—空心静叶；5—L 形叶根；6—整体围带；7—叶片；8—T 形叶根

（二）N660-29.2/600/620/620 二次再热汽轮机低压缸

低压模块有两 A、B 低压缸，A、B 低压缸非对称抽汽，单个低压缸采用三层缸结构，由低压外缸、低压内缸、低压进汽室组成，轴承座在低压外缸上。

低压内缸进汽室设计为装配式结构，整个环形的进汽腔室与内缸其他部分隔开，并且可以沿轴向径向自由膨胀，低压进汽室与低压内缸的相对热膨胀死点为低压进汽中心线与汽轮机中心线的交点。

低压进汽口设计为钢板焊接结构。可以减轻进汽口的重量，同时避免了铸件可能存在的缺陷。为防止中分面螺栓咬死，进汽腔室周围的高温区螺栓采用 GH 螺纹。内缸两端装有导流环，与外缸组成扩压段以减少排汽损失。

内缸下半水平中分面法兰四角上各有 1 个猫爪搭在外缸上，支持整个内缸和所有隔板的重量。水平法兰中部对应进汽中心处有侧键，作为内外缸的相对死点，使内缸轴向定位而允许横向自由膨胀。内缸上下半两端底部有纵向键，沿纵向中心线轴向设置，使内缸相对外缸横向定位而允许轴向自由膨胀。为减少启动过程中螺栓与法兰温差，特采用大螺栓自流加热系统。

A、B 低压外缸均采用焊接结构，其中，A 低压缸外形尺寸为 8064mm×8062mm，上半高 3175mm，下半高 3048mm，上半重约 55t，下半重约 108t（包括螺栓等）。B 低压缸外形尺寸为 8074mm×8062mm，上半高 3175mm，下半高 3048mm，上半重约 55t，下半重约 107t（包括螺栓等）。

低压外缸上半顶部进汽部位有带波纹管的低压进汽管与内缸进汽口连接，以补偿内外缸胀差和保证密封。每个缸顶部两端共装有4个内孔径 $\phi610$ 的大气阀，作为真空系统的安全保护措施。当凝汽器中冷却水突然中断，缸内压力升高到34.3kPa（g）时，大气阀隔膜板破裂，以保护低压缸、末级叶片和凝汽器的安全。上半两端面正中各留有1个半圆形空缺，以便于吊装轴承箱盖。上半每个端面外侧有若干条沿水平及垂直方向的筋板，以加强端板刚性，改善振动频率。

低压外缸下半两端有低压轴承箱，四周的支承台板放在成矩形排列的基架上，承受整个低压部分的重量，底部排汽口的尺寸7.82m×7.30m。凝汽器采用弹性连接时，凝汽器的自重和水重都由基础承受，不作用在低压外缸上，但低压外缸和基础须承受由真空产生的力。

低压外缸前后部的基架上装有纵向键，并在中部左右两侧基架上距离低压进汽中心前方设有横键，构成整个低压部分的死点。以此死点为中心，整个低压缸可在基架平面上向各个方向自由膨胀。

连通管是中压排汽通向低压缸的通道，中压排汽处内径 $\phi1900$，两个低压缸进汽处内径 $\phi1331.6$。低压缸和中低压轴承箱上方，是整个机组的最高点。连通管在转弯处采用大弯曲半径以减小连通管内的流动损失。连通管由虾腰管和平衡补偿管2段组成，现场安装时组焊为整体。虾腰管接中压排汽口，平衡补偿管中部有一个向下的管口接A低压侧连通管，中部接A低压缸进汽管，A低压侧连通管后接B低压侧连通管，后接B低压缸进汽管，均采用刚性法兰连接。为了吸收连通管和机组的轴向热膨胀，平衡补偿管的前端设有波纹管。为了平衡连通管内蒸汽的轴向作用力，在平衡补偿管的后端设置了带波纹管的平衡室。平衡补偿管外有拉杆连接两端，蒸汽的轴向作用力由拉杆承受，不作用在波纹管上。

A、B低压部分正反各向共12副隔板。第1~3级采用自带小冠结构，与内外围带装焊后再与内外环焊接，4~6级采用直焊式结构。低压1~3级静叶为弯曲叶型，4~6级静叶为弯扭叶型，静叶出汽边修薄到0.38mm。低压隔板及端汽封、径向汽封采用镶齿汽封。第4、5级隔板出汽边缘设有去湿孔，第6级隔板出汽边外沿装有去湿环，汽流中的小水滴在离心力的作用下落入去湿环中，绕过末级动叶，直接进入排汽口，去湿环可以有效地减轻末级动叶的水蚀现象。所有隔板中分面都用螺栓紧固，检修时内缸不用翻身。

低压缸前4级采用菌型叶根，自带围带预扭成圈设计，末级、次末级均采用叉型叶根，末级为7叉型叶根，次末级为5叉型叶根，低压缸末级采用具有高可靠性、高效率的1016mm叶片。

A、B低压缸动叶、隔板材料见表10-7。

表10-7　　A、B低压动叶材料

级次	正反1	正反2	正反3	正反4	正反5	正反6
材料	1Cr12Mo			0Cr17Ni4Cu4Nb		1Cr12Ni3Mo2VN

各级隔板的材料见表10-8。

表10-8　　A、B低压隔板材料

项目	正反1	正反2	正反3	正反4	正反5	正反6
隔板材料	Q345-B			Q235-B		Q345-B

续表

项目	正反1	正反2	正反3	正反4	正反5	正反6
围带材料	12Cr2Mo1R			—	—	—
导叶材料	1Cr12Mo			ZG1Cr13		

第三节　汽轮机转子

汽轮机转子体多数采用整体锻件，也有采用焊接方法将若干较小锻件组焊成大型转子体。后者的优点是各锻件尺寸较小，每个锻件的材料性能容易得到可靠的保证，运行时应力（包括热应力）较小。

由于各制造厂的汽轮机结构各不相同，转子体的结构也有所不同。冲动式汽轮机采用轮盘式转子，反动式汽轮机则多数采用轮鼓式转子。

二次再热机组超高压转子、高、中压转子和低压转子均采用无中心孔整锻转子，具有刚性好，应力小的特点。并通过刚性联轴器将五个转子连为一体，汽轮机低压转子2通过刚性联轴器与发电机转子相连。以下将具体介绍东汽660MW二次再热机组的转子情况。

该机组超高压转子采用整锻结构，材料改良1Cr10Mo1NiWVNbN，转子总长7640mm（不含主油泵轴及危急遮断器），总重量约17.6t（包括叶片）。超高压部分包括10级叶轮，1~10级叶轮为等厚截面，菌型叶根槽。叶轮间的隔板汽封和轴端汽封，都采用高、低齿尖齿式结构。转子两端的凸台上有装平衡块的T形槽，供做动平衡用。超高压转子为无中心孔转子。转子前轴颈为ϕ300，主油泵轴通过连接螺栓装在轴颈端面上，在主油泵轴的前端装有危急遮断器。转子后端轴颈为ϕ381，与高中压转子之间采用平垫片配合，刚性联轴器连接。联轴器用沉头液压螺栓与高中压转子连接，螺栓的装配和预紧力（伸长量）要求见转子总图的有关规定。联轴器圆周面上有装平衡块的T形槽，前后汽封处有平衡螺塞孔，供电厂不开缸作轴系动平衡用。

该机组高中压转子采用整锻结构，材料13Cr9Mo1Co1NiVNbNB，转子总长8534mm，总重量约41.2t（包括叶片）。高压部分共6级叶轮，第1~6级叶轮为等厚截面，枞树型叶根槽。中压第1级叶轮为锥形截面，与轮毂之间采用大圆弧过度，枞树型叶根槽，第2~8级叶轮为等厚截面，枞树型叶根槽。叶轮间的隔板汽封和轴端汽封，都采用尖齿式结构。中压第8级外侧叶轮端面上有装平衡块的燕尾槽，转子中间段的凸台两端上也有装平衡块的燕尾槽，高中压后端汽封间有装平衡块的T形槽，供做动平衡用。高中压转子为无中心孔转子。与低压转子之间采用平垫片配合，刚性联轴器连接。联轴器用14个沉头液压螺栓与低压转子连接，螺栓的装配和预紧力（伸长量）要求见转子总图的有关规定。联轴器圆周面上有装平衡块的T形槽，前后汽封处有平衡螺塞孔，供电厂不开缸作轴系动平衡用。

该机组A、B低压转子采用整锻转子，材料为30Cr2Ni4MoV，A低压转子总长度8950mm，B低压转子总长度8746.1mm（指与高中压转子及发电机转子联轴器端面间长度，不包括齿环），A低压转子总重量约65.40t（包括叶片），B低压转子总重量约66.33t（包括叶片）。

A、B低压转子均采用无中心孔转子。A、B低压正反各向共12级叶轮，1~4级叶轮为等厚度叶轮，5~6 级叶轮为锥形截面，轮缘上有叶根槽，1~4 级为菌型叶根。5 级为叉型叶根，末级为叉型叶根。A 低压转子前后轴颈均为 ϕ482.6，与高中压转子及 B 低压转子之间采用平垫片连接，两端联轴器均采用刚性连接，与高中压转子联轴器上均布有 14 个 ϕ90.5 的特制螺栓，与 B 低压转子联轴器上均布有 14 个 ϕ90.5 的特制螺栓，与 A 低压转子及发电机转子之间采用平垫片连接，两端联轴器均采用刚性连接，与 A 低压转子联轴器上均布有 14 个 ϕ90.5 的特制螺栓，与发电机转子联轴器上均布有 16 个 ϕ90.5 的特制螺栓，连接螺栓结构见轴承和支承系统部分，螺栓的安装要求见低压转子总图的有关规定。A、B 正反向末级叶轮外侧各有 4 个平衡块插入槽，正反向第 1 级叶轮内侧有 2 个平衡块插入槽，供制造厂动平衡时用。两端联轴器外圆周面上各有 1 个平衡槽，供电厂轴系动平衡用。

表 10-9 和表 10-10 分别为 N660-29.2/600/620/620 二次再热机组与 N1000-31/600/610/610 二次再热机组轴系临界转速值。

表 10-9　　N660-29.2/600/620/620 二次再热机组轴系临界转速值

轴段名称	一阶临界转速（r/min）	二阶临界转速（r/min）
超高压转子	1814	<4300
高中压转子	1689	<4300
A 低压转子	1650	<4300
B 低压转子	1710	<4300
发电机转子	900	<3500

表 10-10　　N1000-31/600/610/610 二次再热机组轴系临界转速值

轴段名称	一阶临界转速（r/min）	二阶临界转速（r/min）
超高压转子	2088	<3600
高压转子	1494	<3600
中压转子	1497	<3600
A 低压转子	1254	<3600
B 低压转子	1392	<3600
发电机转子	750	2160

第四节　滑　销　系　统

汽轮机各部件在启动加热和停机冷却过程中会产生膨胀或收缩。汽轮机滑销系统的主要作用是：保证汽轮机在各种温度状态下，其动、静部件能沿着设定的方向顺畅地膨胀与收缩，保证动、静部件之间的对中状态和轴向间隙，防止碰磨。

一、N1000-31/600/610/610 二次再热机组滑销系统

图 10-33 为上海汽轮机厂二次再热机组的滑销结构。

该型机组汽轮机 6 个轴承座以及二只凝汽器因为与基础固定而构成滑销系统的固定点。

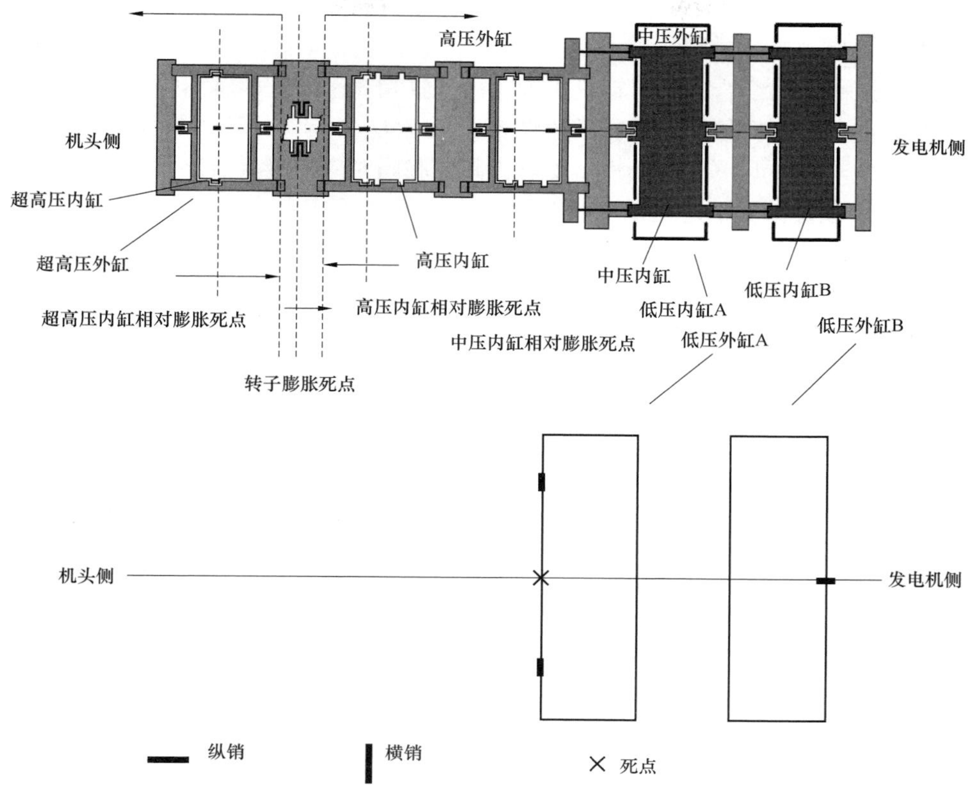

图 10-33　N1000-31/600/610/610 二次再热机组滑销结构

凝汽器本身与基础的锚固点位于机头侧的中心点，其壳体以此为基点向左右两侧、向上及向发电机方向膨胀。

超高压外缸前后两对猫爪搁置于 1、2 号轴承座上，由此确定汽缸的标高。固定在轴承座上的压块将各猫爪进行向上方向的限位，防止汽缸抬升。轴承座上的搁脚与外缸下部二端中心线上的导叉组成的高压缸导向键，确保高压缸相对于汽轮机轴线的准确对中。超高压外缸发电机侧的下伸臂与 2 号轴承座的凹槽及推力键构成超高压外缸的轴向固定点，超高压缸的轴向膨胀从此点为基准向机头膨胀。

超高压内缸相对于外缸以环形突肩为轴向膨胀相对死点，其周向定位依靠环形突肩上的四只凸台与高压外缸的四个凹槽及键配合与外缸保持对中。

高压外缸的支承方式与超高压外缸基本类似，二者的区别在于高压外缸支承在 2 号轴承座及 3 号轴承座上，其轴向死点设置在 2 号轴承座。轴向膨胀向发电机方向。

高压内缸采用中分面支承方式。高压内缸上缸的四个搁脚在同一水平面上搁置在外缸的下缸上（垫有垫片）。内缸的上、下缸对称地共设有 4 只中心纵向定位销。内缸搁脚通过装在外缸下缸上的配合键固定在机头侧，内缸相对于外缸的轴向热膨胀从这一固定点处开始、向发电机的方向伸展，与转子的膨胀方向相同。

中压外缸的支承方式与高压外缸基本类似，二者的区别在于中压外缸支承在 3 号轴承座及 4 号轴承座上，其轴向死点设置在 2 号轴承座。轴向膨胀向发电机方向。

中压内外缸采用中分面支承方式。中压内外缸上缸的四个搁脚在同一水平面上搁置在外缸的下缸上（垫有垫片）。内外缸的上、下缸对称地共设有 4 只中心纵向定位销。内缸搁脚通过装在外缸下缸上的配合键固定在机头侧，内外缸相对于外缸的轴向热膨胀从这一固定点处开始、向发电机的方向伸展，与转子的膨胀方向相同。

低压外缸由焊接在其下方的凝汽器支承，其膨胀同对应的凝汽器。

低压内缸 A 通过其二端的猫爪支承与固定在二端轴承座上支承臂上，并由此确定了水平基准。轴向中心的对中时依靠其下部二端的外伸臂端部的凹槽与相应轴承座的导向臂的突肩及键保证。低压内缸 B 的水平支承与轴向导向同低压内缸 A 相同。

从发电机侧的中压外缸上安装了一对推力臂，低压内缸 A 通过一对推拉杆与推力臂相联、低压内缸 B 通过一对推拉杆与低压内缸 A 相连，高、中压外缸通过 3 号轴承轴向相连，因此高压外缸的位于 2 号轴承座的轴向膨胀死就是中压缸、低压内缸的轴向绝对膨胀死点。高、中压外缸、低压内缸 A、低压内缸 B 以此点为基点向发电机方向膨胀。推力杆本身安装在轴承座的支承臂的中心孔内并与低压内缸的猫爪固定。

转子的绝对膨胀死点为位于 2 号轴承座中的径向-推力联合轴承，超高压转子由此点向机头膨胀，高/中/低压转子向发电机方向。因此，高、中压外缸、低压内缸 A、低压内缸 B 的绝对膨胀死点与转子的绝对膨胀死点均位于 2 号轴承座，二者基本一致。超高压外缸的轴向膨胀绝对死点也位于 2 号轴承座。滑销系统的这种布置使转子与汽缸的相对膨胀量减少，有利于机组的运行。

汽轮机死点包括静子死点和转子死点。

静子死点：2 号轴承座（VHP 缸与 HP 缸之间）。

转子死点：位于 2 号轴承座的推力轴承（VHP 缸与 HP 缸之间）。

机组死点布置如图 10-34 所示。

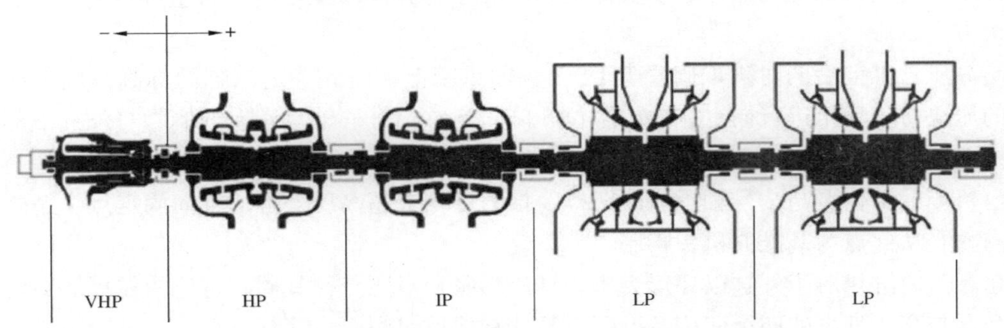

图 10-34　机组死点布置图

轴承座通过地脚螺钉与基础相连并紧固在基础上。外缸由位于其两侧机组水平中心线上的猫爪支撑在轴承座上。超高压缸和高压缸、高压缸和中压缸通过汽缸导向装置与轴承座连接，以保持汽缸的中心对中。超高压缸和高压缸都轴向定位于 2 号轴承座上，为机组静子的死点，超高压缸和高压缸缸体的膨胀均开始于死点。

低压外缸与凝汽器刚性连接，外缸的负荷支撑在凝汽器上。

低压外缸缸体膨胀的起点则在凝汽器的导向槽和支座上。低压外缸横向热位移的起点位于机组运转层下凝汽器和基础之间的中心导向槽，轴向热位移也从凝汽器死点开始。

垂直方向上的热膨胀起点位于凝汽器基座底板。低压外缸和轴承座之间的热位移差胀可通过连接在轴承座上的低压轴封和外缸之间的膨胀节来补偿。

转子膨胀：推力轴承安装在2号轴承座上。超高压转子从推力轴承向1号轴承座膨胀，高压转子则从推力轴承向发电机方向膨胀，中压转子、低压转子死点也位于推力轴承，沿着转子中心线向发电机方向膨胀。

差胀：转子和缸体之间的差胀是起点位于2号轴承座死点的缸体膨胀与起点位于推力轴承的转子膨胀之间的差值。超高压和高压缸部分的差胀最大值发生在远离推力轴承的位置。转子与低压内缸间的差胀，则是由于整根转子传递的热膨胀和由高压、中压缸递过来的热位移加上低压内缸本身的膨胀的差值造成的。

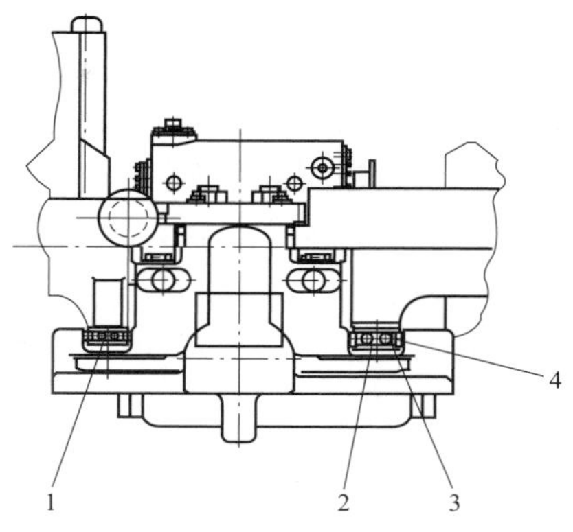

图 10-35　高压缸死点

1—超高压缸死点；2—高压缸死点；3—配合键；4—平行键

高压缸死点如图10-35所示。

二、N660-29.2/600/620/620二次再热机组滑销系统

图10-36为东方汽轮机厂二次再热660MW机组滑销系统膨胀示意图。汽轮机静子通过横键相对于基础保持3个固定点（绝对死点），1个在中低压间轴承箱机架上4号轴承中心线后310mm处，另2个分别在A、B低压缸左右两侧基架上低压进汽中心线前203mm处。

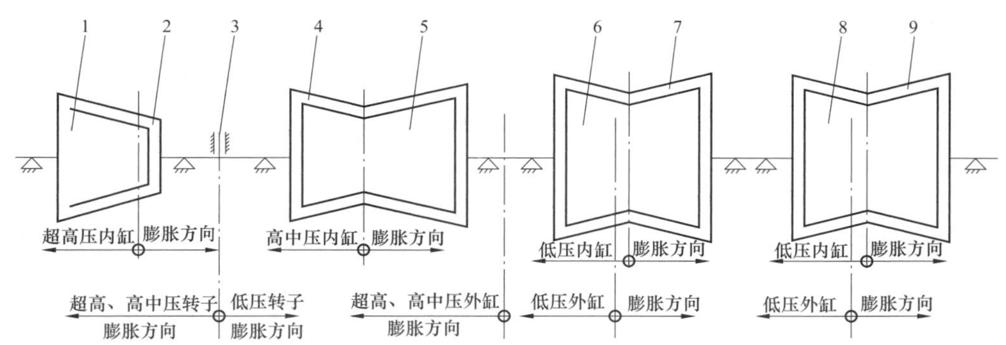

图 10-36　机组热膨胀示意图

1—超高压内缸；2—超高压外缸；3—推力轴承；4—高中压外缸；5—高中压内缸；6—A低压内缸；7—A低压外缸；8—B低压内缸；9—B低压外缸

汽轮机运行时高、中压缸以中低间轴承箱为死点向机头方向膨胀，高压外缸和中压外缸为下猫爪中分面支撑。

为了保证前轴承箱和超高、高压间轴承箱自由的沿轴线方向膨胀，在其底板与基架的接触滑动面处采用了自润滑滑块。

两个低压缸分别以各自的死点为基准沿轴线膨胀，同时，在前轴承箱和超高高压轴承箱及两个低压缸的纵向中心线前后设有纵向键，它引导汽缸沿轴向自由膨胀而限制横向跑偏。

为了测量绝对膨胀和超高压、高中压、低压转子和汽缸的胀差，在超高压转子前端（前轴承箱内）、高中压转子后端（高中压轴承箱内）和低压转子后端（低压后轴承箱内）

装有胀差传感器，输出电信号供集控室内的仪表显示以及计算机和记录仪用。前轴承箱基架上装有热膨胀传感器，监测超高压缸的绝对膨胀。传感器上有百分表就地显示并输出电信号供集控室内仪表显示以及计算机和记录仪用。

该型机超高压缸、高中压缸结构和蒸汽流向合理，汽缸刚性大，通流间隙对胀差限制小，低压部分采用斜平齿汽封，滑动轴承箱基架间采用自润滑滑块。因此机组启动和变负荷时胀差小，启停灵活性和负荷适应性较好。

第五节 轴 承

汽轮机的轴承有径向轴承和推力轴承两类。径向轴承是承受转子的重量及由于转子质量不平衡、不对称的部分进汽度、气动和机械原因引起的振动和冲击等因素所产生的附加载荷，并保证转子相对于静子部分的径向对中。推力轴承的作用是承受转子的轴向载荷，确定转子的轴向位置，使机组动静部分之间保持正常的轴向间隙。

一、N1000-31/600/610/610 二次再热机组轴承系统

上海汽轮机厂二次再热机组采用西门子独特的“N+1”轴承方式，即汽轮机五根转子分别由六个轴承来支承，除高压转子由两个轴承支承外，其余三根转子，即一次再热高压转子、二次再热中压转子和两根低压转子均只有一个轴承支承。这种支承方式不仅转子之间容易对中，安装维护简单，结构比较紧凑（整个汽轮机轴系总长仅 35m 左右），而且可以减少基础变形对轴承负载、弯矩和机组运行的影响。

该型机组共设有 8 个径向支承轴承和 1 个径向-推力联合轴承。超高压转子由两个径向轴承支承，高压转子、中压转子和两根低压转子均在发电机端由一只径向轴承支承。发电机转子由 7、8 号径向轴承支持，励磁机转子由单个 9 号径向轴承支承。从机头向发电机方向依次为 1~9 号轴承，它们分别位于对应的 1~9 号轴承箱内。主机的这种支承方式结构紧凑，每两个汽缸之间只有一只径向轴承，减少了机组的长度，还减少了基础变形对轴承负载、机组对中的影响，确保汽轮机能平稳运行。1 号轴承采用双油楔轴颈轴承，双向供油。2 号轴承采用径向-推力联合轴承，其径向轴承也为双油楔轴承。3、4、5、6 号轴承采用椭圆形轴承，单向供油。发电机及励磁机轴承也采用椭圆形轴承，各轴承均为水平中分面结构，不需吊转子就能够在水平、垂直方向进行调整，轴承的检修允许不揭缸和解靠背轮。同时各轴承安装在球形座上，允许轴承在转子作用力下自动调节偏差。径向联合推力轴承除支撑转子外还承受由轴系产生的而平衡活塞不能平衡的残余轴向推力。这些轴承的轴颈直径和载荷比各不相同，所需的润滑油量也就各不相同，在各轴承的进油口设置了节流孔板，使各轴承的进油量合理分配。轴承参数见表 10-11。

表 10-11 轴承参数

轴承号	1	2	3	4	5	6	7	8	9
轴承直径	250	380	475	530	560	560	500	500	260
轴承宽度	180	300	425	500	560	425	400	400	170
轴承类型	椭圆	椭圆	椭圆	袋式	袋式	袋式	袋式	袋式	可倾瓦

（一）1 号轴承

1 号轴承结构如图 10-37 所示，由上半和下半壳体、支撑垫块、轴承壳体和定位键组成。轴承壳体内侧浇铸有巴氏合金。上下壳体通过圆锥销和螺栓联结在一起。轴承的球面支撑垫块支撑在圆柱形垫块，允许在圆柱形垫块作一定的滚动，以和转子弯曲曲线相配合，圆柱形垫块本身用螺栓固定在轴承座内。键限制了轴承壳体横向移动。键限制轴承体向上运动。调整垫片用于调整轴承的中心。

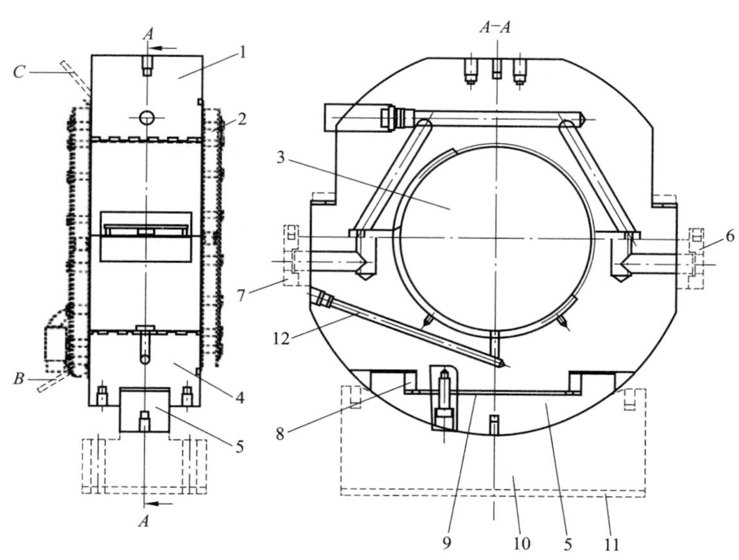

图 10-37　1 号径向轴承

1—轴承壳体上半；2—油封；3—转子；4—轴承壳体下半；5—支撑垫块；6、7—键；8、9—调整垫片；10—圆柱垫块；11—轴承座；12—顶轴油孔

轴承的供油通过轴承一边的润滑油口直接给轴承供油，另一边通过在轴承上半部分的圆周油管来供油。转子旋转时将油从油瓢中挤出。油离开轴承壳体后，通过油封环（2）回到轴承座中。由于轴承与轴承座并无固定连接，轴承座中的油路与轴承油路的连接采用如图 10-38方式。

在不抽转子的情况下，轴承壳体上、下半都可以拆卸。在轴封间隙的范围内，通过辅助轴承将转子稍微顶起。通过翻瓦专用工具，将轴承壳体下半绕转子旋转并拆卸。

（二）径向-推力联合轴承（2 号轴承）

径向联合推力轴承的功能是支撑转子和承受由轴系产生的而平衡活塞不能平衡的残余轴向推力。推力轴承所能承受轴向推力的大小和方向取决于汽轮机的负荷情况。整个汽轮机转子轴系须考虑热膨胀和轴承维护运行所需的轴向公差。

径向推力联合轴承由上、下半轴承壳体（2；9），整体式油封，衬套（5），推力瓦块（4），球面垫块（11），球面座（13）和键组成。上、下半轴承壳体通过锥销和螺栓固定在一起。衬套表面覆盖巴氏合金。

推力轴承的工作面及非工作面各有 18 块推力瓦，这些瓦块被均匀地放置在轴承体的环行槽中，相互间隔 20°。圆柱销（20）偏心地穿越瓦块，正常运行中瓦块绕圆柱销旋转并通

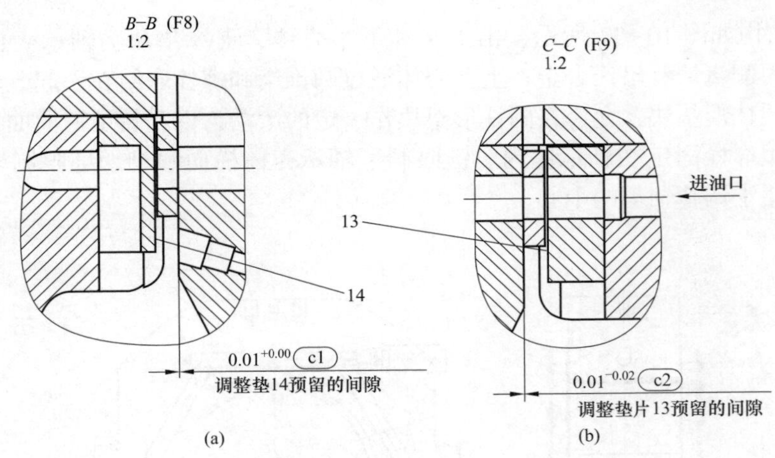

图 10-38　轴承供油接口

（a）封堵接口；（b）进油结构

过瓦块嵌在背面的键压在对应的弹性元件（18）上（*N–N* 剖面）。圆柱销本身插在环形的轴承体上，采用中心冲加固在轴承壳体上。弹性元件各用 2 个销钉在周向限位。这些元件的径向位置限位均依靠本身的安装槽。瓦块与推力盘接触的面镶有巴氏合金，为防止检修中换错位置，各瓦上作有位置记号。

轴承体的球面支承块和球面座设计成可调整的，在检修时，通过调整各垫片厚度以满足转子要求。键（8）限制轴承壳体的横向运动。键（3）限制轴承体的向上运动。轴承体的轴向力通过轴承体和键（14、15）传递到基础上。

金属温度测量点布置于推力瓦巴氏合金衬套的上部，径向轴承衬套的下部，在推力轴承的工作面及非工作面瓦块上都布置有热电偶（16、17）。

径向推力联合轴承的纵向和横向截面如图 10-39 所示，详图 Z、G、E 和 D 如图 10-40 所示。

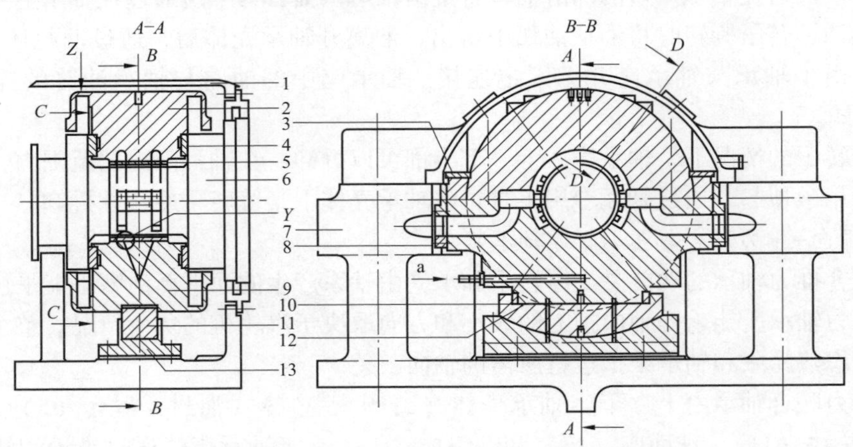

图 10-39　径向推力联合轴承的纵向和横向截面

1—轴承座上半；2—轴承壳体上半；3—键；4—推力瓦块；5—轴承衬套；6—转子；
7—轴承座下半；8—键；9—轴承壳体下半；10—调整垫片；11—球面支承块；
12—调整垫片；13—球面座；a—顶轴油孔

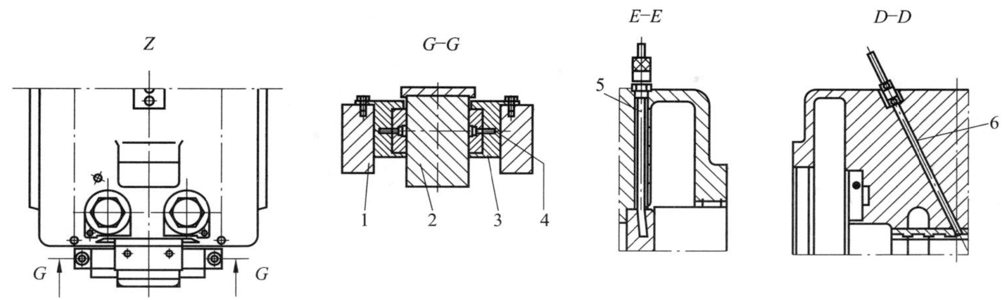

图 10-40　径向推力联合轴承的详图 Z、G、E 和 D

1—轴承座；2—轴承壳体下半；3、4—键；5、6—热电偶

通过轴承一边的润滑油口直接给轴承供油，或在轴承上半部分通过圆周油管来供油。通过在轴承衬套上钻孔，将部分油进入径向轴承的油瓤。通过轴承体的凹槽，大部分油直接供到环形槽，并与径向轴承的回油混合供给推力轴承工作面。通过轴承两端的油封润滑转子并最后回到轴承座的下部。轴承与轴承座的润滑油油路接口方式与 1 号轴承相同。

为防止盘车运行时转子和径向轴承干摩擦及盘车启动时减少启动扭矩，通过顶轴油口（见图 10-41 B-B 剖面 a）在轴承下半壳体设置了两个凹槽（见图 10-41）。密封圈放置于轴承衬套与轴承壳体下半之间，防止油渗漏。

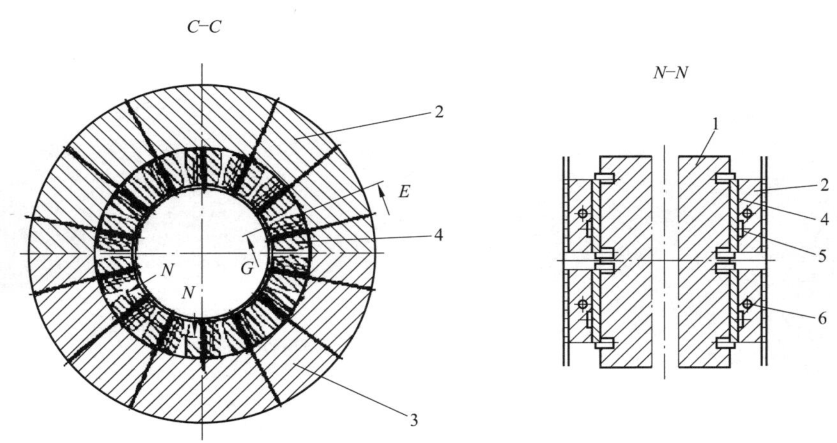

图 10-41　推力瓦块（截面）

1—轴承壳体上半；2—推力瓦块；3—轴承壳体下半；4—挡油环；5—键；6—定位销

（三）径向轴承（3、4、5、6 号轴承）

径向轴承的功能是支撑汽轮机转子。大体上说，径向轴承分成上、下半壳体，球面座和垫块。轴承的工作面浇铸巴氏合金，滑动面是机械加工面。不允许刮削。轴承上下壳体用圆锥销和螺栓联结。球面垫块座和调整垫片通过螺栓紧固在轴承下壳体上。垫片厚度可在检修中进行调整达到轴承位置与转子匹配的目的。轴承体的定位方式同 1 号轴承。

润滑油通过轴承壳体内部水平结合点铣出的油道在径向供给转子。在巴氏合金的油室与转子之间形成油膜，并通过专门的回油通道回流到轴承座中。如图 10-42 所示。

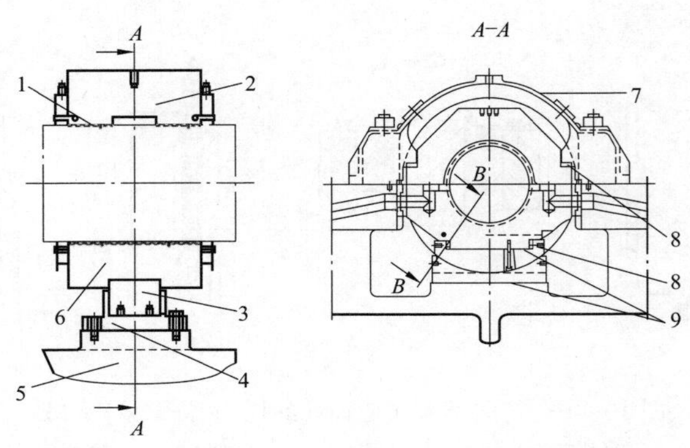

图 10-42 径向轴承部件

1—巴氏合金；2—轴承壳体上半；3—球面垫块；4—轴承座垫块；5—轴承座下半；6—轴承壳体下半；7—轴承座上半；8—调整垫片；9—垫片

（四）轴承座

轴承箱（座）均由铸铁的上半轴承盖和轴承座下半组成，并在水平中分面上用螺栓连接。轴承座底部铸有纵向及横向的突肩，可与基础中预留的凹槽相配合以承受水平面上的各类推力。轴承座通过地脚螺栓与基础相连（见图 10-43）。轴承座对中完成后，轴承座下方与基础之间的空隙用专用的无收缩水泥进行灌浆填补，泡沫聚苯乙烯环用于在灌浆过程中阻止水泥与地脚螺栓接触。因此，轴承座都直接固定在基础上，不能移动。

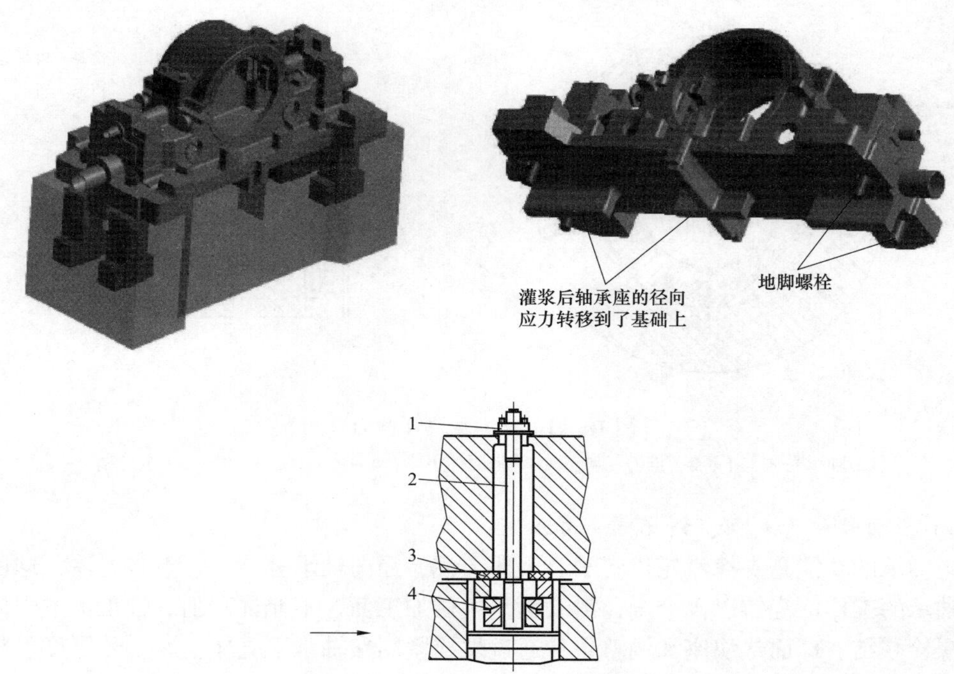

图 10-43 轴承座简图

1—夹紧螺母；2—地脚螺栓；3—泡沫聚苯乙烯环；4—球螺母与锥形垫圈

轴承座的作用除了容纳轴承、辅助轴承外，结合各缸的支撑和导向需要，在相应的轴承座上设置了相应的配合面，另外低压缸轴封件也直接安装在对应的轴承座上。低压内缸的推拉杆穿过相应的4、5、6号轴承座。

轴承座在转子进出的位置设有单独的油封，密封齿离转子有0.2mm间隙，底部设有泄油槽，疏油流回轴承座。在轴承座设有润滑油进、排油接口、排油烟接口、顶轴油管路、仪控测点接线接口。1号轴承座~6号轴承座如图10-44~图10-49所示。

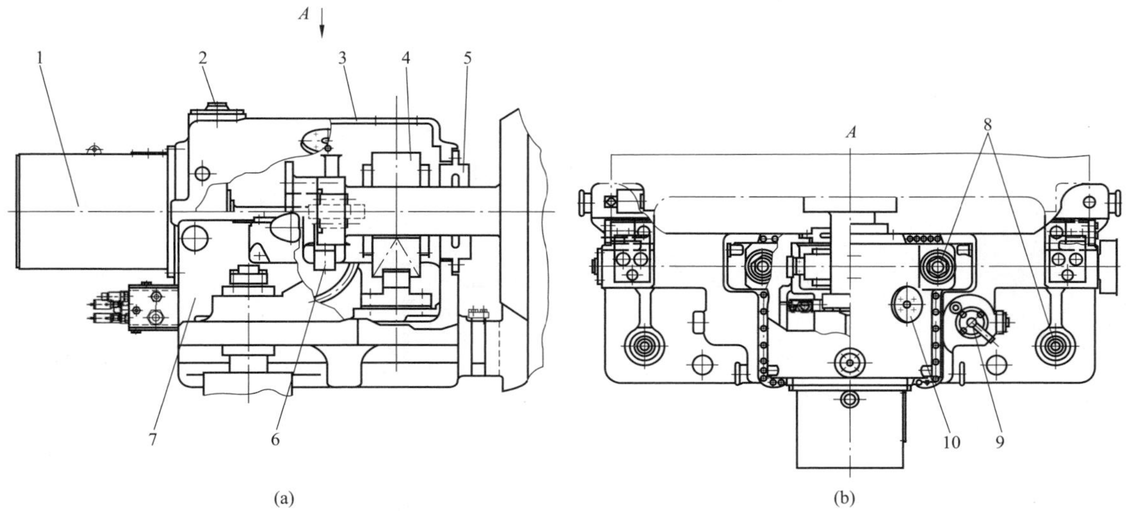

图10-44　1号轴承座

(a) 纵剖图；(b) 轴承座俯视图

1—带液压马达的回转装置；2—排油烟装置；3—轴承座上半；4—径向轴；5—轴承油封；6—抬轴装置；7—轴承座下半；8—地脚螺栓；9—润滑油通道；10—测轴振接口

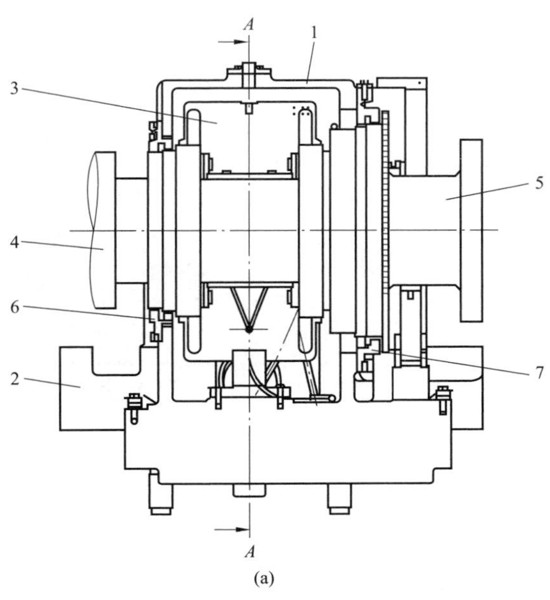

图10-45　2号轴承座（一）

(a) 纵剖面图

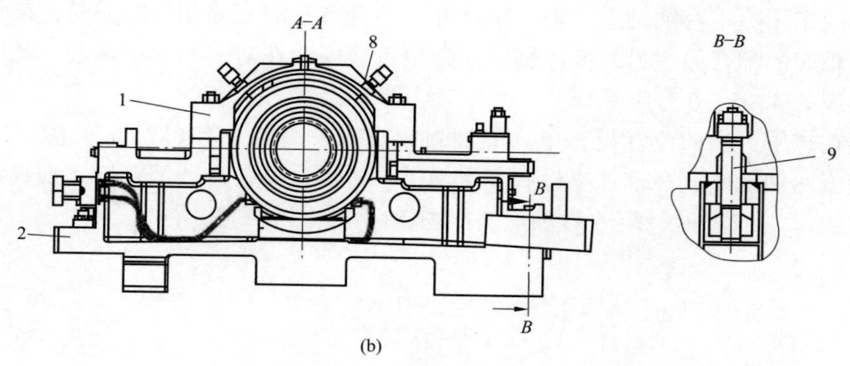

图 10-45 2 号轴承座（二）

（b）径向推力联合轴承截面图

1—轴承座上半；2—轴承座下半；3—径向推力联合轴承；4、5—转子；6、7—油封；8—测轴振装置；9—地脚螺栓

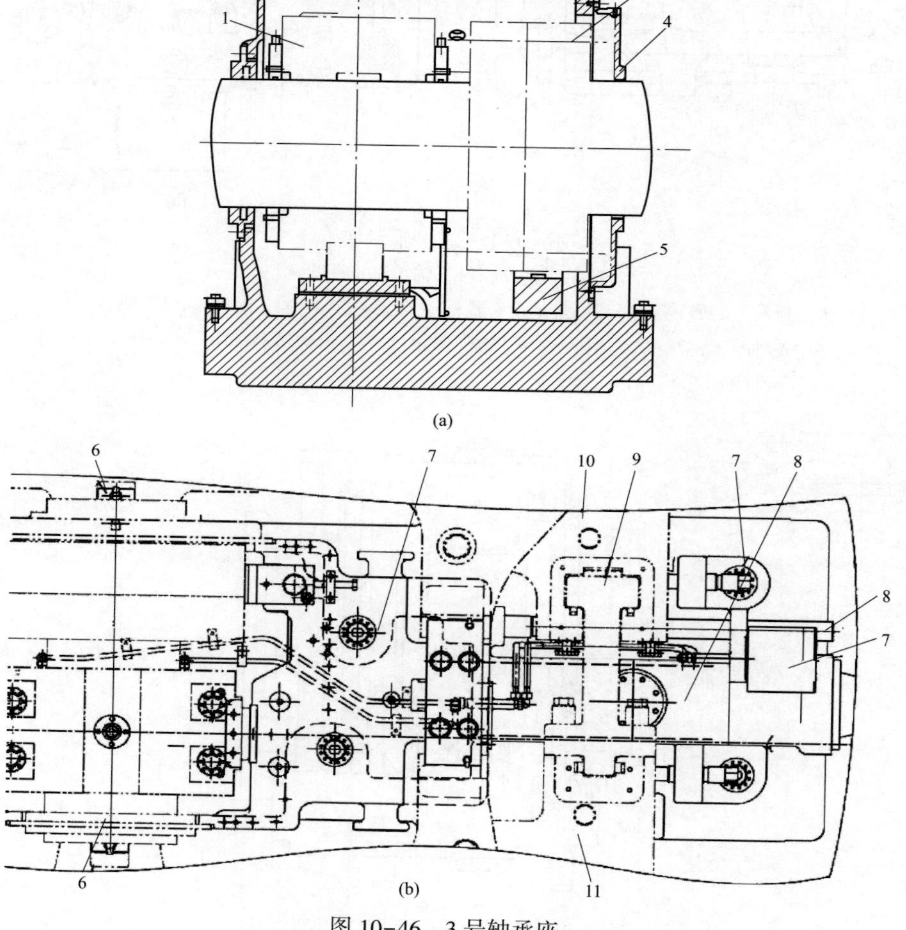

图 10-46 3 号轴承座

（a）3 号轴承座纵剖面图；（b）3 号轴承座截面图

1—径向轴承；2—排油烟装置；3—联轴器螺栓；4—轴承油封；5—抬轴弓形架；6—中心导销；7—地脚螺栓；8—润滑油通道；9—高中压缸推拉杆；10—中压外缸；11—高压外缸

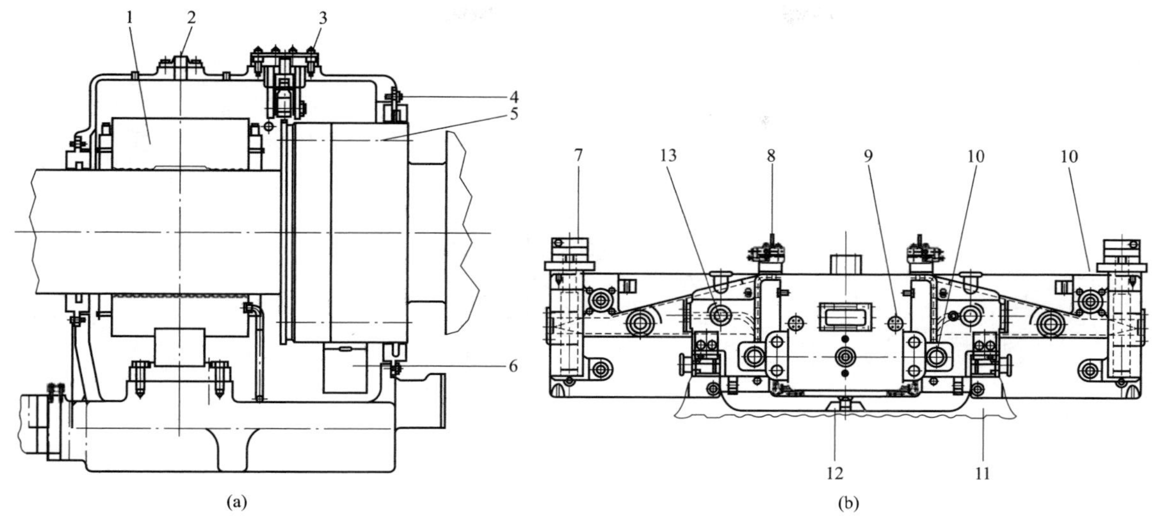

图 10-47　4 号轴承座

（a）4 号轴承座纵剖图；（b）4 号轴承座俯视图

1—中压缸径向轴承；2—排油烟装置；3—手动盘车；4—轴承油封；5—联轴器螺栓；6—抬轴弓形架；7—低压内缸猫爪；8—低压轴封连接支架；9—测点；10—地脚螺栓；11—中压缸猫爪；12—中心导销；13—润滑油通道

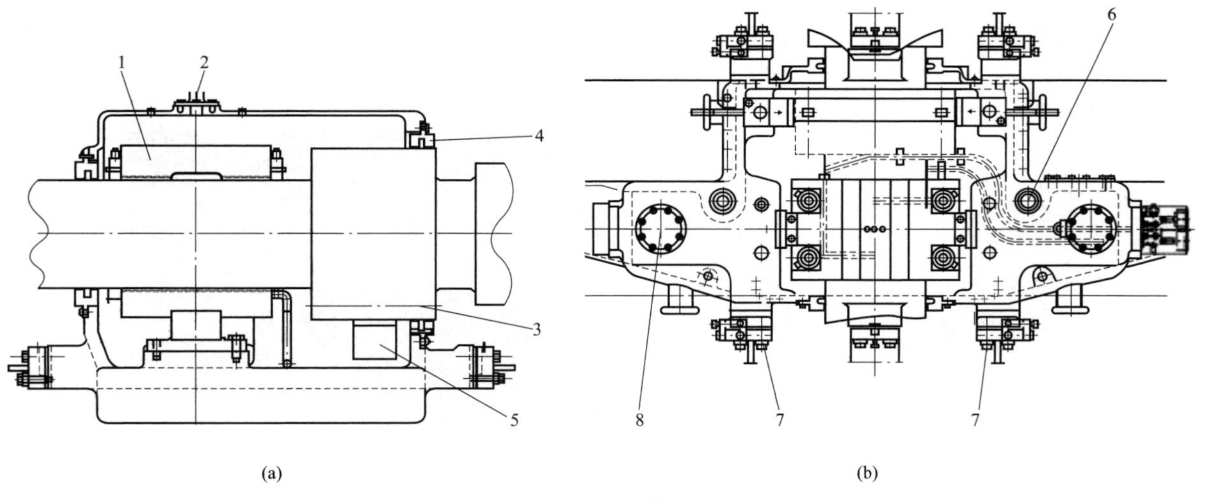

图 10-48　5 号轴承座

（a）5 号轴承座纵剖面图；（b）5 号轴承座俯视图（去除轴承盖）

1—1 号低压缸径向轴承；2—排油烟装置；3—联轴器螺栓；4—轴承油封；5—抬轴弓形架；6—地脚螺栓；7—低压轴封连接支架；8—润滑油通道

（五）发电机轴承（7、8 号轴承）及轴承座

发电机轴承座为端盖式轴承座，即轴承座位于端盖，不落地。轴承座本身由带内球面的瓦枕与轴承座垫环组成。轴承座与端盖是绝缘的，可以防止轴电流通过，该绝缘还是发电机轴承的对地绝缘。轴承座纵向中心基本与端盖法兰平面平齐。如图 10-50 所示。

发电机轴承为椭圆形轴颈轴承。下半轴瓦安装在轴承座上，其接触面为外球面，与轴承座的内球面配合，可自调心。径向绝缘定位块通过螺栓连接固定在上半端盖上，用于轴瓦垂

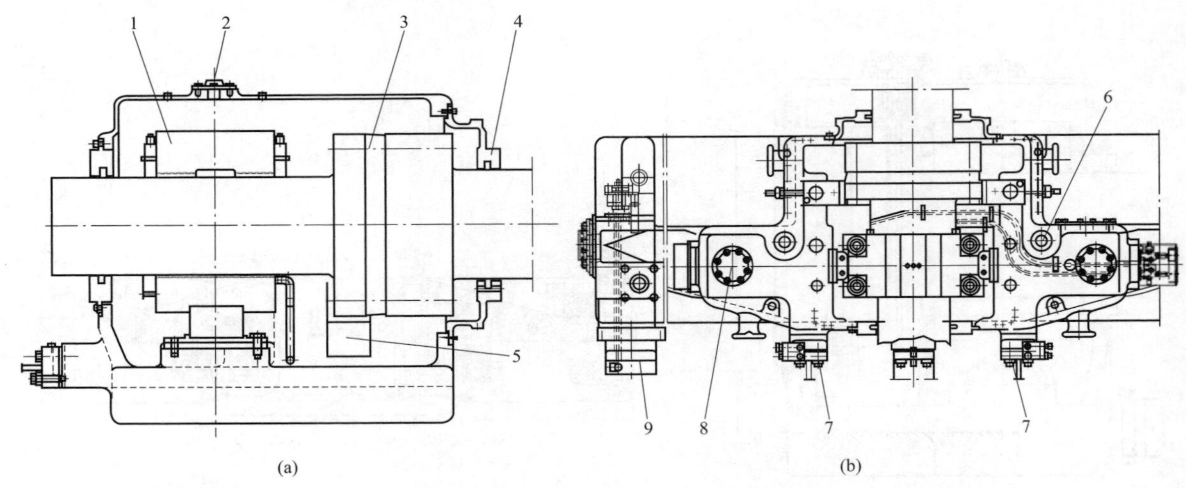

图 10-49 6 号轴承座

(a) 6 号轴承座纵剖图；(b) 6 号轴承座俯视图（去除轴承盖）

1—2 号低压缸径向轴承；2—排油烟装置；3—联轴器螺栓；4—轴承油封；5—抬轴弓形架；6—地脚螺栓；7—低压轴封连接支座；8—润滑油通道；9—低压内缸猫爪

直方向的定位。定位块厚度可调整，使轴瓦和径向绝缘定位块之间维持 0.2mm 的间隙。轴瓦中分面处设有定位块，防止轴瓦在轴瓦座内转动，如图 10-51 所示。

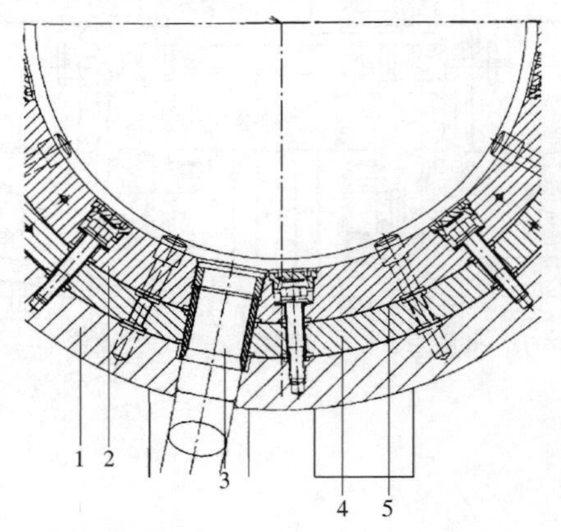

图 10-50 轴承座对地绝缘

1—端盖；2—瓦枕；3—轴承油进口；4—下半轴承座垫环；5—绝缘垫片

图 10-51 发电机励端轴承

1—安装挡油板的法兰面；2—上半轴瓦；3—定位块；4—下半轴瓦座；5—轴承绝缘层；6—下半端盖

轴瓦铸件的内表面有燕尾槽，使巴氏合金与轴瓦本体牢固地结合成一体。下半轴瓦上有一道沟槽，轴承供油可流到轴瓦表面。上半轴瓦上有一周向槽，使润滑油流遍轴颈，进入润滑间隙内。油从润滑间隙中横向泄出，经轴承油挡，在轴承座内汇集，通过管道返回到汽机油箱。

轴承润滑和冷却用油由汽轮机油系统提供，依次通过固定在下半端盖上的油管、轴承座、下半轴承实现供油［见图 10-52（a）］。轴承同时配备油高压顶轴油管路，高压油顶起转轴，在轴瓦表面和转子轴颈之间形成润滑油膜减小汽轮发电机组启动阶段轴承的摩擦。

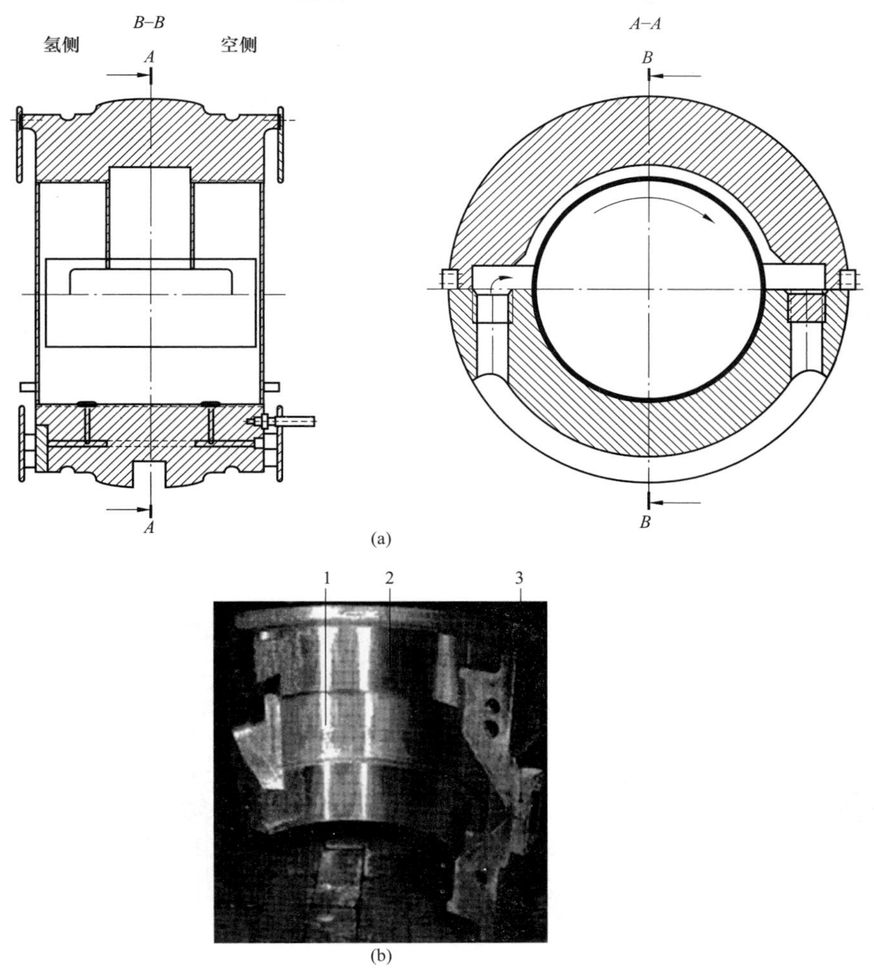

图 10–52　发电轴承及上半轴瓦示意图
（a）发电机轴承及上半轴瓦；（b）上半轴瓦
1—上瓦周向槽；2—巴氏合金；3—定位块

轴瓦的温度通过位于最大油膜压力处的热电偶来监测。热电偶用螺钉从外侧固定在下半轴瓦两侧，其探头伸至巴氏合金层［见图 10–52（b）］。

端盖外侧（机外）设有迷宫环外油挡，发电机内侧利用轴密封（密封瓦）及其内侧的迷宫环（13）密封氢气。密封油通过端盖内的密封油管供油。流向空侧的密封油与轴承油一起排放。流向氢侧的密封油首先汇集在轴承室下方的消泡箱中除去泡沫，然后流入密封油供给系统。

轴承安装振动传感器，监视轴承振动。

发电机轴承、励磁机轴承均与汽轮机润滑油及顶轴油供应系统相连。轴承测温如图 10–53所示。

（六）励磁机端轴承（8 号轴承）及轴承座

励磁机只在远离发电机端设有轴承。轴承座也是端盖式轴承座。轴承座与励磁机端盖设

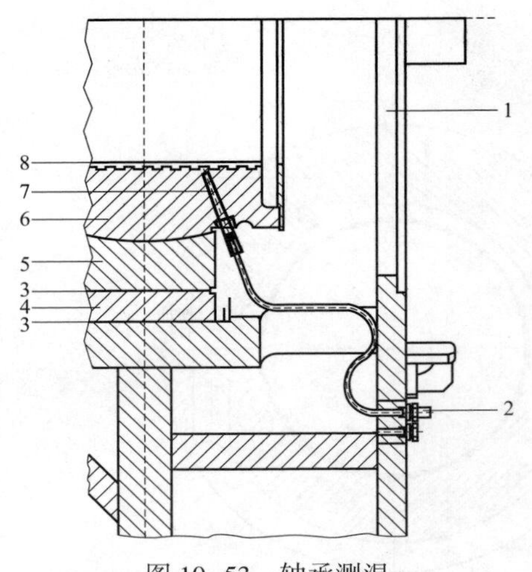

图 10-53 轴承测温

1—端盖；2—热电偶引线；3—绝缘垫片；4—下半轴承座；5—瓦枕；6—轴瓦；7—热电偶；8—巴氏合金

有二层绝缘，一层绝缘隔板在轴承座和电位测量板之间进行电气绝缘，而第二层绝缘隔板用于电位测量板和机座端壁之间的绝缘。所有油管路均通过法兰与轴承座连接并与轴承座绝缘。励磁机轴承结构与发电机轴承基本一致。

发电机定子端盖为水平中分、空心箱型结构，用螺栓固定在机座端部。法兰部位除采用氟橡胶密封外，还设置有密封槽，注胶密封。端盖的径向和轴向加强筋起到增大端盖强度的作用。下半端盖中有绝缘的轴承座支架。绝缘的目的是为防止短路轴电流流过轴承。轴承座支架上是球形轴承座，保证轴承能够相对于转子轴线进行自找正。发电机轴承和密封油进口及出口管道安装在端盖上，轴承油通过轴承座支架和下部轴承座内的管道输送到润滑间隙中。

发电机端盖如图 10-54 所示，励磁侧端盖如图 10-55所示，端盖接口如图 10-56 所示。端盖局部图细节如图 10-57 所示。

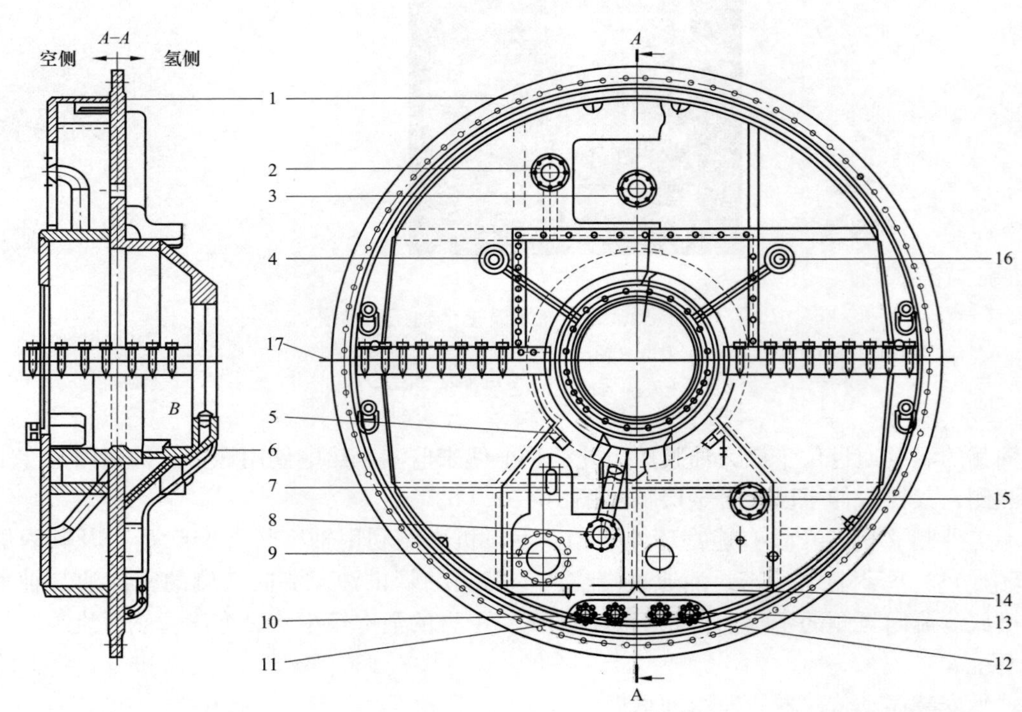

图 10-54 发电机端盖

1—端盖；2—油雾和氢气球排接口；3—与 Wantera 干燥器连接口（在停机和充空气不加压状态）；4—氧侧密封油接口；5—轴振传感器接口；6—氢侧密封油排放口；7—高压顶轴油接口；8—轴承油进口；9—轴承油出口；10—空侧密封油进油接口；11—密封油排放接口 1；12—氢侧密封油连油接口；13—空侧密封油连油接口；14—氢侧密封油出油接口；15—快速排氢接口；16—密封油排放接口 2；17—中分面

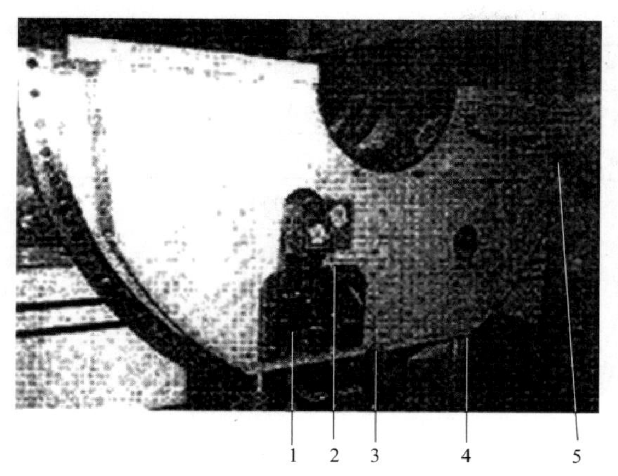

图 10-55　励磁侧端盖

1—轴承油出口；2—液压顶轴装置；3—轴承油出口；4—快速降低氢气室压力的接口；5—端子盒

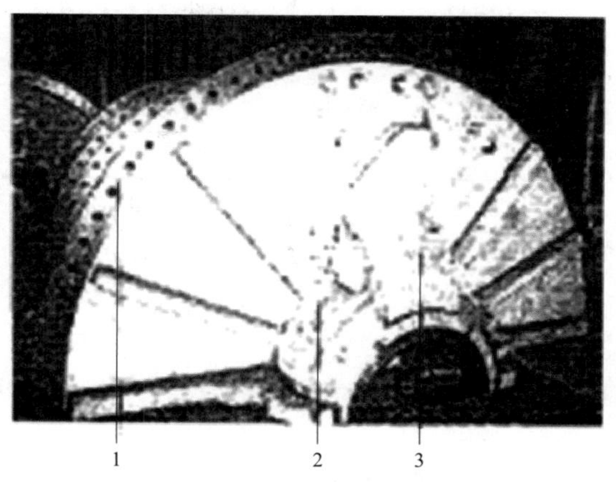

图 10-56　端盖接口

1—端盖法兰；2—密封油供油管；3—密封油疏油管

二、N660-29.2/600/620/620 二次再热机组轴承系统

该型机组共 11 个支持轴承，其中汽轮机 8 个，发电机 3 个，为了轴系定位和承受转子轴向力，还有 1 个独立结构的推力轴承，位于超高压转子后端。

汽轮机的 8 个支持轴承分别为可倾瓦轴承及椭圆轴承。1～4 号轴承为可倾瓦轴承，5～8 号轴承为椭圆轴承，单侧进油，另一侧开有排油孔，上瓦开周向槽。

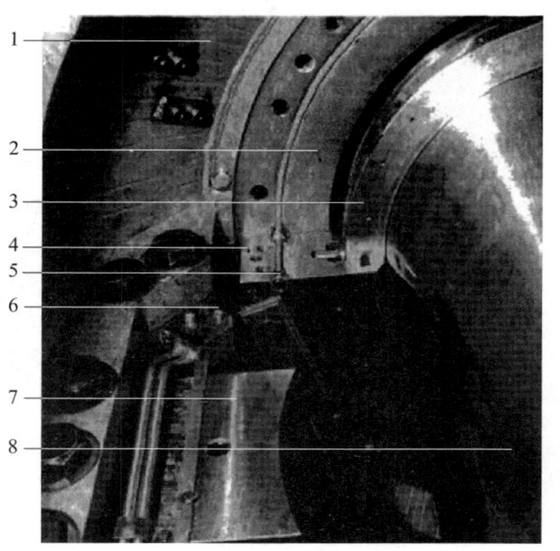

图 10-57　端盖局部图

1—上半端盖轴承；2—轴密封绝缘垫片；3—密封瓦；4—中分面；5—密封条止推螺栓；6—下半密封瓦支座；7—轴瓦座；8—转轴

推力轴承采用固定瓦式结构，位于汽轮机超高压转子的两个旋转推力盘中间，汽机侧和电机侧各有一组推力瓦支承在轴承体上，以使它们位于对着旋转推力盘的位置，承受由刚性联轴器连接的汽轮机和发电机转子的轴向推力，并由轴瓦套将推力传递给轴承箱。两侧推力瓦的基体为铜合金环，在基体上浇注巴氏合金后沿径向切出扇形面和进油槽。每个扇形面构成一个倾斜的推力瓦块，在旋转推力盘和推力瓦之间形成油楔。径向油槽在外端被挡住，以保持油槽内的油压。轴承体外侧加工有一个球面，座入轴承套内，使推力瓦相对旋转推力盘自动找中，因此使推力瓦与旋转推力盘的旋转表面准确定位。在推力盘和轴瓦体之间装有调整垫环，用来调整转子的轴向位置或改变推力轴承间隙。润滑油经进油管和箱体的下半进入推力轴承每侧推力瓦的径向油槽，随着推力盘的旋转润滑每个瓦块，润滑油的流量通过进油管中的节流孔计量。大部分油参与润滑后从推力轴承两侧端泻到轴承箱的底部，经排油管返回到油箱。支持轴承主要参数见表 10-12。

表 10-12　　　　支持轴承主要参数

轴承号	轴承型式	轴承直径 D mm	进油压力（g） p_o MPa	进油温度 t_o ℃	失稳转速 $N_失$ r/min	顶轴油压（g） p_j MPa
1	可倾瓦轴承	ϕ300	0.079~0.098	40~45	>4000	—
2		ϕ381			>4000	
3		ϕ482.6			>4000	
4		ϕ482.6			>4000	
5	单侧进油椭圆轴承	ϕ482.6			>4000	7.4~11.76
6		ϕ482.6			>4000	
7		ϕ482.6			>4000	
8		ϕ533.4			>4000	

注　温升和失稳转速是在进油压力（g）p_o=0.079MPa，进油温度 t_o=40℃条件下计算的。

机组正常运行时，轴向推力向机头侧，额定工况时为16.5kN，由电机侧推力瓦承受。特殊情况下可能出现瞬时反推力，由汽机侧推力瓦承受。

推力轴承结构见图10-58，主要参数见表10-13。

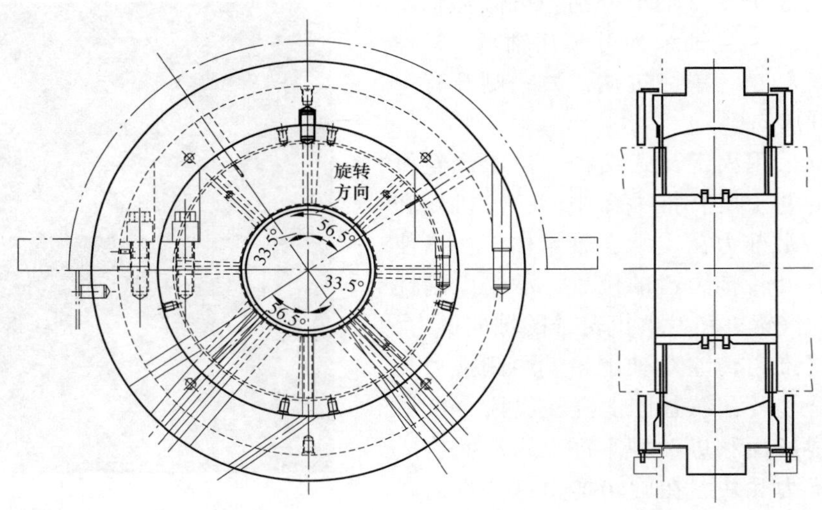

图 10-58　推力轴承结构简图

表 10-13　　　　推力轴承主要参数

推力瓦块数（定位瓦/工作瓦）		数量（块）	8
电机侧推力瓦总面积	F_t	cm^2	3150
汽轮机侧推力瓦总面积	F_d		
推力瓦总间隙	—	mm	0.46~0.51

续表

推力瓦块数（定位瓦/工作瓦）		数量（块）	8
进油压力（g）	p_o	MPa	0.079~0.098
进油温度	t_o	℃	40~45

该型机组1号轴承和主油泵以及液压调节保安部套装在前轴承箱内，2、3号轴承和推力轴承装在超高压高压间轴承箱内，4号轴承装在中低压轴承箱内，5号和6号轴承装在A低压缸前后端轴承箱内，7号和8号轴承装在B低压缸前后端轴承箱内。为避免盘车箱由于低压外缸在真空作用变形而与台板脱空，影响8号瓦振动，将盘车箱改型设计为与低压缸相互独立结构形式。盘车箱内容纳联轴器和转子齿环，箱盖上安装盘车装置。盘车箱内还装有喷油冷却装置，可以有效地防止鼓风发热引起的温度升高。

前轴承箱坐落在前轴承箱基架上，超高压高压间轴承箱坐落在超高压高压间轴承箱机架上，中低压轴承箱坐落在中低压轴承箱基架上，低压后端的轴承箱和盘车箱坐落在盘车箱基架上，低压缸四周的台板支承在16个后基架（板）上。

所有基架均为钢台板结构。基架支撑在水泥垫块或可调整垫块上，由地脚螺栓固定在基础上，调好位置和高度后待二次灌浆时固定。台板与基础的接触面积与铸铁基架相比增大2~3倍，从而使整个机组支承更加牢靠，支承刚性加强，避免出现接触不实的问题。由于低压台板为直接安装放在水泥垫块上，无调整垫铁，且低压缸总装时不进行负荷分配，以水平为准，故对水泥的要求较高，需采用强度较高的膨胀水泥。安装调整工作应特别仔细以满足水泥垫块、台板安装要求。

基架承担着整个机组的重量，其支承刚性对轴系振动影响很大，一旦形成安装缺陷难于补救，因此要求安装时务必保证质量。

1~8号支持轴承（见图10-59~图10-65）。

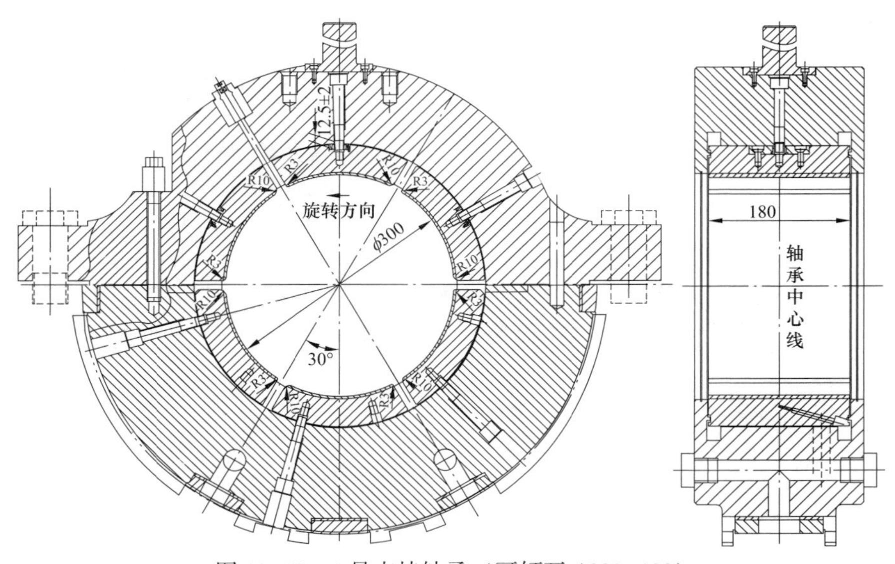

图10-59　1号支持轴承（可倾瓦 φ300×180）

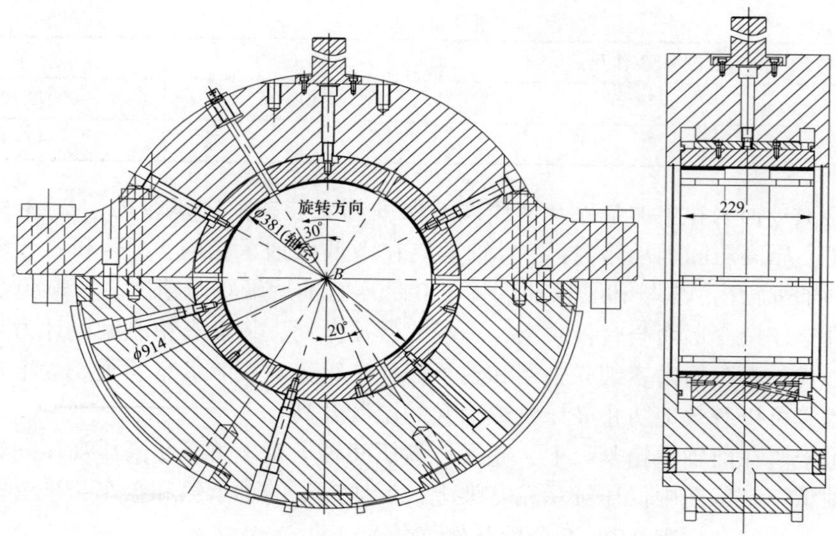

图 10-60 2 号支持轴承（可倾瓦 φ381×229）

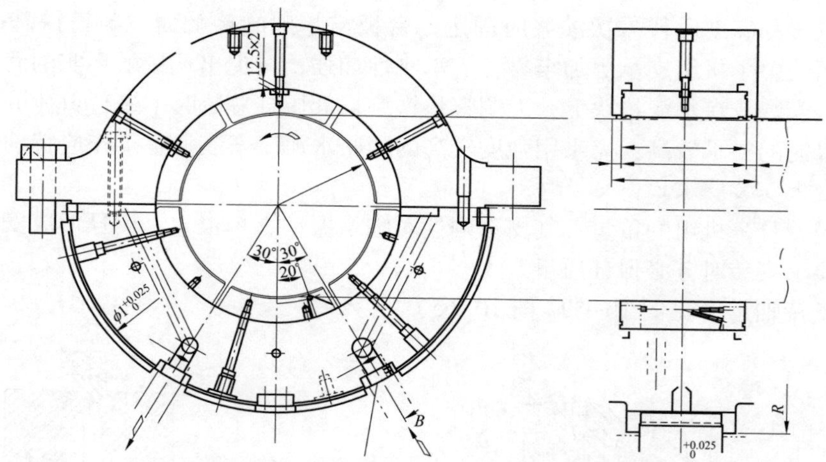

图 10-61 3 号支持轴承（可倾瓦轴承 φ482. 6×300）

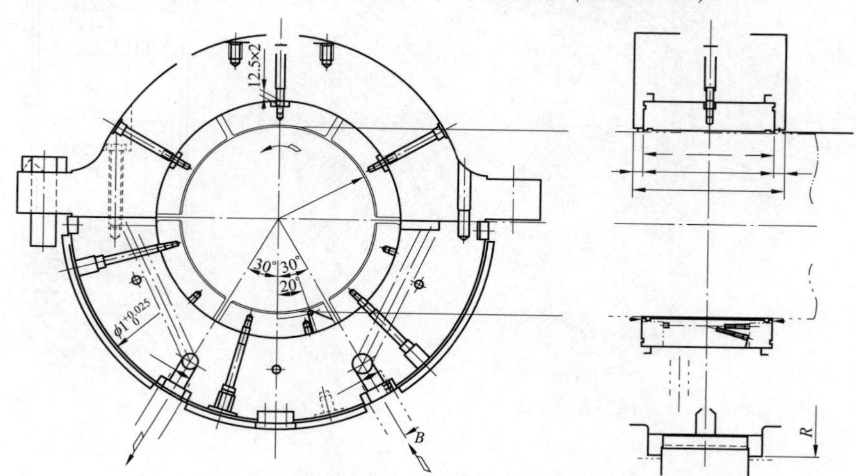

图 10-62 4 号支持轴承（可倾瓦轴承 φ482. 6×356）

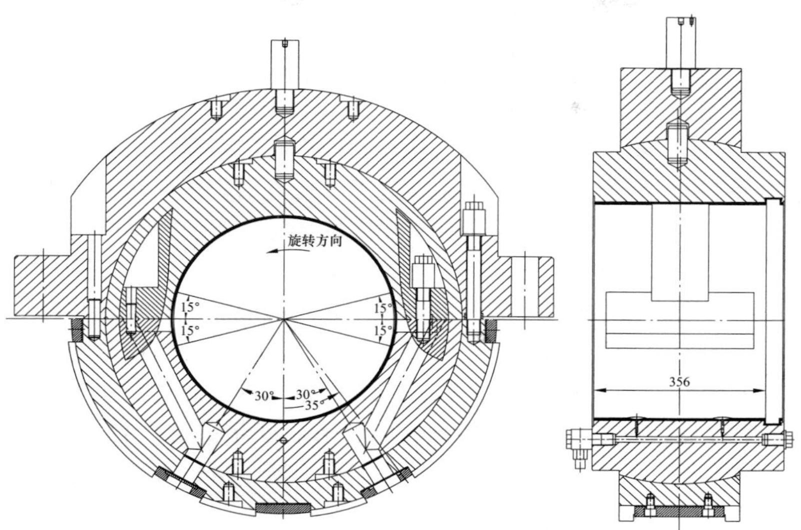

图 10-63　5 号，7 号支持轴承（椭圆轴承 ϕ482.6×356）

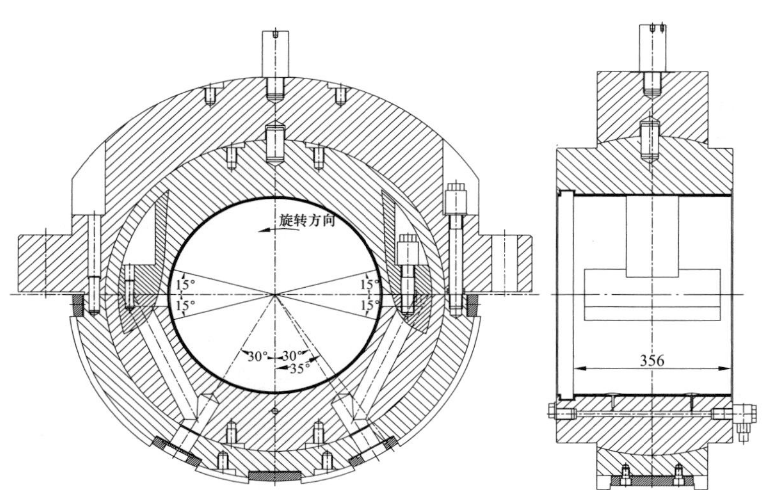

图 10-64　6 号支持轴承（椭圆轴承 ϕ482.6×356）

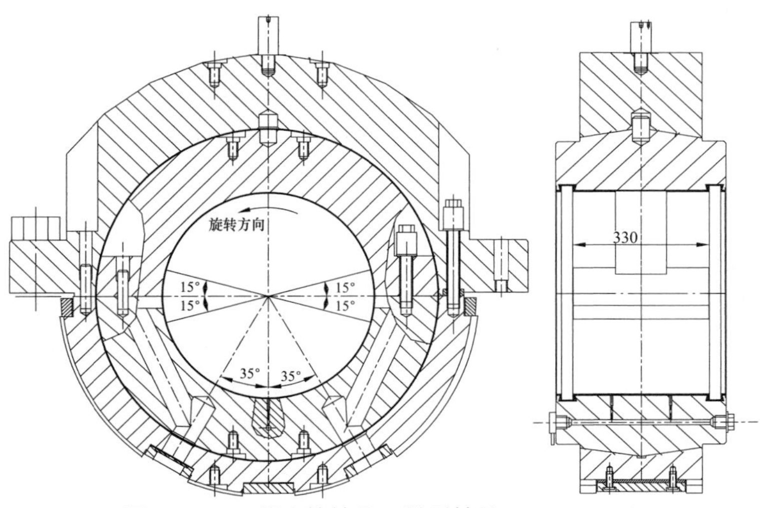

图 10-65　8 号支持轴承（椭圆轴承 ϕ533.4×330）

第六节 盘 车 装 置

汽轮机盘车装置的主要功能是在机组启动前或停机后用来盘动汽轮发电机组的轴系。汽轮机启动冲转前就要投入盘车装置，使轴系转起来，检查动静部分是否存在摩擦，主轴弯曲度是否正常等。并在暖机过程中使汽轮机转子温度场均匀，避免转子应受热不均而造成轴系弯曲。汽轮机停机后，汽缸和转子等部件由热态逐渐冷却，其下部冷却快，上部冷却慢，转子因上下温差而产生弯曲，弯曲程度随着停机后的时间而增加。对于大型汽轮机，这种热弯曲可以达到很大的数值，并且需要经过几十个小时才能逐渐消失，在热弯曲减小到规定数值以前，是不允许重新启动汽轮机的。因此，停机后应投入盘车装置，盘车可搅合汽缸内的汽流，以利于消除汽缸上、下温差，防止转子变形，有助于消除温度较高的轴颈对轴瓦的损伤。此外机组检修阶段为配合测量、调整等工作需要对转子进行人工盘动，也需要盘动转子的专用装置。

盘车装置的驱动方式至少要备用自动和手动两种方式。不同的机组，自动盘车方式也不同，有电动盘车，液动盘车、气动盘车等方式。盘车转速也各不相同，有高速盘车，也有采用低速盘车。

N660-29.2/600/620/620 二次再热机组盘车装置安装在盘车箱盖上，盘车转速 1.5r/min，驱动电机功率 15kW。采用传统的蜗轮蜗杆减速机构和摆动齿轮离合机构，电机横向布置，有利于减小机组长度。带有电操纵液压投入机构，用润滑油压驱动，可以远距离操作或就地操作。可连续盘车，也可间歇盘车，冲转时能自动与转子脱离，驱动力裕量较大，可以满足各种情况下的要求。与一次再热机组盘车装置基本一致。

N1000-31/600/610/610 二次再热机组采用的是上海汽轮机厂通常采用的液压盘车装置及手动盘车装置各一套。液压盘车转速为 60r/min，属于高速盘车。高速盘车能在径向轴承中较易建立动压油膜，可以减小轴颈与轴瓦之间的干摩擦或半干摩擦，达到保护轴颈轴瓦表面的目的。另一方面，高速盘车可以加速汽缸内部冷热汽（气）流的热交换，减小上下缸和转子内部的温差，保证机组能再次顺利的启动。但高速盘车需要较大的起动转矩，因此 1000MW 汽轮机采用液压马达代替常规的电动马达。液压盘车装置采用顶轴油作为动力油。液压盘车装置在汽机转速降至零转速时，既能自动投入，也能手动投入。液压盘车装置配备了超速离合器，能根据转子转速自动啮合或退出。液压盘车装置与顶轴油系统、发电机密封油系统间设有联锁，防止在油压建立之前投入盘车，液压盘车装置正在运行而油压降低到不安全值时能发出报警，当供油中断时能自动停止运行。手动盘车装置作为液压盘车故障的备用以及检修阶段盘动转子的手段。

以下将具体介绍 N1000-31/600/610/610 二次再热机组盘车装置。

一、液压盘车装置结构组成

该液压盘车装置主要结构见图 10-66~图 10-68。主要由：液压盘车马达（1）通过端盖（4）及汽缸（8）与轴承座（7）相连；液压盘车马达的旋转通过特殊仿形轴（2）及联轴法兰（5）传递到超速离合器（10）的外环。外环通过汽缸环（9）及滚珠轴承（6）支撑在汽缸上；超速离合器（10）的内环直接固定到轴（13）端。

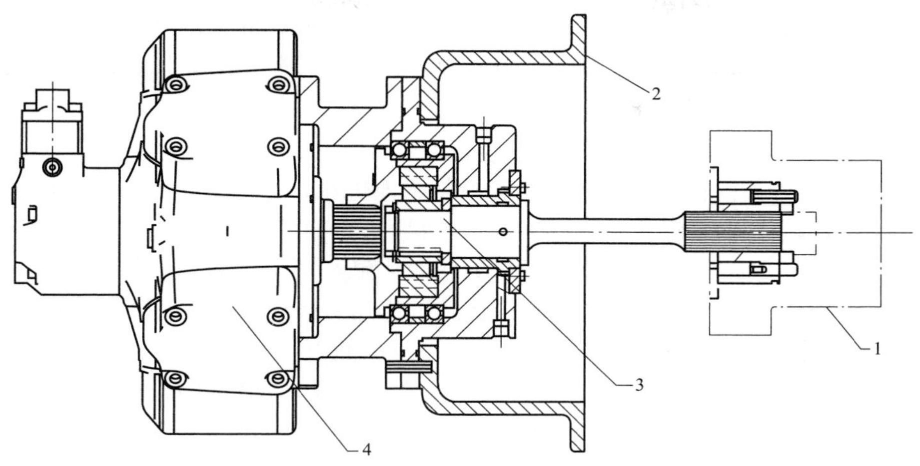

图 10-66　盘车主要结构

1—超高压转子；2—与 1 号轴承座连接；3—离合器；4—液压马达

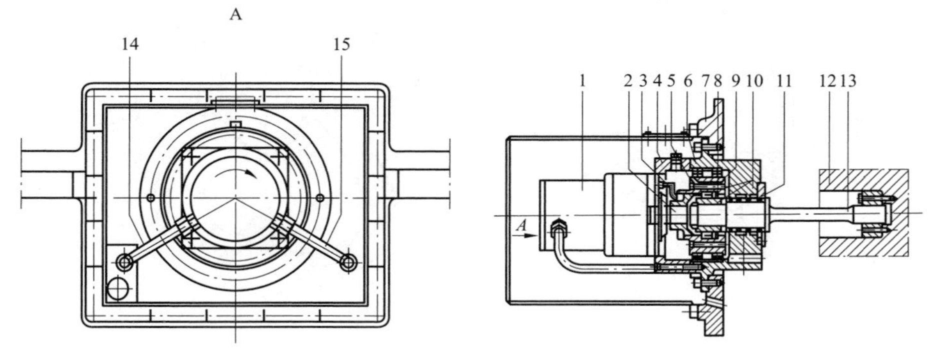

图 10-67　液压盘车装置结构

1—液压齿轮马达；2—特殊外形轴；3—泄漏油管；4—端盖；5—联轴法兰；6—球形轴承；7—轴承座；8—汽缸；9—汽缸环；10—超速离合器；11—轴承；12—滑环轴；13—轴；14—顶轴油管（进油管）；15—回油管

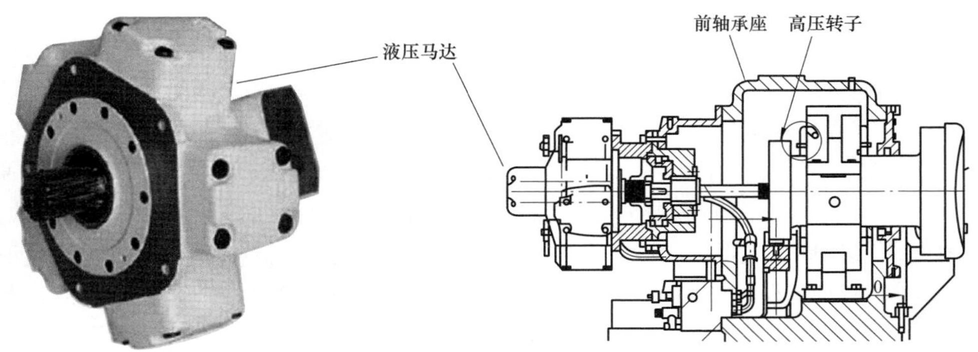

图 10-68　盘车实物照片

二、盘车装置工作原理

该型盘车装置工作原理为：需要盘车时，顶轴油的电磁阀打开（失电），借助于在伸缩油缸中的压力油柱，把压力传递给马达的输出偏心轴，使马达伸出轴通过中间传动轴带动转子转动，其安全可靠性及自动化程度均非常高。盘车装置配有超速离合器，能做到在汽轮机冲转达到一定转速后自动退出，并能在停机时自动投入。盘车装置是自动啮合型的，能使汽轮发电机组转子从静止状态转动起来，盘车转速约为 60min/r。

三、盘车装置液压马达工作原理

液压盘车马达为径向柱塞式液压马达，型号为 MR1600-F1-N1-S1-N 。图 10-69 为液压盘车马达的结构简图。伸缩式油缸（1）的内外筒由压缩弹簧分别顶在油缸压盖（3）（4）及旋转曲轴（2）的球面上，上述接触面均为球面接触，加工精密，能够防止压力油泄漏。压力油经旋转阀及阀板进入相应的油缸，使该油缸伸长，推动球形曲轴转动，并使其他的油缸排油。球面曲轴的旋转同时带动旋转阀使五只伸缩油缸依次充油，达到旋转曲轴的目的。图中 A、B 油口为工作油进/出油口。如需顺时针旋转（从马达轴端看）时，进油口取在 A 点，逆时针旋转（从马达轴端看）时进油口取在 B 点。

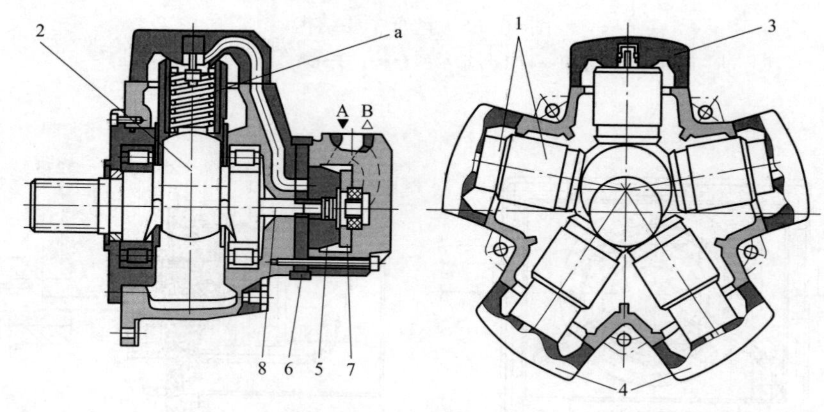

图 10-69 液压盘车马达

1—伸缩式油缸；2—球面曲轴；3、4—油缸压盖；5—旋转阀；6—阀板；7—制动环；8—旋转阀驱动轴

四、超速离合器

如图 10-70 所示，超速离合器由内环、外环以及啮合件组成。外环与液压盘车马达相固定，内环与高压转子相连，啮合件固定在内环上，其啮合部件受弹簧压紧，使之与外环相扣，液压马达可以盘动高压转子。当高压转子转速高于一定转速，啮合件在离心力作用下，克服弹簧紧力转动，使之与外环脱离，液压马达无法驱动高压转子。

该型机组的盘车液压马达由顶轴油驱动，即当顶轴油系统投入运行时，盘车即投入。在液压马达的供油管上装有可调节流阀，用以改变速度。液压盘车马达的泄油将通过泄油管道流到轴法兰的颈部润滑超速离合器。而滚珠轴承则由回油润滑。做抬轴试验时，通过关闭可调节流阀，可以将轴盘车系统从顶轴系统中隔离出来。液压马达通过有齿轴和法兰转动超速离合器的外座圈。外座圈由护环和两个滚珠轴承支承在壳体内；超速离合器的内座圈直接紧固在中间轴的端部上。为了防止轴承在汽轮机正常运行期间发生静止腐蚀，向液压马达输送少量润滑油，使马达缓慢转动。为了克服转子启动时的最小转矩并防止干摩擦，通过从轴承下面引入顶轴油轻轻抬起转子。液压盘车装置的推荐工作油的黏度范围为：30~50mm^2/s。

液压盘车装置的油路如图 10-71 所示。

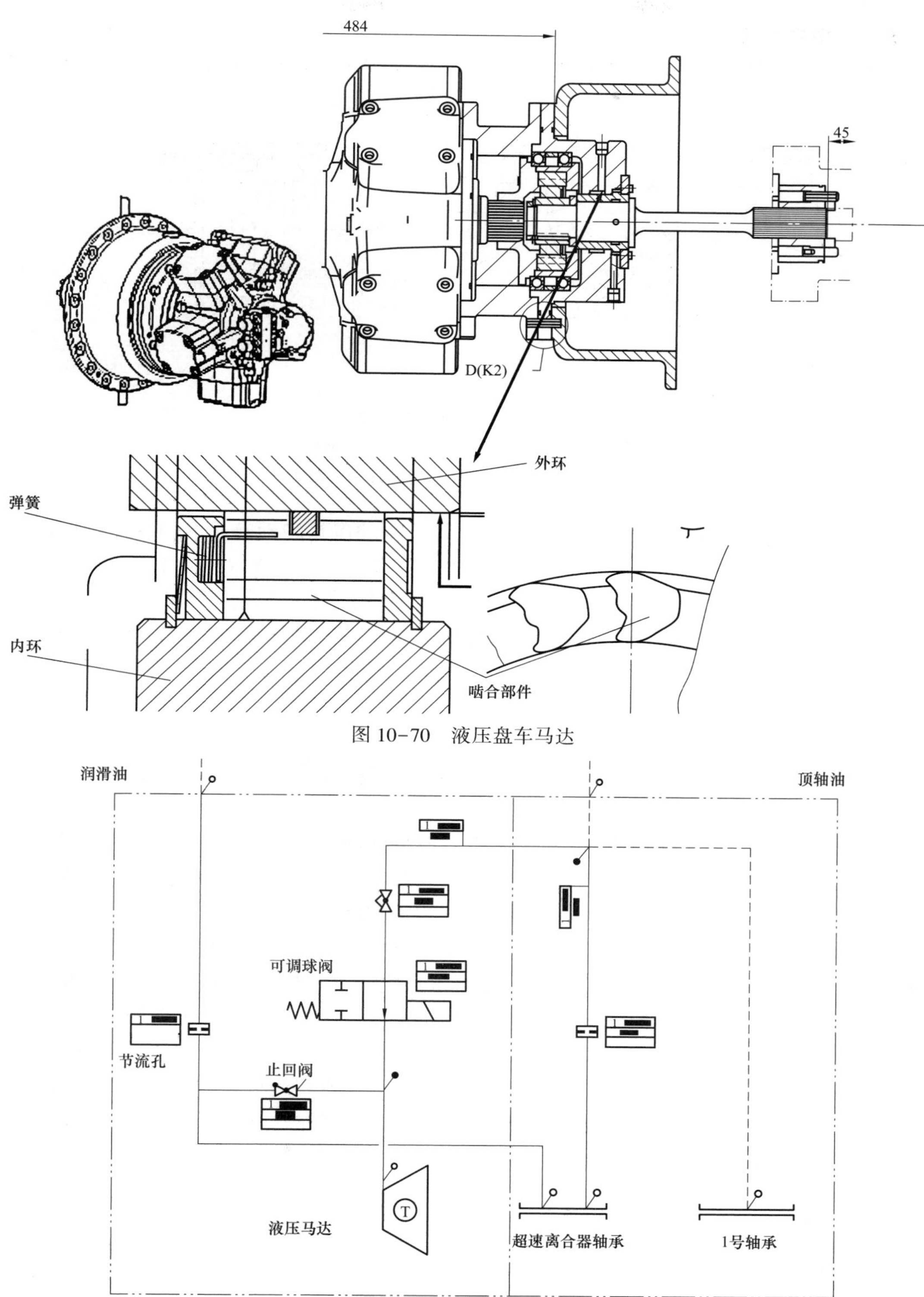

图 10-70　液压盘车马达

图 10-71　液压盘车装置的油路

五、手动盘车装置

手动盘车装置布置在汽轮机 1 号低压缸前轴承座（即 4 号轴承座）中，如图 10-72 所示。

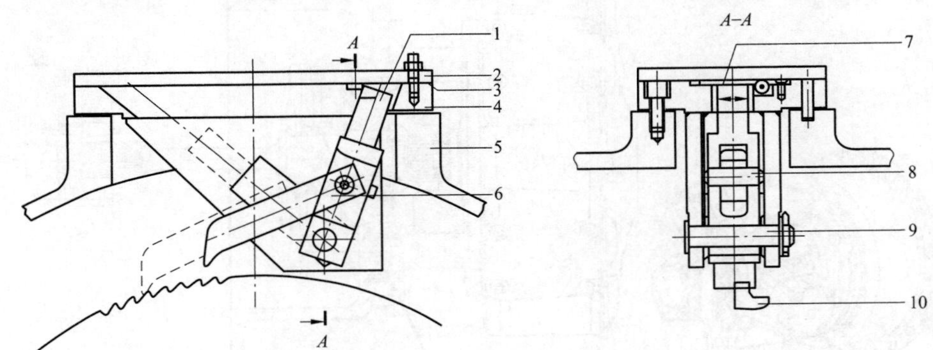

图 10-72 手动盘车装置结构

1—操纵杆；2—法兰盖；3—垫片；4—法兰；5—轴承座；6—棘爪；
7—挡块；8—圆柱销；9—圆柱销；10—转子

手动盘车装置包括齿轮和一个棘爪（6），棘爪驱动齿轮转动转子。用一个短棒连接到操纵杆（1）上。如图所示位置，棘爪（6）处于非啮合状态，操纵杆（1）也在非使用位置。当该装置不使用时，操纵杆被挡块（7）挡住，将法兰盖（2）盖上。

只有在轴系统被顶轴油升起后，才能进行盘车装置的手动操作。如果手动旋转轴困难，则可能是由于顶轴油系统调整不当或者轴出现摩擦。在此情况下，在蒸汽进入汽轮机之前必须采取适当的措施。

第七节 配 汽 系 统

汽轮机的启动、停机和功率的变化，是通过改变汽门的开度，调节进入汽轮机的蒸汽量或蒸汽参数实现的，这种调节蒸汽量或蒸汽参数的汽门称为调阀。机组在运行中遇紧急情况，需停机时，除了关闭调阀外，还必须设置能快速切断汽源的汽门，即使在调阀出现泄漏的情况下，也能保证汽轮机停机降速，这种具有安全保护功能的汽门称为自动主汽门。

对于二次中间再热机组，在超高压缸与高压缸之间、高压缸与中压缸之间，再热器及冷、热再热蒸汽管巨大的容积空间，储存着大量的具有一定压力和温度的蒸汽，若机组发生紧急停机，任一部分蒸汽也足以使汽轮机发生超速。为此，在高压缸、中压缸进口处必须设置主汽门来紧急切断来自再热器及管道的蒸汽。另一方面在机组低负荷时为了维持锅炉再热器及旁路系统的稳定运行，保证再热器有足够的冷却蒸汽流量，保护再热器不被烧坏，必须设置高、中压调阀。

超超临界二次再热汽轮机设置两个超高压主汽门和两个超高压调阀、两个高压主汽门及两个高压调阀、两个中压主汽门及两个中压调阀。与常规一次再热机组多了再热系统的两个主汽门与调阀。这些阀门均通过弹簧弹力来关闭截止阀和调节阀，运行安全可靠。

一、N1000-31/600/610/610 二次再热汽轮机配汽系统

（一）超高压缸配汽部分

两组主汽门和调门组件通过大直径的连接螺母在机组水平中心线上和汽缸相连。主汽门

和调门组件也有另外的弹簧支座支撑。阀门通过扩散状的进汽插管将进汽压损减小到最低的水平。高压蒸汽通过两个进汽口进入内缸，采用全周进汽方式进入第一级斜置隔板。

该型汽轮机设置两只超高压主汽阀与调节阀组合件，安置在汽轮机超高压缸的两侧。每个组合件由一个截止阀与一个调节阀组成，安放在共用阀体内。每个超高压主汽阀（3）与超高压调节阀（5）都有各自对应的油动机，分别为超高压主汽门执行机构（4）和超高压调节门执行机构（6），如图 10-73、图 10-74 所示。这些执行机构安放在运转层的高度，方便操作。

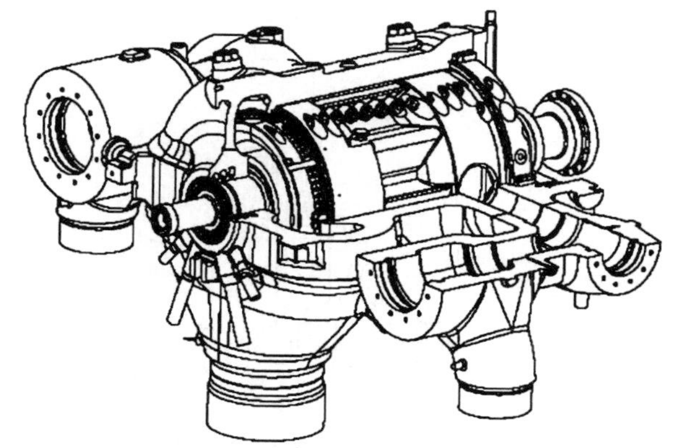

图 10-73　N1000-31/600/610-610 二次再热机组超高压缸进汽结构示意图

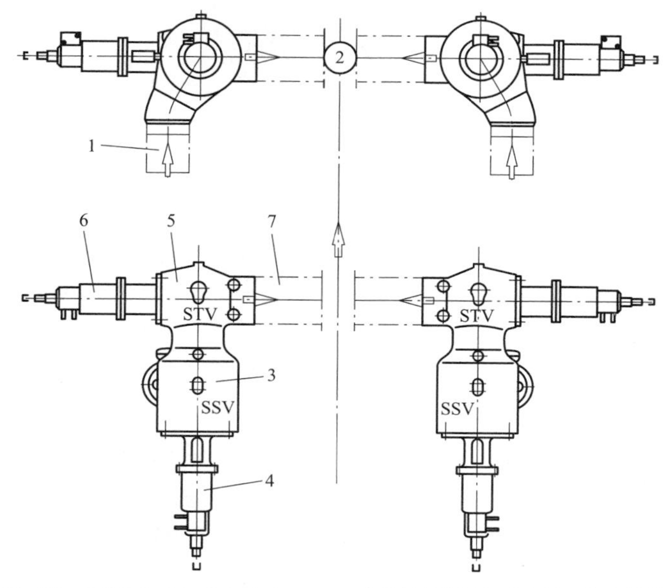

图 10-74　N1000-31/600/610/610 二次再热机组超高压缸进汽结构图

1—主蒸汽进口；2—超高压缸；3—主汽门；4—主汽门油动机；5—主调门；6—主调门油动机；7—进汽插管

主蒸汽进入主蒸汽进口（件号 1）通过超高压主汽门和调阀，超高压调阀通过进汽插管和超高压缸相连，主蒸汽离开超高压调阀通过进汽插管（7）进入超高压内缸。因为进汽插管很短，在超高压调阀和超高压缸之间的封闭空间也就很小，这一点对超高压主汽门关闭时的机组安全性非常有利。

主汽阀是一个内部带有预启阀的单阀座式提升阀。蒸汽经由主蒸汽进口进入装有永久滤网的阀壳内，当主汽门关闭时，蒸汽充满在阀体内，并停留在阀碟外。主汽门打开时，阀杆带动预启阀先行开启，从而减少打开主汽门阀碟所需要的提升力，以使主汽门阀碟可以顺利打开。在阀碟背面与阀杆套筒相接触的区域有一堆焊层，能在阀门全开时形成密封，阀杆由一组石墨垫圈密封与大气隔绝，另外，在主汽门上也开有阀杆漏汽接口。主汽门由油动机开启，由弹簧力关闭。超高压主汽门和调阀组件如图 10-75 所示。

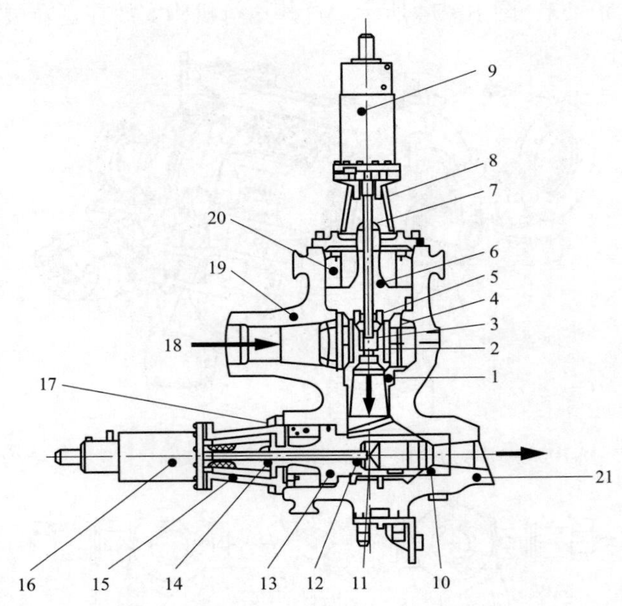

图 10-75 超高压主汽门和调阀组件

1—主门阀座；2—阀碟；3—阀杆（含小阀碟）；4—滤网；5—阀杆衬套；6—内阀盖；7—压板；8—外阀盖；9—油动机；10—调门阀座；11—阀杆（含阀碟）；12—阀杆衬套；13—内阀盖；14—压板；15—外阀盖；16—油动机；17、20—螺纹环；18—主蒸汽进汽口；19—主汽门；21—主调阀

永久滤网（见图 10-76）安装在超高压主汽门阀壳内，用以过滤蒸汽，以免异物进入汽缸损伤叶片。另外小网眼、大面积的不锈钢永久性滤网可以使阀门进汽更加均匀，从而减少阀门的压损。其特点是过滤网直径小，滤网刚性好，不易损坏。

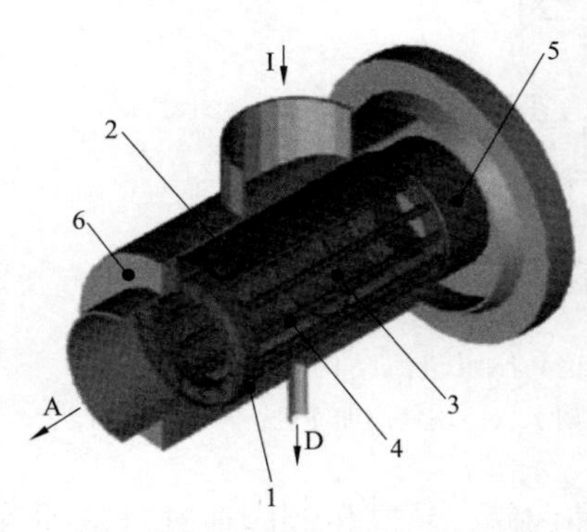

图 10-76 永久滤网

1—环；2—滤网片；3—加强环；4—支撑杆；5—环；6—壳体（可选）；A—出汽；I—蒸汽进汽；D—疏水

永久滤网结构：滤网片由波纹状的钢带在滤网框架的外侧组装而成。这种滤网的设计方式提高了滤网的过滤效果，特别是对那些以高速运行碰撞到滤网面上的颗粒起到很好的作用。滤网框架包括了前后两个环并有很多支撑杆焊接连接在两环之间，支撑杆又由内侧的加强环拉牢。该种滤网设计适用于由外向内进汽的单流蒸汽。如果滤网比较长，滤网片可以由分开几部分组成，波纹状钢带的末端连接在 T 型截面的连接环上。

滤网（见图 10-77）的最大目径由波纹状突起的高度所决定，为 1. 8mm，有效通流面积至少为蒸汽管道通

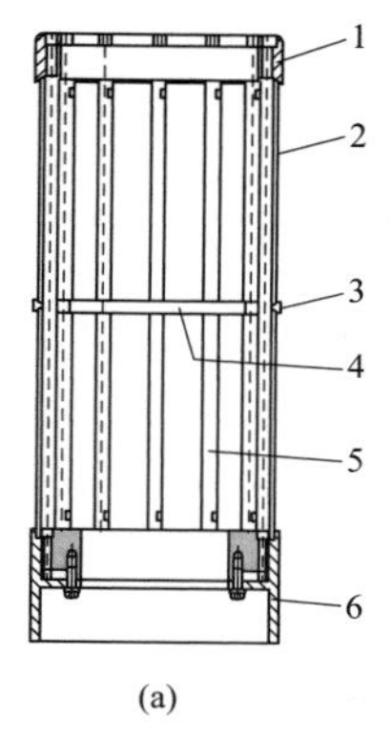

(a)

(b)

(c)

图 10-77　滤网

（a）蒸汽滤网装配图；（b）波纹状钢带；（c）滤网片

1—环；2—滤网片；3—连接环；4—加强环；5—支撑杆；6—环

流横截面积的 3 倍。这种设计的滤网既用于汽轮机启动/试运行期间，也适用于汽轮机正常运行中。

调节阀的工作环境与主汽阀基本相同，因此在设计或选用调节阀及其部件时应注意的事项与主汽阀的基本相同。然而，调节阀的功能与主汽阀有较大差别。

调节阀的功能是通过改变阀门开度来控制汽轮机的进汽量。在汽轮发电机组并网带负荷之前，调节阀不同的开度（在蒸汽参数不变情况下）对应不同的转速，开度大则进汽量大，相应的转速高；在汽轮发电机组并网带负荷之后，调节阀不同的开度（在蒸汽参数不变情况下）对应不同的负荷，即开度大发出的功率也大。调节阀在部分开度情况下，蒸汽将发生节流现象。造成蒸汽在不做功情况下的熵增，损失一部分能量，做功能力降低。因此，在进行汽轮机的配汽设计时，应使调节阀在正常运行时处于全开状态。

该汽轮机的进汽调节方式采用全周进汽滑压运行。该汽轮机取消调节级，也无补汽阀。这种机组在额定工况以下时，调节阀基本保持全开。机组不具备非常好的调频能力。为此我们采用利用凝结水节流、减少汽机抽汽的方式来增加升负荷初期的速率，满足省调对一次调频和 AGC 升负荷速率要求。

调节阀结构，带有中空阀碟的阀杆在位于内阀盖的阀杆衬套内滑动。在阀碟上设有平衡孔以减小机组运行时打开调阀所需的提升力。阀碟背部同样有堆焊层，在阀门全开时形成密封面。在内阀盖里有一组垫圈将阀杆密封与大气隔绝。同样的，调阀也由油动机开启，由弹簧力关闭，这样在系统或汽轮机发生故障时，主门和调阀能够立即关闭，确保安全。

（二）高压缸配汽部分

高压汽轮机阀门布置如图 10-78 所示。高压汽轮机设置两只截止阀与两只调节阀，安置在汽轮机高压缸的两侧。每只截止阀与调节阀合并放置在共用的阀体内。每只截止阀与调节阀具有各自的油动机，分别为高压主汽门执行机构和高压调阀执行机构。这些执行机构安放在运转层的高度，方便接近。

一次再热蒸汽进入再热蒸汽进口通过高压主汽门和调阀，每个调阀由法兰连接至汽缸上，蒸汽通过进汽插管进入高压内缸。因为进汽插管路径很短，在高压主调阀和高压缸之间的封闭空间也就很小，这一点对主汽门关闭时的机组安全性非常有利。

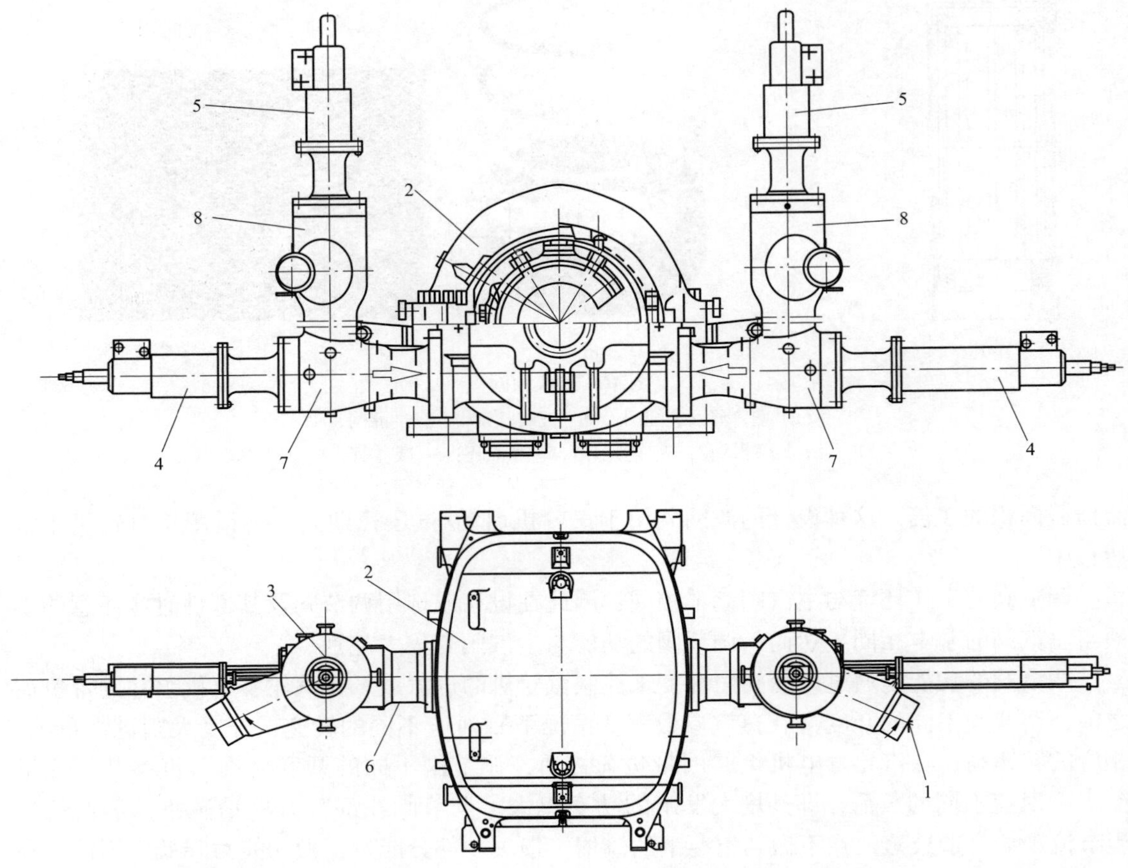

图 10-78　高压汽轮机阀门布置图

1—蒸汽入口；2—高压缸；3—高压主汽门和调阀；4—高压调阀执行机构；
5—高压主汽门执行机构；6—进汽喷嘴；7—高压调阀；8—高压主汽门

一次再热主汽门/调节阀用来控制进入高压缸的一次再热蒸汽。它们的结构原理与超高压主汽阀和调节阀大同小异。

高压主汽门可以迅速关断并截止来自再热蒸汽管道的蒸汽，高压主汽门设计为有极短的关闭时间和稳定的可靠性。高压调阀一般根据机组需求的负荷控制进入高压缸的蒸汽流量。在机组启动阶段，汽轮机控制系统控制 VHP/HP/IP 的进汽调阀，和一次再热启动类似，VHP 超高压缸首先开启，控制汽轮机冲转。当流量指令到 20%时，高、中压调阀同时开始开启，调节汽轮机高、中缸的进汽流量，三个缸同时控制流量，使汽轮机冲转及并网带负荷。同时和一次再热相同，为了防止流量过低引起超高压、高压缸末级叶片鼓风发热，根据超高压、高压缸排汽温度自动调整超高/高压/中压缸的进汽流量分配。

高压主汽门是一个内部带有预启阀小阀的单阀座式提升阀。蒸汽经由再热蒸汽进口通过永久滤网进入阀壳内，如果此时高压主汽门关闭，蒸汽仍充满在阀体内，并加载在阀碟上。阀杆带动预启阀打开以减少蒸汽加在高压主汽门阀碟上的压力，以使高压主汽门阀碟可以顺利打开。在阀碟的背面有堆焊层并能在阀门全开时与阀杆套筒端面形成密封面，阀杆由一组石墨垫圈密封与大气隔绝，另外在高压主门上也开有阀杆漏汽接口。高压主汽门由油动机开启，弹簧力关闭。

永久滤网安装在高压主汽门阀壳内，用以过滤蒸汽，以免异物进入汽缸损伤叶片。另外小网眼、大面积的不锈钢永久性滤网可以使阀门进汽更加均匀，从而减少阀门的压损。

高压主汽门和调门组件如图 10-79 所示。

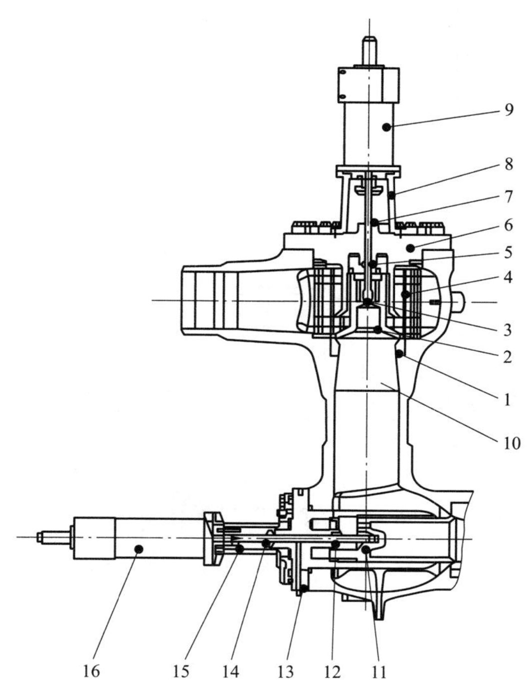

图 10-79　高压主汽门和调门组件

1—阀座；2—阀碟；3—阀杆（带小阀碟）；4—蒸汽滤网；5—阀杆衬套；6—内阀盖；7—密封垫圈；8—外阀盖；9—高压主汽门油动机；10—扩散器；11—阀杆；12—衬套；13—内阀盖；14—密封垫圈；15—外阀盖；16—高压调门油动机

高压调阀带有中空阀碟的阀杆在位于内阀盖的阀杆衬套内滑动。在阀碟上设有平衡孔以减小机组运行时打开调门所需的提升力。阀碟后部依然有堆焊层，在阀门全开时形成密封面。在内阀盖里有一组垫圈将阀杆密封与大气隔绝。同样的，调门也由油动机开启，弹簧力关闭，这样在系统或汽轮机发生故障时，高压主门和调门能够立即关闭，确保安全。

（三）中压缸配汽部分

中压汽轮机阀门布置如图 10-80 所示。中压汽轮机设置两只截止阀与两只调节阀，安置在汽轮机中压缸的两侧。每只截止阀与调节阀合并放置在共用的阀体内。每只截止阀与调节阀具有各自的油动机，分别为中压主汽门执行机构（5）和中压调阀执行机构（4）。这些执行机构安放在运转层的高度，方便接近。

二次再热蒸汽进入再热蒸汽进口（1）通过中压主汽门（8）和调阀（7），每个调阀由法兰连接至汽缸上，蒸汽通过进汽插管（6）进入中压内缸。因为进汽插管路径很短，在中压主调阀和中压缸之间的封闭空间也就很小，这一点对主汽门关闭时的机组安全性非常有利。

二次再热主汽门/调节阀用来控制进入中压缸的二次再热蒸汽。它们的结构原理与高压主汽阀和调节阀大同小异。

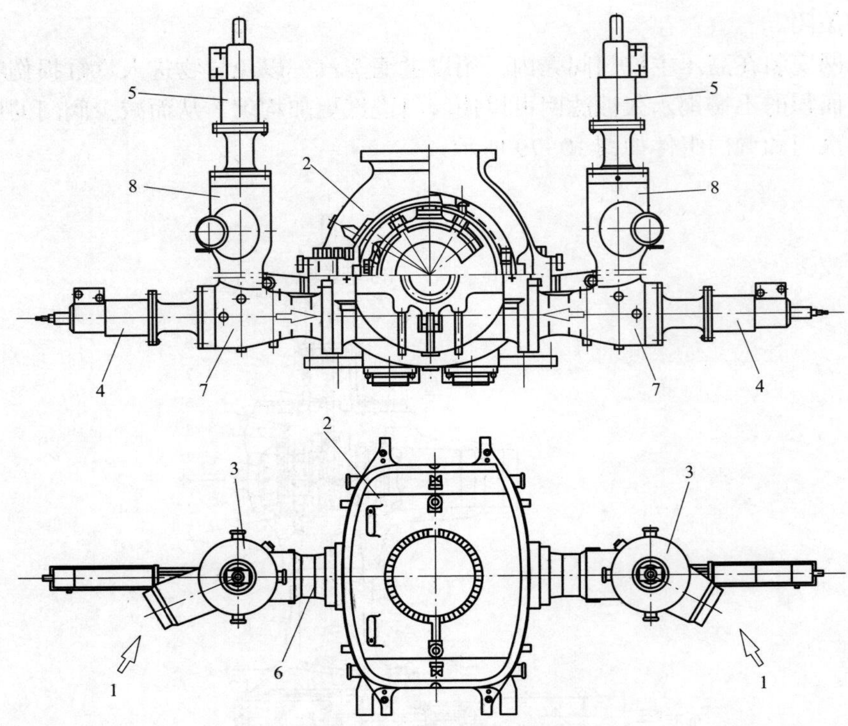

图 10-80 中压汽轮机阀门布置图

1—蒸汽入口；2—中压缸；3—中压主汽门和调阀；4—中压调阀执行机构；5—中压主汽门执行机构；6—进汽喷嘴；7—中压调阀；8—中压主汽门

中压主汽门和中压调门结构图如图 10-81 所示。

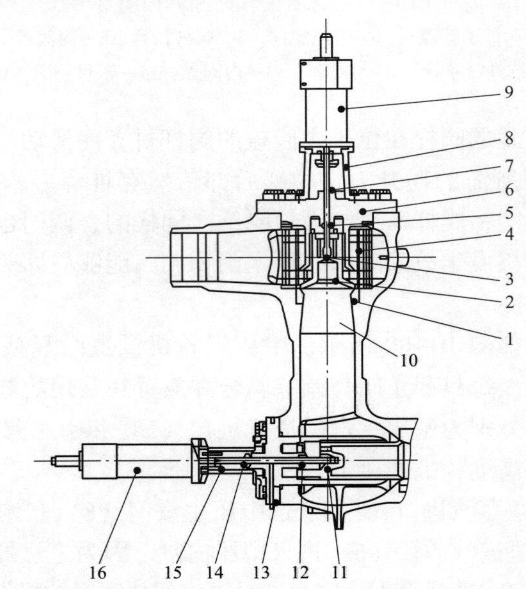

图 10-81 中压主汽门和中压调门结构图

1—阀座；2—阀碟；3—阀杆（带小阀碟）；4—蒸汽滤网；5—阀杆衬套；6—内阀盖；7—密封垫圈；8—外阀盖；9—中压主汽门油动机；10—扩散器；11—阀杆；12—衬套；13—内阀盖；14—密封垫圈；15—外阀盖；16—中压调门油动机

中压主汽门可以迅速关断并截止来自再热蒸汽管道的蒸汽，中压主汽门设计为有极短的关闭时间和稳定的可靠性。中压调阀一般根据机组需求的负荷控制进入中压缸的蒸汽流量。在机组启动阶段，汽轮机控制系统控制 VHP/HP/IP 的进汽调阀，和一次再热启动类似，VHP 超高压缸首先开启，控制汽轮机冲转。当流量指令到 20%时，高中压调阀同时开始开启，调节汽轮机高中缸的进汽流量，三个缸同时控制流量，使汽轮机冲转及并网带负荷。同时和一次再热相同，为了防止流量过低引起超高压、高压缸末级叶片鼓风发热，根据超高压、高压缸排汽温度自动调整超高/高压/中压缸的进汽流量分配。

中压主汽门是一个内部带有预启阀小阀的单阀座式提升阀。蒸汽经由再热蒸汽进口通过永久滤网进入阀壳内，如果此时中压主汽门关闭，蒸汽仍充满在阀体内，并加载在阀碟上。阀杆带动预启阀打开以减少蒸汽加在中压主汽门阀碟上的压力，以使中压主汽门阀碟可以顺利打开。在阀碟的背面有堆焊层并能在阀门全开时与阀杆套筒端面形成密封面，阀杆由一组石墨垫圈密封与大气隔绝，另外在中压主门上也开有阀杆漏汽接口。中压主汽门由油动机开启，弹簧力关闭。

永久滤网安装在中压主汽门阀壳内，用以过滤蒸汽，以免异物进入汽缸损伤叶片。另外小网眼、大面积的不锈钢永久性滤网可以使阀门进汽更加均匀，从而减少阀门的压损。

中压调阀带有中空阀碟的阀杆在位于内阀盖的阀杆衬套内滑动。在阀碟上设有平衡孔以减小机组运行时打开调门所需的提升力。阀碟后部依然有堆焊层，在阀门全开时形成密封面。在内阀盖里有一组垫圈将阀杆密封与大气隔绝。同样的，中压调门也由油动机开启，弹簧力关闭，这样在系统或汽轮机发生故障时，中压主门和中压调门能够立即关闭，确保安全。

二、东方汽轮机厂 660MW 二次再热汽轮机配汽系统

（一）超高压主汽调节阀

该机型有 2 套超高压主汽调节阀，每套超高压主汽调节阀由 1 个超高压主汽阀和 1 个超高压调节阀组成。超高压阀门采用双层阀盖结构，悬吊在机头前的运行层下。主汽阀位于汽轮机调节阀前的主蒸汽管道上，每个主汽阀有一个进汽口和一个连接到调节阀腔室的出汽口。两只主汽阀成一字型左右排列，并与两只调节阀组焊成一体后用吊架悬挂在机头前面的运行平台下，并用水平限位拉杆限制横向位移。从主汽阀出来的蒸汽进入调节阀，然后经调节阀后的主汽管进入超高压缸。主汽阀、调节阀分别由各自的油动机操纵。如图 10－82 所示。

主汽阀配合直径处堆焊有司太立合金，以提高密封面的耐磨性。在主汽阀杆上设有锥形密封面，主汽阀在全开位置时，阀杆锥面紧贴套筒密封面，防止阀杆漏气。

主汽阀进口处装有测温电偶，以便监控阀壳的温差，减小热应力。

主汽阀内装有临时滤网（细目），供电厂在试运行期内使用，试运行结束后换上永久滤网（粗目）。

（二）高压主汽调节阀

该机型有 2 套高压主汽调节阀，采用卧式阀门，浮动支撑布置结构，布置在运行平台上机组两侧。每个高压主汽调节阀由 1 个主汽阀和 1 个调节阀组成，与中压主汽调节阀上下两层摆放，高压阀门布置在下方，采用摆动支架方式，如图 10-82 所示。

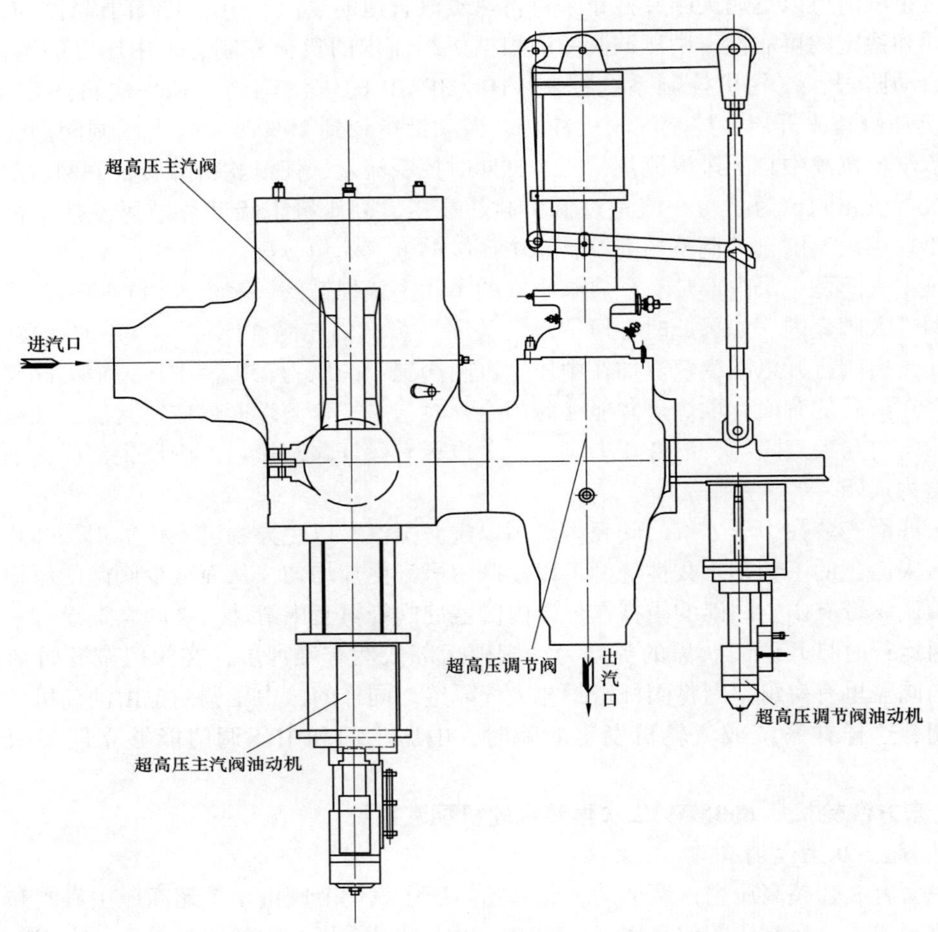

图 10-82 超高压主汽阀调节阀结构

主汽阀配合直径处堆焊有司太立合金，以提高密封面的耐磨性。在主汽阀杆和调节阀杆上设有锥形密封面，阀门在全开位置时，阀杆锥面紧贴套筒密封面，防止阀杆漏气。

主汽阀进口处装有测温电偶，以便监控阀壳的温差，减小热应力。

主汽阀内装有临时滤网（细目），供电厂在试运行期内使用，试运行结束后换上永久滤网（粗目）。

（三）中压主汽调节阀

该机型有 2 套中压主汽调节阀，采用卧式阀门，浮动支撑布置结构，与高压阀门上下两层摆放，分别布置在运行平台上机组两侧，中压阀门布置在上方，每个低压主汽调节阀由 1 个主汽阀和 1 个调节阀组成。中压主汽调节阀采用摆动吊架形式，如图 10-83 所示。

主汽阀配合直径处堆焊有司太立合金，以提高密封面的耐磨性。在主汽阀杆和调节阀杆上设有锥形密封面，阀门在全开位置时，阀杆锥面紧贴套筒密封面，防止阀杆漏气，如图 10-84所示。

主汽阀进口处装有测温电偶，以便监控阀壳的温差，减小热应力。

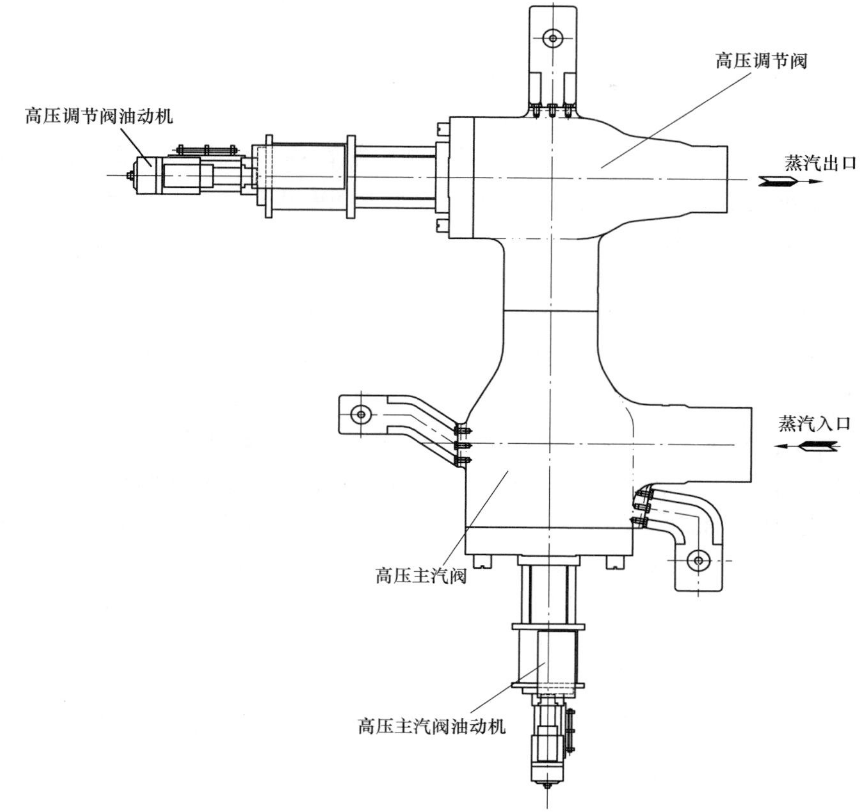

图 10-83　高压主汽阀调节阀结构图

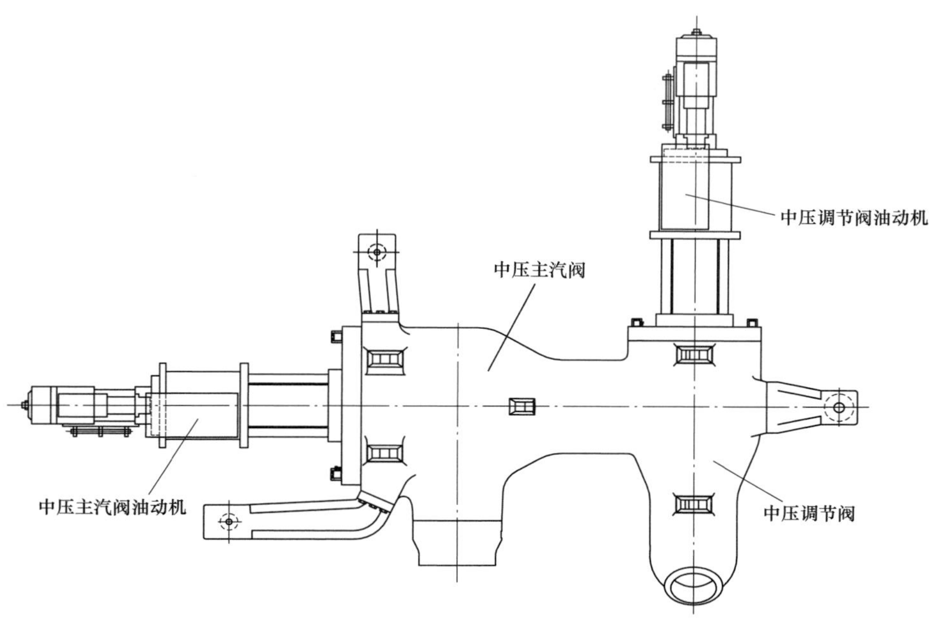

图 10-84　中压主汽调节阀结构图

主汽阀内装有临时滤网（细目），供电厂在试运行期内使用，试运行结束后换上永久滤网（粗目）。

（四）阀门的支承

超高压主汽调节阀采用刚性吊架支撑。使超高压主汽调节阀在 Y 向和 Z 向热膨胀位移为零，在 X 向能自由移动。在超高压主汽调节阀后部背一个油动机支架，超高压调节阀油动机倒挂在油动机支架上，并用独立刚性吊杆支承。超高压主汽调节阀吊架安装应严格按汽轮机本体安装及维护说明书有关部分要求执行，即要调整好吊杆和拉杆的偏装值，减少吊杆和拉杆的应力，保证阀门受热时能自由膨胀。

高、中压主汽调节阀采用弹性浮动式支承，能够允许较大的位移。阀门支架采用弹簧支架，高压主汽调节阀自由坐在弹簧支架上，弹簧支架随着高压主汽调节阀门热位移而自由偏转。中压主汽调节阀吊在弹簧支架上，弹簧支架随着中压主汽调节阀门热位移而自由偏转。

（五）超高压、高压、中压主汽管和主蒸汽、再热蒸汽、抽汽管道

新蒸汽通过两根主蒸汽管进入超高压主汽调节阀阀进口。蒸汽由调节阀出来，经过两根超高压主汽管道通向超高压缸的上下两个进汽口。超高压主汽管与上半进汽口采用法兰结构连接，下半进汽管道采用传统的焊接结构。

一次再热蒸汽经过一次再热热段管分别进入左、右侧的高压主汽调节阀，经过高压进汽管进入高中压外缸下半的高压缸进汽口。高压主汽管与阀门和汽缸均采用传统的焊接连接。

二次再热蒸汽经过二次再热热段管分别进入左、右侧的中压主汽调节阀，经过四根中压进汽管从高中压外缸上下半的四个进汽口进入中压进汽口。中压主汽管与阀门和汽缸也采用传统的焊接连接。

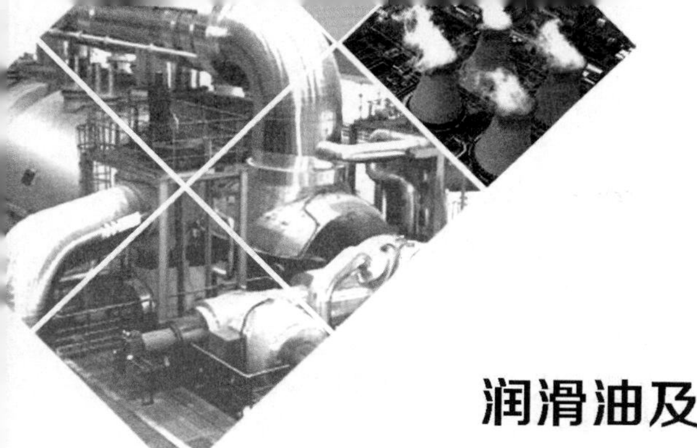

第十一章

润滑油及调节保安系统

根据汽轮机油系统的作用，一般将油系统分为润滑油系统和调节（保护）油系统两个部分。由于汽轮机的蒸汽参数提高、功率增大，蒸汽作用在主汽门和调节阀上的力相应增大开启阀门所需的提升力也愈来愈大，因此必须提高压力油的油压以增加油动机的提升力，减小油动机尺寸，改善调节动态特性。但压力油油压提高，泄漏的可能性增大，容易引起火灾。所以，多数大型机组的调节系统采用抗燃油。高压抗燃油是三芳基磷酸酯型的合成油，具有良好的抗燃性能和稳定性，因而在事故情况下若有高压动力油泄漏到高温部件上时，发生火灾的可能性大大降低。但由于高压抗燃油润滑性能差，且有一定的毒性和腐蚀性，不宜在润滑系统内使用，因而分别设置控制油和润滑油的供油系统。

第一节　主机油系统

一、主机润滑油系统

润滑油系统主要是向汽轮发电机组各轴承提供润滑、冷却用油，对轴承润滑同时带走轴承和转子摩擦所产生的热量；并向顶轴油系统及密封油系统提供油源。机组在启动盘车前先启动顶轴油泵，利用高压油把轴颈顶离轴瓦，消除两者之间的干摩擦，同时可以减少盘车的启动力矩，使盘车马达的功率减少。汽轮机轴承和发电机各轴承设有顶轴功能。

润滑油系统的主要作用有：首先，在轴承中要形成稳定的油膜，以维持转子的良好旋转；其次，转子的热传导、表面摩擦以及油涡流会产生相当大的热量，为了始终保持油温合适，就需要一部分油量来进行换热。另外，润滑油还为主机盘车系统、顶轴油系统提供稳定可靠的油源。

汽轮机的润滑油是用来润滑轴承，冷却轴瓦及各滑动部分。根据转子的重量、转速、轴瓦的构造及润滑油的黏度等，在设计时采用一定的润滑油压，以保证转子在运行中轴瓦能形成良好的油膜，并有足够的油量冷却。若油压过高，可能造成油挡漏油，轴承振动，油压过低会使油膜建立不良，易发生断油而损坏轴瓦。

润滑油系统的正常工作对于保证汽轮机的安全运行具有重要意义。如果润滑系统突然中断流油，即使只是很短时间的中断，也将引起轴瓦烧瓦，从而可能发生严重事故。此外，油流的中断同时将使低油压保护动作，使机组故障停机，因此必须给予足够的重视。

由于不同制造厂的汽轮发电机组整体布置各不相同，所以相应地润滑油系统的具体设置也有所不同。但从必不可少的要求来看，润滑油系统主要有润滑油箱（及其回油滤网、排烟风机、加热装置、测温元件、油位计）、主油泵、交流电机（备用）油泵、直流电动（事故）油泵、冷油器、油温调节装置（或油温调节阀）、轴承进油调节阀（或可调节流孔板）、滤油装置（或滤网）、油温/油压监测装置以及管道、阀门等部件组成。

N660-29.2/600/620/620 二次再热 660MW 机组，其润滑油系统主要由主油泵、油涡轮泵、交流辅助油泵、直流事故油泵及排烟风机组成。该机组采用传统的汽轮机转子直接驱动的主油泵-油涡轮系统（如图 11-1 所示），轴承用油由油涡轮供给，而油涡轮的动力油是由主油泵提供。主油泵出油主要分两路，一路通向保安系统用于危急遮断器喷油试验，一路通向射油器。主油泵进油分出一路向保安部套提供压力油。射油器有两只，一只向润滑系统供油，一只向主油泵进口供油。汽轮发电机组 1~10 号均轴承设有高压顶起装置。系统中备有两台 100%容量冷油器（一台运行、一台备用）。轴承润滑油压力 0.1~0.2MPa，润滑油压可以用溢流阀进行调整。各轴承进油口均设有节流孔板。各轴承和保安系统的回油通过回油母管流回油箱。

N1000-31/600/610/610 二次再热 1000MW 机组的润滑油系统主要由润滑油箱、主辅交流润滑油泵组（包括 2×100%离心泵）、应急油泵组（包括 1×100%离心泵）、三通温度调节阀、冷油器、滤油器、除油雾装置、顶轴油系统、液位变送器、加热器等以及控制装置和连接它们的管道及附件组成。

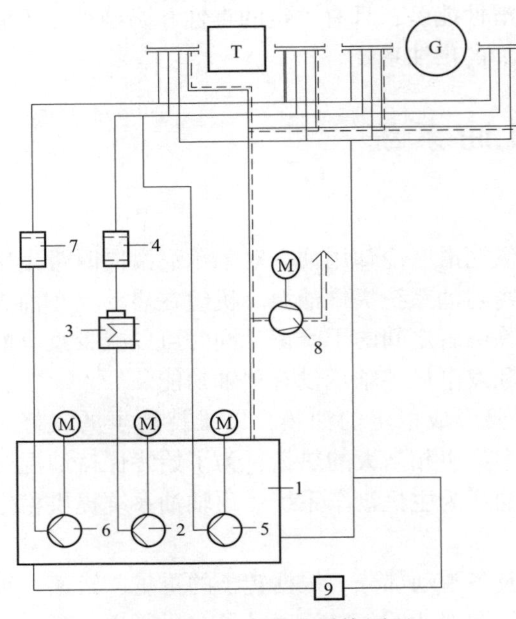

图 11-1 润滑油系统原理

1—主油箱；2—主油泵；
3—冷油器；4—过滤器（润滑油）；
5—危机油泵；6—顶轴油泵；
7—过滤器（顶轴油）；8—排烟风机；
9—油处理系统；T—汽轮机；
G—发电机；M—马达

由图 11-1 可以看出，正常运行时，主油泵直接从油箱吸油，润滑油经冷油器、滤油器，换热后以一定的油温供给汽轮机各轴承、盘车装置用户。润滑油节流阀将压力油系统内的油压减少到润滑油过滤器下游所需的润滑油压。在主油泵故障情况下，由直流事故油泵不经冷油器、滤网直接供给润滑油，作为紧急停机时的润滑油。对于启动和停机，以及低转速下盘车装置运行时，轴承还有顶轴油供油，顶轴油是由顶轴油泵经由过滤器供油到轴承下方。润滑油和顶轴油流出轴承，经由回油管道流到主油箱。排油烟风机维持润滑油系统中的微负压。油处理系统通过旁路净化规定的部分流量。

图 11-2 为 N1000-31/600/610/610 机组润滑油系统的的主油箱三维图。

该主油箱容量 38m^3，正常运行时油箱油容量约 36m^3，保证当厂用交流电失电的同时冷油器断冷却水的情况下停机时，仍能保证机组安全惰走，此时，润滑油箱中的油温不超过 80℃，并保证安全的循环倍率，通常为 8~12。当油箱油温低于 10℃，投入电加热器加热温度到 40℃。在油箱上布置两台交流电动机驱动的单级离心式主油泵，单级离心式直流事故油泵、3 台顶轴油泵，主油箱设置事故放油接口。底部还设置放水阀门，能在运行中进行放水和供化学取样。主油箱内装有回油滤网，回油滤网中摆放了 10 根 $\phi20$ 的磁棒，保证回油中大的固体污染物在到达主油箱的吸油区之前被主油箱内的滤网清除。

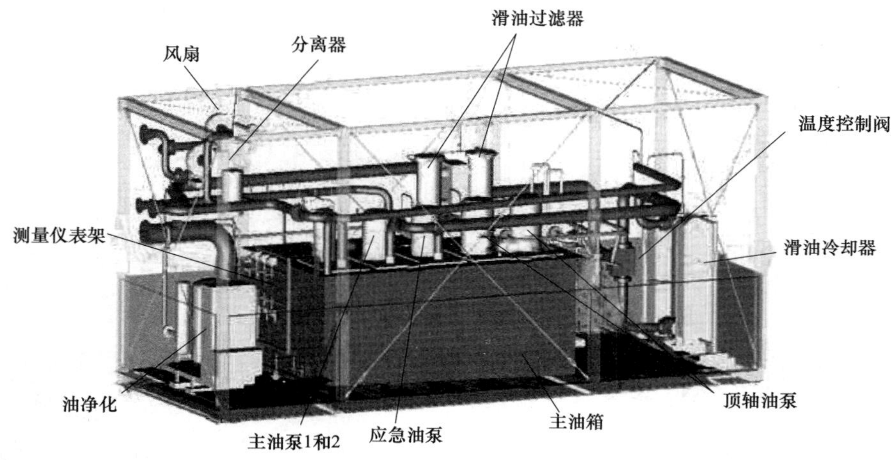

图 11-2　润滑油箱三维图

以下将具体介绍主机润滑油系统的主要设备。

（一）主油泵

N1000-31/600/610/610 二次再热机组与 N660-29.2/600/620/620 二次再热 660MW 机组的润滑油系统主要的区别在于主油泵不同，前者配置的是由电机驱动的主油泵，后者则是传统的汽轮机转子直接驱动的主油泵-油涡轮系统。

N660-29.2/600/620/620 二次再热机组的润滑油系统采用传统的汽轮机转子直接驱动的主油泵-油涡轮系统（如图 11-3 所示），轴承用油由油涡轮供给，而油涡轮的动力油是由主油泵提供。油涡轮处设有节流阀、旁路阀和泄油阀。节流阀主要控制进入油涡轮泵的压力油流量；旁路阀主要控制旁路（绕开油涡轮泵而直接进入润滑油系统）中的压力油流量；泄油阀控制最后的润滑油压力。

图 11-3　主油泵示意图

N1000-31/600/610/610 二次再热机组选用的是一种可靠的立式浸没式油泵（见图 11-4），构造简洁，紧凑，采用常规的单壳式壳体。油泵出口止回阀处设有放气孔，该设计不因液体中含有空气而影响到泵性能。采用单吸入式叶轮构造，采用该构造平衡孔不会产生推力载荷。主辅油泵的轴承是分上轴承和下轴承两部分组成，上轴承采用深沟轴承，可以承受油泵的残余轴向力，该轴承从油泵出口引压力油强制润滑。下轴承是圆柱滚子轴承，浸没在油里，内外圈可以滑动，油泵由于热膨胀等原因产生的偏差都可以通过它消除。该轴的密封不受泵排出压力的影响，因为排出管线是独立的，并且安装有油封。

N1000-31/600/610/610 二次再热机组选用的交直流油泵均为立式离心泵（见图 11-5），驱动电机安装于主油箱顶部，通过挠性联轴器与泵轴相连。电机支座上的推力轴承承受全部液动推力和转子重量。油泵浸没在最低油位线以下，因而油泵随时处于可起动状态。

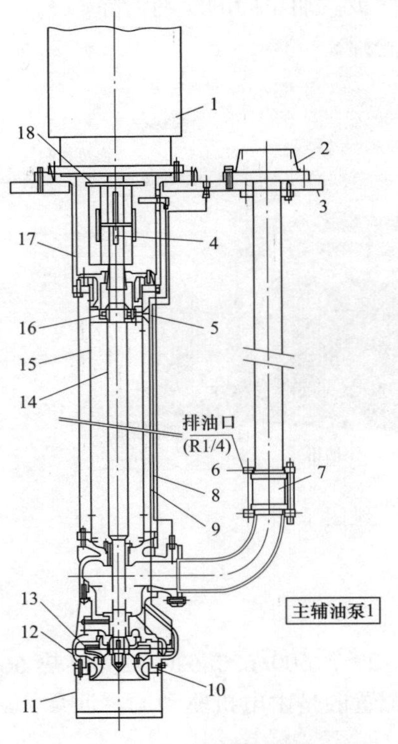

图 11-4　油泵外形图

1—电动机；2—接口法兰；3—泵安装板；4—齿形联轴器；
5—润滑油喷嘴；6—排油接口；7—逆止阀；8—测压管路；
9—轴承润滑油管路；10—O 型密封圈；11—吸油过滤器；
12—离心泵罩壳；13—叶轮；14—离心泵轴；15—离心泵轴套；
16—轴承；17—联轴器罩；18—挡油板

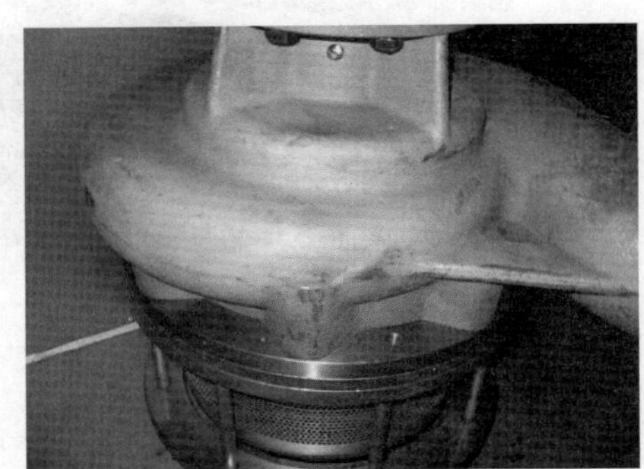

图 11-5　立式离心油泵

N1000-31/600/610/610 二次再热机组与 N1000-31/600/620/620 二次再热机组的主油泵参数对比见表 11-1。

表 11-1　　主油泵参数对比

机组	N1000-31/600/610/610		N1000-31/600/620/620	
设备	型号	技术参数	型号	技术参数
交流润滑油泵	ETA 80-250VL	型式：电动离心泵，容量 198m³/h，出口压力：0.55MPa，转速 2900r/min	FLY252-31	容量：252m³/h；出口压力：0.55MPa；转速 2950r/min

（二）直流事故油泵（EOP）

直流事故油泵（EOP）在机组事故工况、系统供油装置无法满足需要或交流电源失去的情况下使用，提供保证机组顺利停机需要的润滑油。当润滑油压力低于 0.105MPa，自动联启直流事故油泵。

N1000-31/600/610/610 二次再热机组直流油泵采用的是浸没式油泵，直接从主油箱内吸油。当由于三相电源供应故障主油泵不能适用透平油供应时，由危急油泵输送透平油绕过冷油器和过滤器到润滑油系统。其主要技术参数见表 11-2。

表 11-2　　N1000-31/600/610/610 二次再热机组直流事故油泵的技术规范

设备	型号	技术规范
直流事故油泵	ETA 80-160VL	型式：电动离心泵；容量：198m^3/h；出口压力：0.25MPa；转速 2900r/min

（三）冷油器

冷油器按安装形式，分为立式和卧式两种；按冷却管形式分为光管式和强化传热管式两种；按结构形式又分为管式和板式。

N1000-31/600/620/620 二次再热机组润滑油系统则采用的是两台 100%管式冷油器，在正常运行工况，一台运行，一台备用。每台根据汽轮发电机组在设计冷却水温度（38℃）、面积余量为 5%情况下的最大负荷设计。油路为并联，用了一个特殊的切换阀进行切换，因而可在不停机的情况下对其中一个冷油器进行清理。它以循环水作为冷却介质，带走润滑油的热量，保证进入轴承的油温为 40~46℃。（冷油器出口油温为 45℃）利用该设备可使具有一定温差的两种液体介质实现热交换，从而达到降低油温，保证润滑油系统正常运行的目的。

而 N1000-31/600/610/610 二次再热机组润滑油系统采用二台 100%的板式冷油器结构，如图 11-6 所示，在正常运行工况，一台投入运行，另一台备用。在某些特殊工况下，两台冷油器也可以同时运行。

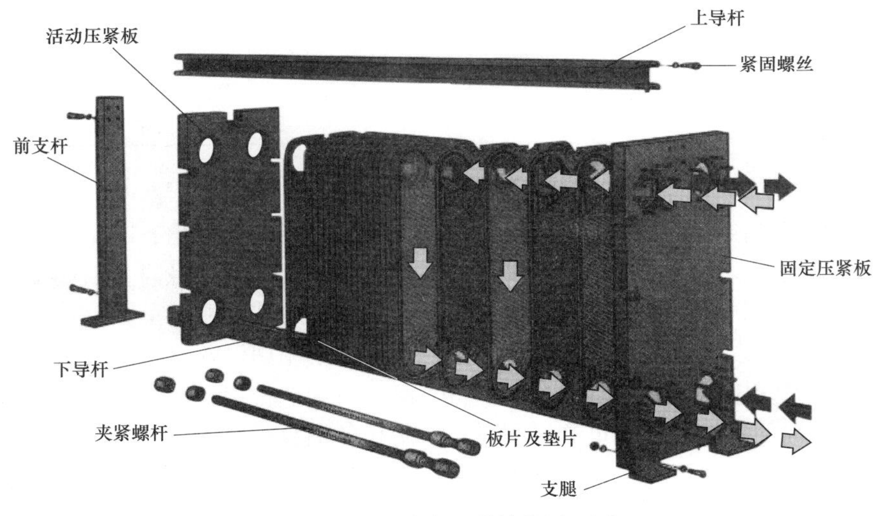

图 11-6　板式冷油器结构原理图

板式冷油器，具有效率高、可靠性强、结构紧凑、冷却水量小、经济性高等优点。两台冷油器集装在一个公共底盘上，也有利于电厂的安装。

此外，上海汽轮机厂一次再热 1000MW 机组，如国电谏壁电厂还在冷油器与交流润滑油泵出口后配备了三通温度调节阀，该阀通过调整冷热油量，将冷油器出口油温度控制在一个稳定值。当前，上海汽轮机厂已投产二次再热 1000MW 机组均未选用温度调节阀。只通过水侧流量来调节冷油器出口油温度。

在汽轮机润滑油供油系统中，当冷油器选用 100%备用容量时，采用换向阀作为两台冷油器之间的切换设备，它具有操作简便，不会由于误动作，造成润滑油系统断油的特点。

切换阀由阀体、阀芯、手轮、密封架等零部件组成的L型三通切换球阀，润滑油从切换阀下部入口进入，经冷油器冷却后，由切换阀上部出口进入轴承润滑油供油母管，阀芯所处的位置，决定了相应的冷油器投入状况，在润滑油运行的时候需要做切换动作时，需要先把切换阀上的平衡阀打开，待两边的冷油器压力平衡时，才能搬动手轮，进行切换操作，在切换阀内，密封架上设置了止动块，用以限制阀芯的转动，当手轮搬不动时，表明切换阀已处于切换后的正常位置，关闭平衡阀。当需要两台冷油器同时投入工作时，应将换向手轮旋转到阀芯处于中间位置的时候停止，这样，润滑油可经阀芯分别进入两台冷油器。

N1000-31/600/610/610、N1000-31/600/620/620、N660-29.2/600/620/620二次再热机组冷油器及冷油器切换阀技术参数见表11-3。

表11-3 N1000-31/600/610/610、N1000-31/600/620/620、N660-29.2/600/620/620二次再热机组冷油器及冷油器切换阀技术参数

机组	N1000-31/600/610/610		N1000-31/600/620/620		N660-29.2/600/620/620	
设备	型号	技术规范	型号	技术规范	型号	技术规范
冷油器	VT80 B-16155	型式：板式；冷却面积≈110m²，冷却水入口设计温度38℃，出口油温50℃，冷却水流量≈250m³/h，油量198m³/h，水阻0.06MPa，最大设计压力16bar，a	—	管式冷油器；设计冷却水温度：38℃；冷油器出口油温：45℃	J107MGS -10/5	冷却面积：329.56m²；冷却水量408.9m³/h；冷却水温：38℃；冷却油量：295m³/h；进口油温65℃；出口油温：45℃
冷油器切换阀	LDL200B	设计压力：1.0MPa；试验压力：1.25MPa；设计温度：≤100℃	—	—	FQ-6-250	公称直径：DN250mm；工作压力：0.6MPa；最大工作温度：≤80℃

（四）排烟系统

汽轮机润滑油系统在运行中会形成一定油气，主要聚积在轴承箱、前箱、回油管道和主油箱油面以上的空间，如果油气积聚过多，将使轴承箱等内部压力升高，油烟渗过挡油环外溢。为此，润滑油系统中通常设有两台排烟装置，安装在集装油箱盖上，它将排烟风机与油烟分离器合为一体。该装置使汽轮机的回油系统及各轴承箱回油腔室内形成微负压，以保证回油通畅，并对系统中产生的油烟混合物进行分离，将烟气排出，将油滴送回油箱，减少对环境的污染，保证油系统安全、可靠；同时为了防止各轴承箱腔室内负压过高、汽轮机轴封漏汽窜入轴承箱内造成油中进水，在排烟装置上设计了一套风门，用以控制排烟量，使轴承箱内的负压维持在1kPa。

N1000-31/600/610/610二次再热机组润滑油系统排烟系统主要设备包括两台排烟风机、两台油烟分离器。在排烟装置上设计了一套风门，用以控制排烟量，维持轴承座、回油管线和主油箱液面上方的微负压，要求低压汽轮机最后一只轴承处达到25～75mm水柱的真空。防止透平油或油烟溢出到大气。透平油和油烟被排油烟风机的分离器分离，使释放到大气中的空气不含油分。

二、顶轴油系统

设置汽轮发电机组的油系统，是为了避免盘车时发生干摩擦，防止轴颈与轴瓦相互损伤。在汽轮机组由静止状态准备启动时，轴颈底部尚未建立油膜，此时投入顶轴油系统，为了使机组各轴颈底部建立油膜，将轴颈托起，以减小轴颈与轴瓦的摩擦，同时也使盘车装置能够顺利地盘动汽轮发电机转子。

机组在启动盘车前，利用顶轴油泵出口 15.5～20MPa（g）的高压油把轴颈顶离轴瓦（0.05～0.08mm），消除两者之间的干摩擦，同时可以减少盘车的启动力矩，使盘车马达的功率可以减少。汽轮机和发电机轴承均设有顶轴功能。

N1000-31/600/610/610 二次再热机组顶轴系统为母管制，配有三台叶片泵（两台运行一台备用），布置于油箱顶部合适的位置。油泵用润滑油取自油箱内部。顶轴泵出口有滤网，溢流阀、压力表和压力变送器等。溢流阀调整值为 25.5MPa（g）。

每一轴承顶轴油管路中配置逆止阀、节流调阀及固定式压力表。顶轴油系统退出运行后，可利用该系统测定各轴承油膜压力，以了解轴承的运行情况。

系统流程：顶轴油泵油源来自油箱，经油泵升压后，油泵出口的油压力为 25MPa，压力油经过高压过滤器进入分流器，节流阀、经单向阀，最后进入各轴承。通过调整节流阀可控制进入各轴承的油量及油压（只在调试时使用），使轴颈的顶起高度在合理的范围内，泵出口油压由溢流阀调定。顶轴系统还向主机盘车装置的液压马达供油。在机组盘车时或跳闸后都能顺利投入运行。

为确保顶轴油系统稳定的压力，顶轴油泵出口还配备有压力控制组件。压力控制组件是集成在一起的一个控制单元，包含压力控制阀、流量控制阀、高压板式球阀等。为了保证顶轴油系统的清洁度，系统还设有双联过滤器。过滤器配有球阀，内置旁通阀，还配有排污阀，在设备检修是可以将过滤器中剩余的润滑油排静，便于更换滤芯。过滤器配有压差开关，在滤芯堵塞时可以通过电气控制发出报警，提醒更换滤芯，以保证油液的清洁。顶轴油过滤器与压力控制组件组合在一起，这样可以集中控制高压顶轴油，也方便运输、操作、安装、检修。顶轴油泵结构简图如图 11-7 所示，阀块组件结构如图 11-8 所示。

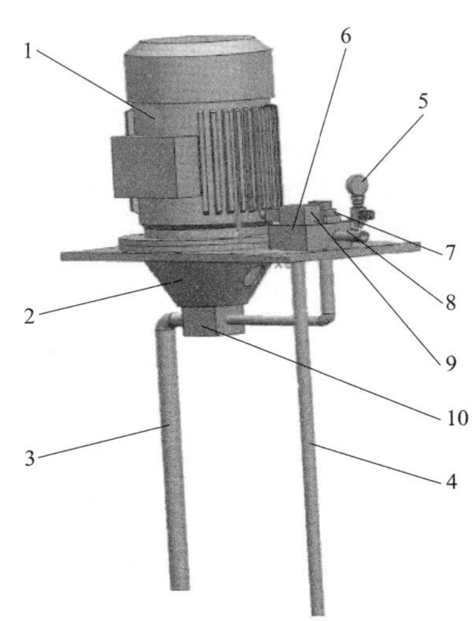

图 11-7　顶轴油泵结构简图

1—马达；2—联轴器罩；3—吸油管路；4—阀块卸油管路；5—耐震压力表；6—阀块组件；7—压力控制阀；8—逆止阀；9—电磁换向阀；10—高压叶片泵

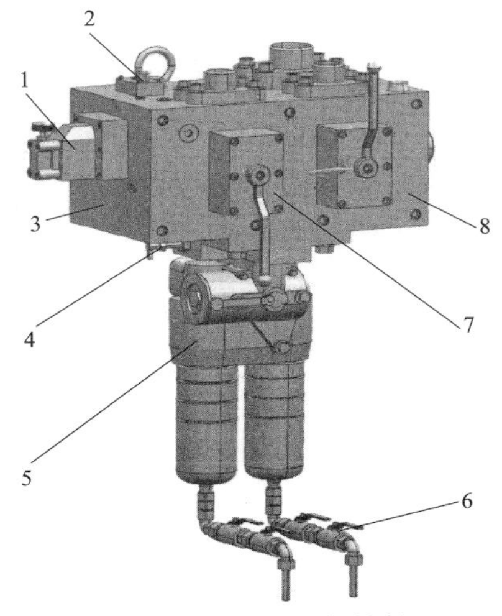

图 11-8　阀块组件结构

1—压力控制阀；2—节流针阀；3—阀块组件；4—压力开关；5—双联滤油器；6—排污球阀；7—高压板式球阀；8—阀块上附件

上海汽轮机厂二次再热机组的盘车装置运行期间由顶轴油驱动液压盘车马达，参数如表11-4所示，在顶轴油系统无压力时为液压马达供应润滑油。汽轮发电机组在额定转速运行期间，液压盘车马达借助润滑油缓慢旋转。一个逆止阀防止顶轴油进入润滑油系统。液压盘车马达的驱动油阀门由相关的电磁阀驱动，只要相关的电磁阀没有通电，就为盘车马达供应顶轴油作为驱动油。

表 11-4 N1000-31/600/610/610、N1000-31/600/620/620 顶轴油系统设备技术参数

机组	N1000-31/600/610/610		N1000-31/600/620/620	
设备	型号	技术参数	型号	技术参数
顶轴油泵	T6DY-028	型式：叶片泵；容量：5500kg/h；出口压力：25MPa；转速：1500r/min	168-09.07G01	容积式叶片泵；容量：56.4m^3/h；出口压力：17.5MPa；转速：1500r/min
顶轴油过滤器	HH4741G 240RTWM	额定压力 0~450bar，额定温度-43~120℃	—	—

三、润滑油净化系统

润滑油净化系统作用是将汽轮机润滑油进行过滤、净化处理，使润滑油的油质达到使用要求。油净化系统主要设备包括脏、净油箱、润滑油输送泵、主机油净化装置和小机油净化装置。主机油净化装置采用 NP073 系列真空滤油机，采用真空的方工除水、高效过滤器除杂质，可以连续在线运行。

油净化装置同时具有脱水、精滤功能。脱水能力：净化后的油质无游离水分，油液中水分含量不大于 50mg/L，油净化装置不仅能脱除游离态的水，而且能深层次地脱除油液中的溶解水。可以达到游离水去除率 100%，溶解水去除率不小于 80%的能力；去杂质能力：油液清洁度不低于 NAS1638 标准 5 级，滤芯要求过滤流量大，纳污量大。单次过滤效率不低于 99.9%。即 3μm 及以上颗粒单次过滤，每 1000 个颗粒最多透过滤芯的数量不超过 1 个。高效过滤器可以减少颗粒在系统中循环时间，减少系统的磨损。为了保证油净化装置的连续安全可靠运行，防止漏油、跑油的现象发生，该装置能监测装置中的液位和过滤器状态，在高、低液位超限时能够实现自动安全停机。经处理后油质不得改变油品的性质，该装置不采用干燥剂，也不采用高真空，不加热，故它不会改变所处理油液的理化性质。滤芯采用惰性材料制造，且系统密封件不与液压油相溶。N1000-31/600/610/610、N660-29.2/600/620/620 润滑油净化装置系统设备技术参数比较见表 11-5。

表 11-5 润滑油净化装置系统设备技术参数

机组	N1000-31/600/610/610		N660-29.2/600/620/620	
设备	型号	技术参数	型号	技术参数
润滑油净化装置	HNP073 R3HVP	进口过滤器：FL01；过滤精度：105μm；进口泵 P01 流量：71L/min；出口泵 P02 流量：110L/min	21CS10-160N	结构形式：单层；设计压力：1.0MPa；工作压力：0.98MPa；设计温度：65℃；过滤精度：4μm；容积：0.65m^3；额定流量：200L/min

第二节 EH 油 系 统

汽轮机调节保安系统是保证汽轮机安全可靠稳定运行的重要组成部分。现在大容量机组均采用新型的高压抗燃油数字电液控制系统（Digtal Electro-Hydraulic Control，简称 DEH 或 D-EHC）。DEH 与传统的机械液压调节相比，极大的简化了液压控制回路，不仅转速控制范围大、调整方便、响应快、迟缓小和实现机组自启停等多种复杂控制，而且提高了工作可靠性，简化了系统的维护和维修。

N1000-31/600/610/610 二次再热机组高压控制油系统主要设备及功能进行介绍。

图 11-9 是 EH 油系统简图。该机组的 EH 油供油系统的任务是给超高压缸 VHP、高压缸 HP 和中压缸 IP 的主汽门、调节门的电液执行机构提供控制油。它的基本功能包括：①储存控制油以及确保控制油从阀门执行机构返回；②主控制油泵的任务是使液压蓄能器达到运行压力并保持此压力；③冷却和过滤循环系统的任务是冷却控制油到需要的温度，持续的过滤控制油以保持液压系统的基本清洁度；④再生循环系统的任务是维持控制油的化学特性；⑤EH 油供油系统的技术要求：⑥控制油使用抗燃油，在运行时控制油的纯度按照 ISO4406 标准为 15/12；⑦系统油压为 16MPa；⑧系统最大允许压力为 21MPa；⑨冗余的油泵及冷却装置。

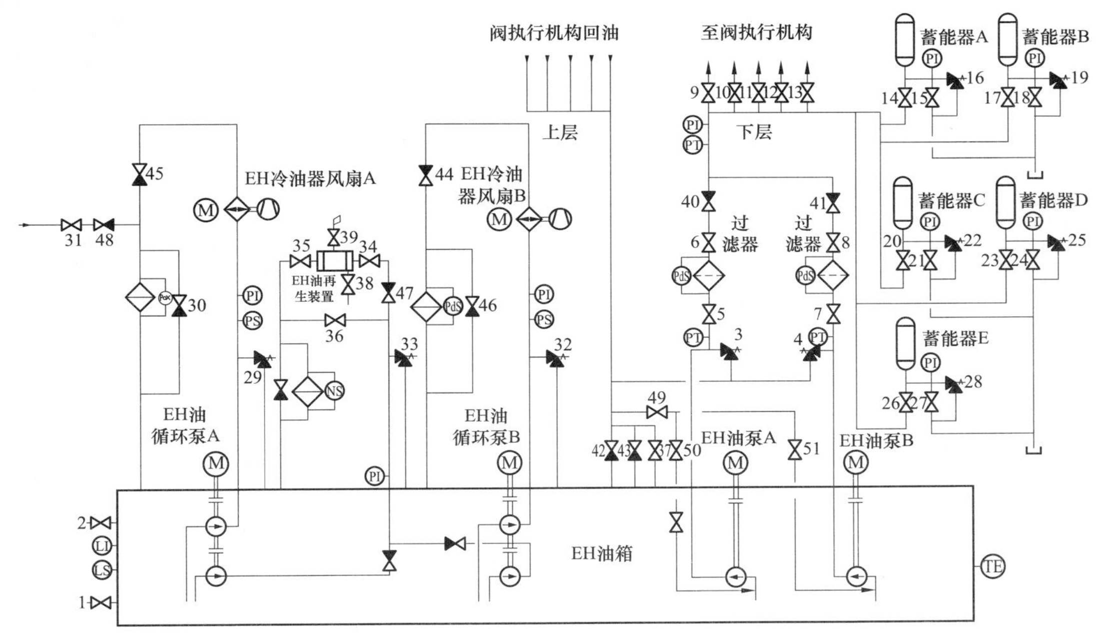

图 11-9　EH 油系统简图

供油组件的稳定运行主要取决于稳定的油压，也就是蓄能器的压力，16MPa。如果控制油压减小到 11. 5MPa 左右，运行将启动备用组件。如果控制油压减小到 10. 5MPa 以下，汽机会自动停机。任何控制油压的异常升高可通过泵上游的安全阀和蓄能器组来有效地防止。

系统包括两个相同容量的油泵（2×100%，一台运行另一台备用），每台泵配有一个压力座，一个压力限制阀，一个压力传感器，一个带有手动隔离阀的过滤器和一个逆止阀。主油泵为柱塞式，通过油泵上的压力控制器调整将系统压力设定为 16MPa。

过滤器：油从主油泵开始流过高压过滤器和截止阀到液压蓄能器组件，过滤器元件是可以更换的。

再生装置：系统包括一个再生装置。该装置有两个相同的泵（2×100%，一个运行，一个备用），安装在两个冷却和过滤循环泵的轴端。控制油在再生循环中持续地流动，主要是为了保持其基本的化学特性。再生装置中起再生作用的主要是硅藻土和纤维素。纤维素用于改善酸值，硅藻土则用于减少油中的水分。

蓄能器：系统包括一组液压蓄能器，为气囊式蓄能器，每一个上装有安全阀、压力指示器和两个手动阀。当控制组件运行时，手动阀可以排干控制油侧蓄能器，并使其重新用氮气充满。

电子设备：油箱上装备一些电子设备，其中包括：温度传感器（热电阻）、液位开关（为三触点浮控开关，一个触点用于液位低报警，另外两个用于液位过低时遮断）、就地液位指示、卸放阀、采样点、空气过滤器等。若油箱液位低于某一限定值，将会报警，如果液位继续下降，则说明供油组件失效了。油箱内部通过安装在油箱顶部的空气过滤器与大气连通。

在线循环系统（循环泵、冷油器、滤油器各两只）：循环泵使控制油不断地流过一台滤油器和一台冷却器。两台循环泵中的一台作为运行泵另一台作为备用泵。运行泵既可以在控制室里手动开启，也可以通过控制油供油组件的子控制回路开启。冷却子控制回路和运行泵可通过控制油供油组件的子控制回路关闭或手动关闭。除了根据控制油冷却器 1（2）前的压力信号作为切换条件外，当泵马达的过热保护系统动作时也会进行切换（断路器）。备用泵通过压力和断路器切换至备用泵是通过冷却子控制回路进行联锁的。为了保证每台循环泵能够被均匀地使用（在运行时），在控制室中可以实现预选择。这种预选择功能可以选择任一台循环泵作为运行泵。

冷却和过滤循环是双重冗余配置，每套冗余部件都有一个过滤器和冷却器。油箱的运行温度是 40~50℃。控制油在运行中持续地流过持续的流过网状过滤器，这样设计的目的是保持系统必要的清洁度。

抗燃油系统主要设备技术规范见表 11-6~表 11-8。

表 11-6　N1000-31/600/610/610 抗燃油系统主要设备技术规范

设备	型号	技术规范	数量
EH 油箱	—	公称容积 800L，油箱材质 0Cr18Ni9，工作介质 HFD-R 磷酸脂（牌号 FYRQUEL EHC）	1 只
EH 油泵	AE A10VS0 45 DRG/31R-VPA12N00	开式轴向柱塞变量泵，最大输出流量 68L/min，额定压力 16MPa，转速 1500r/min	2 台
冷却循环泵	PGF3-3X/032RE07VE4	内啮合齿轮式定量泵，输出流量 47L/min，出口压力 1.0MPa	2 台
磷酸酯再生泵	Z01/25-32	内啮合齿轮式定量泵，输出流量 0.35L/min，出口压力 0.5MPa，转速 1500r/min	2 台
控制油冷却风扇	L613D-1.1-4-460/SIE *	最高工作压力 1.6MPa，转速 1500r/min（顺时针）	2 台
蓄能器	SB330-50A1/114A9-330A	公称容量 50L，有效容量 4.1L（16~12MPa），蓄能器充气压力 20℃ 氮气 9.3MPa，最高工作压力 33MPa	5 只
高压过滤器	DFBH/HC240QE10Y1.X/-V	过滤精度 10μm，压差报警 0.7MPa，最高工作压力 31.5MPa	—
冷却循环过滤器	RFBN/HC0950DO03Y1.X/V	过滤精度 3μm，压差报警 0.3MPa，最高工作压力 2.5MPa	—
磷酸酯再生过滤器	LFNBN/HC0631C10Y1.X/V	过滤精度 10μm，压差报警 0.3MPa，最高工作压力 10MPa	—

表 11-7　　N1000-31/600/620/620 抗燃油系统主要设备技术规范

设备	型号	技术规范	数量
EH 油箱	—	公称容积 1000L，油箱材质 0Cr18Ni9，工作介质 HFD-R 磷酸脂（牌号 FYRQUEL EHC）	1 只
EH 油泵	AE A10VS0 45 DRG/31R-VPA12N00	轴向定压变量柱塞变量泵，最大输出流量 108L/min，额定压力 16MPa，转速 1450r/min	2 台
冷却循环泵	PGF3-3X/032RE07VE4	叶片定量泵，输出流量 43L/min，出口压力 0.7MPa	2 台
控制油冷却器	—	壳侧（油）设计压力/温度 0.2MPa/93.3℃ 管侧（水）设计压力/温度 1.6MPa/149℃	2 台
蓄能器	—	公称容量 50L，有效容量 4.1L（16~12MPa），蓄能器充气压力 20℃氮气 9.3MPa，最高工作压力 33MPa	—
高压过滤器	—	过滤精度 10μm，压差报警 0.69MPa，最高工作压力 42MPa	—
冷却循环过滤器	—	过滤精度 3μm，压差报警 0.2MPa，最高工作压力 1.6MPa	—

表 11-8　　N660-29.2/600/620/620 抗燃油系统主要设备技术规范

设备	型号	技术规范	数量
EH 油泵	25314CH1	最大输出流量 150L/min，额定压力 14.2MPa，转速 1480r/min	2 台
冷油器	型式：板式	—	—

图 11-10 为 N1000-31/600/610/610 二次再热机组超高压调节阀执行机构原理图。

其工作原理为：EH 油压建立，调门如果要开启，由阀门控制器得到的输出信号送到电液伺服阀。在电液伺服阀中，经力矩马达把一个小的电流信号转换成比例的机械位移，再由液压喷射挡板放大器，将挡板的位移转化成差压，由此差压控制第二级滑阀，滑阀的左右移动使高压油进入油动机将阀门开启或使油动机里的油排出使阀门关闭。当油动机活塞移动时，位移传感器将油动机活塞的机械位移转换成电气信号作为负反馈信号送到 DEH 中阀门控制器，当实际阀位与阀位指令相等时，位置控制器的输出为零，使喷射挡板回到中间位置，滑阀回到中间位置不再有高压油进入油动机或使油动机下腔室油泄出，此时调门停止移动，停留在一个新的平衡位置。

为了防止油中的杂质进入油动机，压力油在进入电磁阀和电液转换器前，分别经过精度为 25μ 和 10μ 的滤芯。电磁阀块安装在油缸缸体上，上面安装有快关电磁阀、逆止阀和插装式单向阀。电磁阀块通过内部油路和油缸体油路相连。快关电磁阀为二位三通电磁阀，电磁阀接受保护系统来的控制信号。在线圈带电时，压力油 P 口和控制油口 A 相同，将压力油作用在单向阀上。在线圈失电时，电磁阀的阀芯动作，将压力油 P 口封闭，将控制油口 A 和回油口 T 接通，将作用在单向阀上的压力油接回油，从而将单向阀打开，将控制油 X1 接通回油 T。在电磁阀压力油口 P 处，还安装有 $\phi 0.8$ 的节流孔。在电磁阀控制油 X 通过逆止阀直接到控制油 X1，以保证在电磁阀带电后，控制油 X1 直接建立压力。为了加快油动机在关闭时的速度，在单向阀后又增加了一个通流面积更大的单向阀。主汽门油动机和调门油动机类似，差别在于由控制开启的电磁阀代替电液伺服阀。在机组挂闸后，首先快关电磁阀带

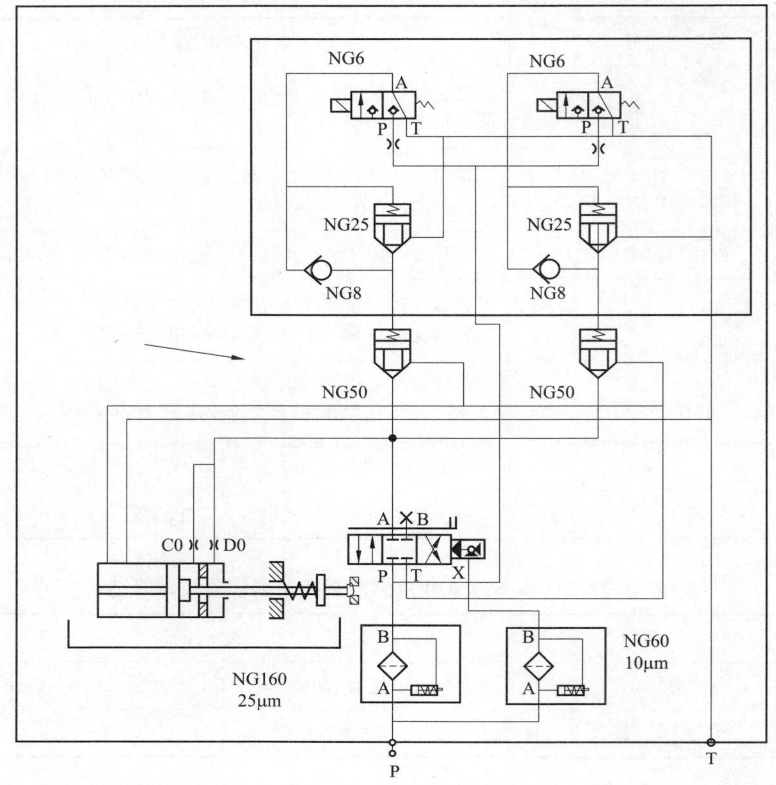

图 11-10　超高压调节阀执行机构原理图

电。当需要开启主汽门时，该电磁阀带电，将主汽门打开。油动机在制造厂装配时，必须保证清洁，不含任何杂质。在电厂安装后，不再进行油冲洗。主汽门和调门是一拖一的，即一只主汽门控制一只调门。调门共有一根压力油管和一根回油管。压力油管在油箱出口配有隔离阀，如果油动机出现故障需要不停机进行检修，可以将隔离阀关闭，将相应的主汽门和调门从系统中隔离，对设备进行处理。

第三节　密封油系统

发电机密封油系统的功能是向发电机密封瓦提供压力略高于氢压的密封油，以防止发电内的氢气从发电机轴伸出处向外泄露。密封油进入密封瓦后，经密封瓦与发电机轴之间的密封间隙，沿轴向从密封瓦两侧流出，即分为氢气侧回油和空气侧回油，并在该密封间隙处形成密封油流，既起密封作用，又润滑和冷却密封瓦。

发电机密封油系统常见的有两种形式，即单流环式密封油系统和双流环式密封油系统。另外，阿尔斯通北京电气装备有限公司发电机则采用三流环式密封油系统。

一、单流环密封油系统

下面将以 N1000-31/600/610/610 二次再热机组的密封油系统为例介绍双流环密封油系统。

N1000-31/600/610/610 密封油供油装置为单流密封油供油装置，带有真空净油系统。真空油箱的油源取之于密封油贮油箱。在真空泵的作用下，真空油箱中密封油中的气体被分离出系统以防止密封油中的气体在发电机内挥发出来而污染发电机内氢气。密封油供油装置型号为：SHU-1000-A，重量 7550kg，密封油供油装置外形尺寸（长×宽×高）2745mm×5700mm×2200mm，密封油流量 400L/min（空侧+氢侧），真空油箱容量 $3m^3$。油系统的油箱、管道、阀门等部件采用不锈钢材料。设备接口、阀门、法兰间密封垫片应采用质密耐油并耐热的垫料。密封油供油装置配有三台油泵，二台为交流油泵、一台为直流油泵。二台交流油泵在正常工作时，互为备用，其进油取之真空油箱。直流油泵为事故油泵，其油源直接取之密封油贮油箱。三台油泵的出口分别设有一个溢流阀，以控制油泵出口的油压。装置设有二台 100%的冷油器和二台 100%的油过滤器。过滤器为自洁式，发电机运行时可转动过滤器上手轮将滤芯上的杂质清出滤芯，沉积在过滤器底部。从油过滤器来的密封油经油氢压差调节阀后过去时入发电机密封瓦。为提高运行可靠性，装置中设有二台并联工作的油氢压差调节阀。为了防止密封瓦在运行时卡涩而引起发电机轴振，装置中还设有浮动油，浮动油的油量由流量调节阀控制。

正常运行期间，交流密封油泵从密封油真空油箱中抽出密封油，然后通过冷却器和滤油器把密封油送到轴封。向轴封提供的密封油分别以大约相同的数量通过轴与密封环间的间隙流向轴封的氢气侧和空气侧。从轴封的空气侧排出的密封油直接流入轴承油回流管路，再返回到密封油真空油箱；流向氢气侧的密封油则首先汇聚到发电机消泡室（前室），然后到氢侧回油箱。

密封油系统主要由密封油供油装置、排油烟风机和密封油贮油箱（空侧回油箱）组成。图 11-11 为密封油系统简图，图 11-12 为轴密封示意图。

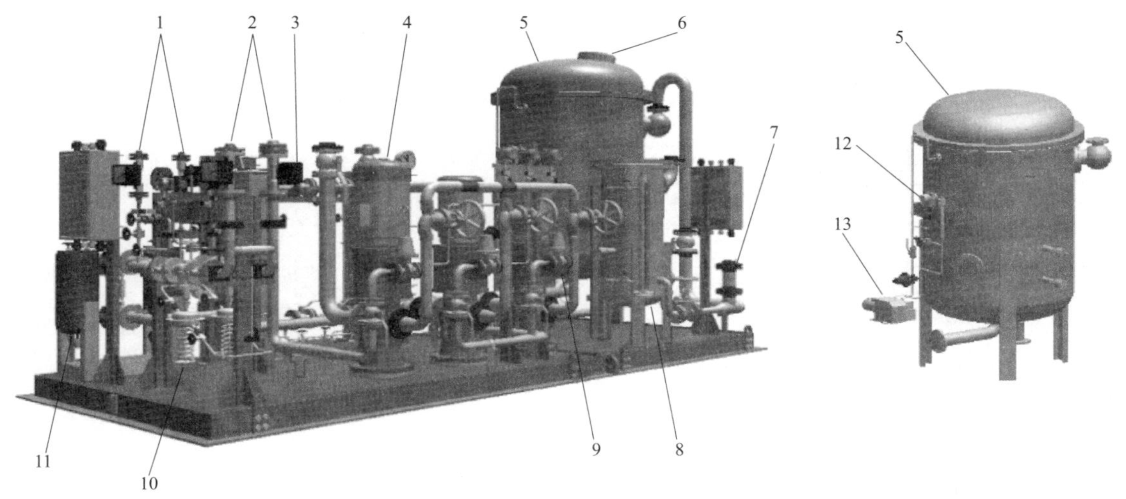

图 11-11　密封油系统简图

1—浮动油出口×2；2—密封油出口×2；3—油冷却器×2；4—密封油泵×3；5—真空油箱；6—真空箱手孔；7—来自密封油贮油箱供油；8—氢侧回油箱；9—压力调节阀×3；10—油-氢压差调节阀×2；11—油过滤器×2；12—真空压力变送器；13—真空泵

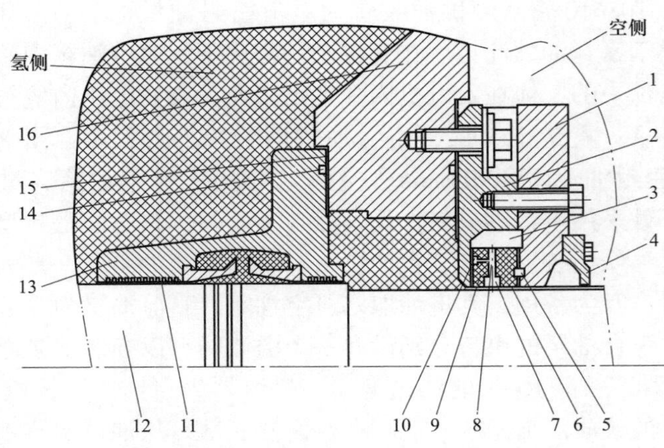

图 11-12 轴密封示意图

1—密封环支架（空侧）；2—密封环支架（氢侧）；3—密封环室；4—挡油环（空侧）；5—浮动油油槽；6—钨金；7—密封油环槽；8—密封油进油孔；9—密封环；10—二次密封；11—迷宫式密封条；12—发电机转子；13—迷宫密封环；14—密封槽；15—绝缘垫片；16—端盖

发电机密封油系统的主要技术数据如表 11-9 所示。

表 11-9　N1000-31/600/610/610 密封油技术规范

项目			
1. 发电机额定氢压	0.5MPa	10. 直流备用油泵	
2. 油氢差压	130kPa	泵型号	HSNS 440-46
3. 密封瓦油量（设计值）	4~12m³/h	流量	25m³/h
4. 密封瓦进油温度	38~49℃	最大输出压力	1.5MPa
5. 密封瓦出油温度	≤65℃	额定轴功率	12.4kW
6. 贮油箱真空度	-1000~-500Pa	转速	1500r/min
7. 真空邮箱真空度	-40kPa	11. 真空油泵	
8. 油过滤器		数量	1
数量	2×100%	泵型号	D8B
精度	40um	气镇极限压力	0.5Pa
9. 主交流油泵		转速	1500r/min
数量	2×100%	12. 油冷却器	
泵型号	HSNS 440-46	数量	2×100%
流量	25m³/h	形式	板式
最大输出压力	1.5MPa	热交换功率	183kW
转速	1450r/min	二次水量	885L/min
		冷却水进水温度	≤38℃
		冷却水压降	≤35kPa

（一）密封环

密封环布置在密封环支座上，而密封环支座通过螺栓连接在支座法兰上并采取绝缘措施，防止轴电流流动。密封环沿轴线分成两半，这样不仅便于安装，而且能保证测量间隙和绝缘要求。密封环在轴颈侧衬有巴氏合金，密封环和转子轴之间的间隙内充有密封用的密封油。

密封油从密封环支座上的密封环室通过环上的径向孔和环形槽注入密封间隙。为获得可靠的密封效果，应保证环形油隙中的密封油压力高于发电机中的气体压力。从密封环的氢侧和空侧排出的油经定子端盖上的油路返回密封油系统。在密封油系统中，油经过真空处理、冷却和过滤后返回密封环。

在空侧，压力油通过环形槽通过数个径向孔进入密封环，以保证当机内气体压力较高时，密封环在径向仍能自由活动。在氢侧，密封环的二次密封能够减少氢侧的径向油流量，以保持氢气纯度的稳定。

（二）密封油供油装置

发电机轴密封所用的密封油来自密封油供油装置，密封油供油装置由下列主要设备构成：真空油箱（密封油箱），包括真空泵；氢侧回油控制箱（氢侧回油箱或中间油箱）；主密封油泵（2×100%）；备用密封油泵；油泵下游压力控制阀；密封油冷却器（2×100%）；密封油过滤器（2×100%）；压差调节阀（2×100%）。上述主要设备均组装在一个集装装置上。

1. 密封油回路

正常运行期间，主密封油泵 1 从密封油真空油箱中抽出密封油，然后通过冷却器和滤油器把密封油送到轴封。向轴封提供的密封油分别以大约相同的数量通过轴与密封环间的间隙流向轴封的氢气侧和空气侧。从轴封的空气侧排出的密封油直接流入轴承油回流管路，再返回到密封油真空油箱；流向氢气侧的密封油则首先汇聚到发电机消泡室（前室），然后到氢侧回油箱。

该系统配备了 3 台密封油泵用于油的循环。如果主密封油泵 1 因机械故障或电气故障不能运行，则主密封油泵 2 就会自动工作。如果两台泵都出现故障不能工作，则密封油的供应由备用密封油泵完成而不会间断。因而密封油的供应是按独立系统设计的。

2. 真空油箱

真空油箱的油取自发电机轴承和空侧密封油的回油箱（密封油贮油箱）。真空油箱中的浮球液位控制阀（浮球阀）能够将油箱中的油位保持在预先设定的油位。当油位较低时，该阀能够从密封油贮油箱和氢侧回油箱中引出油进行补充。真空泵能够使真空油箱内的密封油保持在真空状态，还能够抽出密封油与氢气和空气接触时吸收的大部分气体，从而在很大程度上避免发电机内氢气纯度降低。

3. 密封油泵

在发电机转子轴端安装有密封环，以防止氢气从发电机泄漏到大气中。密封油泵用于向轴密封环提供密封油。系统中配置了三台密封油泵，其中二台为主油泵，并联连接、互为备用。另一台为备用危急油泵。

4. 密封油压力调节

密封油压力超过发电机气体压力，为确保轴封性能可靠、稳定工作，密封油压力分两级控制。

在密封油泵出口的压力调节：按溢流阀原理工作的自动压力控制阀保持各密封油泵出口的密封油压的稳定，调节阀根据事先设定好油泵出口压力、调节密封油泵的旁路，即返回真空油箱的油量大小，以使密封油泵的下游形成较稳定的密封油压力。

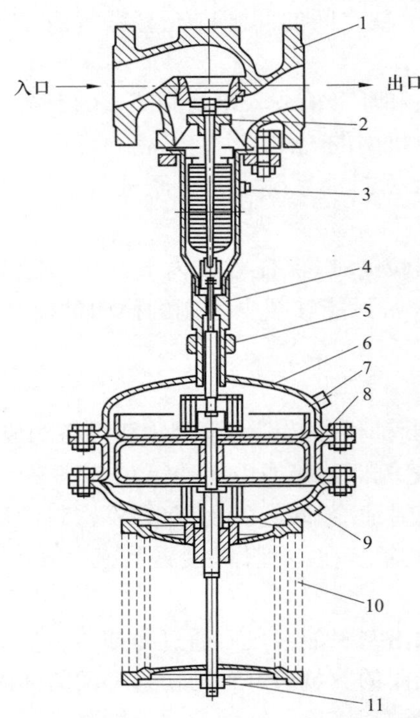

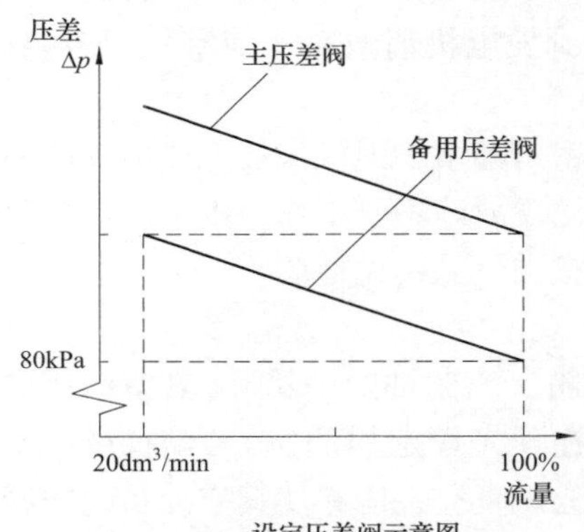

图 11-13 密封油-氢差压调节阀

1—阀体；2—阀芯；3—密封波纹管；4—中间密封；5—连接螺母；6—隔膜腔；7—信号口（氢压）；8—工作隔膜；9—信号口（油压）；10—调节弹簧；11—调节螺母

在密封环上游对密封油压的调节：在密封环上游设置了压差调节阀，保持氢气密封的密封油压力由压差调节阀进行控制。为了确保达到更好的可靠性，系统安装两个压差调节阀，二个压差设置成不同的控制压力，一个比另一个略低。流入轴密封环的密封油流量的大小，视调节阀的压差设定值而定，以使在轴封处形成所要求的密封油压。密封油差压调节阀如图 11-13所示。

调节标准：当流量为 100%时，备用差压阀应将轴封处的密封油压力维持在高于发电机中氢气压力 80kPa 的水平；当流量为 20dm^3/min 时，备用差压阀所产生的压差值应等于主差压阀在流量为 100%时产生的密封油差值。差压阀调节步骤：

(1) 拧松各阀杆上的锁紧螺母；

(2) 转动调节螺母，设定密封油压力；

(3) 重新拧紧锁紧螺母。

5. 密封油冷却器

两个全容量密封油冷却器均设计为板式热交换器，一台冷却器工作时，另一台为备用。两台冷却器的转换不会影响系统的运行。备用冷却器的油侧必须要充满油，为此，系统中设有旁路小阀门，在密封油系统正常工作时，有一小股油流过备用冷却器，以排出冷却器中可能存在的气体，使之充满油。

6. 密封油过滤器

密封油过滤器由两个 100%容量的叠片自洁式过滤器及转换换阀门组成。一个过滤器工作时，另一个过滤器为备用。两台过滤器的转换不会影响系统的运行。运行时可定时（例如每天一次）转动过滤器上的清洁手柄 360°或更多，以将滤芯上的杂质括下，沉积在过滤器的底部，底部设的排污阀门。备用滤清器的油侧必须要充满油，打开过滤器的排气阀可将过滤器中的气体排出。过滤器的工作原理如图 11-14 所示。

7. 密封油的回油

氢侧密封油的回油：从密封环氢气侧排出的油进入发电机消泡室（前室）。在消泡室中，油的流速将会减小，使残留气体的气泡逸出，消除油中的泡沫。然后，密封油从发电机消泡室流入氢侧油箱，氢侧油箱起阻挡气体外泄的作用。氢侧回油箱中的浮球阀将真空油箱内的油位控制在预先设定的油位上，从而防止气体进入密封油系统。

在正常运行时，氢侧油箱的浮球阀处于开启状态，将氢侧密封油返回密封油空侧。由于密封油真空箱处于真空状态，流出氢侧油箱的密封油将被吸入密封油真空箱。如流向真空油箱的流量过大，则从氢侧油箱流出油会流向密封油贮油箱。少量带有氢气的油流向贮油箱，不会对环境造成危险，因为密封油贮油箱与排油烟风机相连接，从而将油中的氢气排入大气。

空侧密封油的回油：从轴密封环空侧排出的密封油直接与轴承油混合后返流密封油贮油箱。

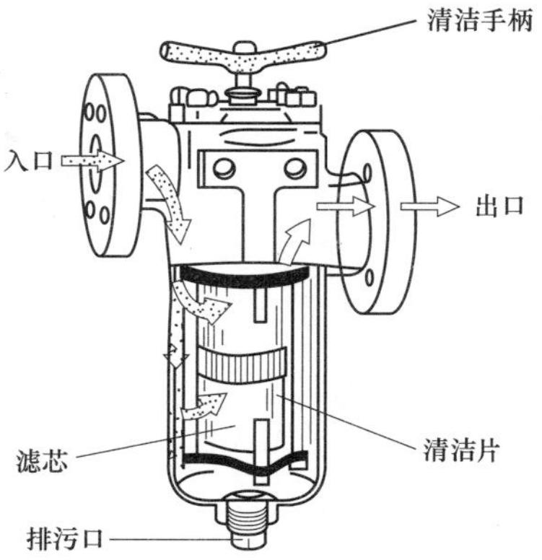

图 11-14　过滤器的工作原理

8. 密封环的浮动油

为了保证密封环在较高的压力下能自由浮动，密封油系统中提供了密封环浮动油。浮动油作用于密封环的空侧端面，其油压以抵消密封环氢侧端面的氢气压力影响，防止因密封环卡涩而引起发电机转轴过大的振动。

浮动油的流量用流量调节阀来控制，流量阀的下游有一流量计，显示浮动油的流量。汽端和励端各有一流量控制阀和一流量计来控制浮动油流量。当流量阀出故障，可手动打开阀的旁路阀来临时人工控制浮动流量。

9. 真空油泵

真空泵在真空油箱中建立负压，并排除密封油产生的气体。在真空油箱发出高油位报警信号时，为防止密封油进入真空系统，应立即断开真空泵的运行。

真空泵是一油密封旋转滑片式泵。驱动电机直接用法兰安装到泵壳上，真空泵和电机轴通过弹性联轴结构连接，所有轴承均为滑动轴承，采用强制油润滑。

真空泵由若干个部件组装而成。所有部件均为销定位安装式，以保证易于拆卸。泵转子的拆卸，不需要使用专用工具。真空泵由一安装在泵壳中的偏心转子（7）组成。转子配有两个滑片（5），紧贴泵壳孔的内表面，从而把泵室分成几个空间。每个空间的容积随着转子的转动周期性地改变。通过进气口（1）和入口滤网（2）吸入的气体经打开的进气口阀（3）进入泵室。滑片关闭进气口后，泵室内的气体被推进压缩。注入泵室的油用于泵室壁和滑片端部之间的润滑和密封，同时也用于润滑和密封转子（7）中的滑片（5）。

真空室中被压缩的气体通过废气排放阀（9）被排入废气管。具有过滤油和清除机械杂质功能的滤油器（10）把压缩气体中含的油与气体分离。为了防止蒸汽在泵室内凝结，在压缩周期开始时允许有预定量的空气（气体镇流），这将确保能够适合技术数据规定的水蒸气的要求转动阀的手柄可打开或关闭气镇阀。另有极少量的二次气体进入泵室，其可产生消音效果并且能防止达到极限压力时出现敲击噪声（油锤）。真空泵如图 11-15 和图 11-16 所示。

真空泵投运后，需定期进行气镇。密封油真空泵气镇是为防止蒸汽凝结从而避免油污染的有效方法。原理：将一股经过控制的气流（通常是室温干燥的空气）经气镇孔进入泵的压缩腔中，让这股气流在压缩过程中与被抽蒸汽相混合，形成蒸汽和空气的混合物。把这种混合物压缩到排气压强时，使蒸汽分压强能保持在泵温状态的饱和蒸汽压力一下，因而蒸汽不会凝结。这时推开排气阀，蒸汽与其他气体一起被排至泵外。被抽气体中蒸汽的含量越

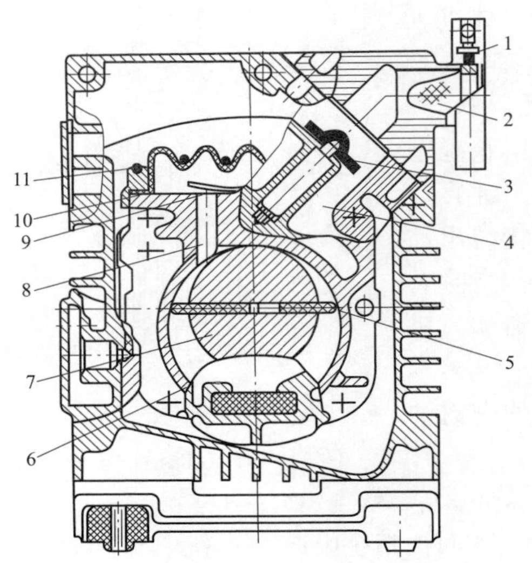

图 11-15　真空泵剖面图

1—进气口；2—进口滤网；3—进气口阀；4—进气通道；5—滑片；6—泵壳；7—泵转子；8—排气通道；9—废气阀；10—滤油器；11—弹簧夹

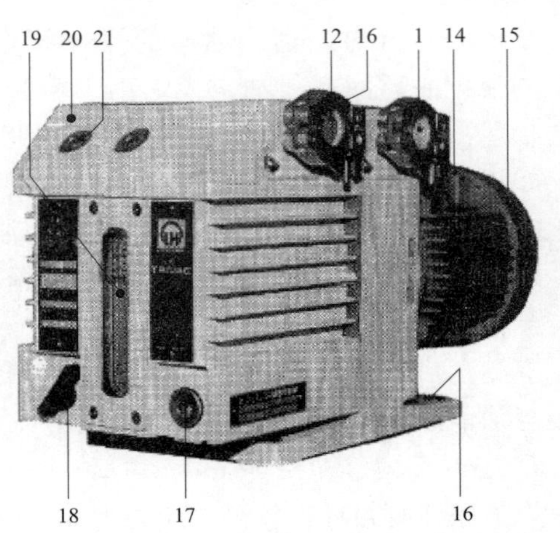

图 11-16　真空泵外形图

1—进气口；12—进口滤网；14—电机接线盒；15—电动机；16—泵固定螺栓孔；17—放油塞；18—气镇操作手柄；19—油位观察窗；20—油槽；21—注油塞

多，掺入的干燥气体量就要越多。

真空泵停运时，用油压控制的真空安全装置把进气口阀（3）的阀盘压在进气口的阀座上。关闭与待抽真空的系统相连接的空吸管，使泵排气。泵排气所需要的空气从泵的储气器获得，这可避免外部空气进入真空系统。油压控制的进气口阀（3）设计用于防止在关闭吸气管时空气漏入真空系统。内置式油位观察窗便于检查泵内的油位。

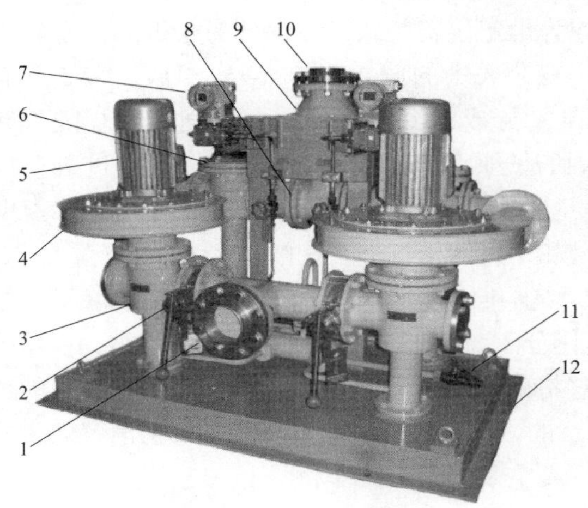

图 11-17　排油烟外形图

1—风机入口；2—入口阀门×2；3—第一级油气分离器×2；4—风机×2；5—防爆电动机×2；6—第二级油气分离器×2；7—压力变送器×2；8—止回阀×2；9—旋风式油气分离器；10—风机出口；11—排污口；12—底座

排油烟外形如图 11-17 所示。

10. 排油烟风机

大型发电机多采用氢气冷却，因为氢气的热量传递性能优于空气，并且其密度较低，因此降低了通风损耗。但由于氢气的密度低，因此氢气的挥发性、渗透性极强。并且，由于不可能避免氢气泄漏到发电机轴承室内或在密封油贮油箱内积聚，因此，必需不断地将这部分氢气排出。排油烟风机的作用是防止氢气泄露到汽机房内或汽轮机润滑油系统中去。废气从排油烟风机排出，然后经一条单独的直接穿过汽机房屋顶的排气管排入附近的空气中。排油烟风机的排气管道不能与氢系统的排气管道共用一根管道，须有独立的排气管道。风机的排气管道不能与氢系统的排气管道共用一根管道，须有独立的排气管道。

排油烟风机产生的负压用来排除系统内的废气，系统采用冗余结构，其功率满足连续运行的要求。排油烟风机的调试在密封油系统注油之前进行。调试工作结束后，一台排油烟风机可运行，另一台备用。下列设备连接到排油烟风机：发电机轴承室（励端和汽端）、密封油贮油箱和真空泵。

11. 发电机轴承室

励端和汽端的轴承室内的负压能够防止发电机正常运行时产生的所有轴承油的油蒸汽通过挡油环泄漏到汽机房中。另外，排油烟风机还能清除当轴封失效时可能渗入到轴承室内的所有氢气。

12. 密封油贮油箱

流经密封油贮油箱的轴承油与密封油的混合油中含有少量氢气。这种混合油从发电机中排出后首先进入贮油箱，由于排油烟风机的负压作用，逸出的氢气被排到大气中去，从而防止氢气大量进入润滑油系统。

13. 真空泵

真空泵用于清除密封油真空油箱内密封油中的空气和氢气。然后，这种混合气体由管道引到排油烟风机。

14. 密封油贮油箱（空侧回油箱）

密封油贮油箱是发电机轴承油和空侧密封油返回管路中的一个大直径管段。在轴承油供应系统投入运行之后，密封油贮油箱将一直保持部分充满，以确保密封油系统的连续运行。密封油贮油箱和密封油真空油箱通过管道相连。空侧回油箱如图 11-18 所示。

图 11-18　空侧回油箱

发电机轴承回油排油烟风机系统的排气装置能够使密封油贮油箱保持轻度真空，从而将油中析出的氢气排出油箱。

二、双流环密封油系统

下面将以 N1000-31/600/620/620 二次再热机组的密封油系统为例介绍双流环密封油系统。

该机组为双流环式密封油装置。密封油路有两路空侧和氢侧，分别进入汽端和励端的密封瓦，经中间油孔沿轴向间隙流向空气侧和氢气侧，形成的油膜起到了密封润滑作用，然后分两路回油。

在正常运行方式下，密封油真空油箱，经主密封油泵升压，再通过滤网过滤后由差压调节阀调节至合适的压力，进入发电机的密封瓦，其中空气侧的回油进入轴承油回流管，再回到密封油真空油箱；氢气侧的回油首先汇集到发电机消泡室，最后回到氢侧回油箱。

系统配置两台交流密封油泵、一台直流密封油泵、两台排烟风机、真空密封油箱、两套密封油滤网、两台密封油冷却器。交流密封油泵或直流密封油泵向大机密封油系统供油。密封油真空泵的作用在于形成真空箱内的高度真空，出口有一油气分离器，应定期放水。

另外，在密封油消泡箱顶部和发电机底部引出细管，接至油水检测器，用于正常运行及气体置换时检查密封油是否进入发电机。发现有油时应及时排放并查找原因予以消除。

密封油系统具有两种运行方式，能保证各种工况下对机内氢气的密封：

（1）正常运行时，一台主密封油泵运行。

（2）当主密封油泵均故障或交流电源失去，短时间内无法恢复时，运行方式如下：密封油空侧油箱→直流密封油泵→密封瓦→消泡箱→空侧油箱；此种方式不允许长时间运行，必要时发电机必须解列、排氢。

（3）当交直流密封油泵均故障时，应紧急停机并排氢。

（一）密封环

由于氢冷汽轮发电机的转子轴伸必须穿出发电机的端盖，因此，这部分成了氢内冷发电机密封的关键。密封环布置在密封环支座上，而密封环支座通过螺栓连接在支座法兰上并采取绝缘措施，防止轴电流流动。密封环沿轴线分成两半，这样不仅便于安装，而且能保证测量间隙和绝缘要求。密封环在轴颈侧衬有巴氏合金。密封环和转子轴之间的间隙内充有密封用的密封油。密封油系统中的油与汽轮机、发电机轴承使用的润滑油是一样的。

轴密封示意图如图 11-19 所示。

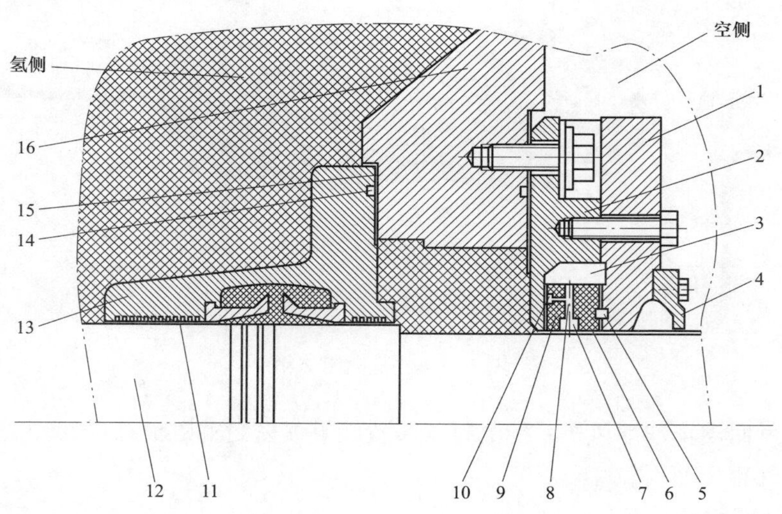

图 11-19　轴密封示意图

1—密封环支架（空侧）；2—密封环支架（氢侧）；3—密封环室；4—挡油环（空侧）；5—浮动油油槽；6—钨金；7—密封油环槽；8—密封油进油孔；9—密封环；10—二次密封；11—迷宫式密封条；12—发电机转子；13—迷宫密封环；14—密封槽；15—绝缘垫片；16—端盖

密封油从密封环支座上的密封环室通过环上的径向孔和环形槽注入密封间隙。为获得可靠的密封效果，应保证环形油隙中的密封油压力高于发电机中的气体压力。从密封环的氢侧和空侧排出的油经定子端盖上的油路返回密封油系统。在密封油系统中，油经过真空处理、冷却和过滤后返回密封环。

密封油系统简图如图 11-20 所示。

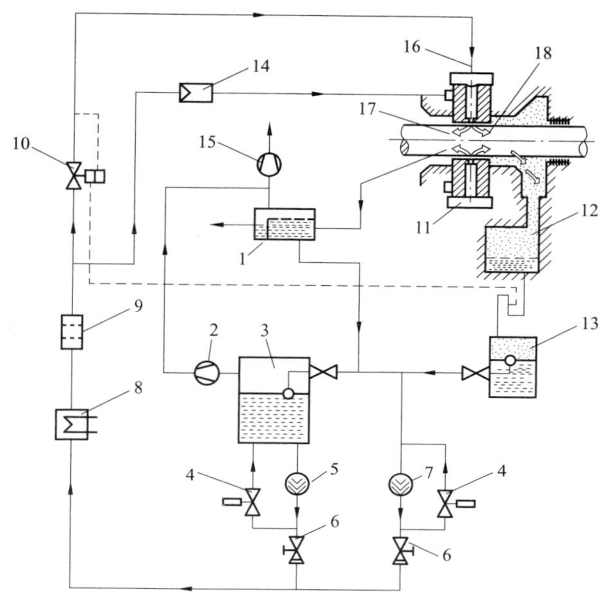

图 11-20　密封油系统简图

1—密封油贮油箱；2—真空泵；3—真空油箱；4—压力调节阀；5—主交流油泵×2；6—止回阀；7—备用直流油泵；8—油冷却器×2；9—油过滤器×2；10—压差阀×2；11—密封环；12—发电机消泡室；13—氢侧回油箱；14—浮动油流量阀×2；15—排油烟机；16—密封环进油；17—密封环空侧排油；18—密封环氢侧排油

在空侧，压力油经过环形槽通过数个径向孔进入密封环，以保证当机内气体压力较高时，密封环在径向仍能自由活动。在氢侧，密封环的二次密封能够减少氢侧的径向油流量，以保持氢气纯度的稳定。

（二）密封油供油装置

发电机轴密封所用的密封油来自密封油供油装置，密封油供油装置由下列主要设备构成：

（1）真空油箱（密封油箱），包括真空泵；

（2）氢侧回油控制箱（氢侧回油箱或中间油箱）；

（3）主密封油泵（2×100%）；

（4）备用密封油泵；

（5）油泵下游压力控制阀；

（6）密封油冷却器（2×100%）；

（7）密封油过滤器（2×100%）；

（8）压差调节阀（2×100%）。

上述主要设备均组装在一个集装装置上。

1. 密封油回路

正常运行期间，主密封油泵 1 从密封油真空油箱中抽出密封油，然后通过冷却器和滤油器把密封油送到轴封。向轴封提供的密封油分别以大约相同的数量通过轴与密封环间的间隙流向轴封的氢气侧和空气侧。从轴封的空气侧排出的密封油直接流入轴承油回流管路，再返回到密封油真空油箱；流向氢气侧的密封油则首先汇聚到发电机消泡室（前室），然后到氢侧回油箱。

该系统配备了 3 台密封油泵用于油的循环。如果主密封交流油泵因故障不能运行，则备用主密封交流油泵就会自动切换启动。如果两台交流油泵都出现故障不能工作，则密封油的供应由直流备用密封油泵完成。因而密封油的供应是按独立系统设计的，不会出现断油现象。

2. 真空油箱

真空油箱的油取之发电机轴承和空侧密封油的回油箱（密封油贮油箱）。真空油箱中的浮球液位控制阀（浮球阀）能够将油箱中的油位保持在预先设定的油位。当油位较低时，该阀能够从密封油贮油箱和氢侧回油箱中引出油进行补充。真空泵能够使真空油箱内的密封油保持在一定的真空状态，还能够抽出密封油与氢气和空气接触时吸收的大部分气体，从而在很大程度上避免发电机内氢气纯度降低。密封油系统停止运行时，必须将真空油箱的进口隔离阀门关闭，以防止浮球阀因长时间渗油而引起油箱油位过高。

3. 密封油泵

在发电机转子轴端安装有密封环，以防止氢气从发电机内泄漏到大气中。密封油泵用于向轴密封环提供密封油。系统中配置了三台密封油泵，其中二台为主油泵，并联连接、互为备用。另一台为备用直流危急油泵。

密封油泵为三螺杆式油泵。一个双螺纹传动转子和两个从动惰轮螺杆紧密啮合在一起运行，在套管衬管内为狭窄间隙。泵的套管装有套管衬管，在传动端和非传动端用盖封堵。

螺杆泵适合在条件比较恶劣的情况下使用，并且由于没有易受灰尘影响的控制部件，因而允许密封油黏度变化的余地相对较大。由于所有活动部件仅进行旋转运动，因此能在短时内达到额定转速。

通过传动转子与从动螺杆的螺纹啮合，转子的螺旋通道在十分均匀地旋转。平衡活塞能补偿位于排出端螺纹齿根面上的轴向推力，这样可消除球轴承上的轴向推力。从动螺杆尺寸与传动转子的尺寸相配合，螺纹齿根面只传输引起液体摩擦的转矩，这可确保油泵运转相当平稳。

螺杆泵通过联轴器由电动机驱动。电动机的转速和额定值要与油泵的输出流量和压头相匹配。两台主密封油泵在其入口侧相连并直接与真空油箱连接。当其中一台密封油泵处于运行状态时，另一台油泵保持待启动状态。若一台油泵不能使密封油达到规定压力，则备用密封油泵将自动启动。备用油泵直接与密封油贮油箱相连。

当相应的油泵工作时，各密封油泵下游的密封油压力由各自的压力调节阀保持恒定。压力调节阀实质上是溢流阀。

4. 密封油冷却器

两个全容量密封油冷却器均设计为板式热交换器，一台冷却器工作时，另一台为备用。两台冷却器的转换不会影响系统的运行。备用冷却器的油侧必须要充满油，为此，系统中设有旁路小阀门，在密封油系统正常工作时，有一小股油流过备用冷却器，以排出冷却器中可能存在的气体，使之充满油。

5. 密封油过滤器

密封油过滤器由两个100%容量的叠片自洁式过滤器以及转换阀门组成。一个过滤器工作时，另一个过滤器为备用。两台过滤器的转换不会影响系统的运行。运行时可定时（例如每天一次）转动过滤器上的清洁手柄360°或更多，以将滤芯上的杂质刮下，沉积在过滤器的底部，底部设有排污阀门。备用滤油器的油侧必须要充满油，打开过滤器的排气阀可将过滤器中的气体排出。

三螺杆油泵如图11-21所示。

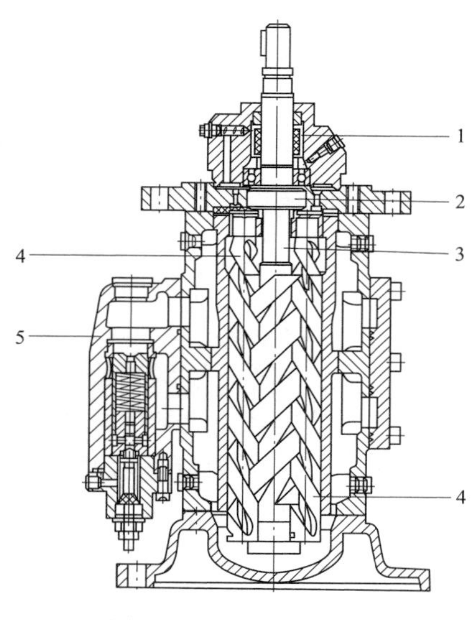

图11-21 三螺杆油泵

1—机械密封；2—平衡活塞；
3—传动转子；4—从动螺杆；5—安全阀

6. 空侧密封油的回油

从轴密封环空侧排出的密封油直接与轴承油混合后返流密封油贮油箱。

7. 密封环的浮动油

为了保证密封环在较高的压力下能自由浮动，密封油系统中提供了密封环浮动油。浮动油作用于密封环的空侧端面，其油压以抵消密封环氢侧端面的氢气压力影响，防止因密封环卡涩而引起发电机转轴过大的振动。

浮动油的流量用流量调节阀来控制，流量阀的下游有一流量计，显示浮动油的流量。汽端和励端各有一流量控制阀和一流量计来控制浮动油流量。当流量控制阀出故障，可手动打开阀的旁路阀来临时人工控制浮动流量。

第十二章

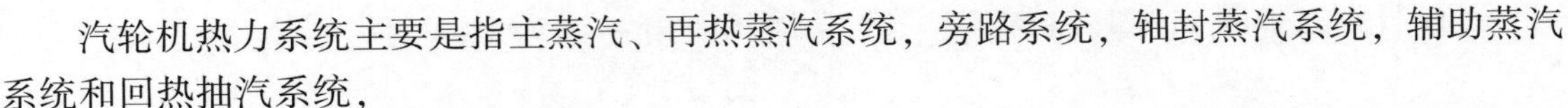

汽轮机热力系统

汽轮机热力系统主要是指主蒸汽、再热蒸汽系统，旁路系统，轴封蒸汽系统，辅助蒸汽系统和回热抽汽系统，

N1000-31/600/610/610 二次再热汽轮机组主蒸汽及再热蒸汽系统采用单元制。新蒸汽通过 2 根主蒸汽管进入超高压主汽阀、调节阀。蒸汽由调节阀出来，经过 2 根超高压导汽管通向超高压缸的两侧进汽口，进入超高压缸。蒸汽在超高压缸内膨胀做功后，排到 1 根一次再热冷段管道，穿墙后分成 2 根管道流向锅炉一次再热器。再热后，一次再热蒸汽经 2 根一次再热热段管道，进入高压缸主汽阀、调节阀后，从高压外缸下部的高压导汽管进入高压缸通流部分。继续做功后，由高压缸前端下部的 2 个高压排汽口排出，通过 2 根二次再热冷段管道，进入锅炉二次再热器，再热后，二次再热蒸汽通过 2 根二次再热热段管道进入中压主汽阀、调节阀后，经过 2 根中压导汽管从中压外缸两侧的 2 个进汽口进入中压通流部分。蒸汽在中压缸做功后通过中压排汽口进入连通管流向低压缸 A 和低压缸 B，做功后的泛汽排入凝汽器。排汽凝结成水后由凝结水泵打出，经凝结水精处理装置、轴封加热器、10、9、8、7、6 号低压加热器至除氧器；此外机组设有低低温省煤器系统，水源取自 9 号低压加热器出口凝结水母管，分流出的部分凝结水经锅炉低低温省煤器加热后，回到 8 号低压加热器进口凝结水母管。被除氧后的凝结水再由给水泵打出，经 4、3、2、1 号高压加热器后进入锅炉。

N660-29. 2/600/620/620 二次再热机组主蒸汽及再热蒸汽系统采用单元制。新蒸汽通过 2 根主蒸汽管进入超高压主汽阀、调节阀。蒸汽由调节阀出来，经过 2 根超高压导汽管通向超高压缸的上下 2 个进汽口，进入超高压缸。蒸汽在超高压缸内膨胀做功后，排到 1 根一次再热冷段管道，穿墙后分成 2 根管道流向锅炉一次再热器。再热后，一次再热蒸汽经 2 根一次再热热段管道，进入高压缸主汽阀、调节阀后，从高中压外缸下部的高压导汽管进入高压缸通流部分。继续做功后，由高中压缸前端下部的 2 个高压排汽口排出，汇集到 1 根二次再热冷段管道，再经 2 根管道分流后，进入锅炉二次再热器，再热后，二次再热蒸汽通过 2 根二次再热热段管道进入中压主汽阀、调节阀后，经过 4 根中压导汽管从高中压外缸上下部的四个进汽口进入中压通流部分。蒸汽在中压缸做功后通过中压排汽口进入连通管流向低压缸 A 和低压缸 B，做功后的泛汽排入凝汽器。排汽凝结成水后由凝结水泵打出，经凝结水精处理装置、轴封加热器、10、9、8、7、6 号低压加热器至除氧器；此外机组设有低低温省煤器系统，水源取自 10 号低压加热器及 9 号低压加热器出口凝结水母管，分流出的部分凝结水经锅炉低低温省煤器加热后，回到 7 号低压加热器进口凝结水母管。被除氧后的凝结水再由给水泵打出，经 4、3、2、1 号高压加热器后进入锅炉。

由上述两种类型的二次再热机组热力系统概况可知：二次再热机组较一次再热机组主要

多设置了一个二次再热系统；旁路系统为 3 级旁路，较常规机组多设置了一个中级旁路；抽汽回热系统为 10 级抽汽系统。

第一节　主蒸汽、再热蒸汽

主蒸汽系统是指从锅炉过热器联箱出口至汽轮机主汽阀进口的主蒸汽管道、阀门、疏水管等设备、部件组成的工作系统。

一次中间再热蒸汽系统包括冷段和热段两部分。再热冷段指从高压缸排汽至锅炉再热器进口联箱入口处的管道和阀门。再热热段指锅炉再热器出口至中联门前的蒸汽管道和阀门。

对于采用二次中间再热的机组，主蒸汽、再热蒸汽系统主要包括主蒸汽系统、一次再热系统和二次再热系统。其中主蒸汽系统是指过热器出口至超高压缸主汽门前的蒸汽管道和阀门；一次再热系统冷段指从超高压缸排汽至锅炉一次再热器进口联箱入口处的管道和阀门；一次再热系统热段指锅炉一次再热器出口至高压缸主汽门前的蒸汽管道和阀门；二次再热系统冷段指从高压缸排汽至锅炉二次再热器进口联箱入口处的管道和阀门；二次再热系统热段指锅炉二次再热器出口至中压缸主汽门前的蒸汽管道和阀门。

图 12-1 是 N1000-31/600/610/610 二次再热汽轮机的主蒸汽、再热蒸汽、旁路系统图。该机组比上海汽轮机厂常规超超临界 1000MW 机组多设计了二次再热系统。

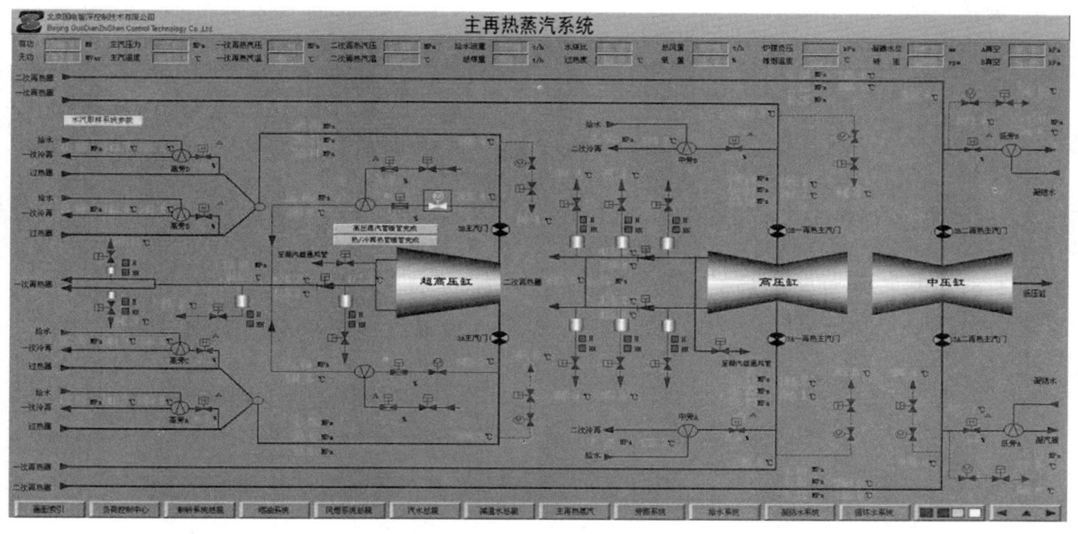

图 12-1　N1000-31/600/610/610 二次再热汽轮机的主、再热蒸汽、旁路系统

由图 12-1 可知，N1000-31/600/610/610 二次再热机组主蒸汽及高、低温再热蒸汽系统采用单元制系统。主蒸汽为 4-2 布置型式，从锅炉联箱 4 个接口 4 根管道出来，中间合并为 2 根管道，进入汽轮机超高压缸的 2 个主汽阀。再热蒸汽分为一次再热和二次再热两个系统。一次高温再热为 4-2 布置型式，从锅炉联箱 4 个接口 4 根管道出来，中间合并为 2 根管道，进入汽轮机高压缸的 2 个一次再热主汽阀。一次低温再热为 2-1-2 布置型式，从高压缸 2 个排汽口接出 2 根一次低温再热管道后在机头附近合并成一根母管送至锅炉，在炉前平台附近分成 2 根管道分别接入锅炉两侧联箱接口。二次高温再热为 4-2 布置型式，从锅炉联

箱 4 个接口 4 根管道出来，中间合并为 2 根管道，进入汽轮机中压缸的 2 个二次再热主汽阀。二次低温再热由于管道直径较大，为控制流速采用 2-2 布置型式。在汽轮机超高压、高压、中压主汽门前均设压力平衡连通管。

该机组主蒸汽系统按汽轮发电机组 VWO 工况时的热平衡蒸汽量设计。主蒸汽系统管道的设计压力按锅炉过热器出口的额定压力的 1.05 倍计算。主蒸汽系统管道的设计温度为锅炉过热器出口额定主蒸汽温度加锅炉正常运行时允许温度正偏差 5℃。主蒸汽管道采用 ASTM A335P92 材料。

该机组一、二次再热蒸汽系统按汽轮发电机组 VWO 工况时的热平衡蒸汽量设计。一、二次再热蒸汽管道热段的设计压力分别按机组 VWO 工况热平衡图中汽轮机超高压缸、高压缸排汽压力的 1.15 倍或锅炉一、二次再热器安全阀起跳压力计算，设计温度为锅炉再热器出口额定温度加允许温度正偏差 5℃。一、二次再热系统高温管道材料采用 ASTM A335P92。一、二次再热蒸汽管道冷段的设计压力分别按机组 VWO 工况汽轮机超高压缸、高压缸排汽压力的 1.15 倍计算，设计温度按 VWO 工况热平衡图中汽轮机超高压缸、高压缸排汽参数等熵求取在管道设计压力下相应的温度。一、二次再热系统管道材料采用 ASTM A691Gr. 1-1/4CrCL22（一次再热蒸汽旁路接入点后采用 ASTM A691Gr. 2-1/4CrCL22），其他与冷段连接的管道采用 12Cr1MoVG 无缝钢管。

该机组主蒸汽管道设计有足够容量的疏水系统，两路主蒸汽管道的低点（靠近主汽门处）均装设了 ϕ88.9×20mm 的疏水管道，沿介质流向串联设置了电动截止阀、汽动截止阀，疏水管单独接至清洁水疏水扩容器，扩容后排入清洁水水箱。

该机组在靠近汽机侧的超高压缸排汽母管上装有动力控制逆止阀，以便在事故情况下切断，防止蒸汽返回汽轮机，引起汽轮机超速。在一次冷再热蒸汽管道气动逆止阀前、逆止阀后管道低点、锅炉侧支管低点可能积水处设置了四个疏水点。每一个疏水系统由疏水罐、串联了一只气动疏水阀和一只隔离阀的疏水管路组成。疏水阀通过疏水罐上的水位变速器控制，也可在控制室内手动操作。气动疏水阀在空气系统失气时自动开启。对于一次冷再热蒸汽管道上高压旁路减温器的减温水系统故障时，进入一次冷再热管道的水量是很大的，完全依赖疏水系统排出所有水是不可取的，因此疏水系统发出报警信号，通知运行人员采取措施，以防止汽轮机进水。

该机组一次热再热蒸汽管道设计有足够容量、通畅的疏水系统。两路一次热再热蒸汽管道的低点（靠近一次再热汽门处）均装设了管径为 ϕ88.9×11.13mm 的疏水管道，疏水管沿介质流向设置了电动截止阀、气动截止阀，疏水管单独接至清洁水疏水扩容器，扩容后排入清洁水水箱。疏水电动截止阀的控制原则与主蒸汽管道的疏水阀控制原则相同。当测得的温度大于 450℃时，关闭疏水阀；当主蒸汽压力超过 4MPa 时，关闭电动截止阀。

在靠近汽机侧的高压缸排汽管道上装有动力控制逆止阀，以便在事故情况下切断，防止蒸汽返回到汽轮机，引起汽轮机超速。逆止阀前排汽管道上设有通风阀系统，在机组启动工况下或事故状况时高压调门关闭或开度小，在可能出现高压缸排汽超温时（530℃），开启该系统将蒸汽排入凝汽器。逆止阀前排汽管道上接有来自超高压缸（VHP）汽封漏汽的管道，该管道同时和高压缸通风管道联通。

该机组 2 根高压缸排汽管道在逆止阀后由 1 根 ϕ480×16mm（12Cr1MoVG）管道进行联络，从联络管道分别接出一路蒸汽供给 3 号高压加热器；一路蒸汽经减温减压阀供给辅助蒸汽系统；一路蒸汽供给给水泵汽轮机作为高压汽源。

该机组在二次冷再热蒸汽管道气动逆止阀前、逆止阀后管道低点、锅炉侧管道低点可能积水处设置了六个疏水点。每一个疏水系统由疏水罐、串联了一只气动疏水阀和一只隔离阀的疏水管路组成。疏水阀通过疏水罐上的水位变速器控制，也可在控制室内手动操作。气动疏水阀在空气系统失气时自动开启。对于二次冷再热蒸汽管道上中旁减温器的减温水系统故障时，进入二次冷再热管道的水量是很大的，完全依赖疏水系统排出所有水是不可取的，因此疏水系统发出报警信号，通知运行人员采取措施，以防止汽轮机进水。

该机组二次热再热蒸汽管道设计有足够容量、通畅的疏水系统。二次热再热蒸汽及低压旁路蒸汽管道共设三个疏水点，一路二次热再热蒸汽管道的低点（靠近 A 排二次再热汽门处），另一路二次热再热蒸汽管道的低点疏水流向低压旁路管道的低点、低旁阀底部低点。疏水点设置管径为 ϕ88. 9×7. 14mm 的疏水管道，管道沿介质流向串联设置了电动截止阀和气动疏水阀，疏水管单独接至清洁水疏水扩容器，扩容后排入清洁水水箱。疏水阀及阀前的截止阀的控制原则与主蒸汽管道的疏水阀控制原则相同。当测得的温度大于 450℃时，关闭疏水阀；当主蒸汽压力超过 2MPa 时，关闭电动截止阀。

N1000-31/600/610/610 二次再热机组主要汽水管道规格参数见表 12-1。

表 12-1　　N1000-31/600/610/610 二次再热机组主要汽水管道规格参数

序号	管道名称	设计压力（MPa）	设计温度（℃）	流量（t/h）	管材	直径×壁厚（mm×mm）	推荐流速（m/s）
1	主蒸汽管道						
	半容量管	31	600	1314. 77	A335 P92	Di318×105	40~60
	1/4 连通管	31	600	675. 38	A335P92	Di222×74	40~60
2	一次热再热蒸汽管道						
	半容量管	10. 504	610	1210. 02	A335 P92	Di527×70	50~65
3	一次冷再热蒸汽管道						
	主管	11. 228	429. 8	2420. 04	A335 P11	Di845×69	30~45
	支管	11. 228	429. 8	1210. 02	A335 P11	Di578×48	30~45
4	二次热再热蒸汽管道						
	半容量管	3. 187	610	1037. 61	A335 P92	Di914×39	50~65
	支管	3. 187	610	518. 80	A335 P92	Di660×29	
5	二次冷再热蒸汽管道						
	半容量管	3. 550	433. 9	1037. 61	A691Cr1-1/4Gr22	ϕ1067×27	30~45

第二节　旁　路　系　统

在某些情况下，不允许蒸汽进入汽轮机，这时锅炉提供的蒸汽就可以通过旁路系统加以处理。旁路系统的设置可改善机组启动条件及机组不同运行工况下带负荷的特性，适应快速升降负荷，增强机组的灵活性。

对于一次再热中间再热的机组，采用的旁路有一级大旁路系统和高低压串联的两级旁路系统两种形式。我国 600MW 级的汽轮机组，均采用后一种形式。高压旁路系统设置在进入汽轮机高压缸前的主蒸汽管道上；低压旁路系统设置在进入汽轮机中压缸前的再热热段管道上。

二次再热中间再热的机组均采用高、中、低压三级串联旁路系统，其中高压旁路系统是设置在锅炉出口主蒸汽支管上；中压旁路系统是设置在汽机侧的一次热再热蒸汽管道上；低压旁路系统是设置在汽机侧的二次热再热蒸汽管道上。

图 12-2 所示为 N1000-31/600/610/610 二次再热机组旁路系统。

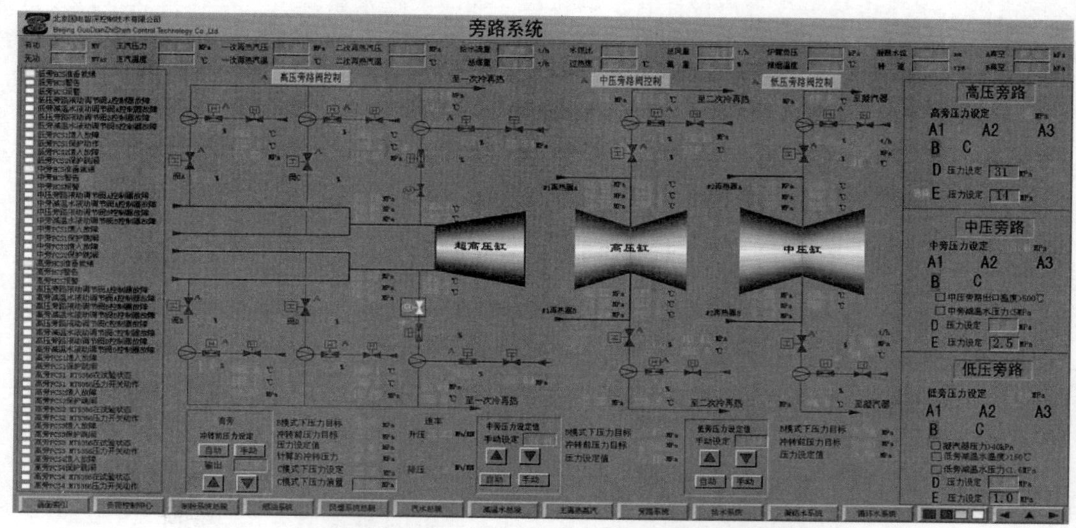

图 12-2　N1000-31/600/620/620 二次再热机组旁路系统

N1000-31/600/620/620 二次再热机组高压旁路采用 100%BMCR 容量的三用阀旁路系统，高压旁路由 4×25%BMCR 阀组成，分别从锅炉出口主蒸汽支管上接出，经过高压旁路阀减温减压后接入锅炉侧的一次冷再热蒸汽支管（减温器前）。高压旁路阀的减温水来自高压给水。高压旁路阀既作为主汽压力调节阀，同时具有压力跟踪溢流和超压保护功能，替代了过热器安全阀，高压旁路在锅炉侧。中、低旁容量按启动工况主蒸汽流量加减温水量设置，在汽机侧。中压旁路由 2 只旁路阀组成，分别从汽机侧的一次热再热蒸汽管道接出，经过中压旁路阀减温减压后接入汽机侧的二次冷再热蒸汽母管（逆止门后）。中压旁路阀的减温水来自给水泵一次中间抽头。低压旁路由 2 只旁路阀组成，分别从汽机侧的二次热再热蒸汽管道接出，经过低压旁路阀减温减压后接入凝汽器喉部。旁路阀的减温水来自凝结水，同时在低压旁路阀前至二次再热汽门前设置有 $\phi114\times11.13$ 的低旁管道暖管管路，使低旁阀前管道处于热备用状态。机组启动时，主蒸汽管道通过开启高压旁路阀和主蒸汽管道上设置的预暖管，一次热再热蒸汽管道通过开启中压旁路阀，二次热再热蒸汽管道通过开启低压旁路阀来预热管道，使蒸汽温度和金属温度相匹配，缩短启动时间。

表 12-2 为 N1000-31/600/610/610 二次再热机组旁路系统及 N660-29.2/600/620/620 二次再热机组旁路系统管道设计参数。

表 12-2　　N1000-31/600/610/610 二次再热机组旁路系统及 N660-29.2/600/620/620 二次再热机组旁路系统管道设计参数

管道名称		N1000-31/600/610/610 二次再热机组旁路系统			N660-29.2/600/620/620 二次再热机组旁路系统		
		设计压力（MPa）	设计温度（℃）	流量（t/h）	设计压力（MPa）	设计温度（℃）	流量（t/h）
汽轮机高压旁路管道	汽轮机高压旁路进口管道	31.88	605	677.25	32.55	605	775.2
	汽轮机高压旁路出口管道	11.67	431.2	792.82	11.92	481.63	815.65
汽轮机中压旁路管道	汽轮机中压旁路进口管道	10.92	610	737.9	11.21	623	815.7
	汽轮机中压旁路出口管道	3.7	435	839.45	3.91	515.75	872.0
汽轮轮机低压旁路管道	汽轮机低压旁路进口管道	3.32	610	888	3.52	623	436.00
	汽轮机低压旁路出口管道	0.8	127	1193	0.6	158.84	624.20

N1000-31/600/610/610 二次再热机组旁路系统高、中、低压旁路系统旁路阀设计技术规范见表 12-3。

表 12-3　　N1000-31/600/610/610 二次再热机组旁路系统高、中、低压旁路系统旁路阀设计技术规范

名称	单位	高压旁路阀数据	中压旁路阀数据	低压旁路阀数据
质量流量	t/h	677.52	737.9	880
进口压力	MPa（g）	31.883	10.917	3.323
出口压力	MPa（g）	11.669	3.7	0.8
压差	MPa	20.214	7.217	3.323
进口温度	℃	605	610	610
出口温度	℃	431.2	435	127
要求通流能力 CV		301.76	870.2	3400
保证运行噪声等级	dB（A）	85	85	85
入口管径×壁厚	mm	ID222×74	ID292×40	ID660×29
出口管径×壁厚	mm	ID292×41	ϕ610×17.48	ϕ1016×12.7
旁路容量设计余量	%	10	10	10
旁路进出方式		下进侧出	水平进下出	一只水平进水平出；另一只下进水平出
阀门重量	kg	1800	1600	3200
执行机构重量	kg	包含在阀门	包含在阀门	包含在阀门
快开/关时间	s	2	2	2
常速时间	s	10	10	10
液动执行器油压	MPa	16	16	16
油缸直径	mm	200	140	140
阀体材质		F92	F92	C12A
流量特性		线性	线性	线性
阀芯形式		非平衡	先导式	先导式
密封结构和型式		压力自密封	压力自密封	法兰密封
节流装置		笼罩	笼罩	笼罩
阀座直径	mm	100	180	360

N1000-31/600/610/610 二次再热机组旁路系统高、中、低压旁路系统旁路喷水阀和喷水隔离阀设计技术规范见表 12-4。

表 12-4 N1000-31/600/610/610 二次再热机组旁路系统高、中、低压旁路系统旁路喷水阀和喷水隔离阀设计技术规范

名称	单位	高压旁路喷水阀	中压旁路喷水阀	低压旁路喷水阀
减温水量	t/h	115.3	13.75	68.48
减温水进口压力	MPa（g）	36.4	19.6	2.94
减温水进口温度	℃	330	190	34
入口管径×壁厚	mm	ϕ168.3×22.23	ϕ89×12	ϕ219×7
出口管径×壁厚	mm	ϕ168.3×22.23	ϕ89×12	ϕ219×7
调节特性		等百分比	等百分比	等百分比
阀门重量	kg	~420	~450	~380
执行机构重量	kg	包含在阀门	包含在阀门	包含在阀门
快开/关时间	s	—	—	—
常速时间	s	5	5	5
执行方式		液压	液压	液压
液动执行器油压	MPa	16	16	16
油缸直径	mm	75	50	50
阀芯形式		非平衡	非平衡	非平衡
阀座直径	mm	30	30	80

高压旁路喷水隔离阀见表 12-5。

表 12-5 高压旁路喷水隔离阀

名称	单位	高压旁路喷水隔离阀	中压旁路喷水隔离阀	低压旁路喷水隔离阀
减温水进口压力	MPa（g）	37.21	20	3
减温水进口温度	℃	330	190	34
入口管径×壁厚	mm	ϕ168.3×22.23	ϕ89×12	ϕ219×7
出口管径×壁厚	mm	ϕ168.3×22.23	ϕ89×12	ϕ219×7
阀门重量	kg	~450	~380	~400
执行机构重量	kg	包含在阀门	包含在阀门	包含在阀门
快开/关时间	s	2	2	2
执行方式		液压	液压	液压
液动执行器油压	MPa	16	16	16
油缸直径	mm	75	75	75
阀体材质		WB36	WCB	WCB
阀芯形式		非平衡	非平衡	非平衡
阀座直径	mm	40	40	100

该机组的旁路系统装置液动执行器的供油装置（油站），高、中、低压旁路分别设置1套，每套油站的备用装置（油泵）提供自动投入无延迟，投入后60s即可达到工作油压。油站蓄能器所储能量，应在其电源故障的情况下，仍能提供足够的液压动力，使旁路系统所有阀门完成1~2次全行程的开或关。液（油）动执行器的工作介质采用高压抗燃油，油系统由16MPa的控制油（驱动油）和16MPa的调节油两部分压力油组成。液压油系统，包括管道管件、阀门、油箱均采用不锈钢材质。油管连接（含三通、短接、弯头）采用套管焊接型式。

第三节　回热抽汽系统及其设备

一、回热抽汽系统概况

回热抽汽系统用来加热进入锅炉的给水（主凝结水）。现代电厂机组利用给水回热循环，将蒸汽从汽轮机中抽出并在给水加热器中凝结放热。抽汽中的大部分热量（包括凝结热）传递至经过加热器的给水，使进入锅炉省煤器给水的最终温度比没有给水加热器的纯凝汽循环中获得的要高得多，减少了锅炉对能量的要求，提高了总的循环效率。

采用抽汽加热锅炉给水的目的在于减少冷源损失，既避免了蒸汽热量被循环冷却水带走，使蒸汽热量得到充分利用，热耗率下降；同时提高了给水温度，减少了锅炉受热面的传热温差，从而减少了给水加热过程的不可逆损失。抽汽回热系统提高了循环热效率，因此抽汽回热系统的正常投运对提高机组的热经济性具有决定性的影响。

理论上抽汽回热的级数越多，机组的热循环过程就越接近卡诺循环，汽热循环效率就越高。但回热抽汽的级数受投资和场地的制约，不可能设置很多，而随着级数的增加，热效率的相对增长随之减少，相对得利不多。

在抽汽级数相同的情况下，抽汽参数对系统热效率有明显的影响。给水回热总加热量在各级中的分配是在一定的给水温度和一定级数的条件下，使循环热效率最高为原则的，由此对应的各级抽汽回热参数，即为最有利分配的参数。抽汽参数的安排应当是：高品质（高焓、低熵）处的蒸汽少抽，而低品质（低焓、高熵）处的蒸汽则尽可能多抽。确定了分配方式，也就确定了汽轮机的抽汽点，通常用于高压加热器和除氧器的抽汽由高、中压缸或它们的排汽管引出，而用于低压加热器的抽汽由低压缸引出。

N1000-31/600/610/610、N1000-31/600/620/620、N660-29.2/600/620/620汽轮机T-MCR工况时各级抽汽参数见表12-6~表12-8。

表12-6　N1000-31/600/610/610汽轮机T-MCR工况时各级抽汽参数

抽汽级数	流量（kg/s）	压力（MPa）	温度（℃）
第一级（至1号高压加热器）	51.005	8.873（节流后）	414.9
第二级（至2号外置冷却器+2高压加热器）	55.828	6.264	527.1
第三级（至3号高压加热器）	40.209	3.475	434
第四级（至4号外置冷却器+4高压加热器）	20.97	1.83	526.4
第五级（至除氧器）	12.431	1.077	446.8
第五级（至给水泵汽轮机）	39.096	1.077	446.8
第六级（至6号低压加热器）	21.016	0.746	393.7

续表

抽汽级数	流量（kg/s）	压力（MPa）	温度（℃）
第七级（至7号低压加热器）	31.111	0.407	313
第八级（至8号低压加热器）	6.658	0.132	194.1
第九级（至9号低压加热器）	20.592	0.06088	118.4
第十级（至10号低压加热器）	22.554	0.02256	62.7

表12-7　N1000-31/600/620/620汽轮机T-MCR工况时各级抽汽参数

抽汽级数	流量（kg/s）	压力（MPa）	温度（℃）
第一级（至1号高压加热器）	79.89	10.688	423.8
第二级（至2号外置冷却器+2高压加热器）	55.281	6.144	536.5
第三级（至3号高压加热器）	37.21	3.408	442.7
第四级（至4号外置冷却器+4高压加热器）	20.213	1.799	535.7
第五级（至除氧器）	11.829	1.054	454.9
第五级（至给水泵汽轮机）	39.666	1.054	454.9
第六级（至6号低压加热器）	20.385	0.733	401.9
第七级（至7号低压加热器）	30.706	0.399	319.9
第八级（至8号低压加热器）	16.75	0.126	197.4
第九级（至9号低压加热器）	19.216	0.05626	121.4
第十级（至10号低压加热器）	19.71	0.0219	62.7

表12-8　N660-29.2/600/620/620汽轮机T-MCR工况时各级抽汽参数

抽汽级数	流量（kg/s）	压力（MPa）	温度（℃）
第一级（至1号高压加热器）	59.96	11.626	434.6
第二级（至2号外置冷却器+2高压加热器）	33.24	6.451	532.0
第三级（至3号高压加热器）	32.43	3.813	447.4
第四级（至4号外置冷却器+4高压加热器）	18.75	1.763	513.7
第五级（至除氧器）	9.32	0.844	403.3
第五级（至给水泵汽轮机）	33.55	0.844	403.3
第六级（至6号低压加热器）	20.161	0.484	327.5
第七级（至7号低压加热器）	10.876	0.176	214.4
第八级（至8号低压加热器）	11.636	0.091	149.9
第九级（至9号低压加热器）	10.272	0.041	81.6
第十级（至10号低压加热器）	11.724	0.018	58.0

由表12-6~表12-8可知，二次再热机组回热系统较传统的八级回热增加为十级回热，并增加两级蒸汽冷却器，提高给水温度，进一步提高了机组回热效率。

二、高压加热器

若按加热器内汽水介质传热方式的差异，可分为混合式加热器与表面式加热器两种。在混合式加热器内，汽水两种介质是直接接触混合，并进行传热。而在表面式加热器中，汽水两种介质是通过金属受热面来实现热量传递。若按表面式加热器水侧承受的压力不同，又可分为低压加热器和高压加热器。位于凝结水泵和给水泵之间的加热器，它的水侧承受的是压力较低的凝结水泵出口压力，故称为低压加热器。位于给水泵和锅炉之间的加热器，其水侧表面承受的是比锅炉压力还要高的给水泵出口压力，故称为高压加热器。

混合式加热器采用汽水两种介质直接接触，被加热的水最后能够被加热到抽汽压力下的饱和温度，传热效果要比面式的加热器好，热经济性高。该加热器内部不设置金属受热面，并且构造简单，价格便宜。它是封闭压力容器，容易汇集不同温度的水流，还能除去水中所含的气体。但是，混合式加热器系统有它的缺点：每台混合式加热器的出口必须配置给水泵将水送入下一级压力较高的加热器。在运行时，给水泵输送的水温高，工作条件恶劣。特别是在汽轮机变工况运行时，给水泵易出故障，严重影响系统的工作可靠性。而且为了防止给水泵发生汽蚀，水箱还需布置在厂房的高处，增加了设备和主厂房的造价。

表面式加热器与混合式加热器相比，因表面式是通过金属受热面将蒸汽的凝结放热量传递给加热器管束内的被加热水，传热过程中存在热阻，一般情况下不可能将水加热到该加热蒸汽压力下的饱和温度。加热蒸汽压力下的饱和温度与加热器出口水温存在一个差值，即加热器端差。对于加热器的性能要求，可归结为尽可能地缩小加热器端差。为实现这一目的，目前主要通过两种途径：一种途径是采用混合式加热器，从汽轮机抽来的蒸汽在加热器内和进入加热器的给水（凝结水）直接混合，蒸汽凝结成水，其汽化潜热释放到水中，压力温度相同，端差为0，但这种方式需设置水泵为给水（凝结水）提供压力，使其与相应段的抽汽压力一致，这就会消耗一定的能源。除氧器即是一种混合式加热器。另一种途径是采用表面式加热器，在结构上采取必要措施，尽量提高压加热器热器的效果。由于端差的存在，无形中增大了加热蒸汽做功能力的损失，从而减低了电厂的热经济性；另外，制造表面式加热器受热面所需金属耗量大，造价也高，结构相对复杂，加热器本身工作可靠性差，还因汽水各行其道需增加疏水设备及其管道。但是就整个由表面式加热器组成的给水回热系统而言，却比混合式加热器系统简单，运行也较可靠。一般情况下，热力系统中只配备一台混合式加热器，在机组中它就是除氧器。它不仅承担了给水加热任务，还可作为给水除氧和汇集不同水流之用。

为了减小端差，提高表面式加热器的热经济性，现代大型机组的高压加热器和少量低压加热器采用了联合式表面加热器。该类加热器由三部分组成：

（1）过热蒸汽冷却段：利用加热蒸汽过热度的降低，释放热量来加热给水。在该加热器中，加热蒸汽不允许被冷却到饱和温度，因为在达到该饱和温度时，管外壁会形成水膜，使加热器的过热度因水膜吸附而消失，能位得不到利用。在此段的蒸汽都保留有剩余的过热度，被加热水的出口温度接近或略超过加热蒸汽压力下的饱和温度。

（2）凝结段：加热蒸汽在此段中为凝结放热，其出口的凝结水温是加热蒸汽压力下的饱和温度，因此被加热水的出口温度低于该饱和温度。

（3）疏水冷却段：设置该段冷却器的作用，是使凝结段来的疏水进一步冷却，进入凝结段前的被加热水温得到提高，其结果一方面使本级抽汽量有所减少，另一方面，由于流入下一级加热器的疏水温度降低，从而降低本级疏水对下一级抽汽的排挤，提高了系统的热经济性。加热器设置疏水冷却段不但能提高经济性，而且对系统的安全运行也有好处。因为原来的疏水是饱和水，在流向下一级压力较低的加热器时，必须经过节流减压，而饱和水一经节流减压，就会产生蒸汽而形成两相流动，这将对管道和下一级加热器产生冲击、引发振动等不良后果。经冷却后的疏水是欠饱和水，这样在节流过程中产生两相流动的可能性就大大地降低。疏水冷却段是一种水-水热交换器，该段加热器出口的疏水温度低于加热蒸汽压力下的饱和温度。

一个加热器中含有上面三部分中的两段或全部。一般认为蒸汽的过热度超过 50～70℃时，采用过热蒸汽冷却段比较有利，因此低压加热器采用过热蒸汽冷却段的很少，而只有后两段的加热器，其端差则较大。

（一）N1000-31/600/610/610 二次再热机组高压加热器

图 12-3 为 N1000-31/600/610/610 二次再热机组高压加热器系统图。该机组高压加热器由上海电气集团（上海动力设备有限公司）制造。每台机组高压加热器双列布置，配置 2×4 台 50%容量、卧式高压加热器。每台加热器均按双流程设计，由过热蒸汽冷却段、凝结段和疏水冷却段三个传热区段组成，为全焊接结构。正常运行时，每列高压加热器的疏水均采用逐级串联疏水方式，即从较高压力的加热器排列到较低压力的加热器，4 号高压加热器出口的疏水疏入除氧器。各级高压加热器还设有危急疏水管路，危急疏水直接排入凝汽器疏水立管经扩容释压后排入凝汽器。每台加热器（包括除氧器）均设有启动排气和连续排气。所有高压加热器的汽侧启动排气和连续排气均接至除氧器。

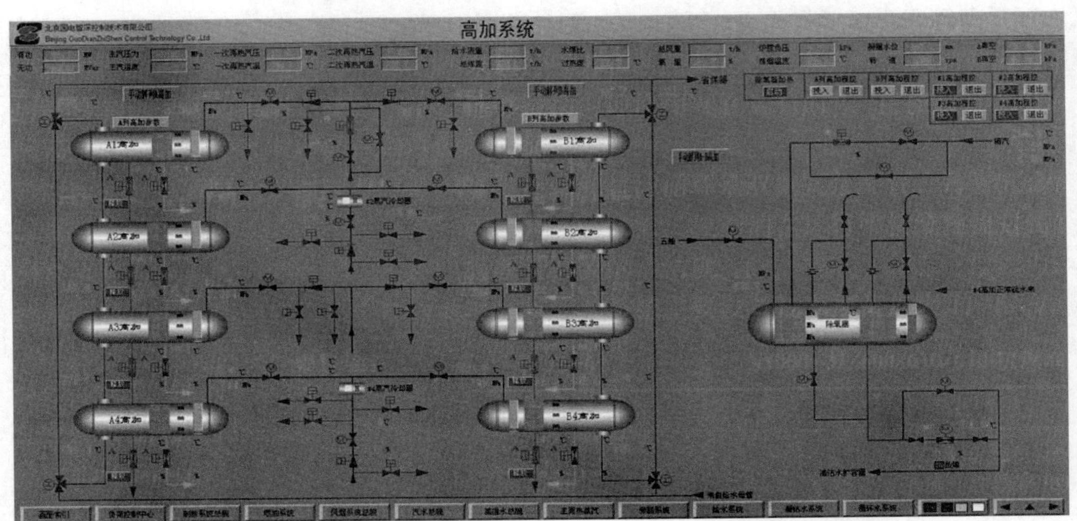

图 12-3　N1000-31/600/610/610 二次再热机组高压加热器系统图

高压加热器的基本结构如图 12-4 所示。

高压加热器为 U 形传热器，双流程，水室采用自密封结构，半球形水室具有椭圆形自密封人孔，安置形式为卧式，高压加热器采用—固定支座—滑动支承，双列布置。高压加热器主要由水室、水室分隔板、管束（管板、U 形管、导流板和支撑板等）、壳体、固定支座和滑动支座等组成。

给水流程（管程）：给水进口→下水室→U 形管（疏水冷却段→凝结段→过热蒸汽冷却段）→上水室→给水出口；蒸汽流程（壳程）：蒸汽进口→蒸汽进口挡板→进过热段→出过热段→进入凝结段凝结成水，聚集在加热器底部进入疏水冷却段疏水出口管疏水调节阀，进下一级加热器。

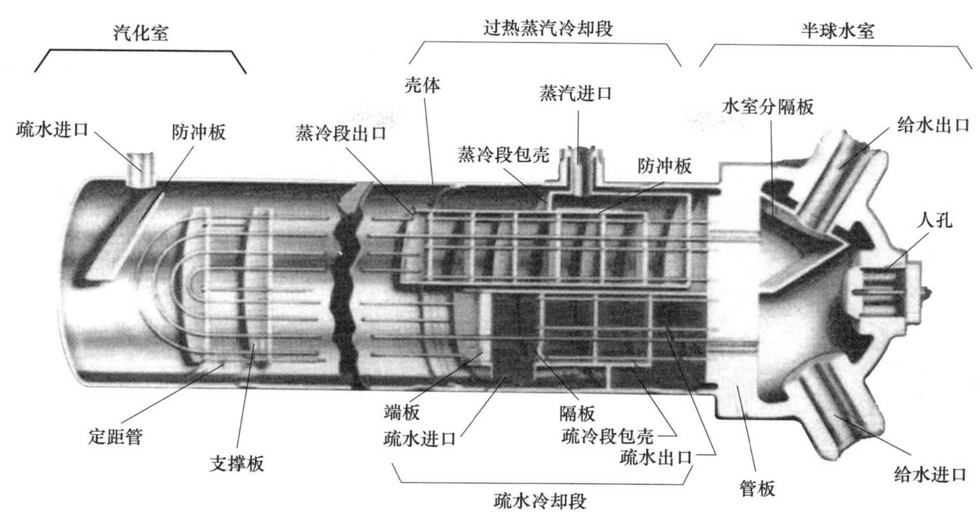

图 12-4　高压加热器基本结构示意图

该型高压加热器具有以下结构特点：

（1）管子及管板的连接特点。

管板上堆焊一层软碳钢（提高焊接性能）；采用先焊后胀（液压胀管）工艺，防止振动及消除热胀差和间隙腐蚀。先进的三轴深孔钻床，保证孔径、光洁度、孔距，从而保证焊接和胀管质量。先进的管子管板全位置自动氩弧焊，保证焊接质量。给水进口处装不锈钢衬套，防止进口端的涡流冲蚀。

（2）过热器冷却段特点。

封闭的、浮动的过热段结构防止过热蒸汽冲击管板和壳体，引起高压加热器失效。过热段受热后能自由膨胀。利用蒸汽的过热度提高给水温度，一般能达到端差 0～-2℃。

（3）凝结段功能特点。

利用蒸汽的凝结潜热加热给水，这是加热器的主要传热部分。凝结段隔板采用大隔板，仅起支撑传热管的作用，而不采用传统的强制流动的隔板，降低蒸汽流速，防止管系振动。

（4）疏水冷却段特点。

疏水冷却段端板利用液体的表面张力保持传热管与疏冷段端板之间隙密封。疏水冷却段进口为潜水式进口，控制进口流速，保持水位，形成水封。

所有疏水与蒸汽入口处，均装设冲击板，以保护管束。冲击板、护罩和其他用于防止可能发生的冲蚀的内部零件。

高压加热器主要技术数据见表 12-9。

表 12-9　　　　高压加热器主要技术数据

序号	项目	4 号蒸冷器	2 号蒸冷器	1 号高压加热器	2 号高压加热器	3 号高压加热器	4 号高压加热器
	型号	JG-430	JG-740	JG-1800	JG-1700	JG-1540	JG-1780
1	压力降						
2	管侧压力降（MPa）	～0.04	～0.06	～0.07	～0.08	～0.07	～0.08

续表

序号	项目	4 号蒸冷器	2 号蒸冷器	1 号高压加热器	2 号高压加热器	3 号高压加热器	4 号高压加热器
	型号	JG-430	JG-740	JG-1800	JG-1700	JG-1540	JG-1780
3	壳体压力降（MPa）	~0.03	~0.03	~0.032	~0.042	~0.037	~0.035
4	壳体每段（蒸汽冷却段/凝结段/疏水冷却段）压力降（MPa）	~0.03	~0.03	0.020/0/0.012	0.021/0/0.021	0.02/0/0.017	0.015/0/0.02
5	设计管内流速（m/s）	~2.0	~2.0	~2.0	~1.99	~1.99	~1.99
6	管内最大流速（m/s）	2.4	2.4	2.4	2.4	2.4	2.4
7	有效表面积（m^2）	430	740	1800	1700	1540	1780
8	每段（蒸汽冷却段、凝结段、疏水冷却段）有效表面积（m^2）	430	740	196/1290/224	147/1770/303	122/999/319	95/1383/272
9	换热量（kJ/hr）	45391248（50%进蒸冷器）	128023238（55%进蒸冷器）	22326044/107202370/5408186	10952985/180799559/28179945	24157826/121111814/27588638	8373072/93359054/20623921
10	总换热系数［kJ/（h·℃·m^2）］	1776	2137	2079/13142/6424	2989/13105/8600	2093/13114/9013	1715/13140/9172
11	给水端差（℃）	—	—	-1.7	2	-1	0
12	疏水端差（℃）	10	12	5.6	5.6	5.6	5.6
13	加热器壳侧						
14	设计压力（MPa）（g）	2.47	7.61	13.3	7.61	4.45	2.47
15	设计温度（℃）	565	545	460	350	465	350
16	试验压力（MPa）	3.71	11.42	19.95	11.42	6.68	3.71
17	壳侧压力降（MPa）	~0.03	~0.03	~0.032	~0.042	~0.037	~0.035
18	加热器管侧						
19	设计压力（MPa）（g）	44	44	44	44	44	44
20	设计温度（℃）	345	360	340	295	260	230
21	试验压力（MPa）	66	66	66	66	66	66
22	管侧压力降（MPa）	~0.04	~0.06	~0.07	~0.08	~0.07	~0.08
23	净重（kg）	~44000	~79000	~150000	~132500	~104600	~104600
24	运行荷重（kg）	~46600	~82000	~160000	~144000	~115000	~116000
25	充水荷重（kg）	~54500	~99000	~176000	~163000	~131000	~136000
26	大旁路系统阀门数量	2 套					
27	大旁路系统阀门口径（mm）	339/267.6					
28	设计温度/压力（℃/MPa）	350/44					
29	执行机构型式	液动					

结构特性见表 12-10。

表 12-10　　　　结　构　特　性

序号	项目	4 号蒸冷器	2 号蒸冷器	1 号高压加热器	2 号高压加热器	3 号高压加热器	4 号高压加热器
1	加热器数量	1		2			
2	加热器型式	卧式					
3	加热器布置	单列大旁路		双列大旁路			
4	壳体支撑	固定+滑动					
5	封头型式	半球形					
6	封头材料	SA516Gr70					
7	加热器壳体						
8	壳体最大外径及壁厚（mm）	ϕ1560×30	ϕ1960×80	ϕ2280×140	ϕ2150×75	ϕ2100×50	ϕ2060×30
9	最大总长（mm）	~6300	~10000	~8000	~11000	~8100	~10000
10	最大操作间隔（mm）	~5300	~9000	~6500	~9200	~6500	~8500
11	壳体材料	SA387Gr91		SA516Gr70/SA387Gr11CL1	SA516Gr70	Q345R/SA387Gr11CL1	Q345R
12	冲击板材料	SA240Gr405					
13	加热器管束						
14	加热器管侧流程	2					
15	管子与管板的连接方式	焊接+胀接					
16	型式：弯管或直管	U 形管					
17	管子数量（根）	~1460	~1667	~2822	~2665	~2515	~2419
18	管子材料	SA556GrC2					
19	尺寸/壁厚（mm）	ϕ16×2.7/2.9					
20	备用管子	10%	10%	10%			
21	水室与管板						
22	水室与壳体连接方式	焊接式					
23	水室材料	SA516Gr70					
24	管板材料	20MnMo					
25	短接管材料						
26	管板与水室连接方式	焊接式					

（二）N660-29.2/600/620/620 二次再热机组高压加热器

图 12-5 为 N660-29.2/600/620/620 二次再热机组高压加热器系统图。该机组配 4 台高压加热器，两台外置式蒸汽冷却器，1~4 段抽汽分别为 1~4 号高压加热器供汽，其中 2、4 段抽汽管路上在 2、4 号高压加热器前各串联入一台蒸汽冷却器，分别称为 2、4 号外置式蒸

汽冷却器。主给水管路依次流经 4 号高压加热器→3 号高压加热器→2 号高压加热器→1 号高压加热器→4 号高压加热器外置式蒸汽冷却器→2 号高压加热器外置式蒸汽冷却器→进入锅炉省煤器。主给水最后一级加热器（2、4 号高压加热器外置式蒸汽冷却器）采用串联设置。2、4 号外置式蒸汽冷却器的事故疏水（如发生爆管时）分别疏往 2、4 号高压加热器，1~4 号高压加热器为卧式表面凝结型换热器，2、4 号高压加热器外置式蒸汽冷却器为立式表面式换热器。

正常运行时，给水系统的一部分流量流经 2、4 号高压加热器外置式蒸汽冷却器，另一部分流量由旁路通过，在 2 号高压加热器蒸汽冷却器出口汇合后进入锅炉省煤器。此旁路上装有节流孔板保证 2、4 号高压加热器外置式蒸冷的给水量。

高压给水加热器壳体为全焊接结构，高压加热器由壳体及封头、管板、水室、支撑板、隔板及内件、换热管束、压力密封人孔、各接口管座、放水、放气阀门、安全阀、疏水阀及各检测控制仪表、测量筒及附件组成。

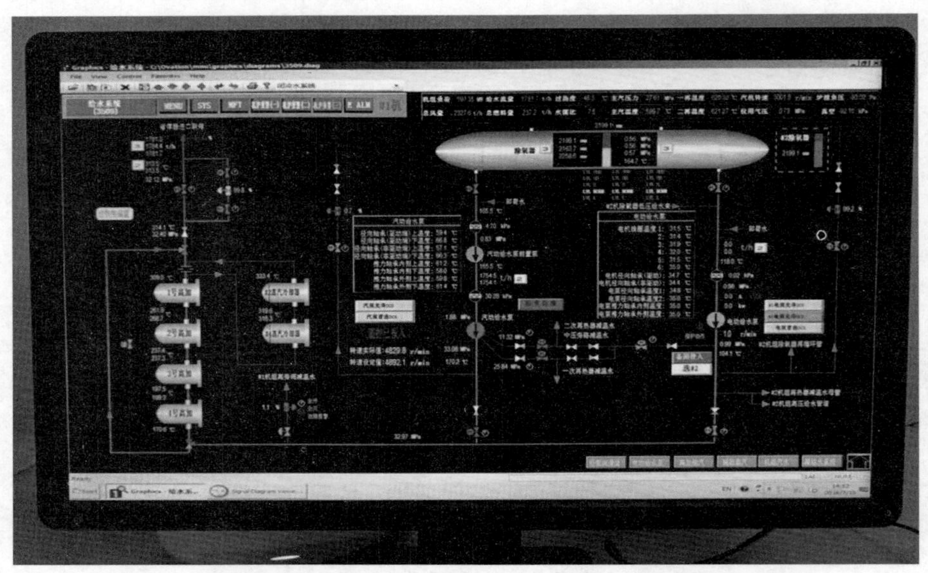

图 12-5　N660-29.2/600/620/620 二次再热机组高压加热器系统图

高压加热器规格见表 12-11。

表 12-11　　　　**高压加热器规格**

加热器编号		1 号高压加热器	2 号高压加热器	3 号高压加热器	4 号高压加热器	2 号蒸汽冷却器	4 号蒸汽冷却器
型号	单位	JG-2000-1	JG-2100-2	JG-1900-3	JG-2100-1		
加热器型式		卧式、U 形管、双流程				立式、U 形管、双流程	
一、汽机调节阀全开（VWO）工况							
给水（管侧）							
1. 流量（每台加热器）	t/h	1938	1938	1938	1938	479.5	479.5
2. 进口压力	MPa（a）	38.5	38.5	38.5	38.5	38.5	38.5

续表

加热器编号		1 号高压加热器	2 号高压加热器	3 号高压加热器	4 号高压加热器	2 号蒸汽冷却器	4 号蒸汽冷却器
型号	单位	JG-2000-1	JG-2100-2	JG-1900-3	JG-2100-1		
3. 进口温度	℃	277. 6	245	203. 5	176. 6	331. 1	321. 8
4. 进口热焓	kJ/kg	1217. 7	1067. 7	884. 4	769. 1	1487. 9	1436. 4
5. 出口温度	℃	321. 8	277. 6	245	203. 5	350. 1	331. 1
6. 出口热焓	kJ/kg	1436. 4	1217. 7	1067. 7	884. 4	1601	1487. 9
7. 最大允许压降	MPa	<0. 05	<0. 05	<0. 05	<0. 05	<0. 05	<0. 05
8. 最大允许流速	m/s	<2. 4	<2. 4	<2. 4	<2. 4	<2. 4	<2. 4
9. 设计压力	MPa（g）	42. 1	42. 1	42. 1	42. 1	42. 1	42. 1
10. 设计温度	℃	355/335	315/295	275/255	235/215	355	355
11. 试验压力	MPa（g）	63. 15	63. 15	63. 15	63. 15	63. 15	63. 15
抽汽（壳侧）							
12. 流量(每台加热器)	t/h	219. 291	128. 924	128. 924	69. 49	128. 924	69. 49
13. 进口压力	MPa（a）	11. 656	6. 512	3. 764	1. 758	6. 521	1. 758
14. 进口温度	℃	432. 4	365	445. 1	351. 8	533. 2	515. 1
15. 进口热焓	kJ/kg	3163. 4	3073	3323	3148. 3	3496. 5	3503. 9
16. 最大允许压降	MPa	<0. 03	<0. 03	<0. 03	<0. 03	<0. 03	<0. 03
17. 设计压力	MPa（g）	13. 3	7. 38	4. 22	1. 91	7. 38	1. 91
18. 设计温度	℃	460/335	375/295	470/255	375/215	560	539
19. 试验压力	MPa（g）	1. 25P $[\sigma]/[\sigma]^t$					
进入加热器的疏水							
20. 水来源		—	1 号高压加热器	2 号高压加热器	3 号高压加热器	—	—
21. 流量（每台加热器）	t/h	—	219. 292	348. 216	465. 047	—	—
22. 温度	℃	—	283. 2	250. 6	209. 1	—	—
23. 热焓	kJ/kg	—	1250. 8	1088. 6	894	—	—
排出加热器的疏水						出口蒸汽	
24. 流量(每台加热器)	t/h	219. 292	348. 216	465. 047	534. 537	128. 924	69. 49
25. 温度	℃	283. 2	250. 6	209. 1	182. 2	365	351. 8
26. 热焓	kJ/kg	1250. 8	1088. 6	894	773. 2	3073	3148. 3
27. 疏水端差	℃	5. 6	5. 6	5. 6	5. 6	—	—
二、汽轮机最大连续工况（TMCR 工况）							
给水							
1. 流量（每台加热器）	t/h	1862	1862	1862	1862	465	465
2. 进口压力	MPa	37. 5	37. 5	37. 5	37. 5	37. 5	37. 5
3. 进口温度	℃	275. 9	243. 5	202. 2	175. 5	329. 3	319. 8

续表

加热器编号		1 号高压加热器	2 号高压加热器	3 号高压加热器	4 号高压加热器	2 号蒸汽冷却器	4 号蒸汽冷却器
型号	单位	JG-2000-1	JG-2100-2	JG-1900-3	JG-2100-1		
4. 进口热焓	kJ/kg	1209.7	1061.0	879.1	764.5	1477.9	1425.9
5. 出口温度	℃	319.8	275.9	243.5	202.2	349.4	329.3
6. 出口热焓	kJ/kg	1425.9	1209.7	1061.0	879.1	1591.7	1477.9
抽汽							
7. 流量（每台加热器）	t/h	209.413	123.97	112.739	67.234	123.97	67.234
8. 进口压力	MPa	11.348	6.345	3.669	1.714	6.345	1.714
9. 进口温度	℃	430.8	360	445.4	349.8	533.5	515.2
10. 进口热焓	kJ/kg	3164.1	3071	3325.1	3144.7	3498.7	3504.7
进入加热器的疏水							
11. 疏水来源（每台加热器）		—	1 号高压加热器	2 号高压加热器	3 号高压加热器	—	—
12. 流量	t/h	—	209.413	333.382	445.941	—	—
13. 温度	℃	—	281.5	249.1	207.8	—	—
14. 热焓	kJ/kg	—	1242.1	1081.4	888.4	—	—
排出加热器的疏水						出口蒸汽	
15. 流量（每台加热器）	t/h	209.413	333.382	445.941	513.175	123.97	67.234
16. 温度	℃	281.5	249.1	207.8	181.1	360	349.8
17. 热焓	kJ/kg	1242.1	1081.4	888.4	768.5	3071	3144.7
三、汽轮机铭牌（夏季）工况（TRL 工况）							
给水							
1. 流量（每台加热器）	t/h	1917.4	1917.4	1917.4	1917.4	480	480
2. 进口压力	MPa	38.5	38.5	37.5	37.5	37.5	37.5
3. 进口温度	℃	275.3	242.8	201.2	173.7	328.9	319.4
4. 进口热焓	kJ/kg	1206.8	1057.6	874.8	756.6	1476.2	1423.6
5. 出口温度	℃	319.4	275.3	242.8	201.2	待定	328.9
6. 出口热焓	kJ/kg	1423.6	1206.8	1057.6	874.8	待定	1476.2
抽汽							
7. 流量（每台加热器）	t/h	215.989	127.92	116.663	71.165	127.92	71.165
8. 进口压力	MPa	11.28	6.286	3.62	1.679	6.286	1.679
9. 进口温度	℃	429.9	349.4	444.4	349.4	533	514.1
10. 进口热焓	kJ/kg	3162.9	3042.9	3323.3	3144.4	3498.1	3502.6
进入加热器的疏水							
11. 疏水来源（每台加热器）		—	1 号高压加热器	2 号高压加热器	3 号高压加热器	—	—
12. 流量	t/h	—	215.988	343.908	460.271	—	—

续表

加热器编号		1 号高压加热器	2 号高压加热器	3 号高压加热器	4 号高压加热器	2 号蒸汽冷却器	4 号蒸汽冷却器
型号	单位	JG-2000-1	JG-2100-2	JG-1900-3	JG-2100-1		
13. 温度	℃	—	280.9	248.4	206.8	—	—
14. 热焓	kJ/kg	—	1239	1077.7	883.9	—	—
排出加热器的疏水						出口蒸汽	
15. 流量（每台加热器）	t/h	215.988	343.908	460.271	531.436	127.92	71.165
16. 温度	℃	280.9	248.4	206.8	179.3	待定	349.4
17. 热焓	kJ/kg	1239	1077.7	883.9	760.2	待定	3144.4
四、汽轮机额定工况（THA 工况）							
给水							
1. 流量（每台加热器）	t/h	1727	1727	1727	1727	432	432
2. 进口压力	MPa	37.5	37.5	37.5	37.5	37.5	37.5
3. 进口温度	℃	271.5	239.7	199.3	173.1	325.2	315.4
4. 进口热焓	kJ/kg	1189	1043.2	865	752.8	1455.8	1404.6
5. 出口温度	℃	315.4	271.5	239.7	199.3	待定	325.2
6. 出口热焓	kJ/kg	1404.6	1189	1043.2	865	待定	1455.8
抽汽							
7. 流量（每台加热器）	t/h	189.929	112.277	102.505	61.53	112.277	61.53
8. 进口压力	MPa	10.586	5.931	3.434	1.611	5.931	1.611
9. 进口温度	℃	431.5	345.4	446.4	345.4	534.1	516
10. 进口热焓	kJ/kg	3180	3040.6	3330.6	3137.2	3504.4	3507.4
进入加热器的疏水							
11. 疏水来源（每台加热器）		—	1 号高压加热器	2 号高压加热器	3 号高压加热器	—	—
12. 流量	t/h	—	189.935	302.199	404.392	—	—
13. 温度	℃	—	277.1	245.3	204.9	—	—
14. 热焓	kJ/kg	—	1219.8	1063.2	875	—	—
排出加热器的疏水						出口蒸汽	
15. 流量（每台加热器）	t/h	189.935	302.199	404.392	465.922	112.277	61.53
16. 温度	℃	277.1	245.3	204.9	178.7	待定	345.4
17. 热焓	kJ/kg	1219.8	1063.2	875	757.8	待定	3137.2

三、低压加热器

低压加热器的作用是用汽轮机的抽汽加热凝结水，提高机组的热效率。低压加热器简图如图 12-6 所示。

低压加热器与高压加热器的基本结构相同，主要区别在于没有过热蒸汽冷却区，只有凝结段和疏水冷却段。因其压力较低，故其结构比高压加热器简单一些，管板和壳板的厚度也

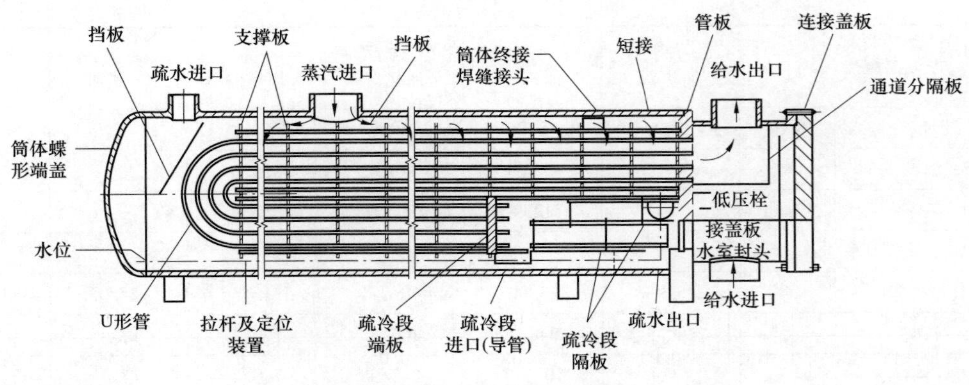

图 12-6　低压加热器简图

薄一些。

凝结段是利用蒸汽冷凝时的潜热加热凝结水的，一组隔板使蒸汽沿着加热器长度方向均匀地分布。进入该段的蒸汽在隔板的导向下，流向加热器的尾部。位于两端的排气接管，可排除非凝结气体。

疏水冷却段是把离开凝结段的疏水的热量传给进入加热器的凝结水，而使疏水降至饱和温度以下。疏水温度的降低，使疏水流向下一级压力较低的加热器时，在管道内发生汽化的趋势得到减弱。

加热器水室是用钢板焊接的构件，为保证接头质量，焊缝经无损探伤检测。壳体和水室管板焊接连接，在壳体装有支座。水室由圆柱形筒体、法兰和管板组成，管板钻有孔以便插入 U 形管，管子的尺寸壁厚、材料可见加热器数据表，用机械胀管法安装在管板上。在加热器的上级疏水进口和蒸汽进口处设置不锈钢防冲板，可使壳侧液体和蒸汽不直接冲击管束，以免传热管受冲蚀。所有低压加热器分别设置正常疏水口和紧急疏水口。正常疏水接自疏水冷却段，紧急疏水接自主凝段。

N1000-31/600/610/610 每台机组配置 5 台低压加热器和 1 台疏水冷却器，按双流程设计，由上海动力设备有限公司制造。其中 9、10 号为独立式设计，置于凝汽器接颈部位；6、7 号两台低压加热器采用卧式 U 形管，6、7 号加热器由蒸汽凝结段和疏水冷却段二个传热区段组成，8 号加热器由蒸汽凝结段组成。壳体均为全焊接结构，传热管采用不锈钢材料。6、7、8 号正常疏水是由高压侧自流疏水至下一级，8 号正常疏水通过低压加热器疏水泵输送至 8 号低压加热器出口凝结水管道，同样 5、6、7、8 号加热器配备有一路事故疏水排放至低压疏水扩容器。9、10 号低压加热器不设危急疏水管路，9、10 号低压加热器疏水均至疏水冷却器，无疏水调节阀，疏水冷却器出来的疏水通过疏水立管排至凝汽器。放气系统是将抽汽及疏水在冷却过程中释放的不凝结气体排至凝汽器。汽机最后两级抽汽，因加热器位于凝汽器喉部，不考虑装设阀门，2 根九级抽汽管和 4 根十级抽汽管均布置在凝汽器内部，管道由凝汽器制造厂设计供货。

N1000-31/600/620/620 低压加热器采用单列串联方案，6、7 号低压加热器和 8 号低压加热器水侧均单独有旁路，6、7、8 号低压加热器疏水在正常运行时采用逐级串联疏水方式，8 号低压加热器疏水疏至低压加热器疏水泵，并由疏水泵打入 7 号低压加热器水侧进口。6、7、8 号低压加热器均设有单独的危急疏水管道疏水至疏水扩容器减温后再进入凝汽器。9、10 号低压加热器置于凝汽器喉部，抽汽管无阀门，9、10 号低压加热器和疏水冷却器水侧设置一个旁路。9、10 号低压加热器疏水共同进入疏水冷却器，再进入疏水立管最后排入凝汽器。

N1000-31/600/610/610 二次再热机组低压加热器设备参数见表 12-12。

表 12-12　　N1000-31/600/610/610 二次再热机组加热器设备参数

项目	单位	6 号低压加热器	7 号低压加热器	8 号低压加热器	9 号低压加热器	10 号低压加热器	疏水冷却器
台数	台	1	1	1	1	1	1
管侧压降	MPa	0.05	0.06	0.065	0.07	0.075	0.02
壳体压降	MPa	0.01	0.02	0	0	0	0.05
设计流速	m/s	1.79	1.79	1.77	1.83	1.83	0.411
最大流速	m/s	3	3	3	3	3	3
有效面积	m^2	1500	1850	1550	1590	1900	368
给水端差	℃	2.2	2.2	2.2	2.2	2.2	—
疏水端差	℃	5.6	5.6	—	—	—	5.6
壳侧							
设计压力	MPa	0.88	0.5	0.35	0.1	0.12	5.2
设计温度	℃	408/180	340/160	250/140	120	410/120	120
试验压力	MPa	1.32	0.75	0.525	0.15	0.15	7.8
工作压力	MPa	0.745	0.405	0.128	0.059	0.0221	1.724
工作温度	℃	393.5/167.5	312.5/141.95	191.3/106.6	85.6/116.1	62.2	35
管侧							
设计压力	MPa	5.2					0.1
设计温度	℃	180	160	140	120	120	120
试验压力	MPa	7.8	7.8	7.8	7.8	7.8	0.15
工作压力	MPa	1.724	1.724	1.724	1.724	1.724	0.036
工作温度	℃	165.3	141.9	104.4	83.4	60	73.4
管侧流程		2					
连接方式		胀接					
运行荷重	kg	36800	47990	45035	40960	45250	23800
充水荷重	kg	51500	60998	69200	72860	76170	23800
蒸汽容积	m^3	14.7	13	24.2	31.9	30.9	—
壳称总容积	m^3	17.42	15.52	27.65	33.68	32.68	6.2
管子材料		SA688TP304					

N1000-31/600/620/620 二次再热机组加热器设备参数见表 12-13。

表 12-13　**N1000-31/600/620/620 二次再热机组加热器设备参数**

项目	单位	6 号低压加热器	7 号低压加热器	8 号低压加热器	9 号低压加热器	10 号低压加热器	疏水冷却器
台数	台	1	1	1	1	1	1
1 型号		JD1500-4-5	JD1850-2-4	JD1550-9-3			SL-368-5-1
2 壳侧设计压力	MPa	0.8	0.5	0.35	0.1	0.1	0.1
3 壳侧设计温度	℃	402/175	340/160	250/140	120	120	120
4 壳侧试验压力	MPa	1.2	0.75	0.53	0.15	0.15	—
5 管侧设计压力	MPa	4.5	4.5	4.5	4.5	4.5	4.5
6 管侧设计温度	℃	175	160	140	120	120	120
7 管侧试验压力	MPa	6.75	6.75	6.75	6.75	6.75	—
8 抽气压力	MPa	0.74	0.4	0.13	0.05	0.02	—
连接方式		胀接					

N1000-31/600/610/610 加热器结构特性见表 12-14。

表 12-14　**N1000-31/600/610/610 加热器结构特性**

序号	项目	6 号低压加热器	7 号低压加热器	8 号低压加热器	9 号低压加热器	10 号低压加热器	疏冷器
1	数量	1					
2	型式	卧式					
3	布置	单列					
4	壳体支撑	固定+滑动					
5	封头型式	椭圆形封头					
6	封头材料	SA516Gr70		Q245R			SA516Gr70
7	加热器壳体						
8	外径/壁厚（mm）	ϕ1832×16	ϕ1832×16	ϕ1948×24	ϕ1832×16	ϕ1932×16	ϕ1200×25
9	最大总长（m）	11.5	12.17	14.17	18.66	18.66	9
10	最大操作间隔（m）	9.14	9.2	11.2	9.1	12.2	7.5
11	壳体材料	SA516Gr70		Q245R			SA516Gr70
12	冲击板材料	SA240 Gr405					—
13	管侧流程	2					
14	连接方式	胀接					
15	弯管/直管	U 形管					
16	管子数量	1942	1942	1707	1650	1650	414
17	管子材料	SA688TP304					
18	尺寸/壁厚（mm）	ϕ16×0.9					ϕ19.05×0.89
19	备用管子	10%			10%	10%	10%
20	水室材料	SA516Gr70					

续表

序号	项目	6 号低压加热器	7 号低压加热器	8 号低压加热器	9 号低压加热器	10 号低压加热器	疏冷器
21	管板材料	20MnMo					
22	短接管材料						
23	与水室连接方式	焊接					

N660-29. 2/600/620/620 二次再热机组低压加热器设备参数见表 12-15。

表 12-15　　N660-29. 2/600/620/620 二次再热机组低压加热器设备参数

序号	项目	6 号低压加热器	7 号低压加热器	8 号低压加热器	9 号低压加热器	10 号低压加热器
1	型号	JD-1200-Ⅴ	JD-800-Ⅳ	JD-900-Ⅲ	JD850-Ⅱ	JD930-Ⅰ
2	型式		卧式、U 形管式、双流程			
3	换热面积（m^2）	1050	1050	900		650+970
4	汽侧设计压力（MPa）	0. 7	0. 7	0. 6		0. 7
5	水侧设计压力（MPa）	4. 5	4. 5	4. 2		4. 5
6	汽侧设计温度（℃）	265	265	200		150
7	水侧设计温度（℃）	170	170	150		150
8	汽侧最高工作压力（MPa）	0. 5	0. 5	0. 85		0. 17/0. 08（a）
9	水侧最高工作压力（MPa）	4. 5	4. 5	5. 31		4. 5
10	低压加热器筒径（mm）	1600		1800		1800
11	低压加热器总长（mm）	11150		15570		15570
12	水侧流程（个）	2		2　2		2　2
13	抽壳长度（mm）	8000		12800		12800
14	水侧水压试验压力（MPa）	5. 68	5. 68	5. 625		5. 625
15	汽侧水压试验压力（MPa）	1. 08	1. 08	0. 88		0. 88
16	水侧安全阀动作压力（MPa）	4. 5	4. 5	4. 5		4. 5
17	汽侧安全阀动作压力（MPa）	0. 7	0. 7	4. 5		0. 7

四、除氧器

凝结水流经负压系统时，在密闭不严处会有空气漏入凝结水中，而凝结水补给水中也含有一定量的空气。这部分气体在一定条件下，不仅会腐蚀系统中的设备，而且会使加热器及锅炉的换热能力降低。给水中的氧与金属作用后生成的氧化物，会使管壁沉积盐垢；蒸汽凝结时析出的不凝性气体导致传热热阻增加，引起换热设备传热恶化，造成凝汽器真空下降。对于高参数汽轮机，随着参数的提高，蒸汽溶盐能力增强，叶片通道上形成氧化物的沉积增加，通流面积减少，若蒸汽流速不变，会引起汽轮机出力显著下降；若蒸汽流速提高，汽轮机的轴向推力将增加。

因此，为了保证机组安全经济运行，防止给水系统的腐蚀，必须不断地从锅炉给水中清除掉生产过程中溶解进来的气体。除氧器的作用就是去除给水中溶解的气体，进一步提高给水品质。

除氧方法分为化学除氧和物理除氧两种。化学除氧就是利用一些易和氧起化学作用的药剂（如亚硫酸钠和联胺），使其与水中的溶解氧化合成另一种物质，达到彻底除氧的目的。但它不能除去其他气体，化学反应后生成的氧化物溶解在水中，还会增加给水中可溶解性盐的含量，而且化学药剂的价格也非常昂贵。所以中小型电厂很少采用化学除氧方法，在大机组电厂它才作为一种补充的除氧手段而被采用。化学药剂联胺既可除氧，又能转化为氨来维持给水较高的 pH 值，还不会产生新的盐类。

物理除氧用得最广泛的是热力除氧，它价格便宜，既能去除水中其他气体，还没有残留物质（盐类）。所以热力发电厂中普遍采用热力除氧方法来去除给水中溶解的气体，并辅以化学方法进行除氧。除氧器就是利用热力除氧原理进行工作的混合式加热器，既能解析去除给水中的溶解气体，又能储存一定量给水，在异常工况时缓解凝结水与给水的流量不平衡。在热力系统设计时，也用除氧器回收高品质的疏水。

热除氧系统所需的加热源主要来自汽轮机的抽汽，这将增加回热抽汽流量，从而提高机组运行热经济性。除氧器的汽源设计决定于除氧器系统的运行方式。当除氧器以带基本负荷为主时，多采用定压运行方式，这时，供汽汽源管路上设有压力调节阀，要求汽源的压力略高于定压运行压力值，并设有更高一级压力的汽源作为备用。这种方式节流损失大，效率较低。而以滑压运行为主的除氧器，其供汽管路上不设调节阀，除氧器的压力随机组负荷而改变。因不发生节流，其效率较高。

除氧器按照其结构可分为有头除氧器和无头除氧器，一般有头除氧器较为常见。无头式除氧器为内置除氧头式除氧器，集除氧和储水于一体。其优点为：结构紧凑，占地空间小，采用喷嘴使凝结水的分布较均匀和稳定，能较好地适应滑压运行工况，除氧效果好，满足热力性能要求。但由于喷嘴一般为进口件，价格较昂贵。有头式除氧器为除氧器和储水箱独立分开的除氧型式。优点为：具有相对独立的除氧更为充分的专用除氧区设计，采用了喷嘴使凝结水的分布更为均匀、稳定和合理，能较好地适应滑压运行工况，除氧效果好，满足热力性能要求。其缺点是占地空间大。

下面简单介绍一下无头除氧器的内部结构。图 12-7 中的无头除氧器采用了喷幕除氧段和先进的蒸汽射流鼓泡传质（深度除氧段）的二段除氧先进结构。凝结水进入环形水室后，通过恒速碟型喷嘴，将凝结水喷成多层幕状水膜，然后往下流动。在喷幕除氧段先经过与向下延伸至水箱下部部分靶管底部的水平射出的蒸汽射流进行充分传热，完成沸腾并进行初步传质部分除氧，然后进入蒸汽射流鼓泡传质深度除氧段，与众多的靶管底部水平射出的蒸汽射流进行充分传热，维持沸腾进行深度传质，射流结束后的上升鼓泡与上层向下自然循环并向前的水流进行汽液鼓泡纵流和汽液正交流传质克服回氧，从而完成一个较完善的深度除氧过程。

（一）N1000-31/600/610/610 二次再热机组除氧器

N1000-31/600/610/610 二次再热机组配置一台由上海动力设备有限公司制造的卧式一体化除氧器，直径 3.872m，有效容积 280m^3，能满足锅炉最大蒸发量 5.5min 给水消耗量。除氧装置采用单体式除氧器（也称无头除氧器、内置式除氧器、一体化除氧器等，以下均称单体式除氧器）。这种除氧器把全部除氧部件设置在贮水箱内，取消了常规除氧器中的除氧头。采用滑压运行方式，即除氧器的工作压力随汽轮机五段抽汽压力的变化而变化。当五

图 12-7　无头除氧器结构图

段抽汽的压力低至一定数值时，自动切换至辅助蒸汽。除氧器也能适应定压运行方式，除氧器布置在 B-C 框架+40.8m 层。N1000-31/600/610/610 二次再热机组除氧器主要技术性能参数见表 12-16。

表 12-16　　N1000-31/600/610/610 二次再热机组除氧器主要技术性能参数

项目	一体化除氧器	焊接接头系统	1
型式	内置式卧式	腐蚀裕度	2.5
型号	GC-2702/GS-280	介质	蒸汽、水
壳体材料	Q245R	喷嘴压力降	0.056
封头材料	Q245R	额定出力（t/H）	2702
设计压力（MPa）	1.47	最大出力（t/H）	2837
设计温度（℃）	410	安全阀开启压力（MPa）	1.45
工作压力（MPa）	1.111	安全阀排量（t/H）	592（四只）
工作温度（℃）	188.4	液压试验压力（MPa）	3.19
有效容积（m^3）	280	设备总重（kg）	167797
总容积（m^3）	392		

N1000-31/600/620/620 机组 6、7 号机内置式除氧器为卧式喷雾除氧设备，滑压范围为 0.147～1.149MPa，它是利用蒸汽直接与给水混合，从而加热给水至除氧器运行压力所对应的饱和温度，除去溶解于水中的氧气及其他不凝结气体，以防止或减轻锅炉、汽轮机及其附属设备管道等的氧腐蚀。同时，通过回热使热能得到充分利用，提高发电机组热效率。

采用滑压运行方式，即除氧器的工作压力随汽轮机五段抽汽压力的变化而变化。当五段抽汽的压力低至一定数值时，自动切换至辅助蒸汽。除氧器也能适应定压运行方式，除氧器设备布置在汽机房内 B～C 列 33m 层。

N1000-31/600/620/620 二次再热机组除氧器主要技术性能参数见表 12-17。

表 12-17　　N1000-31/600/620/620 二次再热机组除氧器主要技术性能参数

项目	除氧器水箱	安全阀数量	2
型式	卧式、内置式	安全阀尺寸（mm）	200
型号	DFST-2695 · 280/182	安全阀公称压力/整定压力（MPa）	PN25/1.26
壳体材料	Q345R	水位警报开关数量/型式	2/侧装
封头材料	Q345R	水位警报开关主体材料	银触点
设计压力（MPa）	1.32	水位警报开关电压/外壳	AC220V/合金
设计温度（℃）	492	水位警报开关常开/常闭接点数量	2 常开/2 常闭
直径/长度/厚度（mm）	4200（内径）/27440/30（3900/31000/28）	温度指示表型式/型号	双金属温度计/WSS-501
安装后总高度（含支座）（mm）	5000	温度指示表尺寸/测量范围	D150 / 0~300℃
焊接接头系数	1	压力指示表型式/型号	弹簧式/Y-150
腐蚀裕量（mm）	2.5	压力指示表尺寸/测量范围	D150 / 0~1.6MPa
重量（净重）（kg）	132000	磁翻转水位计数量	2 套
满水重（kg）	502000	磁翻转水位计尺寸	DN50 , L=3000
运行重（kg）	431000	磁翻转水位计设计压力（MPa）	1.32

无头除氧器在负荷变化范围在 10%~100%时，均能保持高效除氧，出口含氧量降至 5μg/kg 以下。由于凝结水流经喷嘴，出水处雾化效果很好，与水下加热蒸汽经逆向交换后，去除了大部分游离氧，再进水下再热交换，去除残余游离氧。由于在除氧器中去除了为数众多的小流量喷嘴和繁复的淋水盘箱，使结构大大简化，加热蒸汽经数支喷管从水下进入，使除氧器整体工作温度下降，金属抗热疲劳寿命大大提高，提高了除氧器的可靠性，使得可用率相应提高，排汽损失低。在排除非凝结气体时，伴随排出了一部分蒸汽，除氧器喷嘴的蒸汽消耗量较传统的喷雾淋水盘式除氧器大大降低，因此每年可节约可观的蒸汽费用。单壳设计，将除氧器和水箱合二为一，大大简化了系统，使除氧间高度降低，节省了基建费用，同时节省了保温、平台、管道、给水再循环泵的费用。由于除氧头的取消，抗震性得到了提高，避免了水箱支撑除氧器处的应力裂纹。

除氧器设有二个低压给水管道接口，每个管道接口管径能通过最大给水流量，管径大小按汽机满负荷时的给水温度和允许的介质流速进行设计。除氧器底部设有排水管至机组排水槽，便于检修前排尽除氧器内的积水。

除氧器设有接收高压加热器疏水的除氧闪蒸区及一个汽水分离区域，以保证稳定运行并达到应有的性能。为防止任何汽源引起除氧器超压，装设有 4 只全启式弹簧安全阀。

除氧器的蒸汽接口，疏水接口均采用套管型式，以避免筒壁受高温应力影响。为了防止分层现象，在除氧器内装设水分布盘。除氧器出口设置防漩涡装置。喷嘴采用不锈钢制成，并布置在能方便地从壳体内拿出的地方。除氧器内所有会受到浓缩气体腐蚀的零部件，均由不锈钢做成。在启动和连续运行期间，为了把蒸汽死区的不冷凝气体排走，装有足够的排放口和内部折流板。

除氧器内装有预暖管，以便缩短预暖时间。除氧器的内部设有与筒体的材料相同的加强圈。

为避免加热蒸汽管内返水，在加热蒸汽管路上设有蒸汽平衡管，平衡管上装有逆止阀，正常运行时供汽管内的压力大于除氧器内部压力，逆止阀关闭，蒸汽经供汽管引入水面以下；当供汽压力突降使除氧气内部压力高于供汽管道内压力时，在此压差的作用下逆止阀打开，使除氧器内部压力降至供汽管内的压力，防止因除氧器的压力过高，使水箱内的给水返入蒸汽管内。

（二）N660-29.2/600/620/620 二次再热机组除氧器介绍

N660-29.2/600/620/620 二次再热机组除氧器布置在锅炉架内 42m 层上，卧式布置，起始压力为 0.147MP（a）。除氧头与除氧器处于同一筒体中，组成除氧器本体，凝结水通过除氧器上部的母管均匀地分配到每个喷雾阀，经喷雾阀以雾状喷出，与加热蒸汽接触被加热到饱和温度，同时蒸汽凝结，所有不凝结的气体通过排气装置排入大气。蒸汽通过蒸汽分配装置从除氧盘下部向上流动将给水加热。同时由于蒸汽中氧的分压小于氧在水中的分压，氧气被带入上升的蒸汽中排出器外，通过除氧器的均匀喷雾和蒸汽系统的最佳布置，系统达到最好的除氧效果。

除氧器正常运行（定压—滑压），出力为 10%~100%除氧器最大出力范围，出水含氧量小于或等于 5μg/L。除氧器水箱的贮水量为 190m^3，能满足锅炉最大连续蒸发量（BMCR）时 3~5min 给水消耗量。除氧器贮水量是指正常水位至出水管顶部水位之间的贮水量，正常水位不高于 75%直径高度。除氧器的额定出力大于 BMCR 蒸发量 1.05 倍时所需给水量，当两台低压加热器停用时，除氧器的出力高于其 90%额定出力。除氧器设有两个给水管道接口，一个接口管径按能通过 1.05 倍最大给水流量设置，另一个接口管径按能通过 35%最大给水流量设置，两个接口的管径大小均按汽机满负荷时的给水温度和允许的介质流速进行设计，最高流速<3m/s，除氧器底部设有管径适当，数量足够的排水管。

正常运行时，加热蒸汽由五段抽汽供应，除氧器采用滑压运行，加热蒸汽进口管道不设调节阀，为防止除氧器满水时向汽轮机进水并由此引起汽机超速，在加热蒸汽管道上设置逆止阀和电动隔离阀。在机组启动或甩负荷时，为保证除氧器的除氧效果，以及机组在调峰运行时或机组停运期间不使除氧器的凝结水与大气接触，加热蒸汽改由辅助蒸汽提供。汽机跳闸，当除氧器压力降至 0.147MPa（a）时，辅助蒸汽调节阀自动开启，辅助蒸汽投入。

除氧器在入口对含氧无限制时，除氧器在正常运行情况下（定压—滑压），除氧器出力在 10%~100%除氧器最大出力范围之间时，除氧器出口含氧量小于或等于 5μg/L。上游加热器退出运行时，除氧器出口含氧量小于或等于 5μg/L。

为避免除氧器中的给水进入抽汽管道，在除氧器与蒸汽入口管道上装设一平衡管，在该管道上装设一逆止门，防止加热蒸汽压力突然下降时，使除氧器压力能保持一定的时间。

N660-29.2/600/620/620 二次再热机组除氧器技术参数见表 12-18。

表 12-18　　N1000-31/600/620/620 二次再热机组除氧器技术参数

项目	除氧器方案	加热蒸汽温度（℃）	403.0（VWO）
除氧器型式	一体化除氧器	除氧器进口水温（℃）	145.0（VWO）
除氧器型号	GC-2000/GS-190	除氧器出口水温（℃）	170.0（VWO）
除氧器运行方式	定压—滑压；起始压力：0.147MP（g）	直径/长度/厚度（mm）	ϕ4068/21676/34（筒体）38（封头）

续表

项目	除氧器方案	加热蒸汽温度（℃）	403.0（VWO）
除氧器储水量（正常水位到出水管顶部水位之间的贮水量）（m^3）	190	安装后总高度（含支座）（mm）	~5366
除氧器额定出力（t/h）	2000	腐蚀裕量（mm）	2.5
设计压力（MPa）	1.4	重量（净重）（kg）	100420
设计温度℃	425	满水重（kg）	370420
除氧器工作压力［MPa（a）］	最高：0.834 最低：0.147	运行重（kg）	290420
除氧器最高工作温度（℃）	425		

第四节 辅助蒸汽系统

辅助蒸汽系统作为机组和全厂的公用系统，它的作用是向有关辅助设备和系统提供辅助蒸汽，以满足机组启动、正常运行、减负荷、甩负荷和停机等各种运行工况的要求。

N1000-31/600/610/610 二次再热机组设一根压力为 0.8～1.3MPa（g），温度为 240～380℃的辅助蒸汽联箱。在二期仅一台机组启动和低负荷期间，由一期供应蒸汽。一期来汽接至二期辅汽联络管上，一期和二期辅汽可以互为备用。N1000-31/600/620/620 号机各设一辅汽联箱，设计压力为 0.8MPa。两台机组的辅汽联箱通过母管连接，之间设隔离门实现各机之间的辅汽互用。N1000-31/600/620/620 号机辅助蒸汽系统蒸汽来源有四个：正常运行时由本机六段抽汽供汽，本机二次再热冷段供汽作为备用汽源，4、5 号机辅汽联箱供汽，百万机组临机供汽。在启动和低负荷机组的二次冷段蒸汽参数达到辅汽用汽汽源要求参数时，用机组本身的二次冷段蒸汽供给辅汽用汽。整个辅助蒸汽系统中形成的凝结水，经清洁水疏水扩容器统一收集到清洁水水箱中，并根据水质情况进行回收利用。

N660-29.2/600/620/620 两台机组各设一台辅汽联箱，机组启动时辅汽母管应使用邻机来的汽源，辅汽压力应维持在 0.8～1.2MPa，温度 250～380℃。正常运行期间保证 1、2 号两机组的辅汽联络门常开，互为备用；开启五抽至辅汽电动门；开启二次再热冷段至辅汽的手动门及电动门，二次再热冷段至辅汽的调门投自动，压力设定在 0.6MPa 左右；辅汽主要由五抽供给，二次再热冷段作为备用汽源供给。

表 12-19 和表 12-20 分别为 N1000-31/600/610/610 二次再热和 N660-29.2/600/620/620 二次再热机组辅助蒸汽系统蒸汽用户用汽量平衡表。

表 12-19　　泰州辅助蒸汽系统蒸汽用户用汽量平衡表　　t/h

序号	项目名称	单机启动	单机运行	单机甩负荷	一机运行一机启动	一机运行一机检修	备注
1	除氧器加热/稳压用汽量	35 * ~60			35 * ~60		
2	给水泵汽轮机调试用汽	5			5	5	两者考虑大值
3	给水泵汽轮机启动用汽	30 *			30		

续表

序号	项目名称	单机启动	单机运行	单机甩负荷	一机运行一机启动	一机运行一机检修	备注
4	汽轮机轴封用汽量	4 *		4	4		
5	给水泵汽轮机轴封用汽量	3 *		3	3		
6	空气预热器吹灰用汽量	20			20	20	
7	蒸汽灭火系统						
8	等离子暖风器点火	10 *			10	10	
9	脱硫区域用汽		10		10	10	
10	脱硝吹灰用汽气量		6		6	6	间断，每天三次
11	化水车间		8		8		冬季用
12	最小必需用量	82					

* 启动必需用量。

表 12-20　　N1000-31/600/620/620 辅助蒸汽系统蒸汽用户用汽量平衡表

序号	项目名称	用汽参数		单机启动（t/h）	单机运行（t/h）	一机运行一机启动（t/h）	一机运行一机甩负荷（t/h）
		MPa（g）	℃				
1	除氧器	0.7～1.2	350	35		35	70
2	暖通用汽（冬季）	0.7～1.2	160	3 *	3	3	3 *
3	汽轮机及给水泵汽轮机轴封用汽	0.6～0.8	250	9		12	12
4	磨煤机蒸汽灭火	0.7～1.2	250	3.25 *	13 *	13 *	13 *
5	给煤机蒸汽灭火	0.7～1.2	250	2 *	2 *	2 *	2 *
6	煤斗消防用汽	0.7～1.2	250	2 *	2 *	2 *	2 *
7	吹灰器启动用汽	1.0～1.2	350	6		6 *	
8	给水泵汽轮机调试用汽	1.0～1.2	350	5 *		5 *	5 *
9	生水加热器加热	1.0～1.2	350	7 *	7	7	7
10	脱硫用汽	0.7～1.2	350	5.5 *	5.5	5.5	5.5
合计				50	18.5	65.5	97.5

* 启动必需用量。

辅助蒸汽系统的所有疏水全部送至清洁水疏水扩容器。每台机组设一只疏水扩容器，布置在汽机房底层。疏水扩容器出口分二路，当水质合格时排入凝汽器以回收工质，不合格时排入机组排水槽。

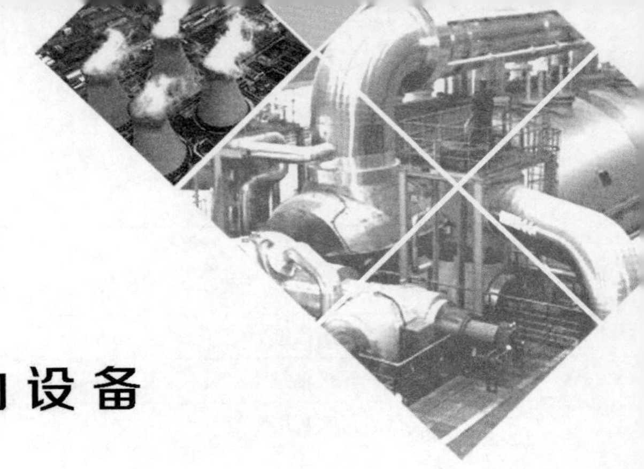

第十三章

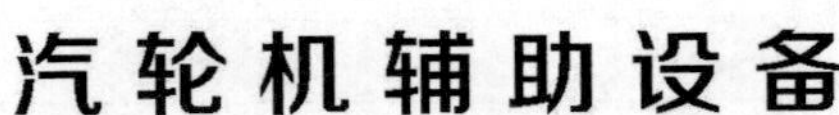

汽轮机辅助设备

第一节　凝结水系统设备

凝结水系统的主要功能是将凝汽器热井中的凝结水由凝结水泵送出，经除盐装置、轴封冷凝器、低压加热器输送至除氧器，其间还对凝结水进行加热、除氧、化学处理和杂质。此外凝结水系统还向各有关用户提供水源，如有关设备的密封水、减温器的减温水、各有关系统的补给水以及汽轮机低压缸喷水等。

凝结水系统的最初注水及运行时的补给水来自汽轮机的凝结水箱存水箱。

凝结水系统主要包括凝汽器、凝结水泵、凝结水储存水箱、凝结水输送泵、凝结水收集箱、凝结水精除盐装置、轴封冷凝器、低压加热器、除氧器及水箱以及连接上述各设备所需要的管道、阀门等。

二次再机组与一次再热机组凝结水系统及设备设计原则和具体布置大同小异。上海汽轮机厂二次再热机组较一次再热机组主要多设置了一台低压加热器及疏水冷却器。而东方汽轮机厂二次再热机组较一次再热机组主要只多设置了一台低压加热器。

一、凝汽器

凝汽设备是凝汽式汽轮机机组的一个重要组成部分，它的主要任务是在汽轮机排汽管内建立并维持高度真空，同时回收洁净的凝结水作为锅炉给水的一部分，因此其工作的好坏直接影响整个机组运行的热经济性和运行可靠性。凝汽设备一般由凝汽器、循环水泵、抽气器和凝结水泵等主要部件以及它们之间的连接管道和附件组成。

凝汽器的主要功能是在汽轮机的排汽部分建立低背压，使蒸汽能最大限度地做功，然后冷却下来变成凝结水，并予以回收。凝汽器的这种功能由真空抽气系统和循环冷却水系统的正常工作，确保了进入凝汽器的蒸汽能够及时地凝结变成凝结水，体积大大缩小，既能将水回收，又保证了排汽部分的高真空。

凝汽器主要由壳体、管板、管束、中间管板等部件组成。管板将凝汽器壳体分割为蒸汽凝结区和循环冷却水进出口水室；中间管板用于管束的支持和定位。凝汽器下部还设有收集凝结水的空间，称为热井。凝结水汇集到热井后，由凝结水泵输送到回热加热系统。凝汽器蒸汽凝结区的布置方式和循环冷却水的流程布置方式，对凝汽器的结构、性能有很大的影响。

600MW 汽轮机组采用的凝汽器内压力可分为单背压和双背压两种。600MW 级汽轮机组，均有两个低压缸。当凝汽器进出口循环冷却水的温差大于 10℃时，采用双背压可以节省循环水量，而两个凝汽器仍然能够获得较高的平均真空。由于两个凝汽器具有不同的背压，可将凝汽器由通常的并联运行方式改为串联运行方式。如 N1000-31/600/610/610 二次再热 1000MW 汽轮机组采用的是单背式、双壳体、对分双流程、表面冷却式凝汽器，而 N1000-31/600/620/620二次再热 1000MW 汽轮机组采用的是双背压、双壳体、单流程表面冷却式凝汽器。

N1000-31/600/610/610 二次再热 1000MW 汽轮机组凝汽器的主要技术参数见表 13-1。

表 13-1 凝汽器的主要技术参数

制造厂	上海电力设备有限公司	TMCR 工况循环水温升（℃）	9.13
型式	单壳体、单背压、对分双流程、表面式	凝结水过冷度（℃）	≤0.5
型号	N-560000	凝汽器设计端差（℃）	2.905
数量（台）	1	水室设计压力（MPa）	0.4
凝汽器的总有效面积（m^2）	56000	壳侧设计压力（MPa）	0.098/Vac
抽空气区的有效面积（m^2）	3994	凝汽器出口凝结水保证氧含量（μg/L）	≤20
流程数/壳体数	2/2	管子总水阻（kPa）	≤70
TMCR 工况循环水带走的净热（kJ/s）	996341	凝汽器汽阻（kPa）	≤0.4
传热系数［W/(m^2·℃)］	2994	循环倍率（TMCR 工况）	57.7
循环水流量（m^3/h）	93830.5	水室重量（每个）（kg）	≈63000
管束内循环水最高流速（m/s）	2.5	凝汽器净重（kg）	≈1120000
冷却管内设计流速（m/s）	2.1494	凝汽器重量（运行时）（kg）	≈2900000
清洁系数	0.85	凝汽器重量（满水时）（kg）	≈5000000

该机组采用的是型号为 N56000，单背式、双壳体、对分双流程、表面冷却式凝汽器。每一凝汽器壳体与一个汽轮机低压缸的排汽管连接，两个凝汽器壳体之间连通。

底部采用轴承支座支撑，上部与低压缸排汽口之间的连接采用刚性连接。传热管采用不锈钢管（TP304），管板采用复合不锈钢。凝汽器喉部装有两组低压加热器。并设有为低压旁路排汽用的三级减温、消能装置（包括其减温水管及控制阀）。凝汽器的设计在汽轮发电机保持在 TMCR 工况下的出力及循环水入口温度 20℃，循环水温升 9℃，清洁系数 0.85 的条件下，凝汽器背压达到 4.5kPa（a）。凝汽器设计符合 HEI（凝汽器）标准要求。凝汽器单侧运行时，机组能带 75%额定负荷。凝汽器出口凝结水的含氧量应不大于 20μg/L。

二、凝结水泵

凝结水泵将凝汽器热井中的凝结水输送至除氧器的水箱。凝结水在被输送过程中，还要经过精处理，清除杂质后先经过低压加热器，再进入除氧器的水箱。

汽轮机组通常设有互为备用的 100%凝结水泵，一台运行，另一台备用。几个典型二次再热机组凝结水泵的主要技术参数如表 13-2 所示。

表 13-2 N1000-31/600/610/610、N660-29.2/600/620/620 二次再热机组凝结水泵的主要技术参数

机组	N1000-31/600/610/610	N660-29.2/600/620/620
型号	BDC 500-570 d+3s	10LDTNB1-4PS
型式	立式、5 级、双吸离心泵	立式、筒式结构

续表

机组	N1000-31/600/610/610	N660-29.2/600/620/620
台数	2	2
设计流量	2000	1445
转速	1485	1480
泵效率	84	84
最小流量时扬程	461	—
电动机功率	2900	1600
运行水温（℃）	32.3	32.8

其中 N1000-31/600/610/610 二次再热机组凝结水系统按汽轮机 VWO 工况时可能出现的凝结水量，加上进入凝汽器的经常疏水量和正常补水率进行设计。每台机组配两台 100% 容量的凝结水泵，法国苏尔寿设计制造，型号 BDC 500-570d+3s，立式筒形离心泵。设计一台运行，一台备用，二台凝结水泵设置一套变频运行装置。

N660-29.2/600/620/620 二次再热机组每台机组 2 台 100%容量凝结水泵，1 台运行 1 台备用。共配置一套变频器，可分别驱动任何一台凝结水泵，当变频器进行检修时，凝泵可工频运行。凝结水泵采用立式凝结水泵，既可变频运行也可工频运行，采用抽芯式结构，泵的部件可拆装更换。泵壳设计成全真空型。

第二节 循环水系统设备

凝汽式发电厂中，为了使汽轮机的排汽凝结，凝汽器需要大量的循环冷却水。除此之外，发电厂中还有许多转动机械因轴承摩擦而产生大量热量，发电机和各种电动机运行因存在铁损和铜损也会产生大量的热量。这些热量如果不能及时排出，积聚在设备内部，将会引起设备超温甚至损坏。为确保设备的安全运行，电厂中需要完备的循环冷却水系统，对这些设备进行冷却。

由于电厂地理条件的不同，循环水系统采用的循环水将有所不同，可能是江河、湖泊的淡水，也可能是海水。系统的设置方式有开式和闭式两种。开式循环水将循环水从水源输送到用水装置之后，即将循环水排出，不再利用，这种方式用于水源充足的环境。闭式循环水系统将循环水从水源输送到用水装置，排水经冷却装置之后循环使用，运行过程中只补充小部分损失掉的循环水，这种设置方式多用于水源比较紧缺的环境。如同为上海汽轮机厂二次再热 1000MW 机组，N1000-31/600/610/610 二期工程 2×1000MW 机组采用开式循环水，循环冷却水源取自长江，而 N1000-31/600/620/620 二次再热 1000MW 机组采用闭式循环水。

循环水系统主要包括取水头、进水盾沟、进水工作井、循环水泵房设备、循环水进水管道、凝汽器、循环水排水管、虹吸井、排水工作井、排水盾沟和排水头等部分。

N1000-31/600/610/610 工程 2×1000MW 机组循环冷却水源取自长江，采用直流供排水系统，2 台机组设置一座循环水泵房，泵房内设 6 台循环水泵，每台循环水泵有一个进水流道，每个流道配 1 套闸门槽，整个循环水泵房配检修用的 3 块液压钢闸门。本工程的循环水排水工作井（厂外）内设置一座带钢闸门的排水工作井，工作井内有两个排水流道，每个流道配 1 套闸门槽，整个排水工作井配检修用的 1 块液压钢闸门。对于拦污栅及清污机，每个流道各配 1 套拦污栅设备，整个循环水泵房配 1 套清污机设备，以及时清除 6 个流道中的拦污栅上的污物。

每台 1000MW 机组配 3 台循环水泵，其中 2 台为定速泵，1 台为双速泵，单元制方式运行，即夏季采用一机三泵（3 高、2 高 1 低）运行，春秋、冬季采用一机二泵（2 高、1 高 1 低）运行，运行方式更加灵活。二期工程为单背压凝汽器，循环水进、回水方式与一期不同，无后部联络管。具体的技术参数见表 13-3。

表 13-3　　N1000-31/600/610/610 二次再热机组循泵技术参数

厂家	湖南湘电长沙水泵有限公司				
型号	80LKXA-13.7				
泵类型	立式混流泵				
名称	单位	技术参数			
单台泵流量	m^3/s	夏季工况（一机三泵）	春秋季工况（一机两泵）	冬季工况	
				定速（单泵）	低速（单泵）
		9.21	10.56	10.56	8.35
扬程	m	17	13.7	13.7	13.3
轴功率	kW	1767.5	1610.9	1610.9	1274.2
转速	r/min	370	370	370	330
必须汽蚀余量（NPSHr）	m	11.25	11.09	11.09	8.96
泵的效率	%	86.9	88.1	88.1	85.5
泵体设计压力/试验压力	MPa	0.3/0.45			
关闭扬程	m	32			
正常轴承振动值（双振幅值）	mm	0.05			
从吸水喇叭口以上算起的最小淹没深度	m	5			
配套电动机型号		YKSLD2100-16/1850-1	YKSLD2100/1490-16/18/1850-1		
电动机厂家		湘潭电机厂			
名称		定速	双速（定速/低速）		
额定电压	kV	10	10		
额定电流	A	175.8	166.8/139.6		
额定功率	kW	2100	2700/1490		
转速	r/min	372	3732/331		
满负荷时效率	%	93.2	93.2/92		
功率因数		0.74	0.78/0.67		
防护等级	IP	IP54			
绝缘等级	级	F			
冷却方式		空-水			
安装型式		立式、垂直、水平			
转向	从上往下看顺时针				
轴承和填料轴封润滑水水量	$4.0m^3/h$				
电机冷却水量、压力	$30m^3/h$ 、<0.6MPa（正常 0.4MPa）				

N660-29.2/600/620/620 二次再热机组循环水系统采用带自然通风冷却塔的再循环扩大单元制供水系统。每台机组配 88LKXA-24.6 循泵 2 台，冷却塔 1 座，循环水供水和排水管各 1 根。其工艺流程为：循环水泵坑→压力供水管→凝汽器/开式冷却水→压力回水管→冷却塔→冷却塔集水池→自流回水沟→循环水泵坑。其冷却水塔及循环水泵技术参数见表 13-4 和表 13-5。

表 13-4　　N660-29.2/600/620/620 二次再热机组冷却水塔规范

项目	单位	规范
顶高	m	160
冷却面积	m^2	11000
进风口顶标高	m	14
人字柱数量	对	48
集水池半径	m	60.828（内）/61.028（外）
水塔节数	节	95
喉部半径	m	32.89（内）/33.11（外）

表 13-5　　N660-29.2/600/620/620 二次再热机组循环水泵规范

型号	型式	流量	扬程	转速	轴功率	效率
88LKXA-24.6	立式转子可抽式斜流泵	m^3/h	m	r/min	kW	%
		37260/32400	24.6/20.3	370/330	2828.7/2034.4	88.3/88.1
池底距地面深度	最低水位/最高水位	泵出口管道中心距地面深度	出口管道管径	最小淹没深度	汽蚀余量	流道宽度
m	m	m	m	m	m	m
-9.1	-1.2/-0.3	-3	2.2	5	8.56/7.8	5.1

第三节 抽气系统设备

对于凝汽式汽轮机组，需要在汽轮机的汽缸内和凝汽器中建立一定的真空，正常运行时也需要不断地将由不同途径漏入的不凝气体从汽轮机及凝汽器内抽出。真空系统就是用来建立和维持汽轮机组的低背压和凝汽器的真空。低压部分的轴封和低压加热器也依靠真空抽气系统的正常工作才能建立相应的负压或真空。

抽气系统主要包括汽轮机的密封装置、真空泵以及相应的阀门、管路等设备和部件。

N1000-31/600/610/610 二次再热机组与 N660-29.2/600/620/620 二次再热机组均配置了三台水环式真空泵。启动时，三泵运行，正常运行时，两用一备。真空泵运行时，能满足汽轮机在各种负荷工况下，抽出凝汽器内的空气及不凝结气体的需要。启动时，全部真空泵并列运行，满足启动时间的要求。

N1000-31/600/610/610 二次再热机组配备的水环式真空泵（凝汽器汽侧真空泵），型号为 AT3006E 双级锥体泵（见图 13-1），电动机与真空泵通过减速箱间接连接。

图 13-1 AT3006E 真空泵结构

汽侧 NASH AT3006 型真空泵由同轴的一级及二级真空泵组成。抽吸的不凝结气体经一级压缩进入二级的出口。二级出口中一级排气管道与二级进口相通，同时二级进出口之间设一逆止阀。在低真空工况下，二级出口中的逆止阀打开，使一级排气直接进入汽水分离器。因此在低真空工况下，只有一级真空泵起抽气作用。二级进出口相同，不起作用。在高真空工况下，该逆止阀关闭，一级出口的气体进入二级进口，由二级压缩后经二级出口进入汽水分离器。

自动止回阀示意图见图 13-2。

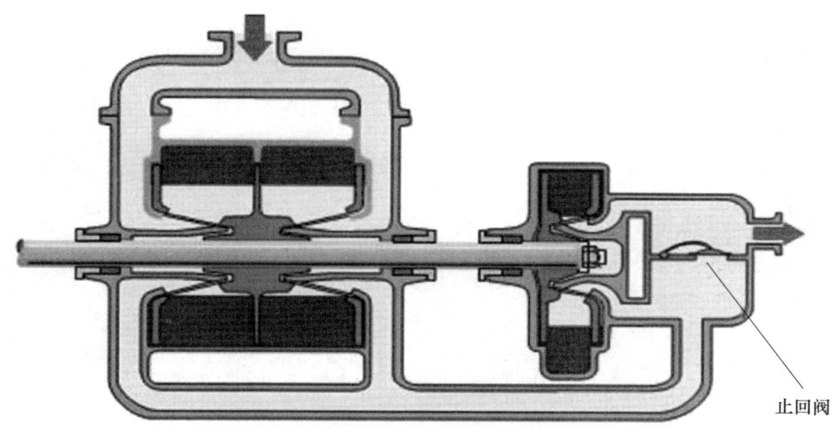

图 13-2 自动止回阀示意图

第四节 给水系统设备

给水系统的主要功能是将除氧器水箱中的主凝结水通过给水泵提高压力，经过高压加热器进一步加热之后，输送到锅炉的省煤器入口，作为锅炉的给水。此外，给水系统还向锅炉再热器的减温器，过热器的一、二级减温器以及汽轮机高压旁路装置的减温器提供减温水，用以调节上述设备出口蒸汽的温度。给水系统的最初注水来自凝结水系统。

二次再热机组较一次再热机组多设置了一台高压加热器，同时由于二次再热机组多一个中压旁路系统，所以给水系统还向中压旁路装置的减温器提供减温水，用以调节上述设备出口蒸汽的温度。

目前大机组给水泵系统主要设备包括两台50%的汽动给水泵及其前置泵，驱动小汽轮机及驱动电动机，电动给水泵、液力耦合器及其驱动电动机，电动给水泵的前置泵及其驱动电机，1、2、3号高压加热器等设备以及管道、阀门等配套部件。

上海汽轮机厂一次再热1000MW机组给水系统设置2×50%BMCR容量汽动给水泵及1、2、3号AB双列高压加热器。除氧器给水箱中的水，经前置泵、给水泵通过3台高压加热器（双列）后进入锅炉省煤器，每台高压加热器无旁路，3台（一列）高压加热器设置一大旁路。汽动给水泵组设有前置泵，且前置泵是由电机驱动的。

N1000-31/600/610/610二次再热机组给水系统设置2×50%BMCR容量汽动给水泵，及1、2、3、4号AB双列高压加热器。除氧器给水箱中的水，经前置泵、给水泵通过4台高压加热器（双列）及2号外置式蒸汽冷却器（A列），4号外置式蒸汽冷却器（B列）后进入锅炉省煤器，每台高压加热器无旁路，4台（一列）高压加热器设置一大旁路（如图13-3所示）。汽动给水泵组采用前置泵—齿轮箱—汽轮机—主给水泵的布置方式。前置泵与小汽机间设置变速齿轮箱。每列4号高压加热器给水进口管道上装设一只液动旁路三通阀，与2号或4号外置式蒸汽冷却器给水出口管道上的另一只液动旁路三通阀共同组成高压加热器大旁路。每列高压加热器液动旁路三通阀和4台高压加热器的水位信号联锁，任何一台高压加热器故障，汽侧出现过高水位危及机组安全运行时，高压加热器进口三通阀和出口三通阀均能自动快速动作，给水通过三通阀旁路向锅炉供水，该列高压加热器解列停运。

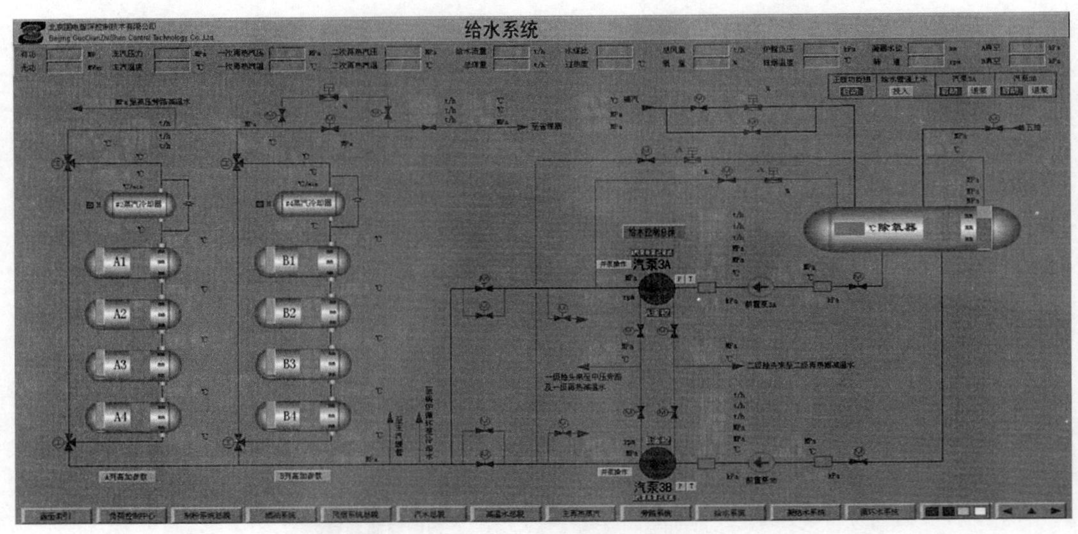

图13-3 泰州二次再热机组给水系统图

N660-29.2/600/620/620二次再热机组给水系统只设置了一台100%汽动给水泵，同时2台机组共用1套30%BMCR容量的电动定速给水及1、2、3、4号双列高压加热器、4号外置式蒸汽冷却器，2号外置式蒸汽冷却器。除氧器给水箱中的水，经前置泵、给水泵通过4台高压加热器及4号外置式蒸汽冷却器，2号外置式蒸汽冷却器后进入锅炉省煤器，每台高压加热器无旁路，4台高压加热器设置一大旁路。主给水最后一级加热器（2、4号高压加热器外置式蒸汽冷却器）采用串联设置。正常运行时，给水系统的一部分流量流经 2、4 号高压加热器外置式蒸汽冷却器，另一部分流量由旁路通过，在 2 号高压加热器蒸汽冷却器出口汇合后进入锅炉省煤器。此旁路上装有节流孔板保证 2、4 号高压加热器外置式蒸冷的给水量。

一、汽动给水泵组

N1000-31/600/610/610 二次再热机组均采用了每台机组配置 2×50%BMCR 汽动给水泵组的给水泵组形式。汽动给水泵组的给水前置泵由汽泵主泵通过齿轮箱驱动。前置泵采用同轴驱动，采用运转层布置方案。不设电动启动/备用给水泵。汽动给水泵组能满足机组各种启动工况直接用给水泵汽轮机（用辅助蒸汽）进行启动的要求。

N660-29.2/600/620/620 二次再热机组每台机组配置 1×100%容量汽动给水泵。汽动给水泵组采用前置泵—齿轮箱—汽轮机—主给水泵的布置方式。前置泵与给水泵汽轮机间设置变速齿轮箱，主泵与小汽机通过联轴器直连。2 台机组共用一套 30%BMCR 容量的电动定速给水泵。

图 13-4 所示为 N1000-31/600/610/610 二次再热机组的汽动给水泵前置泵示意图。

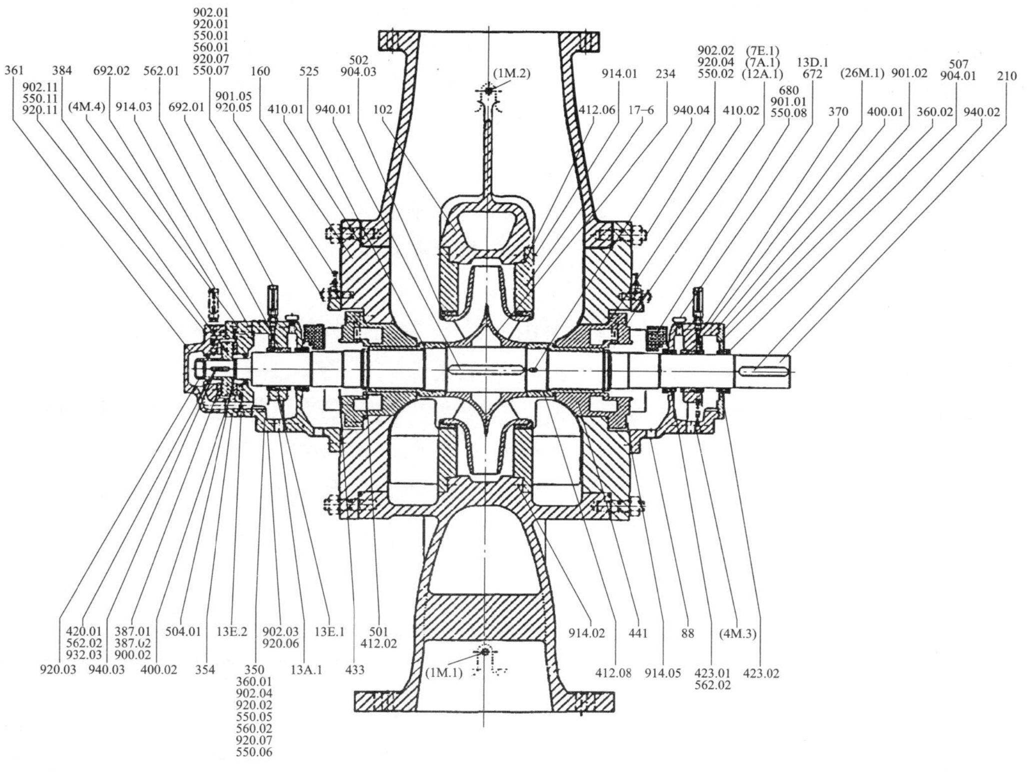

图 13-4　汽动给水泵前置泵示意图

该汽泵前置泵是上海 KSB 水泵厂生产的 YNK300/680 型离心泵，为卧式、双吸、单级、轴向分开式。前置泵主要由泵壳、叶轮、轴、叶轮密封环、轴承、轴、联轴器及泵座等部件组成。壳体为高质量的碳钢铸件，是双蜗壳型、水平中心线分开、进出口水管在壳体下半部结构。设计成双蜗壳的目的是为了平衡泵在运行时的径向力，因为径向力的产生对泵的工作极为不利，使泵产生较大的挠度，甚至导致密封环、套筒发生摩擦而损坏；同时径向力对于转动的泵轴来说是一个交变的载荷，容易使轴因疲劳而损坏。

壳体水平中分结合面上装有压紧的石棉纸柏垫。壳体通过一与其浇铸在一起的泵脚，支撑在箱式结构钢焊接的泵座上，壳体和泵座的接合面接近轴的中心线，而键的配置可保持纵向与横向的对中以适合热膨胀。壳体上盖设有排气阀。

叶轮是双吸式不锈钢铸件精密加工制造而成，流道表面光滑并经过动平衡校验以保证较高的通流效率。双吸式结构可降低泵的进口流速，使其在较低的进口静压头下也不发生汽蚀，同时保证叶轮的轴向力基本平衡。叶轮由键固定在轴上，轴向位置是由其两端轮毂的螺母所确定，这种布置使得叶轮能定位在涡壳的中心线上。叶轮密封环用于减少泄漏量，安装于壳体腔内由防转动定位销定位。

汽泵前置泵轴承采用套筒轴承，润滑方式为强制稀油润滑。轴承安装于与泵壳体端部牢固连接的轴承支架上。前置泵润滑油由小机油系统供给。

泵体装有平衡型机械密封，由弹簧支撑的动环和水冷却的静环所组成，前置泵采用德国博格曼机械密封，机械密封工作时，在动环和静环之间形成一层水膜，而水膜必须保持一定的厚度才能使机械密封有效地吸收摩擦热，否则动静间的水膜会发生汽化，造成部件老化、变形，影响使用寿命和密封效果。为此分开的填料箱设有 1 套水冷系统，将来自闭式水系统的冷却水输送至密封腔内，直接冲洗、冷却密封端面，从而使机械密封旋转部分周围温度较低。另外密封水本身所带走的热量经过外置式冷却器，被闭式水带走。

每台前置泵吸水管上装设 1 只电动蝶阀和 1 只由给水泵制造厂提供的粗滤网，在启动初期，滤网可分离在安装、检修期间积聚在给水箱和吸水管内的焊渣、铁屑，达到保护水泵的作用。由于前置泵和给水泵是同时启停的，因此前置泵出口至给水泵主泵入口之间的管道上不装设隔断阀门。

前置泵进口前的低压给水管道上接 1 根由凝结水系统来的给水泵启动注水管道。

给水泵的平衡盘泄水管接至前置泵出口至给水泵入口的管道上。

前置泵主要部件均采用抗汽蚀材料制成。为了减少法兰盘在压力载荷与热冲击联合作用下的变形，壳体上的连接螺栓应采用高强度螺栓。壳体低点设有排水阀。轴承为强制油润滑滑动轴承，并装有温度测点。轴封采用机械密封，并配有冷却水套和过滤器等附件。

前置泵由给水泵轴通过减速齿轮驱动，安装在给水泵的轴端。

前置泵主要参数及性能曲线见表 13-6 和图 13-5。

表 13-6　　N1000-31/600/610/610 机组前置泵参数性能汇总表

序号	参数名称	单位	运行工况点		
			额定工况点	最大工况点	最小流量点
1	进水温度	℃	185.1	187.8	187.8
2	进水压力	MPa	1.283	1.352	1.352
3	流量	t/h	1584.1	1762.6	440
4	扬程	m	215.2	237.1	247
5	转速	r/min	1664	1752	1752
6	泵的效率	%	84	85.4	48
7	必需汽蚀余量（NPSH3%）	m	6.8	7.5	5.2

续表

序号	参数名称		单位	运行工况点		
				额定工况点	最大工况点	最小流量点
8	有效汽蚀余量		m	待定	待定	待定
9	轴功率		kW	975	1171	616
10	出口压力		MPa	3.142	3.393	3.478
11	设计水温		℃	200		
12	泵体设计压力/试验压力		MPa	4.0/5.0		
13	关闭压头		m	251		
14	制动功率		kW	—		
15	正常轴振（双振幅值）		mm	0.05		
16	轴振报警值		mm	0.076		
17	接口法兰公称压力	进口	MPa	4.0		
		出口	MPa	4.0		
18	接口管规格（$\phi \times S$）	进口	mm	DN400		
		出口	mm	DN300		
19	重量		kg	4410		
20	旋转方向			顺时针（从小汽机向泵看）		
21	轴承形式			滑动轴承		
22	驱动方式			给水泵汽轮机同轴驱动		

图 13-6 为 N1000-31/600/610/610 工程给水泵结构图，该泵为德国 KSB 公司生产的 CHTD7/6 型泵，为卧式、单吸、六级筒体式离心泵。

泵轴在易磨损处有可调换式的轴套，给水泵中间级上设有两级中间抽头，分别提供锅炉一次再热器、中旁阀和锅炉二次再热器的减温喷水。支承轴承为径向轴承，强油冷却。推力轴承位于出水端，强油冷却。推力平衡采用平衡鼓与平衡盘联合结构，位于出水端。

汽动给水泵组主泵性能汇总见表 13-7。

给水泵及给水泵组性能曲线分别见图 13-7 和图 13-8。

N1000-31/600/610/610 二次再热机组的 2 台 50%容量的汽动给水泵由 2 台变速小汽轮机驱动，2 台小汽机背对背镜像布置。汽动给水泵进口安装 1 个由给水泵制造厂提供的细滤网，以保护给水泵安全运转。汽动给水泵出口装设 1 只止回阀（KSB 供）和 1 只电动隔离阀。电动隔离阀设一电动小旁路阀用于隔离阀后管道上水。逆止阀前接出一路最小流量再循环管回除氧器，另接出一路给水泵正暖管路。给水泵设两级中间抽头，分别提供锅炉一次再热器、中旁阀和锅炉二次再热器的减温喷水。

汽泵进口处管道上设有流量测量装置和进口滤网。当滤网前后压差达到 0.06MPa 时，发出差压高报警信号；汽泵的出口管道上装有逆止阀和电动闸阀，逆止阀和泵出口之间的管道上装有最小流量再循环管，汽泵出口给水经气动阀门调节后进入除氧器水箱，保证汽泵能够有一最小流量流过泵体，避免造成泵的汽化。

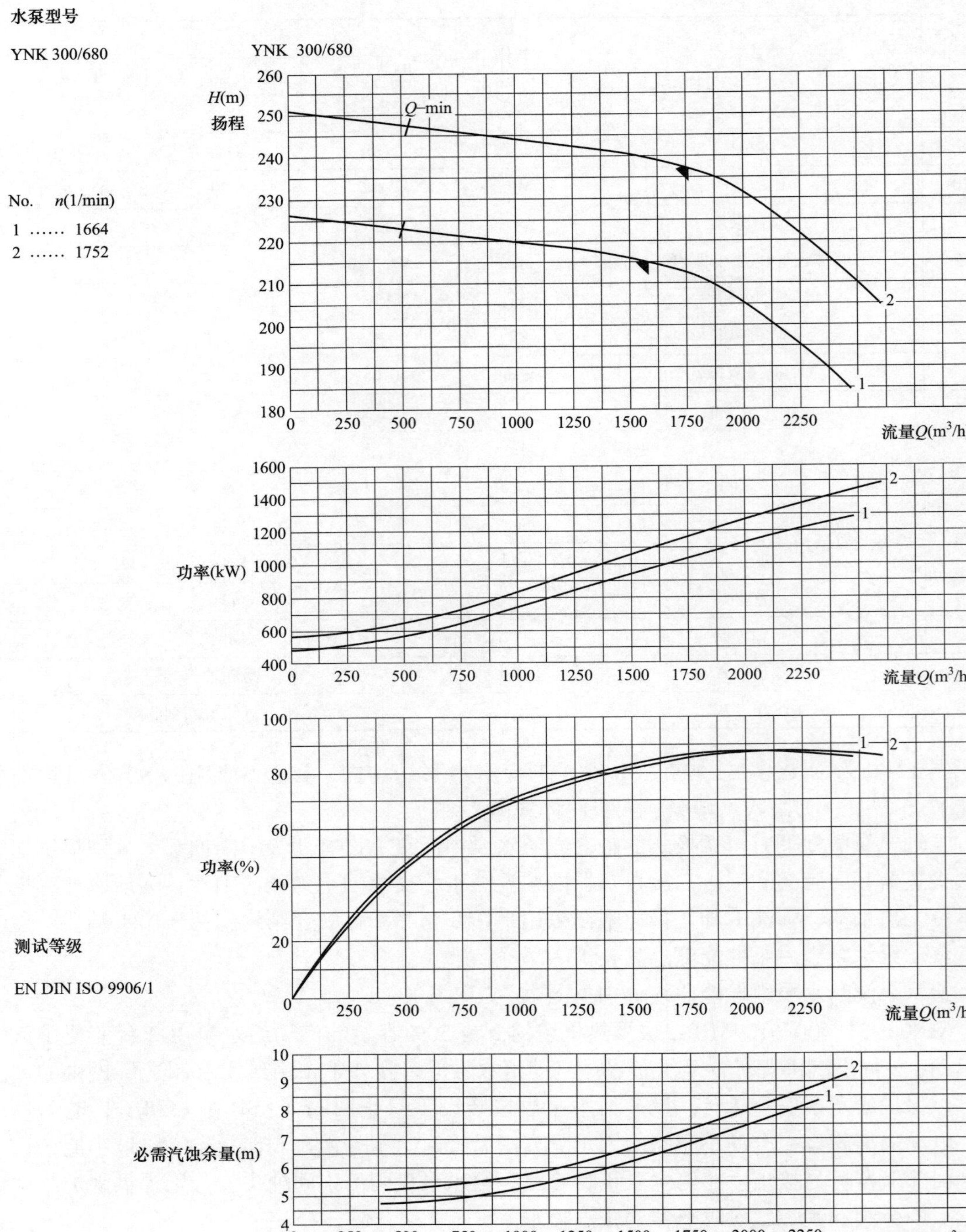

图 13-5 前置泵性能曲线

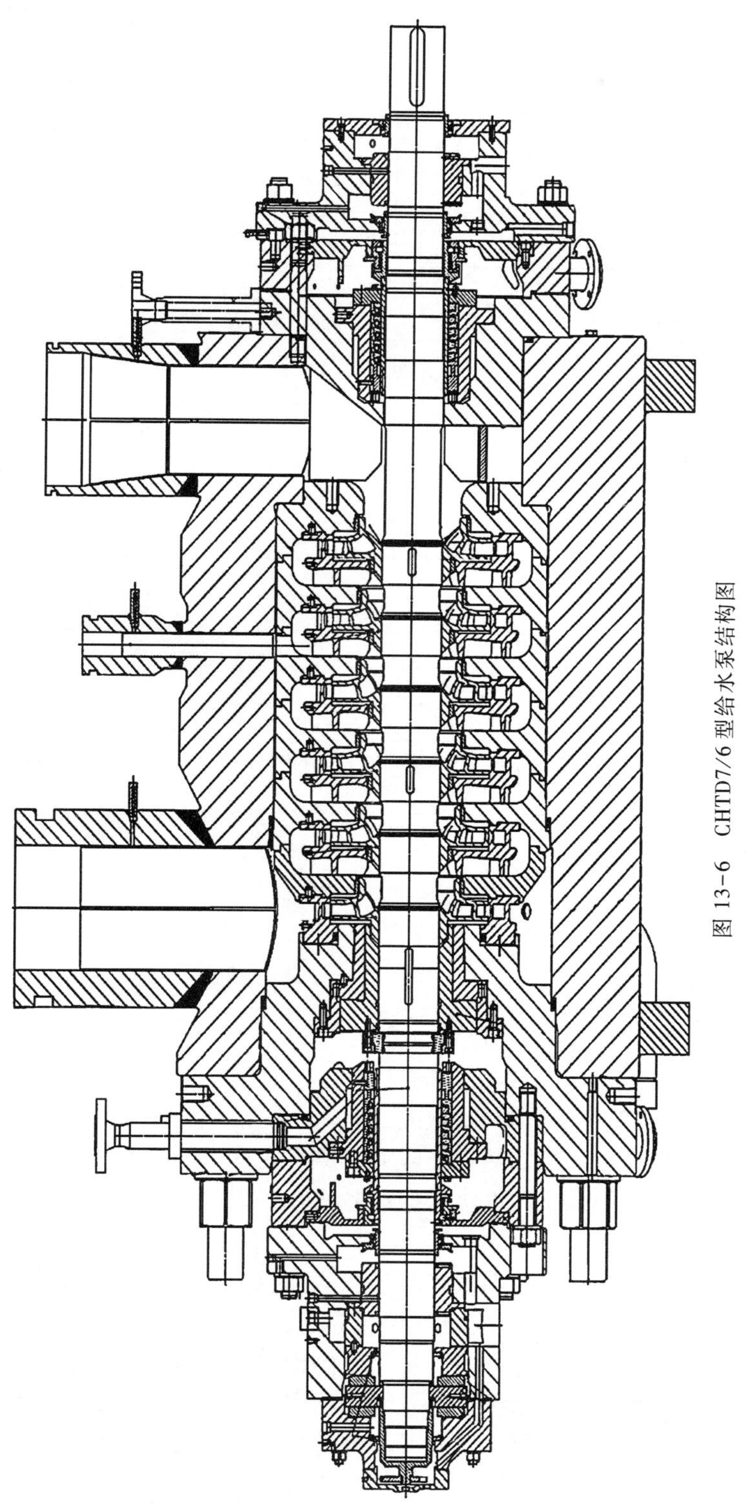

图 13-6　CHTD7/6 型给水泵结构图

表 13-7　　汽动给水泵组主泵性能汇总

<table>
<tr><th rowspan="2">序号</th><th rowspan="2" colspan="2">参数名称</th><th rowspan="2">单位</th><th colspan="3">运行工况点</th></tr>
<tr><th>额定工况点</th><th>最大工况点</th><th>最小流量点</th></tr>
<tr><td>1</td><td colspan="2">进水温度</td><td>℃</td><td>185.1</td><td>187.8</td><td>187.8</td></tr>
<tr><td>2</td><td colspan="2">进水压力</td><td>MPa</td><td>3.142</td><td>3.393</td><td>3.478</td></tr>
<tr><td>3</td><td colspan="2">入口流量</td><td>t/h</td><td>1396.3</td><td>1548.4</td><td>440</td></tr>
<tr><td>4</td><td colspan="2">扬程</td><td>m</td><td>3857.7</td><td>4131.6</td><td>5200</td></tr>
<tr><td>5</td><td colspan="2">转速</td><td>r/min</td><td>5252</td><td>5528</td><td>5528</td></tr>
<tr><td>6</td><td colspan="2">泵的效率</td><td>%</td><td>85</td><td>85.2</td><td>52</td></tr>
<tr><td>7</td><td colspan="2">必需汽蚀余量</td><td>m</td><td>60.5</td><td>73.2</td><td>30</td></tr>
<tr><td>8</td><td colspan="2">抽头 1 流量/抽头 2 流量</td><td>t/h</td><td>65/65</td><td>65/65</td><td>—</td></tr>
<tr><td rowspan="2">9</td><td colspan="2">抽头压力 1</td><td>MPa</td><td>19.2</td><td>20.5</td><td>—</td></tr>
<tr><td colspan="2">抽头压力 2</td><td>MPa</td><td>13.8</td><td>14.8</td><td>—</td></tr>
<tr><td>10</td><td colspan="2">轴功率（含抽头功率）</td><td>kW</td><td>16436</td><td>19571</td><td>11978</td></tr>
<tr><td>11</td><td colspan="2">出口压力</td><td>MPa</td><td>36.5</td><td>39</td><td>48.5</td></tr>
<tr><td>12</td><td colspan="2">设计水温</td><td>℃</td><td>200</td><td></td><td></td></tr>
<tr><td>13</td><td colspan="2">泵体设计压力/试验压力</td><td>MPa</td><td>50/62.5</td><td></td><td></td></tr>
<tr><td rowspan="2">14</td><td rowspan="2" colspan="2">关闭压头</td><td>m</td><td>5220</td><td></td><td></td></tr>
<tr><td>MPa</td><td>48.5</td><td></td><td></td></tr>
<tr><td>15</td><td colspan="2">制动功率</td><td>kW</td><td>—</td><td></td><td></td></tr>
<tr><td>16</td><td colspan="2">正常轴振（双振幅值）</td><td>mm</td><td>0.03</td><td></td><td></td></tr>
<tr><td>17</td><td colspan="2">轴振报警值</td><td>mm</td><td>0.076</td><td></td><td></td></tr>
<tr><td rowspan="2">18</td><td rowspan="2">接口法兰公称压力</td><td>进口</td><td>MPa</td><td colspan="3">4.0</td></tr>
<tr><td>出口</td><td>MPa</td><td colspan="3">50</td></tr>
<tr><td rowspan="2">19</td><td rowspan="2">接口管规格</td><td>进口</td><td>mm</td><td colspan="3">DN400</td></tr>
<tr><td>出口</td><td>mm</td><td colspan="3">DN300</td></tr>
<tr><td>20</td><td colspan="2">重量</td><td>kg</td><td colspan="3">18000</td></tr>
<tr><td>21</td><td colspan="2">旋转方向</td><td></td><td colspan="3">逆时针（从小汽机向泵看）</td></tr>
<tr><td>22</td><td colspan="2">轴承形式</td><td></td><td colspan="3">滑动轴承</td></tr>
<tr><td>23</td><td colspan="2">驱动方式</td><td></td><td colspan="3">小汽机</td></tr>
</table>

给水泵的出口压力主要决定于锅炉的工作压力，此外给水泵的出水还必须克服以下阻力：给水管道以及阀门的阻力、各级加热器的阻力、给水调整门的阻力、省煤器的阻力、锅炉进水口和给水泵出水口间的静给水高度。根据经验估算，给水泵出口压力最小为锅炉最高压力的 1.25 倍。

给水泵在启动后，出水阀还未开启时或外界负荷大幅度减少时（机组低负荷运行），给水流量很小或为零，这时泵内只有少量或根本无水通过，叶轮产生的摩擦热不能被给水带走，使泵内温度升高，当泵内温度超过泵所处压力下的饱和温度时，给水就会发生汽化，形成汽蚀。为了防止这种现象发生，就必须使给水泵在给水流量减少到一定程度时，打开再循环管，使一部分给水流量返回到除氧器，这样泵内就有足够的水通过，把泵内摩擦产生的热量带走。使温度不致升高而使给水产生汽化。再循环管可以在锅炉低负荷或事故状态下，防止给水在泵内产生汽化，甚至造成水泵振动和断水事故。

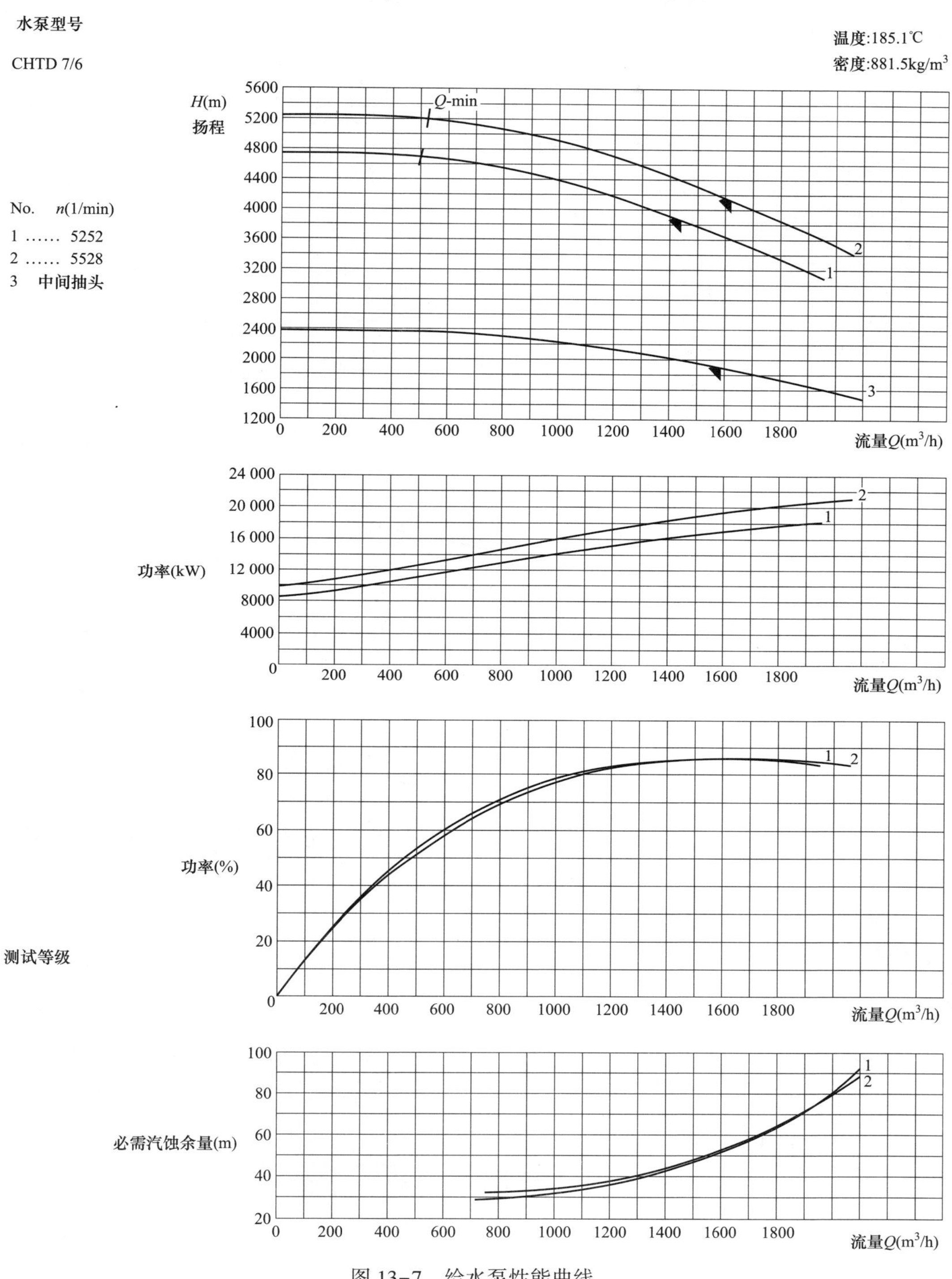

图 13-7　给水泵性能曲线

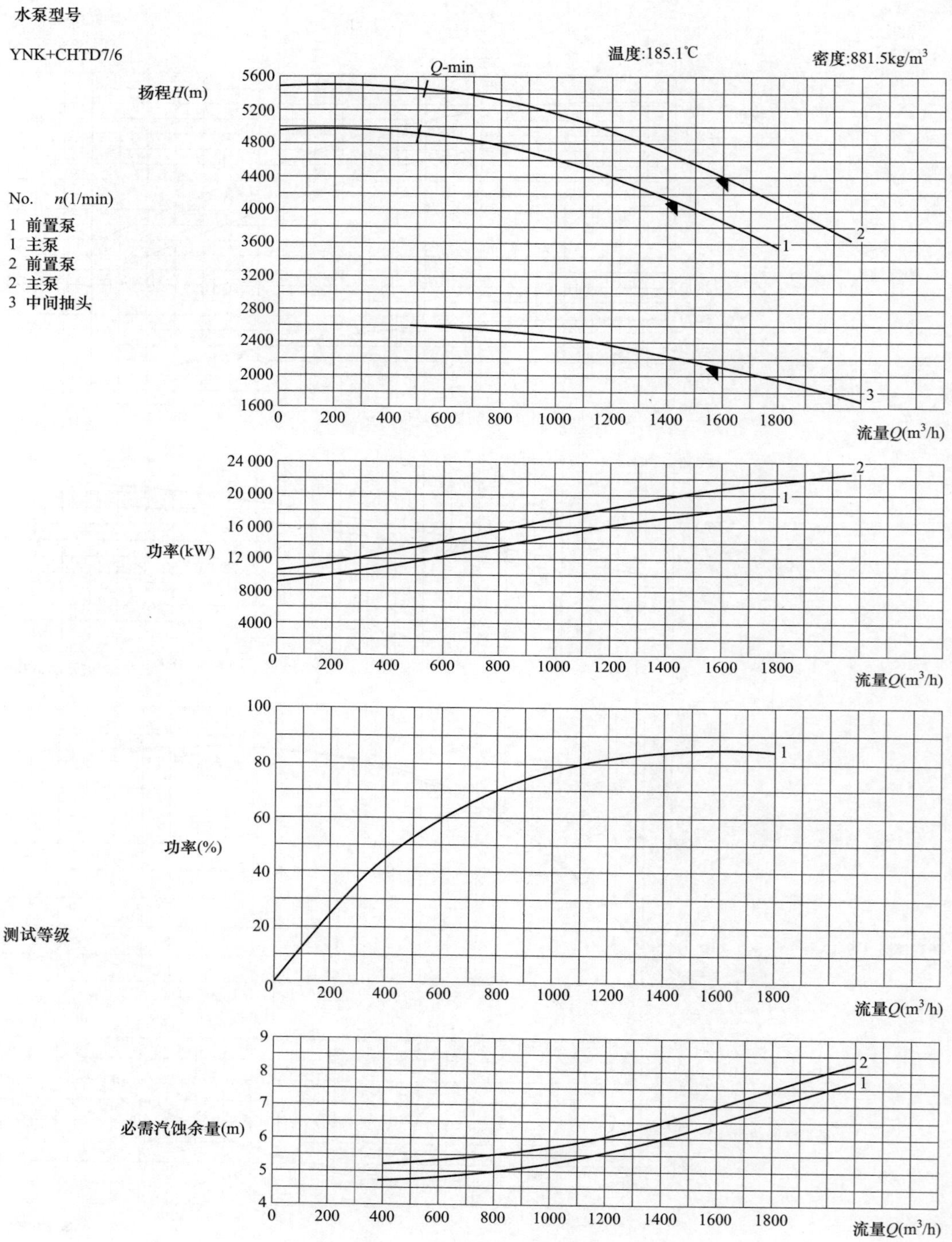

水泵型号

YNK+CHTD7/6

温度:185.1℃　　密度:881.5kg/m³

No.　n(1/min)

1 前置泵
1 主泵
2 前置泵
2 主泵
3 中间抽头

扬程H(m)

Q-min

5600
5200
4800
4400
4000
3600
3200
2800
2400
2000
1600

0 200 400 600 800 1000 1200 1400 1600 1800

流量Q(m³/h)

功率(kW)

24 000
20 000
16 000
12 000
8000
4000
0

0 200 400 600 800 1000 1200 1400 1600 1800

流量Q(m³/h)

功率(%)

100
80
60
40
20
0

0 200 400 600 800 1000 1200 1400 1600 1800

流量Q(m³/h)

测试等级

必需汽蚀余量(m)

9
8
7
6
5
4

0 200 400 600 800 1000 1200 1400 1600 1800

流量Q(m³/h)

图 13-8　给水泵组性能曲线

给水泵出口止回阀的作用是当给水泵停止运行时，防止压力水倒流，引起给水泵倒转。高压给水倒流会冲击低压给水管道及除氧器给水箱；还会因给水母管压力下降，影响锅炉进水；如给水泵在倒转时再次启动，启动力矩增大，容易烧毁电动机或损坏泵轴。

二、驱动给水泵汽轮机

汽轮机的功能就是将热能转化为机械能，驱动给水泵的小汽轮机同样也是如此，其本体结构的组成部件与主汽轮机的基本相同，主汽阀、调节阀、汽缸、喷嘴室、隔板、转子、支持轴承、推力轴承、轴封装置等样样俱全。和主汽轮机类似，不同的制造厂，小汽轮机的具体结构也有所不同。

1000MW 一次再热机组采用的是杭州汽轮机厂（日本三菱技术支持）生产的 HMS500D 型汽轮机，为单缸、单流、凝汽式，汽源采用具有高、低压双路进汽的切换进汽方式，正常运行时，由主汽轮机的四段抽汽（至除氧器的抽汽）供给；启动和低负荷时由辅助蒸汽系统供给，冷段蒸汽作为备用；调试时由辅助蒸汽系统供给。

N1000-31/600/610/610 二次再热机组给水泵组给水泵汽轮机为上海汽轮机厂设计制造 ND（Z）89/84/06 型变转速凝汽式汽轮机。其外形见图 13-9。给水泵汽轮机是单缸、冲动、单流、纯凝汽式，具高排汽内切换，是变参数、变转速、变功率和能采用多种汽源的汽轮机。在机组高负荷正常运行时，该汽轮机是利用机组第五段抽汽作为工作汽源（低压蒸汽）。启动和低负荷时由辅助蒸汽系统供给，冷段蒸汽作为备用；调试时由辅助蒸汽系统供给。低负荷工况下，当低压蒸汽不能满足汽动给水泵耗功的需要时，采用机组高压缸排汽（二次再热冷段）作为该汽轮机补充或独立的工作汽源（高压汽源）。调试和启动用汽源采用辅助蒸汽。

N1000-31/600/610/610 二次再热机组给水泵汽轮机双机并列运行，即每台汽动给水泵供给锅炉半容量的给水量。因小汽轮机有足够的功率与转速余度，在采用单机运行时能驱动给水泵超负荷运行，在最低转速能使被驱动的给水泵维持该水泵的最小流量循环工况。足够宽的连续运行调速范围和功率，能广泛地为各种运行工况和运行方式提供最大限度的可能性。

该汽轮机转子由单列调节级和 5 个压力级组成，为适应变参数、变转速及多汽源的运行要求，转子由整锻加工而成。转子上的动叶全部采用不调频叶片。

汽轮机转子有前后二只径向轴承支承，前后轴承中心间距 2.7m。前后径向轴承均采用可倾瓦结构，可以有效地保持轴承油膜的稳定性及转子的中心位置。推力轴承提供汽轮机转子的全部推力，它与前径向轴承组成联合轴承布置在前轴承座内。

在汽轮机前轴承座上设置 1 套能自动投入与切除的盘车设备。

汽轮机静止部分绝对死点位于后汽缸的排汽口中心，所以静止部分不受热之后自死点向前膨胀。静止部分与转动部分的相对死点为推力盘并置于前轴承座内，所以转子受热以后向后膨胀。由于静止部分和转动部分以各自的死点向两相反方向膨胀，而使转子后端的联轴器能保持最小的轴向移动。

汽轮机的功率通过叠片式挠性联轴器传递给被驱动的汽动给水泵。

汽轮机在前汽缸的两侧分别布置低压主汽门和高压汽门，低压主汽门与前汽缸刚性连接，高压汽门通过高压汽门座架与基础刚性连接。本汽轮机设置独立的汽轮机润滑油供油系统。排汽方式为后汽缸向下排汽，排汽进入主凝汽器。所配调节系统形式为带微处理机的电液控制（BFPT）系统。

给水泵汽轮机热态位移图见图 13-10。给水泵汽轮机本体技术数据见表 13-8。

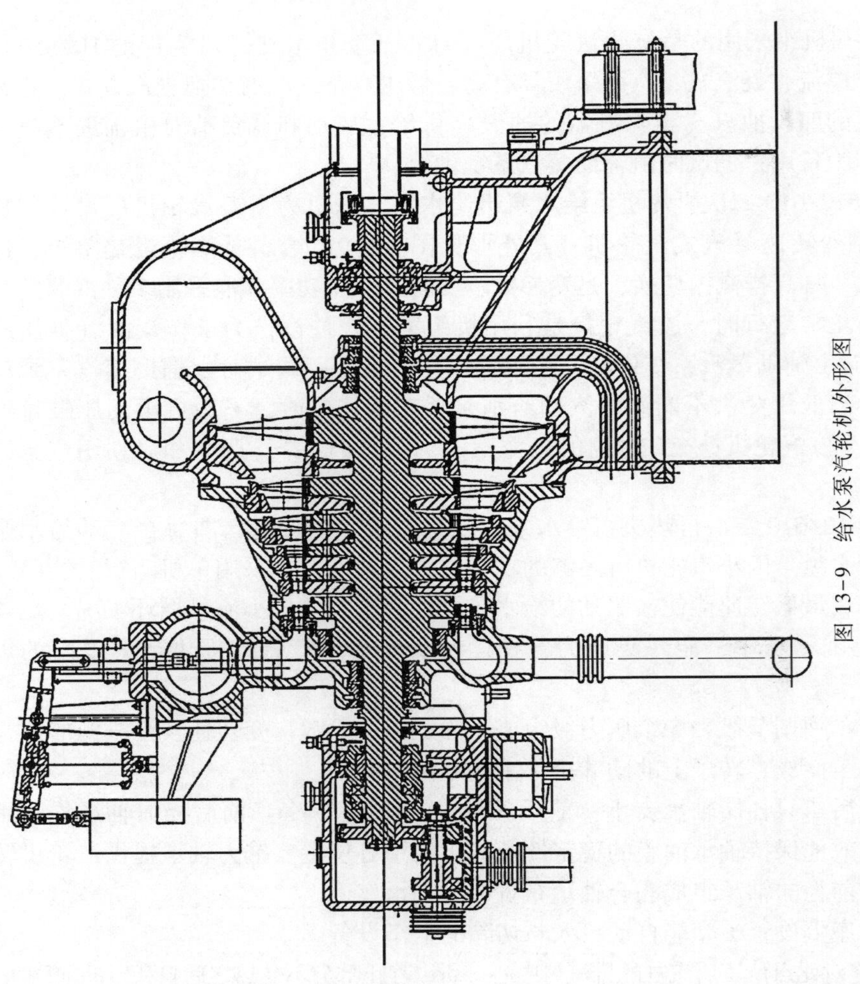

图 13-9　给水泵汽轮机外形图

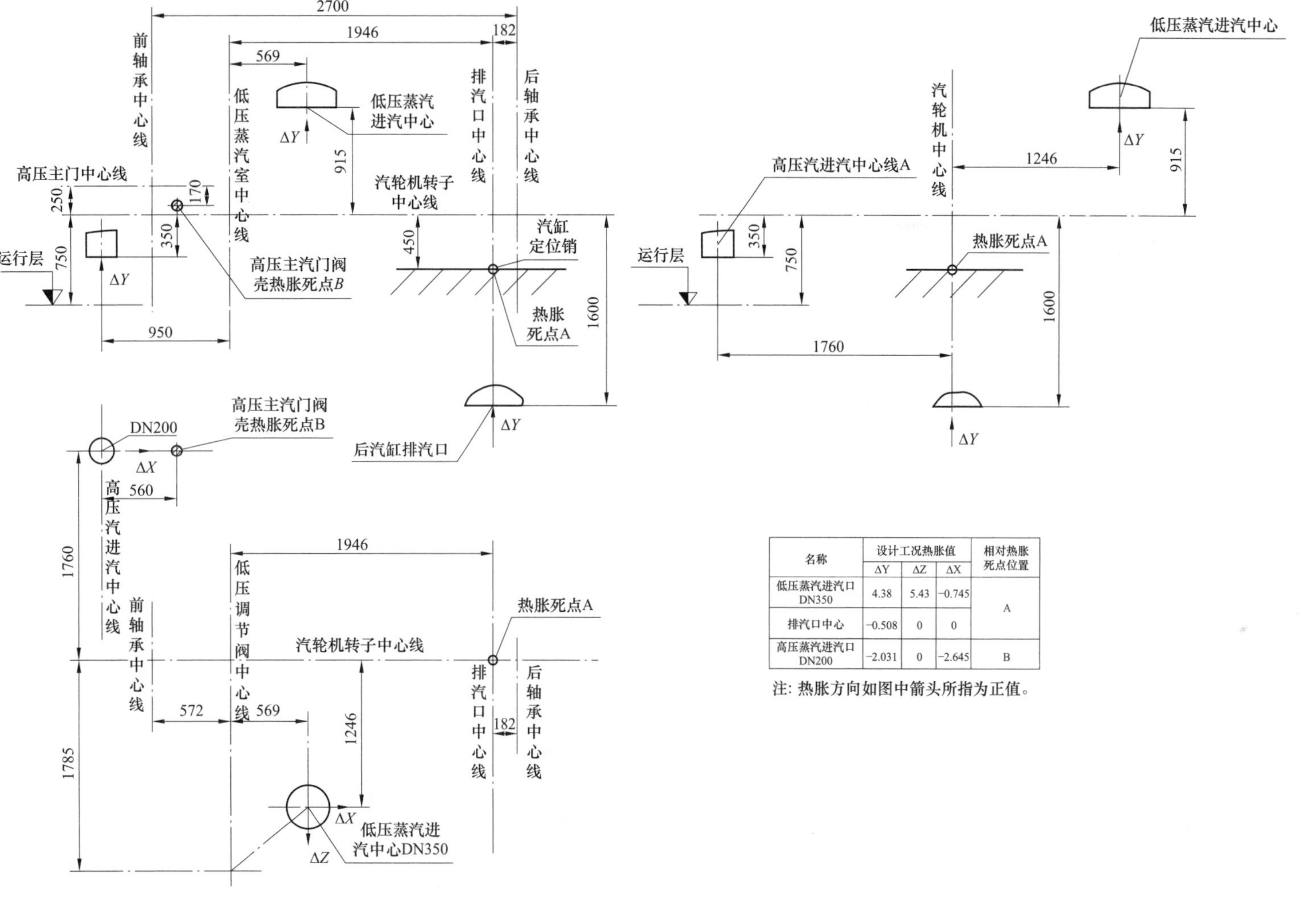

名称	设计工况热胀值			相对热胀死点位置
	ΔY	ΔZ	ΔX	
低压蒸汽进汽口DN350	4.38	5.43	−0.745	A
排汽口中心	−0.508	0	0	
高压蒸汽进汽口DN200	−2.031	0	−2.645	B

注：热胀方向如图中箭头所指为正值。

图 13-10　小汽轮机热态位移图

表 13-8 给水泵汽轮机本体技术数据

名称	单位	数值
型式		冲动、纯凝汽、再热冷段汽内切换
制造厂		STWC
转速	r/min	2750~6000
转向（从给水泵汽轮机向给水泵看）		逆时针
给水泵汽轮机允许最高背压值	kPa（a）	32
冷态启动从空负荷到满负荷所需时间	min	70
轴系扭振频率	Hz	—
轴系临界转速		
一阶	r/min	1900
二阶	r/min	7142
给水泵汽轮机外形尺寸	mm	5000×40000×3300
机组总长（包括罩壳）	mm	9200
机组最大宽度（包括罩壳）	mm	5400
排汽口数量及尺寸	个/mm	1/DN2800
设备最高点距运转层的高度	mm	2100
给水泵汽轮机叶片级数及末级叶片有关数据		
转子	级	I+5
末级叶片长度	mm	500
末级叶片环形面积	cm^2	21047
给水泵汽轮机主要部件材质和性能		
汽缸材质		前汽缸 ZG25 后汽缸 QT400
转子材质		30Cr2Ni4MoV
脆性转变温度（FATT）	℃	-7
各级叶片材质		调节级 2Cr12NiMo1W1V 1~3 级 2Cr12MoV 4 级 0Cr17Ni4Cu4Nb—T6（Ⅰ） 5 级 0Cr17Ni4Cu4Nb—T6（Ⅲ）
汽缸螺栓材质		35CrMoA、45
重量		
转子	kg	4900
上汽缸	kg	15000
下汽缸	kg	15000
总重	kg	68000
行车吊钩至给水泵汽轮机中心线的最小距离		
带横担时	m	3.5
不带横担时	m	3.2

续表

名称	单位	数值
转子的转动惯量 GD^2	kg·m^2	1700
转子		
排汽口		
压力（主机 TRL 工况时）	kPa	5.05
距给水泵汽轮机转子中心线尺寸	mm	1600
排汽口数量~尺寸	mm	1/DN2800
方向向下		
其接口型式为焊接		
总体结构尺寸		
长×宽×高（包括罩壳在内）	mm	9200×5400×3300
汽缸法兰结合面至上缸顶面高度	mm	2100
汽缸法兰结合面至下缸底距离	mm	2250
给水泵汽轮机转子中心距运行层之间高度	mm	750
重量		
转子重量	t	4.9
上半缸重	t	15
下半缸重	t	15
总重	t	68
运输最重件	t	39
检修最重件	t	15

第五节　定子冷却水系统

定子绕组冷却水系统也称为定子冷却水系统或定子水系统，其主要功能为：

（1）采用冷却水通过定子绕组空心导管，将定子绕组损耗产生的热量带出发电机。

（2）用水冷却器带走冷却水从定子绕组吸取的热量。

（3）系统中设有过滤器以除去水中的杂质。

（4）系统中设有补水离子交换器，以提高补水的质量。

（5）使用监测仪表仪器等设备对冷却水的电导率、流量、压力及温度等进行连续的监控。

（6）具有定子绕组反冲洗功能，提高定子绕组冲洗效果。

定子冷却水系统基本流程：冷却水泵出口→主滤网→定子线圈→定子冷却水冷却器→冷却水泵入口。定冷水系统简图如图 13-11 所示。

上汽 N1000-31/600/610/610 二次再热机组与上海汽轮机厂一次再热 1000MW 机组的定子冷却水系统基本一致，机组发电机定子绕组采用冷却水直接冷却，这将极大地降低最热点的温度，并降低可能产生导致热膨胀的相邻部件之间的温差，从而将各部件所受的机械应力

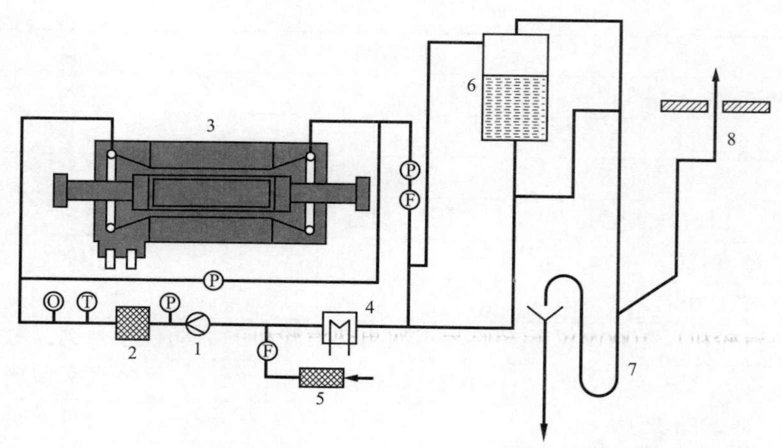

图 13-11　定冷水系统简图

1—水泵×2；2—过滤器×2；3—发电机；4—冷却器×2；5—补水过滤器；6—定子水箱；7—水封溢水管；8—排气管

减至最小。定子线棒中通水冷却的导管采用不锈钢导管，其余回路也采用不锈钢或类似的耐腐蚀材料制成。

N1000-31/600/610/610 二次再热 1000MW 机组与上海汽轮机厂一次再热 1000MW 机组的定子冷却水系统主要包括 1 只定冷水箱、2 台 100%容量的冷却水泵、2 台 100%容量的水—水冷却器、压力调节阀、温度调节阀和水过滤器等设备和部件，以及连接各设备、部件的阀门、管道等。

其发电机定子冷却水系统主要技术数据如表 13-9 所示。

表 13-9　　定子冷却水系统主要技术数据

1. 发电机额定氢压	0.5MPa	7. 冷却水泵	
2. 冷却水流量	$120m^3/h$	数量	2×100%
3. 冷却水电导率	≤1.5μS	型号	DFB-125-80-260
4. 装置进口水温	≤85℃	流量	$135m^3/h$
5. 装置出口水温	≤50℃	扬程	80m
6. 冷却器		8. 定冷水箱	
数量	2×100%	容积	$0.58m^3$
形式	板式	9. 离子交换器	
热交换功率	4637kW	交换能力	$3m^3/h$
二次水量	$154.6m^3/h$	进水温度	≤60℃
二次水进水温度	≤38℃	树脂型号	可采用电厂化水用树脂
二次水进水压力	0.2~1.0MPa	10. 冷却水过滤器	
二次水压降	≤50kPa	数量	2×100%
		过滤精度	5μm

第十四章

汽 轮 机 的 运 行

本章以上海汽轮机厂 1000MW 超超临界二次再热汽轮机的启动程序为例，对二次再热汽轮机的启动进行说明，并列出了详细的启动条件、启动检查、汽门及其蒸汽室预热、缸预热、旁路系统的投入以及汽轮机的冲转、升速并网带负荷等步骤，N660-29.2/600/620/620 汽轮机的启动程序与 N1000-31/600/610/610 汽轮机的启动程序大同小异，主要区别在于 N660-29.2/600/620/620 的汽轮机比 N1000-31/600/610/610 的启动程序多出了汽门及蒸汽室预热和缸预热，因此本节以上海汽轮机厂的汽轮机说明，以便更加详细地了解汽轮机的启动程序。

第一节 机组启动前的要求及准备

本节主要以 N1000-31/600/610/610 汽轮机或 N660-29.2/600/620/620 二次再热汽轮机的启动要求和准备为例进行阐述，并在本节最后对东方汽轮机与上海汽轮机的启动程序的差异作简要说明。

一、N1000-31/600/610/610 二次再热超超临界机组启动规定及说明

（一）遇到下列情况之一时，禁止机组启动或并网

机组安全联锁保护功能试验不合格。汽轮机保安系统工作不正常。控制系统（DCS）通信故障或任一过程控制单元功能失去。主要控制系统和自动调节装置失灵（如机组 DCS、DEH、MEH 等），高、中、低压旁路不正常，影响机组启动或正常运行。

机组主要参数监视功能失去，影响机组启动或正常运行，或机组主要参数超过限值。上次机组跳闸原因不明或缺陷未消除。机组及其无备用的主、辅助设备系统存在严重缺陷。仪用压缩空气系统工作不正常或者仪用压缩空气压力低于 0.45MPa。汽轮机超高、高、中压主汽门、调门、超高排逆止阀、高排逆止阀 1/2、抽汽逆止阀任一卡涩。主机交流润滑油泵、直流事故润滑油泵或顶轴油泵任一故障或其相应的联锁保护试验不合格。汽、水、油品质不合格。汽机盘车装置工作失常或盘车时汽轮发电机组动静部分有明显摩擦声。汽轮机上、下缸温差大于 55℃。

主机盘车时转子偏心度大于原始值 110%，主机超速试验不合格，发电机密封油系统、定冷水系统、氢冷系统不正常，汽轮机本体保温脱落，凝汽器单侧运行。

（二）汽轮机启动状态划分

（1）全冷态：超高压转子平均温度小于 50℃。

（2）冷态：超高压转子平均温度小于 150℃。

（3）温态：停机 56h，超高压转子平均温度 150~400℃。

（4）热态：汽轮机停机 8h 内，超高压转子平均温度 400~540℃。

（5）极热态：汽轮机停机 2h 内，超高压转子平均温度大于 540℃。

二、汽轮机启动前的准备

本节以 N1000-31/600/610/610 及 N1000-31/600/620/620 的 1000MW 超超临界二次再热汽轮机以例，说明汽轮机在启动前所做的准备工作，除给水系统差别较大以外，其他分系统的启动程序基本一致。N660-29.2/600/620/620 二次再热机组配备的是 1 台 100%容量的给水泵组，而 N1000-31/600/610/610 及 N1000-31/600/620/620 配备的是 2 台 50%容量的给水泵。

机组完成总体检查及准备以后，锅炉专业启动准备工作完成，汽轮机也需要完成相关的启动准备，各辅助系统已经正式投入运行且无故障，汽机 TSI、TSCS、MEH 系统，主机 DEH 装置，汽机保安系统，高、中、低压旁路控制装置投入正常。确认主机直流事故油泵、小机 A/B 直流事故油泵、发电机氢油水系统均能随机投用。确认所有公用系统及设施完好并能随机投用。

三、N1000-31/600/610/610 二次再热汽轮机启动方式

二次再热机组控制原则和一次再热机组相同，主要差别在于一次再热控制高调门（HP）、中调门（IP）和补汽阀，而二次再热机组需要控制超高压（VHP）、高压（HP）和中压（IP）调门。

一次再热采用高中压联合启动，先开高调门，再开中调门。如果高排温度高则调整高中压缸的流量。

二次再热机组采用超高/高/中压缸联合启动方式，超高压、高压、中压调门同时开启，如果超高排、高排温度高则调整三缸间的流量。主蒸汽为串联流程，即主蒸汽由 VHP 进入→排汽至一级再热器→进入 HP→HP 排汽至二级再热器→进入 IP→低压缸→凝汽器。VHP 和 HP 排汽缸均配有通风阀，但正常启动过程中并不开启，其主要功能是甩负荷时快速排空。机组设高、中、低压三级串联汽机旁路系统。旁路按不考虑停机不停炉及带厂用电运行的功能来设计。高压旁路 VHP-BP 从主蒸汽接到一级低温再热，同时启动锅炉主汽安全阀功能。中压旁路和低压旁路容量按满足机组启动功能的要求设置。

二次再热汽轮机系统配置见图 14-1，一次、二次再热调节阀开启顺序分别见图 14-2 和图 14-3。

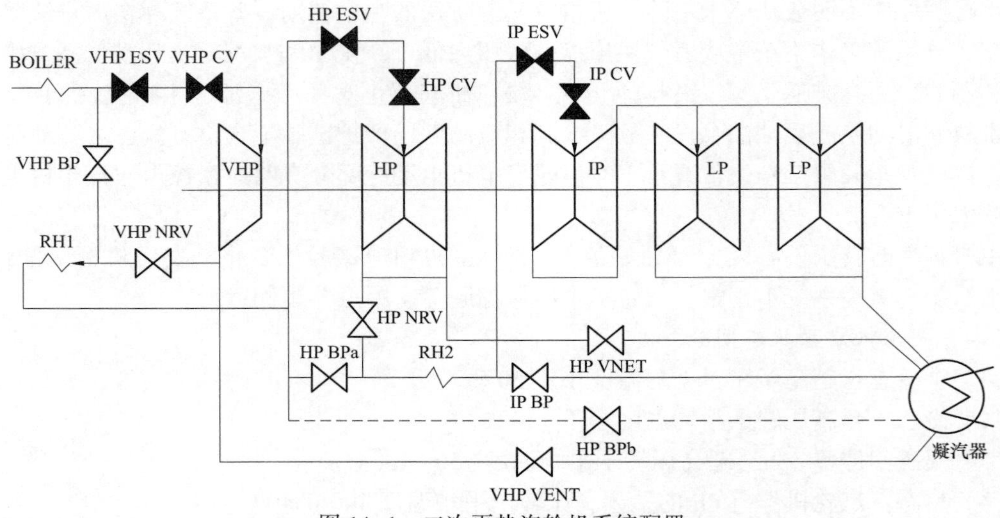

图 14-1　二次再热汽轮机系统配置

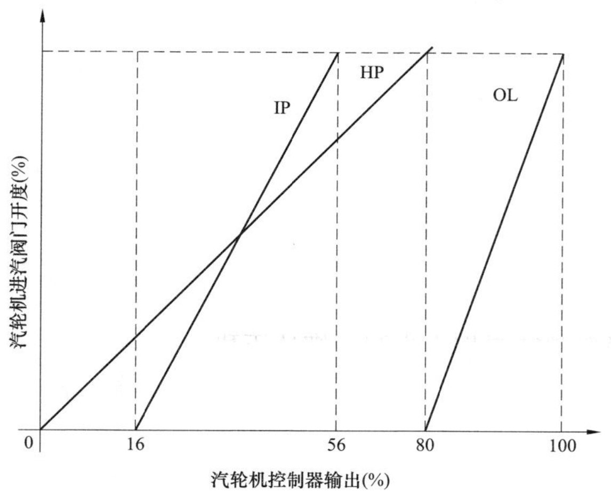

图 14-2　一次再热调节阀开启顺序

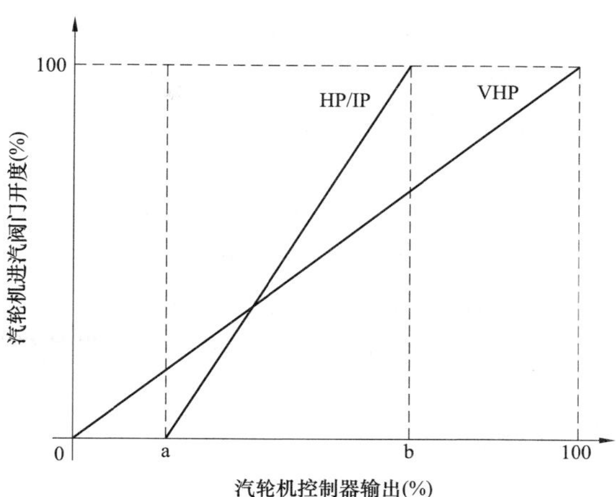

图 14-3　二次再热调节阀开启顺序

汽轮机控制系统控制 VHP/HP/IP 的进汽阀门，和一次再热启动类时，VHP 超高压缸首先开启，控制汽轮机冲转。当流量指令到 a 点（20%）时，高中压调门同时开始开启，调节汽轮机高中缸的进汽流量，三个缸同时控制流量，使汽轮机冲转及并网带负荷。

在启动阶段，旁路控制器控制旁路阀门保持超高压蒸汽、高压蒸压压力在设定的启动压力。

同时和一次再热相同，为了防止流量过低引起超高压、高压缸末级叶片鼓风发热，根据超高压/高压缸排汽温度自动调整超高/高压/中压缸的进汽流量分配。如果超高压缸排汽温度过高，首先减小中压调门的开度，增大超高压缸、高压缸的进汽量。如果排汽温度进一步上升，则关闭超高压缸调门，打开通风阀，将超高压缸抽真空，由高、中压缸控制汽轮机的流量。

同理，如果高压排汽温度过高，则首先调整流量，再高则切除超高压缸/高压缸，由中压缸控制汽轮机的转速/负荷。排汽温度控制如图 14-4 所示。

二次再热启动时，在热态极热态启动时，考虑到超高压缸流量较小，排汽温度超温的可能性较大，直接将超高压缸切除，超高压排汽通风阀打开抽真空，由高、中压缸进行冲转。

当机组带上一定负荷，汽轮机的进汽流量达到一定值后，开启 VHP，完成超高压缸/高压缸/中压缸的负荷重新分配。

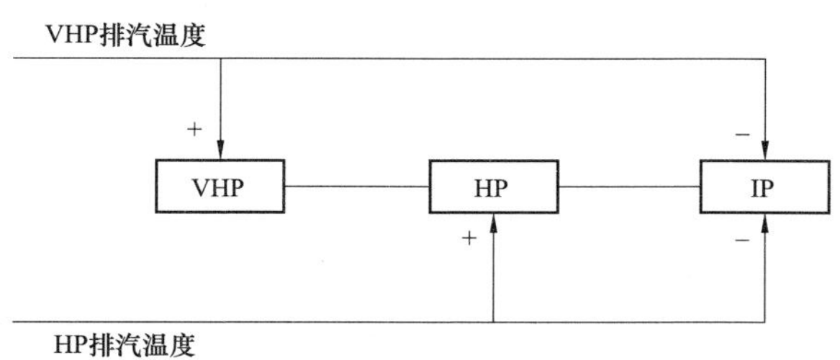

图 14-4　排汽温度控制

二次再热机组超高压缸切除后，其启动过程和一次再热机组过程类似。只是多了并网后开启超高压缸的过程。启动时参数比一次再热机组低，进汽量比一次再热机组要大，能满足冷却流量的要求。开启超高压缸的过程和一次再热机组高压缸切除后重启的过程类似。

同样，在汽轮机甩负荷后，考虑到蒸汽参数较高，维持机组转速需要的蒸汽量很小，考虑直接将超高压缸切除，由高、中压调门控制机组维持机组转速，待并网后再开启超高压缸。

启动曲线的使用：各工况下启动曲线显示了蒸汽压力和蒸汽温度曲线（超高、高、中压主汽门前），包括汽机启动时的速度和负荷曲线。在图 14-5 中，时间点的初始值被设定为超高压/高压/中压调门第一次打开时。启动曲线没有显示蒸汽管道和阀门的暖机时间。

计算基于以下的假设：

5000 次的启动；

在 40%~100%负荷之间滑压运行；

开机时冷一次再热压力小于 30bar，二次再热压力小于 8bar；

蒸汽不同启动方式下的特性参数，根据锅炉的启动特性曲线定。

根据高压缸材料 GX12CrMoVNbN9、高压转子材料 X12CrMoWVNbN10、中压转子材料 X12CrMoWVNbN10，确定初始透平金属温度；

假设在 50%负荷且额定蒸汽温度时汽机停机冷却；启动时间的公差范围为±15%。

启动及旁路限制参数见表 14-1。

表 14-1　　启动及旁路限制参数

启动状态	主蒸汽压力 [MPa（a）]	主蒸汽温度 （℃）	再热蒸汽温度 （℃）	一次再热蒸汽压力 [MPa（a）]	二次再热蒸汽压力 [MPa（a）]
冷态	12	400	380	≤3.0~3.5	≤0.8~1.0
温态	12	440	420	≤3.0~3.5	≤0.8~1.0
热态	14	530~540	510~520	≤3.0~3.5	≤0.8~1.0
极热态	16	550~560	530~540	≤3.0~3.5	≤0.8~1.0

各工况下启动曲线见图 14-5~图 14-9。

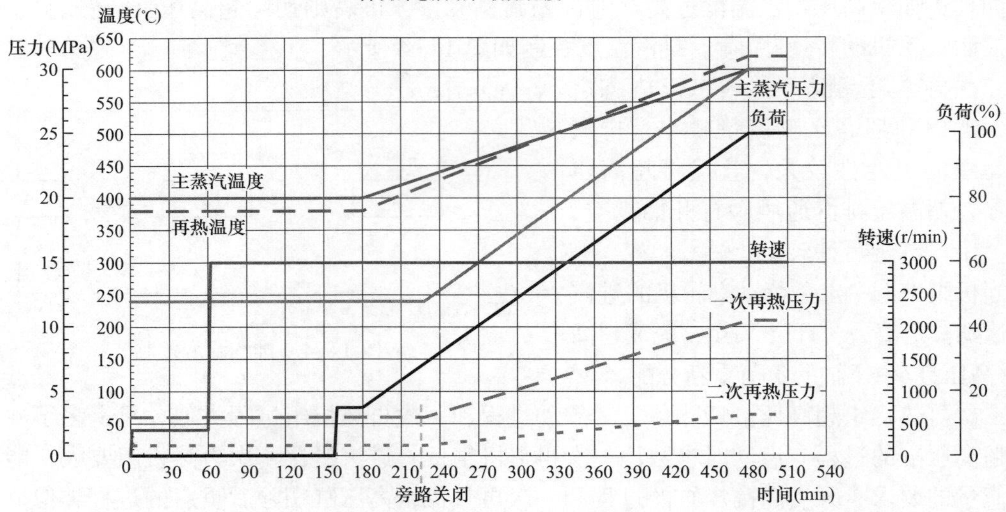

图 14-5　环境温度 50℃以下首次启动

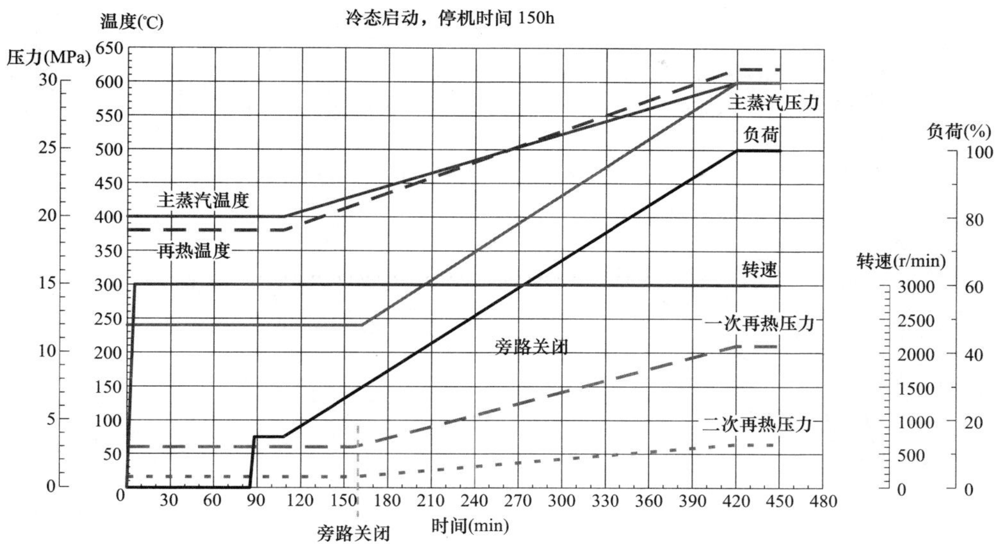

图 14-6　冷态启动

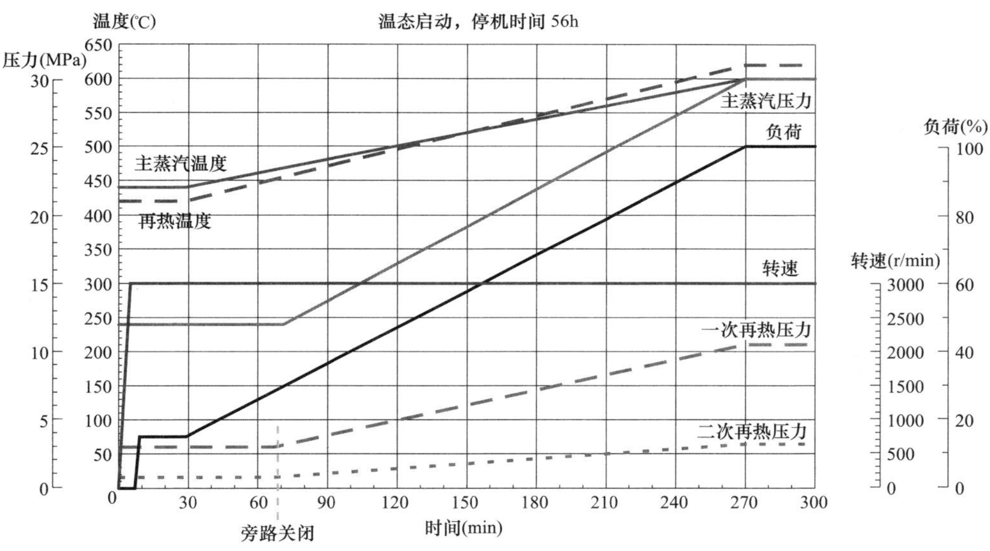

图 14-7　温态启动

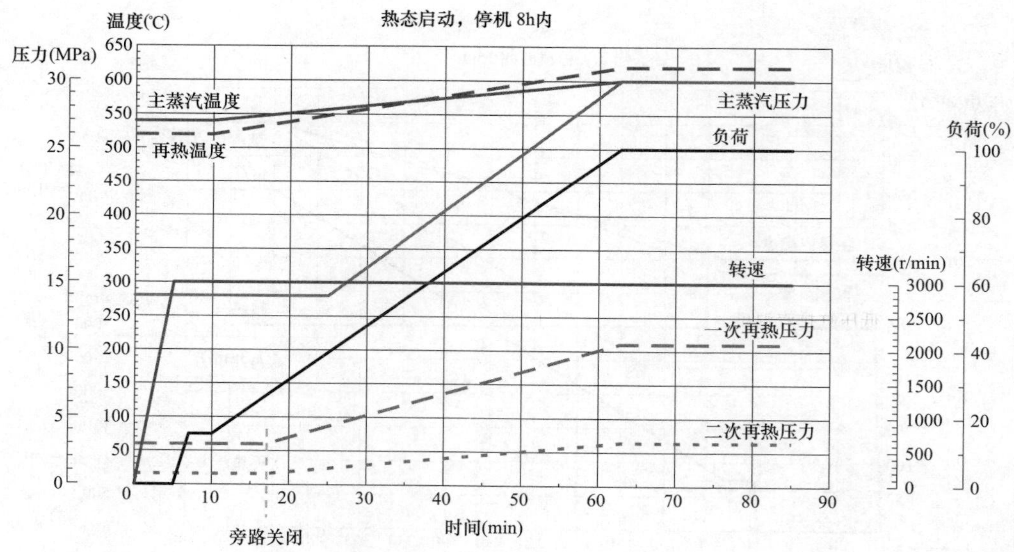

图 14-8 热态启动

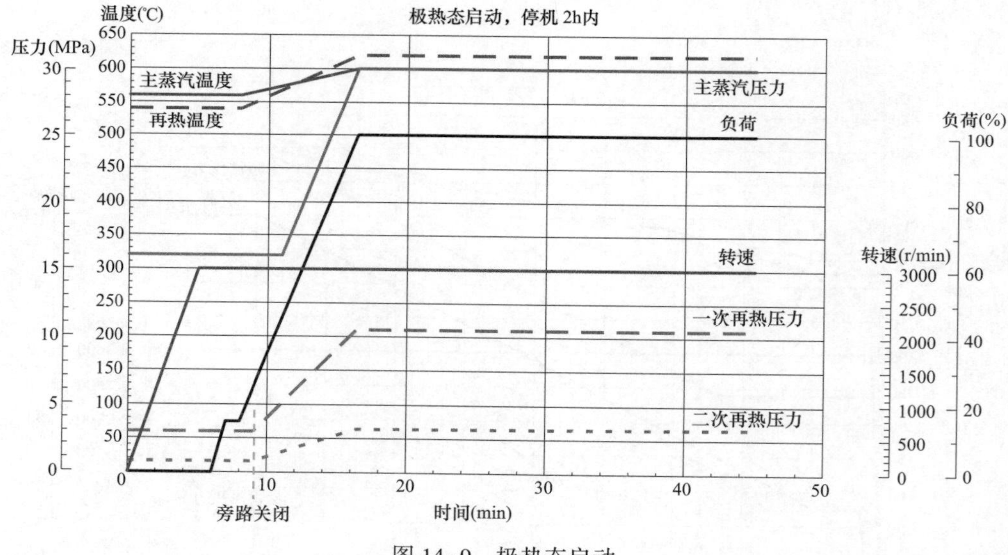

图 14-9 极热态启动

第二节 汽轮机启动

一、N1000-31/600/610/610 二次再热汽轮机冷态启动

（一）汽轮机冲转及升速、并网

1. 汽轮机冲转前检查确认

（1）机组所有投运的辅助设备及系统运行正常，满足汽轮机冲转需要。

（2）用作汽轮机冲转的蒸汽至少有 50℃以上的过热度，且蒸汽品质合格；主蒸汽控制指标：SiO_2≤30μg/kg、Fe≤50μg/kg、Na+≤20μg/kg 、Cu+≤15μg/kg、阳导≤0.5μS/cm。

（3）表 14-2 所列主机参数正常，汽轮机启动时应充分考虑冲转后的变化趋势。

表 14-2　　主机参数的控制限额

项目	控制限额
超高压缸排汽温度	<437℃（详见超高排温度限制曲线）
高压缸排汽温度	<451.8℃（详见高排温度限制曲线）
中压缸排汽温度	<326.4℃
低压缸排汽温度	<90℃
轴向位移	<0.3mm
超高压缸上、下缸温差	<30℃
高压缸上、下缸温差	<30℃
中压缸上、下缸温差	<30℃
凝汽器压力	12kPa（a）（详见背压限制曲线）

（4）推荐冲转参数为：冷态启动时，主汽温度由 X4、X5 准则确定，再热汽温度由 X6A、X6B 准则确定。冷态启动一般选择主汽参数 12MPa/400℃，一次再热压力：≤3.0~3.5MPa，二次再热压力：≤0.8~1.0MPa，再热温度 380℃。

（5）冲转前须连续盘车至少 4h，且主机盘车下的转子偏心度小于 50μm（不大于原始值 110%）。

（6）确认汽轮机防进水疏水阀处于全开状态。

（7）轴封蒸汽母管压力为 3.5kPa，轴封蒸汽温度与汽轮机金属温度相匹配。

（8）主机润滑油压力、温度：0.35~0.38MPa、38~50℃。

（9）EHC 油压、油温：16.0MPa、45℃。

（10）汽轮机 TSI 各指示记录仪表投运。

（11）汽轮机冲转升速及升负荷期间重点监视参数能正常显示。

（12）转子偏心度。各轴承轴振和瓦振、轴承金属温度、回油温度。润滑油供油压力、温度。顶轴油供油压力、温度。汽缸总胀、轴向位移。超高、高、中压缸金属温度。主机缸体和转子温度裕度。汽机上、下缸温差。凝汽器压力、排汽温度。轴封汽压力、温度。主蒸汽压力、温度。一、二次再热蒸汽压力、温度。主蒸汽左右侧温度偏差。一、二次再热蒸汽左右侧温度偏差。机组转速、负荷。主蒸汽/高压旁路流量、一次再热/中旁流量、二次再热/低压旁路流量、给水、凝结水流量。除氧器、凝汽器水位。发电机密封油/氢气差压、氢气纯度、温度，发电机定冷水压力和流量。

2. 完成发电机在并网前需要进行的所有准备

3. 汽机冷态启动冲转条件

（1）主蒸汽压力：12MPa；一次再热压力：≤3.0~3.5MPa；二次再热压力：≤0.8~1.0MPa；主汽/再热汽温度：400/380℃。

（2）主蒸汽流量：>10%BMCR。

（3）凝汽器压力：≤12kPa（a）。

（4）氢压：0.45MPa。

（5）润滑油压：0.35~0.38MPa，油温：38~50℃。

（6）EHC 油压：16MPa。

（7）发电机密封油、水、氢系统投入正常。

（8）励磁机冷却系统投入正常。

4. 汽轮机“启动装置”控制任务（见表 14-3）

表 14-3 启动装置的控制任务

启动装置定值 STARTUP DEVICE		控制任务
定值上升过程	0%	允许启动 SGC STEAM TURBINE（DKW）ST 进入汽轮机控制
	>7.5%	汽机保安跳闸系统及超速保护模块进行自检
	>12.5%	汽轮机复置
	>22.5%	超高、高、中压主汽门跳闸电磁阀复位（ESV TRIP SOLV RESET）
	>32.5%	超高、高、中压调门跳闸电磁阀复位（CV TRIP SOLV RESET）
	>42.5%	开启超高、高、中压主汽门（ESV PILOT SOLV OPEN）
	>62.5%	允许通过子组控制，使超高、高、中压调门开启，汽机实现冲转、升速、并网
	>99%	发电机并网后，释放汽轮机控制阀的全开范围（≤62.5%），完全由汽轮机控制阀控制机组的负荷
定值下降过程	<37.5%	所有主汽门关闭 ESV PILOT SOLV OFF
	<27.5%	所有调门跳闸电磁阀 OFF（CV TRIP SOLV OFF）
	<17.5%	所有主汽门跳闸电磁阀 OFF（ESV TRIP SOLV OFF）
	<7.5%	发出汽机跳闸指令
	=0%	再启动准备

注 机组启动过程中，启动装置 TAB 每次到达某一限值时，其输出 TAB 都会停止变化，等待 SGC ST 执行特定任务操作，操作完成收到反馈信号后，启动装置 TAB 输出才会继续变化。

汽轮机 SGC 程控操作许可条件：转速—负荷控制器=0%。汽轮机跳闸系统无跳闸信号及汽机启动装置 TAB=0%。转速—负荷控制器投入。压力控制器投入（限压模式）。汽轮机 ATT 试验未运行。发电机励磁系统未禁止。机组保护电源正常。TSE 响应未切除。发电机同期装置未闭锁。辅助试验设备正常。汽轮机遮断未启动。

第 1 步：启动初始化。

第 2 步：SLC 汽轮机抽汽逆止阀子程序投入。

（1）抽汽止回阀 SLC 已 ON。

（2）超高压联合汽门控制 SLC 已 ON（A 侧超高压联合汽门已 ON；B 侧超高压联合汽门已 ON）。

（3）高压联合汽门控制 SLC 已 ON（A 侧高压联合汽门已 ON；B 侧高压联合汽门已 ON）。

（4）中压联合汽门控制 SLC 已 ON（A 侧中压联合汽门已 ON；B 侧中压联合汽门已 ON）。

（5）所有主汽门和超高排逆止阀，高排逆止阀 1，高排逆止阀 2 关闭。或所有主汽门开启。

（6）所有调门和超高排逆止阀，高排逆止阀 1，高排逆止阀 2 关闭。或汽轮机已启动（TAB>62.5%，转速—负荷控制器大于 0.5%）。

（7）所有抽汽逆止阀关闭。或汽轮机处于额定转速且所有主汽门开启。

第 3 步：汽轮机限制控制器投入。

（1）超高压叶片级压力限制控制器投入。

（2）超高压排汽温度控制投入。

（3）高压排汽温度控制投入。

注：如果汽轮机转速超过 402r/min，超高压叶片级压力控制器就切除。

第 4 步：汽机疏水 SLC 动作。

检查汽机疏水子程序投入。

第 5 步：打开暖机疏水阀。

（1）超高压调门 A 前疏水阀开。

（2）超高压调门 B 前疏水阀开。

（3）高压调门 A 本体疏水阀开。

（4）高压调门 B 本体疏水阀开。

（5）中压调门 A 本体疏水阀开。

（6）中压调门 B 本体疏水阀开。

注：或是满足所有的主汽开启但调门开度是受限制的（TAB>62.5%，且所有的主汽门已开启）。

第 6 步：空步。

第 7 步：空步。

第 8 步：汽机润滑油泵试验准备及辅助系统检查。

（1）SGC 汽机润滑油泵试验子程序投入。

（2）所有主汽门关闭。

（3）汽轮机启限制器 TAB＝0%。

注：或汽轮机停机后重新启动。120r/min<汽轮机发电机转速<402/min，且所有主汽门关闭，TAB<0.1%。

第 9 步：空步。

第 10 步：空步。

第 11 步：等待蒸汽品质合格（主蒸汽品质合格指标：SiO_2≤30μg/kg、Fe≤50μg/kg、Na+≤20μg/kg 、Cu+≤15μg/kg 、阳导≤0.5μS/cm）。蒸汽条件满足后开启主汽门，启动“发电机停干燥器”SLC。

（1）投入“发电机氢气干燥器”SLC。

（2）选择蒸汽品质回路未锁定（手动按钮）。

（3）确认 X1 标准满足。

X1 标准满足（防止超高压缸进汽阀体不适当冷却：主蒸汽温度>TmCV+X1）；高压旁路前主蒸汽和再热蒸汽过热度>30℃（热态启动过热蒸汽条件）；超高压调门壳体温度（50%）<150℃（冷态启动）。

（4）确认 SGC 油泵试验完成无故障。

（5）蒸汽品质回路（手动确定按钮）释放。或超高压调门阀体（50%）温度小于 350℃

(非温态或热态启动)。或汽轮机转速超过 402r/min。

(6) 超高压缸温差小于或等于+30℃。

(7) 超高压缸温差大于或等于-30℃。

(8) 高压缸温差小于或等于+30℃。

(9) 高压缸温差大于或等于-30℃。

(10) 中压缸温差小于或等于+30℃。

(11) 中压缸温差大于或等于-30℃。

(12) 所有调门阀位限制=105%。

确认辅助系统 OK。

1) SLC 控制油循环泵运行和油压建立。

2) SLC 控制油泵运行和油压建立。

3) 汽轮机疏水无故障(所有汽轮机疏水都在预定时间内开启)。

4) 汽轮机供油系统运行。

5) 机组未停止。

6) 汽轮机保护无停机条件。

7) 仪用压缩空气压力大于 0.4MPa(冷再管道阀门,抽汽管道,低压缸喷水阀门和汽封系统的供气必须处于运行状态)。

8) 闭式水系统运行。

9) 汽封系统运行且在自动状态。

10) 凝结水系统运行。

注:在第 11 步到第 20 步间循环,循环等待直到蒸汽纯度达标,当蒸汽纯度没有达标时,第 11 步到第 20 步会循环几次。如果蒸汽品质不合格,主汽门最初是开启的,此时就会关闭。主汽门保持关闭直到蒸汽品质达标为止,主汽门开启信号作为旁通此步的准则。

第 12 步:打开高/中压主汽门前疏水阀。

(1) 开启高压主汽门前疏水阀。

(2) 开启中压主汽门前疏水阀。

(3) 检查高压主汽门 A 本体疏水阀开,或高压主汽门 A 门前温度大于 360℃。

(4) 检查高压主汽门 B 本体疏水阀开,或高压主汽门 B 门前温度大于 360℃。

(5) 检查中压主汽门 A 本体疏水阀开,或中压主汽门 A 门前温度大于 360℃。

(6) 检查中压主汽门 B 本体疏水阀开,或中压主汽门 B 门前温度大于 360℃。

(7) 检查主汽门前蒸汽温度。

1) 超高压主汽门 A 前温度大于 360℃。

2) 超高压主汽门 B 前温度大于 360℃。

注:或所有的主汽门开启且调阀开度限制(TAB>62.5%,所有的主汽门已开启)。

第 13 步:完成汽轮机主蒸汽管路和再热管路暖管。

(1) 主蒸汽管和再热蒸汽管路预暖(确保主蒸汽管内无湿汽存在)。

1) 主蒸汽管路预暖 OK。

2) 一次再热蒸汽管路预暖 OK。

3) 二次再热蒸汽管路预暖 OK。

（2）主蒸汽管蒸汽过热度情况：主蒸汽过热度大于10K超过30min。

（3）一次再热蒸汽管蒸汽过热度情况：一次再热蒸汽过热度大于10K超过30min。或蒸汽已经强迫通过超过5min，就可以假设再热蒸汽管不存在湿汽。检查：高压调门A本体疏水阀开。检查：高压调门B本体疏水阀开。检查：一次再热蒸汽压力大于0.5MPa。

（4）二次再热蒸汽管蒸汽过热度情况：二次再热蒸汽过热度大于10K超过30min。或蒸汽已经强迫通过超过5min，就可以假设再热蒸汽管不存在湿汽。检查：中压调门A本体疏水阀开。检查：中压调门B本体疏水阀开。检查：二次再热蒸汽压力大于0.5MPa。

（5）确认X2标准满足。

X2标准满足（避免超高压控制阀的不适当加载：主蒸汽饱和温度小于TmCV+X2）或汽轮机全部主汽门开启。

注：汽轮机处于暖机转速作为旁通此步条件。汽轮机处于暖机转速超过330r/min。且所有主汽门开启。

第14步：打开主汽门前疏水阀。

（1）开启高压主汽门和中压主汽门前疏水阀。

（2）检查高压主汽门A本体疏水阀开。

（3）检查高压主汽门B本体疏水阀开。

（4）检查中压主汽门A本体疏水阀开。

（5）检查中压主汽门B本体疏水阀开。

注：或所有的主汽么开启且调阀开度限制（TAB>62.5%，所有的主汽门已开启）。

第15步：开启主汽门。

（1）设定汽轮机负荷控制器设定点大于15%。

（2）启动汽轮机启动限制器TAB（L090）和“通过保护停机步序（L070）”。

（3）检查汽轮机控制器设定值大于15%。

（4）检查汽轮机启动限制器TAB大于62.5%。

如果是热态启动或温态启动，汽轮机在启动后立即升速到额定转速并带负荷。为了消除汽轮机无负荷或低负荷运行时汽轮机超高压缸鼓风的危险，并确保可靠同期，必须在启动前检查确定适当的加载动作信号是否已经发出了（汽轮机负荷控制器设定点>15%）。

在5%<TAB<7.5%，TAB值开始拉升时，将对汽机保安跳闸系统及超速保护模块进行自检，DEH将自检一次，并自动跳闸一次，之后主机会自动复位。此时应注意旁路开启，防止因汽机跳闸而导致MFT。

汽轮机启动装置TAB大于42%，开启主汽门准备；启动装置TAB大于62.5%。注意：汽轮机转速不上升，若出现汽机转速达300r/min应立即手动跳闸主机。

主汽门在第15步到第20步之间开启，对主汽门阀体预热，开启时间长短取决于加热蒸汽温度和蒸汽品质，开启时间可能由几种情况决定。DEH能忽略某些步骤，在第16步到第19步之间任一点关闭主汽门，程序在第20步终止（调门不会在20步之前开启，蒸汽品质合格后再开启），返回至第16步重新走程序。

主蒸汽压力小于2MPa时，主汽门全开后保持；主蒸汽压力大于2MPa时，主汽门开启，延时后关闭；当3MPa>主蒸汽压力大于2MPa，且高调门温度小于210℃，暖阀30min；当4MPa>主蒸汽压力大于3MPa，且高调门温度小于210℃，暖阀15min；当主蒸汽压力大于4MPa，主汽门立即关闭。

当蒸汽品质合格后，主汽门开启时间不得超过60min，若在60min内第16步至20步未执行完，主汽门将关闭，并导致汽机重新启动。

发电机并网前，汽轮机转速控制器限制调门最大开度小于或等于62.5%，发电机并网后，转速控制器不再限制调门开度，调门开度转由负荷控制器控制调节。

第16步：开启主汽门确认。

（1）检查高排通风阀关闭。

1）超高排、高排通风阀关闭。

2）检查超高排、高排通风阀未打开。

注：或汽轮发电机在额定转速作为旁通条件。停机后重新启动当汽轮机转速大于1980r/min时，切除高排通风阀关闭条件。

（2）检查所有主汽门开启，或蒸汽品质没有达标（蒸汽品质不合格关闭主汽门）。

第17步：空步。

第18步：打开调门前确认合适的主蒸汽流量。

（1）超高压转子平均温度小于400℃，选择主蒸汽流量大于10%。

（2）超高压转子平均温度大于400℃，选择主蒸汽流量大于15%（热态启动）。

注：或汽轮机转速大于330r/min。

第19步：空步。

第20步：开启控制阀前，等待蒸汽品质达标，确认冲转条件。

（1）选择蒸汽品质回路未锁定（手动按钮）。

（2）蒸汽品质回路（手动确定按钮）释放。旁通条件：汽轮机处于暖机转速超过330r/min。

（3）低压凝汽器A压力小于20kPa。

（4）低压凝汽器B压力小于20kPa。

（5）超高压缸温差不大于+30℃。

（6）超高压缸温差不小于-30℃。

（7）高压缸温差不大于+30℃。

（8）高压缸温差不小于-30℃。

（9）中压缸温差不大于+30℃。

（10）中压缸温差不小于-30℃。

（11）温度裕度大于或等于30℃。

（12）确认X4标准满足（防止湿蒸汽进入超高压缸：VHP ESV前汽温大于主汽压对应饱和温度+X4）。

（13）确认X5标准满足［防止超高缸冷却：VHP ESV前汽温大于超高压轴平均温度VHPSTm计算值/超高缸平均温度VHPTTm测量值（高选）+X5］。

（14）确认X6A标准满足（防止高压缸冷却：汽轮机侧一次热再母管温度大于高压轴平均温度HPSTm+X6A）；确认X6B标准满足（防止中缸冷却：汽轮机侧二次热再母管温度大于中压轴平均温度IPSTm+X6B）。

（15）主蒸汽过热度（Z3准则）大于30K。

（16）一次再热蒸汽过热度（Z4准则）大于30K。

（17）二次再热蒸汽过热度（Z5 准则）大于 30K。

（18）主蒸汽温度高未报警，设定值-实际值大于 ε 未达到。

（19）一次再热蒸汽温度高未报警，定值-实际值大于 ε 未达到。

（20）二次再热蒸汽温度高未报警，设定值-实际值大于 ε 未达到。

（21）主蒸汽压力限制器正常。

（22）超高压缸叶片温度保护正常。

（23）高压缸叶片温度保护正常。

（24）汽轮机润滑油供油系统投运。

（25）汽轮机润滑油供油温度大于 37℃。

（26）汽轮机启动和升程限制器值 TAB 大于 62.5%。

（27）第 2 次检查确认辅助系统 OK。

注：启动程序在第 20 步蒸汽品质若仍不合格，主汽门关闭直到蒸汽品质合格，程序重新从第 11 步开始。

第 21 步：开调门汽轮机冲转至暖机转速。

（1）汽轮机转速控制器设定增加至 360r/min（>357r/min），转速控制器投入，开调门汽轮机冲转至暖机转速。

（2）检查汽轮机升速率太低未报警。

注：或机组在暖机转速大于 330r/min，或机组在额定转速大于 2850r/min。

（3）汽轮机冲转至 360r/min，进行汽轮机摩擦检查，就地倾听机组内部声音正常。检查各瓦金属温度、回油温度，各轴振、瓦振，轴向位移，润滑油压，油温，A/B 凝汽器压力等参数正常。

注意事项：

（1）冲转后注意主机油温变化，适时投入主机冷油器水侧。

（2）适时投入发电机氢冷器、励磁机冷却器、定子水冷却器及密封油冷却器。

（3）注意检查机组振动、轴向位移等主要参数的变化，特别是汽机过临界转速时。

（4）当汽轮机转速达到 180r/min 时，盘车电磁阀关闭。

（5）全冷态启动汽轮机转速达到 360r/min 时暖机 60min，TSE、TSC 监控整个暖机过程。

第 22 步：解除 SLC 蒸汽纯度（解除蒸汽品质子程序）。

（1）检查蒸汽品质 SLC 切除。

（2）检查汽轮机转速达到暖机转速 360r/min。

注：汽轮机停机，蒸汽纯度 SLC 自动选择 OFF。

第 23 步：保持暖机转速，增加高压汽轮机的预热度。

（1）手动释放正常转速（RELEASE NOMINAL SPEED）。

（2）汽轮机转速设定至额定转速。

（3）中压转子中心线温度（计算值）大于 20℃。

（4）确认 X7 标准满足（暖超高压转子/汽缸：汽轮机侧主蒸汽温度小于超高压轴平均温度 VHPSTm 计算值+X7A；汽轮机侧主蒸汽温度小于超高压缸平均温度 VHPTTm 测量值+X7B）。

（5）主蒸汽过热度（Z3 准则）大于 30K。

（6）一次再热蒸汽过热度（Z4 准则）大于 30K 。

（7）二次再热蒸汽过热度（Z5 准则）大于 30K 。

（8）TSE 最小温度上限裕度大于 30℃。

（9）主蒸汽流量大于 15%。

（10）凝汽器真空 A 压力大于 12 kPa（a）。

（11）凝汽器真空 B 压力大于 12 kPa（a）。

注：或机组在额定转速大于 2850r/min。

第 24 步：空步。

第 25 步：汽轮机升至同步转速。

（1）速度设定值 3009r/min 或发电机已同步且汽轮发电机转速大于 2850r/min。

（2）汽轮机转速达 510r/min 以上时，检查顶轴油泵应联停。

注：当机组并网后延时 2s，将转速控制器切换为负荷本地控制。同时设定初负荷，为保证迅速通过临介转速，系统将监视实际转速。一旦故障，程序将自动进入停状态。

第 26 步：关闭汽机超高、高、中压主汽门、调门疏水阀。

第 27 步：解除 SLC 正常转速设定（手动）（RELEASE NOMINAL SPEED）。

（1）转速控制（按钮）未投入或发电机已同期且汽轮发电机转速大于 2850r/min。

（2）汽轮机转速控制器停止工作。

注：检查记录机组冲转过程中各运行参数并确认正常，主要有主蒸汽压力和温度、再热蒸汽压力和温度、转速、缸胀、轴向位移、轴振、瓦振、各轴承金属温度和回油温度、上/下缸温差、凝汽器真空等，润滑油温控制投入自动，润滑油温保持在 45~50℃，升速过程中通过临界转速时轴振最大不超过 0. 26mm，瓦振最大不超过 0. 1mm。

第 28 步：调压器动作。

（1）启动 AVR 装置。

（2）汽轮机转速大于 2950r/min 。

（3）发电机电压控制器 AVR 投入自动（或发电机已同期）。

第 29 步：发电机同期前保持额定转速。

（1）确认 X8 标准满足暖高、中压转子（机侧一次再热汽母管温度小于高压轴平均温度 HPSTm 计算值+ X8A；机侧二次再热汽母管温度小于中压轴平均温度 IPSTm 计算值+ X8B）。

（2）TSE 温度上限裕度大于 30℃ 。

（3）发电机冷却风温度小于 45℃。

（4）励磁系统无故障。

（5）发电机冷却风温度高保护正常。

（6）发电机准备同步 。

注：当上述条件满足汽机额定转速暖机结束（全冷态需暖机 95min）。

第 30 步：发电机准备并网。

（1）励磁系统 ON。

（2）发电机出口开关同期选择。

1）检查汽轮机转速大于 2950r/min。

2）合上并确认发电机出口闸刀合闸良好。

（3）发电机出口电压大于90%额定电压。

第31步：并网。

（1）检查发电机并网。

（2）检查发电机已同期。

第32步：启动装置TAB至100%，增加调门开度。

（1）汽轮机启动装置TAB提高至100%。

（2）检查转速控制器切至负荷控制器。

第33步：完成汽轮机启动程序。

（1）检查启动程序完成。

（2）检查发电机已并网。

（3）检查主蒸汽流量大于20%。

（4）检查汽轮机转速大于2950r/min。

（5）高压旁路关闭或超高压调门开度大于97%。

（6）中压旁路关闭或高压调门开度大于97%。

第34步：检查汽轮机控制器。

检查负荷控制器动作。

第35步：启动步骤结束。

启动程序结束，信号送至汽轮机SGC反馈端。

5. 发电机并网条件

发电机电压、频率、相位与系统电压、频率、相位的差值应在设定的许可范围内，具体为：频率差小于0.10Hz；电压差小于5%（以电气专业保护整定单为准）；相位差小于10°。

6. 同期装置使用规定

发电机并网必须使用自动同期装置使发电机并入电网。

发电机自动准同期并列时，电压调节必须使用自动方式。

机组检修后，同期装置必须验证其功能可靠后，方可投运，并网前的假同期试验，必须在断开发电机出口闸刀情况下进行，确认做好防止汽轮机超速的安全措施。

7. 发电机并网

确认发变组、励磁系统已经在“热备用”状态。

确认发电机氢气系统、定冷水系统、密封油系统运行正常。

发变组各保护屏保护装置投入正常，无异常报警。

检查发电机同期装置运行正常，无异常报警。

励磁控制柜ECT屏上无任何异常报警信号，励磁通道选择“CH 1”或“CH 2”。

确认DCS画面无异常报警，发电机出口开关确在热备用状态。

检查汽轮机转速大于2950r/min，处于待并网状态。

“GEN EXCITATION”画面上打开磁场开关操作面板；点“EXC ON/OFF”操作框，投入励磁系统AUTO并确认；点“EXC ON/OFF”操作框，投入励磁系统ON并确认；确认发电机线电压已自动升至27kV，相电压在15.6kV，且三相电压平衡、电流指示接近零，励磁电压约15V，励磁电流约36A。

在发电机并网操作画面上选择“自动同期装置”，在操作端中选择“自动同期”，按

"执行"，检查同期表开始转动，待同期条件满足后，确认发电机出口开关自动合上。

检查同期装置自动复位，机组已带上了初负荷（并逐步增加至150MW），检查发电机三相电流指示平衡。

适当调节发电机无功，使其滞相运行。

确认主变冷却器运行正常，主变压器运行正常。

8. 汽轮机启动冲转、升速及并网过程中的注意事项

汽轮机冲转前，转子连续盘车时间应满足要求，尽可能避免盘车中断，如发生盘车短时间中断，则重新计时。保证连续盘车4h以上。

汽轮机升速过程中为避免汽轮机较大的热应力产生，应保持合适、稳定的主蒸汽温度，考虑超高压汽轮机叶片的承受能力，因此汽缸壁温升应严格按X准则（详见附录）进行，否则机组升速将受到限制，机组在暖机过程中应保持蒸汽参数的稳定。整个启动过程中，主、再热汽温左、右温差不超过17℃。

汽轮机要充分暖机，疏水子回路控制必须投入，尽可能保持疏水畅通。

注意汽轮机组的振动、各轴承温度、汽轮机超高/高/中压缸上下温差、轴向位移及各汽缸膨胀的变化，必要时加强暖机。7~8号轴振在过一阶临界转速时会大幅上升，当转速远离临界转速区应注意轴振回落正常。

机组升速过程中要注意主机润滑油温及发电机氢气温度的变化，并保持在正常范围内。注意观察各轴承回油温度不超过70℃，低压缸排汽温度不超过90℃。

汽轮机转速必须在360r/min以下才允许复归。

3号高压加热器可利用邻机汽源先行投入，旁路投运后，可以考虑投运1号高压加热器汽侧。

汽轮机冲转升速及升负荷期间重点监视参数能正常显示：

各轴承轴振和瓦振、轴承金属温度、回油温度。润滑油供油压力、温度。顶轴油供油压力、温度。汽缸总胀、轴向位移。超高、高、中压缸金属温度。主机缸体和转子温度裕度。汽机上、下缸温差。凝汽器压力、低压缸排汽温度、高排温度。轴封汽压力、温度。主、再蒸汽压力、温度。主、再蒸汽左右侧温度偏差。机组转速、负荷。主蒸汽、高压旁路流量、一次再热蒸汽、中旁流量、二次再热蒸汽、低旁流量、给水、凝结水流量。除氧器、凝汽器水位。发电机密封油/氢差压、氢气纯度、温度，发电机定冷水压力和流量。

在汽轮机高速暖机即将结束时，应保证高、中、低压旁路有一定的开度，为发电机并网带负荷做好准备，保证汽轮机冲转参数的稳定。

（二）机组升负荷至额定负荷

1. 初负荷暖机

机组带15%BMCR初负荷，进行暖机30~60min（根据温度裕度控制），暖机期间，加强机组振动、润滑油温等参数检查，维持主蒸汽压力稳定，主、再汽温度逐步上升，注意控制温升率不超限。

2. 机组负荷达到150MW后投运高、低压加热器

投入低压加热器汽侧：

（1）确认6、7、8、9、10号低压加热器、疏水冷却器、低温省煤器（保持小流量）水侧已经投运。

（2）确认抽汽管道有关疏水阀开启。

（3）低压加热器汽侧及低压加热器疏水泵投运前检查已完成。

（4）6、7、8 号低压加热器汽侧抽汽电动阀各开至 10%左右，控制各低压加热器出水温升率不大于 3℃/min，10min 后逐渐开启各抽汽电动阀，注意进汽压力、温度逐渐升高。

（5）投入 6、7、8 号低压加热器疏水调节阀自动，检查低压加热器事故疏水调节阀自动关闭，正常疏水调节阀自动开启，确认各低压加热器水位正常。8 号低压加热器疏水走事故疏水。

（6）8 号低压加热器疏水泵在负荷大于 25%额定负荷时投运。

逐台投入各高压加热器及外置式冷却器汽侧：

（7）确认高压加热器、外置式冷却器水侧已投运，确认 2、4 号蒸汽冷却器 U 形水封已注水完毕。抽汽管道有关疏水阀开启。

（8）确认 3 号高压加热器临机加热、1 号高压加热器（旁路投入后）已经投运（未投运时按由低到高依次投运）。

逐台投入 4、2 号外置式冷却器，4、2 号高压加热器汽侧。

（9）4 号外置式冷却器抽汽电动阀开至 10%，4 号高压加热器汽侧进汽电动阀开至 10%，控制高压加热器出水温升率不大于 3℃/min，10min 后继续开启各电动阀，注意进汽压力、温度逐渐升高。

（10）以同样方式投用 2 号外置式冷却器，2 号高压加热器汽侧。

（11）低负荷阶段，4 号高压加热器疏水走事故疏水回路，当 4 号高压加热器疏水压力大于除氧器压力 0.2MPa 后，投入正常疏水回路并投入正常疏水调节阀自动，高压加热器疏水逐级自流回至除氧器。

（12）高压加热器疏水品质控制指标：SiO_2 小于或等于 30μg/L、Fe 小于或等于 50μg/L，不合格的高压加热器疏水走事故疏水回路，回凝汽器。

（13）高压加热器汽侧投用正常后，确认开启各高压加热器至除氧器连续排气阀、关闭至除氧器的启动排气阀。

负荷升至 150MW 左右，五抽汽压力大于 0.147MPa 并高于除氧器内部压力后，除氧器汽源切换至五抽供应。负荷升至 200MW，开始冲转第二台小机。当机组负荷大于 250MW 时，启动低压加热器疏水泵，确认开启低压加热器疏水泵出口电动隔离阀。

随着汽机调门开大，负荷上升，高、中、低压旁路自动关小，直至全关，DEH 发出“所有蒸汽进入汽机”信号。高压旁路进入滑压控制模式。此时应及时检查高、中、低压旁路门及其减温水门的严密性。

高压旁路关闭后，DEH 自动切至初压；高压旁路关闭后 DEH 用来调压，但现阶段由于 DEH 调压后，机组负荷不便于控制，故启动阶段高压旁路关闭后，DEH 自动切至初压后应及时将控制方式切限压控制，稳定机组负荷。当机组负荷 280MW 左右时，锅炉转态。负荷升至 300MW，检查汽轮机所有疏水门都已关闭。

机组并网后，随着负荷升高，应及时检查氢气压力、温度等参数正常。机组负荷升至 350MW 左右，轴封汽可实现自密封。

3. 机组加负荷速率根据当时机组状态确定（见表 14-4）

表 14-4 机组加负荷速率的确定

负荷段	冷态	温态	热态	极热态
150→200MW	5MW/min	5MW/min	10MW/min	10MW/min
200→300MW	5MW/min	5MW/min	5MW/min	5MW/min
300→500MW	5MW/min	10MW/min	10MW/min	10MW/min
500→1000MW	10MW/min	20MW/min	20MW/min	20MW/min

冷态启动时，最初负荷变化率为 5MW/min，500MW 以上时可以加大到 10MW/min。

温态启动时，最初负荷变化率为 5MW/min，300MW 以上时可以加大到 10MW/min，500MW 以上时可以加大到 20MW/min。

热态和极热态启动时，最初负荷变化率为 10MW/min，500MW 以上时可以加大到 20MW/min。

不论哪种启动方式，在 200~350MW 负荷区间，干、湿态转换过程中，尽量保持 5MW/min 负荷变化率，确保平稳过渡。

4. 机组升负荷

通知灰硫值班人员注意石子煤、灰渣系统排放。

控制磨煤机出力，控制升温率小于 1.28℃/min，升压率小于 0.12MPa /min。

启动第三台磨煤机后，所有磨煤机运行正常且出力均大于 40t/h，确认锅炉燃烧稳定，炉膛压力及风量控制正常，二次风温度大于 180℃，可将磨煤机 B 的控制模式由“等离子模式”切至“正常模式”。

机组负荷大于 150MW 时，确认防进水保护高压疏水阀关闭；机组负荷大于 250MW 时，确认防进水保护低压疏水阀关闭；当机组负荷在 250~300MW 时，给水调节由给水旁路调节阀切至主回路。

5. 组负荷由 350MW 升至 1000MW

当机组负荷不小于 400MW 时，投入第 2 台给水泵。

当机组负荷在 500MW 左右，进行汽轮机侧重要阀门内漏检查。

当机组负荷大于 500MW 时，投运机组对外供热系统，确认对外供热压力、温度、流量正常。

当机组负荷大于 500MW 时，视情况投入 CCS。

机组负荷大于 950MW 后，应缓慢增加锅炉燃烧率，监视各参数正常。机组负荷达到 900MW 时，机组由滑压运行进入定压运行。

对机组运行工况进行一次全面检查，确认无异常情况，机组进入正常运行阶段。

联系化学，机组准备投入加氧运行：

（1）确认凝结水精除盐系统正常投运，水质符合加氧条件（给水 pH 为 9.0~9.3，阳导 < 0.15μS/cm）

（2）联系化学确认给水加氧的条件已经满足，已开启化学侧给水加氧缓冲罐、加氧装置调节阀等阀门，加氧装置调节阀后压力正常。

（3）就地开启汽泵前置泵 A/B 进口加氧一、二次隔离阀。

（4）除氧器排大气电动阀 2 只关闭、2 只关小至 5%左右开度。

（5）待给水出氧正常后，由化学运行人员调整给水加氧流量，正常加氧方式下为 2L/h 左右。

根据省调指令加减机组负荷或投入 AGC 等方式。

6. 升负荷过程中注意事项

检查汽轮机振动、缸胀、温差、轴向位移、轴承温度等变化情况，发现异常或超越规定应停止升负荷；注意汽缸金属温度平稳变化，其温升速度不应突变。

超高、高、中压缸上下缸温差小于 30℃。

注意控制油温及油压的变化在规定范围内、监视密封油压、油氢差压在允许值内。

凝汽器、除氧器、高低压加热器、轴加水位在正常范围内。

检查汽机本体及热力系统疏水阀动作正确。

二、N1000-31/600/610/610 二次再热汽轮机温态、热态启动

（一）机组温态、热态启动

机组热态（温态）启动除按热态（温态）启动曲线进行升速、暖机、带负荷外，无特殊情况，其他严格执行冷态启动的有关规定及操作步骤。

温态、热态启动时若水质合格可以不进行锅炉清洗。如需清洗，按照冷态启动时要求执行。

（二）温态、热态启动注意事项

汽轮机温态、热态启动过程要控制好温度裕度 ，满足 X 温度准则，不使主机金属部件过度冷却，以延长汽机寿命。汽轮机冲转时，主、再热汽温度至少有 56℃以上的过热度，且主、再热汽温度分别比超高、高、中压缸内壁金属温度高 50℃，主蒸汽和再热蒸汽温度左右侧温差不超过 17℃。

做好机组启动的各项准备工作，协调好各辅机启动时间，尽快地冲转、升速、并网并带负荷至与汽机转子温度相对应的负荷水平。

控制各金属部件的温升率、上下缸温差不超过限值。

锅炉启动的各项准备工作都已完成，锅炉准备点火前启动风烟系统再进行炉膛吹扫，尽量减少炉膛的冷却。

为防止再热器干烧，在高、中、低旁蒸汽流量未建立前，应保持锅炉燃烧率不大于 10%，且严格控制炉膛出口烟气温度小于 538℃。

锅炉跳闸后再启动的时候，如果磨煤机内有存煤，在启动一次风机时，禁止利用这些磨煤机打通一次风通道。在投用内部有存煤的磨煤机时，应先投用该层油燃烧器，对该磨煤机进行吹扫干净后才可投用磨煤机。

热态启动要加强监视高中压缸排汽温度，严格遵照高中排温度限值曲线，并网后要尽快升负荷，以免高中压缸叶片温度过高。

机组升速率、暖机时间、升负荷率及主、再热蒸汽参数控制参阅机组温态、热态启动曲线及汽机推荐启动方案。

主机润滑油温不低于 38℃，避免油膜不稳，引起振动。

热态启动前盘车时间不得少于 4h（极热态除外），并应尽可能避免盘车中断，如发生盘车短时间中断，则重新计时。

在盘车状态下应先送轴封，后抽真空，如跳机后因轴封汽温度超过限值而使轴封调压阀联锁关闭，应尽快调整轴封汽温度，恢复轴封汽的供给并保证与轴温相匹配。否则破坏凝汽器真空。

汽轮机冲转前，必须确认汽轮机处于盘车状态或汽轮机转速小于360r/min。

在升速过程中，汽轮发电机组发生异常振动，超过规定值时（7~8号轴振在过一阶临界转速时除外），应立即打闸停机，投入连续盘车。

汽轮机冲转升速时，应严密监视转子轴向位移变化和机组振动情况。

机组升速过程中要注意主机冷油器出口油温及发电机定冷水、冷氢温度的变化，并保持在正常范围内，注意观察各轴承回油温度不超过70℃，低压缸排汽温度不超过90℃。

汽轮机负荷达15%额定负荷左右，第二台汽动给水泵开始冲转。

当机组负荷在500MW左右，进行汽轮机侧重要阀门内漏检查。

（三）汽轮机的控制方式

汽轮机主要由DEH来控制，DEH主要有转速控制、负荷控制和主蒸汽压力控制三种控制方式。

1. 汽轮机转速控制方式

在汽轮机冲转至机组并网过程中，DEH处于转速控制方式。

2. 汽轮机负荷控制方式

汽轮机DEH负荷控制有两种方式，即负荷本地设定和负荷远方设定方式。

机组并网后，DEH由转速控制方式自动切至负荷本地设定方式，初负荷设定值为150MW。此时机组控制方式为BASE方式。

DEH在负荷本地设定方式时，在DCS画面将给水、风烟、燃料，锅炉主控投入自动后，机组进入BF方式。若锅炉主控投入自动且发电机功率及锅炉主控输出大于350MW。则DCS发负荷控制协调方式请求指令将DEH切至负荷远方设定方式。此时机组控制方式为CCS方式。

锅炉主控在非真自动方式时禁止在DEH画面手动投入负荷远方设定方式，因为DEH的负荷测量值略大于DCS的负荷测量值，在锅炉主控非真自动方式下DCS的负荷设定值跟踪实际负荷（DCS的负荷测量值），这时候在DEH画面投入负荷远方设定方式，会造成DEH负荷设定值和实际负荷出现恒偏差，引起调门持续下关。

注：锅炉主控真自动及非真自动方式（包括自动与手动两个状态）。

3. 汽轮机压力控制方式

汽轮机压力控制有压力控制方式（初压控制方式）和限压控制方式两种。在限压控制方式下DEH实际处于负荷控制方式或转速控制方式。

在汽轮机冲转至机组并网的转速控制方式下，处于限压控制方式。机组并网至初负荷期间的负荷控制方式下，也处于限压控制方式。高压旁路关闭后DEH自动切至压力控制方式（初压控制方式）。

机组发生RB时，DEH从负荷控制方式（限压控制方式）切至压力控制方式（初压控制方式）。

锅炉主控真自动方式退出后（锅炉主控真自动方式切非真自动方式状态），DCS发主蒸汽压力控制方式请求指令将DEH切至压力控制方式（初压控制方式），此时机组控制方式为 TF 方式。

机组正常运行，如主蒸汽压力波动大，影响机组安全、稳定运行，操作人员可在 DEH 画面将 DEH 由负荷控制方式（限压控制方式）切至压力控制方式（初压控制方式）。

DEH 主汽压力设定值由 DCS 给出。在 DEH 为负荷控制方式（限压控制方式）且锅炉主控手动（BASE 方式）时，压力设定值跟踪实际主汽压力。机组在 TF、BF、CCS 方式时，压力设定值由实际负荷指令根据机组滑压曲线给出，同时操作人员可在 DCS 画面手动设置压力设定值偏置。

（四）机组运行方式

根据锅炉侧和汽轮机的状态，干态时机组有 BASE、TF、BF 和 CCS 四种控制方式。

BASE 方式：锅炉主控在非真自动方式，DEH 在负荷本地设定方式。

TF 方式：锅炉主控在非真自动方式，DEH 在初压控制方式。

BF 方式：锅炉主控在真自动方式，DEH 在负荷本地设定方式。

CCS 方式：锅炉主控在真自动方式，DEH 在负荷远方设定方式。

（五）机组正常运行的负荷和汽压调节

CCS 方式下锅炉侧重控制主蒸汽压力，汽轮机侧重控制负荷。主汽压力设定值由负荷指令根据滑压曲线自动给出。调整机组负荷通过在 DCS 画面上改变负荷目标值实现。在 CCS 方式基础上，投入 AGC 控制后机组负荷设定值由调度控制。

BF 方式下锅炉控制主蒸汽压力，主蒸汽压力设定值由滑压曲线自动给出。调整机组负荷通过在 DEH 画面改变负荷设定值实现。由于锅炉调节主蒸汽压力的迟缓性，BF 方式仅作为投入 CCS 方式之前的过渡方式，机组不宜在 BF 方式下变动负荷。

DEH 在初压方式时，即为 TF 方式，机组的负荷控制处于开环状态，主蒸汽压力控制处于闭环状态，调整机组负荷通过改变锅炉给水量和燃料量等实现，DEH 控制汽轮机调门开度使主蒸汽压力等于滑压曲线设定值。

由于汽轮机“孤岛”控制的特点，CCS 只向 DEH 发送负荷设定值和主蒸汽压力设定值，不能直接控制汽轮机调门，DEH 在负荷本地设定方式下（在 BF 或 BASE 方式时）没有克服锅炉内扰的能力。如在煤质变化时，如果不手动改变锅炉输入或负荷设定值，汽轮机调门将会单边关小（煤质趋好）或开大（煤质趋差）。机组正常运行时不宜运行在 DEH 负荷本地设定方式。

如果机组需要保持固定主蒸汽压力，可把 DEH 切至压力控制方式，这时机组运行方式为 TF，再把锅炉主控指令设为固定值，此时主蒸汽压力设定值为锅炉主控输出经滑压曲线转化生成。

机组在 BASE、TF 方式下不能同时实现负荷和主蒸汽压力的自动控制。在 BF 方式下主蒸汽压力控制的手段简单，效果不理想。一般情况下机组宜运行在 CCS 方式，实现负荷和汽压的自动控制。

如果机组需要撤出 CCS 方式进行手动加减负荷，将锅炉主控切至手动，确认 DEH 自动切至压力控制方式，维持给水、烟风和燃料在自动状态，通过手动改变锅炉主控指令实现负荷的增减。在锅炉主控指令变化初期，由于主蒸汽压力设定值的改变和 DEH 压力控制方式下的调节作用，机组负荷可能会出现短时反向小幅变化的情况，待给水和燃料量的改变影响到实际燃烧率后，机组负荷转入正向变化。

机组在CCS方式下的负荷调节受机组下列运行条件的限制：

当发生RUNBACK时，机组自动进入TF方式，锅炉指令由CCS内部指令给出，汽轮机控制压力。

当发生负荷闭锁增或负荷闭锁减工况时，无法增减机组的负荷指令。

只有当引起RUNBACK、负荷闭锁增或负荷闭锁减工况的故障原因消除，相应报警消失，负荷限制功能解除，才能改变负荷指令。

（六）机组运行方式的切换

从CCS方式切换到TF方式的投运步骤：DEH控制方式由负荷控制方式（限压方式）切换为压力控制方式（初压方式）后，DCS侧自动将锅炉主控置手动方式，此时机组控制方式为TF方式。

TF方式时，若主蒸汽压力异常导致高压旁路开启，DCS发送“负荷控制方式请求”指令至DEH，DEH切至负荷本地控制方式，机组控制方式切换为BASE方式。

从BASE方式切换到CCS方式的投运步骤：

确认机组运行正常，负荷大于350MW，锅炉已转干态运行。

确认实际主蒸汽压力和机组滑压曲线来的主汽压力设定值相等或接近。

确认锅炉侧给水、烟风、燃料已投入自动。

在DCS画面上设置合适的负荷变化率，确认DEH的负荷变化率应设置成≥CCS的负荷变化率。

在DCS画面上设定合适的机组最低、最高负荷限值，确认DEH画面上设置合适的负荷高限。

在DCS画面投入锅炉主控自动，DCS发“负荷控制协调方式请求”指令至DEH，DEH控制方式自动由负荷本地控制切为负荷远方控制，机组从BASE方式进入CCS方式。

三、N1000-31/600/610/610二次再热汽轮机主要运行参数的监视与调整

汽轮机本体及其辅助系统在运行过程中会出现很多问题，各项参数很有可能出差偏差或异常，需要不间断地进行监视，发现偏差或异常时需要及时的进行调整，以保证汽轮机的安全运行，主要的监视、调整点如下：

（一）除氧器、加热器水位的监视与调整

1. 除氧器水位限值与报警

除氧器水位在正常运行期间应维持零位（中心线以上700mm）。

除氧器水位高于+200mm时水位高报警；除氧器水位低于-200mm时水位低报警。

除氧器水位高于+300mm时水位高高，开启除氧器紧急放水阀、溢流放水旁路阀，除氧器水位低于-1600mm时水位低低跳给水泵。

除氧器水位高于+450mm时水位高高高，延时3s，关闭五抽至除氧器电动隔离阀和逆止阀、除氧器水位调节阀前电动隔离阀，开启五抽至除氧器管道疏水阀。

2. 除氧器水位调节

除氧器水位调节可分为凝泵变频调水位方式及凝泵变频调压力方式。凝泵变频调水位指除氧器水位调节阀主阀全开，通过凝泵变频转速的变化调节除氧器水位；凝泵变频调压力方式指除氧器水位调节阀主阀投自动，凝泵变频转速调节凝结水母管压力。

除氧器水位控制正常运行一般采用凝泵变频调节节能运行方式。

除氧器水位调节阀控制除氧器水位，凝泵变频器控制凝结水母管压力。凝结水母管压力设定值为负荷指令的函数，可对凝结水母管压力设定值设置偏置。凝结水母管压力保证1.5MPa以上。

除氧器水位调节阀主阀采用单/三冲量的控制，副阀采用单冲量的控制，分两个 PID 调节，两者只能一个投自动。

凝泵变频运行中备泵启动，应密切注意调节阀开度快速关小，必要时切至手动干预。工频运行凝泵和变频运行凝泵并列运行时，应确认变频凝泵转速快速升至额定转速。

3. 加热器水位调节

正常时加热器水位通过正常疏水调节阀调节，保持加热器正常水位。加热器疏水端差应小于 5.6℃。

加热器水位控制投自动前和刚启动投运时，可通过调节正常和事故疏水调节阀，维持加热器水位正常。加热器水位投自动后监视加热器水位的波动。8 号低压加热器投运时水位通过事故疏水调节阀调节，当负荷和水位等条件满足时启动低压加热器疏水泵，通过正常疏水阀控制 8 号低压加热器水位。

（二）主再热蒸汽温度监视与调整

1. 主再热蒸汽温度限值与报警

在稳定工况下，过热汽温在 50%～100%BMCR、一次再热汽温在 50%～100%BMCR、二次再热在 65%～100%BMCR 负荷范围时，保持稳定在额定值，应维持过热器出口汽温605℃，再热器出口汽温 613℃，其允许偏差均在+5 和-10 之间。

主蒸汽温度大于 610℃报警；主蒸汽温度小于 595℃为低报警。

再热蒸汽温度大于 618℃报警；再热蒸汽温度小于 603℃为低报警。

2. 汽温调节手段与注意事项

过热器的蒸汽温度是由水煤比和两级喷水减温来控制。在直流运行时，分离器出口要保持一定的过热度，分离器出口温度是给水量和燃料量是否匹配的超前控制信号。

正常运行时，再热蒸汽出口温度是通过燃烧器的摆动调节燃烧中心的高度，通过燃烧中心的调整改变炉膛出口的烟气温度，影响高温再热器的吸热量，从而调节再热蒸汽出口温度，通过尾部烟道调节挡板开度控制进入前后分隔烟道中的烟气份额，改变一、二次再热器间的吸热分配比例来达到调节一、二次再热器出口温度平衡的目的。应尽量避免使用喷水调节，以免降低机组循环效率。在变工况、事故和左右侧汽温偏差大时可采用喷水调节。为保证摆动机构能维持正常工作，摆动系统不允许长时间停在同一位置，尤其不允许长时间停在向下的同一角度，每班至少应人为地缓慢摆动 1～2 次。否则时间一长，喷嘴容易卡死，不能进行正常的摆动调温工作。

锅炉负荷小于 10%BMCR，不允许投运过、再热蒸汽喷水减温；各级喷水减温调节时应满足减温后的蒸汽温度大于对应压力下饱和温度 15℃。

在主、再热汽温调整过程中，要加强受热面金属温度监视，保证金属温度不超限，并根据左右侧的金属温度调整主、再热汽温，以免出现较大的左右侧温度偏差。

除正常调温手段外，还可以通过调整过剩空气量、改变过燃风门的开度、对有关受热面进行吹灰等方法来调整汽温。

当发生燃烧煤种改变、磨煤机投停、负荷增减、高压加热器的投撤等情况时，主再热汽温会发生较大的变化，这时应注意监视汽温变化情况，必要时可将控制方式切至手动，进行手动调节。

正常运行时，应投入喷水减温自动，各级减温水调节阀的开度合适，若超过一定的范围，则应适当调整水煤比，使减温水有较大的调整范围，防止系统扰动造成主蒸汽温度波动。减温水量不可猛增、猛减，在调节过程中，避免出现局部水塞和蒸汽带水现象。

四、N1000-31/600/610/610 二次再热汽轮机的启动方式与 N660-29.2/600/620/620 二次再热汽轮机启动方式的异同

从启动方式上比较，上海汽轮机厂应用西门子的启动走步方式，条理清晰，逻辑分明，容易控制冲转、并网等程序的节奏，而东方汽轮机厂二次再热汽轮机的启动方式，由于需要较长的暖机暖阀时间，因此需要有较多的重复性步骤；从启动时间上来比较，上海汽轮机厂二次再热机组比东方汽轮机厂的二次再热机组的启动时间大为缩短。

第三节　汽轮机运行所需进行的试验

汽轮机在启动前、启动过程中需要进行以下试验项目，以保证汽轮机的安全可靠运行，同时考验汽轮机各个辅助设备是否处于随时可用投用的状态，保证汽轮机能安全顺利地启动和停止。

一、试验原则

（1）机组大小修后，必须先进行主辅设备的保护、联锁试验，试验合格后才允许设备试转和投入运行。

（2）进行各项试验时，要根据试验措施要求，严格按规定执行。

（3）设备系统检修、保护和联锁的元器件及回路检修时，必须进行相应的试验且合格，其他保护联锁只进行投停检查。

（4）有近控、远控的电动阀、气动阀、伺服机构，远控、近控都要试验，并要做相应的记录。对已投入运行的系统及承受压力的电动阀、调节阀不可试验。

（5）机组、设备联锁保护试验前，热控人员需强制满足有关条件，并做相应的记录。进行设备联锁试验前，应先进行就地及集控室手动启停试验，并确认合格。

（6）试验动作及声光报警应正常，各灯光指示、画面状态显示正确。

（7）机组正常运行中的定期试验，应选择机组运行稳定时进行，并严格按操作票执行。运行中设备的试验，应做好局部隔离措施，不得影响运行设备的安全。对于试验中可能造成的后果，应做好事故预想。

（8）试验结束后热控人员应恢复强制条件，并可靠投入相应的保护联锁，不得随意改动，否则应经过规定的审批手续。

（9）试验结束，做好系统及设备的恢复工作，校核保护值正确，分析试验结果，做好详细记录。

二、试验内容

涉及的试验内容有以下方面：

调节系统静态试验、手动打闸试验、阀门严密性试验、真空电磁阀遮断试验、汽轮机汽门活动性试验、汽轮机真空严密性试验、危急保安器充油试验、抽汽逆止门活动试验、汽轮机 103%超速试验、汽轮机高压遮断电磁阀试验、汽轮机超速试验、主机油泵低油压自启动校验、EH 油泵低油压自启动校验、EH 油压低脱扣保护试验、顶轴油泵试启校验、主机热工保护及联锁校验、润滑油压低脱扣保护试验、发电机定子进出水压差低保护的校验、高中低压旁路联锁校验、主机 ETS 脱扣保护及阀门联锁等一系统试验。

下面就一些重点试验的步骤进行了说明。主要包括阀门严密性试验、真空严密性试验、汽轮机必做的超速试验。

三、重点试验步骤

（一）阀门严密性试验

在进行此项试验时，需要密切注意汽轮机高、中、低压旁路开度的调整，蒸汽参数的调整等，同时需要锅炉专业予以充分的配合，在机组完全没有带任何负荷的前提下把参数提高到额定压力的一半。

试验步骤如下：

在 DEH 的“阀门严密性试验”画面上，点击“主汽门试验”按钮，弹出操作窗口，点击“开始”按钮，超高压、高压、中压主汽门应快速关闭，调门在开启状态，检查汽轮机转速下降；严密性试验开始计时，DEH 根据有关参数计算出“可接受转速”，DEH 记录惰走时间，根据汽机是否达到可接受转速，判断阀门严密性是否合格。如主汽压力未达到额定压力则按下公式计算规定合格下降转速：规定合格下降转速＝1000×实际主汽压力/额定主汽压力。汽轮机转速降至合格下降转速为主汽门严密性试验合格。当试验完成，汽轮机保持主汽门全关，由运行人员手动打闸，打闸后注意超高压、高压、中压调门关闭。

重新挂闸升速至 3000r/min 定速。在 DEH“阀门严密性试验”画面上，点击“调门试验”按钮，弹出操作窗口，点击“开始”按钮，超高压、高压、中压调门应快速关闭，所有主汽门保持全开，严密性试验开始计时，DEH 根据有关参数计算出“可接受转速”，DEH 记录惰走时间，根据汽轮机是否达到可接受转速，判断阀门严密性。汽轮机转速降至合格下降转速为调门严密性试验合格。如主汽压力未达到额定压力则按与主汽门严密性试验相同的方法进行修正转速。当试验完成，汽轮机保持调门全关，运行人员手动打闸，打闸后注意超高压、高压、中压主汽门关闭。

重新挂闸升速至 3000r/min 定速。

（二）真空严密性试验

机组负荷稳定在 80%额定负荷以上，记录凝汽器真空、排汽温度、凝结水温度等有关参数。启动备用真空泵运行正常。检查关闭高低真空联络门。试验应进行 8min，第 3 分钟开始计算，取后 5min 真空下降平均值作为真空严密性试验结果。停用运行真空泵，注意检查真空泵抽气进气门联锁关闭。以停用真空泵开始，每分钟记录一次真空读数（高、低背压凝汽器分别同时进行记录）。试验完毕后启动真空泵，注意检查抽气进气门联锁全开，凝汽器真空恢复正常。

在试验过程中，若真空降至 89kPa 应立即停止试验，启动真空泵使凝汽器真空恢复正常。以同样方法进行另一侧凝汽器真空严密性试验。将所得的高、低背压凝汽器真空严密性试验结果分别按以下标准进行评比。真空严密性标准（每分钟下降值）：大于 0.133kPa 且小于或等于 0.27kPa 为合格；小于或等于 0.133kPa 为优。

（三）汽轮机超速试验

汽轮机103%超速试验：在“超速试验”操作画面按下“电气超速试验”按钮将其置为投入。设定目标转速3100r/min，升速率50r/min，按“进行/保持”按钮，点“进行/保持”，弹出窗口，点击“进行”机组开始升速。若再次按“进行/保持”按钮，弹出窗口，点击“保持”，可暂停升速。当转速升至3090r/min时，103%超速保护动作。

检查超高压、高压、中压调门关闭，超高压缸排汽通风阀打开，高压缸排汽通风阀打开，低压缸排汽喷水阀开启，超高压缸、高压缸、中压缸疏水阀打开，超高压缸排汽逆止阀关闭，高压缸排汽逆止门关闭，转速开始下降。

当汽轮机转速降至3060r/min以下时，检查超高压、高压、中压调门逐渐开启，转速维持在3000r/min。试验结束，点击“电气超速试验”按钮将其置为切除。

（四）汽轮机电超速及机械超速试验

由于该试验风险较大，容易出现二十五项反措明确要求避免的情况，因此试验前必须启动辅助油泵（TOP）、启动油泵（MSP）、直流事故油泵（EOP），检查运转正常。按照正常停机程序减负荷到零后，发电机解列，维持汽机转速为3000r/min。就地需要对汽轮机进行打闸试验，然后机组重新挂闸升速至3000r/min。

电超速试验：具备条件后将汽轮机目标转速修改至3310r/min。设定升速率为100r/min，进行后汽轮机将缓慢升速至电超速保护动作，记录跳闸转速。完成后将电超速设定值为3300r/min。试验完毕，画面上的“电超速试验”按钮自动切至“切除”位置。

后进行汽轮机的机械超速试验：在DEH上进入“超速试验”画面，按下“机械超速试验”按钮，使之在“投入”位。修改目标转速至3361r/min。设定升速率为100r/min，点“进行/保持”，弹出窗口，点击“进行”键升速至机械超速保护动作，记录跳闸转速。若机组转速在3360r/min仍未动作，则表明机械跳闸失败，应立即手动打闸汽轮机。试验完毕，画面上的“机械超速试验”按钮自动切至“退出”位置。将“试验开关”切为“退出”位置。

试验完成后，检查超高压，高压，中压主汽门、调门关闭，超高压、高压排汽逆止阀及抽汽逆止阀关闭，超高压、高压通风阀打开。机组转速降低至3000r/min以下才允许将汽轮机重新挂闸，防止打坏危急保安装置，重新冲转定速至3000r/min。用同样的方法再重新做机械超速一次。危急保安器的动作转速应为3240~3360r/min，不合格应重新调整。记录危急保安器动作情况及机组振动情况。

第四节 机组的停运及保养

正常情况下汽轮机的正常停运采用滑参数的停机方式，优点是停机时间较快，汽轮机超高压缸、高压缸以及中压缸的冷却时间较快，从而为汽轮机消缺提供更充裕的时间。

一、N1000-31/600/610/610二次再热汽轮机的滑参数停机

（一）滑参数停机的步骤

降负荷到750MW，停一台制粉系统，主汽温、再热汽温逐渐降到520℃，汽压降到约20MPa，减负荷速率控制在13.5MW/min左右，降压速率小于0.3MPa/min。

负荷减到540MW，停第二台制粉系统，主汽温、再热汽温逐渐降到460℃，汽压降到约

14.3MPa，降压速率小于0.1MPa/min。

负荷减到400MW，停用一台汽泵和凝结水泵。

负荷减到350MW，解除协调控制。通过减少压力设定值，使汽机调门逐渐开大，直至接近全开。

负荷减到约28%BMCR，停第三台制粉系统，主蒸汽温、再热蒸汽温逐渐降到450℃，汽压降到约8.5MPa，锅炉给水维持30%BMCR。

启动汽轮机停运顺控子组，发电机解列及汽机跳闸，高压旁路动作正常。

完成汽轮机停机操作。

（二）滑参数停机注意事项

（1）滑参数停机时，遵守先降压后降温的原则，逐步把蒸汽参数下滑，并控制锅炉主、再热蒸汽的降压速率小于0.1MPa/min，降温速率小于1.5℃/min。一旦汽温下降过快，10min内降低50℃以上应立即打闸停机。

（2）滑停过程中，应注意主、再热汽温偏差小于28℃，并保证主、再热汽有80℃以上的过热度。

（3）为保证汽温平稳下滑，在滑停过程中，不建议进行切除高压加热器操作。锅炉转入湿态运行后，锅炉启动循环泵投入运行时也要防止汽温出现大幅波动。

（4）注意监视超高压、高主汽门、调门、转子、缸体和中压主汽门、转子的TSC裕度下限（minlow margin）大于3K。

（5）主、再热蒸汽温度降至400℃，保持2~3h，使汽机转子内外温度趋于一致。

（6）密切监视机组振动，轴向位移、瓦温、缸胀、振动、上下缸温等参数，发现异常应立即打闸停机。

（7）滑停过程中，各项重大操作，如停磨、停给水泵、停风机等应分开进行。及时调整轴封汽压力和温度，使轴封汽温度与转子金属温度差控制在许可值内。

（8）高负荷阶段，蒸汽流量大，冷却效果好。因此建议在高负荷阶段开始降参数，先将汽压降至对应负荷下的最低，再开始降汽温，并维持一定的时间。

二、N1000-31/600/610/610二次再热汽机停用后的保养

（1）汽轮机的停运不超过10天，应做好下述防腐保养措施：

1）隔绝一切可能进入汽轮机内部的汽、水系统并开启本体疏水阀。

2）隔绝与公共系统连接的有关汽、水、气阀门，并放尽其内部剩汽、剩水、剩气。

3）所有的抽汽管道、主再汽管道、旁路系统疏水阀均应开启。

4）放尽凝汽器热井、循环水进出水室等剩水。

5）放尽加热器汽侧剩水，加热器水侧采用湿式保养。

6）除氧器采用湿式保养。

7）给水泵汽轮机的有关疏水阀打开。

8）保持各污水泵和污油泵在自动运行方式。

9）保持主机油净化系统随主机润滑油系统运行，注意监视系统运行情况。当油温大于或等于60℃，应停止油系统运行。必要时使用移动式油过滤装置。

10）保持主机EHC过滤冷却泵连续运行，注意监视系统运行情况，当EHC油箱油温大于或等于60℃时，停止过滤冷却泵运行。

11）在主机润滑油系统和密封油系统保持运行的条件下，每天投运盘车半小时。

12）在冬季，若上、下缸温差大，则应关闭汽缸本体疏水阀、有关抽汽管道、主再热汽管道疏水阀。下缸穿堂风大，应设专用遮拦，保温层不好应修复。

(2) 冬季机组停运后，应注意执行防冻措施，特别是当汽机房室温可能低于5℃或室外会造成冰冻的情况下，有关设备与系统应采用保温、放尽剩水或定期启动等方法，以防设备损坏。

(3) 机组停用时间超过10天，应进行下列保养措施：

1）执行4. 2. 2. 1（除5、6、10、11项外）和4. 2. 2. 2的保养措施。

2）加热器汽、水侧（9、10号低压加热器汽侧除外），除氧器水箱和轴封加热器水侧进行充氮保养，氮气压力维持在30kPa。

3）所有停运设备和系统内的剩水应全部放尽。

4）主机润滑油系统采用每周投运一次的方法保养。排除主油箱底部积水，投运主机润滑油系统和密封油系统，运行时间为12h或主机油温达到60℃；油系统投运期间，主机盘车每次投运半小时。

5）主机EHC油系统采用每周投用一次的方法保养。

6）定期监测油质。

三、N660-29. 2/600/620/620汽轮机滑参数停机

滑参数停机注意事项如下。

(1) 滑参数停机时控制指标。

主蒸汽及一二次再热蒸汽过热度：>50℃。

主蒸汽压力变化率：<0. 1MPa/min。

主蒸汽及一二次再热蒸汽温度变化率：<1. 5℃/min。

汽轮机超高压缸第二级汽缸内壁金属温度变化率不得大于70℃/h。

(2) 根据检修需求确认滑参数停机目标，并按停机曲线滑降蒸汽参数。

(3) 减负荷速率、主蒸汽温度降温速率、一二次再热蒸汽温度降温速率和主蒸汽压力降压速率，根据为停机维护曲线进行。

(4) 在减负荷中注意主蒸汽、再热蒸汽两侧偏差及温降速率在规定范围内。

(5) 检查金属温降、温差、机组振动、差胀、轴向位移、推力瓦温度应正常。

(6) 检查确认凝汽器、除氧水箱、闭式水箱、加热器水位正常，调整门自动调节动作正常，凝泵变频投入自动时应注意变频器工作正常，特别注意锅炉干湿态转换时给水流量的控制及监视。

(7) 严格监视高、低压轴封母管压力、温度正常，检查高、低背压凝汽器真空及排汽温度正常。

(8) 各加热器随机滑停。

(9) 检查润滑油油温、EH油箱油温、发电机定冷水温度和氢冷却器冷氢温度正常。

四、东方汽轮机厂汽轮机停机机组的保养

(一) 汽轮机停运后的冷却和保养

(1) 隔绝进入汽机本体及凝汽器等部件的汽水系统，包括停机后的带压部分的疏水排汽至凝汽器各阀门，如主、一二次再热蒸汽管道疏水至凝汽器，如补水至凝汽器阀门、除氧器事故放水及溢流门，防止停机后出现异常。

（2）所有的不带压的管道及本体疏水阀均应开启。

（3）低压加热器汽、水侧及凝汽器疏水扩容器余水放尽。

（4）若循环水泵停运时间长，循泵全停后应对凝汽器水侧进行放水，打开两侧人孔门通风干燥。

（5）长时间停运时，汽轮机应由检修进行热风干燥，烘干汽缸内设备。高压加热器汽、水侧及除氧器均充氮保养。

（二）除氧器停用保养

（1）除氧器短期停用，可采用维持内部蒸汽压力在 0.02MPa 左右的湿式保养方法。

（2）如长期停用（一周以上），应采用放尽存水，进行充氮并维持除氧器内部压力在 0.02MPa 左右的干式保养方法。

（三）加热器停用保养

（1）加热器停用时间小于 24h，一般不需进行保养。

（2）如停用时间不到 1 个月，可采用湿式保养，即壳侧充满蒸汽，水侧适当地调节凝结水或给水的 pH 值。

（3）如停用时间超过 1 个月，应使用干式保养，即放尽汽侧、水侧的余水，然后进行充氮，依以下步骤进行：放水和干燥每个加热器汽侧都要进行放水，水放完后用鼓风机鼓入干燥的无油热风（60~80℃），进行 24h 干燥。干燥结束后，利用主机真空或外加真空泵对加热器汽侧抽真空，真空建立后关闭所有阀门，在操作过程中加热器内部温度不得低于 18℃。在抽真空处安装真空表，当汽侧建立了 133~2670Pa（1~20mmHg）的真空时，则停止抽真空，检查真空稳定并保持在 30min 以上。

（4）保养注意事项。充入的氮气含氧量不得超过 1%。充好后做好记录并挂警告牌。机组停运后若高、低压加热器没有检修项目时水侧可充联胺溶液保养，联胺溶液保养浓度根据机组需停运时间确定。

（四）管道的保养

给水管道如短期停用一般无须保养，如停用时间较长，应放尽内部存水，保持管道内干燥，防止锈蚀。蒸汽管道停用后，放尽余水，保持管道干燥，防止锈蚀。

（五）冬季防冻措施

机、炉房各伴热系统投入，并经常检查是否正常，伴热管道冬季尽量不进行检修。各辅助设备油系统无检修工作时均应保持运行，设备的冷却水保持通畅，若冷却水停用应打开放水门，放尽余水，无放水阀时应适当安排管道放水使管道有水流动，达到防冻的目的。所有停运的汽、水系统均应放尽余水。厂房的门窗应关好。

第十五章

汽轮机调试

机组的试运一般分为分部试运（包括单机试运、分系统试运）和整套启动试运（包括空负荷试运、带负荷试运、满负荷试运）两个阶段。分部试运指从高压厂用母线受电开始至整套试运前这一阶段的单项设备或系统进行的动态检查和试验工作，分部试运包括单机试运和分系统试运两部分。整套启动试运是指从炉、机、电等第一次联合启动，以汽轮机冲转为目标的锅炉点火操作令下达时开始，到完成机组满负荷试运后移交生产为止所进行的“空负荷试运”“带负荷试运”和“满负荷试运”三个阶段的启动试运工作。本章主要介绍汽轮机一些关键性节点的调试内容。

第一节　汽轮机油系统循环及调试

一、主要工作内容

油箱清理及灌油；各辅助油泵试运行；按照 DL/T 5294—2013《火力发电建设工程机组调试技术规范》要求，进行油系统大流量循环冲洗；油质合格后，恢复系统，重新对系统充入合格的汽轮机油；启动调速油泵进行调速油系统承压试验及严密性检查，并对各油系统油压进行初步调整；配合热工、电气人员进行油系统设备连锁保护装置的试验与调整。

二、试运及冲洗前应具备的条件

油系统设备及管道安装完毕并清理干净，系统承压检查无渗漏；准备好油循环所需临时设施，安装好冲洗回路，将供油系统中所有过滤器的滤芯、节流孔板等可能限制流量的部件取出；备有足够量符合制造厂要求且油质化验合格的汽轮机油；油系统各油泵及排油烟机试运正常；油系统设备及环境应符合消防要求，并准备好足够的消防器材；确认事故排油系统符合使用条件。

三、油循环的一般程序

（1）通过滤油机向油箱注油，并检查油箱及油系统无渗油现象，同时注意检查油位指示与实际油位相符，并调整高低油位信号正确。冲洗主油箱、储油箱、油净化装置之间的油管路至清洁。

（2）各径向轴承进、回油管路短接，以不使油进入乌金与轴颈的接触面内，推力轴承的推力瓦拆去，进行油循环。

（3）将前箱内调节保安部套的压力油管与部套断开，直接排油箱或其油管短路连接进行冲洗。

（4）可使用专用大流量油循环冲洗设备或使用交、直流润滑油泵同时投运的方法进行油循环。冲洗过程中采用交变油温、管道振动的方法加速使管道壁焊渣、锈皮等脱落。油净化装置应在油质接近合格时投入循环。各轴承管路采取轮流冲洗的方法，以加大流速和流量。顶轴油管也应参加冲洗。当油样经外观检查基本无杂质后，对调节保安油系统进行冲洗并采取措施不使脏物留存在保安部套内。

（5）循环过程中，定期放掉冲洗油，清理油箱、滤网及各轴承座内部，然后灌入合格的汽轮机油。

（6）油质化验合格后，将全部系统恢复至正常运行状态，使各轴承进油管上加装不低于40号（100目）的临时滤网，其通流面积应不小于管道面积的2~4倍，将各调节保安部套置于脱扣位置，按运行系统进行油循环。冷油器要经常交替循环，并经常将滤网拆下清洗，防止被杂物冲破。

（7）油循环完毕及时拆掉各轴承进油管的临时滤网，恢复各节流孔板。

四、油循环应符合下列要求

（1）管道系统上的仪表取样点除留下必要的油压监视点外，都应隔断。

（2）进入油箱与油系统的循环油应始终用滤油机过滤，循环过程中油箱内滤网应定期清理，循环完毕应再次清理。

（3）冲洗油温宜交变进行，高温一般为75℃左右，但不得超过80℃，低温为30℃以下，高、低温各保持1~2h，交替变温时间约1h。

（4）对密封油系统要求：密封油泵试运合格；密封瓦处应进行短路循环；冲洗前应作好防止冲洗油漏入发电机内的措施；与润滑油系统相连接的密封油管在发电机冲洗合格后，可使油从发电机到油箱进行反冲洗；冲洗油应不经油氢差压调节阀和油压平衡阀，应走旁路；冲洗完毕应清理氢油分离箱、油封箱、过滤器等。

（5）对高压抗燃油的电液调节系统，油循环时应注意：向抗燃油箱灌油必须经过10pm过滤器；拆除汽门执行机构组件上的有关部件，并在拆除部位装上制造厂提供的冲洗组件；系统上永久性金属滤网更换为临时冲洗滤网；抗燃油再生装置也应投入循环冲洗；采取措施保证冲洗流量，保持循环油温为54~60℃；每2h清理油箱磁棒一次，及时清理油滤网。

五、汽轮机润滑油系统油压整定

在分系统调试阶段，通过节流阀调整轴承的润滑油流量使经过每个节流阀的压力不同，在运行期间，根据需要进行与节流阀流程特性相关的调整和优化。当节流阀位置发生改变后，流向每个轴承座的流量会有轻微变化。因此，调整应缓慢微调，并严密监视轴承金属温度，不能达到任何不允许的值。节流阀位置发生改变，必须再次检查盘车运行状态下的流量，油压必须保持在从常规转速到盘车的整个转速范围内允许的限度内。

第二节　回热抽汽系统调试

回热抽汽系统是汽轮机极为重要的辅助系统。二次再热机组与一次再热机组相比较，其系统更加复杂，百万级二次再热机组，高压加热器系统标准设计为：两列八个高压加热器、外加两个蒸汽冷却器，低压加热器系统设计为五个低压加热器、一个疏水冷却器。系统冲洗是该系统调试最为重要的一个环节，系统冲洗的清洁程度将会直接影响凝结水和给水系统的安全运行，所以在机组调试阶段，选择合适的冲洗工艺，对该系统及设备进行有效冲洗显得极其重要，加热器水侧系统清洗按酸碱洗要求进行，本节主要以高压加热器汽侧及管路冲洗为例作简单介绍。

一、传统高压加热器汽侧系统冲洗

（一）以往基建机组对高压加热器汽侧系统冲洗大多数采用老的传统工艺，即机组在约20%负荷工况运行，利用机组自身汽源对抽汽回热系统管道及设备进行冲洗，冲洗流程图如

图 15-1 所示

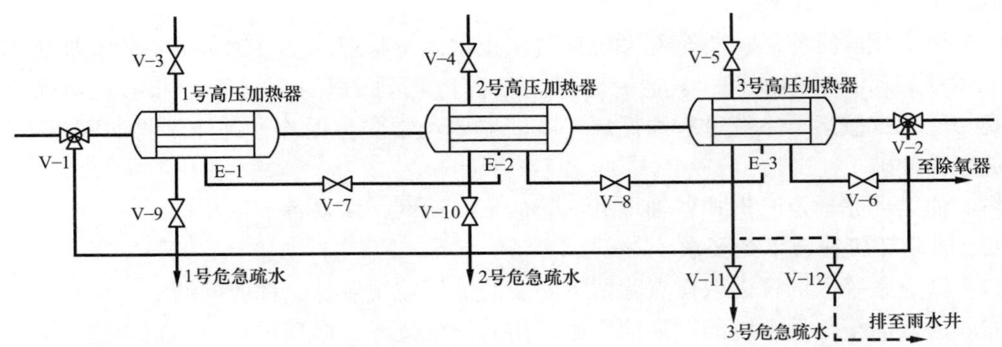

图 15-1 冲洗工艺流程

先分别对单个高压加热器进行冲洗，冲洗完毕后再通过正常疏水逐级自流至末极高压加热器，在末极高压加热器危急疏水管上设计临时冲洗管路，将该管路接至雨水井进行冲洗，冲洗至水质化验符合要求时，疏水才允许回收至除氧器。

该冲洗工艺存在明显不足之处：

（1）机组必须长时间的处于低负荷状态进行高压加热器汽侧系统冲洗，以满足冲洗参数要求和管道设备的安全，汽轮机必然长时间处于不利工况区，低负荷的长时间运行严重影响汽轮机叶片寿命。此方法必须安排停机恢复工作，增加了机组整套试运周期，时间成本显著增加。

（2）系统冲洗过程中遗留死角，3 号高压加热器至除氧器段管路无法进行冲洗，随着机组容量的增大，该系统管路距离除氧器距离也相当远，初步估算约 40m，该管路内的垃圾会直接进入除氧器。

（3）系统冲洗过程中，因使用的是正式系统阀门，系统冲洗的垃圾会堵塞系统疏水阀门，造成高压加热器系统疏水阀门卡涩，给机组运行造成加大的安全隐患。

（二）基建机组在分系统调试过程中，对高压加热器汽侧系统管道通过接临时汽源（辅助蒸汽）进行冲洗，冲洗工艺流程图如图 15-2 所示

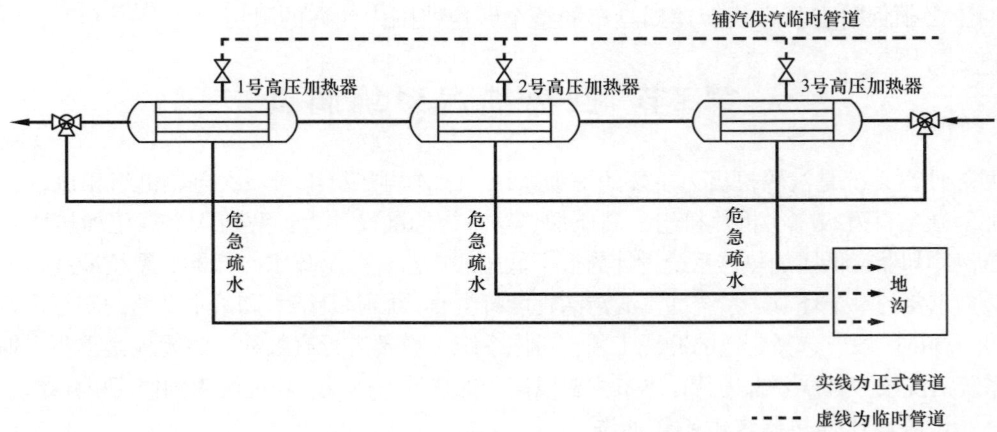

图 15-2 冲洗工艺流程

这种冲洗方对辅助蒸汽量要求比较大，过程中加热器系统设备进出水温差大，高压加热器正常疏水管路不能得到有效的冲洗，对加热器设备有间接损害影响，且通过几个工程案例实践下来，整个高压加热器汽侧系统冲洗效果不理想。机组整套调试过程中，给水泵入口滤网差压高频繁报警，安装单位分别对两台给泵入口滤网轮换清洗，现场滤网拆开后发现内部都是锈皮、铁渣沙子等垃圾。最为严重的是机组因给泵入口滤网堵塞，导致给水泵严重汽蚀，造成锅炉给水流量低，锅炉两次 MFT 跳闸，这给机组设备安全运行带来极大隐患。

二、高压加热器系统冲洗新方法

通过工程实体案例情况分析，有必要将高压加热器汽侧系统冲洗工作提前至机侧碱洗阶段进行，扩大清洗范围，将凝结水水源通过临时管引入高压加热器汽侧系统中，系统大流量、变边流量水冲洗、碱洗、碱洗后再水冲洗，有效去除系统遗留的铁屑等垃圾，达到良好的清洗效果，冲洗工艺流程图如图 15-3 所示。

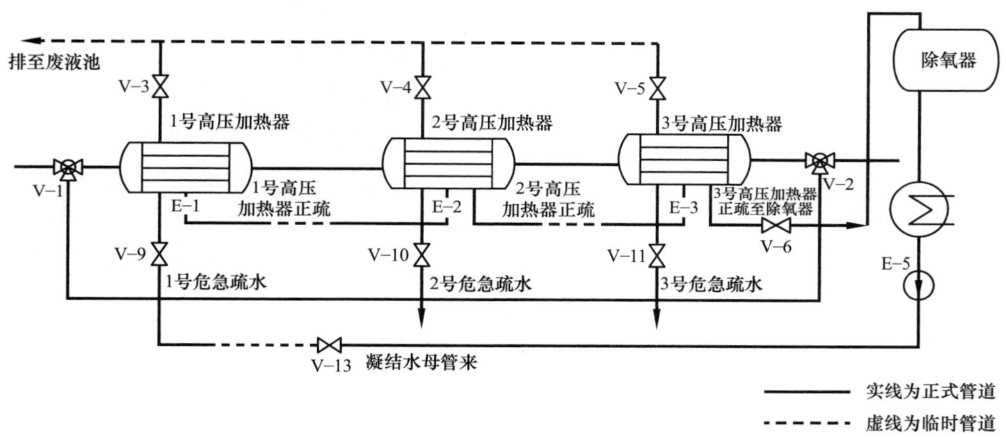

图 15-3　冲洗工艺流程

系统冲洗管路设置及工艺要求：

（1）除氧器内的喷嘴取出（喷嘴清洗结束再装入）；

（2）抽汽回热系统所有疏水阀门拆除，用临时管短接；

（3）抽汽主管路在各段电动门处断开，接临时管至废液池；

（4）冲洗过程中抽汽管路支吊架确认加固；

（5）冲洗流量：变流量 300~500m^3/h；

（6）冲洗用水：除盐水；

（7）按照碱洗方案配置相应浓度的碱洗液；

（8）水冲洗控制标准：出口澄清无杂物。

碱洗结束后，低压加热器、轴加、除氧水箱、高压加热器汽侧和管道可先直接排空，凝汽器排至最低水位，不停凝泵，然后向凝汽器补除盐水至清洗液位上+50mm，冲洗低压加热器及旁路，除氧水箱上水至清洗液位上+50mm，排放冲洗水，低压加热器及旁路冲洗干净后，再按照高压抽汽回热系统首次水冲洗流程对系统管道进行水冲洗，直至冲洗水质清澈。低压系统按此类工艺进行冲洗。

该清洗工艺较之前传统冲洗工艺复杂，但通过上述工艺冲洗后，机组整套启动阶段凝结水及给水系统清洁度得到了很好的控制，过程中凝泵和给泵入口滤网基本不需要进行清理，整套调试阶段滤网入口差压一直稳定在较低范围内，有效缩短了机组整套启动时间，同时也确保了机组设备安全可靠运行。

第三节　汽轮机整套启动调试

随着电力行业的发展，百万级超超临界二次再热机组将成为未来的主力机型。相比一次再热机组，二次再热机组的启动参数更高，系统更为复杂。整组启动调试分三个阶段进行。第一阶段：空负荷和低负荷阶段；第二阶段：带负荷阶段；第三阶段：168h 满负荷运行阶段。

空负荷和低负荷调试阶段：汽轮发电机组启动采用“超高、高、中压缸三缸联合启动”方式，首次启动采用操作员自动方式，升速中的检查及试验→定速检查→汽机有关试验及调整→电气试验→并网带25%额定负荷运行4h→解列做超速试验；带负荷调试阶段：机组冲转后分阶段接带负荷至满负荷，逐步投入有关设备与系统，锅炉蒸汽品质改善、电气及热控有关试验与调整。根据条件进行温态、热态、极热态等不同状态启动/停车试验，掌握不同状态下机组启动特性和启动参数；168h 满负荷阶段：全面对主、辅设备及电气和控制系统进行考验。

汽轮机启动冲转是整套启动极为重要的一个阶段，启动初期蒸汽流量低，汽缸的排汽温度会因鼓风发热损失而升高，汽机进汽阀门多，转速控制难度大等问题。选择合适的启动方式和冲转参数对汽轮机来说尤为重要。目前国内二次再热电厂汽轮机采用上海汽轮机厂的比较多，本文以该内型汽轮机为例做简单介绍。

一、N1000-31/600/610/610 汽轮机启动方式及特点

（一）系统配置（见图7-6）

（二）设计启动过程参数及要求

1. 启动状态划分

汽轮机在启动上根据停机时间和超高压转子平均温度划分为冷态、温态、热态、极热态启动4种，具体见表15-1。

表15-1　　汽轮机状态划分

状态	区别划分
冷态	超高压转子平均温度小于150℃
温态	停机56h，超高压转子平均温度小于150~400℃
热态	停机8h内，超高压转子平均温度400~540℃
极热态	停机2h内，超高压转子平均温度大于540℃

2. 启动规定

（1）机组启动时，超高压缸排汽温度不得超过516℃，高压缸排汽温度不得超过496℃；

（2）中压缸排汽温度不得超过370℃，低压缸排汽温度不得超过90℃；

（3）启动过程中，超高压缸、高压缸、中压缸上下金属温度差不得超过±30℃；

（4）主蒸汽，一、二次再热蒸汽左右侧进汽管允许温差小于或大于17℃；

（5）机组冷态启动前最少连续盘车4h以上且偏心不得大于原始值。

3. 冲转参数要求

进入汽轮机的蒸汽至少要有50℃过热度且至少比缸体蒸汽室金属温度高50℃，蒸汽参数应根据当时的汽缸温度水平参考“启动曲线”确定。

冷态启动： 升速率100r/min；

温态启动： 升速率150r/min；

热态/极热态启动： 升速率300r/min；

过临界： 升速率300r/min。

4. 厂家建议冲转参数（见表15-2）

表15-2 厂家建议冲转参数

项目	冷态	温态	热态	极热态
主蒸汽压力（MPa）	12	12	14	16
主蒸汽温度（℃）	400	440	540	560
一次再热蒸汽压力（MPa）	3.0~3.5	3.0~3.5	3.0~3.5	3.0~3.5
一次再热蒸汽温度（℃）	380	420	520	540
二次再热蒸汽压力（MPa）	0.8~1.0	0.8~1.0	0.8~1.0	0.8~1.0
二次再热蒸汽温度（℃）	380	420	520	540

5. 汽轮机启动曲线（见图14-5~图14-9）

（三）启动过程参数优化及难点处理

1. 启动参数确定

因启动过程初期锅炉处于低负荷运行，启动蒸汽参数不易得到控制，尤其是一次再热蒸汽和二次再热蒸汽温度比厂家建议冲转温度380℃高出较多。通过研究对不同状态启动参数进行了优化，随机投入1、3号高压加热器汽侧，适当提高锅炉给水温度，改善锅炉系统燃烧，对锅炉主汽系统旁路压力设定进行了调整，降低旁路系统压力设定值，在同等燃烧工况下增加蒸汽通流量来降低蒸汽温度。冷态启动优化参数：超高压缸进汽8.0MPa/400℃，高压缸进汽2.8MPa/380℃，中压缸进汽0.8MPa/380℃。

热态启动过程难点在于：超高压缸、高压缸缸温比较高，锅炉蒸汽参数难以达到汽轮机冲转所需的蒸汽温度，通过实际运行启动过程优化，热态启动时尽量保证汽机进汽温度高于缸温。冲转参数为：超高压缸进汽10.0MPa/510℃，超高压缸进汽3.8MPa/510℃，中压缸进汽1.0MPa/510℃。

2. 启动过程难点处理

通过几个工程实践，此类型汽轮机启动过程中超高压缸、高压缸普遍存在排汽温度高的现象，汽轮机在3000r/min定速阶段因超高压缸、高压缸排汽温度高跳闸情况时有发生，影响了机组的安全可靠运行。所以对不同的启动状态控制参数进行了优化，将启动阶段排汽温度控制在安全范围以内。现总结如下几点建议，希望以后在同类型机组的启动调试过程中发挥借鉴作用。

（1）合理分配超高压缸、高压缸进汽量，冲转过程中控制好主蒸汽压力、一/二次再热蒸汽压力，保证超高压缸和高压缸的压比在合理范围内。

（2）冲转过程中如果超高压缸排汽温度高，应首先减少中压调节阀的开度，减少中压缸的进汽量，增大超高压缸的进汽量。如果超高压缸排汽温度仍然上升，则关闭超高压缸调节阀，开启超高压缸高排通风阀，将超高压缸抽真空，由高、中压缸调节阀控制汽轮机进汽量。冲转过程中如果高压缸排汽温度过高，首先减少中压调阀的开度，减少中压缸的进汽量，增大高压缸的进汽量。如果高压缸排汽温度仍然上升，则关闭高压缸调节阀，开启高压缸高排通风阀，将高压缸抽真空，转由中压缸控制汽轮机的进汽量，从而控制汽轮机的转速。

（3）热态启动时，汽轮机冲转至3000r/min后，应尽快安排并网并带负荷至150MW，时间控制在15min之内为宜。

二、汽轮机启动冲转、升速及并网过程中的注意事项

（1）汽轮机冲转前，转子连续盘车时间应满足要求，尽可能避免中间停盘车；如发生盘车短时间中断，则要延长盘车时间。

（2）汽轮机升速过程中为避免汽轮机较大的热应力产生，应保持合适、稳定的主蒸汽温度。考虑高压汽轮机叶片的承受能力，汽缸壁温升应严格按应力准则进行；否则机组升速将受到限制，机组在暖机过程中应保持蒸汽参数的稳定。

（3）汽轮机要充分暖机，疏水子回路控制必须投入，尽可能保持疏水畅通。

（4）注意汽轮机组的振动、各轴承温度、汽轮机高/中压缸上、下缸温差、轴向位移及各汽缸膨胀的变化，必要时加强暖机。

（5）机组升速过程中要注意主机润滑油温及发电机氢冷器温度的变化，应控制在正常范围内。并注意观察各轴承回油温度不超过70℃，低压缸排汽温度不超过90℃。

（6）在汽轮机冲转中，若贮水箱水位急剧下降，应关小锅炉启动循环泵出口调节阀并提高给水流量。

（7）蒸汽系统旁路投运后，可以考虑提早投运高压加热器汽侧。

（8）机组并网后注意保持主蒸汽压力稳定，锅炉加强燃烧调整。

（9）机组带初负荷暖机的时间根据蒸汽参数按机组启动曲线确定。

（10）发电机冲转、升速及并网过程中，维持主蒸汽压力稳定，监视旁路的动作情况，注意控制贮水箱水位正常。

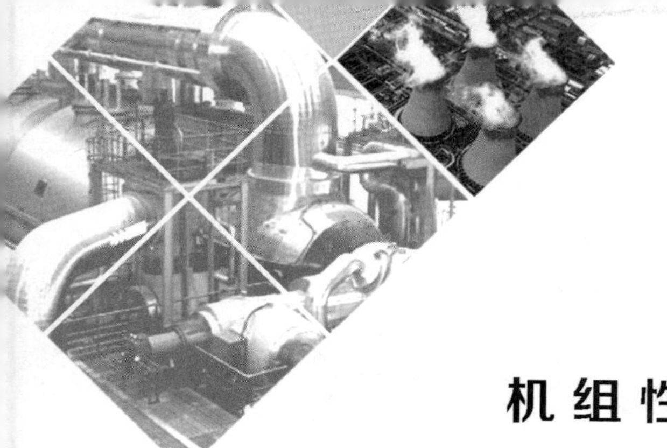

第十六章 机组性能及试验

国内二次再热机组的投运和性能试验，验证了二次再热机组设计性能和运行性能的先进性与优越性。本篇从设计性能、性能试验及优化调整等方面阐述二次再热机组设计性能的先进性，介绍二次再热机组性能试验关键技术、主要结果和注意问题。针对二次再热机组特点，阐述二次再热机组优化调整试验的方向和思路。

第一节 机组设计性能

至此，国内已投产二次再热机组达 6 台，其中 1000MW 等级超超临界机组 4 台，660MW 等级超超临界机组 2 台。本小节将比较各二次再热机组的设计性能。

一、机组总体设计性能

典型的二次再热热力系统如图 16-1 所示，二次再热系统中蒸汽在超高压缸和高压缸中做功后在锅炉的二次再热器中再次加热。相比一次再热系统，二次再热系统锅炉增加一级再热系统，汽轮机则增加一级循环做功。

二次再热的整个热力循环可以等效为原朗肯循环叠加一个附加循环。由热力循环温-熵（T-S）图可见，二次再热系统比一次再热系统多叠加一个高参数的附加循环，设计理论上其循环效率将比一次再热系统高。

从国内已投产的二次再热机组总体设计性能数据看（见表 16-1），二次再热机组的设计热耗率要比同等级的常规一次再热机组低，百万超超临界二次再热机组热耗率设计水平较常规一次再热机组平均水平低近 2 个百分点。无论从理论思想还是设计水平上看，二次再热机组总体性能要较一次再热机组先进。

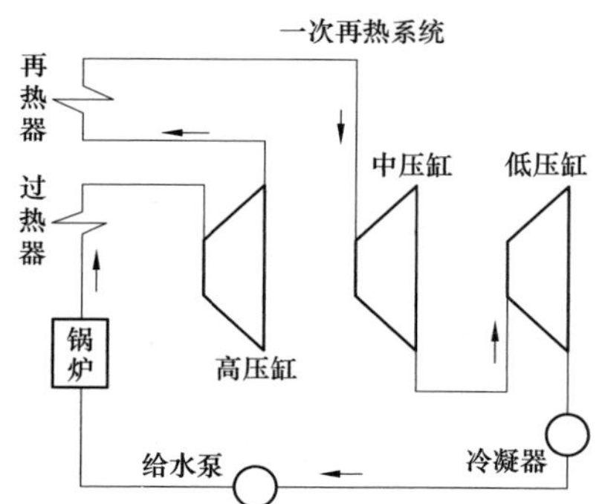

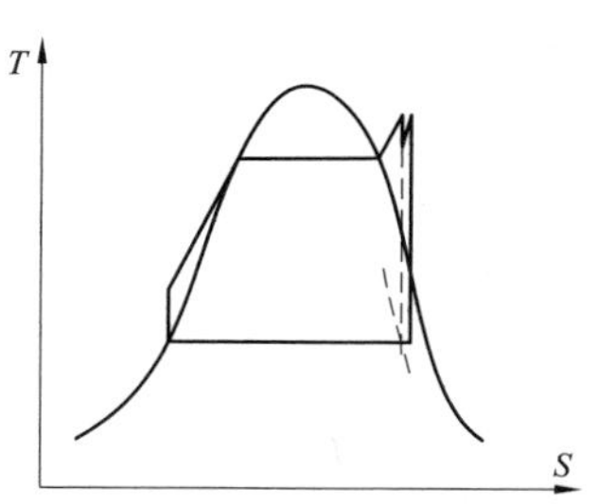

图 16-1 常规一次再热机组与二次再热热力系统及其循环图（一）

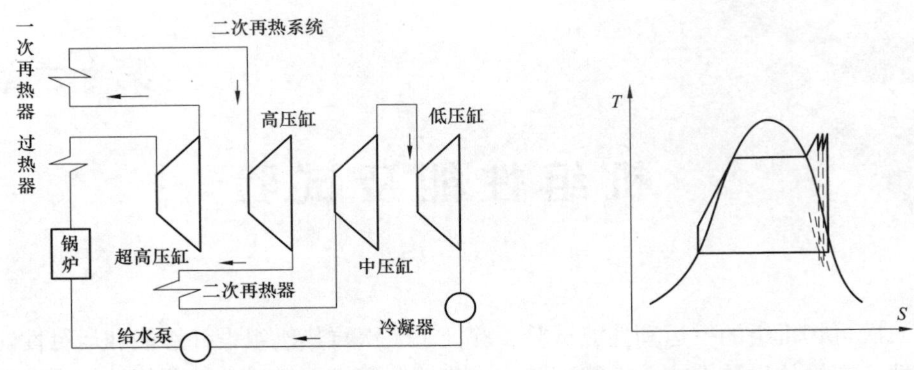

图 16-1　常规一次再热机组与二次再热热力系统及其循环图（二）

表 16-1　　国内已投产二次再热机组总体设计性能

项目	单位	华能莱芜 6、7 号机	国电泰州 3、4 号机	华能安源 1、2 号机
机组容量	MW	1000	1000	660
锅炉型号	—	HG-2752/32.78/10.61/3.26-YM1	SG-2710/33.03-M7050	HG-1938/32.45/605/623/623-YM1
汽轮机型号	—	N1000-31/600/620/620	N1000-31/600/610/610	N660-31/600/620/620
锅炉制造商	—	哈尔滨锅炉厂	上海锅炉厂	哈尔滨锅炉厂
汽轮机制造商	—	上海汽轮机厂	上海汽轮机厂	东方汽轮机厂
全厂发电热效率	%	47.95	47.71	46.92
厂用电率	%	—	3.70	3.36
锅炉效率	%	95.04	94.65	94.50
机组热耗	kJ/(kW·h)	7064	7070	7187
发电煤耗	g/(kW·h)	256.16	257.79	262.13
供电煤耗	g/(kW·h)	—	267.70	271.24

华能莱芜发电有限公司 1000MW 超超临界二次再热锅炉系哈尔滨锅炉厂生产，型号为 HG-2752/32.78/10.61/3.26-YM1，设计锅炉效率为 95.04%；汽轮机系上海汽轮机厂生产，型号为 N1000-31/600/620/620，设计热耗率为 7064kJ/(kW·h)；机组设计发电效率为 47.95%，发电煤耗率为 256.16g/(kW·h)。

国电泰州发电有限公司 1000MW 超超临界二次再热锅炉系上海锅炉厂生产，型号为 SG-2710/33.03-M7050，设计锅炉效率为 94.65%；汽轮机系上海汽轮机厂生产，型号为 N1000-31/600/610/610，设计热耗率为 7070kJ/(kW·h)；机组设计发电效率为 47.71%，设计厂用电率为 3.70%，发电煤耗率为 257.79g/(kW·h)，设计供电煤耗率为 267.70g/(kW·h)。与 N1000-31/600/620/620 相比，N1000-31/600/610/610 机组设计的一、二次再热温度偏低 10℃，设计锅炉效率低 0.4 个百分点，机组热耗率相差无几，设计发电效率较 N1000-31/600/620/620 低 0.24 个百分点。

660MW 超超临界二次再热锅炉系哈尔滨锅炉厂生产，型号为 HG-1938/32.45/605/623/623-YM1，设计锅炉效率为 94.50%；汽轮机系东方汽轮机厂生产，型号为 N660-31/600/620/620，设计热耗率为 7187kJ/(kW·h)；机组设计发电效率为 46.92%，设计厂用电率为 3.36%，发电煤耗率为 262.13g/(kW·h)，设计供电煤耗率为 271.24g/(kW·h)。

目前，国内百万超超临界一次再热机组纯凝工况供电煤耗率的先进水平约 272g/(kW·h)。从设计指标看，超超临界二次再热机组的设计指标已全面超过一次再热机组。同等级的百万超超临界机组中，二次再热机组设计供电煤耗率比一次再热先进机组降低约 6g/(kW·h)，设计发电效率超出近 1 个百分点，充分展现了百万超超临界二次再热机组设计性能的先进性和优越性。

二、汽轮机设计性能

（一）二次再热汽轮机通流设计特点及性能比较

N1000-31/600/610/610 与 N1000-31/600/620/620 超超临界百万二次再热汽轮机为同一机型，均为上海汽轮机厂生产制造，采用五缸四排汽的单轴方案，机组采用一个超高压缸、一个高压缸、一个中压缸和二个低压缸串联的布置方式。

N660-29.2/600/620/620 二次再热汽轮机为东方汽轮机厂引进日立技术生产制造 660MW 超超临界压力、二次中间再热、冲动式、四缸四排汽、凝汽式汽轮机，型号为 N660-31/600/620/620，机组具有十级非调整回热抽汽。

N1000-31/600/610/610、N1000-31/600/620/620、N660-29.2/600/620/620 二次再热汽轮机通流设计比较见表 16-2。

表 16-2 二次再热汽轮机通流设计比较

项目	N1000-31/600/620/620	N1000-31/600/610/610	N660-29.2/600/620/620
型号	N1000-31/600/620/620	N1000-31/600/610/610	N660-31/600/620/620
型式	超超临界、二次再热、五缸四排汽、反动式、凝汽式		超超临界、二次再热、四缸四排汽、冲动式、凝汽式
制造商	上海汽轮机厂		东方汽轮机厂
产品编号	DR96		D660T
配汽方式	节流配汽		节流配汽
超高压缸级数	15		10
高压缸级数	2×13		6
中压缸级数	2×13		8
低压缸级数	2×2×5		2×2×6
超高压缸	进汽端使用平齿和高低齿汽封片组成迷宫式汽封；排汽端使用平齿和斜齿汽封片，交错安装成平齿式汽封；叶顶采用迷宫式汽封		前轴端汽封采用高、低齿迷宫式汽封
高压缸	端部汽封采用平齿汽封；叶顶采用迷宫式汽封		前轴端汽封采用高、低齿迷宫式汽封
中压缸	端部汽封采用平齿汽封；叶顶采用迷宫式汽封		前轴端汽封采用高、低齿迷宫式汽封
低压缸	端部汽封采用平齿汽封；叶顶采用迷宫式汽封		采用平齿结构的汽封和接触式汽封

与超超临界一次再热汽轮机相比，超超临界二次再热机组多出一个超高压缸，采用的配汽方式与常规超超临界机组相同，均采用节流配汽方式。上海汽轮机厂百万超超临界二次再热汽轮机为反动式汽轮机，超高压缸通流级数为15级，东方汽轮机厂660MW超超临界二次再热汽轮机为冲动式汽轮机，超高压缸通流级数为10级。东方汽轮机厂采用高中压合缸型式，通流级数分别为6、8级；上海汽轮机厂采用单独的高压缸和中压缸，通流级数均为13级。对于上海汽轮机厂百万二次再热汽轮机而言，由于低压缸设计参数不同，在原低压缸模块的基础上减少一级，由原来的6级变为5级，以满足低压缸进汽参数的设计变化要求。

汽轮机通流设计特性直接决定了通流部分的设计性能。表16-3对N1000-31/600/610/610、N1000-31/600/620/620、N660-29.2/600/620/620二次再热汽轮机各缸设计效率进行比较。

表16-3　　二次再热汽轮机各缸设计效率比较

项目	单位	N1000-31/600/610/610	N1000-31/600/620/620	N660-29.2/600/620/620
超高压缸效率	%	89.1	89.69	89.20
高压缸效率	%	92.11	92.07	91.91
中压缸效率	%	92.86	92.99	93.03
低压缸效率	%	89.37	88.89	89.98

目前，二次再热汽轮机超高压缸设计效率在89%以上，高压缸设计效率92%左右，中压缸效率93%左右，低压缸效率89%~90%。

（二）二次再热汽轮机热力系统设计比较

超超临界二次再热汽轮机采用十级抽汽，上海汽轮机厂1000MW等级超超临界机组配套高压加热器采用双列布置，低压加热器采用单列布置，2抽、4抽带外置式蒸冷器并联设置，分别加热1A、1B高压加热器出口给水；东方汽轮机厂660MW等级超超临界机组配套高压加热器和低压加热器均采用单列布置，4抽、2抽带外置式蒸冷器串联设置依次加热1号高压加热器出口给水。二次再热机组通过多级加热和充分利用抽汽过热度来提高最终给水温度。各机组均设计烟气加热系统，充分利用烟气余热。

表16-4分别比较了N1000-31/600/610/610、N1000-31/600/620/620、N660-29.2/600/620/620机组在回热系统、抽汽管道、蒸汽冷却器、烟气加热系统等方面的设计特点。

表16-4　　二次再热机组热力系统设计比较

项目	单位	N1000-31/600/610/610	N1000-31/600/620/620	N660-29.2/600/620/620
回热系统				
加热器系统	—	4GJ+1CY+5DJ双列高压加热器，单列低压加热器		4GJ+1CY+5DJ单列高压加热器，单列低压加热器
1~4号高压加热器抽汽管道压损	%	3		3
其余加热器抽汽管道压损	%	5		5
热力系统				
一次再热系统压损	%	6	6.4	—
二次再热系统压损	%	10	10.2	—

续表

项目	单位	N1000-31/600/610/610	N1000-31/600/620/620	N660-29.2/600/620/620
中低压连通管压损	%	2	2	—
小机进汽管道压损	%	5	5	—
蒸汽冷却器系统	—	2 抽、4 抽带外置式蒸冷器并联设置，分别加热 1A、1B 高压加热器出口给水		4 抽、2 抽带外置式蒸冷器串联设置依次加热 1 号高压加热器出口给水
烟气加热系统	—	9 号低压加热器出口至 6 号低压加热器出口并联低压省煤器，给水泵出口至 2、4 号蒸冷器出口并联高压省煤器	9 号低压加热器出口串联低温省煤器，设计降低热耗 30kJ/(kW·h)	9 号低压加热器出口分流部分凝结水至低低温省煤器，加热后接入 7 号低压加热器进口凝结水母管

二次再热机组设计采用 10 级抽汽回热系统，即四高五低一除氧，该回热系统配置是在常规成熟的汽轮机八级回热的基础上发展而来，技术延续性好，成熟度高。同时，在 2、4 号高压加热器之前，增设外置式蒸汽冷却器，可提高给水温度约 10℃，使最高给水温度达 315~330℃，进一步提高机组热效率。

十级回热原则性热力系统如图 16-2 所示。

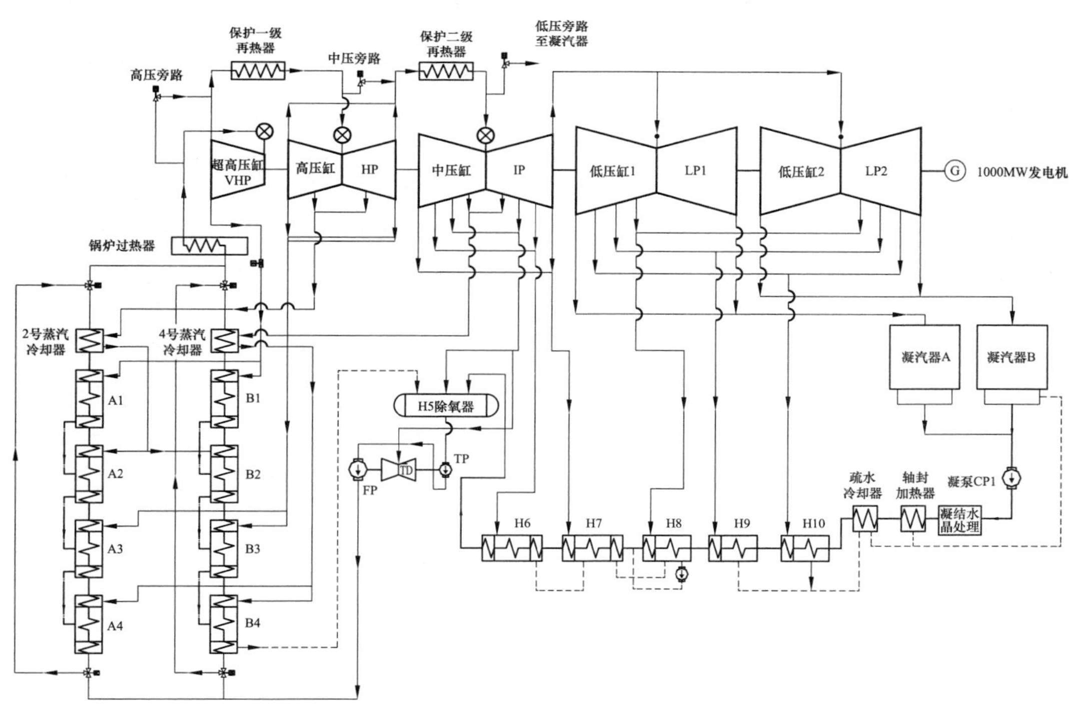

图 16-2　十级回热原则性热力系统图

二次再热机组设计烟气加热技术，在锅炉烟气系统中设置高温或低温省煤器，汽轮机热力系统中的给水或凝结水在高温或低温省煤器内吸收排烟热量，降低排烟温度，给水或凝结水吸收锅炉烟气能量后温度升高，可以排挤前一级回热抽汽，进入汽轮机低压缸做功的蒸汽流量增大，可以提高机组的热效率。

（三）N1000-31/600/610/610、N1000-31/600/620/620、N660-29.2/600/620/620 二次再热汽轮机设计参数及热力性能比较（见表 16-5）

表 16-5　二次再热机组设计参数及性能比较

项目	单位	莱芜	泰州	安源
THA 额定功率	MW	1000	1000	660
VWO 最大功率	MW	1062.899	1070.49	725.55
THA 额定流量	t/h	2562.847	2586.20	1732.1
VWO 最大流量	t/h	2751.984	2710.08	1938
THA 主蒸汽参数	MPa/℃	30/600	30.122/600	29.2/600
THA 一再蒸汽参数	MPa/℃	9.967/620	9.983/610	10.143/620
THA 二再蒸汽参数	MPa/℃	3.048/620	3.055/610	3.196/620
设计背压	kPa	4.8	4.5	4.92
设计冷却水温	℃	—	19	23
夏季背压	kPa	9.1	9.1	11.8
THA 额定给水温度	℃	324.8	324.3	323.7
TRL、TMCR、VWO 给水温度	℃	327.4、327.5、329.5	315	328.7、329.1、331.1
THA 设计热耗率	kJ/(kW·h)	7064	7070	7187

N1000-31/600/610/610、N1000-31/600/620/620 二次再热汽轮机均为上海汽轮机厂制造，两台机组型号相同，末级叶片长度相同。主要区别在于一次、二次再热温度不同，泰州为 610℃，莱芜为 620℃。机组设计边界条件有所不同，但相差不大，热力系统方面两者都采用了低压省煤器，不同的是泰州为串联方式，莱芜为并联方式且采用高压省煤器。由于莱芜设计参数略高，热力系统更多地利用了烟气的余热，因此莱芜机组设计热耗率较泰州略低。

N660-29.2/600/620/620 二次再热汽轮机为东方汽轮机厂制造，从设计参数上看，安源的设计参数与莱芜机组比较接近，汽轮机各缸效率设计值基本接近。安源机型采用冲动式设计，通流级数少，高中压合缸型式，四缸四排汽；莱芜机型采用反动式设计，通流级数多，高压缸、中压缸分缸，五缸四排汽；两者均采用了无调节级的节流配汽方式。从热耗率设计结果看，安源机型设计热耗率较 N1000-31/600/610/610、N1000-31/600/620/620 机型高出约 120kJ/(kW·h)。

目前，1000MW 一次再热超超临界机组设计热耗率先进水平为 7210kJ/(kW·h) 左右，以 N1000-31/600/610/610、N1000-31/600/620/620 为代表的 1000MW 二次再热超超临界机组设计热耗率为 7070kJ/(kW·h) 左右，比一次再热机组热耗率先进值仍要低 140kJ/(kW·h)左右，折合煤耗率 6g/(kW·h) 左右。充分表明百万超超临界二次再热机组的设计性能明显优于一次再热机组。随着技术不断发展，二次再热机组的设计水平和总体性能将迈上新的台阶。

第二节 机组性能试验

火力发电机组的发展实践表明，运用试验方法来鉴定、检验和提高机组性能，是研究提高火电机组性能的重要方式之一，与理论设计研究相辅相成，密不可分。

火电机组性能试验的研究对象就是火电机组的热力性能，包括锅炉效率、汽轮机热耗率、机组出力等。通过试验的方法对火电机组的热力性能进行研究和分析。一般来说，性能试验主要分为三大类：第一类试验为发电机组性能鉴定、性能保证、验收试验；第二类试验为电厂生产期间的例行试验，主要为机组检修、设备改造服务；第三类试验为机组优化运行调整试验，该试验以检测为手段，通过调整可控参数，达到提供机组运行经济性的目的。

DL/T 5437—2009《火力发电厂基本建设工程启动及竣工验收规程》，明确了新建机组性能验收的主要试验项目和考核机组性能的主要经济指标，为新建机组性能考核试验工作提供了基本原则和方向，突出火电机组性能鉴定、考核验收试验的重要意义。

目前，DL/T 5437—2009《火力发电厂基本建设工程启动及竣工验收规程》已成为我国电力行业标准，旨在规范火力发电建设工程机组的试运、交接验收、绩效考核及竣工验收工作，成为当前指导新建机组性能考核试验工作的准则。

超超临界二次再热机组在我国刚刚投运，为取得机组在设计或保证条件下的各项经济指标，用以鉴定或考核机组整套装置的各项经济指标是否达到合同、设计和有关规定的要求，进行全面性的火电机组性能试验十分必要。本节将阐述二次再热机组的性能考核试验的组织实施、关键技术、试验过程及结果、试验中应注意的问题等。

一、性能考核试验组织及实施

（一）性能试验组织

机组的性能试验一般由建设单位组织，具体试验工作由协商确定的专业试验单位负责，设计院、设备制造厂、电厂运行、安装、调试等单位配合。全部性能试验一般在机组试运结束后进行，部分单项试验可在机组整套试运期间进行。

一般机组性能考核试验组织机构分为指挥层、组织层、基础层，指挥层负责试验工作总体领导和协调，组织层负责制定试验计划并组织实施，基础层负责具体实施试验工作。

1. 指挥层

性能试验现场工作组由电厂牵头，各有关单位领导和专业工程师参加。现场工作组负责在满足启规要求的前提下，确定试验项目的增减和试验的起止时间，对试验计划审查和批准，对试验准备阶段和实施阶段各有关单位的工作进行总协调。

2. 组织层

组织层具体地组织、协调、控制和监督性能试验的完成。组织层由电厂工程部、生产准备部和试验单位组成。机组 168h 前是性能试验的准备阶段，主要工作是编制性能试验大纲和按大纲要求开设测点。由电厂工程部负责与设计院、设备制造厂、安装公司和试验单位进行联络、协调和组织。机组 168h 后是性能试验的实施阶段，主要的工作是编制试验计划和组织实施试验，由电厂策划部将各专业的试验计划汇总后进行统筹安排。

试验单位组织各专业从编制试验大纲到编写试验报告的全部工作，将性能试验的质量目标和时间目标具体化并监督和控制执行情况。

3. 基础层

试验单位各专业负责编制试验大纲、提出测点清单、指导开设测点、校验仪器仪表、试验测试、整体试验数据和编写试验报告。

设计院参加试验大纲的讨论修改，按照试验单位提出的测点方案、清单和测点示意图提出测点施工图和参加现场测点验收。

安装公司参加试验大纲的讨论修改、测点安装和参加现场测点验收。

设备制造厂参加试验大纲的讨论修改、参加测点现场验收，对仪器仪表校验结果验证、参加试验过程。

电厂运行部负责按照试验要求调整机组运行工况，配合试验单位进行取样、系统隔离、查漏消缺等工作。

（二）性能试验实施

性能试验实施不仅仅是现场试验阶段，而是指从接受试验任务开始到完成试验报告的整个过程。

1. 试验资料收集

针对二次再热机组，应搜集的主要资料如下：

① 二次再热机组投用及不投用低温省煤器下的机组设计厂用电率、设计锅炉效率、设计机组热耗率、设计供电煤耗率指标。

② 附有单位印章的二次再热汽轮机热力特性计算书、修正曲线（包括参数修正曲线、排汽损失曲线、容积流量与低压缸效率关系或修正曲线）、缸效设计值。

③ 如果煤种偏离设计值，则锅炉厂必须在试验开始前提供附有单位印章的煤质修正曲线（如水分、灰分等的修正曲线）。

④ 发电机出口电流互感器、电压互感器、转子回路中的分流器的变比等参数，提供发电机效率曲线、机械损失曲线等。

⑤ 汽轮机最终版热力系统图、运行规程，除氧器水箱、凝汽器热井、其他主要疏水容器尺寸图纸。

⑥ 小机进汽流量孔板计算书、一次再热及二次再热减温水流量孔板计算书、汽动给水泵密封水进水流量孔板计算书、高压轴封漏汽至中排流量孔板计算书、超高压轴封漏汽至高排流量孔板计算书。

2. 试验大纲确定

该阶段主要是对二次再热汽轮机性能考核试验所采用的试验标准、试验方法以及一些重要参数的测量方法等内容进行协商讨论并确定。根据机组资料，编写试验方案。

3. 试验测点设计、安装

在测点设计联络会上与电厂、设计院、设备制造厂、电建公司等单位共同确定二次再热机组六大管道试验测点，试验测点设计采用的标准、测点位置、测点材质、测点型式、规格尺寸等，并确定测点制造、安装单位。编制二次再热机组性能考核试验测点方案，在机组建设阶段，与电厂、电建公司一起确认测点位置。机组整套启动前，会同电厂、设备制造厂、电建公司对性能试验测点进行验收。

4. 试验准备

按照商定的性能试验节点，编制试验计划，提前安装凝结水流量测量装置，准备试验仪器并安装，预先编制试验程序，准备好试验记录表格和工况记录单。

5. 现场试验

根据规定的性能考核试验项目，进行相关试验。规定的考核工况开始前，应先进行预备性试验，检验试验测量系统和机组设备情况。这里值得指出的是，二次再热机组流量平衡试验应严格按照制定的隔离清单进行隔离，不明泄漏率应满足小于0.1%的要求。同时，试验各方应高度重视系统内漏阀门，评估其经济性影响，若对试验结果产生重大影响，应立即进行消缺，内漏问题处理完毕后再进行性能考核试验。对于采用烟气加热系统的二次再热机组，应根据汽轮机供货合同约定或各方协商结果，决定是否对烟气加热系统进行隔离，否则应进行相关修正。

试验期间，各方对试验工况、仪器情况、试验数据进行确认，并签字或盖章。试验结束后，拷贝原始数据，以备查验。

6. 报告编制

处理试验数据，计算结果，编制试验报告，分析结果，评价机组性能。试验报告应包括机组设备规范、试验目的、试验标准、试验项目、测量仪表、试验过程、计算方法、试验结果、评价分析等内容，报告应附测点及仪器测量清单、仪器校验记录或报告、主要计算示例、试验修正曲线、工况确认单等。

（三）试验质量控制

试验的质量是保证试验顺利完成的重要因素。按照规定，新建机组性能考核试验应在机组168h连续运行后的半年内结束。试验质量主要从以下环节进行控制：

（1）试验大纲必须按有关标准编制，试验标准根据业主和供货方签订的供货合同中的规定而定，或者是当前最新标准。试验大纲经有关各方讨论、修改后定稿，经性能试验领导小组批准后执行。

（2）试验测点安装完毕后，由电厂、试验单位、设备制造商、设计院、安装公司现场验收。

（3）仪器仪表校验合格后，由有关各方现场验收。

（4）试验工况符合要经有关各方确认后开始测试，并进行工况确认，各方签字。

（5）试验报告经三级审核后正式出版。

二、二次再热机组性能试验关键技术

二次再热机组性能试验技术与一次再热机组既互相联系，又各有差异。为保证二次再热机组性能试验结果的准确性，掌握二次再热机组性能试验关键技术至关重要。

（一）二次再热机组性能试验标准选择

一般而言，性能试验标准应遵循供货方和用户双方签订的商业合同的有关规定。目前，二次再热机组在国内尚属初次设计和投运，为公正、科学地反映二次再热机组实际运行性能，推荐采用成熟的最新试验标准进行性能试验。实践结果表明，美国机械工程师协会颁布的《汽轮机性能试验规程》（ASME PTC 6—2004）可以作为二次再热汽轮机性能考核试验的标准和依据。

（二）性能试验测点设计与安装

试验标准的科学贯通和严格执行是二次再热机组性能试验的关键，而根据试验标准制定、落实性能试验测点方案，则是顺利开展二次再热机组性能试验的首要条件。

二次再热汽轮机较一次再热多出一个超高压缸，回热系统采用十级抽汽，另加两级蒸汽冷却器，其系统相对更加复杂，性能试验测点设计要求更高。百万超超临界二次再热汽轮机性能试验测点数量多达200个，大大超出同等级一次再热机组测点数量。

二次再热汽轮机试验测点不仅数量多，而且一些关键测点的布置情况也有所不同。由于二次再热机组比一次再热机组多出一个再热系统，因此，二次再热汽轮机性能试验测点设计时应考虑六大管道的试验测点布置，即主汽管道、一次冷再管道、一次再热管道、二次冷再管道、二次再热管道、给水管道。根据ASME试验标准要求，主蒸汽、超高压缸排汽、一次再热蒸汽、高压缸排汽、二次再热蒸汽、最终给水参数等应采用双重测点，六大管道测点设计时应与电厂、配管厂、设计院、安装公司进行充分沟通。

凝结水流量应采用ASME喷嘴进行准确测量。为了方便安装和拆卸，保证基建工期，应在设计初期预留合适位置，以便安装ASME喷嘴旁路，试验单位提供ASME喷嘴尺寸及图纸。二次再热机组凝结水流量喷嘴设计安装在6号低压加热器出口凝结水管道旁路上，为保证喷嘴安装空间，N1000－31/600/610/610二次再热机组凝结水流量喷嘴设计安装在除氧器层。

汽轮机考核试验中涉及轴封漏汽等重要辅助流量，在设计院设计初期，由试验单位提出加装辅助流量测点，应将重要的辅助流量测点设计到机务及热工测点图中或单独给出性能考核试验测点图。

N1000－31/600/610/610百万超超临界二次再热汽轮机性能考核试验测点布置示意图如图16-3所示。

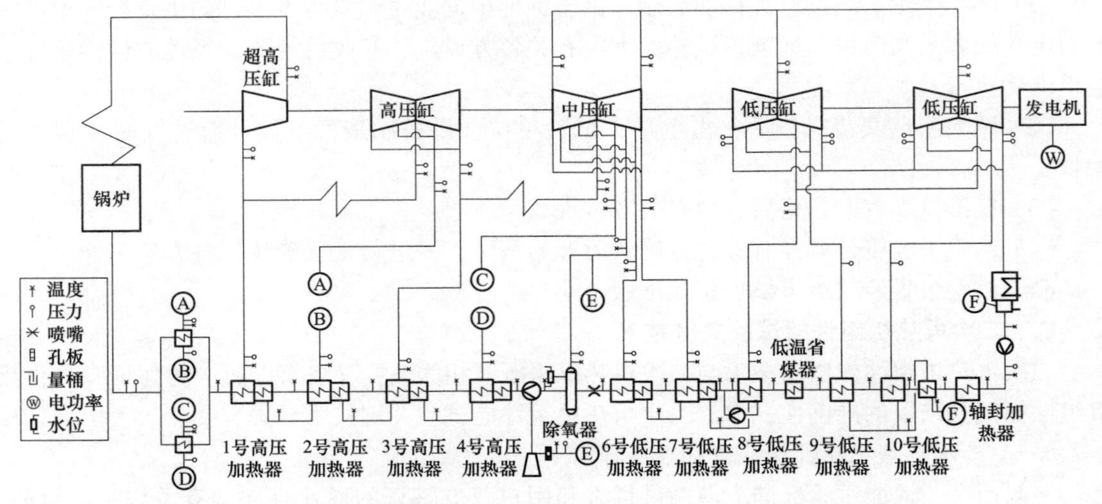

图16-3 百万超超临界二次再热汽轮机性能考核试验测点布置示意图

（三）重要参数测量仪器与方法

1. 机组功率的测量

采用0.1级WT500型三相功率电能表，在电厂的CT、PT端子上采用三线两表法接线测量。

2. 压力、流量测量

凝结水流量差压测量采用0.05级ROSEMOUNT 3051差压变送器测量。二次再热汽轮机试验涉及的流量测量有一次再热减温水流量、二次再热减温水流量、小汽机进汽流量、轴封漏汽管道流量、给水泵密封水进水流量、高压轴封漏汽至中排流量、超高压轴封漏汽至高排流量等。为减小对二次再热汽轮机热耗率的影响，上述流量均采用 0.05 级 ROSEMOUNT 3051 差压变送器测量，试验前对变送器进行校验，按照校验结果对测量值进行仪表修正。

各压力参数采用 0.075 级的压力变送器进行测量，对于需要进行位差修正的，试验前量取各压力测点和变送器之间的高度差。

3. 温度测量

温度测量采用Ⅰ级精度 E 型精密级热电偶和铂电阻。对于现场未新加装的温度测点，试验时采用拆除现场运行温度元件，安装试验专用测量元件。

4. 数据采集

数据采集系统采用 IMP 分散式数据采集系统；主机采用台式微型计算机（或笔记本电脑），具有自动记录压力、差压、温度、电功率等值，并进行数据处理，其精度为 0.02 级。

5. 储水箱水位变化量的测量

除氧器水箱、凝汽器热井等系统内储水容器水位变化用就地水位计人工读数，同时对比 DCS 水位显示值。

6. 系统内明漏量的测量

漏出和漏入试验热力系统的无法隔离的明漏量，用秒表和测量容器进行人工测量。

对于采用迷宫式密封的给水泵密封水回水流量采用“容积法”进行测量，所谓“容积法”指通过放水的方式由人工直接测量密封水回水流量。如泰州百万超超临界二次再热汽轮机性能试验中采用此法测量给水泵密封水回水，测量效果良好。“容积法”测量密封水回水流量的准确度取决于隔离阀门的严密性和严谨的操作过程。

（四）二次再热汽轮机主要试验原理、计算及修正方法

二次再热汽轮机性能考核试验的主要目的之一是获取考核工况下二次再热汽轮机的热耗率指标。热耗率是指每产生 1kW · h 电能所消耗的热量。对于超超临界二次再热机组，基于热量平衡原理，热耗率计算公式为

$$HR_t=\frac{F_{thr}\times(H_{thr}-H_{ffw})+F_{hrh1}\times H_{hrh1}-F_{crh1}\times H_{crh1}-F_{rhr}\times H_{rhr}+F_{hrh2}\times H_{hrh2}-F_{crh2}\times H_{crh2}-F_{rhs}\times H_{rhs}}{P}$$

式中 HR_t——试验热耗率；

H_{thr}——主蒸汽焓值，kJ/kg；

H_{ffw}——锅炉给水焓值，kJ/kg；

F_{hrh1}——一次再热热段蒸汽流量，kg/h；

H_{hrh1}——一次再热热段蒸汽焓值，kJ/kg；

F_{crh1}——一次再热冷段蒸汽流量，kg/h；

H_{crh1}——一次再热冷段蒸汽焓值，kJ/kg；

F_{hrh2}——二次再热热段蒸汽流量，kg/h；

H_{hrh2}——二次再热热段蒸汽焓值，kJ/kg；

F_{crh2}——二次再热冷段蒸汽流量，kg/h；

H_{crh2}——二次再热冷段蒸汽焓值，kJ/kg；

F_{rhr}——一次再热减温水流量，kg/h；

H_{rhr}——一次再热减温水焓值，kJ/kg；

F_{rhs}——二次再热减温水流量，kg/h；

H_{rhs}——二次再热减温水焓值，kJ/kg；

P——发电机净功率。

二次再热汽轮机热耗率计算公式中，除一次再热减温水、二次再热减温水的流量可以直接测量外，其余流量通过测量凝结水流量，并按照能量守恒、质量守恒原理计算得出。

上述是二次再热汽轮机热耗率计算原理和方法，由于试验工况与设计工况相比，运行边界条件不同，系统状态不同，无法直接将试验热耗率与设计热耗率进行比较，因此，有必要对试验热耗率进行系统和参数修正。

系统修正是对主要影响给水加热系统参数的修正，经过系统修正后的热耗率为 HR_{C1}。系统修正的项目包括加热器给水端差、加热器疏水端差、抽汽管道压损、系统贮水量变化、凝结水泵和给水泵的焓升、凝结水过冷度、给水泵汽轮机进汽流量、控制蒸汽温度用的减温水、发电机功率因素等。

参数修正指对汽轮机性能有主要影响的参数的修正，参数修正的总系数为 C_{2HR}。主要依据汽轮机制造厂提供的修正曲线进行修正，修正项目包括主蒸汽压力、主蒸汽温度、一次再热蒸汽温度、一次再热蒸汽压损、二次再热蒸汽温度、二次再热蒸汽压损、排汽压力。

经过系统和参数修正后的汽轮机热耗率为

$$HR_{C2} = HR_{C1} \times C_{2HR}$$

二次再热机组出力也是二次再热汽轮机性能考核试验主要考核的指标之一。与汽轮机热耗率修正方法类似，机组出力的修正也包括系统和参数修正两大类。

机组出力系统修正是对影响给水加热系统的参数进行修正，系统修正后的发电机出力为 W_{C1}，包括加热器给水端差、加热器疏水端差、抽汽管道压损、系统贮水量变化、凝结水泵和给水泵的焓升、凝结水过冷度、给水泵汽轮机进汽流量、控制蒸汽温度用的减温水、发电机功率因素等。

参数修正指对机组出力有主要影响的参数的修正，参数修正的总系数为 C_{2O}，包括主蒸汽压力、主蒸汽温度、一次再热蒸汽温度、一次再热蒸汽压损、二次再热蒸汽温度、二次再热蒸汽压损、排汽压力。

系统和参数修正后机组出力为

$$W_{C2} = W_{C1} \times C_{2O}$$

与一次再热机组相比，二次再热机组的参数修正增加了二次再热温度和二次再热压损对热耗率和机组出力的修正。

通过试验和计算修正得出的 HR_{C2}、W_{C2} 即为最终的二次再热汽轮机热耗率和机组出力，与相应的设计值比较后可评价二次再热汽轮机的实际性能。

三、二次再热机组性能试验主要结果

N1000-31/600/610/610 二次再热机组性能考核试验结果表明，考核工况厂用电率为 3.63%，优于设计值 3.7%；考核工况发电煤耗为 256.91g/(kW·h)，供电煤耗为 266.57g/(kW·h)，发电效率为 47.81%，均优于设计指标，比当时 1000MW 超超临界一次再热机组的先进煤耗低约 6g/(kW·h)。

N1000-31/600/620/620 二次再热机组性能考核试验结果表明，机组发电效率为 48.12%，发电煤耗为 255.29g/(kW·h)，供电煤耗为 266.18g/(kW·h)，再次验证了百万等级超超临界二次再热机组的先进性能。

N1000-31/600/610/610、N1000-31/600/620/620 二次再热机组性能试验结果表明，二次再热机组发电热效率较常规一次再热机组平均水平高出近 2 个百分点，各项性能结果指标均优于设计水平，充分表明百万超超临界二次再热机组实际运行性能的先进性和优越性。

下面详细介绍二次再热机组锅炉、汽轮机性能试验结果。

（一）二次再热机组总体性能结果（见表 16-6）

表 16-6　二次再热机组总体性能结果

项目	单位	设计值	N1000-31/600/610/610
额定功率	MW	1000	1000
发电热效率	%	47.71	47.81
厂用电率	%	3.7	3.63
锅炉效率	%	94.65	94.78
机组热耗	kJ/(kW·h)	7070	7064.87
发电煤耗	g/(kW·h)	257.79	256.91
供电煤耗	g/(kW·h)	267.7	266.57

性能试验结果表明，考核工况下，机组发电热效率达 47.81%，厂用电率约 3.63%，锅炉效率达 94.78%，汽轮机热耗率低于设计值 7070kJ/(kW·h)，发电煤耗率为 256.91g/(kW·h)，供电煤耗率为 266.57g/(kW·h)。

（二）二次再热汽轮机性能结果

N1000-31/600/610/610 二次再热汽轮机试验主要进行 THA 工况热耗率试验、汽轮机出力试验、机组供电煤耗率试验。采用的试验标准为美国机械工程师协会颁布的《汽轮机性能试验规程》(ASME PTC 6—2004)。

THA 考核工况下，机组热耗率（不投省煤器工况）为 7064.87kJ/(kW·h)，优于设计值 7070kJ/(kW·h)。

VWO 汽轮机最大出力工况，机组最大通流量为 2722.21t/h，最大通流能力满足设计要求。

TRL 夏季工况额定出力工况，机组夏季额定出力为 1004.85MW，高压加热器全切额定出力为 1002.21MW，均达到设计出力。

通过 N1000-31/600/610/610 二次再热机组性能考核试验，验证了百万超超临界机组设计性能的先进性，超越了当时百万等级超超临界机组的先进水平，体现了百万超超临界二次再热机组的优越性。

四、二次再热机组性能影响主要因素及分析

影响二次再热机组经济性能的主要因素有机组运行初参数、汽轮机缸效、轴封漏汽、烟气余热系统性能等，下面将分别阐述上述因素对二次再热机组的性能影响。

（一）机组运行参数

汽轮机运行参数对二次再热机组经济性能的影响主要包括主蒸汽压力、主蒸汽温度、一

次再热蒸汽温度、一次再热蒸汽压力、二次再热蒸汽温度、二次再热蒸汽压力、机组真空等参数对机组热耗率的具体影响，其中一次再热蒸汽压力、二次再热蒸汽压力影响主要通过一次再热管道压损、二次再热管道压损来计算分析。

以 N1000-31/600/610/610 超超临界二次再热汽轮机为例，表 16-7 阐述了上述各项参数对机组经济性能的详细影响。

表 16-7　N1000-31/600/610/610 二次再热汽轮机额定负荷运行参数变化影响

项目	对机组热耗率影响
主汽压力变化 1MPa	0.166%
主汽温度变化 1℃	0.025%
一次再热温度变化 1℃	0.015%
二次再热温度变化 1℃	0.008%
机组真空变化 1kPa	0.6%~0.7%

与一次再热机组类似，超超临界二次再热机组额定负荷运行参数对机组性能影响大小的顺序依次为机组真空、主蒸汽压力、主蒸汽温度、一次再热温度、二次再热温度。由于机组真空影响受汽轮机低压缸排汽级段特性影响，其经济性影响不能一概而论，但总体来看，超超临界二次再热机组真空变化影响要小于同等级一次再热机组。一次再热压损、二次再热压损在机组实际运行中变化较小，对机组经济性能影响基本不变。

（二）汽轮机缸效（见表 16-8）

表 16-8　N1000-31/600/610/610 二次再热汽轮机各缸效率变化 1 个百分点对热耗率影响

项目	热耗率变化 [kJ/(kW·h)]
超高压缸	8.09
高压缸	8.10
中压缸	23.44
低压缸	20.65

百万超超临界二次再热汽轮机超高压缸、高压缸效率变化 1 个百分点对机组经济性能影响基本相同，约 8kJ/(kW·h)。与一次再热机组不同，二次再热机组中压缸效率变化对经济性影响最大，而低压缸效率变化 1 个百分点对热耗率影响仅 20.65kJ/(kW·h)。

（三）轴封漏汽

二次再热机组轴封漏汽对机组经济性能影响可以通过热力计算分析得出。以上海汽轮机厂百万超超临界二次再热机组为例，假设汽轮机超高压缸漏汽至高排实际流量和超高压及高压缸漏汽至中排实际流量均为各自设计流量的 2 倍，通过理论计算得出两股轴封漏汽量偏大导致汽轮机热耗率增加约 15kJ/(kW·h)。

（四）烟气余热系统

二次再热机组烟气余热系统对经济性能有较大影响，受烟气余热能量和接入系统位置影响，不同部位的烟气余热系统对机组经济性影响不同。以 N1000-31/600/610/610 二次再热汽轮机为例，通过利用锅炉空气预热器之后的烟气加热 9 号低压加热器出口凝结水，提高凝结水温度，排挤前一级回热抽汽，使汽轮机热耗率降低 20~30kJ/(kW·h)。如果锅炉烟气余热能量高，且分级加热汽轮机凝结水、给水，可使汽轮机热耗率进一步降低。

五、二次再热汽轮机性能试验需要注意的问题

1. 系统隔离

系统隔离是性能考核试验的重要环节，也是影响试验结果的重大因素之一。阀门发生内漏对二次再热机组经济性能有一定影响，这种影响无法通过试验手段精确计算，只能依靠设备消缺，重新试验才能得出科学的结果。

实践表明，二次再热汽轮机超高排通风阀、高排通风阀发生泄漏的概率较大，部分机组的低压旁路阀存在一定程度的泄漏。随着机组持续运行，阀门泄漏对机组经济性影响将越来越突出。

二次再热机组建设期间，建设单位应重视此类阀门的设计选型和安装工作，性能考核试验前应做好消缺工作。性能试验过程中，应密切关注此类阀门的泄漏情况，以准确评价机组性能。

2. 轴封漏汽测量

目前，某些二次再热汽轮机轴封漏汽量较设计值高，影响机组经济性能。与一次再热机组不同的是，百万超超临界二次再热汽轮机轴封漏汽主要有高压轴封漏汽至中排流量、超高压轴封漏汽至高排流量，由于超高压缸、高压缸前后轴封均有漏汽，推荐在轴封漏汽母管上安装测量孔板，通过比例分配至各股漏汽。

3. 测点设计及仪器校验

考虑二次再热机组增加了系统和管道，试验测点设计时需对增设的系统和管道增加相应的试验测点。二次再热汽轮机性能试验测点设计时应考虑六大管道的试验测点布置，即主汽管道、一次冷再管道、一次再热管道、二次冷再管道、二次再热管道、给水管道，六大管道测点设计时应与电厂、配管厂、设计院、安装公司进行充分沟通。

二次再热汽轮机设计主汽温度、一再和二再温度较常规超超临界有所增加，目前二次再热汽轮机进汽设计温度最高为620℃，因此针对二次再热汽轮机进汽参数，试验仪器校验时应注意将校验范围扩大至625~630℃较为合适。

第三节　汽轮机优化试验

二次再热机组优化运行试验是以机组实际运行数据为基础，运用科学的方法确定机组安全、经济运行方式，提供科学、可靠的优化运行方案，提高二次再热机组运行经济性。

二次再热汽轮机优化运行主要涉及滑压运行优化、冷端运行优化、加热器水位优化、给水温度调整优化四个方面。

一、滑压运行优化

二次再热汽轮机采用节流配汽方式，受配汽特性、运行方式等因素影响，节流配汽存在较大的阀门节流损失，造成经济性能下降。但是，一定开度范围内，增大阀门开度，阀门节流损失降低，超高压缸效率提高，但同时初参数降低，机组循环效率下降。因此在掌握配汽特性的基础上，结合给水泵运行安全性能、机组负荷响应及对锅炉系统的影响，考虑超高压缸效率、机组循环效率、给水泵运行方式等经济影响因素，确定滑压优化运行曲线，并确定不同运行条件下的汽轮机滑压运行策略。

二、冷端运行优化

对于已定的汽轮机排汽模块，不同运行负荷、环境条件下，冷端系统的运行方式直接影响排汽模块的实际性能，机组背压下降有利于降低汽轮机热耗率，但同时厂用电率会上升，因此，存在某个背压值能够使当前工况下机组经济性能达到最优状态，即从机组热耗率、冷端系统耗电率考虑，使机组供电煤耗率达到最好水平，或者从煤价、电价方面考虑，使机组获取最大的综合经济效益。

目前，二次再热机组 N1000-31/600/610/610 汽轮机 DR96 型末级叶片长度为 1146mm，东方汽轮机厂 D660T 型末级叶片长度为 1016mm。两种不同排汽级段特性不同，对热耗率影响也同，对于相同的排汽级段，不同负荷下对机组热耗率影响也不同。以 N1000-31/600/610/610 汽轮机 DR96 机型为例，变背压试验结果根表明，1000WM 负荷，6.0kPa 以上背压区域，单位背压对热耗率影响系数约 0.633%；750MW 负荷，6.0kPa 以上背压区域，单位背压对热耗率影响系数约 1.072%，较 1000MW 负荷时的影响要大些。排汽级段变负荷特性不同，不同负荷下排汽损失发生变化，不同负荷下低压缸排汽压力对热耗率影响发生变化，依靠原设计或运行经验的冷端系统运行方式将不适应新的特性变化，其最佳运行方式必然发生改变。因此，应从以下两方面进行二次再热机组冷端系统优化运行工作。

（1）开展二次再热汽轮机变背压试验。确定机组高中低负荷下的背压影响特性，掌握汽轮机排汽模块的变负荷特性，为循环水系统优化运行提供科学依据。

（2）以实际的排汽级段变负荷特性为核心，考虑背压变化和循环水泵电耗对机组经济性能的影响，寻求不同运行条件下的最佳运行背压，使机组供电煤耗率达到最好水平，或者从煤价、电价方面考虑，使机组获取最大的综合经济效益。

图 16-4 为 300MW 等级一次再热机组循环水系统优化运行方案。图中 A 表示两台机组共用一台循环水泵；B 表示两台机组共用两台循环水泵；C 表示两台机组共用三台循环水泵；D 表示两台机组共用四台循环水泵。

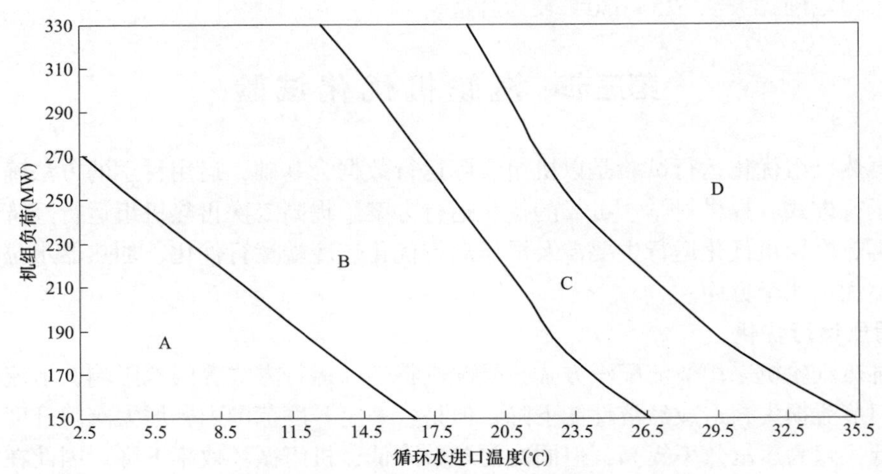

图 16-4 某 300MW 等级机组循环水系统优化运行方式

三、加热器水位优化

加热器水位优化通过寻找确定加热器最佳水位，使加热器下端差达到最佳值。通过加热器水位调整，摸索加热器运行特性，提高机组经济性能。

二次再热机组的回热级数较多，如泰州、莱芜均为十级回热，加热器数量多，对机组经济性总体影响相对增加。因此，二次再热机组加热器下端差优化运行对提高机组经济性能有较大意义。

根据以往加热器优化运行情况，不同负荷下加热器经济水位会发生变化。因此，二次再热机组应开展不同负荷工况下的加热器水位优化调整工作。

四、给水温度调整优化

对于给水温度可调的二次再热机组，如泰州机组，中低负荷运行时，可根据给水温度及炉侧省煤器运行状态，通过调节加热器进汽量调整加热器出口温度，提高中低负荷经济性能。二次再热机组，给水温度每增加1℃，机组热耗率降低2～3kJ/(kW·h)，通过调整中低负荷下的给水温度，预计机组供电煤耗率可降低约1g/(kW·h)。需要注意的是，给水温度的调整主要受限于高压加热器出口低温省煤器的运行状态，因此，二次再热机组中低负荷给水温度优化运行调整应与机组滑压运行优化综合考虑，最大化地提高二次再热机组运行经济性。

参　考　文　献

[1] 郑体宽，杨晨．热力发电厂［M］．2版．北京：中国电力出版社，2008.

[2] 泰州新闻网．国电泰州［EB/OL］．http：//tz. gov. smartjs. cn/gov/news_1137557. shtml，2015.

[3] 田子平，日本60万瓩机组的超临界压力二次再热锅炉［J］．锅炉技术，1975.

[4] Gordon · D · Friedlander，二次中间再热机组设计新趋势［J］．Electrical Wovrld［J］，1981，195（4）.

[5] V. Petersen. 47.5万千瓦二次再热的燃煤超临界锅炉的设计准则及运行经验［J］．发电设备，1987.

[6] 李满林．超超临界压力二次再热机组［J］．电站系统工程，1989.

[7] 李运泽，杨献勇，罗锐．二次再热超临界机组热力系统的全方位线性分析法［J］．热能动力工程，2002，27（99）：258.

[8] 李运泽，杨献勇，严俊杰，等．二次再热超临界机组热力系统的三系数线性分析法［J］．中国电机工程学报，2002，22（6）：132.

[9] 邵树峰，严俊杰，刘继平，等．二次再热机组热力系统的定量分析方法［J］．西安交通大学学报，2003，37（11）：1137.

[10] 严俊杰，邵树峰，李杨．二次再热超临界机组热力系统经济性定量分析方法［J］．中国电机工程学报，2004，24（1）：186.

[11] 李杨，刑秦安，严俊杰，林万超．二次再热超临界供热机组热力系统经济性定量分析方法［J］．热能动力工程，2004，19（4）：351.

[12] 余炎，刘晓澜，范世望．二次再热汽轮机关键技术分析及探讨［J］．热力透平，2013，42（2）：69-72.

[13] 高昊天，范浩杰，董建聪．超超临界二次再热机组的发展［J］．锅炉技术，2014，45（4）：1-3，33.

[14] Akio OHJI.，"Research and Development of Advanced Steam Turbine Systems Employing Ultra Super Critical Pressure Steam Conditions for Future Generations"，*JSME International Journal*，vol. 45，no. 2，pp. 399-407，2002.

[15] Y · Ust，G · Gonca，H · K · Kayadelen et al.，"Determination of optimum reheat pressures for single and double reheat irreversible Rankinecycle"，. *Journal of the Energy institute*，vol. 84，no. 4，pp. 215-219，2011.

[16] KatarzynaStepczynska et al.，Calculation of a 900MW conceptual 700/720℃ coal-fired power unit with an auxiliary extraction-backpressure turbine，*Journal of Power Technologies*，vol. 92. no. 4，pp. 266-273，2012.

[17] M · M · Rashidi，A · Aghagoli，M · Ali，"Thermodynamic Analysis of a Steam Power Plant with Double Reheat and Feed Water Heaters"，*Advances in Mechanical Engineering*，vol. 2014，pp. 1-11.

[18] 王东雷. 700℃高效超超临界发电技术的研发现状及建议 [J]. 科技视界，2014，(36)：330-331.

[19] 广东电网公司电力科学研究院. 锅炉设备及系统 [M]. 北京：中国电力出版社，2011.

[20] 张磊，李广华. 锅炉设备与运行 [M]. 北京：中国电力出版社，2007.

[21] 樊泉桂. 锅炉原理 [M]. 北京：中国电力出版社，2004.

[22] 叶江明. 电厂锅炉原理及设备 [M]. 北京：中国电力出版社，2007.

[23] 周强泰. 锅炉原理 [M]. 北京：中国电力出版社，2009.

[24] 张磊. 锅炉运行技术问答 [M]. 北京：中国电力出版社，2008.